KURT REINSCHKE / PETER SCHWARZ

VERFAHREN ZUR RECHNERGESTÜTZTEN ANALYSE LINEARER NETZWERKE

ELEKTRONISCHES RECHNEN UND REGELN

Herausgegeben von

Prof. Dr. HANS FRÜHAUF · Prof. Dr. WILHELM KÄMMERER
Prof. Dr. KURT SCHRÖDER · Prof. Dr. HELMUT THIELE
Prof. Dr. HORST VÖLZ

Band 9

VERFAHREN ZUR RECHNERGESTÜTZTEN ANALYSE LINEARER NETZWERKE

von

Dr.-Ing. habil. Dr. rer. nat. KURT REINSCHKE
Dr.-Ing. PETER SCHWARZ

AKADEMIE-VERLAG · BERLIN
1976

VERFAHREN
ZUR RECHNERGESTÜTZTEN ANALYSE LINEARER NETZWERKE

LEHRBUCH

von

Kurt Reinschke und Peter Schwarz

Mit 156 Abbildungen, 5 Tabellen,
52 Übungsaufgaben

A K A D E M I E - V E R L A G · B E R L I N
1 9 7 6

Erschienen im Akademie-Verlag, 108 Berlin, Leipziger Str. 3–4

Lizenznummer: 202 · 100/410/76
Gesamtherstellung: VEB Druckerei „Thomas Müntzer", 582 Bad Langensalza
Bestellnummer: 762 092 8 (6251) · LSV 1084
Printed in GDR
EVP 42,–

VORWORT

Bei der Entwicklung, der Konstruktion und der Erprobung technischer Erzeugnisse steht der praktisch tätige Ingenieur heute unter starkem Zeitdruck. Es kann durchaus vorkommen, daß eine natürliche Erprobung des technischen Konzepts so lange dauert, daß die gewünschte Aussage erst dann getroffen werden kann, wenn das technische System bereits moralisch verschlissen und technisch überholt ist. Daher müssen viele konventionelle Methoden der Systemuntersuchung entfallen. Als Auswege kommen u. a. die Simulation des Systemverhaltens auf einer elektronischen Rechenanlage und der rechnergestützte Entwurf in Betracht. Voraussetzungen dafür sind einerseits eine angemessene Hardware (schnelle Rechner mit günstigem Leistungs-Preis-Verhältnis, die möglichst mit Terminals und Displays ausgerüstet sein sollten) und andererseits leistungsfähige Rechenprogramme als Software. In diesem Buch sollen Verfahren zur rechnergestützten Analyse von technischen Systemen behandelt werden, die für Ingenieure der unterschiedlichen Fachdisziplinen, seien es Elektrotechniker, Schwingungstechniker, Akustiker, Strömungstechniker, Heizungs- und Lüftungsingenieure, gleichermaßen von Bedeutung sein können. Auf Grund der Breite der möglichen Anwendungen kann das Buch auch für Physiker und Mathematiker von Nutzen sein.

Es wird davon ausgegangen, daß sich das zu analysierende reale System als „Netzwerk" erfassen läßt. Das ist für den Elektrotechniker, der die schaltungstechnische Beschreibung gewohnt ist, nichts besonderes. Aber auch in anderen Fachdisziplinen kann das Netzwerk-Konzept als besonders einfaches Modell zur Beschreibung technischer Systeme häufig angewendet werden. Als Kriterium für die Anwendbarkeit des Netzwerkkonzepts betrachten wir die Gültigkeit eines Schnitt- und eines Umlaufgesetzes. Diese Gesetze sind in verschiedenen Fachdisziplinen unter verschiedenen Namen bekannt, z. B. in der Mechanik als Gleichgewichts- und Kontinuitätsbedingungen, in der Elektrotechnik als erstes und zweites KIRCHHOFFsches Gesetz. Die hier vorgenommene Abgrenzung des Begriffs „Netzwerk" halten wir für wesentlich, weil die Termini „Netzwerk" oder „Netz" in der Fachliteratur auch in anderem Zusammenhang vorkommen: Transportnetze, Kommunikationsnetzwerke, Schaltnetzwerke, Neuronennetze, Zuverlässigkeitsnetzwerke, Netzplantechnik, ... Auch in solchen Netzen wird die Systemstruktur in einem Graphen widergespiegelt, doch gilt ein Schnitt- und Umlaufgesetz im allgemeinen nicht.

Im vorliegenden Buch werden die theoretischen Grundlagen der mathematischen Verfahren und der darauf aufbauenden Rechenprogramme zur rechnergestützten Analyse linearer Netzwerke behandelt. Für fast alle der hier behandelten Verfahren wurden im VEB RFT Meßelektronik „Otto Schön" Dresden (MKD) Rechenprogramme entwickelt, die überbetrieblich genutzt werden können. Mit ihrer Hilfe wurden die Verfahren erprobt und zahlreiche praktische Aufgabenstellungen behandelt. Die dabei von den Autoren gewonnenen Erfahrungen bilden die Grundlage der im Text vorgenommenen Wertung der einzelnen Verfahren. Auf spezielle Fragen der Programmierung wurde nicht eingegangen. Die Beschreibung und Wiedergabe der teilweise sehr umfangreichen Programme hätte den Rahmen eines Lehrbuches bei weitem gesprengt.

Im Einführungsabschnitt wird über die Ziele des rechnergestützten Entwurfs und über die Modellbildung, die auf Netzwerke mit konzentrierten Elementen führt, gesprochen. Im Abschnitt 2 werden die Grundlagen der allgemeinen Netzwerkbeschreibung zusammengestellt. Sie fußt auf der mathematischen Fassung des Schnitt- und Umlaufgesetzes sowie der Netzwerkelemente-Relationen. Sehr ausführlich werden mehrpolige Netzwerkelemente mit Hilfe des Mehrtor-Konzepts behandelt. Das Ziel des Abschnittes besteht in der Aufstellung von Gleichungssystemen zur Analyse linearer Netzwerke.

Die Abschnitte 3 und 4 beschäftigen sich mit Verfahren zur Lösung der Netzwerk-Gleichungen. Bei der Analyse im Frequenzbereich wird zunächst auf Methoden zur symbolischen Analyse eingegangen. Es folgt die Berechnung von Netzwerk-Größen als analytische Funktionen der komplexen Frequenz. Schließlich wird bei der punktweisen Frequenzanalyse die Schwachbesetztheit der Koeffizientenmatrix berücksichtigt. Bei der Analyse im Zeitbereich werden die netzwerk-orientierten Integro-Differential-Gleichungssysteme zunächst mit Hilfe von Differenzen-Verfahren numerisch gelöst. Dann wird die Aufstellung und Lösung der Zustandsgleichungen für Netzwerke behandelt. Zuletzt wird das Zeitverhalten aus der Kenntnis der Frequenzcharakteristiken berechnet, u. a. wird dabei auf die diskrete und schnelle Fourier-Transformation eingegangen.

Im Schlußabschnitt 5 wird gezeigt, daß sich zwei weitere Teilgebiete des rechnergestützten Systementwurfs — die Toleranzanalyse, die Rauschanalyse und die iterative Synthese — im wesentlichen auf die rechnergestützte Analyse zurückführen lassen.

Das Buch ist in erster Linie als Lehrbuch für Studierende an technischen Hochschulen gedacht. Die im Grundstudium vermittelten Kenntnisse, vor allem aus der Mathematik (Matrizenrechnung!) und der Physik, werden als bekannt vorausgesetzt. Den in Instituten oder in der Industrie tätigen Ingenieur will dieses Buch in moderne Verfahren der rechnergestützten System- und Schaltungsentwicklung einführen. In den Text wurden zahlreiche kleinere Beispiele eingestreut, um dem lernenden Leser das Nachrechnen zur aktiven Übung des Stoffes zu ermöglichen. Weitere und z. T. schwierigere Übungsaufgaben wurden im Text formuliert, Hinweise zu ihrer Lösung finden sich in einem Anhang.

Außerdem wurden größere Anwendungsbeispiele aufgenommen, um einerseits die Leistungsfähigkeit der Verfahren zu demonstrieren und andererseits auf die bei der Bearbeitung von ähnlichen praktischen Problemen auftretenden Fragen (Modellbildung, Interpretation der Ergebnisse, ...) in der erforderlichen Ausführlichkeit hinweisen zu können.

Wir haben uns darum bemüht, möglichst viele der Verfahren zur rechnergestützten Analyse linearer Netzwerke, die sich in der Praxis bewährt haben, zu beschreiben und zu werten. Daraus resultiert, daß — gemessen an vielen Lehrbüchern einführenden Charakters — eine große Stoffülle in recht komprimierter Form dargestellt werden mußte. Das Buch enthält zahlreiche Hinweise auf die Originalliteratur. Für das Verständnis des Inhalts wird die zum Teil schwer zugängliche Literatur jedoch nicht benötigt, da alle wesentlichen Aussagen entweder direkt im Text oder in den Übungsaufgaben bewiesen werden. Dabei wird nicht jeder Beweis ausdrücklich als solcher angekündigt, doch wird das Ende einer längeren Schlußkette stets durch das Symbol ▲ gekennzeichnet.

Leser, die das Buch nicht systematisch durcharbeiten, sondern sich nur mit ausgewählten Abschnitten beschäftigen, werden wiederholt auf Abkürzungen stoßen, z. B. NWE für Netzwerkelement. Derartige Abkürzungen werden ausnahmslos im Sachverzeichnis erklärt. Zum Schluß möchten wir den Mitarbeitern des Akademie-Verlages danken für die gute Ausstattung des Buches und für das bereitwillige Eingehen auf unsere Gestaltungswünsche. Der Lektorin, Frau Dipl.-Phys. G. LAGOWITZ, gilt unserer besonderer Dank für die sehr angenehme Zusammenarbeit.

Dresden, im Herbst 1975 KURT REINSCHKE/PETER SCHWARZ

INHALTSVERZEICHNIS

1. RECHNERGESTÜTZTE ANALYSE REALER SYSTEME

Die rasche Entwicklung in der Technik hat zur Folge, daß für die Entwicklung, Konstruktion und Erprobung von Geräten und Systemen immer weniger Zeit bleibt. Als Ausweg bieten sich die Verwendung komplexer Funktionseinheiten (z.B. integrierte Schaltkreise) anstelle einzelner Bauelemente, verbesserte und teilweise automatisierte Meß- und Prüfmittel sowie der Einsatz von elektronischen Rechenanlagen an. In der Elektronik, im Bauwesen, im Maschinenbau, in der Automatisierungstechnik und weiteren technischen Fachgebieten hat der „rechnergestützte Entwurf" (computer-aided design, CAD) bereits bemerkenswerten Umfang angenommen. Der rechnergestützte Entwurf von Geräten und Systemen trägt zu einer erheblichen Rationalisierung bei der Projektierungs-, Entwicklungs- und Konstruktionsarbeit bei, erfordert aber auch schnelle Rechenanlagen, leistungsfähige Rechenprogramme und nicht zuletzt ein Umdenken des Ingenieurs. Nur bei Erfüllung dieser drei Voraussetzungen ist eine breite und erfolgreiche Anwendung der Verfahren des rechnergestützten Entwurfs gewährleistet.

1.1. Ziele des rechnergestützten Entwurfs

Der Einsatz von EDVA lohnt nur dann, wenn einige der Ziele des rechnergestützten Entwurfs erreicht werden:

- Beschleunigung der Entwurfsarbeit;
- Vertiefte Einsicht des Entwicklers und Konstrukteurs in die genaue Wirkungsweise des Systems (durch exakte Analyse);
- Qualitative Verbesserung der Erzeugnisse durch genaue Erfüllung der Anforderungen an das Systemverhalten;
- Gewährleistung hoher Zuverlässigkeit durch Toleranzanalysen;
- Material- und Prüfmittel-Einsparung durch Verringerung des Anteils experimenteller Arbeiten;
- Finden von technisch-ökonomisch besonders günstigen Lösungen, die empirisch nicht erhalten werden können, weil für sie z.B. komplizierte mathematische Probleme gelöst werden müssen.

Gegenwärtig ist man noch weit davon entfernt, den Systementwurf vollautomatisch durchzuführen. In Abb. 1.1 sind die Etappen des Entwurfs von

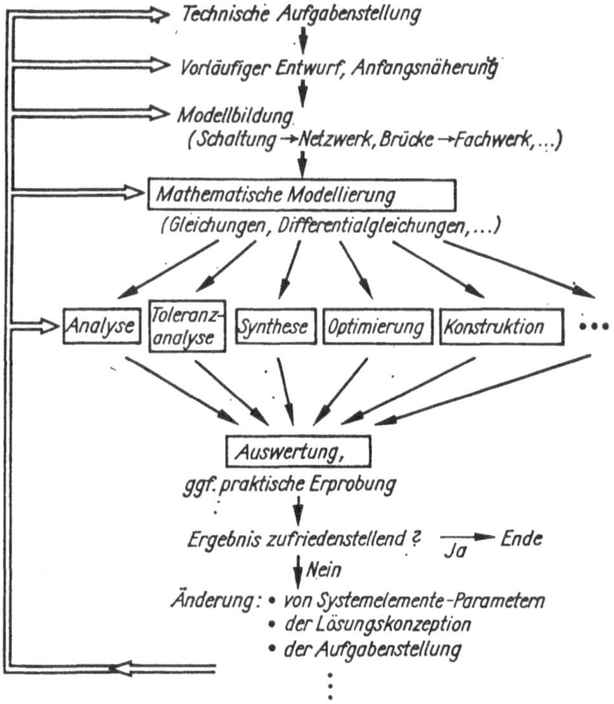

Abb. 1.1. Etappen beim Entwurf technischer Systeme (in den eingerahmten Feldern ist ein Rechnereinsatz möglich)

technischen Systemen vereinfacht dargestellt. Hervorgehoben sind dabei die Schritte, bei denen der Rechner zur Lösung von Teilaufgaben eingesetzt werden kann. Der Rechner ersetzt nicht den Ingenieur, sondern stellt ein leistungsfähiges Hilfsmittel dar und schafft neue Arbeitsmöglichkeiten für den Ingenieur.

Neben den Rechenprogrammen zur Bearbeitung einzelner Aufgaben sind für eine effektive Arbeit geeignete Hilfsmittel wünschenswert:

— on-line Verkehr mit Rechnern (über Terminals);
— Möglichkeiten zur graphischen Datenverarbeitung (Ein- und Ausgabe-Displays, automatische Zeichengeräte);
— Modell-Bibliotheken oder wenigstens
— Vorschriften (und ggf. Rechenprogramme) für die Modellierung von Bauelementen und Funktionsgruppen.

Jede Rechneranwendung erfordert eine gute Vorbereitung. Dabei werden vom Ingenieur schöpferische Fähigkeiten bei der Modellbildung und genauen Problemformulierung, aber auch bei der Auswertung und Interpretation der Rechenergebnisse gefordert.

Obwohl bereits eine Reihe von leistungsfähigen Verfahren des rechnergestützten Entwurfs in verschiedenen technischen Fachgebieten existieren, hat er sich noch nicht im erforderlichen Maße durchgesetzt. Dafür sind eine Reihe objektiver und subjektiver Gründe verantwortlich zu machen:

- mangelhafte Zugänglichkeit von Rechnern (lange Wartezeiten, keine Terminals oder Displays, ...);
- ungenügende Verbreitung leistungsfähiger Programme;
- Unkenntnis der prinzipiellen Möglichkeiten des rechnergestützten Entwurfs und der existierenden Rechenprogramme;
- Scheu vor der neuen Arbeitsweise (präzise quantitative Problemformulierung, Modellbildung, einige Kenntnisse über die mathematischen Lösungsalgorithmen, ...).

Diese Hindernisse werden wohl nur langsam abgebaut werden können. Sehr wichtig ist daher die Verbreitung der nötigen Kenntnisse und die Auswertung der bereits vorliegenden Erfahrungen.

In diesem Buch werden Verfahren zur Analyse linearer Netzwerke behandelt. Die **Analyse** ist bereits selbst ein wichtiger Bestandteil des rechnergestützten Entwurfs. Außerdem stellt sie eine Grundlage für die Toleranzanalyse und die Optimierung dar. **Netzwerke** sind Modelle einer großen Klasse technischer Systeme. Vor allem für **lineare** Netzwerke liegen bisher in größerem Umfang ausgearbeitete Verfahren und Rechenprogramme vor, während die Berechnung nichtlinearer Systeme noch viele ungelöste Probleme mit sich bringt. Es werden die theoretischen Grundlagen und die praktische Anwendung von Verfahren für lineare Netzwerke beschrieben.

Nicht jedes bekannte Analyseverfahren eignet sich für die Verwendung beim rechnergestützten Entwurf. Sie müssen verschiedene Anforderungen erfüllen:

- Genügende Allgemeinheit, um nicht für jedes praktische Problem ein spezielles Verfahren programmieren zu müssen;
- Die Arbeit der Umformulierung des technischen Problems in die mathematische Aufgabenstellung muß wenigstens teilweise vom Verfahren übernommen werden (der Anwender muß z. B. die Differentialgleichungssysteme zur Beschreibung des dynamischen Systemverhaltens nicht selber aufstellen);
- Die mathematischen Lösungsverfahren müssen sich als numerisch günstig erwiesen haben, da vom Anwender keine Eingriffe in das Programm zur Behebung numerischer Schwierigkeiten (Rundungsfehler, Instabilitäten) verlangt werden können;
- Die Verfahren sollen sich gut für eine Programmierung eignen, möglichst zu kleinen Programmen und zu kurzen Rechenzeiten führen.

Unter diesen Aspekten sind die in diesem Buch vorgestellten Verfahren ausgesucht worden. Bevor auf diese Verfahren im einzelnen eingegangen wird, ist es notwendig, sich das grundsätzliche Vorgehen bei der Analyse technischer Systeme zu vergegenwärtigen und den Begriff „Netzwerk" genauer zu formulieren.

1.2. Grundsätzliches Vorgehen bei der Analyse realer technischer Systeme

Das Kernstück des rechnergestützten Entwurfs technischer Erzeugnisse ist die Analyse des Verhaltens dieser realen technischen Systeme. Dazu sind **Modellbildungen** erforderlich. Um das reale System beschreiben, beherrschen und ggf. verändern zu können, schafft man sich (oder benutzt) ein Modellsystem, das in Abhängigkeit von der konkreten Zielstellung ganz verschieden aussehen kann. Wählen wir beispielsweise als reales System ein elektronisches Gerät und haben wir die technisch-physikalische Wirkungsweise zu untersuchen, so wird oft ein elektrisches Netzwerk als angemessenes Modellsystem für das Gerät verwendet werden können. Interessiert man sich hingegen für die Beanspruchbarkeit des Gerätes gegenüber mechanischen Schwingungen und Stößen, so werden das Gesamtgerät, seine Baugruppen und einzelnen Bauelemente unter dem Aspekt ihrer mechanisch-dynamischen Eigenschaften gesehen. Als Modellsystem kann man nun ein Feder-Masse-System (= mechanisches Netzwerk) benutzen.

Das Denken und Sprechen des Ingenieurs erfolgt weitestgehend auf dem Abstraktionsniveau der Modellsysteme. Die Begriffswelt der einzelnen Ingenieurdisziplinen wird durch die **fachspezifischen Modellsysteme** geprägt. Z. B. sei das reale technische System eine elektronische Schaltung (d. i. eine Zusammenschaltung elektronischer Bauelemente), in der Ströme und Spannungen ermittelt werden sollen. Der Schwachstromtechniker idealisiert dieses reale System oft zum elektrischen Netzwerk mit konzentrierten Parametern, indem er u. a. die endliche Ausbreitungsgeschwindigkeit der elektrischen Signale vernachlässigt und alle Verbindungsleitungen als ideale Verbindungen, über denen keine Spannung abfällt, ansieht. Die Wirkungen der einzelnen Schaltelemente werden in Netzwerkelementen konzentriert gedacht.

Wir wollen die fachspezifischen Modelle als „Modelle im Objektbereich“ bezeichnen. Zur quantitativen und damit mathematischen Erfassung des Modells beschreibt man das Modellsystem z. B. durch eine Schar von Gleichungen oder Ungleichungen. Diesen sieht man dann nicht mehr an, um welchen Objektbereich es sich handelt. Den Abstraktionsprozeß, der vom Modellsystem im Objektbereich zum **mathematischen Modell** führt, also ein „Objektfreimachen“ als wesentlichen Teil enthält, wollen wir als **mathematische Modellierung** bezeichnen. Man kann oft feststellen, daß Modelle aus ganz unterschiedlichen Objektbereichen auf gleichartige mathematische Modelle führen. So ist es bei der Analyse eines elektronischen Gerätes ohne weiteres möglich, daß sowohl die elektrische Wirkungsweise als auch die mechanischen Schwingungseigenschaften durch ein mathematisches Modell vom gleichen Typ, etwa ein lineares Differentialgleichungssystem erster Ordnung, befriedigend wiedergegeben werden. Mit Hilfe geeigneter Berechnungsvorschriften und entsprechendem Handwerkszeug (z. B. Digitalrechner oder auch Papier, Bleistift und Rechenschieber) liefert das mathematische Modell quantitative Ergebnisse, die das

Verhalten des realen Systems — unter dem betrachteten Aspekt, z. B. Reaktion auf elektrische oder mechanische Signale — wiedergeben und vorhersagen.

Man wird den Bearbeitungsprozeß zur Analyse des realen Systems mit der genannten groben Stufeneinteilung — Modellbildung, mathematische Modellierung, Berechnung — akzeptieren, solange die erhaltenen quantitativen Ergebnisse das Verhalten des realen Systems in den verschiedenen vorkommenden Situationen ausreichend genau angeben. Man wird dann die berechneten Daten auch zur Vorhersage des Verhaltens des realen Systems in bisher praktisch noch nicht erprobten Situationen verwenden. Den Prüfstein für die Brauchbarkeit der verwendeten Modelle liefert der Vergleich mit den Beobachtungsergebnissen am realen System, die wir durch geeignete Meßvorschriften und Einsatz geeigneter Meßgeräte erhalten. Der Vergleich zwischen den gemessenen und den errechneten Daten entscheidet. Ist die Übereinstimmung befriedigend, so sind die verwendeten Analysemethoden praktisch brauchbar. Liefert der Vergleich keine hinreichende Übereinstimmung, so werden Korrekturen erforderlich. Für den vorzugsweise rechnenden „Theoretiker" ist es am angenehmsten, wenn sich die Diskrepanz auf einen Fehler in der Meßvorschrift oder in der Durchführung der Messung zurückführen läßt. In den meisten Fällen aber wird die Differenz auf Unzulänglichkeiten bei der Aufstellung des Modells im Objektbereich, bei der Abstraktion zum mathematischen Modell oder bei der Berechnung beruhen. Nach entsprechender Korrektur sind die genannten Arbeitsstufen neu zu durchlaufen — bis die Übereinstimmung zwischen beobachteten und berechneten Daten hinreichend (d. h. im Hinblick auf den mit der Analyse erstrebten praktischen Zweck!) gut ist.

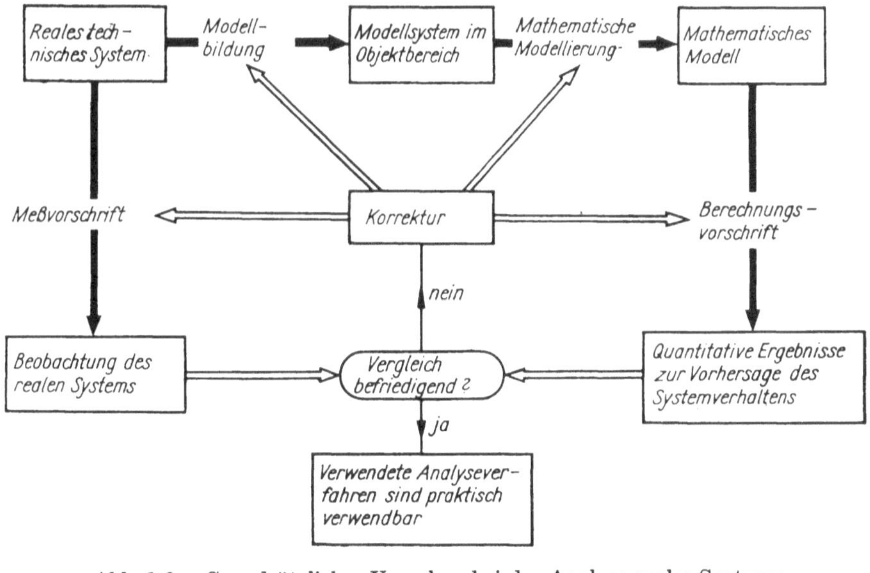

Abb. 1.2. Grundsätzliches Vorgehen bei der Analyse realer Systeme

In Abb. 1.2 wurden die vorstehenden Überlegungen in Form eines Blockschemas zusammengefaßt.

1.3. Netzwerke mit konzentrierten Elementen

Die meisten technischen Erzeugnisse dienen der Übertragung und/oder Wandlung von **Signalen** oder Energie. So haben elektrische Übertragungssysteme elektrische Signale (Spannungen und Ströme) in gewünschter Weise zu übertragen, während mechanische Schwingungssysteme und Bauwerke mechanische „Signale" (Geschwindigkeiten und Kräfte) transformieren. Elektrische Motoren wandeln elektrische Energie in mechanische Rotationsenergie um, Heizungskessel wandeln thermische Energie in Strömungsenergie, ...

Ein technisches System setzt sich zusammen aus einer endlichen Anzahl von **Komponenten** (Funktionseinheiten und technischen Bauelementen), die an endlich vielen Stellen miteinander verbunden sind. Die Übertragungseigenschaften der einzelnen Komponenten kann man modellmäßig erfassen durch eine oder mehrere Beziehungen zwischen endlich vielen skalaren Größen. Nach der Art ihrer prinzipiellen Ermittlung kann man diese Größen in zwei Gruppen einteilen, Flußgrößen und Differenzgrößen. **Flußgrößen** werden an einer Stelle gemessen, z. B. im Querschnitt einer Anschlußstelle eines Bauelementes. Durch diese Anschlußstelle „fließt" die Flußgröße hindurch. Bei **Differenzgrößen** ist stets die Angabe einer Bezugsstelle erforderlich. Zur Festlegung einer Differenzgröße müssen daher zwei Meßstellen angegeben werden, z. B. die beiden Anschlußstellen eines zweipoligen Bauelementes. Die gemessene Größe „differiert" zwischen den beiden Meßstellen um einen bestimmten Wert.

Wir wollen einige wichtige Fluß- und Differenzgrößen derart zusammenstellen, daß die auf einer Zeile stehenden Größen miteinander korrespondieren. Ihr Produkt hat die Bedeutung einer Leistung = Energie/Zeit.

Flußgröße	**Differenzgröße**
elektrischer Strom	elektrische Spannung
Volumenfluß	Druck
Kraft	translatorische Geschwindigkeit
Drehkraft (= Drehmoment)	Winkelgeschwindigkeit
Entropiestrom	Temperatur

Die Bezeichnungen Fluß- und Differenzgrößen werden in der Literatur (vgl. z. B. [K-B-61], [McF-64], [See-64], [Tho-65], [Len-71]) bisher nicht einheitlich gebraucht. Uns sind folgende Varianten bekannt geworden, die sich durch Kombination jeweils eines der links und eines der rechts stehenden Ausdrücke ergeben:

Fluß				Differenz		
F				D		
1-Punkt		Größen		2-Punkt		Größen
Per	—	Variable	und	Trans	—	Variable
P		Koordinaten		T		Koordinaten
Through		Signale		Across		Signale
Durchgangs				Überbrückungs		
Durch				Quer		

Eine wichtige Klasse von Modellen im Objektbereich (vgl. Abb. 1.2) zur Beschreibung technischer Erzeugnisse sind **Netzwerke**. Den im modellierten realen System meßbaren Signalen werden im Modellsystem **Fluß- und Differenzgrößen** zugeordnet. Das Modellsystem wird als Netzwerk bezeichnet, wenn es aus **Netzwerkelementen**, die durch (ideale) Verbindungselemente verknüpft sind, besteht und die folgenden zwei Gesetze erfüllt sind:

1. Das Schnittgesetz für die Flußgrößen

Denken wir uns einen beliebigen Teil aus dem Netzwerk herausgeschnitten (und messen die durch die Schnittstellen ein- und ausströmenden Flüsse), so verschwindet zu jedem beliebigen Zeitpunkt die algebraische (oder vektorielle) Summe aller in den herausgeschnittenen Teil ein- und ausströmenden Flüsse.

2. Das Umlaufgesetz für die Differenzgrößen

Denken wir uns einen beliebigen Umlauf (der an mehreren Stellen das Netzwerk berührt, und messen wir die Differenzgrößen zwischen einigen der Berührungsstellen), so verschwindet zu jedem Zeitpunkt die algebraische (oder vektorielle) Summe aller über dem Umlauf ermittelten Differenzgrößen-Unterschiede.

In den verschiedenen Ingenieurdisziplinen werden diese Gesetze unter teilweise stark abweichenden Bezeichnungen geführt. Dem Elektrotechniker sind die **Kirchhoffschen Knotensätze** bzw. die **Kirchhoffschen Maschensätze** als Spezialfälle des Schnittgesetzes bzw. des Umlaufgesetzes wohlbekannt. Der Bauingenieur formuliert das Schnittgesetz bzw. das Umlaufgesetz als **Gleichgewichtsbedingungen** bzw. als **Kontinuitätsbedingungen.**

Aus der Erklärung der Fluß- und der Differenzgrößen und der Formulierung der Schnitt- und Umlaufgesetze folgt unmittelbar, daß mit einmal gefundenen Signalen, die als Fluß- bzw. als Differenzgrößen in Betracht kommen, auch sämtliche zeitlichen Ableitungen dieser Signale Fluß- bzw. Differenzgrößen sind, für die das Schnitt- bzw. Umlaufgesetz gilt. Es ist daher nicht weiter verwunderlich, daß man in der Statik Weg-Differenzen, in der Dynamik aber Geschwindigkeits-Differenzen als Differenzgrößen wählen darf.

In vielen Disziplinen genügt es, bei der Anwendung des Netzwerk-Konzepts zwischen positiver und negativer Flußrichtung, zwischen positiver und negativer Differenz zu unterscheiden. Das ist so bei elektrischen Netzwerken (NW), bei eindimensionalen translatorischen oder rotatorischen mechanischen NW, bei hydraulischen NW, bei akustischen oder pneumatischen NW, bei Wärmenetzen. In diesen Fällen ist im Umlauf- und im Schnittgesetz jeweils die **algebraische** Summe zu bilden. In der Statik und Baudynamik handelt es sich jedoch im allgemeinen um **vektorielle** Größen. So entspricht eine Gleichgewichtsbedingung am räumlichen Tragwerk sechs skalaren Gleichgewichtsbedingungen. Das führt bei der NW-Beschreibung dazu, daß die **Geometrie** — bestimmt durch die genaue Lage, Länge usw. der Komponenten — beachtet werden muß. Bei den genannten eindimensionalen NW-Problemen spielt lediglich die **Topologie** des

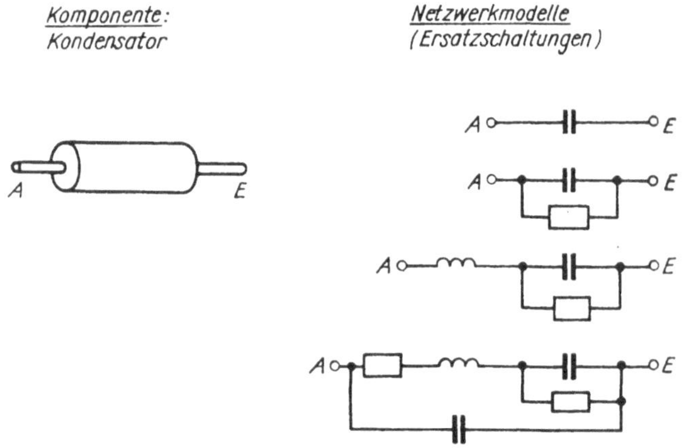

Abb. 1.3. Modellierung einer Komponente durch Netzwerkelemente (Ersatzschaltungen verschiedener Genauigkeit)

Netzwerkes — bestimmt durch die Angaben, welche Komponenten mit welchen anderen Komponenten verknüpft sind — eine Rolle. Im vorliegenden Buch beschäftigen wir uns ausschließlich mit der Analyse technischer Systeme, die sich im genannten Sinne als eindimensionale Netzwerke (NW) beschreiben lassen.

Es sei ausdrücklich darauf hingewiesen, daß es Modelle für technische Systeme gibt, die keine Netzwerke darstellen. So sind die durch Blockschaltbilder beschriebenen Modellsysteme, denen wir in der Regelungstechnik oder bei der Verwendung von Signalflußgraphen begegnen, keine Netzwerke. Denn die dort benutzten Signale lassen sich nicht als Flußgrößen, für die ein Schnittgesetz gilt, interpretieren.

Den Komponenten des realen Systems entsprechen im Netzwerk-Modell die **Netzwerk-Elemente** (NWE). Sie stellen die elementaren Verkopplungen zwischen Fluß- und Differenzgrößen her. In den verschiedenen Fachdisziplinen haben sich gewisse Standard-Netzwerkelemente eingebürgert. So unterscheidet der Elektrotechniker bei den zweipoligen NWE die ohmschen Widerstände (R), die

Induktivitäten (L) und die Kapazitäten (C). Doch ist es nicht immer ausreichend, eine Komponente durch ein einziges NWE wiederzugeben, z. B. einen Kondensator durch eine Kapazität. Müssen ohmsche Verluste, Zuleitungsinduktivitäten und andere „parasitäre Effekte" berücksichtigt werden, so stellt das NW-Modell (= Ersatzschaltung) des Kondensators bereits ein kleines RCL-Netzwerk mit zwei äußeren Anschlußklemmen dar. In Abb. 1.3 wurden mehrere in der Praxis verwendete Ersatzschaltungen der technischen Komponente Kondensator angegeben.

Wir wollen weiter voraussetzen, daß sich die durch das NWE vermittelten Relationen zwischen Fluß- und Differenzgrößen als elementare Funktionen, gewöhnliche Differentialoperationen und Integraloperationen darstellen lassen. Das bedeutet insbesondere, daß bei der Beschreibung der Wirkungsweise der Komponenten ihre räumliche Ausdehnung unwesentlich ist. Man kommt so zu NW-Modellen mit „**konzentrierten**" **Elementen**. Diese Idealisierung wird sicherlich unzulässig, wenn Ausbreitungsvorgänge, die mathematisch durch partielle Differentialgleichungen beschrieben werden, zur Erklärung des realen Verhaltens herangezogen werden müssen.

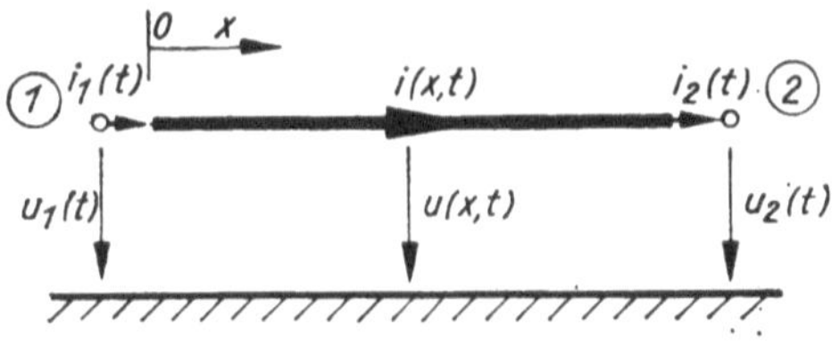

Abb. 1.4. Darstellung einer Leitung als Modell der Komponente „Verbindungsdraht"

Diese Ausbreitungsvorgänge müssen berücksichtigt werden, wenn die Wellenlängen der Signale bei den höchsten praktisch bedeutsamen Frequenzen in der Größenordnung der räumlichen Ausdehnung des durch das Netzwerk modellierten realen Systems liegen. In einer elektrischen Schaltung beispielsweise kann dann ein Draht, der zwei Schaltelemente verbindet, nicht mehr als ideales Verbindungselement im NW dargestellt werden. Näherungsweise wird der Draht jetzt als NWE „Leitung" mit zwei Anschlußklemmen modelliert und z. B. gemäß Abb. 1.4 dargestellt. Die Differenzgröße Spannung wird gegenüber dem in der Elektrotechnik verwendeten Bezugssystem „Erde" gemessen. Der Strom i und die Spannung u auf der Leitung hängen sowohl von der Zeit t als auch der Ortskoordinate x ab. Ihre Werte ergeben sich aus der Lösung einer partiellen Differentialgleichung. Während in der Elektronik solche Ausbreitungserscheinungen meist erst bei Signalfrequenzen von $10^8 \cdots 10^9$ Hz berücksichtigt werden müssen, liegt diese Grenze bei akustischen Systemen oft schon bei Frequenzen von einigen hundert oder tausend Hz. NW mit Elementen, deren Relationen zwischen Fluß- und Differenzgrößen über partielle Differentialgleichungen vermittelt werden, bezeichnet man als „Netzwerke mit **verteilten** Elementen" oder als „Netzwerke mit verteilten Parametern".

2. GRUNDLAGEN DER ALLGEMEINEN NETZWERKBESCHREIBUNG

Aus Platzgründen ist es nicht möglich, die verschiedenen objektbezogenen Netzwerke — elektrische NW, translatorische NW, rotatorische NW, hydraulische NW, akustische NW, thermodynamische NW u. a. — mit ihrer fachspezifischen Symbolik und Begriffswelt parallel zu behandeln. Abstrahiert man vom speziellen Objektbezug, operiert nur noch mit Begriffen wie Fluß- und Differenzgrößen und verwendet konsequent nur Symbole, die keinen der Anwendungsfälle bevorzugen, so dürfte es schwerer als notwendig fallen, bereits bekannte und geläufige Formeln in dieser abstrakten Verkleidung zu erkennen. Als Kompromiß werden wir in den **verbalen Formulierungen mit Fluß- und Differenzgrößen** arbeiten, aber die vertrauten **Symbole und Abkürzungen** verwenden, die bei **elektrischen Netzwerken** üblich sind. Diese gewisse Bevorzugung der elektrischen NW erscheint deshalb gerechtfertigt, weil die Anwendung der Netzwerktheorie in der Elektrotechnik z. Z. am verbreitetsten ist und die meisten Leser mit den Grundbegriffen der Elektrotechnik besonders vertraut sein dürften. Außerdem besitzen die elektrischen NW gewisse Vorzüge gegenüber den nichtelektrischen:

a) Elektrische Schaltungen, die durch NW beschrieben werden können, lassen sich mit relativ geringem Aufwand aufbauen und durchmessen.
b) Die Parameterwerte der Schaltelemente lassen sich leicht verändern, so daß geeignete Zeitkonstanten eingestellt und die Übertragungseigenschaften in angemessenen Zeiten ermittelt werden können.
c) Da sich die das NW erregenden Ströme und Spannungen gut erzeugen lassen, kann man beliebige NW mit elektrischen NW besonders gut simulieren.

Für den Anfänger sind freilich die Strömungs-NW und die mechanischen NW oft anschaulicher und einfacher zu verstehen. Bei der rechnerischen Behandlung eines nichtelektrischen Problems sei empfohlen, das zugehörende objektbezogene NW aufzustellen, daraus unmittelbar das mathematische Gleichungssystem herzuleiten und dessen Lösung wieder am objektbezogenen NW zu interpretieren. Die ständige Zwischenschaltung des analogen elektrischen NW (gemäß den im Abschn. 2.1.5. zusammengestellten Analogien) bei der rechnerischen Behandlung nichtelektrischer Probleme erscheint als begrifflicher und methodischer Umweg. Beim rechnergestützten Entwurf wird man sich dieser Analogien vor allem dann bedienen, wenn speziell für ein Fachgebiet entwickelte Rechenprogramme mit ihren spezifischen Ein- und Ausgabeformen in einem anderen Fachgebiet eingesetzt werden.

Neben einer **Flußgröße** (FG) i und einer **Differenzgröße** (DG) u werden wir im weiteren auch eine **integrierte Flußgröße** (IFG) q und eine **integrierte Differenzgröße** (IDG) ψ verwenden. Sie sind Funktionen der Zeit und wie folgt definiert:

$$q(t) = \int_0^t i(t')\,\mathrm{d}t' + q(0)\,, \tag{1}$$

$$\psi(t) = \int_0^t u(t')\,\mathrm{d}t' + \psi(0)\,. \tag{2}$$

Die augenblickliche **Leistung** $p(t)$, die in einen Zweipol (vgl. Abb. 2.1) hineingeschickt wird, ergibt sich zu

$$p(t) = i(t) \cdot u(t)\,. \tag{3}$$

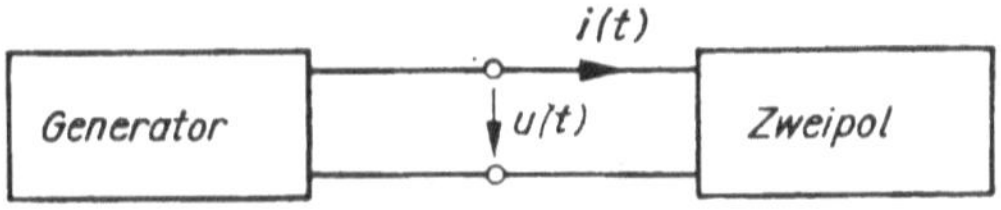

Abb. 2.1. Richtungsfestlegung der an einem Zweipol meßbaren FG und DG

Während des Zeitintervalls $(0, t)$ wird vom Generator die **Energie**

$$E(0, t) = \int_0^t p(t')\,\mathrm{d}t' = \int_0^t i(t')\,u(t')\,\mathrm{d}t' \tag{4}$$

geliefert. Bezeichnet man die zum Zeitpunkt $t = 0$ im Zweipol gespeicherte Energie mit $E(0)$, so befindet sich zu einem beliebigen Zeitpunkt $t \geqq 0$ im Zweipol die Energie $E(t) = E(0) + E(0, t)$.

Ein Zweipol heißt **passiv**, wenn $E(t) \geqq 0$ für alle $t \geqq 0$ und jeden möglichen Anfangsenergiezustand $E(0)$ gilt. Ein Zweipol heißt **aktiv**, falls er nicht passiv ist.

Häufig bezeichnet man den in Abb. 2.1 dargestellten Zweipol als am Generator anliegende „Last“.

2.1. Zweipolige (= eintorige) Netzwerkelemente

2.1.1. Verbraucher

Wir wollen die in Abb. 2.2 angegebene Symbolik und Vorzeichenkonvention verwenden.

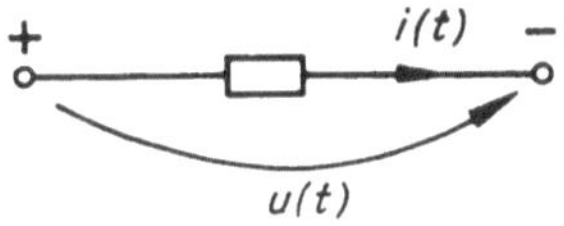

Abb. 2.2. Darstellung eines Verbrauchers

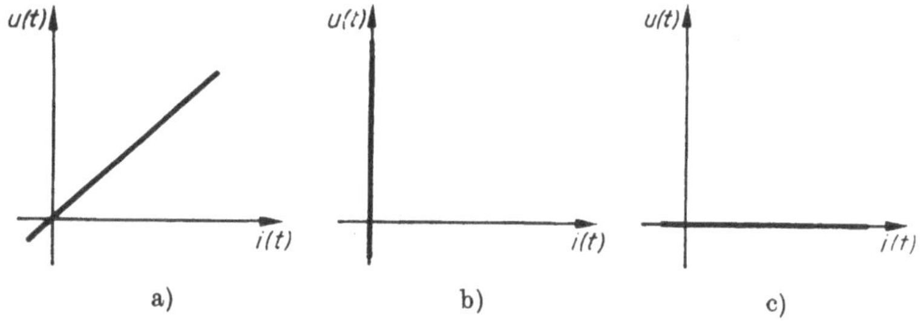

Abb. 2.3. Kennlinien linearer Verbraucher (einschließlich der Grenzfälle Leerlauf und Kurzschluß)

Ein Verbraucher heißt **linear und zeitinvariant,** wenn die (u, i)-Kennlinie eine zeitunabhängige Gerade durch den Ursprung ist (s. Abb. 2.3. a). Dann gilt

$$u(t) = Ri(t) \tag{5}$$

mit der Proportionalitätskonstanten R.

Beispiele für Verbraucher in verschiedenen NW-Typen können der Analogientabelle im Abschn. 2.1.5. entnommen werden.

Im Entartungsfall $R \to \infty$ bzw. $R \to 0$ verwendet man die Bezeichnungen **Leerlauf** (s. Abb. 2.3b) bzw. **Kurzschluß** (s. Abb. 2.3c).

Für den **linearen und zeitvarianten** Verbraucher gilt

$$u(t) = R(t) \cdot i(t)\,. \tag{6}$$

Diese Beziehung stellt für jeden Zeitpunkt t im (u, i)-Diagramm eine Gerade durch den Nullpunkt dar. Der Anstieg der Geraden ändert sich gemäß der Zeitfunktion $R(t)$.

Bei **nichtlinearen und zeitinvarianten** Verbrauchern besteht folgende Relation zwischen FG und DG:

$$u(t) = R\big(i(t)\big) \qquad \text{(FG-gesteuerter Verbraucher)} \tag{7a}$$

oder

$$i(t) = G\big(u(t)\big) \qquad \text{(DG-gesteuerter Verbraucher)} \tag{7b}$$

oder, im allgemeinsten Fall,

$$F\big(i(t), u(t)\big) = 0\,. \tag{7c}$$

In Abb. 2.4 wurden einige charakteristische Kennlinien nichtlinearer Verbraucher skizziert. Die Skizzen a), b) bzw. c) stellen die Kennlinien einer realen Diode, einer Tunneldiode bzw. einer idealen Diode dar. In der Skizze d) wurde die Charakteristik der Coulombschen Reibung und in der Skizze e) eine weitere, häufig verwendete Charakteristik der Reibung angegeben.

Sind Verbraucher schließlich **nichtlinear und zeitvariant,** so handelt es sich um Beziehungen zwischen FG und DG der Form

$$u(t) = R\big(i(t), t\big) \qquad \text{(FG-gesteuert)} \tag{8a}$$

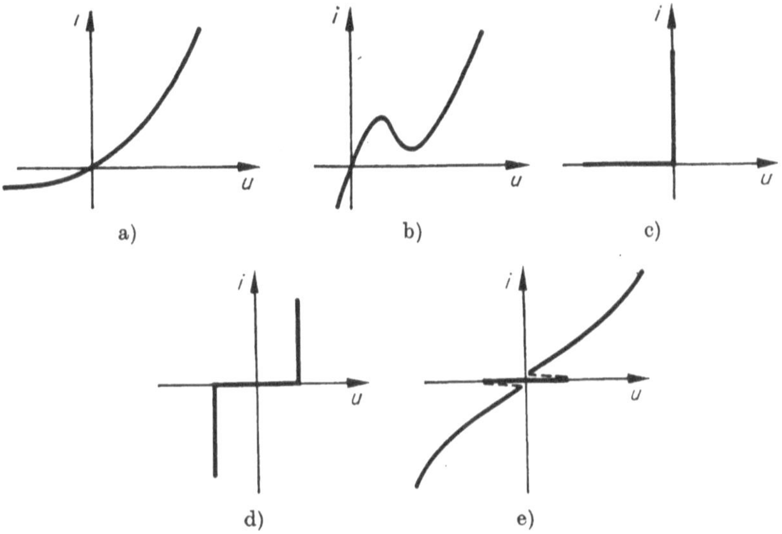

Abb. 2.4. Kennlinien nichtlinearer Verbraucher

oder

$$i(t) = G(u(t), t) \qquad \text{(DG-gesteuert)} \tag{8b}$$

oder, im allgemeinensten Fall,

$$F(i(t), u(t), t) = 0\,. \tag{8c}$$

2.1.2. Flußgrößen-Speicher

Ein Flußgrößen-Speicher (F-Speicher) ist ein Netzwerkelement, das die integrierte FG q speichern kann. Wir wollen die in Abb. 2.5 angegebene Symbolik und Vorzeichenkonvention verwenden.

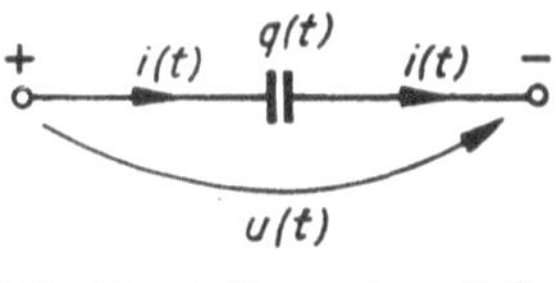

Abb. 2.5. Darstellung eines F-Speichers

Ein F-Speicher heißt **linear und zeitinvariant,** wenn die (q, u)-Kennlinie eine zeitunabhängige Gerade durch den Ursprung ist (s. Abb. 2.6. a). Dann gilt für die IFG

$$q(t) = Cu(t) \tag{9}$$

mit einer zeitunabhängigen Proportionalitätskonstanten C. Daraus folgt für die FG

$$i(t) = \frac{\mathrm{d}}{\mathrm{d}t}\,q(t) = C\,\frac{\mathrm{d}}{\mathrm{d}t}\,u(t)\,. \tag{10}$$

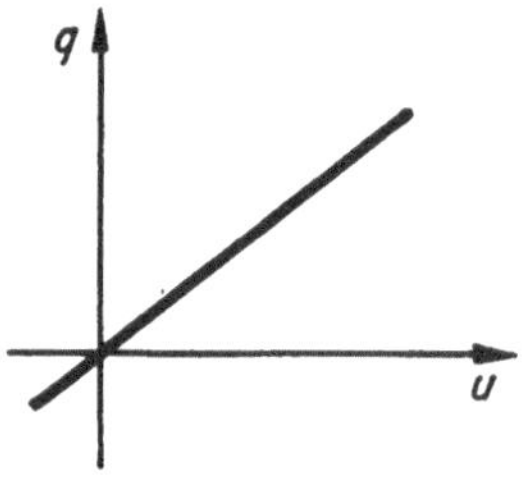

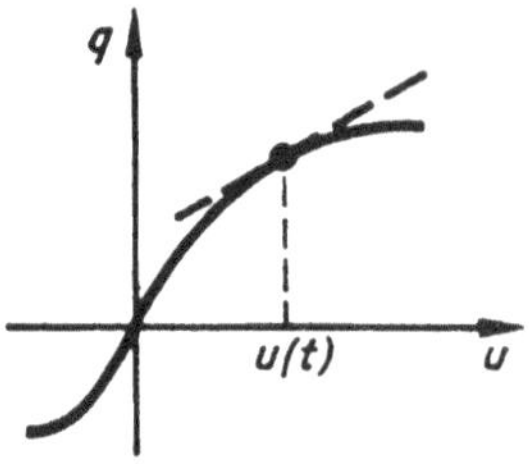

Abb. 2.6. Kennlinien von F-Speichern

Durch Integration von (10) erhält man

$$u(t + \mathrm{d}t) - u(t) = \frac{1}{C} \int_{t}^{t+\mathrm{d}t} i(t')\mathrm{d}t' \,. \tag{11}$$

Die Formel (11) kann man wie folgt interpretieren:

> Wenn die FG $i(t)$ in einem linearen, zeitinvarianten F-Speicher im Zeitverlauf beschränkt bleibt, dann ist die über dem F-Speicher abfallende DG $u(t)$ eine stetige Zeitfunktion, d. h., $u(t)$ kann nicht springen.

Beim **linearen und zeitvarianten** F-Speicher gilt für die IFG

$$q(t) = C(t)u(t) \,. \tag{12}$$

Durch Differentiation erhält man die FG $i(t)$ zu

$$\begin{aligned} i(t) &= u(t)\frac{\mathrm{d}}{\mathrm{d}t}C(t) + C(t)\frac{\mathrm{d}}{\mathrm{d}t}u(t) \\ &= \dot{C}(t)\,u(t) + C(t)\,\dot{u}(t) \,. \end{aligned} \tag{13}$$

Bei **nichtlinearen und zeitinvarianten** F-Speichern besteht gewöhnlich zwischen IFG und DG eine Relation

$$q(t) = q\big(u(t)\big) \tag{14}$$

und damit

$$i(t) = \left.\frac{\mathrm{d}q}{\mathrm{d}u}\right|_{u(t)} \cdot \dot{u}(t) = C^*(t) \cdot \dot{u}(t) \,. \tag{15}$$

Der Vergleich mit (10) zeigt, daß man die Zeitfunktion $C^*(t)$ als „dynamische“ oder „differentielle“ Proportionalitätskonstante ansehen kann. (In der Elektrotechnik verwendet man den Begriff „dynamische Kapazität“ für $C^*(t)$.) In Abb. 2.6. b ist der Anstieg der gestrichelten Geraden gleich $C^*(t)$. In der Elektrotechnik begegnen uns nichtlineare, zeitinvariante F-Speicher z. B. bei der Modellierung von Varaktordioden und Transistoren.

Schließlich gilt für **nichtlineare und zeitvariable** F-Speicher gewöhnlich eine Beziehung

$$q(t) = q(u(t), t) \tag{16}$$

und damit

$$i(t) = \left.\frac{\partial q}{\partial u}\right|_{u(t)} \cdot \dot{u}(t) + \frac{\partial q}{\partial t}. \tag{17}$$

Im Zeitintervall $(0, t)$ wird in einem F-Speicher die **F-Energie**

$$E_q(0, t) = \int_0^t u(t')\, i(t')\, \mathrm{d}t' = \int_0^t u(t')\, \mathrm{d}q(t') = \int_{q(0)}^{q(t)} u(q)\, \mathrm{d}q \tag{18}$$

gespeichert. Mit (9) erhält man für lineare, zeitinvariante F-Speicher

$$E_q(0, t) = \int_{q(0)}^{q(t)} u(q)\, \mathrm{d}q = \int_{q(0)}^{q(t)} \frac{q}{C} \cdot \mathrm{d}q = \frac{q^2(t) - q^2(0)}{2C} = E_q(t) - E_q(0)\,. \tag{18'}$$

Bei elektrischen NW ist die F-Energie die in einer Kapazität speicherbare elektrische Energie. Bei mechanischen NW ist die F-Energie die in einer Masse oder Drehmasse (= Trägheitsmoment) gespeicherte kinetische Energie (vgl. Abschn. 2.1.5.).

2.1.3. Differenzgrößen-Speicher

Ein Differenzgrößen-Speicher (D-Speicher) ist ein Netzwerkelement, das die integrierte DG ψ speichern kann. Wir wollen die in Abb. 2.7 angegebene Symbolik und Vorzeichenkonvention verwenden.

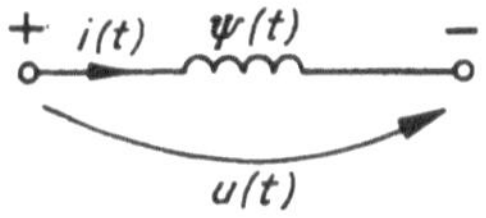

Abb. 2.7. Darstellung eines D-Speichers

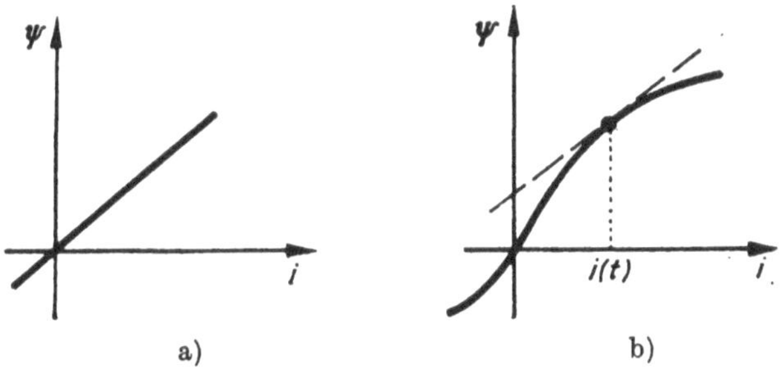

Abb. 2.8. Kennlinien von D-Speichern

Ein D-Speicher heißt **linear und zeitinvariant,** wenn die (ψ, i)-Kennlinie eine zeitunabhängige Gerade durch den Ursprung ist (s. Abb. 2.8. a). Dann gilt für die IDG

$$\psi(t) = L \cdot i(t) \tag{19}$$

mit zeitunabhängiger Proportionalitätskonstante L. Daraus folgt für die DG

$$u(t) = \frac{\mathrm{d}}{\mathrm{d}t}\psi(t) = L\frac{\mathrm{d}}{\mathrm{d}t}i(t)\,. \tag{20}$$

Durch Integration von (20) erhält man

$$i(t+\mathrm{d}t) - i(t) = \frac{1}{L}\int\limits_{t}^{t+\mathrm{d}t} u(t')\,\mathrm{d}t'\,. \tag{21}$$

Die Formel (21) kann man wie folgt interpretieren:

> Wenn die DG $u(t)$ über einem linearen, zeitinvarianten D-Speicher im Zeitverlauf beschränkt bleibt, so ist die in den D-Speicher hineinfließende FG $i(t)$ eine stetige Zeitfunktion, d. h., $i(t)$ kann nicht springen.

Beim **linearen und zeitvarianten** D-Speicher gilt für die IDG

$$\psi(t) = L(t) \cdot i(t)\,. \tag{22}$$

Durch Differentiation erhält man die DG $u(t)$ zu

$$u(t) = i(t)\frac{\mathrm{d}}{\mathrm{d}t}L(t) + L(t)\frac{\mathrm{d}}{\mathrm{d}t}i(t) = \dot{L}(t)\cdot i(t) + L(t)\cdot\dot{i}(t)\,. \tag{23}$$

Bei **nichtlinearen und zeitinvarianten** D-Speichern besteht gewöhnlich zwischen IDG und FG eine Relation

$$\psi(t) = \psi\big(i(t)\big) \tag{24}$$

und damit

$$u(t) = \left.\frac{\mathrm{d}\psi}{\mathrm{d}i}\right|_{i(t)} \cdot \dot{i}(t) = L^*(t)\cdot\dot{i}(t)\,. \tag{25}$$

Der Vergleich mit (20) zeigt, daß die Zeitfunktion $L^*(t)$ als „dynamische" oder „differentielle" Proportionalitätskonstante angesehen werden kann. In Abb. 2.8.b ist der Anstieg der gestrichelten Geraden gleich $L^*(t)$. In der Elektrotechnik verwendet man den Begriff „dynamische Induktivität" für $L^*(t)$.

Schließlich gilt für **nichtlineare und zeitvariable** D-Speicher eine Beziehung

$$\psi(t) = \psi\big(i(t), t\big) \tag{26}$$

und damit

$$u(t) = \left.\frac{\partial\psi}{\partial i}\right|_{i(t)} \cdot \dot{i}(t) + \frac{\partial\psi}{\partial t}\,. \tag{27}$$

Im Zeitintervall $(0, t)$ wird in einem D-Speicher die **D-Energie**

$$E_\psi(0, t) = \int\limits_0^t i(t')\,u(t')\,\mathrm{d}t' = \int\limits_0^t i(t')\,\mathrm{d}\psi(t') = \int\limits_{\psi(0)}^{\psi(t)} i(\psi)\,\mathrm{d}\psi \tag{28}$$

gespeichert. Insbesondere erhält man mit (19) für lineare, zeitinvariante D-Speicher

$$E_\varphi(0, t) = \int\limits_{\psi(0)}^{\psi(t)} i(\psi)\, \mathrm{d}\psi = \int\limits_{\psi(0)}^{\psi(t)} \frac{\psi}{L}\, \mathrm{d}\psi = \frac{\psi^2(t) - \psi^2(0)}{2L} = E_\varphi(t) - E_\varphi(0)\,. \quad (28')$$

Bei elektrischen NW ist die D-Energie die in einer Induktivität gespeicherte magnetische Energie. Bei mechanischen NW ist die D-Energie die in einer Feder oder Drehfeder gespeicherte potentielle Energie.

2.1.4. Quellen

Eine **ideale Differenzgrößen-Quelle** (D-Quelle) wirkt unabhängig von der anliegenden Belastung. In Abb. 2.9.a wird die an den Klemmen anliegende DG $u^e(t)$ nicht davon beeinflußt, welches NW angeschaltet wird, und ist folglich unabhängig von der sich einstellenden FG $i(t)$. Die Kennlinie einer idealen D-Quelle zeigt die Abb. 2.9. b. Das hochgestellte „e" soll auf das Wort Erregung hinweisen; denn die Quellen sind ja die Erregungsgrößen des NW.

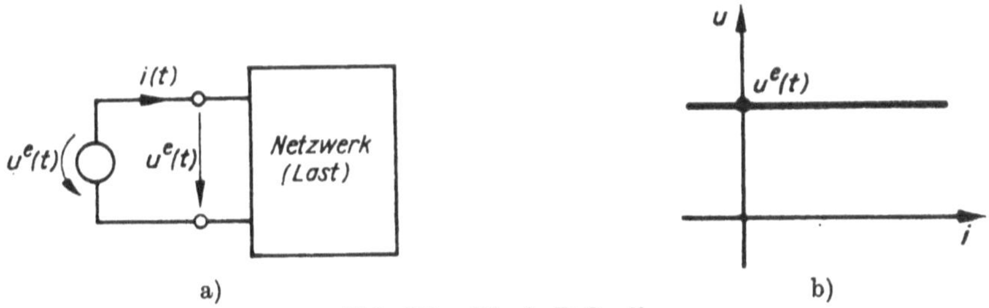

Abb. 2.9. Ideale D-Quelle

Abb. 2.10. Ideale F-Quelle

Eine **ideale Flußgrößen-Quelle** (F-Quelle) wirkt ebenfalls unabhängig von der anliegenden Belastung. Die in Abb. 2.10a in das NW einströmende FG $i^e(t)$ wird nicht davon beeinflußt, welches NW angeschaltet wird, und ist folglich unabhängig von der sich einstellenden DG $u(t)$. Die Kennlinie einer idealen F-Quelle zeigt die Abb. 2.10. b.

Die idealen Quellen stellen so starke Idealisierungen dar, daß sie in dieser Form praktisch nur selten als Modell für einen Generator (= technische Komponente, die ein System erregen kann) verwendbar sind. Allen Generatoren ist gemeinsam — man denke z. B. an einen Blei-Akkumulator, der ein elektrisches Gleichstromnetz erregt, oder an einen Heizungskessel, der als Generator in einer Warmwasser-Schwerkraft-Heizungsanlage wirkt —, daß sie Energie aus einer im NW nicht vorkommenden Art — bei unseren Beispielen ist es chemische oder thermische Energie in die zur Erregung des NW benötigte Art — in unseren Beispielen elektrische bzw. Strömungsenergie — umwandeln. Außer diesem Energiewandlungsmechanismus enthalten Generatoren einen Verbraucher, der sich in unseren Beispielen als elektrischer Innenwiderstand des Akkus bzw. als Strömungsinnenwiderstand des Kessels darstellt.

Betreibt man einen Generator unter verschiedener Belastung, so stellen sich im allgemeinen verschiedene Werte für die FG i **und** die DG u ein (vgl. Abb. 2.11).

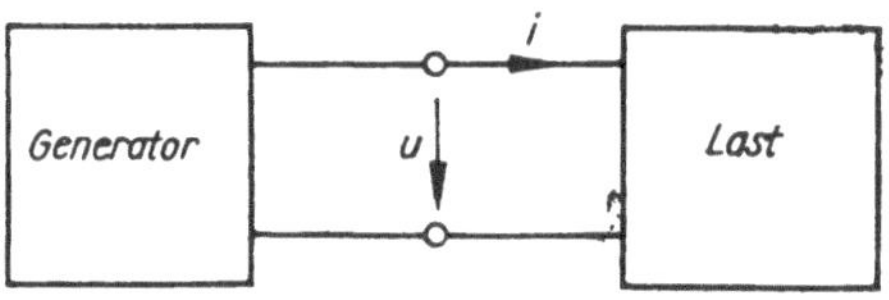

Abb. 2.11. Zusammenschaltung von Generator und Verbraucher (Last)

Sehr oft kann man einen Generator bei der NW-Beschreibung als Quelle modellieren, bei der die in Abb. 2.11 eingetragene FG i und DG u — in einem gewissen Arbeitsbereich — in einer linearen Beziehung zueinander stehen,

$$Au + Bi = C \,. \tag{29}$$

Wählt man als Last einen Kurzschluß, so wird $u = 0$ und es fließt die **Kurzschluß-FG**

$$i_k = \frac{C}{B} \,.$$

Wählt man als Last einen Leerlauf, so wird $i = 0$ und über den Klemmen fällt die **Leerlauf-DG** ab,

$$u_l = \frac{C}{A} \,.$$

Mit diesen Abkürzungen kann man die Gl. (29) umschreiben in (die HESSEsche Normalform der Geraden)

$$\frac{u}{u_l} + \frac{i}{i_k} = 1 \,. \tag{30}$$

Die Gl. (30) kann man nach u oder i auflösen,

$$u = u_l - \frac{u_l}{i_k} i = u_l - R_Q i \tag{31}$$

oder

$$i = i_k - \frac{i_k}{u_l} u = i_k - \frac{1}{R_Q} u . \tag{32}$$

Das Verhältnis $u_l/i_k = R_Q$ wollen wir als **Innenverbraucher** der Quelle bezeichnen.

Die Gln. (30), (31) und (32) lassen sich graphisch als ein und dieselbe Gerade mit dem Anstieg $(-R_Q)$ darstellen (vgl. Abb. 2.12). Gemäß Gl. (31) ist das NW-Modell des Generators (vgl. Abb. 2.13a) als Reihenschaltung einer idealen D-Quelle mit $u^e = u_l$ und einem Verbraucher R_Q interpretierbar. In der elektrotechnischen Literatur (z. B. [Kle-61], [Unb-72]) wird die Darstellungsmöglichkeit (31) eines Generators, vgl. Abb. 2.13. b, als Satz von der Ersatzspannungsquelle (Satz von H. HELMHOLTZ (1853), Theorem von L. Ch. THÉVENIN (1883)) bezeichnet.

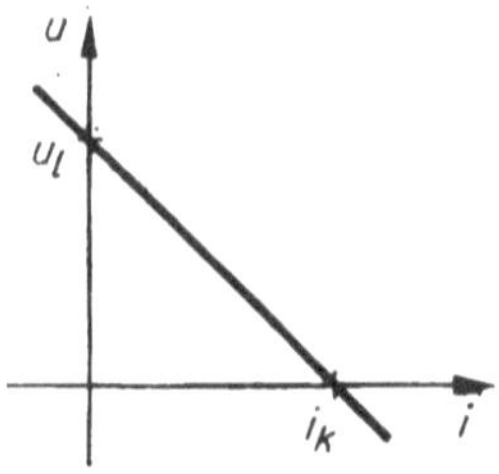

Abb. 2.12. Lastseitige Kennlinie eines Generators

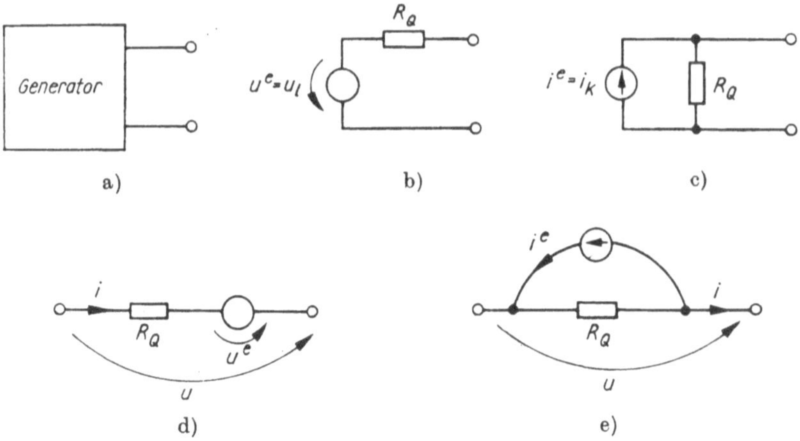

Abb. 2.13. Generatordarstellungen;

a) Symbol für einen Generator, b) Reihen-Ersatzschaltung eines Generators, c) Parallel-Ersatzschaltung eines Generators, d) Vorzeichenfestlegung für die Untersuchung eines Generators als allgemeiner Zweipol (Reihenschaltung), e) Vorzeichenfestlegung für die Untersuchung eines Generators als allgemeiner Zweipol (Parallelschaltung)

Gemäß Gl. (32) ist das Modell als Parallelschaltung einer idealen F-Quelle mit $i^e = i_k$ und einem Verbraucher R_Q interpretierbar. In der elektrotechnischen Literatur wird die Darstellungsmöglichkeit (32) eines Generators, vgl. Abb. 2.13.c, als Satz von der Ersatzstromquelle (Satz von H. F. MAYER (1926), Theorem von E. L. NORTON) bezeichnet.

Um zu erkennen, daß die abgeleiteten Generator-Ersatzschaltungen aktive Zweipole im Sinne der auf S. 11 gegebenen Definition sind, müssen wir die durch den Zweipol fließende FG und die über dem Zweipol abfallende DG vorzeichenrichtig im Sinne der in Abb. 2.1 getroffenen Konvention ansetzen. Das ist in Abb. 2.13d u. e geschehen. In Abb. 2.13d erkennen wir die Reihenschaltung eines Verbrauchers und einer idealen D-Quelle. Da für beide Elementar-Zweipole der hindurchfließende Fluß i der gleiche ist, erhält man die (u, i)-Charakteristik des Gesamtzweipols durch die in Abb. 2.14.a skizzierte Überlagerung der

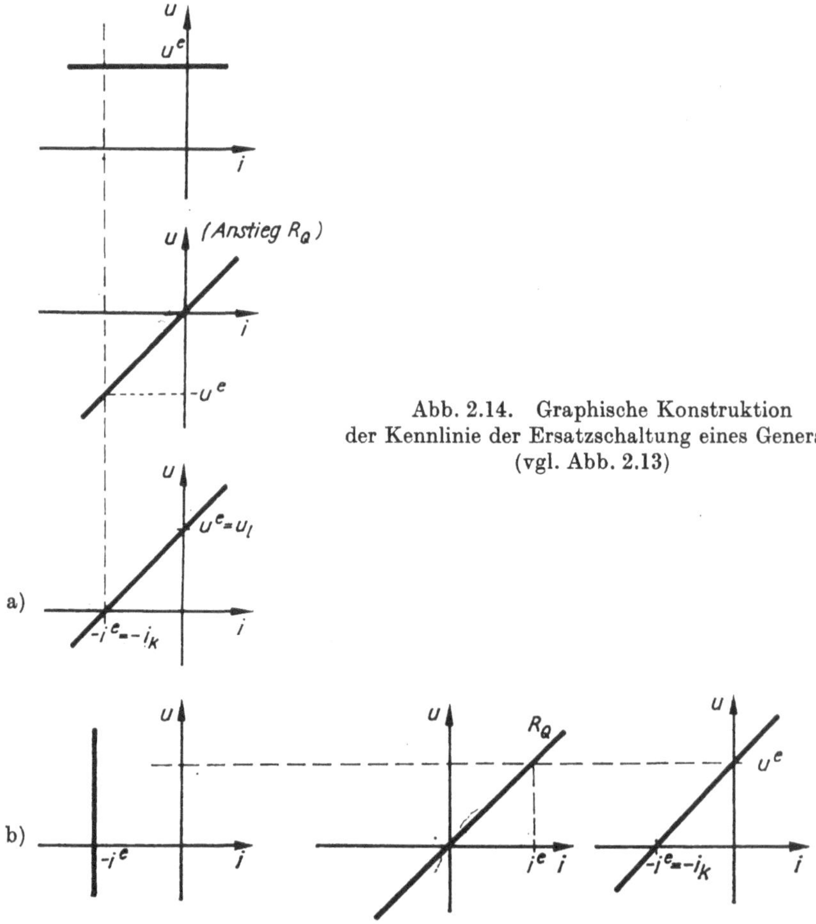

Abb. 2.14. Graphische Konstruktion der Kennlinie der Ersatzschaltung eines Generators (vgl. Abb. 2.13)

bereits oben angegebenen Charakteristiken der beiden Elementarzweipole. Stellt man die Quelle als Parallelschaltung einer idealen F-Quelle und des Innenverbrauchers dar, so kommt man zur gleichen (u,i)-Charakteristik (vgl. Abbn. 2.13.e und 2.14.b). Offenbar gilt im interessierenden Bereich $0 < u < u_l$ für die augenblickliche Leistung, die in die Quelle hineingeschickt wird,

$$p(t) = u(t) \cdot i(t) < 0 . \tag{33}$$

Wegen $E(0) = 0$ wird daher $E(t) < 0$ für alle $t > 0$; d. h., im Zeitintervall $(0, t)$ ist eine Energie vom Betrage $|E(t)|$ aus der Quelle herausgeflossen. Also handelt es sich bei der Quelle um einen aktiven Zweipol.

2.1.5. Analogien zwischen NW in verschiedenen Objektbereichen

In der Tab. 2.1 sind für NW aus verschiedenen Objektbereichen die wichtigsten, zueinander „analogen" Begriffe zeilenweise zusammengestellt worden. Dabei wurden nur lineare, zeitinvariante NWE berücksichtigt.

Bei einem flüchtigen Betrachten der Tabelle fällt zunächst auf, daß in **thermischen NW** keine D-Speicher existieren. Deshalb können in einem thermischen NW von sich aus keine zeitlich periodischen Prozesse ablaufen. Während bei den angeführten NW aus anderen Objektbereichen das Produkt aus der FG und der DG stets eine Leistung darstellt, ist das bei den thermischen NW nicht der Fall. Dieser Schönheitsfehler läßt sich korrigieren, indem statt des Wärmestromes der Entropiestrom als FG benutzt wird. In der Tafel wurde trotzdem der Wärmestrom zugrunde gelegt, weil dieser bei der praktischen Anwendung thermischer Netzwerke viel häufiger gewählt wird als der Entropiestrom.

Bei **Strömungs-NW** bestehen gewisse Unterschiede, je nachdem, ob das strömende Medium als kompressibel (z. B. Akustik und allgemeiner Pneumatik) oder als inkompressibel (z. B. Hydraulik) angesetzt wird. Bei kompressiblen Medien stellt die Strömungskapazität ein Maß für die Volumenkompressibilität dar, während sie bei inkompressiblen Medien nur durch „offene" Speicherbehälter realisiert werden kann. Bei der Beschreibung von fluidischen Vorgängen kann man zwei grundsätzlich verschiedene Zugänge wählen. Stellt man sich mit LAGRANGE das bewegte Medium aus lauter einzelnen Partikeln zusammengesetzt vor, die natürlich den mechanischen Grundgesetzen genügen, so erhält man eine Beschreibung von Strömungsnetzwerken, die in engster Beziehung zu den mechanischen NW steht. Als FG ergibt sich die Flächenkraft (= Druck) in Analogie zur Kraft und als DG die Flächengeschwindigkeit (= Volumenfluß) in Analogie zur Geschwindigkeit. Zum anderen kann man aber auch den EULERschen Kontinuumszugang wählen mit dem Volumenfluß als FG und dem Druck als DG. In der praktischen Anwendung bietet der EULERsche Weg viele Vorteile gegenüber dem LAGRANGEschen, weshalb er auch in der Spalte „Strömungs-NW" der Tab. 2.1 zugrunde gelegt wurde. Beim Vergleich zwischen den mechanischen und den Strömungs-NW fällt die konsequente Ver-

Tab. 2.1. Gegenüberstellung von Netzwerken aus verschiedenen Objektbereichen

	Symbol	Allgemeines NW	Mechanisch-translatorisches NW	Mechanisch-rotatorisches NW	Elektrisches NW	Strömungs-NW	Thermisches NW
Signale	i	Flußgröße (FG)	Kraft [N]	Drehkraft [Nm] (= Drehmoment)	Strom [A]	Volumenfluß (= Flächengeschwind.) [m³/s]	Wärmestrom [Nm/s]
	u	Differenzgröße (DG)	Geschwindigkeit [m/s]	Drehgeschwindigk. (= Winkelgeschwindigkeit) [s^{-1}]	Spannung [V]	Druck [N/m²] (= Flächenkraft)	Temperatur [grd]
	q	integrierte Flußgröße (IFG)	Bewegungsgröße (= Impuls) [Ns]	Drehbeweg.-Größe (= Drehimpuls = Drall) [Nms]	Ladung [As]	Volumen [m³] (= Flächenweg)	Wärmemenge [Nm]
	ψ	integrierte Differenzgröße (IDG)	Weg [m]	Drehweg (= Winkel) [rad]	magnet. Fluß [Vs]	Strömungsbeweg.-Größe (= Flächenbewegungsgröße) [Ns/m³]	—
Netzwerk-Elemente	R: 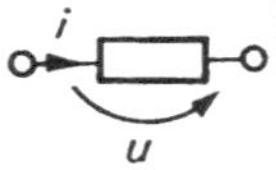	Verbraucher $R = \frac{u}{i}$ $(G = 1/R)$	Reibungsmitgang $(H = 1/D)$	Drehreibungsmitgang	Ohmscher Widerstand	Strömungswiderstand	Wärmewiderstand
	C: 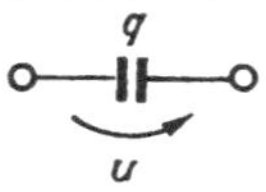	F-Speicher, $C = \frac{q}{u}$ $E_q = \frac{q^2}{2C}$	Masse (M) kinetische Energie	Drehmasse (= Trägheitsmoment), kinetische Energie	Kapazität elektrische Energie	Strömungskapazität (= akust. Nachgiebigkeit) [potent. Energie]	Wärmekapazität Wärme
	L: 	D-Speicher $L = \frac{\psi}{i}$ $E_\psi = \frac{\psi^2}{2L}$	Federnachgiebigkeit $(N = 1/K)$ potentielle Energie	Drehfedernachgiebigkeit potentielle Energie	Induktivität magnet. Energie	Strömungsträgh. (= akust. Masse) [kinetische Energie]	—
	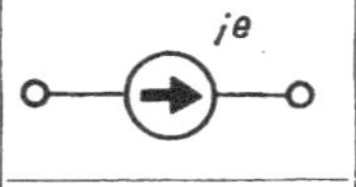	F-Quelle i^e = vorgeg. Zeitfkt.	Kraftquelle	Drehkraftquelle	Stromquelle	Volumenflußquelle	Wärmestromquelle
	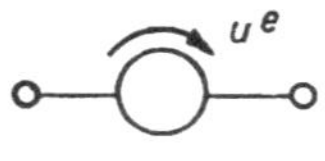	D-Quelle u^e = vorgegebene Zeitfunktion	Geschwindigkeitsquelle	Drehgeschwindigkeitsquelle	Spannungsquelle	Druckquelle	Temperaturquelle

tauschung von FG und DG besonders auf, wenn man die in der Spalte der Strömungs-NW in Klammern stehenden Begriffe benutzt.

Auf die Analogien zwischen translatorischen, rotatorischen, elektrischen und akustischen Netzwerken wird in [Len-71] sehr ausführlich eingegangen. Dort findet der interessierte Leser auch zahlreiche Beispiele, die das Vertrautwerden mit dem Netzwerk-Konzept erleichtern und beschleunigen helfen.

Von den in der Tabelle 2.1 aufgeführten Netzwerkelementen (NWE) bereiten erfahrungsgemäß die **F-Speicher bei nichtelektrischen NW** dem Verständnis besondere Schwierigkeiten. Wir wollen deshalb auf diese NWE kurz eingehen.

Bei der Bewegung von Körpern in mechanischen Systemen spielt die Trägheit der Körper eine Rolle. Bei translatorischen Bewegungsabläufen wird die translatorische Trägheit als Masse M bezeichnet. Bewegt sich ein Körper in einem Inertialsystem als Bezugssystem und wird die Geschwindigkeit $\dot{x}$ des als starr idealisierten Körpers gegenüber dem Bezugssystem gemessen, so wirkt auf den Körper eine „Trägheitskraft"

$$f = \frac{\mathrm{d}}{\mathrm{d}t}(M\dot{x}) .$$

Im NW-Modell spiegelt das NWE **Masse** diese Beziehung wider. Bekanntlich müssen sich die am Körper angreifenden eingeprägten Kräfte nicht zu Null ergänzen. Das Kräftegleichgewicht wird erst bei Berücksichtigung der Trägheitskraft hergestellt. Folglich gilt das Schnittgesetz für den betrachteten Körper, wenn man die Trägheitskraft zwischen Körper und Bezugssystem einführt. Im NW-Modell des mechanischen Systems wird daher die Masse als NWE mit zwei Anschlußstellen dargestellt. Eine Anschlußstelle stellt das Bezugssystem dar, die andere einen beliebigen Punkt des als starr idealisierten Körpers. Zwischen den Anschlußstellen besteht die Relativgeschwindigkeit $\dot{x}$ als Differenzgröße, durch das NWE fließt die Kraft f als Flußgröße.

Der Leser begründe zur Übung, warum die Trägheitskräfte zum Bezugssystem fließen müssen, und zeige, daß auch für das Bezugssystem, das im NW-Modell als ein Knoten (vgl. S. 26 ff.) dargestellt wird, das Schnittgesetz gilt.

Für rotatorische Bewegungsabläufe gilt die gleiche Argumentation. Das Wort translatorisch ist durch rotatorisch zu ersetzen, die Kraft durch die Drehkraft (= Drehmoment), die Geschwindigkeit durch die Drehgeschwindigkeit (= Winkelgeschwindigkeit) und die Masse durch die **Drehmasse** (= Trägheitsmoment).

Bei Strömungs-NW zeigen Behälter — das sind Hohlräume in kompressiblen Medien und offene Speicher bei inkompressiblen Medien — die Fähigkeit zur Volumen-Speicherung. Diese Eigenschaft wird im NWE **(Strömungs-)Kapazität** C_S widergespiegelt. Wird der Relativdruck p im Innern des Behälters gegenüber der Umgebung gemessen, so genügt der Volumenfluß $\dot{V}$ in den Behälter der Beziehung

$$\dot{V} = \frac{\mathrm{d}}{\mathrm{d}t}(C_S p) .$$

Denkt man bei kompressiblem Medium den betrachteten Hohlraum vom übrigen Strömungssystem abgeschnitten (vgl. Abb. 2.15.a), so wird sich im allgemeinen die Summe der Volumenflüsse nicht zu Null ergänzen. Um zu einer NW-Beschreibung zu kommen, müssen die in den Schnitt einströmenden (Teil-)Volumenflüsse auch wieder ausströmen, denn sonst wird das Schnittgesetz nicht erfüllt. Diese gedachten Volumenflüsse können nur von der Umgebung, die bereits den Bezugspunkt für die Druckmessung darstellt, aufgenommen werden. (Ein Versuch, diese Volumenflüsse zu anderen Systemelementen zu führen, würde das Schnittgesetz für diese Elemente verletzen.) Im NW-Modell wird daher die Strömungskapazität als NWE mit zwei Anschlußstellen repräsentiert,

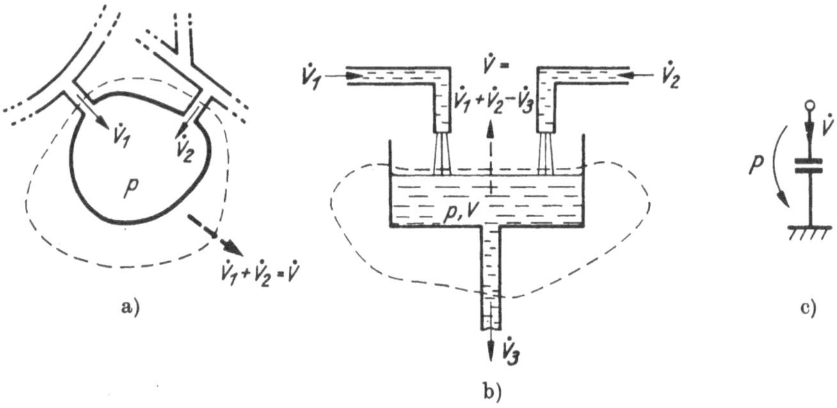

Abb. 2.15. Volumen-Speicher in Strömungsnetzwerken;
a) Hohlraum bei kompressiblen Medien, b) Offener Speicher bei inkompressiblen Medien, c) Symbolische Darstellung des NWE „Strömungskapazität"

vgl. Abb. 2.15.c. Die eine Anschlußstelle stellt das Bezugssystem dar, die andere einen beliebigen Punkt im Inneren des Hohlraumes. Zwischen den Anschlußstellen besteht der Relativdruck p als Differenzgröße, durch das NWE fließt der Volumenfluß $\dot{V}$ als Flußgröße.

Bei inkompressiblen Medien stellen die Oberflächen der offenen Speicher die Grenze zur Umgebung dar. Auf den Oberflächen herrscht der Relativdruck $p = 0$, vgl. Abb. 2.15.b. Ist die Summe der in den Speicher ein- und ausströmenden Volumenflüsse nicht Null, so ändert sich der Füllstand des Speichers. Das läßt sich als Volumenfluß „in die Umgebung" deuten. Im NW-Modell kann daher die Strömungskapazität als NWE mit zwei Anschlußstellen gemäß Abb. 2.15.c erfaßt werden.

In thermischen Systemen beobachtet man die Fähigkeit zur Wärmespeicherung. Sie wird durch die sog. **Wärmekapazität** C_W gemessen. Herrscht in einem Körper die (für alle Punkte des Körpers als gleich vorausgesetzte) Temperaturdifferenz τ zum umgebenden Bezugssystem, so genügt ein Wärmestrom $\dot{Q}$ in den Körper der Beziehung

$$\dot{Q} = \frac{\mathrm{d}}{\mathrm{d}t}(C_W\tau)\,,$$

d. h., ein Wärmestrom ist (bei unveränderlicher Wärmekapazität) stets mit Temperaturab- oder -zunahme verbunden. Denkt man sich den betrachteten, zur Wärmespeicherung fähigen Körper mit Hilfe einer um den Körper gelegten Schnittfläche vom übrigen thermischen System abgeschnitten, so wird sich im allgemeinen die Summe der (eingeprägten) Wärmeströme durch die Schnittfläche nicht zu Null ergänzen. Um zu einer NW-Beschreibung von thermischen Systemen zu kommen, müssen die in jeden Schnitt einströmenden Wärmeflüsse auch wieder ausströmen, denn sonst wird das Schnittgesetz nicht erfüllt. Diese gedachten Wärmeflüsse können nur von der Umgebung, die bereits den Bezugspunkt für die Temperaturmessung darstellt, aufgenommen werden. Im NW-Modell wird daher die Wärmekapazität als NWE mit zwei Anschlußstellen dargestellt. Eine Anschlußstelle stellt das Bezugssystem, die andere einen beliebigen Punkt des Körpers dar. Zwischen den Anschlußstellen besteht der Temperaturunterschied τ als Differenzgröße, durch das NWE fließt der Wärmestrom $\dot{Q}$ als Flußgröße.

2.2. Topologie von Netzwerken

2.2.1. Der Graph eines Netzwerkes

Wir betrachten ein reales System, das sich als NW mit konzentrierten Elementen modellieren läßt. Die topologischen Zusammenhangsrelationen des NW werden im sog. **Graphen** des NW widergespiegelt. Bei der Aufstellung des Graphen ist die genaue Kenntnis und richtige Anwendung der den betreffenden Objektbereich beherrschenden physikalischen Grundgesetze erforderlich. Besonderer Sorgfalt bedarf die Festlegung der zu berücksichtigenden FG und DG. Dabei ist es nützlich, im Gedankenexperiment Meßinstrumente zu benutzen und sich gewissenhaft ihre richtige Anordnung zu überlegen. Allgemein lassen sich folgende **Regeln zur Aufstellung des Graphen** des NW, die für alle Objektbereiche einheitlich gelten, formulieren.

1. Zunächst wird das technische System in seine Komponenten zerlegt. Wir wollen vorerst voraussetzen, daß man das System so weit zerlegen kann, daß jede Komponente nicht mehr als zwei Anschlußstellen besitzt. (Über die Berücksichtigung mehrpoliger NW-Elemente wird im Abschnitt 2.4. gesprochen.)
2. Jede Komponente denkt man sich durch eine angemessene Ersatzschaltung aus zweipoligen NW-Elementen modelliert.

3. An jedes zweipolige NW-Element denkt man sich ein Meßinstrument angeschlossen, das die über dem NW-Element abfallende DG mißt. Anschließend werden die Meßinstrumente zu einem (Meßinstrumenten-)Netzwerk zusammengefügt, das exakt der Anordnung der NW-Elemente entspricht.
4. Meßinstrument-Anschlußstellen, zwischen denen sich keine DG $\neq 0$ aufbauen kann, werden zu einem einzigen Punkt zusammengefaßt.
5. In dem gefundenen Meßinstrumenten-NW ersetzen wir jedes Meßinstrument durch eine Verbindungslinie (= „Zweig" oder „Kante") zwischen den beiden Anschlußstellen (= „Knoten").
6. Jedem der so eingeführten Zweige wird eine Orientierung zugeordnet, die man ggf. in Übereinstimmung mit der Polarität des Meßinstrumentes wählen kann. Nach gewählter Orientierung eines Zweiges ζ, der zwischen den Knoten $\varkappa_1$ und $\varkappa_2$ liegen möge (vgl. Abb. 2.16), wird die über dem Zweig abfallende DG als positiv bzw. negativ gezählt, wenn der Knoten $\varkappa_1$ gegenüber dem Knoten $\varkappa_2$ eine positive bzw. negative Differenz (z. B. Relativgeschwindigkeit, Temperaturdifferenz, Potentialdifferenz) besitzt.

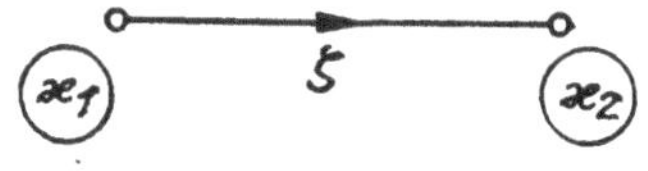

Abb. 2.16. Orientierter Zweig eines Graphen

Als Ergebnis der beschriebenen Konstruktion erhält man einen dem gegebenen technischen System zugeordneten **orientierten Graphen.** Man könnte sich auch zu jedem NW-Element ein FG-Meßinstrument in Reihe geschaltet denken und daraus über ein Meßinstrumenten-NW den Graphen erhalten. Man kommt auf diese zweite Art zum gleichen Graphen, wenn der Fluß als positiv zählt, falls er in Richtung der (für die DG) gewählten Zweigorientierung fließt.

Dem Elektrotechniker, der es gewohnt ist, **elektronische Schaltungen** durch elektrische NW wiederzugeben, dürften die genannten Einzelschritte zur Ermittlung des Graphen des NW unnötig kompliziert erscheinen. Bei elektrischen NW gibt es hier keine Probleme, da sich die im Graphen widergespiegelte NW-Struktur unmittelbar aus dem Stromlaufplan der Schaltung ablesen läßt.

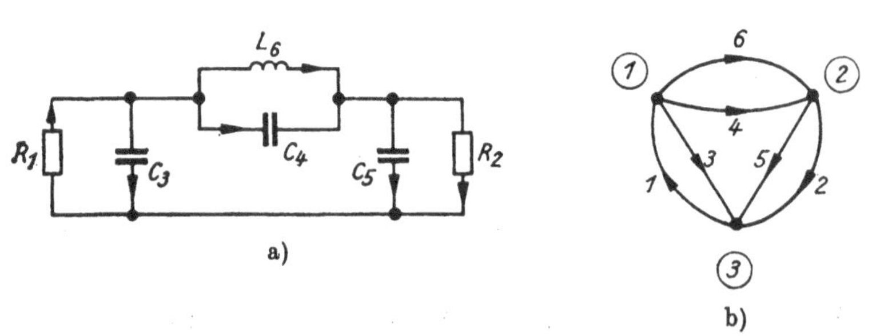

Abb. 2.17. Elektrisches Netzwerk und zugehörender Graph

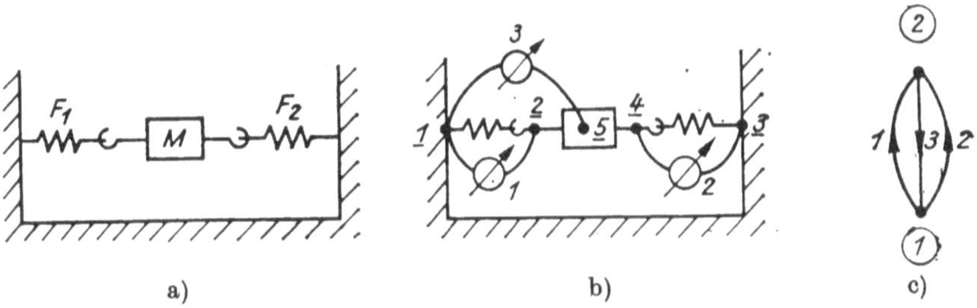

Abb. 2.18. Feder-Masse-System;
a) Prinzipielle Darstellungsform, b) Anordnung von Meßinstrumenten zur Bestimmung aller DG, c) Zugehörender Graph

Abb. 2.17 zeigt ein Beispiel. Gemäß Konstruktionsschritt 4 und 5 bildet die durchgehende „Erde" der Schaltung einen Knoten im Graphen.

Bei **nichtelektrischen technischen Systemen** sind jedoch Darstellungsweisen üblich, die bei der Aufstellung des NW-Graphen die strenge Beachtung der genannten Regeln geboten erscheinen lassen. Wir bringen dazu einige Beispiele.

In Abb. 2.18.a wurde ein einfaches **Feder-Masse-System** skizziert, dessen eindimensionaler Bewegungsablauf in horizontaler Richtung studiert werden soll. Das technische System besteht aus drei Komponenten mit jeweils zwei Anschlußklemmen: einem Körper M und zwei technischen Federn F_1 und F_2. Wir wollen annehmen, daß sich der Körper M als starrer Körper, der durch seine Masse ($\triangleq C$) ausreichend charakterisiert wird, modellieren läßt, während die Federn F_1 und F_2 allein durch die Angabe ihrer Federnachgiebigkeiten ($\triangleq L_1$ bzw. L_2) hinreichend genau erfaßt werden. Damit sind für unser Beispiel die Regeln 1 und 2 abgearbeitet. Die über den Anschlußstellen der Federn abfallenden DG (Geschwindigkeiten) werden durch die Relativgeschwindigkeit der Stelle $\underline{2}$ gegenüber der Stelle $\underline{1}$ bzw. der Stelle $\underline{4}$ gegenüber der Stelle $\underline{3}$ gegeben und können mit den in Abb. 2.18.b eingetragenen Meßinstrumenten *1* bzw. *2* ermittelt werden. Eine genauere Überlegung erfordert die Messung der über dem NWE Masse abfallenden Geschwindigkeit. Sie läßt sich durch ein Meßinstrument *3* zwischen den Anschlußstellen $\underline{5}$ und $\underline{1}$ bestimmen. Auf Grund der Definition des starren Körpers kann sich zwischen den Stellen $\underline{2}$, $\underline{4}$ und $\underline{5}$ einerseits und $\underline{1}$ und $\underline{3}$ andererseits keine Relativgeschwindigkeit ausbilden. Gemäß Konstruktionsregel 4 sind diese Stellen zu einem einzigen Punkt zusammenzufassen. Sie mögen dann die Knoten ① und ② des Graphen bilden. Ersetzt man die Meßinstrumente durch Zweige und gibt den Zweigen die gleiche Nummer wie den Meßinstrumenten, so erhält man schließlich den in Abb. 2.18.c angegebenen Graphen. Die Zweigorientierung wurde willkürlich festgelegt. Durch die Zweige *1* und *2* fließen die Federkräfte, während durch den Zweig *3* die Trägheitskraft fließt.

In Abb. 2.19 wurde die gleiche Überlegung für ein **rotatorisches System**, das sich durch zwei Drehmassen und zwei Drehfedernachgiebigkeiten beschreiben

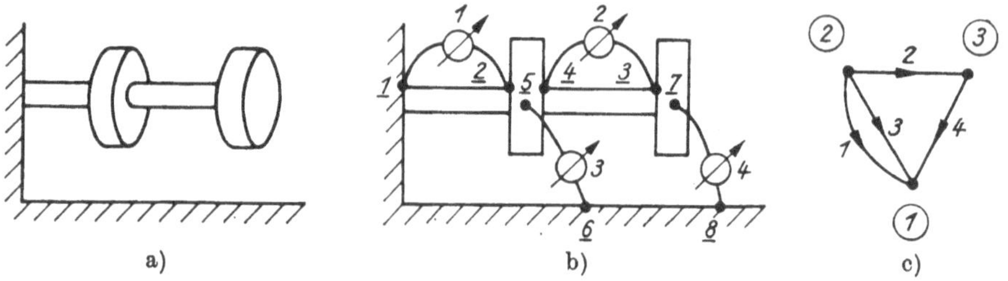

Abb. 2.19. Drehfeder-Drehmasse-System und zugehörender Graph

läßt, durchgeführt. Dem Leser sei die detaillierte Diskussion der einzelnen Schritte, die zur Aufstellung des in Abb. 2.19.c skizzierten Graphen führen, empfohlen.

Als Beispiel für die Anwendung von Strömungsnetzwerken wollen wir einen **Schalldämpfer** (Abb. 2.20.a) betrachten. Am Eingang des Schalldämpfers

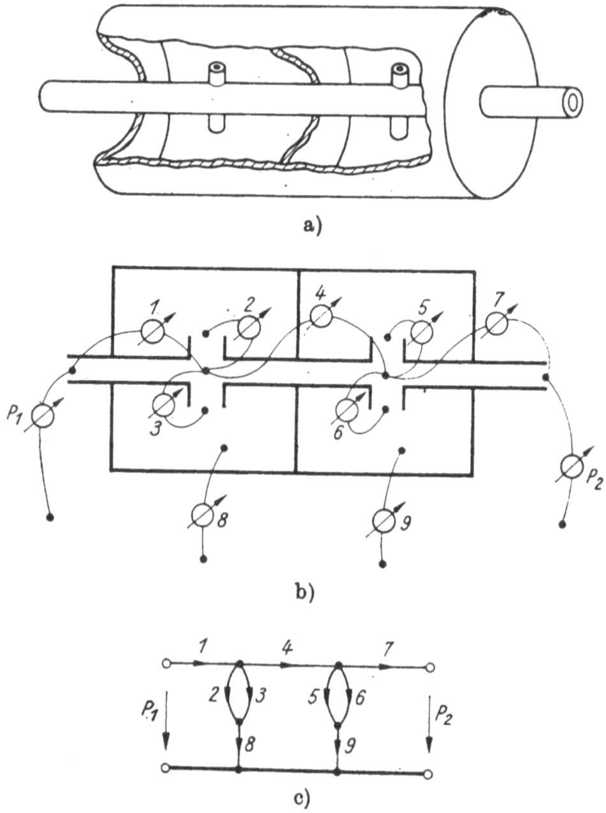

Abb. 2.20. Schalldämpfer;
a) Prinzipdarstellung, b) Meßinstrumente-Anordnung, c) Zugehörender Graph

herrsche eine Druckdifferenz p_1 gegenüber der Umgebung, am Ausgang eine Druckdifferenz p_2. Vernachlässigt man die auftretenden Rohrreibungsverluste, so kann man die Wirkungsweise des Schalldämpfers durch Wechselwirkung von Strömungsträgheiten (= akustischen Massen) und Strömungskapazitäten (= akustischen Nachgiebigkeiten) recht gut beschreiben. Die Rohrstücke repräsentieren im Modell die Strömungsträgheiten, die Hohlräume die Strömungskapazitäten. Die gemäß Punkt 3 des allgemeinen Schemas zur Aufstellung des Graphen anzubringenden Druckdifferenz-Meßinstrumente sind für die Strömungsträgheiten im Anfangs- und Endquerschnitt der betreffenden Rohrstücke anzuschließen. Bei den Strömungskapazitäten ist die Druckdifferenz zwischen Hohlraum und Umgebung zu messen. In Abb. 2.20.b ist die symbolische Anbringung der Druckmesser skizziert worden. Unter der generellen Voraussetzung, daß in den Hohlräumen und der Umgebung jeweils ein einheitlicher Druck herrscht, folgt daraus der Graph gemäß Abb. 2.20.c. Der (Bezugs-) Knoten, bestimmt durch den Umgebungsdruck, wurde in der Abb. als verstärkte Linie dargestellt. Dadurch gewinnt der Graph an Übersichtlichkeit, insbesondere dann, wenn man gewöhnt ist, mit Vierpolen umzugehen.

2.2.2. Grundbegriffe der Graphentheorie

Im vorangehenden Abschnitt haben wir einen Graphen als ein Gebilde aus Zweigen und Knoten kennengelernt. Dabei ist ein **Zweig** eine Linie, die anstelle eines zweipoligen NW-Elementes steht. Ein **Knoten** ist eine Verbindungsstelle von zwei oder mehreren Zweigen. Jeder Zweig liegt zwischen zwei verschiedenen Knoten. Die Gesamtzahl der Zweige werde durch z, die Gesamtzahl der Knoten durch k bezeichnet.

Ein Graph kann in mehrere separate Teilgraphen zerfallen, die selbst zusammenhängend sind. Ein **zusammenhängender Graph** wird dadurch charakterisiert, daß zwischen irgend zwei Knoten des Graphen stets eine Verbindung besteht, die sich ausschließlich aus Zweigen des Graphen zusammensetzt. (Die Orientierung der Zweige der Verbindung spielt dabei keine Rolle.) In Abb. 2.21 wurde ein zusammenhängender Graph mit $k = 9$ Knoten und $z = 12$ Zweigen skizziert. Es ist zweckmäßig, für verschiedene Teilgraphen eines vorgegebenen Graphen besondere Namen zu prägen.

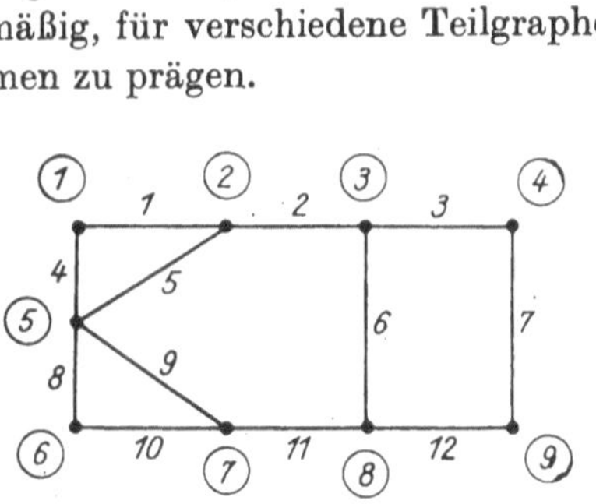

Abb. 2.21. Beispiel für einen Graphen mit durchnumerierten Zweigen und Knoten

Als **Masche** bezeichnet man einen zusammenhängenden Teilgraphen, in dessen Knoten je zwei Zweige verknüpft werden (vgl. Abb. 2.22).

Als **Baum** bezeichnet man einen zusammenhängenden Teilgraphen, der keine Masche enthält (vgl. Abb. 2.23). Ein Baum entsteht z. B. dadurch, daß man — von einem beliebigen Knoten ausgehend — je einen Zweig und einen neuen Knoten derart hinzunimmt, daß der Zusammenhang nie verlorengeht.

Ein **vollständiger Baum** in einem zusammenhängenden Graphen ist ein Baum, der sämtliche Knoten erfaßt (vgl. Abb. 2.24).

Die nicht zum vollständigen Baum eines zusammenhängenden Graphen gehörenden Zweige heißen **Verbindungszweige** (bezüglich des gewählten vollständigen Baumes). Sie bilden ein **Verbindungszweigsystem**.

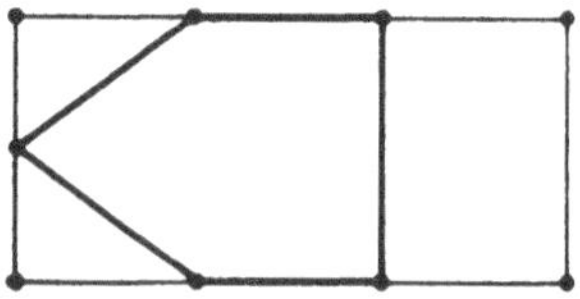

Abb. 2.22. Beispiel für eine Masche (stark ausgezogene Zweige)

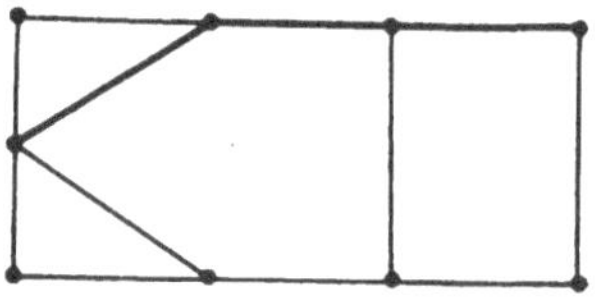

Abb. 2.23. Beispiel für einen Baum (stark ausgezogene Zweige)

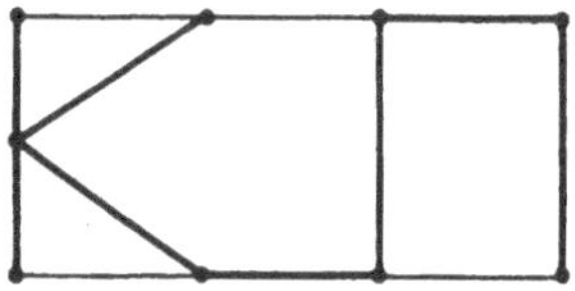

Abb. 2.24. Beispiel für einen vollständigen Baum

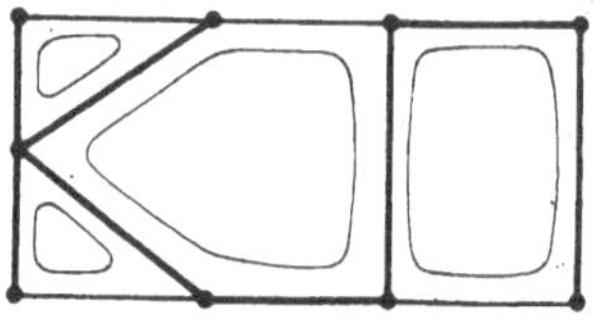

Abb. 2.25. Durch einen vollständigen Baum festgelegtes Maschensystem

Jeder vollständige Baum hat die gleiche Anzahl von Baumzweigen,

$$z_B = k - 1 . \tag{34}$$

Folglich ist die Anzahl der Verbindungszweige in einem Verbindungszweigsystem

$$z_V = z - z_B = z - k + 1 . \tag{35}$$

Ergänzt man einen Verbindungszweig über den vollständigen Baum zur Masche, so bestimmt der Verbindungszweig die Masche eindeutig. In Abb. 2.25 wurden die $z_V = z - k + 1 = 12 - 9 + 1 = 4$ Verbindungszweige des Graphen in Abb. 2.24 zu Maschen ergänzt.

Schließt man sämtliche Verbindungszweige eines Verbindungszweigsystems über den zugehörenden vollständigen Baum zu Maschen, so erhält man ein sogenanntes **Fundamentalsystem von Maschen.** Mit jedem vollständigen Baum ist ein Fundamentalsystem von insgesamt z_V Maschen festgelegt.

Als **Schnittmenge** in einem zusammenhängenden Graphen bezeichnet man jede minimale Teilmenge von Zweigen mit der Eigenschaft, daß durch ihr Entfernen der Graph in genau zwei separate Graphen zerfällt. (Das Wort „minimal" weist darauf hin, daß bei Nichtentfernen eines einzigen Zweiges der Schnittmenge der ursprüngliche Graph noch nicht zerfallen würde.) In Abb. 2.21 stellen die Zweigmengen $\{2, 11\}$, $\{2, 6, 7\}$, $\{1, 4\}$, $\{1, 5, 9, 10\}$, ... Schnittmengen dar. Die Zweigmenge $\{1. 2, 11\}$ bildet keine Schnittmenge, da der Graph auch bei Nichtentfernen des Zweiges 1 zerfällt, also bereits die „kleinere" Zweigmenge $\{2, 11\}$ eine Schnittmenge ist. Nach Entfernen der Schnittmenge bleiben zwei separate, in sich zusammenhängende Teilgraphen zurück. Mitunter entartet einer der beiden Teilgraphen zu einem einzigen Knoten (vgl. Abb. 2.26). Gelegentlich werden wir den **Begriff Schnitt** verwenden für eine Menge von Zweigen, durch deren Entfernen der Graph in zwei oder mehr Teilgraphen zerfällt.

Durch jeden Zweig eines vollständigen Baumes wird eine Schnittmenge eindeutig bestimmt, denn das Schneiden kann stets so erfolgen, daß außer dem betreffenden Baumzweig nur Verbindungszweige zu schneiden sind. In Abb. 2.26 wurden zu dem vollständigen Baum der Abb. 2.24 sämtliche $z_B = k - 1 = = 9 - 1 = 8$ Schnittmengen eingetragen.

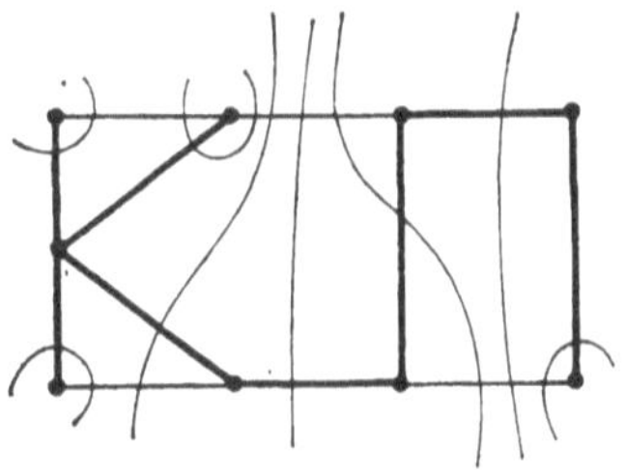

Abb. 2.26. Durch einen vollständigen Baum festgelegtes Schnittmengensystem

Bestimmt man in der angegebenen Art zu sämtlichen Baumzweigen eines vollständigen Baumes die zugehörenden Schnittmengen, so erhält man ein sogenanntes **Fundamentalsystem von Schnittmengen.** Mit jedem vollständigen Baum ist ein Fundamentalsystem von insgesamt z_B Schnittmengen festgelegt.

NW-Probleme führen oft auf sogenannte ebene Graphen. Ein **ebener Graph** kann ohne Überkreuzungen auf einer Kugel (oder auch in einer Ebene) aufgezeichnet werden. Beide Erklärungen sind gleichwertig, da der auf der Kugel aufgezeichnete Graph durch **stereographische Projektion** in die Ebene projiziert und ein in der Ebene gezeichneter Graph durch die gleiche Transformation auf die Kugel projiziert werden kann. Bei der stereographischen Projektion wird eine Kugel auf eine Ebene gelegt. Der der Berührungsstelle diametral gegenüber liegende Kugelpol N dient als Projektionszentrum. Die von ihm ausgehenden Projektionsstrahlen schneiden die Kugel und die Ebene in miteinander korrespondierenden Punkten (vgl. Abb. 2.27). Offensichtlich beeinflußt die stereographi-

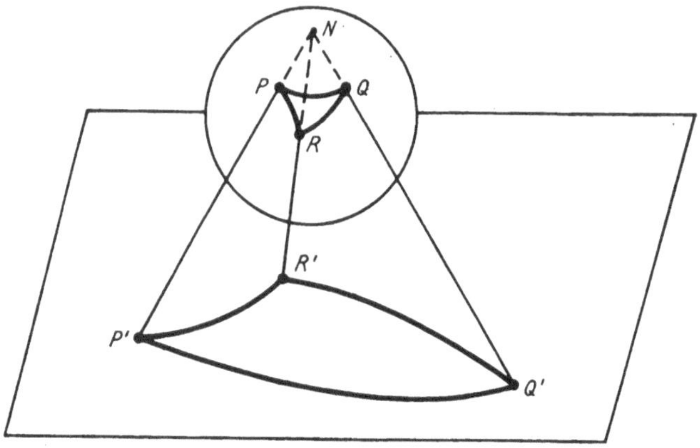

Abb. 2.27. Prinzip der stereographischen Projektion (die Kugel berührt die Ebene in dem N diametral gegenüberliegenden Punkt)

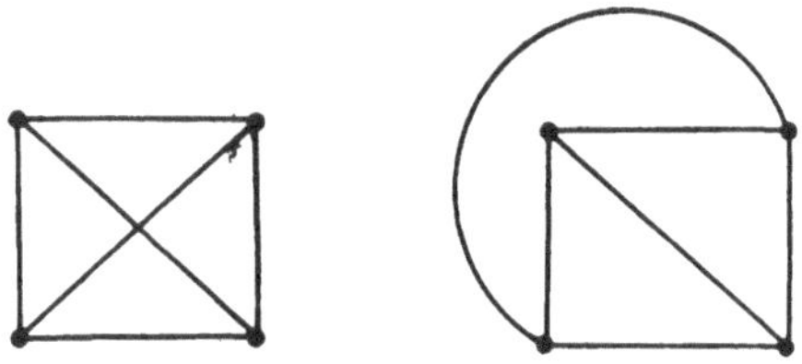

a) b)

Abb. 2.28. Vollständiges Viereck

a) b)

Abb. 2.29. Graph mit einer (wesentlichen) Überkreuzung: vollständiges Fünfeck

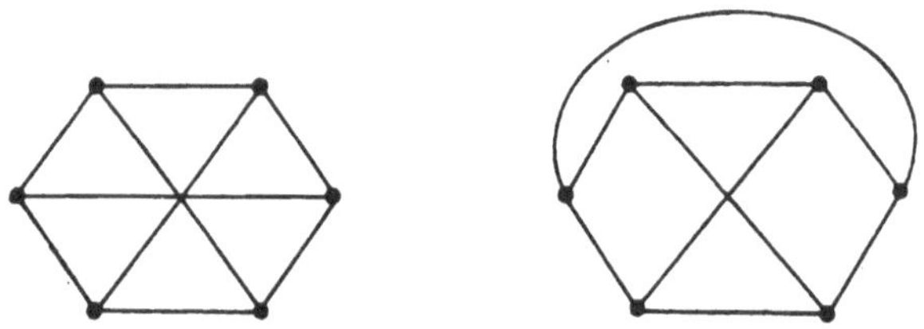

Abb. 2.30. Graph mit einer (wesentlichen) Überkreuzung: Sechseck mit Hauptdiagonalen

sche Projektion die topologischen Eigenschaften eines Graphen, die durch seine Zweig-Knoten-Verknüpfungsrelationen gegeben sind, nicht. Wir wollen einige **Beispiele** betrachten. Das vollständige Viereck (s. Abb. 2.28) ist ein ebener Graph, da die vorkommende Überkreuzung der Diagonalzweige unwesentlich ist und durch Verbiegen eines Diagonalzweiges annulliert werden kann (Abb. 2.28. b).

Beim vollständigen Fünfeck erkennen wir zunächst in Abb. 2.29. a fünf Überkreuzungen. Davon ist jedoch nur eine Überkreuzung wesentlich. Die anderen können durch Verbiegen von Zweigen entfernt werden (Abb. 2.29. b). Auch das Sechseck mit den drei Hauptdiagonalen besitzt lediglich eine wesentliche Überkreuzung (Abb. 2.30). Das vollständige Fünfeck und das Sechseck mit den drei Hauptdiagonalen sind also Beispiele für nichtebene Graphen. Sie haben jedoch darüber hinausgehend eine allgemeinere Bedeutung, die der folgende von C. Kuratowski gefundene Satz ausweist:

Ein Graph ist genau dann eben, wenn er als Teilgraphen weder ein vollständiges Fünfeck noch ein Sechseck mit den drei Hauptdiagonalen besitzt.

Zu jedem ebenen Graphen (und nur zu diesen!) kann man einen weiteren ebenen Graphen, einen sog. **dualen Graphen**, konstruieren. Wir benötigen dazu den Begriff der **Fenstermasche** (vgl. Abb. 2.31). Denkt man sich einen ebenen

Abb. 2.31. Auf der Kugel ausgebreiteter Graph mit einigen eingezeichneten Fenstermaschen

Graphen ohne Überkreuzungen auf der Kugel ausgebreitet, so kann man zu jedem Oberflächenpunkt P der Kugel (der nicht gerade auf einem Zweig oder Knoten des aufgezeichneten Graphen liegt) ein „Fenster" angeben, in dem der Punkt liegt. Die das Fenster begrenzende Zweigmenge bildet eine Fenstermasche. Auch das Projektionszentrum N liegt im Inneren einer Fenstermasche. Bei der stereographischen Projektion geht diese Fenstermasche in die sogenannte „Außenmasche" des in der Ebene ausgebreiteten Graphen über. Die Darstellung auf der Kugel macht deutlich, daß die Außenmasche ihrem Wesen nach nichts anderes ist als eine Fenstermasche. Als Übung möge der interessierte Leser mit Hilfe der stereographischen Projektion nachweisen, daß man jeden in der Ebene ausgebreiteten ebenen Graphen derart umzeichnen kann, daß eine beliebige Fenstermasche zur Außenmasche wird.

Nun kann die Vorschrift zur **Konstruktion eines dualen Graphen** formuliert werden:

> Man breitet den gegebenen ebenen Graphen ohne Überkreuzungen auf der Kugel aus. In jeder Fenstermasche wird ein innerer Punkt fixiert. Diese Punkte werden so verbunden, daß je eine Verbindungslinie gerade einen Zweig des ursprünglichen Graphen schneidet. Die eingetragenen Punkte und Verbindungslinien bilden die Knoten und Zweige eines dualen Graphen. — War der ursprüngliche Graph orientiert, so kann man auch den dualen orientieren, indem man an sämtlichen Schnittpunkten (zwischen den Zweigen des ursprünglichen und des dualen Graphen) den Orientierungspfeil des ursprünglichen Zweiges gleichsinnig (z. B. stets im Uhrzeigersinn) dreht, bis er erstmalig mit der Richtung des dualen Zweiges zusammenfällt und diesem die durch den Pfeil gegebene Orientierung zuordnet.

Konstruiert man zum gefundenen dualen Graphen wiederum einen dualen Graphen nach der formulierten Vorschrift, so erhält man einen ebenen Graphen, der mit dem ursprünglichen bis auf einen 2-Isomorphismus (s. [S-R-61]), d. h. bei NW-Problemen im wesentlichen, daß in Reihe liegende Zweipol-NW in ihrer Reihenfolge vertauscht sein können, übereinstimmt.

2.2.3. Inzidenzmatrizen

Es sei G ein zusammenhängender, orientierter Graph mit z Zweigen und k Knoten, dessen sämtliche Zweige zwischen zwei verschiedenen Knoten liegen. Die Zweige bzw. Knoten werden mit $1, 2, \ldots, z$ bzw. $1, 2, \ldots, k$ durchnumeriert. Die den Graphen charakterisierenden topologischen Zusammenhangsrelationen lassen sich in sogenannten Inzidenzmatrizen widerspiegeln. Das Wort Inzidenz wurde vom lateinischen Verb incidere (= hinein-, in oder auf etwas fallen; auf etwas stoßen; in etwas geraten) abgeleitet.

In den folgenden drei Teilabschnitten werden Begriffsbildungen der linearen Algebra und der Theorie endlich-dimensionaler Vektorräume verwendet. Leser, die damit nicht sehr vertraut sind, sollten sich nicht lange mit den Beweisen aufhalten. Für ein erstes Studium, das sich vor allem auf die praktische Anwendung der im Abschnitt 2.3 zusammengestellten Gleichungssysteme konzentieren sollte, genügt es, die Definitionen der Inzidenzmatrizen zur Kenntnis zu nehmen und sich — ggf. anhand mehrerer selbstgewählter zusätzlicher Beispiele — von der Richtigkeit der im Abschnitt 2.2.4. notierten Formeln, die das Schnittgesetz und das Umlaufgesetz mit Hilfe von Inzidenzmatrizen erfassen, zu überzeugen.

2.2.3.1. Knoten-Zweig-Inzidenzmatrix $\boldsymbol{K}$

Die **vollständige Knoten-Zweig-Indizenzmatrix** ${}^v\boldsymbol{K}$ besitzt k Zeilen und z Spalten:

> Im Schnittpunkt der $\varkappa$-ten Zeile ($\varkappa = 1, \dots, k$) und der ζ-ten Spalte ($\zeta = 1, \dots, z$) ist die Zahl 1, -1 oder 0 einzutragen, je nachdem, ob der Orientierungspfeil des ζ-ten Zweiges vom $\varkappa$-ten Knoten wegweist, auf ihn hinweist oder ob ζ-ter Zweig und $\varkappa$-ter Knoten nicht inzidieren.

Die von H. Poincaré eingeführte Inzidenzmatrix ${}^v\boldsymbol{K}$ spiegelt den orientierten Graphen eindeutig wider (während die weiter unten behandelten Inzidenzmatrizen $\boldsymbol{M}$ und $\boldsymbol{S}$ den Graphen nur bis auf einen 2-Isomorphismus bestimmen).

Da jeder Zweig voraussetzungsgemäß zwei verschiedene Knoten verbindet, stehen in jeder Spalte von ${}^v\boldsymbol{K}$ genau zwei nichtverschwindende Elemente, eine -1 und eine $+1$. Sämtliche Spaltensummen ergeben Null. Also sind die Zeilenvektoren von ${}^v\boldsymbol{K}$ linear abhängig. Folglich gilt für den Rang der Matrix ${}^v\boldsymbol{K}$: $\mathrm{Rg}\, {}^v\boldsymbol{K} \leqq k - 1$.

Andererseits müssen die zu den Zweigen eines vollständigen Baumes gehörenden Spaltenvektoren linear unabhängig sein, da mit jeder weiteren Spalte ($\triangleq$ Baumzweig) eine weitere Zeile ($\triangleq$ Knoten) hinzukommt. Weil jeder vollständige Baum $(k - 1)$ Zweige erfaßt, wird $\mathrm{Rg}\, {}^v\boldsymbol{K} \geqq k - 1$.

Beide Beziehungen ergeben zusammen die Aussage

$$\mathrm{Rg}\, {}^v\boldsymbol{K} = k - 1\,. \tag{36}$$

Offenbar ist in der Matrix ${}^v\boldsymbol{K}$ gerade eine Zeile überflüssig. Läßt man sie fort, so kann sie bei Bedarf jederzeit nachträglich aus den übrigen Zeilen ergänzt werden. Ohne Beschränkung der Allgemeinheit (o.B.d.A.) wollen wir die k-te Zeile fortlassen und den Knoten k als Bezugsknoten bezeichnen. Damit erhalten wir die (reduzierte) **Knoten-Zweig-Inzidenzmatrix** vom Typ $(k - 1, z)$ mit dem Rang

$$\boxed{\mathrm{Rg}\, \boldsymbol{K} = k - 1}\,. \tag{36'}$$

Es ist oft zweckmäßig, zwischen den Spalten von $\boldsymbol{K}$, die mit den Zweigen eines vollständigen Baumes korrespondieren, und den übrigen Spalten von $\boldsymbol{K}$, die zum zugehörenden Verbindungszweigsystem gehören, zu unterscheiden. Beginnt man bei der Durchnumerierung der Zweige des Graphen mit den Verbindungszweigen, so erhält die Matrix $\boldsymbol{K}$ folgende Partitionierung

$$\boldsymbol{K} = (\boldsymbol{K}_V, \boldsymbol{K}_B) \tag{37}$$

mit der Knoten-Verbindungszweig-Inzidenzmatrix $\boldsymbol{K}_V$ und der Knoten-Baumzweig-Inzidenzmatrix $\boldsymbol{K}_B$.

In dem in Abb. 2.32 angegebenen **Beispiel** wurde die Zweigindizierung so vorgenommen und der vollständige Baum stark ausgezogen. Die Matrizen, $\boldsymbol{K}$, $\boldsymbol{K}_V$

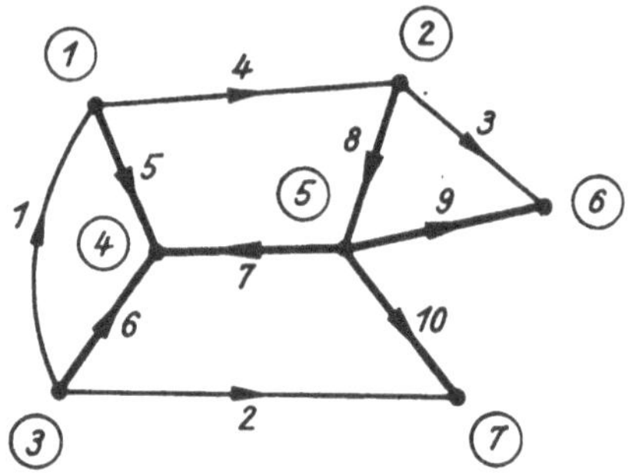

Abb. 2.32. Beispiel eines orientierten Graphen mit stark eingetragenem vollständigen Baum

und $\boldsymbol{K}_B$ lauten:

$$\boldsymbol{K} = \begin{array}{c|c}
\varkappa \backslash \zeta & \begin{matrix} 1 & 2 & 3 & 4 & \vdots & 5 & 6 & 7 & 8 & 9 & 10 \end{matrix} \\ \hline
\begin{matrix} 1 \\ 2 \\ 3 \\ 4 \\ 5 \\ 6 \end{matrix} &
\left(\underbrace{\begin{matrix} -1 & 0 & 0 & 1 \\ 0 & 0 & 1 & -1 \\ 1 & 1 & 0 & 0 \\ 0 & 0 & 0 & 0 \\ 0 & 0 & 0 & 0 \\ 0 & 0 & -1 & 0 \end{matrix}}_{\boldsymbol{K}_V} \begin{matrix} \vdots \\ \vdots \\ \vdots \\ \vdots \\ \vdots \\ \vdots \end{matrix} \underbrace{\begin{matrix} 1 & 0 & 0 & 0 & 0 & 0 \\ 0 & 0 & 0 & 1 & 0 & 0 \\ 0 & 1 & 0 & 0 & 0 & 0 \\ -1 & -1 & -1 & 0 & 0 & 0 \\ 0 & 0 & 1 & -1 & 1 & 1 \\ 0 & 0 & 0 & 0 & -1 & 0 \end{matrix}}_{\boldsymbol{K}_B} \right)
\end{array}.$$

Der Deutlichkeit halber seien die bereits durch Klammern angedeuteten Teilmatrizen $\boldsymbol{K}_V$ und $\boldsymbol{K}_B$ nochmals herausgeschrieben:

$$\boldsymbol{K}_V = \begin{pmatrix} -1 & 0 & 0 & 1 \\ 0 & 0 & 1 & -1 \\ 1 & 1 & 0 & 0 \\ 0 & 0 & 0 & 0 \\ 0 & 0 & 0 & 0 \\ 0 & 0 & -1 & 0 \end{pmatrix}, \qquad \boldsymbol{K}_B = \begin{pmatrix} 1 & 0 & 0 & 0 & 0 & 0 \\ 0 & 0 & 0 & 1 & 0 & 0 \\ 0 & 1 & 0 & 0 & 0 & 0 \\ -1 & -1 & -1 & 0 & 0 & 0 \\ 0 & 0 & 1 & -1 & 1 & 1 \\ 0 & 0 & 0 & 0 & -1 & 0 \end{pmatrix}.$$

Wir wollen nun einige wichtige Eigenschaften der Inzidenzmatrix $\boldsymbol{K}$ in Lehrsätzen formulieren und beweisen.

Satz 1: *Jede Unterdeterminante der Knoten-Zweig-Inzidenzmatrix* $\boldsymbol{K}$ *kann nur die Werte* 0, $+1$ *oder* -1 *annehmen.*

Beweis: Da die Determinante einer singulären Matrix stets Null ist, bleibt zu zeigen, daß die Determinante jeder nichtsingulären Teilmatrix von $\boldsymbol{K}$ nur die Werte $+1$ oder -1 annehmen kann. Jede Spalte einer solchen nichtsingulären Teilmatrix enthält höchstens zwei nichtverschwindende Elemente, 1 und -1. Wenigstens eine Spalte darf nur ein nichtverschwindendes Element, 1 oder -1, enthalten. (Andernfalls ergäben die Spaltensummen der Teilmatrix einen Nullvektor, also einen Widerspruch zur vorausgesetzten Nichtsingularität.) Wir entwickeln die gesuchte Determinante Δ nach einer solchen Spalte mit nur einem nichtverschwindenden Element: $\Delta = \pm 1 \cdot \Delta_{\text{red}}$, wobei Δ_{red} die Determinante einer in der Ordnung um 1 reduzierten (nichtsingulären) Teilmatrix von $\boldsymbol{K}$ darstellt. Mit der gleichen Argumentation wie oben folgt, daß wenigstens eine Spalte der reduzierten Teilmatrix nur ein nichtverschwindendes Element, nämlich 1 oder -1, enthalten kann. Man entwickelt Δ_{red} nach einer solchen Spalte ... Nach mehrfacher Wiederholung dieses Reduktionsschrittes (entsprechend der Ordnung der ursprünglichen nichtsingulären Teilmatrix) kommt man zur Aussage des Satzes. ▲

Satz 2: *Zu jedem (nicht notwendig zusammenhängenden) Teilgraphen eines vollständigen Baumes läßt sich eine nichtverschwindende Unterdeterminante aus* $^v\boldsymbol{K}$ *angeben. Umgekehrt kann man jeder nichtverschwindenden Unterdeterminante von* $^v\boldsymbol{K}$ *einen Teilgraphen eines vollständigen Baumes zuordnen.*

Beweis: Ein Teilgraph G_t sei Teil eines vollständigen Baumes; G_t enthalte z_t Zweige und k_t Knoten. Wir wählen aus der Gesamtmenge aller von G_t berührten Knoten eine Teilmenge M_t von z_t Knoten aus, indem wir die Zweige von G_t der Reihe nach durchmustern und mit jedem Zweig einen diesen Zweig berührenden, aber bisher noch nicht erfaßten Knoten in die Teilmenge M_t aufnehmen.

Die den Elementen von M_t entsprechenden Zeilen und die den Zweigen von G_t entsprechenden Spalten der Inzidenzmatrix $^v\boldsymbol{K}$ blenden aus $^v\boldsymbol{K}$ eine quadratische Teilmatrix $\boldsymbol{K}_t$ der Ordnung z_t aus. Geht man die Spalten von $\boldsymbol{K}_t$ der Reihe nach durch, so wird mit jeder Spalte ($\triangleq$ Zweig des Teilgraphen G_t) eine neue Zeile in die Betrachtung einbezogen ($\triangleq$ einem weiteren Knoten, der bisher nicht erfaßt worden war). Folglich kann es zwischen den Spalten von $\boldsymbol{K}_t$ keine lineare Abhängigkeit geben, d. h. det $\boldsymbol{K}_t \neq 0$.

Ist umgekehrt der Teilgraph G_t nicht Teil eines vollständigen Baumes, so müssen die durch G_t erfaßten Zweige eine Masche enthalten. Die zu den Zweigen einer solchen Masche korrespondierenden Spaltenvektoren der Matrix $\boldsymbol{K}_t$ sind linear abhängig. Um das zu erkennen, kann man eine Maschenorientierung einführen und die Spaltenvektoren mit 1 bzw. -1 wichten, falls die entsprechenden Zweigorientierungen mit der gewählten Maschenorientierung übereinstimmen bzw. nicht übereinstimmen. Die so gewichteten Spaltenvektoren ergeben den Nullvektor.

Also gehört zu einer quadratischen Teilmatrix aus ${}^{v}\boldsymbol{K}$ genau dann ein Teil eines vollständigen Baumes, wenn sie eine nicht verschwindende Determinante besitzt. ▲

Betrachtet man die Unterdeterminanten der Ordnung $(k-1)$, so erhält man aus Satz 2 und Satz 1 die

Folgerung 1: *Es sind genau die $(k-1)$-reihigen Unterdeterminanten der Inzidenzmatrix $\boldsymbol{K}$ von Null verschieden, deren Spalten einem vollständigen Baum entsprechen. Für jede zu einem vollständigen Baum gehörende Knoten-Baumzweig-Inzidenzmatrix $\boldsymbol{K}_B$ gilt*

$$|\det \boldsymbol{K}_B| = 1\,. \tag{38}$$

Wegen (38) existiert zu jeder Knoten-Baumzweig-Inzidenzmatrix $\boldsymbol{K}_B$ die inverse Matrix $\boldsymbol{K}_B^{-1}$. Auch diese Matrix läßt sich leicht aus dem Graphen ablesen.

Satz 3: *Nach Wahl eines vollständigen Baumes im orientierten Graphen G denke man sich alle Verbindungszweige entfernt. Vom Knoten $\varkappa$ $(\varkappa = 1, \dots, k-1)$ zum Knoten k gibt es nun einen eindeutig bestimmten Weg $w_\varkappa$ (wenn man Mehrfachdurchlaufen gleicher Baumzweige ausschließt). Dieser Weg $w_\varkappa$ definiert die Elemente der $\varkappa$-ten Spalte der Matrix $\boldsymbol{K}_B^{-1}$. Je nachdem, ob man auf dem Weg $w_\varkappa$ den β-ten Baumzweig $(\beta = 1, \dots, k-1)$ im Sinne der Orientierung des Baumzweiges, in entgegengesetzter Richtung oder gar nicht durchläuft, erhält das Element $(\boldsymbol{K}_B^{-1})_{\beta\varkappa}$ den Wert $1, -1$ oder 0.*

Beweis: Wir betrachten einen vollständigen Baum (s. z.B. Abb. 2.32) und die zugehörende Inzidenzmatrix $\boldsymbol{K}_B$. Die $\varkappa$-te Spalte der Inversen $\boldsymbol{K}_B^{-1}$ ergibt sich als (eindeutig bestimmte) Lösung $\boldsymbol{x}$ des Gleichungssystems

$$\boldsymbol{K}_B\boldsymbol{x} = \boldsymbol{e}_\varkappa \qquad (\varkappa = 1, \dots, k-1)\,, \tag{$*$}$$

wobei die rechte Seite $\boldsymbol{e}_\varkappa$ einen Einheitsvektor mit dem Wert 1 in der $\varkappa$-ten Komponente und sonst ausschließlich Nullen darstellt. Der Vektor $\boldsymbol{e}_\varkappa$ läßt sich als einspaltige (reduzierte) Knoten-Zweig-Inzidenzmatrix eines Hilfszweiges im NW deuten, der vom Knoten $\varkappa$ zum Bezugsknoten k gerichtet ist. Durch den Lösungsvektor $\boldsymbol{x}$ des Gleichungssystems $(*)$ werden die Spalten von $\boldsymbol{K}_B$, die den Zweigen des vollständigen Baumes entsprechen, so kombiniert, daß sich $\boldsymbol{e}_\varkappa$ ergibt. Das wird offensichtlich erreicht, wenn man die Komponenten x_β $(\beta = 1, \dots, k-1)$ zu $1, -1$ oder 0 festlegt, je nachdem, ob man beim Durchlaufen des Weges $w_\varkappa$ den β-ten Baumzweig im Sinne seiner Orientierung, entgegen seiner Orientierung oder gar nicht durchläuft. Gemäß $(*)$ aber gilt $x_\beta = (\boldsymbol{K}_B^{-1})_{\beta\varkappa}$. ▲

Als **Beispiel** lesen wir aus der Abb. 2.32 die Inverse zu der auf S. 36 notierten Knoten-Baumzweig-Inzidenzmatrix $\boldsymbol{K}_B$ ab:

$$\boldsymbol{K}_B^{-1} = \begin{pmatrix} 1 & 0 & 0 & 0 & 0 & 0 \\ 0 & 0 & 1 & 0 & 0 & 0 \\ -1 & 0 & -1 & -1 & 0 & 0 \\ 0 & 1 & 0 & 0 & 0 & 0 \\ 0 & 0 & 0 & 0 & 0 & -1 \\ 1 & 1 & 1 & 1 & 1 & 1 \end{pmatrix}$$

2.2.3.2. Maschen-Zweig-Inzidenzmatrix $\boldsymbol{M}$

Jeder Masche kann man willkürlich einen Umlaufsinn oder eine Orientierung — entweder im Uhrzeigersinn oder im Gegenuhrzeigersinn — zuordnen. Dadurch wird eine Masche zur orientierten Masche. In Abb. 2.33 wurden die

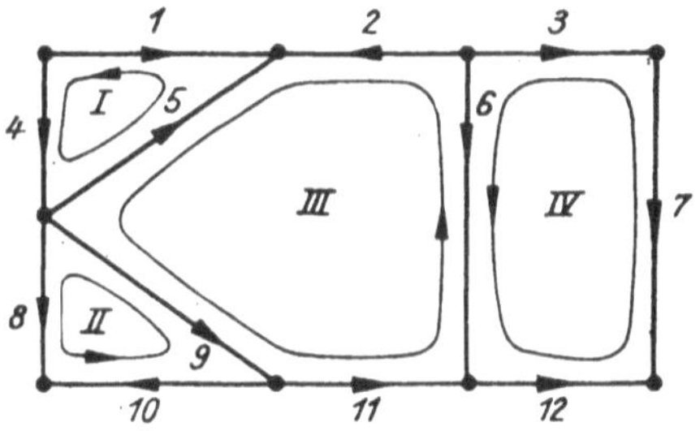

Abb. 2.33. Orientierter Graph mit orientiertem Maschensystem

Maschen im Gegenuhrzeigersinn orientiert. Liegt im Graphen G (vgl. S. 34) ein System orientierter Maschen vor — die Anzahl m der Maschen ist zunächst ganz beliebig —, so kann man eine **Maschen-Zweig-Inzidenzmatrix** $\boldsymbol{M}$ vom Typ (m, z) aufstellen.

> Im Schnittpunkt der μ-ten Zeile ($\mu = 1, \dots, m$) und der ζ-ten Spalte ($\zeta = 1, \dots, z$) ist die Zahl 1, -1 oder 0 einzutragen, je nachdem, ob der ζ-te Zweig zur μ-ten Masche gehört und gleichsinnig orientiert ist, gegensinnig orientiert ist oder ob Zweig und Masche nicht inzidieren.

Für das in Abb. 2.33 dargestellte **Beispiel** lautet die Maschen-Zweig-Inzidenzmatrix $\boldsymbol{M}$:

$\boldsymbol{M} =$

	1	2	3	4	5	6	7	8	9	10	11	12
I	−1	0	0	1	1	0	0	0	0	0	0	0
II	0	0	0	0	0	0	0	1	−1	−1	0	0
III	0	1	0	0	−1	−1	0	0	1	0	1	0
IV	0	0	−1	0	0	1	−1	0	0	0	0	1

Zwischen der Knoten-Zweig-Inzidenzmatrix $\boldsymbol{K}$ und jeder Maschen-Zweig-Inzidenzmatrix $\boldsymbol{M}$ gilt stets die Relation

$$\boxed{\boldsymbol{K} \cdot \boldsymbol{M}^T = \boldsymbol{0}}\,. \tag{39}$$

Dabei bedeutet $\boldsymbol{0}$ eine Nullmatrix vom Typ $(k - 1, m)$. Das hochgestellte „T" symbolisiert den Vorgang des Transponierens der Matrix $\boldsymbol{M}$, d. h. das Vertauschen von Zeilen und Spalten.

Beweis der Formel (39): Es ist zu zeigen, daß das skalare Produkt zwischen jedem Zeilenvektor der Matrix $\boldsymbol{K}$ und jedem Zeilenvektor der Matrix $\boldsymbol{M}$ verschwindet. Wir greifen den zum $\varkappa$-ten Knoten gehörenden Zeilenvektor $k_{\varkappa\cdot}(\varkappa = 1, \dots, k - 1)$ und den zur μ-ten Masche gehörenden Zeilenvektor $m_{\mu\cdot}$ heraus. Zum Skalarprodukt können nur diejenigen Vektorkomponenten $\zeta = 1, \dots, z$ etwas beitragen, deren korrespondierende Zweige sowohl mit dem $\varkappa$-ten Knoten als auch mit der μ-ten Masche inzidieren. Wird man beim Durchlaufen der μ-ten Masche über den $\varkappa$-ten Knoten geführt — das ist auf Grund der Maschen-

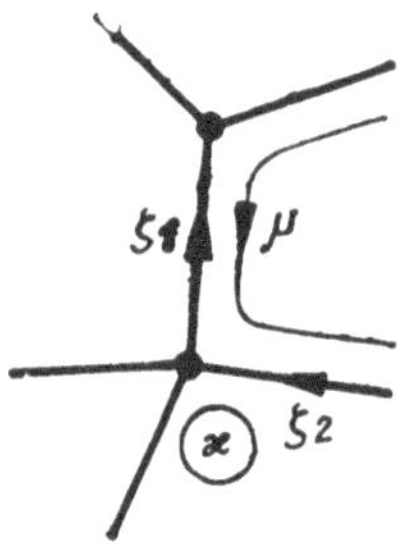

Abb. 2.34. Mit dem Knoten $\varkappa$ inzidierende Masche μ

definition höchstens einmal möglich! —, dann nähert man sich dem Knoten auf einem Zweig ζ_1 und entfernt sich auf einem anderen Zweig ζ_2 (vgl. Abb. 2.34). Daher wird das Skalarprodukt

$$k_{\varkappa\cdot}(m_{\mu\cdot})^T = k_{\varkappa\zeta_1}m_{\mu\zeta_1} + k_{\varkappa\zeta_2}m_{\mu\zeta_2} = 0\,,$$

denn mit der Vorzeichenwahl
$\operatorname{sgn} k_{\varkappa\zeta_1} = \operatorname{sgn} k_{\varkappa\zeta_2}$ bzw. $\operatorname{sgn} k_{\varkappa\zeta_1} = -\operatorname{sgn} k_{\varkappa\zeta_2}$ gilt notwendig
$\operatorname{sgn} m_{\mu\zeta_1} = -\operatorname{sgn} m_{\mu\zeta_2}$ bzw. $\operatorname{sgn} m_{\mu\zeta_1} = \operatorname{sgn} m_{\mu\zeta_2}$. ▲

Die Formel (39) besagt anschaulich, daß die Zeilenvektoren von $\boldsymbol{M}$ senkrecht auf den Zeilenvektoren von $\boldsymbol{K}$ stehen. Der von den Zeilenvektoren von $\boldsymbol{M}$ gebildete Teilraum des (z-dimensionalen Vektorraumes) R^z steht **orthogonal** auf dem von den Zeilenvektoren von $\boldsymbol{K}$ gebildeten Teilraum. Wegen

$$\operatorname{Rg} \boldsymbol{K} = k - 1 \tag{36'}$$

spannen die Zeilenvektoren von $\boldsymbol{K}$ einen $(k-1)$-dimensionalen Unterraum des R^z auf. Folglich kann der von den Zeilenvektoren von $\boldsymbol{M}$ aufgespannte Teilraum des R^z nur eine Dimension $\leqq z - k + 1$ besitzen. Mithin muß für ein beliebiges Maschensystem gelten

$$\operatorname{Rg} \boldsymbol{M} \leqq z - k + 1\,. \tag{40}$$

Wir nennen die Maschen eines Maschensystems **unabhängig** voneinander, wenn die korrespondierenden Zeilenvektoren der Inzidenzmatrix $\boldsymbol{M}$ linear unabhängige Vektoren sind. Wegen (40) kann ein Maschensystem höchstens $(z - k + 1)$ unabhängige Maschen enthalten.

Das auf S. 30 eingeführte **Fundamentalsystem von Maschen,** das durch ein Verbindungszweigsystem definiert wird, enthält gerade $(z - k + 1)$ Maschen. Sie sind voneinander unabhängig, denn mit jeder neuen Masche ($\triangleq$ Zeile von $\boldsymbol{M}$) kommt ein neuer Zweig hinzu ($\triangleq$ Spalte von $\boldsymbol{M}$). Beginnt man die Indizierung bei den Verbindungszweigen und übernimmt man die vorgegebene Indizierung und Orientierung der Verbindungszweige zur Indizierung und Orientierung der zugehörenden Maschen, so lautet die zu einem Fundamentalsystem von Masche n gehörende Maschen-Zweig-Inzidenzmatrix

$$\boldsymbol{M}_f = (\boldsymbol{M}_{fV}, \boldsymbol{M}_{fB}) = (\boldsymbol{E}, \boldsymbol{M}_{fB})\,. \tag{41}$$

Dabei symbolisiert $\boldsymbol{E}$ eine $(z - k + 1)$-reihige Einheitsmatrix. Jedes System aus $(z - k + 1)$ unabhängigen Maschen wollen wir ein **vollständiges System unabhängiger Maschen** nennen. Vollständige Systeme unabhängiger Maschen kann man gewinnen aus folgendem **Konstruktionsprinzip:**

> Wähle willkürlich eine erste Masche und entferne einen der zu dieser Masche gehörenden Zweige aus dem Graphen. In dem so reduzierten Graphen wählt man wiederum eine Masche und entfernt einen zu dieser Masche gehörenden Zweig. Diese Reduktionsschritte werden so oft wiederholt, bis im reduzierten Graphen keine Masche mehr existiert. Die Rechenvorschrift ist damit abgearbeitet.

Gemäß der angegebenen Konstruktionsvorschrift erhält man gewiß nur unabhängige Maschen, da jede Masche ($\triangleq$ Zeile von $\boldsymbol{M}$) einen Zweig ($\triangleq$ Spalte von $\boldsymbol{M}$) enthält, der in allen später erzeugten Maschen nicht enthalten ist. Würde das Verfahren bereits nach der Entfernung von $m < z - k + 1$ Zweigen abbrechen, so müßte der Restgraph immer noch $z - m > k - 1$ Zweige enthalten. Das steht im Widerspruch zu der Tatsache, daß der Restgraph keine Maschen mehr enthalten soll.

Es ist offensichtlich, daß man sich jedes Fundamentalsystem von Maschen nach der angegebenen Konstruktionsvorschrift entstanden denken könnte. Doch ist interessant, daß man vollständige Systeme unabhängiger Maschen angeben kann, die keine Fundamentalsysteme von Maschen bilden. In Abb. 2.35 wurde ein einfaches Beispiel skizziert. Die fünf eingetragenen (inneren) Fenstermaschen des Graphen bilden ein vollständiges System unabhängiger Maschen. Aber es

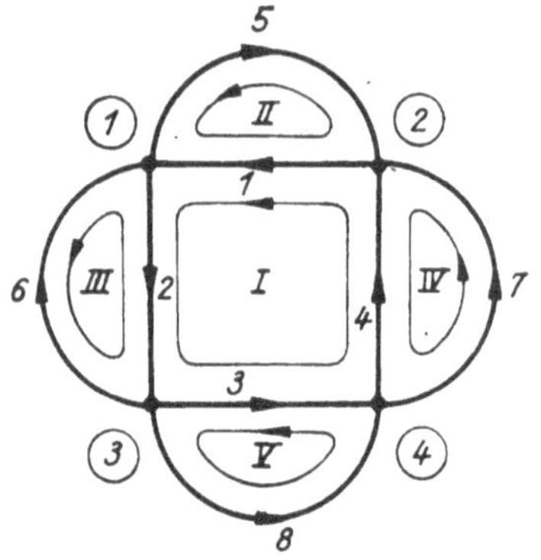

Abb. 2.35. Beispiel für ein vollständiges System unabhängiger Maschen, das kein Fundamental-Maschensystem ist

läßt sich kein vollständiger Baum angeben, zu dem dieses Maschensystem als Fundamentalsystem gehört. Mit der Masche I müßten drei der Zweige {1, 2, 3, 4} zum vollständigen Baum gehören, z.B. die Zweigmenge {1, 2, 3}. Dieser Baum läßt jedoch die Masche IV nicht als Fundamentalmasche zu.

Generell gilt der folgende, praktisch häufig angewendete

Satz 4: *Ist der Graph G eben und in der Ebene ohne Überkreuzungen ausgebreitet, so liefern die (inneren) Fenstermaschen ein vollständiges System unabhängiger Maschen.*

Beweis: Jede der außen gelegenen Fenstermaschen besitzt einen „Außen"-Zweig, der nur mit einer der betrachteten Fenstermaschen inzidiert. In jedem der außen gelegenen Fenster wird ein Außenzweig entfernt. In dem so reduzierten Graphen betrachten wir wieder die außen gelegenen Fenster und entfernen jeweils einen Außenzweig. ... Schließlich enthält der reduzierte Graph keine Masche mehr. Das beschriebene Verfahren genügt der oben bewiesenen Konstruktionsvorschrift zur Erzeugung eines vollständigen Systems unabhängiger Maschen. ▲

In Analogie zu den im Abschn. 2.2.3.1. für die Knoten-Zweig-Inzidenzmatrix $\boldsymbol{K}$ bewiesenen Sätzen gelten für eine Inzidenzmatrix $\boldsymbol{M}$ zu einem vollständigen System unabhängiger Maschen die folgenden Aussagen (Übungsaufgabe).

Satz 5: *Jede Unterdeterminante der Inzidenzmatrix $\boldsymbol{M}$ kann nur die Werte 0, +1 oder −1 annehmen. Jeder nichtverschwindenden Unterdeterminante von $\boldsymbol{M}$ läßt sich ein Teil eines Verbindungszweigsystems zuordnen, und umgekehrt gehört zu jedem Teil eines Verbindungszweigsystems eine nichtverschwindende Unterdeterminante von $\boldsymbol{M}$.*

Folgerung 2: *Es sind genau die $(z - k + 1)$-reihigen Unterdeterminanten der Inzidenzmatrix $\boldsymbol{M}$ von Null verschieden, deren Spalten einem Verbin-*

dungszweigsystem entsprechen. Für jede zu einem Verbindungszweigsystem gehörende Maschen-Verbindungszweig-Inzidenzmatrix $\boldsymbol{M}_V$ *gilt*

$$|\det \boldsymbol{M}_V| = 1 \,. \tag{42}$$

Vergleicht man in einem gegebenen Graphen G zwei verschiedene vollständige Systeme unabhängiger Maschen, die durch die Inzidenzmatrizen $\boldsymbol{M}_1$ und $\boldsymbol{M}_2$ beschrieben werden, so gilt

$$\operatorname{Rg} \boldsymbol{M}_1 = \operatorname{Rg} \boldsymbol{M}_2 = z - k + 1 \,,$$
$$\boldsymbol{K} \cdot \boldsymbol{M}_1^T = \boldsymbol{K} \cdot \boldsymbol{M}_2^T = \boldsymbol{0} \,.$$

Folglich spannen die Zeilenvektoren der Inzidenzmatrizen $\boldsymbol{M}_1$ und $\boldsymbol{M}_2$ jeweils den gleichen $(z - k + 1)$-dimensionalen Teilraum des R^z auf. Man kann die Zeilenvektoren als verschiedene Basen zu ein und demselben Vektorraum interpretieren. Aus der Theorie der Vektorräume ist bekannt, daß man zwei verschiedene Basen des gleichen Raumes durch Linearkombination ineinander überführen kann. Also gilt eine Beziehung

$$\boldsymbol{M}_2 = \boldsymbol{T} \cdot \boldsymbol{M}_1 \tag{43}$$

mit einer nichtsingulären Transformationsmatrix $\boldsymbol{T}$, d. h. $\det \boldsymbol{T} \neq 0$. Gehört $\boldsymbol{M}_1 = \boldsymbol{M}_f$ zu einem Fundamentalmaschensystem und $\boldsymbol{M}_2 = \boldsymbol{M}$ zu einem beliebigen vollständigen System unabhängiger Maschen, so kann man die Transformationsmatrix $\boldsymbol{T}$ sehr einfach am Graphen deuten. Unter Zugrundelegung der durch das Fundamentalmaschensystem festgelegten Einteilung der Zweige in Verbindungs- und Baumzweige gilt mit (41) und (43):

$$\boldsymbol{M} = (\boldsymbol{M}_V, \boldsymbol{M}_B) = \boldsymbol{T} \cdot (\boldsymbol{M}_{fV}, \boldsymbol{M}_{fB}) = \boldsymbol{T} \cdot (\boldsymbol{E}, \boldsymbol{M}_{fB}) = (\boldsymbol{T}, \boldsymbol{T} \cdot \boldsymbol{M}_{fB}) \,. \tag{43'}$$

Also läßt sich die Matrix $\boldsymbol{T}$ aus dem Graphen als Maschen-Verbindungszweig-Inzidenzmatrix $\boldsymbol{M}_V$ ablesen, wenn ein beliebiges vollständiges System unabhängiger Maschen und ein beliebiges Verbindungszweigsystem ausgewählt wurden.

Abschließend sei noch eine Folgerung aus den Beziehungen (39) und (41) notiert. Aus

$$\boldsymbol{K} \cdot \boldsymbol{M}_f^T = (\boldsymbol{K}_V, \boldsymbol{K}_B) \cdot (\boldsymbol{E}, \boldsymbol{M}_{fB})^T = \boldsymbol{K}_V + \boldsymbol{K}_B \cdot \boldsymbol{M}_{fB}^T = \boldsymbol{0}$$

erhält man

$$\boldsymbol{M}_{fB}^T = -\boldsymbol{K}_B^{-1} \cdot \boldsymbol{K}_V \,. \tag{44}$$

An der Relation (44) verblüfft zunächst, daß man nach Wahl eines vollständigen Baumes nicht nur $\boldsymbol{K}_B$ und $\boldsymbol{K}_B^{-1}$, sondern auch die Matrix $\boldsymbol{K}_B^{-1}\boldsymbol{K}_V$ unmittelbar aus dem Graphen ablesen kann. Am Schluß des folgenden Abschnittes über Schnittmengen-Zweig-Inzidenzmatrizen wird auf den Zusammenhang (44) zurückgegriffen.

2.2.3.3. Schnittmengen-Zweig-Inzidenzmatrix $\boldsymbol{S}$

Durch das Entfernen einer Schnittmenge (vgl. S. 31) zerfällt der Graph G (vgl. S. 34) in zwei Teilgraphen G_1 und G_2, die sich durch zwei disjunkte Knoten-

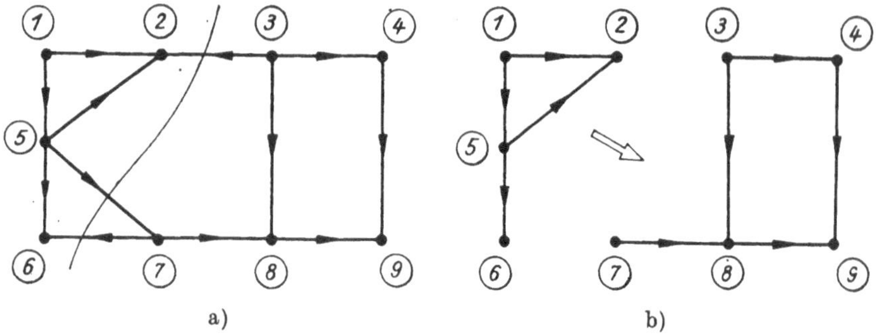

Abb. 2.36. Zur Definition einer orientierten Schnittmenge

mengen M_1 und M_2 charakterisieren lassen. In Abb. 2.36.a wurde eine Schnittmenge eines Graphen G angedeutet. Nach Entfernen der Schnittmenge zerfällt G in zwei Teilgraphen G_1 und G_2 (s. Abb. 2.36.b), die durch die Knotenmengen $M_1 = \{1, 2, 5, 6\}$ und $M_2 = \{3, 4, 7, 8, 9\}$ bestimmt werden.

Man kann jeder Schnittmenge willkürlich eine **Orientierung** – entweder von M_1 nach M_2 oder von M_2 nach M_1 – zuordnen. Dadurch wird eine Schnittmenge zur orientierten Schnittmenge. Im Beispiel (Abb. 2.32.b) wurde symbolisch eine Schnittmengenorientierung von M_1 nach M_2 angedeutet.

Liegt in einem Graphen G ein System orientierter Schnittmengen vor – die Gesamtzahl s der Schnittmengen ist zunächst ganz beliebig –, so kann man eine **Schnittmengen-Zweig-Inzidenzmatrix S** vom Typ (s, z) aufstellen.

> Im Schnittpunkt der σ-ten Zeile ($\sigma = 1, \ldots, s$) und der ζ-ten Spalte ($\zeta = 1, \ldots, z$) ist die Zahl $+1$, -1 oder 0 einzutragen, je nachdem, ob der ζ-te Zweig zur σ-ten Schnittmenge gehört und gleichsinnig orientiert ist, gegensinnig orientiert ist oder ob Zweig und Schnittmenge nicht inzidieren.

In Abb. 2.37 wurden $s = 8$ orientierte Schnittmengen eingetragen. Die zugehörende Schnittmengen-Zweig-Inzidenzmatrix S lautet:

$S =$

$\sigma \backslash \zeta$	1	2	3	4	5	6	7	8	9	10	11	12
1	1	0	0	1	0	0	0	0	0	0	0	0
2	−1	−1	0	0	−1	0	0	0	0	0	0	0
3	0	−1	0	0	0	0	0	0	1	−1	0	0
4	0	1	0	0	0	0	0	0	0	0	−1	0
5	0	−1	0	0	0	−1	0	0	0	0	0	1
6	0	0	1	0	0	0	0	0	0	0	0	1
7	0	0	0	0	0	0	−1	0	0	0	0	−1
8	0	0	0	0	0	0	0	−1	0	−1	0	0

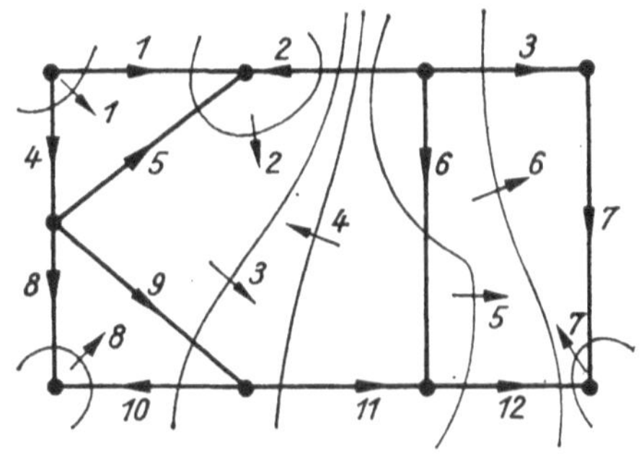

Abb. 2.37. Orientierter Graph mit einem System orientierter Schnittmengen

Zwischen jeder Maschen-Zweig-Inzidenzmatrix $\boldsymbol{M}$ und jeder Schnittmengen-Zweig-Inzidenzmatrix $\boldsymbol{S}$ gilt stets die Relation

$$\boxed{\boldsymbol{S} \cdot \boldsymbol{M}^T = \boldsymbol{0}}\,. \tag{45}$$

Dabei bedeutet $\boldsymbol{0}$ eine Nullmatrix vom Typ (s, m).

Beweis der Formel (45): Es ist zu zeigen, daß das skalare Produkt zwischen jedem Zeilenvektor der Matrix $\boldsymbol{S}$ und jedem Zeilenvektor der Matrix $\boldsymbol{M}$ verschwindet. Zum Skalarprodukt des zur μ-ten Masche gehörenden Zeilenvektors $m_{\mu\cdot}$ ($\mu = 1, \dots, m$) und des zur σ-ten Schnittmenge gehörenden Zeilenvektors $s_{\sigma\cdot}$ ($\sigma = 1, \dots, s$) können nur diejenigen Vektorkomponenten $\zeta = 1, \dots, z$ etwas beitragen, deren korrespondierende Zweige sowohl mit der μ-ten Masche als auch mit der σ-ten Schnittmenge inzidieren. Wird man beim Durchlaufen der μ-ten Masche über die σ-te Schnittmenge geführt, so gelangt man über einen Zweig ζ_1 von der Knotenteilmenge M_1 zur Knotenteilmenge M_2 und über einen zweiten Zweig ζ_2 von M_2 nach M_1 zurück (vgl. Abb. 2.38). Ggf. gelangt man über einen dritten Zweig ζ_3 nochmals von M_1 nach M_2 und über einen vierten Zweig ζ_4 von M_2 nach M_1 zurück. ... Für jeden dieser

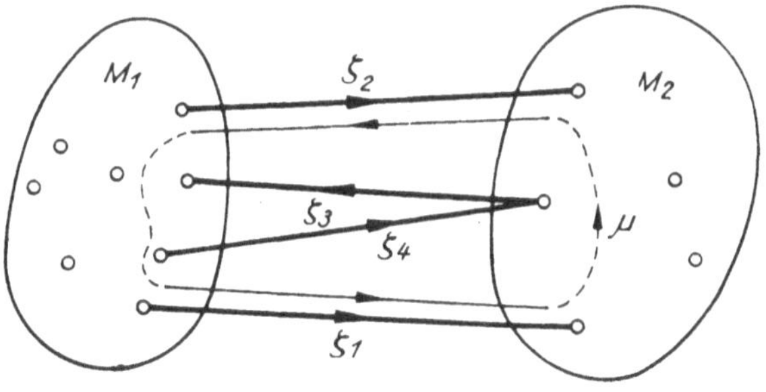

Abb. 2.38. Symbolische Darstellung der mit der σ-ten Schnittmenge inzidierenden μ-ten Masche

stets paarweise auftretenden Teilgraphenwechsel gilt die hier für den ersten Teilgraphenwechsel vorgeführte Rechnung: $s_{\sigma\zeta_1} m_{\mu\zeta_1} + s_{\sigma\zeta_2} m_{\mu\zeta_2} = 0$, denn mit der Vorzeichenwahl $\operatorname{sgn} s_{\sigma\zeta_1} = \operatorname{sgn} s_{\sigma\zeta_2}$ bzw. $\operatorname{sgn} s_{\sigma\zeta_1} = -\operatorname{sgn} s_{\sigma\zeta_2}$ wird notwendig $\operatorname{sgn} m_{\mu\zeta_1} = -\operatorname{sgn} m_{\mu\zeta_2}$ bzw. $\operatorname{sgn} m_{\mu\zeta_1} = \operatorname{sgn} m_{\mu\zeta_2}$. ▲

Die Formel (45) besagt anschaulich, daß die Zeilenvektoren von $\boldsymbol{S}$ senkrecht auf den Zeilenvektoren von $\boldsymbol{M}$ stehen. Der von den Zeilenvektoren von $\boldsymbol{S}$ gebildete Teilraum des (z-dimensionalen Vektorraumes) R^z steht **orthogonal** auf dem von den Zeilenvektoren von $\boldsymbol{M}$ gebildeten Teilraum. Geht man von einem vollständigen System unabhängiger Maschen aus, so spannen die Zeilenvektoren der zugehörenden Indizenzmatrix $\boldsymbol{M}$ einen $(z - k + 1)$-dimensionalen Unterraum des R^z auf. Folglich kann der von den Zeilenvektoren einer Schnittmengen-Zweig-Inzidenzmatrix $\boldsymbol{S}$ aufgespannte Teilraum des R^z nur eine Dimension $\leqq k - 1$ besitzen. Mithin muß für ein beliebiges Schnittmengensystem gelten

$$\operatorname{Rg} \boldsymbol{S} \leqq k - 1\,. \tag{46}$$

Wir nennen die Schnittmengen eines Schnittmengensystems **unabhängig** voneinander, wenn die korrespondierenden Zeilenvektoren der Inzidenzmatrix $\boldsymbol{S}$ linear unabhängige Vektoren sind. Wegen (46) kann ein Schnittmengensystem höchstens $(k - 1)$ unabhängige Schnittmengen enthalten.

Das auf S. 31 eingeführte **Fundamentalsystem von Schnittmengen,** das durch einen vollständigen Baum definiert wird, enthält gerade $(k - 1)$ unabhängige Schnittmengen. Sie sind voneinander unabhängig, denn mit jeder neuen Schnittmenge ($\triangleq$ Zeile von $\boldsymbol{S}$) kommt ein neuer Zweig ($\triangleq$ Spalte von $\boldsymbol{S}$) hinzu. Legt man die Zweigindizes in ihrer natürlichen Reihenfolge fest, beginnt die Indizierung bei den Verbindungszweigen und übernimmt man die vorgegebene Orientierung der Baumzweige zur Orientierung der zugehörenden Schnittmengen, so lautet die zu einem Fundamentalsystem von Schnittmengen gehörende Schnittmengen-Zweig-Inzidenzmatrix

$$\boldsymbol{S}_f = (\boldsymbol{S}_{fV}, \boldsymbol{S}_{fB}) = (\boldsymbol{S}_{fV}, \boldsymbol{E})\,. \tag{47}$$

Dabei symbolisiert $\boldsymbol{E}$ eine $(k - 1)$-reihige Einheitsmatrix. Jedes System aus $(k - 1)$ unabhängigen Schnittmengen wollen wir ein **vollständiges System unabhängiger Schnittmengen** nennen. Vergleicht man in einem gegebenen Graphen G zwei verschiedene vollständige Systeme unabhängiger Schnittmengen, die durch die Inzidenzmatrizen $\boldsymbol{S}_1$ und $\boldsymbol{S}_2$ beschrieben werden, so gilt

$$\operatorname{Rg} \boldsymbol{S}_1 = \operatorname{Rg} \boldsymbol{S}_2 = k - 1\,,$$
$$\boldsymbol{S}_1 \cdot \boldsymbol{M}^T = \boldsymbol{S}_2 \cdot \boldsymbol{M}^T = 0$$

mit einer Maschen-Zweig-Inzidenzmatrix $\boldsymbol{M}$ zu einem beliebigen vollständigen System unabhängiger Maschen. Folglich spannen die Zeilenvektoren der Inzidenzmatrizen $\boldsymbol{S}_1$ und $\boldsymbol{S}_2$ jeweils den gleichen $(k - 1)$-dimensionalen Teilraum des R^z auf. Man kann die Zeilenvektoren als verschiedene Basen zu ein und demselben Vektorraum R^{k-1} interpretieren. Mithin gilt eine Beziehung

$$S_1 = T \cdot S_2 \tag{48}$$

mit einer nichtsingulären Transformationsmatrix T, d. h. $\det T \neq 0$. Wegen (39) spannt auch die Knoten-Zweig-Inzidenzmatrix K den gleichen Vektorraum R^{k-1} auf wie jede zu einem vollständigen System unabhängiger Schnittmengen gehörende Inzidenzmatrix S (obwohl K keine Schnittmengen-Zweig-Inzidenzmatrix zu sein braucht!). Also gilt auch

$$S = T \cdot K \quad \text{mit} \quad \det T \neq 0\,. \tag{48'}$$

In Analogie zu den in 2.2.3.1. für die Knoten-Zweig-Inzidenzmatrix K bewiesenen Sätzen gelten für eine Inzidenzmatrix S zu einem vollständigen System unabhängiger Schnittmengen die folgenden Aussagen (Übungsaufgabe).

Satz 6: *Jede Unterdeterminante der Inzidenzmatrix S kann nur die Werte* 0, +1 *oder* −1 *annehmen. Jeder nichtverschwindenden Unterdeterminante von S läßt sich ein (nicht notwendig zusammenhängender) Teilgraph eines vollständigen Baumes zuordnen, und umgekehrt gehört zu jedem Teilgraphen eines vollständigen Baumes eine nichtverschwindende Unterdeterminante von S.*

Folgerung 3: *Es sind genau die $(k-1)$-reihigen Unterdeterminanten der Inzidenzmatrix S von Null verschieden, deren Spalten einem vollständigen Baum entsprechen. Für jede zu einem vollständigen Baum gehörende Schnittmengen-Baumzweig-Inzidenzmatrix S_B gilt $|\det S_B| = 1$.*

Naheliegend ist nun die Frage nach einem allgemeinen Verfahren zur Aufstellung einer Inzidenzmatrix $\tilde{S}$ vom Typ $(k-1, z)$, deren Zeilenvektoren den oben eingeführten $(k-1)$-dimensionalen Teilraum R^{k-1} aufspannen. Dieses Verfahren müßte auch jede Inzidenzmatrix S_f zu einem Fundamentalschnittmengensystem und die Inzidenzmatrix K für jede denkbare Knotenindizierung und damit Festlegung des (Bezugs-)Knotens k liefern. Das leistet die folgende

Konstruktionsvorschrift: Wähle willkürlich eine erste Schnittmenge in dem Graphen G mit k Knoten. Dadurch werden zwei disjunkte Knotenmengen M_1^1 und M_2^1 gebildet. Wähle einen Knoten aus M_1^1 und einen Knoten aus M_2^1 aus. Sind diese beiden Knoten durch einen Zweig verbunden, so ersetze diesen durch einen „Hilfszweig"; sind diese beiden Knoten nicht durch einen Zweig verbunden, so verbinde sie durch einen „Hilfszweig". Wähle in dem modifizierten Graphen eine Schnittmenge, die den Hilfszweig nicht enthält. Die durch diese Schnittmenge definierten disjunkten Knotenmengen M_1^2 und M_2^2 verbinde man in der bereits beschriebenen Art durch einen Hilfszweig. ... Jede neu zu wählende Schnittmenge darf alle bisher eingeführten Hilfszweige nicht enthalten. ...

Das Verfahren bricht ab, wenn sich in dem modifizierten Graphen nur noch Schnittmengen finden, die Hilfszweige enthalten, wenn also die Knoten durch insgesamt $k - 1$ Hilfszweige verbunden sind.

Nach diesem Konstruktionsprinzip erhält man in dem modifizierten (d. h. ggf. durch Hilfszweige erweiterten) Graphen nur unabhängige Schnittmengen, da jede Schnittmenge (des modifizierten Graphen einschließlich Hilfszweigen) einen (Hilfs-)Zweig enthält, der in allen später erzeugten Schnittmengen nicht enthalten ist. Das Verfahren kann nicht mehr als $(k - 1)$ Schnittmengen liefern, weil es in dem (modifizierten) Graphen nur $(k - 1)$ unabhängige Schnittmengen geben kann. Lieferte das Verfahren nur $s < k - 1$ Schnittmengen, dann würde der modifizierte Graph auch nur $s < k - 1$ Hilfszweige enthalten. Diese können noch keinen vollständigen Baum bilden. Also läßt sich eine weitere Schnittmenge finden, die keinen der s Hilfszweige enthält.

Die Konstruktionsvorschrift erzeugt in dem modifizierten (d. h. ggf. durch Hilfszweige erweiterten) Graphen G_{erw} ein Fundamentalschnittmengensystem. Das System der $k - 1$ Hilfszweige bildet einen vollständigen Baum. Die zugehörende Schnittmengen-Inzidenzmatrix wollen wir mit $\boldsymbol{S}_{f,\text{erw}}$ bezeichnen, $\text{Rg}\, \boldsymbol{S}_{f,\text{erw}} = k - 1$. Läßt man in der Inzidenzmatrix $\boldsymbol{S}_{f,\text{erw}}$ alle die Spalten fort, die zusätzlich eingeführten Hilfszweigen (d. s. Hilfszweige zwischen Knoten, die im ursprünglichen Graphen G nicht durch einen Zweig verbunden sind!) entsprechen, so bleibt eine Schnitte-Zweig-Inzidenzmatrix $\tilde{\boldsymbol{S}}$ vom Typ $(k - 1, z)$ übrig. Wir zeigen

$$\text{Rg}\, \tilde{\boldsymbol{S}} = k - 1 \,. \tag{49}$$

Da überdies $\tilde{\boldsymbol{S}} \cdot \boldsymbol{M}^T = \boldsymbol{0}$ für jede Maschen-Zweig-Inzidenzmatrix $\boldsymbol{M}$ gilt (vgl. den Beweis der Gl. (45)), bilden die Zeilenvektoren von $\tilde{\boldsymbol{S}}$ eine Basis des oben eingeführten Vektorraumes R^{k-1}.

Zum Beweis von (49) werden einige Umformungen durchgeführt, die anschließend erläutert werden.

$$\begin{aligned} \boldsymbol{S}_{f,\text{erw}} &= (\tilde{\boldsymbol{S}}, \boldsymbol{E}_{\text{zus}}) = (\boldsymbol{S}_{V,\text{erw}}, \boldsymbol{S}_{B,\text{erw}}) = (\boldsymbol{S}_{V,\text{erw}}, \boldsymbol{E}) = \boldsymbol{T} \cdot \boldsymbol{K}_{\text{erw}} \\ &= \boldsymbol{T} \cdot (\boldsymbol{K}_{V,\text{erw}}, \boldsymbol{K}_{B,\text{erw}}) = \boldsymbol{K}_{B,\text{erw}}^{-1} (\boldsymbol{K}_{V,\text{erw}}, \boldsymbol{K}_{B,\text{erw}}) \\ &= \boldsymbol{K}_{B,\text{erw}}^{-1} (\boldsymbol{K}, \boldsymbol{K}_{\text{zus}}) = (\boldsymbol{K}_{B,\text{erw}}^{-1} \boldsymbol{K}, \boldsymbol{K}_{B,\text{erw}}^{-1} \boldsymbol{K}_{\text{zus}}) \,. \end{aligned} \tag{49'}$$

Die Inzidenzmatrix $\boldsymbol{S}_{f,\text{erw}}$ gehört zu einem Fundamentalschnittmengensystem im ggf. erweiterten Graphen G_{erw}. Die Spalten der Matrix $\boldsymbol{E}_{\text{zus}}$ entsprechen den hinzugekommenen Zweigen. Es sind Spalten aus der Einheitsmatrix. Durch geeignete Indizierung läßt sich stets erreichen, daß die Verbindungszweige im erweiterten Graphen zuerst und die Baumzweige im erweiterten Graphen anschließend durchnumeriert werden und darüber hinaus die zu den Baumzweigen des erweiterten Graphen gehörende Teilmatrix $\boldsymbol{S}_{B,\text{erw}}$ eine Einheitsmatrix der Ordnung $k - 1$ ist. Auch für den erweiterten Graphen gilt die Beziehung (48'). Die Inzidenzmatrix $\boldsymbol{K}_{\text{erw}}$ kann in ihren Verbindungszweig und ihren Baumzweig-Anteil aufgespalten werden. Durch Vergleich mit der am

Beginn der Umformungen gewählten Darstellung erkennt man den Zusammenhang $\boldsymbol{E} = \boldsymbol{T} \cdot \boldsymbol{K}_{B,\mathrm{erw}}$, also $\boldsymbol{T} = \boldsymbol{K}_{B,\mathrm{erw}}^{-1}$. Nun wird die Inzidenzmatrix $\boldsymbol{K}_{\mathrm{erw}}$ wieder in den Anteil $\boldsymbol{K}$ der ursprünglich in G vorhandenen und den Anteil $\boldsymbol{K}_{\mathrm{zus}}$ der zusätzlichen Zweige aufgespalten. Schließlich erhält man durch Vergleich mit den ganz am Anfang angegebenen Ausdrücken $\tilde{\boldsymbol{S}} = \boldsymbol{K}_{B,\mathrm{erw}}^{-1} \cdot \boldsymbol{K} = \boldsymbol{T} \cdot \boldsymbol{K}$ und damit $\operatorname{Rg} \tilde{\boldsymbol{S}} = \operatorname{Rg} \boldsymbol{K} = k - 1$, weil $\det \boldsymbol{T} \neq 0$. ▲

Wählt man bei der Konstruktion des Schnittmengensystems gemäß angegebener Vorschrift als Hilfszweige nur im ursprünglichen Graphen G bereits vorhandene Zweige (führt also keine ursprünglich nicht vorhandenen Verbindungen zwischen Netzwerkknoten ein), dann ergibt die Gesamtheit der $k - 1$ Hilfszweige einen vollständigen Baum des Graphen G. Die Inzidenzmatrix $\tilde{\boldsymbol{S}}$ fällt mit der Inzidenzmatrix $\boldsymbol{S}_f$ eines Fundamentalschnittmengensystems zusammen. Wählt man als $\varkappa$-ten Schnitt die jeweils mit dem $\varkappa$-ten Knoten ($\varkappa = 1, \ldots, k - 1$) inzidierenden Zweige und führt die Hilfsverbindungen vom $\varkappa$-ten

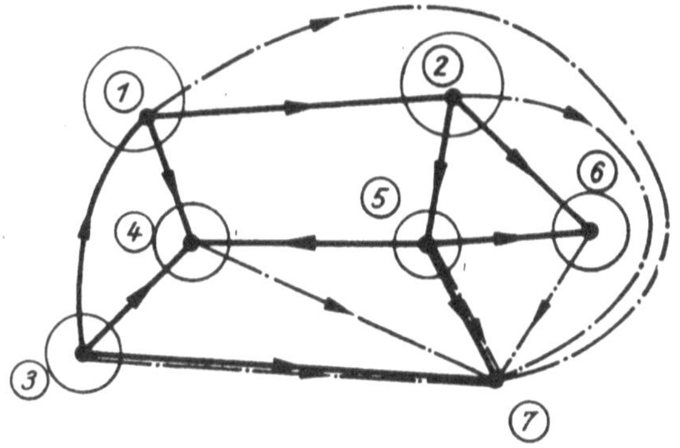

Abb. 2.39. Mit Knoten inzidierende Zweige als spezielle Schnittmengen

Knoten zum k-ten Knoten, so ist die Inzidenzmatrix $\tilde{\boldsymbol{S}}$ gleich der Inzidenzmatrix $\boldsymbol{K}$. In Abb. 2.39 wurde ein Beispiel skizziert. Zum Vergleich sei auf S. 36, Abb. 2.32, verwiesen. Die dort angegebene Inzidenzmatrix $\boldsymbol{K}$ stellt die Schnitte-Zweig-Inzidenzmatrix $\tilde{\boldsymbol{S}}$ zur Abb. 2.39 dar.

Nun sei noch ein nützlicher **Zusammenhang zwischen Fundamentalmaschen- und Fundamentalschnittmengen-Zweig-Inzidenzmatrizen** aufgezeigt. Wählt man das zu einem vollständigen Baum gehörende Fundamentalmaschensystem und das zugehörende Fundamentalschnittmengensystem, so gilt für die zugehörenden Inzidenzmatrizen $\boldsymbol{M}_f$ und $\boldsymbol{S}_f$ gemäß (41), (45) und (47):

$$\boldsymbol{S}_f \cdot \boldsymbol{M}_f^T = (\boldsymbol{S}_{fV}, \boldsymbol{E}) \cdot (\boldsymbol{E}, \boldsymbol{M}_{fB})^T = \boldsymbol{S}_{fV} + \boldsymbol{M}_{fB}^T = \boldsymbol{0}\,,$$

also

$$\boxed{\boldsymbol{S}_{fV} = -\boldsymbol{M}_{fB}^T}\,. \qquad (50)$$

Zusammen mit der Gl. (44) ergibt sich daraus

$$\boldsymbol{S}_{fV} = \boldsymbol{K}_B^{-1} \cdot \boldsymbol{K}_V \tag{51}$$

als Zusammenhang zwischen Fundamentalschnittmengen- und Knoten-Zweig-Inzidenzmatrix.

Zum Schluß sei dem Leser empfohlen, als Übungsaufgabe die folgenden **Dualitätsrelationen** nachzuweisen. Es sei G_1 ein orientierter ebener Graph und G_2 ein dualer Graph von G_1. Dann gelten bei konsequenter Verwendung der Indizes 1 (d. h. zum Graphen G_1 gehörend) und 2 (d. h. zum Graphen G_2 gehörend) folgende Beziehungen:

1. zwischen Knoten- und Zweiganzahlen:

$$k_1 - 1 = z_2 - k_2 + 1 \quad \text{und} \quad k_2 - 1 = z_1 - k_1 + 1\,,$$

2. zwischen Knoten- und Fenstermaschen-Zweig-Inzidenzmatrizen:

$$\boldsymbol{K}_1 = \boldsymbol{M}_2 \quad \text{und} \quad \boldsymbol{K}_2 = \boldsymbol{M}_1\,,$$

3. zwischen beliebigen Maschen- und Schnittmengen-Zweig-Inzidenzmatrizen:

$$\boldsymbol{M}_1 = \boldsymbol{S}_2 \quad \text{und} \quad \boldsymbol{M}_2 = \boldsymbol{S}_1\,.$$

2.2.4. Schnitt- und Umlaufgesetz

Der Netzwerkanalyse werden wir den in Abb. 2.40a dargestellten **allgemeinen Zweipol-Zweig** zugrunde legen. Herausgezeichnet wurde der ζ-te Zweig, der zwischen den Knoten $\varkappa_1$ und $\varkappa_2$ liegen möge. Der Zweigindex ζ kann die Werte $1, 2, \ldots, z$, die Knotenindizes die Werte $1, 2, \ldots, k$ annehmen. Die Zweigstruktur zeigt ein Netzwerkelement (NWE), das ein Verbraucher, ein F-Speicher oder ein D-Speicher sein kann. Gelegentlich kann es auch nützlich und zweckmäßig seien, eine einfache Kombination (Reihen- oder Parallelschaltung) dieser drei Grundelemente in einem Zweig zusammenzufassen und dann als ein NWE anzusehen. Selbstverständlich können in einzelnen Zweigen des NW eine oder

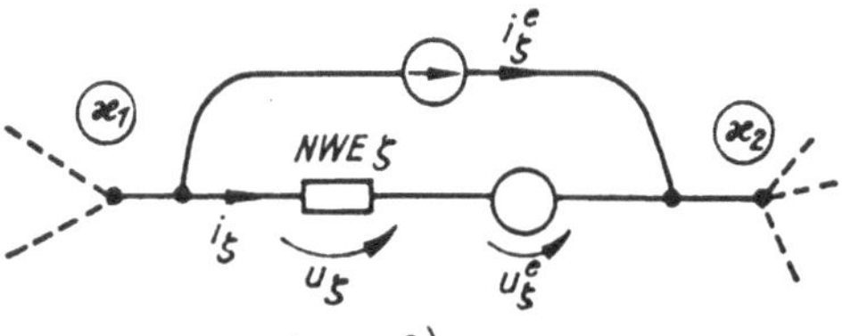

a)

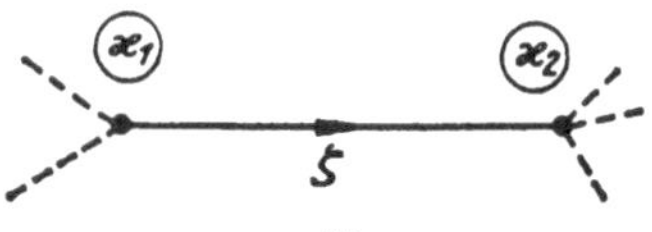

b)

Abb. 2.40. Allgemeiner Zweipolzweig und seine Widerspiegelung im NW-Graphen

beide idealen Quellen fehlen, d. h. $u_\zeta^e = 0$ oder/und $i_\zeta^e = 0$. Dann sind die D-Quelle durch einen Kurzschluß oder/und die F-Quelle durch einen Leerlauf (vgl. S. 12) zu ersetzen. Zweipolzweige, die nur aus einer idealen Quelle bestehen, sind praktisch nicht realisierbar (vgl. S. 18). Werden im NW-Modell dennoch ideale Quellen vorgesehen ohne ein im Sinne der Abb. 2.40.a parallel oder in Reihe liegendes NWE, so lassen sich solche nur aus einer idealen Quelle bestehenden Zweige durch eine „Quellentransformation" meist leicht eliminieren. Die

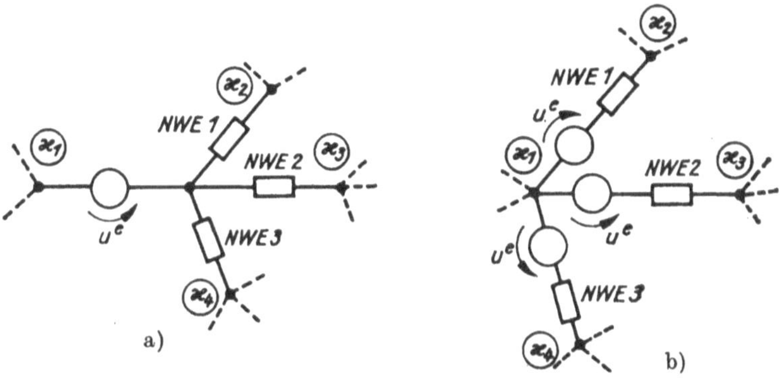

Abb. 2.41. Transformation von D-Quellen

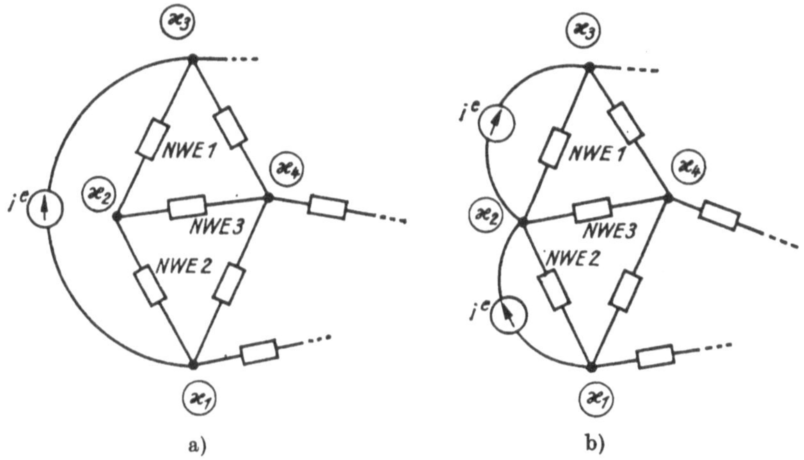

Abb. 2.42. Transformation von F-Quellen

Abb. 2.41 zeigt die Elimination eines Zweiges, der nur aus einer idealen D-Quelle besteht. Die Abb. 2.42 zeigt die Elimination eines Zweiges, der nur aus einer idealen F-Quelle besteht. Die in den Abbn. 2.41.a und 2.41.b bzw. 2.42.a und 2.42.b skizzierten NW sind äquivalent. Im folgenden legen wir allen Betrachtungen generell den in Abb. 2.40a abgebildeten Zweipolzweig mit einem nichtverschwindenden NWE zugrunde.

Wir fassen die über den insgesamt z NWE abfallenden DG zum

Vektor der Zweig-DG $\boldsymbol{u} = (u_1, u_2, \dots, u_z)^T$,

die durch die z NWE hindurchströmenden FG zum

Vektor der Zweig-FG $\boldsymbol{i} = (i_1, i_2 \dots, i_z)^T$,

die über den Klemmen der idealen D-Quellen abfallenden DG zum

Vektor der Zweig-D-Quellen $\boldsymbol{u}^e = (u_1^e, u_2^e, \dots, u_z^e)^T$,

die durch die idealen F-Quellen hindurchfließenden FG zum

Vektor der Zweig-F-Quellen $\boldsymbol{i} = (i_1^e, i_2^e, \dots, i_z^e)^T$

zusammen. Mit diesen Abkürzungen und den oben ausführlich diskutierten Inzidenzmatrizen lassen sich die im Abschn. 1.3. formulierten Grundgesetze der NW-Beschreibung, das Schnittgesetz und das Umlaufgesetz, übersichtlich mathematisch fassen.

2.2.4.1. Mathematische Formulierung des Schnittgesetzes

Das Schnittgesetz besagt (vgl. S. 7), daß die durch einen beliebigen Schnitt hindurchströmenden FG die Summe Null ergeben.

Wählt man ein **vollständiges System unabhängiger Schnittmengen** und bezeichnet $\boldsymbol{S}$ die zugehörende Schnittmengen-Zweig-Inzidenzmatrix, so lautet das Schnittgesetz für diese $(k - 1)$ Schnittmengen

$$\boxed{\boldsymbol{S}(\boldsymbol{i} + \boldsymbol{i}^e) = \boldsymbol{0}}\,. \tag{I}$$

Jede Zeile dieses Gls. widerspiegelt das Schnittgesetz für eine Schnittmenge. Interessanterweise wird mit der Gl. (I), die das Schnittgesetz für ein spezielles System von $(k - 1)$ unabhängigen Schnittmengen wiedergibt, das im Abschn. 1.3. formulierte Schnittgesetz bereits vollständig erfaßt. Das Schnittgesetz für jeden denkbaren Schnitt läßt sich allein durch mathematische Umformungen (zeilenweise Linearkombinationen) aus dem Gls. (I) gewinnen.

Zum Beweis denke man sich irgendeinen Teil aus dem NW herausgeschnitten. Das Schnittgesetz läßt sich für diesen Teil in der Form $\boldsymbol{s}^T(\boldsymbol{i} + \boldsymbol{i}^e) = \boldsymbol{0}$ anschreiben. Dabei ist das ζ-te Element des z-komponentigen Zeilenvektors $\boldsymbol{s}^T$ die Zahl 1, -1 oder 0, je nachdem, ob der ζ-te Zweig ($\zeta = 1, \dots, z$) des NW zu den herausgeschnittenen Zweigen gehört und vom herausgeschnittenen Teil fortweisend orientiert ist, hinweisend orientiert ist oder ob der ζ-te Zweig nicht zum Schnitt gehört. Mit den gleichen Argumenten wie im Abschn. 2.2.3.3., vgl. S. 45, sieht man ein, daß für jede Maschen-Zweig-Inzidenzmatrix $\boldsymbol{M}$ gilt $\boldsymbol{M} \cdot \boldsymbol{s} = \boldsymbol{0}$. Folglich steht der Vektor $\boldsymbol{s}$ orthogonal auf dem zu einem vollständigen System unabhängiger Maschen gehörenden Teilraum. Also muß er in dem von den Zeilenvektoren von $\boldsymbol{S}$ aufgespannten Vektorraum R^{k-1} liegen und sich demnach als Linearkombination der Zeilenvektoren von $\boldsymbol{S}$ darstellen lassen. ▲

Die Wahl des Schnittmengensystems spielt gar keine Rolle. Wesentlich ist nur, daß die Zeilenvektoren der Koeffizientenmatrix in Gl. (I) den Vektorraum R^{k-1} aufspannen. Es kann daher zweckmäßig sein, in (I) statt einer speziellen Schnittmengen-Zweig-Inzidenzmatrix $\boldsymbol{S}$ die auf S. 47 eingeführte etwas allgemeinere Inzidenzmatrix $\tilde{\boldsymbol{S}}$ zu verwenden. Da wir oben die **Knoten-Zweig-Inzidenzmatrix** $\boldsymbol{K}$ als spezielle Inzidenzmatrix $\tilde{\boldsymbol{S}}$ erkannt haben, wird also das Schnittgesetz auch durch die Knoten-Gesetze allein bereits vollständig erfaßt,

$$\boxed{\boldsymbol{K}(\boldsymbol{i} + \boldsymbol{i}^e) = \boldsymbol{0}}\,. \tag{Ia}$$

Die $\varkappa$-te Zeile ($\varkappa = 1, \ldots, k - 1$) des Gls. (Ia) besagt, daß die Summe der im $\varkappa$-ten Knoten ein- und ausströmenden FG Null ergibt (KIRCHHOFFsche Knotensätze in der Elektrotechnik!). Das Schnittgesetz (I) unterwirft den z-dimensionalen Vektor $\boldsymbol{i} + \boldsymbol{i}^e$ gewissen „Verträglichkeitsbedingungen". Dieser Vektor muß senkrecht auf dem von den Zeilenvektoren der Matrix $\boldsymbol{S}$ aufgespannten Vektorraum R^{k-1} stehen, also ein Element des zu R^{k-1} orthogonalen Teilraumes der Dimension $(z - k + 1)$ sein.

Wegen der auf S. 45 bewiesenen Beziehung $\boldsymbol{S} \cdot \boldsymbol{M}^T = \boldsymbol{0}$ bilden die zu einem **vollständigen System unabhängiger Maschen** gehörenden Spaltenvektoren der Matrix $\boldsymbol{M}^T$ eine Basis des orthogonalen Teilraumes. Daher stellen alle mit dem Schnittgesetz verträglichen Vektoren $\boldsymbol{i} + \boldsymbol{i}^e$ eine Linearkombination der Spaltenvektoren der Matrix $\boldsymbol{M}^T$ dar,

$$\boldsymbol{i} + \boldsymbol{i}^e = \sum_{\mu=1}^{z-k+1} (\boldsymbol{M}^T)_{\cdot\mu}\, c_\mu \tag{52}$$

mit $(\boldsymbol{M}^T)_{\cdot\mu}$ als Symbol für den μ-ten Spaltenvektor der Matrix $\boldsymbol{M}^T$ und den skalaren Faktoren c_μ ($\mu = 1, \ldots, z - k + 1$). Setzt man in (52) einen Faktor $c_{\mu_1} \neq 0$ und alle anderen $c_\mu = 0$ für $\mu \neq \mu_1$, so werden genau die Elemente des Vektors $\boldsymbol{i} + \boldsymbol{i}^e$ von Null verschieden, deren zugehörende Zweige zur Masche μ_1 gehören. Deshalb kann man die c_μ als FG interpretieren, die der μ-ten Masche zugeordnet sind. Vor allem in der Elektrotechnik ist es allgemein üblich, mit solchen **Maschen-FG**, die dort natürlich „Maschenströme" (vgl. die Analogientabelle 2.1 auf S. 22) genannt werden, zu arbeiten. Um das hervorzuheben, setzen wir $c_\mu = i_{0\mu}$ — der erste Index „0" soll an einen geschlossenen Umlauf, eine Masche erinnern — und können nach Einführung des **Vektors der Maschen-FG** $\boldsymbol{i}_0 = (i_{01}, i_{02}, \ldots, i_{0,z-k+1})^T$ das Gls. (52) in die geläufigere Form bringen:

$$\boxed{\boldsymbol{i} + \boldsymbol{i}^e = \boldsymbol{M}^T \cdot \boldsymbol{i}_0}\,. \tag{II'}$$

Die ζ-te Zeile ($\zeta = 1, \ldots, z$) des Gls. (II') besagt, daß die Zweig-FG $i_\zeta + i_\zeta^e$ eine Linearkombination der Maschen-FG $i_{01}, \ldots, i_{0,z-k+1}$ ist.

Wir haben hier die Gl. (II') aus der Gl. (I) abgeleitet. Umgekehrt folgt aus (II') die Gl. (I) bzw. die Gl. (Ia), wenn man (II') von links mit der Inzidenzmatrix $\boldsymbol{S}$ bzw. mit der Inzidenzmatrix $\boldsymbol{K}$ multipliziert — wegen (45) bzw. (39).

Folglich wird auch mit der Gl. (II') das Schnittgesetz vollständig wiedergegeben.

Ein Vergleich der Gleichungssysteme (I), (Ia) und (II') zeigt, daß jede der im Abschn. 2.2.3. eingeführten Inzidenzmatrizen $\boldsymbol{K}$, $\boldsymbol{M}$ und $\boldsymbol{S}$ für sich zur mathematischen Formulierung des Schnittgesetzes ausreicht.

2.2.4.3. Mathematische Formulierung des Umlaufgesetzes

Das Umlaufgesetz besagt (vgl. S. 7), daß die über einem beliebigen geschlossenen Umlauf abfallenden DG die Summe Null ergeben. Wählt man ein **vollständiges System unabhängiger Maschen** und bezeichnet $\boldsymbol{M}$ die zugehörende Maschen-Zweig-Inzidenzmatrix, so lautet das Umlaufgesetz für diese $(z - k + 1)$ Maschen

$$\boxed{\boldsymbol{M}(\boldsymbol{u} + \boldsymbol{u}^e) = \boldsymbol{0}}\,. \tag{I'}$$

Jede Zeile dieses Gls. widerspiegelt das Umlaufgesetzt für eine Masche (KIRCHHOFFsche Maschensätze in der Elektrotechnik!). Interessanterweise wird mit der Gl. (I'), die das Umlaufgesetz für ein spezielles System von $(z - k + 1)$ unabhängigen Maschen wiedergibt, das im Abschn. 1.3. formulierte Umlaufgesetz bereits vollständig erfaßt. Das Umlaufgesetz für jeden denkbaren Umlauf läßt sich allein ducrh mathematische Umformungen (zeilenweise Linearkombinationen) aus dem Gls. (I') gewinnen.

Zum Beweis denke man sich einen geschlossenen Umlauf. Wurde der Umlauf nicht entlang von Zweigen des NW geführt, so kann man ihn doch stets so verbiegen, daß er nur über Zweige des NW führt, ohne dadurch die DG-Unterschiede zwischen den ursprünglichen Berührungspunkten mit dem NW zu verändern. Das Umlaufgesetz für diesen (evtl. verbogenen) Umlauf läßt sich in der Form $\boldsymbol{m}^T(\boldsymbol{u} + \boldsymbol{u}^e) = 0$ anschreiben. Dabei ist das ζ-te Element des Zeilenvektors $\boldsymbol{m}^T$ die Zahl 1, -1 oder 0, je nachdem, ob der ζ-te Zweig $(\zeta = 1, \ldots, z)$ des NW zu den vom Umlauf erfaßten Zweigen gehört und gleichsinnig orientiert ist, gegensinnig orientiert ist oder ob der ζ-te Zweig vom Umlauf nicht erfaßt wird. Mit den gleichen Argumenten wie im Abschn. 2.2.3.2. (vgl. S. 40) sieht man ein, daß für die Knoten-Zweig-Inzidenzmatrix $\boldsymbol{K}$ gilt: $\boldsymbol{K} \cdot \boldsymbol{m} = \boldsymbol{0}$. Folglich steht der Vektor $\boldsymbol{m}$ senkrecht auf dem von den Zeilenvektoren der Inzidenzmatrix $\boldsymbol{K}$ aufgespannten Vektorraum R^{k-1}. Also muß der Vektor $\boldsymbol{m}$ in dem von den Zeilenvektoren von $\boldsymbol{M}$ auf gespannten Vektorraum R^{z-k+1} liegen und sich demnach als Linearkombination der Zeilenvektoren von $\boldsymbol{M}$ darstellen lassen. ▲

Die spezielle Wahl des vollständigen Systems unabhängiger Maschen spielt gar keine Rolle. Wesentlich ist nur, daß die Zeilenvektoren der Koeffizientenmatrix des Gleichungssystems (I') den Vektorraum R^{z-k+1} aufspannen.

Das Umlaufgesetz (I') unterwirft den z-dimensionalen Vektor $\boldsymbol{u} + \boldsymbol{u}^e$ gewissen „Verträglichkeitsbedingungen". Er muß senkrecht auf dem von den Zeilenvektoren der Inzidenzmatrix $\boldsymbol{M}$ aufgespannten Vektorraum R^{z-k+1}

stehen, also ein Element des dazu orthogonalen Vektorraumes R^{k-1} sein. Wegen der grundlegenden Relationen $\boldsymbol{M} \cdot \boldsymbol{S}^T = \boldsymbol{0}$ bzw. $\boldsymbol{M} \cdot \boldsymbol{K}^T = \boldsymbol{0}$

bilden die zu einem **vollständigen System unabhängiger Schnittmengen** gehörenden Spaltenvektoren der Matrix $\boldsymbol{S}^T$ bzw. die Spaltenvektoren der Matrix $\boldsymbol{K}^T$ eine Basis des orthogonalen Teilraumes R^{k-1}. Folglich stellen alle mit dem Umlaufgesetz verträglichen Vektoren $\boldsymbol{u} + \boldsymbol{u}^e$ eine Linearkombination der Spaltenvektoren von $\boldsymbol{S}^T$ bzw. $\boldsymbol{K}^T$ dar,

$$\boldsymbol{u} + \boldsymbol{u}^e = \sum_{\varkappa=1}^{k-1} (\boldsymbol{S}^T)_{\cdot\varkappa}\, c_\varkappa \tag{53}$$

bzw.

$$\boldsymbol{u} + \boldsymbol{u}^e = \sum_{x=1}^{k-1} (\boldsymbol{K}^T)_{\cdot\varkappa}\, c'_\varkappa \tag{53a}$$

mit $(\boldsymbol{S}^T)_{\cdot\varkappa}$ bzw. $(\boldsymbol{K}^T)_{\cdot\varkappa}$ als Symbol für den $\varkappa$-ten Spaltenvektor der Matrix $\boldsymbol{S}^T$ bzw. $\boldsymbol{K}^T$ und den skalaren Faktoren $c_\varkappa$ bzw $c'_\varkappa$ $(\varkappa = 1, \ldots, k-1)$.

Setzt man in (53) bzw. (53a) einen Faktor $c_{\varkappa_1}$ bzw. $c'_{\varkappa_1} \neq 0$ und alle anderen $c_\varkappa = 0$ bzw. $c'_\varkappa = 0$ für $\varkappa \neq \varkappa_1$, so werden genau die Elemente des Vektors $\boldsymbol{u} + \boldsymbol{u}^e$ von Null verschieden, deren zugehörende Zweige mit der Schnittmenge $\varkappa_1$ bzw. mit dem Knoten $\varkappa_1$ inzidieren. Deshalb kann man die $c_\varkappa$ bzw. $c'_\varkappa$ als DG interpretieren, die der $\varkappa$-ten Schnittmenge bzw. dem $\varkappa$-ten Knoten zugeordnet sind. Um das hervorzuheben, bezeichnen wir $c_\varkappa$ als $\varkappa$-te **Schnittmengen-DG** bzw. $c'_\varkappa$ als $\varkappa$-te **Knoten-DG** und verwenden die Symbole $c_\varkappa = u_{\boxslash\varkappa}$ bzw. $c'_\varkappa = u_{\varnothing\varkappa}$. Dabei sollen das Symbol „$\boxslash$" eine Schnittmenge bzw. das Symbol „$\varnothing$" einen Knoten symbolisieren. Nach Einführung des **Vektors der Schnittmengen-DG** $\boldsymbol{u}_\boxslash = (u_{\boxslash 1}, \ldots, u_{\boxslash k-1})^T$ bzw. des **Vektors der Knoten-DG** $\boldsymbol{u}_\varnothing = (u_{\varnothing 1}, \ldots, u_{\varnothing k-1})^T$ kann man die Gl.-Systeme (53) bzw. (53a) auf die geläufigere Form bringen,

$$\boxed{\boldsymbol{u} + \boldsymbol{u}^e = \boldsymbol{S}^T \boldsymbol{u}_\boxslash} \tag{II}$$

bzw.

$$\boxed{\boldsymbol{u} + \boldsymbol{u}^e = \boldsymbol{K}^T \boldsymbol{u}_\varnothing}\,. \tag{IIa}$$

Die Gln. (II) bzw. (IIa) wurden hier aus der Gl. (I') hergeleitet. Umgekehrt folgt sowohl aus (II) als auch aus (IIa) das Gl.-System (I'), wenn man (II) bzw. (IIa) von links mit der Inzidenzmatrix $\boldsymbol{M}$ multipliziert. Also wird auch durch die Gln. (II) und (IIa) das Umlaufgesetz jeweils vollständig wiedergegeben.

Ein Vergleich zwischen (I'), (II) und (IIa) zeigt, daß jede der im Abschnitt 2.3.3. eingeführten Inzidenzmatrizen $\boldsymbol{K}$, $\boldsymbol{M}$, $\boldsymbol{S}$ für sich zur mathematischen Formulierung des Umlaufgesetzes ausreicht.

Da die Begriffe Maschen-FG und Knoten-DG zumindestens in der Elektrotechnik als Maschenströme und Knotenspannungen sehr geläufig sind, wird ihre Interpretation dem Leser als Übungsaufgabe überlassen. Nur die weniger gebräuchlichen Schnittmengen-DG sollen hier erläutert werden: Irgendein vollständiges Schnittmengensystem sei nach der auf S. 47 angegebenen Vorschrift konstruiert worden. Aus (II) und (IIa) erhält man für einen beliebigen vollständigen Baum B den Vektor der Baumzweig DG zu $\boldsymbol{u}_B + \boldsymbol{u}_B^e = \boldsymbol{S}_B^T \boldsymbol{u}_{\boxslash} = \boldsymbol{K}_B^T \boldsymbol{u}_{\varnothing}$. Folglich wird $\boldsymbol{u}_{\boxslash} = (\boldsymbol{S}_B^{-1})^T \boldsymbol{K}_B^T \boldsymbol{u}_{\varnothing}$. Gemäß den auf S. 48 notierten Beziehungen (49′) gilt wegen $\boldsymbol{S} = \tilde{\boldsymbol{S}} = \boldsymbol{K}_{B,\,\text{erw}}^{-1} \cdot \boldsymbol{K}$ für den Baumzweiganteil $\boldsymbol{S}_B = \boldsymbol{K}_{B,\,\text{erw}}^{-1} \cdot \boldsymbol{K}_B$ und damit

$$\boldsymbol{u}_{\boxslash} = \boldsymbol{K}_{B,\,\text{erw}}^T \boldsymbol{u}_{\varnothing}$$

mit der Knoten-Hilfszweig-Inzidenzmatrix $\boldsymbol{K}_{B,\,\text{erw}}$. Die Schnittmengen-DG sind demnach die DG zwischen den Anfangs- und Endknoten der gemäß Konstruktionsvorschrift eingeführten Hilfszweige. — Entspricht $\boldsymbol{S}$ insbes. einem Fundamentalsystem von Schnittmengen zu einem vollständigen Baum B', so fallen, die Schnittmengen-DG mit den DG der Zweige des Baumes B' zusammen $\boldsymbol{u}_{\boxslash} = \boldsymbol{K}_{B'}^T, \boldsymbol{u}_{\varnothing} = \boldsymbol{u}_{B'} + \boldsymbol{u}_{B'}^e$.

2.2.4.3. Der Satz von Tellegen

Wir wollen uns nun einer einfachen Schlußfolgerung aus den grundlegenden Beziehungen

$$\boldsymbol{M}\boldsymbol{S}^T = 0 \quad \text{bzw.} \quad \boldsymbol{M}\boldsymbol{K}^T = 0$$

zuwenden. Diese Folgerung wird in der elektrotechnischen Literatur (s. z. B. [D-K-66], [Unb-72]) als **Satz von Tellegen** [Tel-53] bezeichnet.

Satz 7: Betrachtet werden zwei Netzwerke N und $\tilde{N}$ mit übereinstimmendem NW-Graphen G. Dann gilt zwischen jedem Zweig-FG-Vektor $\boldsymbol{i}(t_1) + \boldsymbol{i}^e(t_1)$, der mit dem Schnittgesetz im Netzwerk N verträglich ist, und jedem Zweig-DG-Vektor $\tilde{\boldsymbol{u}}(t_2) + \tilde{\boldsymbol{u}}^e(t_2)$, der mit dem Umlaufgesetz im NW $\tilde{N}$ verträglich ist, die Orthogonalitätsrelation

$$\big(\boldsymbol{i}(t_1) + \boldsymbol{i}^e(t_1)\big)^T \big(\tilde{\boldsymbol{u}}(t_2) + \tilde{\boldsymbol{u}}^e(t_2)\big) = 0\,. \tag{54}$$

Die Zeitpunkte t_1 und t_2 sind dabei beliebig wählbar.

Beweis: Die Beziehung (54) ist sofort verifiziert, wenn man das Schnittgesetz im NW N in der Gestalt (II′) und das Umlaufgesetz im NW $\tilde{N}$ in der Gestalt (I′) verwendet und dabei beachtet, daß die die NW-Topologie beschreibenden Inzidenzmatrizen für das NW N und für das NW $\tilde{N}$ übereinstimmend gewählt werden können:

$$\big(\boldsymbol{i}(t_1) + \boldsymbol{i}^e(t_1)\big)^T \big(\tilde{\boldsymbol{u}}(t_2) + \tilde{\boldsymbol{u}}^e(t_2)\big) = \big(\boldsymbol{i}_0(t_1)\big)^T \boldsymbol{M}\big(\tilde{\boldsymbol{u}}(t_2) + \tilde{\boldsymbol{u}}^e(t_2)\big)$$
$$= \big(\boldsymbol{i}_0(t_1)\big)^T \tilde{\boldsymbol{M}}\big(\tilde{\boldsymbol{u}}(t_2) + \tilde{\boldsymbol{u}}^e(t_2)\big) = \big(\boldsymbol{i}_0(t_1)\big)^T \boldsymbol{0} = 0\,. \;\blacktriangle$$

Abschließend sei erwähnt, daß man Zweig-FG-Vektoren und Zweig-DG-Vektoren, die mit dem Schnittgesetz bzw. mit dem Umlaufgesetz verträglich sind, gelegentlich als **Kirchhoff-Moden** bezeichnet (vgl. z. B. [B-W-73]).

2.3. Gleichungssysteme zur Analyse linearer Netzwerke

2.3.1. Zusammenhänge zwischen FG und DG für zweipolige NWE im Zeit- und Frequenzbereich

In den Abschn. 2.1. und 2.2. wurden alle Grundlagen zur Berechnung von NW, die nur aus Zweipolen zusammengeschaltet sind, zusammengetragen.

> Jedes Verfahren zur Analyse von NW basiert im Grunde auf drei Gesetzmäßigkeiten,
> dem **Schnittgesetz,**
> dem **Umlaufgesetz** und
> den **NWE-Relationen,** die die für die einzelnen NWE charakteristischen Verknüpfungen zwischen FG und DG angeben.

Das Schnittgesetz und das Umlaufgesetz wurden im Abschn. 2.2.4. in sehr übersichtlicher Form mathematisch gefaßt. Die NWE-Relationen für die zweipoligen NWE-Verbraucher, F-Speicher, D-Speicher, F-Quelle, D-Quelle — wurden im Abschn. 2.1. zusammengestellt. Damit sind alle Grundlagen zur Berechnung von NW, die nur aus Zweipolen zusammengeschaltet sind, gegeben.

Bei den Verbrauchern, F-Speichern und D-Speichern hatten wir vier Typen unterschieden, linear und zeitinvariant, linear und zeitvariant, nichtlinear und zeitinvariant, nichtlinear und zeitvariant. Das Schnittgesetz und das Umlaufgesetz werden durch den Typ der NWE nicht beeinflußt. Die NWE-Relationen aber werden am einfachsten im linearen zeitinvarianten Fall. Die auf dieser Grundlage entwickelten Berechnungsverfahren zur Analyse und Empfindlichkeitsanalyse von NW haben heute einen hohen Reifegrad erlangt und werden in der Praxis am häufigsten angewendet. Im Hinblick auf den vorgesehenen Gesamtumfang dieses Bandes werden wir uns von nun ab nur noch mit NW mit linearen, zeitinvarianten NWE beschäftigen. Wir werden sie — dem üblichen Sprachgebrauch folgend — als **lineare NW** bezeichnen.

Für die bereits im Abschn. 2.1. behandelten fünf grundlegenden NWE lauten die NWE-Relationen für den linearen, zeitinvarianten Fall:

Verbraucher: $u(t) = R \cdot i(t) \quad \text{oder} \quad i(t) = G \cdot u(t) \quad \text{mit} \quad G = \frac{1}{R}$, (55)

F-Speicher: $u(t) = u(0) + \frac{1}{C}\int_0^t i(t')\,\mathrm{d}t' \quad \text{oder} \quad i(t) = C\frac{\mathrm{d}}{\mathrm{d}t}u(t)$, (56)

D-Speicher: $u(t) = L\frac{\mathrm{d}}{\mathrm{d}t}i(t) \quad \text{oder} \quad i(t) = i(0) + \frac{1}{L}\int_0^t u(t')\mathrm{d}t'$, (57)

F-Quelle: --------- $i^e(t)$ = gegebene Zeitfunktion, (58)

D-Quelle: $u^e(t)$ = gegebene Zeitfunktion ------ .

Bisher wurden alle FG und DG als Zeitfunktionen betrachtet. Die NW-Berechnungsverfahren führen auf **Integro-Differential-Gleichungssysteme,** die man in Differential- oder Integral-Gleichungssysteme umschreiben kann. Eine solche NW-Analyse im **Zeitbereich** ist sowohl in mathematischer als auch in rechentechnischer Hinsicht ziemlich anspruchsvoll. Vor allem in der Elektrotechnik benutzt man deshalb seit langem Verfahren, die die Differential- und Integral-Operationen vermeiden und bei der NW-Analyse ausschließlich algebraische Operationen verwenden. Die Anwendung der LAPLACE-Transformation zur Schaltungsberechnung gehört heute zum Grundwissen jedes Elektrotechnikers. Sie wird in den Lehrbüchern der elektrischen NW- und Systemtheorie (z. B. [Wun-64], [K-D-68], [Lan-68], [Unb-69], [Wun-71], [Fri-72], [Rei-74a], [Trz-74], [Vie-74]) beschrieben. Doch auch in anderen Fachdisziplinen gewinnt sie immer mehr Anhänger. Hier sei nur kurz zusammengefaßt:

Eine für $t \geqq 0$ definierte Zeitfunktion $f(t)$ wird durch die **LAPLACE-Transformation** überführt in eine Funktion $F(s)$ der komplexen Variablen $s = \sigma + j\omega$,

$$F(s) = \mathcal{L}\{f(t)\} = \int_0^\infty f(t) \cdot e^{-st}\, dt\,. \tag{59}$$

Weiter gelten die Rechenregeln

$$\mathcal{L}\left\{\int_0^t f(t')\, dt'\right\} = \frac{1}{s} F(s)\,, \tag{60}$$

$$\mathcal{L}\{f'(t)\} = s \cdot F(s) - f(0)\,, \tag{61}$$

$$\mathcal{L}\left\{\sum_{\nu=1}^{n} c_\nu f_\nu(t)\right\} = \sum_{\nu=1}^{n} c_\nu \mathcal{L}\{f_\nu(t)\} = \sum_{\nu=1}^{n} c_\nu F_\nu(s)\,, \tag{62}$$

für

$$f(t) = \text{const} = c \quad \text{wird} \quad \mathcal{L}\{c\} = c\int_0^\infty e^{-st}\, dt = \frac{c}{s} \tag{63}$$

und

$$\lim_{s\to\infty} \big(s \cdot F(s)\big) = \lim_{t\to 0} f(t) = f(+0)\,. \tag{64}$$

Eine ausführliche Behandlung der LAPLACE-Transformation und ihrer technischen Anwendung gibt das Buch [Fod-65].

Über die Deutung der LAPLACE-Transformierten eines Signals als Exponentialschwingung mit dem Wuchsmaß σ und der Kreisfrequenz ω und über den Zusammenhang mit der (verallgemeinerten) symbolischen Methode der Wechselstromlehre kann man sich in den o. a. Lehrbüchern informieren. Die Variable s wird als **komplexe Frequenz** bezeichnet.

Durch Anwendung der LAPLACE-Transformation gehen die o. g. NWE-Relationen im Zeitbereich über in die **NWE-Relationen im Frequenzbereich**:

Verbraucher: $U(s) = R \cdot I(s)$ oder $I(s) = G \cdot U(s)$, (65)

F-Speicher: $U(s) = \dfrac{u(0)}{s} + \dfrac{1}{sC} I(s)$ oder $I(s) = sCU(s) - Cu(0)$, (66)

D-Speicher: $U(s) = sLI(s) - Li(0)$ oder $I(s) = \dfrac{i(0)}{s} + \dfrac{1}{sL} U(s)$, (67)

$$\left.\begin{array}{lll} \text{F-Quelle:} & \text{--------} & I^e(s) = \mathscr{L}\{i^e(t)\}\,, \\ \text{D-Quelle:} & U^e(s) = \mathscr{L}\{u^e(t)\} & \text{-------}\,. \end{array}\right\} \quad (68)$$

Aus den Gln. (56) oder (66) folgt, daß ein F-Speicher, über dem z. Z. $t = 0$ eine DG $u(0) = k \neq 0$ abfällt, sich im Zeitbereich $t > 0$ ebenso verhält wie der gleiche F-Speicher mit $u(0) = 0$ und einer in Reihe liegenden zeitlich konstanten D-Quelle mit $u^e(t) = k$ (vgl. Abb. 2.43).

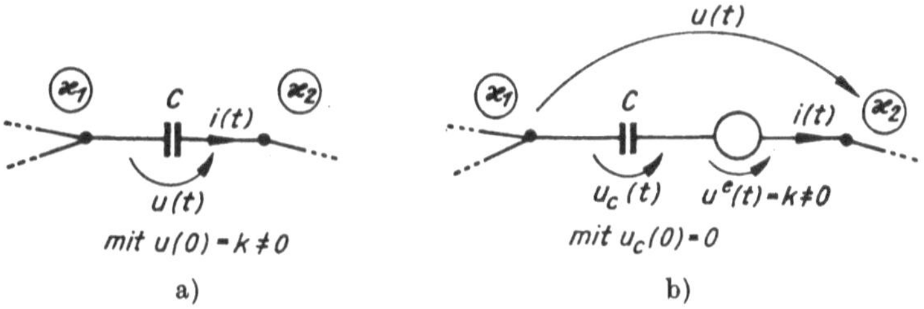

Abb. 2.43. Äquivalente Ersetzung eines FG-Speichers mit Anfangswert $u(0) \neq 0$ durch einen FG-Speicher mit Anfangswert $u(0) = 0$ und eine in Reihe liegende DG-Quelle

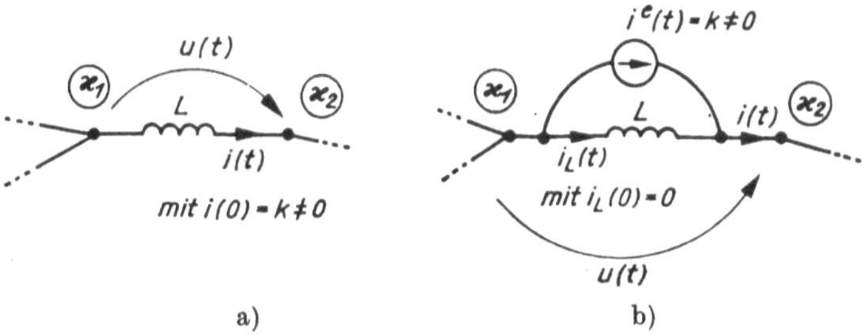

Abb. 2.44. Äquivalente Ersetzung eines DG-Speichers mit Anfangswert $i(0) \neq 0$ durch einen DG-Speicher mit Anfangswert $i(0) = 0$ und eine parallel liegende FG-Quelle

Aus den Gln. (57) oder (67) folgt, daß ein D-Speicher, durch den z. Z. $t = 0$ eine FG $i(0) = k \neq 0$ fließt, sich im Zeitbereich $t > 0$ ebenso verhält wie der gleiche D-Speicher mit $i(0) = 0$ und einer parallel liegenden konstanten F-Quelle mit $i^e(t) = k$ (vgl. Abb. 2.44).

Alle Speicher, die z. T. $t = 0$ nicht „leer" sind, kann man in der angegebenen Weise durch Hinzufügen von konstanten idealen Quellen durch leere Speicher ersetzen. Bei der in diesem Buch zugrunde gelegten allgemeinen Zweipolstruktur (vgl. Abb. 2.40 auf S. 50) bringt die Einführung solcher zusätzlicher Quellen keinerlei Schwierigkeiten mit sich. Wir wollen deshalb grundsätzlich annehmen, daß ggf. z. Z. $t = 0$ vorhandene DG über F-Speichern bzw. FG durch D-Speicher in ihrer Wirkung für den Zeitbereich $t > 0$ durch Einführung zusätzlicher idealer Quellen äquivalent ersetzt wurden und folglich alle Speicherelemente z. Z. $t = 0$ „leer“ sind.

Manchem Leser, der sich intensiv mit dem **Anfangswertproblem** bei linearen, zeitinvarianten Systemen beschäftigt hat, etwa im Sinne der Darstellungen [Sau-65], [Wun-71], wird es leichtsinnig erscheinen, daß auf der rechten Seite von (66) bzw. auf der linken Seite von (67) die Ausdrücke $Cu(0)$ statt $Cu(+0)$ oder $Cu(-0)$ bzw. $Li(0)$ statt $Li(+0)$ oder $Li(-0)$ notiert wurden. Wir haben bisher in den Abschn. 2.1.2. bzw. 2.1.3. gezeigt, daß die DG über einem F-Speicher bzw. die FG durch einen D-Speicher nicht springen kann, solange der in den F-Speicher fließende Fluß i bzw. die über dem D-Speicher abfallende Differenz u beschränkt bleibt. Nun ist es aber üblich, nicht nur mit beschränkten Erregungen zu rechnen, sondern auch **uneigentliche Erregungsfunktionen** (Distributionen), insbesondere die Diracsche Deltafunktion $\delta(t)$ und ihre Ableitungen, (s. [G-S-60], [D-S-62]), zuzulassen. Ein Hinweis darauf, daß solche Distributionen weder praktisch realisiert noch meßtechnisch exakt nachgewiesen werden können, ist nur von akademischem Wert, weil z. B. die Anwort des Systems auf die Deltafunktion — die sogenannte Greensche oder Gewichtsfunktion — eine außerordentlich nützliche und übliche Rechengröße zur Charakterisierung des Systems darstellt. Die genannten (uneigentlichen) Funktionen wirken quasi zeitlos in einem Einschaltzeitpunkt, den man gern als Nullpunkt $t = 0$ wählt. Für alle Zeiten $t < 0$ und alle Zeiten $t > 0$ verschwindet die zeitliche Erregung. Ihre besondere Wirkung besteht darin, daß sie quasi zeitlos in dem NW vorhandene Speicher füllen kann. D. h., in einem NW, dessen sämtliche Speicher für alle $t < 0$ „leer“ waren, also $u(t) = 0$ für F-Speicher und $i(t) = 0$ für D-Speicher, können auf Grund der Erregung z. B. mit einer Deltafunktion $\delta(t)$ für beliebig kleine Zeiten $t > 0$ alle oder einzelne Speicher „gefüllt“ werden, mit anderen Worten, $u(+0) = u_0 \neq 0$ für F-Speicher und $i(+0) = i_0 \neq 0$ für D-Speicher. Gelingt es, die DG für die F-Speicher und die FG für die D-Speicher unmittelbar nach dem Einschalten einer im Einschaltzeitpunkt $t = 0$ konzentrierten Distribution zu berechnen, so wurde damit die Wirkung der Erregung vollständig erfaßt. Für alle $t > 0$ verhält sich das NW ebenso wie das gleiche NW, dessen sämtliche Erregungsgrößen für $t \geqq 0$ verschwinden und das auf Grund seiner Vorgeschichte im Zeitraum $t < 0$ für $t = 0$ die gleichen Werte für die Speicherfüllungen aufweist, also $u(0) = u_0 \neq 0$ und $i(0) = i_0 \neq 0$. Die angestellten Überlegungen zeigen:

> Berechnet man die Größen $u(+0)$ für F-Speicher und $i(+0)$ für D-Speicher, die sich auf Grund einer im Nullpunkt konzentrierten Erregung einstellen, und benutzt diese als Anfangswerte für den Zeitbereich $t > 0$, so ist die Wirkung dieser Erregung für den gesamten

Zeitbereich $t \geqq 0$ bereits vollständig erfaßt. Zu den Quellen $I^e(s)$ und $U^e(s)$ trägt diese Erregung dann nichts mehr bei.

Es ist jedoch allgemein üblich, auch für die im Nullpunkt konzentrierten Erregungen eine LAPLACE-Transformierte anzugeben. Ein δ-Impuls $\delta(t - \varepsilon)$ oder ein abgeleiteter δ-Impuls $\delta^{(n)}(t - \varepsilon)$ im Zeitpunkt $t = \varepsilon > 0$ läßt sich im Sinne der Distributionenrechnung LAPLACE-transformieren,

$$\mathscr{L}\{\delta^{(n)}(t - \varepsilon)\} = s^n e^{-s\varepsilon} \quad \text{für} \quad n = 0, 1, 2, \ldots \tag{69}$$

Weiter kann man vereinbaren

$$\mathscr{L}\{\delta^{(n)}(t)\} = \lim_{\varepsilon \to 0} \mathscr{L}\{\delta^{(n)}(t - \varepsilon)\} = s^n . \tag{70}$$

Denkt man sich die uneigentliche Erregungsfunktion zunächst in einem Zeitpunkt $t = \varepsilon > 0$ konzentriert, so gibt es keinerlei begriffliche Schwierigkeiten. Die in den folgenden Abschnitten 2.3.3. bis 2.3.7. formulierten algebraischen Gl.-Systeme zur Berechnung aller LAPLACE-Transformierten der FG und DG des NW können aufgestellt und gelöst werden. Wenn alle Speicher für $t < 0$ leer waren, so sind die in (66) und (67) vorkommenden Anfangswerte selbstverständlich Null. Durch den Grenzübergang $\varepsilon \to 0$ in den Lösungen der Gl.-Systeme erhält man die LAPLACE-Transformierten aller FG und DG auf Grund einer uneigentlichen Erregung im Nullpunkt. Abschließend zeigt eine einfache Überlegung, daß man zu den gleichen Ergebnissen kommt, wenn der Grenzübergang $\varepsilon \to 0$ bereits nach der Aufstellung des Gl.-Systems vorgenommen wird. Damit ist gleichbedeutend, daß man von vornherein die Erregung gemäß (70) — aber bei verschwindenden Anfangswerten, falls die Speicher für $t < 0$ „leer" waren! — ansetzt und daraus die NW-Größen $U(s)$ und $I(s)$ berechnet. Wegen (64) erhält man alle interessierenden Randwerte $u(+0)$ bzw. $i(+0)$ aus $\lim\limits_{s \to \infty} \big(sU(s)\big)$ bzw. $\lim\limits_{s \to \infty} \big(sI(s)\big)$.

Zusammenfassend sei in Ergänzung zu dem oben angestrichenen Satz festgestellt:

Sind in einem NW für $t < 0$ sämtliche Speicher „leer" und läßt man für die Erregungen $U^e(s)$ und $I^e(s)$ auch uneigentliche Zeitfunktionen zu und berücksichtigt diese im Sinne der Formeln (69) und (70), so müssen in jedem Falle die Anfangswerte $u(0)$ für F-Speicher und $i(0)$ für D-Speicher Null gesetzt werden.

Wir werden uneigentliche Erregungsfunktionen vor allem auf diese Art und Weise berücksichtigen.

Das (sich bei verschwindenden Anfangswerten, d. h. $u(0) = 0$ in (66) und $i(0) = 0$ in (67), ergebende) Verhältnis

$$\frac{U(s)}{I(s)} = z(s)$$

wollen wir als Impedanz und das Verhältnis

$$\frac{I(s)}{U(s)} = y(s)$$

wollen wir als **Admittanz** bezeichnen. Das Verhältnis der LAPLACE-Transformierten von DG und/oder FG in verschiedenen Zweigen des NW bezeichnet man allgemein als **Übertragungsfaktor.**

Die Elementarzweipole Verbraucher, F-Speicher bzw. D-Speicher haben demnach die Impedanzen $R, \frac{1}{sC}$ bzw. sL und die Admittanzen $G = \frac{1}{R}$, sC bzw. $\frac{1}{sL}$.

Setzt sich ein Zweipol aus mehreren Elementarzweipolen zusammen, so läßt sich die Gesamtzweipol-Impedanz bzw. -Admittanz im Falle von Reihenschaltungen bzw. von Parallelschaltungen der Elementarzweipole sofort angeben. Für den in Abb. 2.45.a skizzierten Zweipol lautet die Impedanz $z(s) =$

Abb. 2.45. Reihen- und Parallelschaltung von Elementarzweipolen (R, L, C)

$= R + sL + \frac{1}{sC}$ und die Admittanz $y(s) = \frac{1}{z(s)}$, während der Zweipol der Abb. 2.45.b die Admittanz $y(s) = \frac{1}{R} + \frac{1}{sL} + sC$ und die Impedanz $z(s) = \frac{1}{y(s)}$ besitzt (Übungsaufgabe).

Wir sind nun in der Lage, für das im ζ-ten Zweig ($\zeta = 1, \dots, z$) des NW liegende passive NWE ζ (vgl. Abb. 2.40 auf S. 50) die **NWE-Relation im Frequenzbereich** zu formulieren. Es bezeichne $z_{\zeta\zeta}(s)$ bzw. $y_{\zeta\zeta}(s) = 1/z_{\zeta\zeta}(s)$die Impedanz bzw. die Admittanz des NWE ζ. Auf Grund der getroffenen Konvention, daß (ggf. nach Einführung zusätzlicher idealer Quellen, vgl. die Abbn. 2.43 und 2.44) z. Zt. $t = 0$ alle Speicher „leer" sind, dürfen wir für alle Zweige des NW schreiben:

$$\begin{aligned} & U_\zeta(s) = z_{\zeta\zeta}(s) \cdot I_\zeta(s) \\ \text{bzw.} \quad & I_\zeta(s) = y_{\zeta\zeta}(s) \cdot U_\zeta(s) \end{aligned} \qquad (\zeta = 1, 2, \dots, z)\,. \tag{71}$$

In Analogie zu den Begriffsbildungen des Abschnittes 2.2.4. bezeichnen wir den Vektor der LAPLACE-Transformierten der Zweig-FG mit $\boldsymbol{I} = (I_1, I_2, \dots, I_z)^T$ und den Vektor der LAPLACE-Transformierten der Zweig-DG mit $\boldsymbol{U} = (U_1, U_2, \dots, U_z)^T$. Führt man weiter die **Diagonalmatrix der Zweigimpedanzen**

$$\boldsymbol{Z} = \langle z_{11}, z_{22}, \dots, z_{zz} \rangle \tag{72}$$

und die **Diagonalmatrix der Zweigadmittanzen**

$$\boldsymbol{Y} = \langle y_{11}, y_{22}, \ldots, y_{zz} \rangle \tag{72'}$$

ein, so lassen sich die z Gl. (71) in Matrizenschreibweise zusammenfassen,

$$\boxed{\boldsymbol{U} = \boldsymbol{Z} \cdot \boldsymbol{I}} \tag{III}$$

$$\boxed{\boldsymbol{I} = \boldsymbol{Y} \cdot \boldsymbol{Z}}\,. \tag{III'}$$

Aus den in (III) bzw. (III') zusammengefaßten NWE-Relationen folgen zusammen mit dem Schnitt- und dem Umlaufgesetz alle interessierenden Angaben über das NW. Wir werden unten die wichtigsten Gl.-Systeme zur NW-Analyse im Frequenzbereich zusammenstellen. Die Anwendung der LAPLACE-Transformation auf die im Abschnitt 2.2.4. zusammengestellten Formeln, die das Schnitt- und das Umlaufgesetz widerspiegeln, ist ohne weiteres möglich. An die Stelle der zeitabhängigen NW-Größen $\boldsymbol{i}, \boldsymbol{i}^e, \boldsymbol{i}_0, \boldsymbol{u}, \boldsymbol{u}^e, \boldsymbol{u}_{\boxtimes}$ bzw. $\boldsymbol{u}_{\varnothing}$ („Zeitcharakteristiken" des NW), treten ihre LAPLACE-Transformierten $\boldsymbol{I}, \boldsymbol{I}_e, \boldsymbol{I}_0, \boldsymbol{U}, \boldsymbol{U}_e, \boldsymbol{U}_{\boxtimes}$ bzw. $\boldsymbol{U}_{\varnothing}$ („Frequenzcharakteristiken" des NW), die Funktionen der komplexen Frequenz $s = \sigma + j\omega$ sind.
LAPLACE-Transformierten $\boldsymbol{I}, \boldsymbol{I}^e, \boldsymbol{I}_0, \boldsymbol{U}, \boldsymbol{U}^e, \boldsymbol{U}_{\boxtimes}$ bzw. $\boldsymbol{U}_{\varnothing}$, die Funktionen der komplexen Frequenz $s = \sigma + j\omega$ sind.

2.3.2. Zum Gültigkeitsbereich der linearen NW-Beschreibung

Die im vorangegangenen Abschn. 2.3.1. vorgenommene Einschränkung auf NW mit linearen zeitinvarianten NWE erscheint im Hinblick auf die praktische Brauchbarkeit zunächst sehr einschneidend, da sich sehr viele technische Komponenten nur durch nichtlineare NWE angemessen beschreiben lassen. Erfreulicherweise werden technische Systeme aber häufig unter Bedingungen betrieben, die es gestatten, mit ausreichender Genauigkeit die Theorie linearer zeitinvarianter NW zu ihrer Beschreibung heranzuziehen. Das ist vor allem dann der Fall, wenn die zeitlichen Schwankungen der Signale klein sind gegenüber ihren „Ruhewerten" (z. B. Mittelwerten). Das folgende **Beispiel** eines einfachen Feder-Masse-Systems möge zur Erläuterung dienen.

Im Schwerefeld (in Abb. 2.46. a angedeutet durch die Erdbeschleunigung g) hängt ein starrer Körper der Masse M an einer Feder. Auf den Körper wirkt (außer der Schwerkraft) eine Erregerkraft $f^e(t)$ in vertikaler Richtung. Die Weg-Kraft-Kennlinie der Feder ist in Abb. 2.46. b dargestellt worden. Bei völlig entspannter Feder, d. h. für die Federkraft $f = 0$, soll der Endpunkt P der Feder mit dem Ursprung der Wegkoordinate $x = 0$ zusammenfallen. Durch das Gewicht des Körpers kommt eine Ruheauslenkung (statische Auslenkung) x_0 zustande, die einer Federkraft $f_0 = g \cdot M$ entspricht, vgl. Punkt A auf der Federkennlinie. Durch die Wirkung der zusätzlichen Erregerkraft $f^e(t)$ auf den starren Körper verschiebt sich der Punkt A auf der Kennlinie. Die genaue Berechnung von x erfordert die Lösung einer nichtlinearen Differentialgleichung. Sind jedoch die f_0 überlagetren Federkräfte — bedingt durch die eingeprägte

Kraft f^e und die Trägheit des starren Körpers — hinreichend klein, so kann die Kennlinie der Feder in der Umgebung von A genügend genau durch ihre Tangente approximiert werden. Ihren Anstieg $\left.\frac{dx}{df}\right|_{f=f_0}$ könnte man als „dynamische Federnachgiebigkeit" $N(f_0) = N_0$ bezeichnen, vgl. Abschnitt 2.1.3. Die so linearisierte Feder genügt der Gl.

$$x = x_0 + (f - f_0)\, N_0 = (f + f_0^e)\, N_0 \,.$$

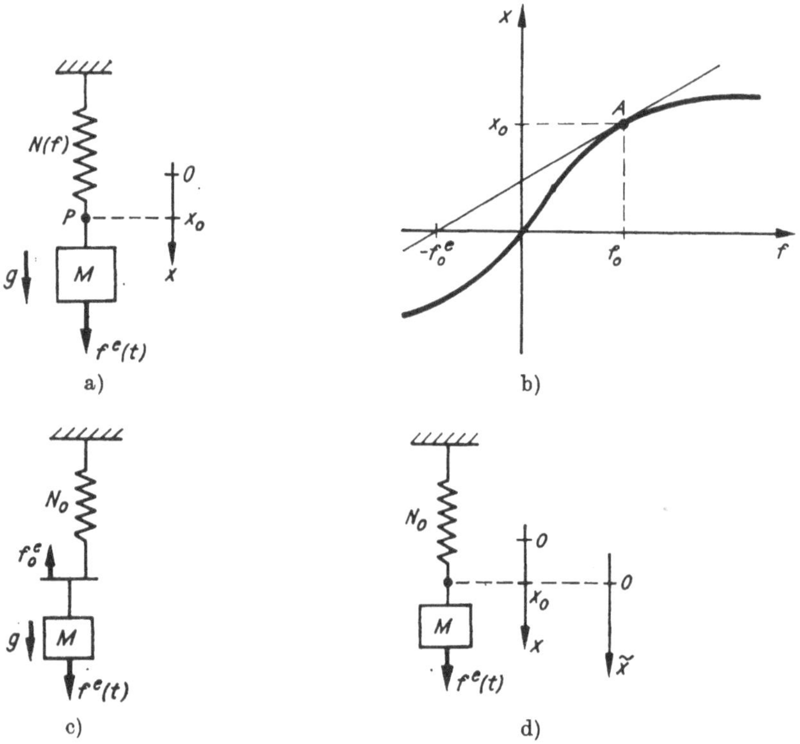

Abb. 2.46. Feder-Masse-System;

a) Prinzip, a) Weg-Kraft-Kennlinie der Feder, c) Linearisierte Näherung, d) Linearisierte Näherung bei Untersuchung der Auslenkung gegenüber der Ruhelage (Kleinsignalverhalten)

Die zuletzt angegebene Charakterisierung der linearisierten Feder läßt sich durch die Parallelschaltung einer linearen Feder (mit der Nachgiebigkeit N_0) und einer konstanten Kraftquelle f_0^e im NW-Modell darstellen (vgl. Abb. 2.46c). Häufig interessiert man sich aber nicht für die Zeitabhängigkeit des Ortes $x(t)$ und der Kraft $f(t)$, sondern nur für die Abweichungen gegenüber der Ruhelage (statischer Fall), d. h. für $\tilde{x}(t) = x(t) - x_0$ und $\tilde{f}(t) = f(t) - f_0$. Dem entspricht die zuerst angegebene Charakterisierung der linearisierten Feder, $\tilde{x} = N_0\tilde{f}$, und eine Darstellung des Feder-Masse-Systems gemäß Abb. 2.46.d. Man beachte, daß das Schwerefeld — das sich im Gewicht f_0 des starren Körpers in der NW-Beschreibung widerspiegelt — jetzt keine Rolle mehr spielt. Es muß nur noch die Trägheit des starren Körpers berücksichtigt werden.

Wenn man sich nur für Änderungen gegenüber einem statischen Gleichgewichtszustand interessiert, so kann man im linearisierten System stets alle zeitlich konstanten Signale (einschließlich der Quellen) unterdrücken. Das ist letztlich eine Folge des **Superpositionsprinzips,** das im ursprünglichen nichtlinearen System nicht gilt, wohl aber in dem linearisierten System.

Es ist sinnfällig (und in der Elektrotechnik üblich), den Ruhewert der einzelnen Signale als **Arbeitspunkt** zu bezeichnen und das Verhalten des linearisierten Systems — dargestellt durch die Abweichungen vom Arbeitspunkt — als **Kleinsignalverhalten.**

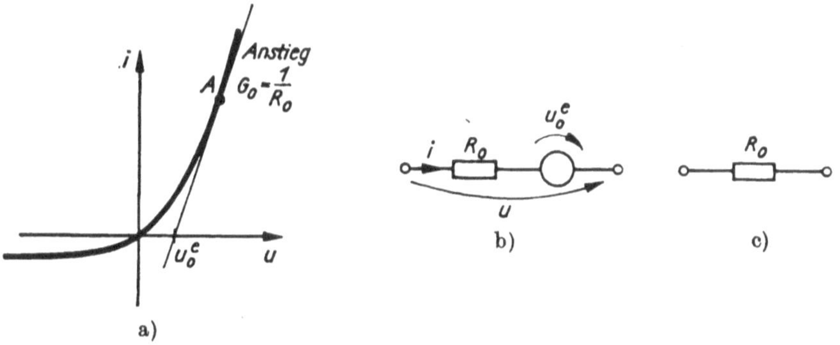

Abb. 2.47. Kleinsignal-Modellierung einer Diode

Wenn im folgenden lineare zeitinvariante NW behandelt werden, so sind diese als Modelle linearer Systeme oder nichtlinearer Systeme im Kleinsignalbetrieb aufzufassen. Da aus den technischen Aufgabenstellungen stets klar ist, um welche Art von Modellen es sich handelt, brauchen keine Unterscheidungen in der Schreibweise zwischen den Signalen und den Signalabweichungen gegenüber dem Arbeitspunkt vorgenommen zu werden.

Abschließend sei als Beispiel aus der Elektrotechnik in Abb. 2.47 die Modellierung einer Diode skizziert:

a) nichtlinearer Widerstand, der durch seine u—i-Kennlinie beschrieben wird,
b) linearisiertes Ersatzschaltbild, das in der Umgebung des Arbeitspunktes A gültig ist,
c) linearisiertes Ersatzschaltbild für die Berechnung des Kleinsignalverhaltens („Wechselstromersatzschaltbild").

2.3.3. Das System der Zweig-FG-Schnittmengen-DG-Gleichungen und das System der Zweig-FG-Knoten-DG-Gleichungen

In jedem Gleichungssystem (Gls.) zur Analyse von NW müssen das Schnittgesetz, das Umlaufgesetz und die NWE-Relationen berücksichtigt werden. Weitere Beziehungen werden nicht benötigt. Wir verwenden hier das Schnittgesetz in der Formulierung

$$\boldsymbol{S}(\boldsymbol{I} + \boldsymbol{I}^e) = \boldsymbol{0}\,, \tag{I}$$

das Umlaufgesetz in der Formulierung

$$\boldsymbol{U} + \boldsymbol{U}^e = \boldsymbol{S}^T \cdot \boldsymbol{U}_{\boxslash} \tag{II}$$

und die NWE-Relationen in der Formulierung

$$\boldsymbol{U} = \boldsymbol{Z} \cdot \boldsymbol{I}\,. \tag{III}$$

Einsetzen von (III) in (II) ergibt

$$-\boldsymbol{Z} \cdot \boldsymbol{I} + \boldsymbol{S}^T \cdot \boldsymbol{U}_{\boxslash} = \boldsymbol{U}^e$$

und mit (I) in Hypermatrizenschreibweise zusammengefaßt

$$\boxed{\begin{pmatrix} \boldsymbol{Z} & \boldsymbol{S}^T \\ \boldsymbol{S} & \boldsymbol{0} \end{pmatrix} \begin{pmatrix} -\boldsymbol{I} \\ \boldsymbol{U}_{\boxslash} \end{pmatrix} = \begin{pmatrix} \boldsymbol{U}^e \\ \boldsymbol{S} \cdot \boldsymbol{I}^e \end{pmatrix}}\,. \tag{IV}$$

Das ist das **System der Zweig-FG-Schnittmengen-DG-Gleichungen.** Die Aufstellung dieses Gls. bereitet keinerlei Schwierigkeiten. Die Topologie des NW spiegelt sich in der Inzidenzmatrix $\boldsymbol{S}$ wider, während die NWE-Relationen in der Diagonalmatrix $\boldsymbol{Z}$ zusammengefaßt sind. Als Erregungen des NW können FG- und DG-Einspeisungen in beliebiger Zahl berücksichtigt werden. Die Lösung des Gls. (IV) liefert sämtliche Zweig-FG und einen vollständigen Satz von Schnittmengen-DG.

Bei der numerischen Lösung des Gls. (IV) sollte man nicht unbedacht ein Rechenprogramm zur Auflösung eines Gls. oder zur Inversion einer Matrix der Ordnung $(z + k - 1)$ ansetzen, sondern die natürliche Partitionierung der Koeffizientenmatrix ausnutzen, vgl. aber auch Abschn. 3.3.2. Der tatsächlich benötigte Rechenaufwand zur Lösung des Gls. (IV) besteht im wesentlichen in der Auflösung eines Gls. der Ordnung $k - 1$. Das sieht man so ein: Der Vektor $\boldsymbol{I}$ ergibt sich aus dem Vektor $\boldsymbol{U}_{\boxslash}$ gemäß der ersten Zeile von (IV) zu

$$\boldsymbol{I} = \boldsymbol{Z}^{-1}\boldsymbol{S}^T\boldsymbol{U}_{\boxslash} - \boldsymbol{Z}^{-1}\boldsymbol{U}^e\,. \tag{73}$$

Multiplikation dieser Beziehung von links mit $\boldsymbol{S}$ und Berücksichtigung von Gl. (I) liefert für $\boldsymbol{U}_{\boxslash}$ die Bestimmungsglgleichung

$$(\boldsymbol{S}\boldsymbol{Z}^{-1}\boldsymbol{S}^T)\,\boldsymbol{U}_{\boxslash} = \boldsymbol{S}(\boldsymbol{Z}^{-1}\boldsymbol{U}^e - \boldsymbol{I}^e)\,. \tag{74}$$

Da die Zweigimpedanzmatrix $\boldsymbol{Z}$ eine Diagonalmatrix ist, läßt sich die Inverse $\boldsymbol{Z}^{-1} = \boldsymbol{Y}$, die Matrix der Zweigadmittanzen, ohne jede Rechnung sofort angeben.

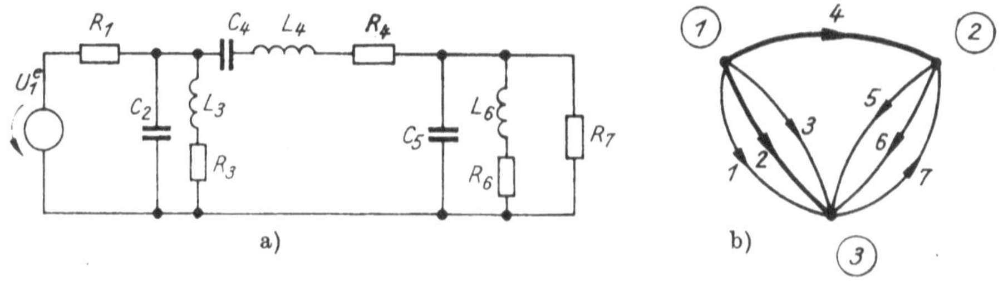

Abb. 2.48. Schaltung und zugehöriger orientierter Graph eines elektrischen Filters

Die Auflösung des Gls. (IV) wurde damit im wesentlichen auf die Auflösung eines Gls. der Ordnung $k - 1$ reduziert.

Wir werden weiter unten zeigen, daß man die Koeffizientenmatrix des Gls. (74) unmittelbar aus dem NW ablesen kann.

Als **Beispiel** für die Aufstellung des Gls. (IV) betrachten wir ein elektrisches Filter, dessen Stromlaufplan und orientierter Graph in Abb. 2.48 notiert wurden. Die Zweige 2 und 4 bilden einen vollständigen Baum des Graphen. Wir benutzen bei der Aufstellung von **S** das zugehörende Fundamentalschnittmengensystem und erhalten mit den Zweigimpedanzen

$$z_{11} = R_1\,, \quad z_{22} = (sC_2)^{-1}\,, \quad z_{33} = R_3 + sL_3\,, \quad z_{44} = R_4 + sL_4 + (sC_4)^{-1}\,,$$
$$z_{55} = (sC_5)^{-1}\,, \quad z_{66} = R_6 + sL_6\,, \quad z_{77} = R_7$$

das folgende System der Zweigstrom-Schnittmengenspannungs-Gleichungen. In unserem Beispiel sind die Schnittmengenspannungen die Baumzweigspannungen, also $U_{\boxslash 1} = U_2$ und $U_{\boxslash 2} = U_4$.

$$\left(\begin{array}{ccccccc:cc}
z_{11} & & & & & & & 1 & 0 \\
 & z_{22} & & & & & & 1 & 0 \\
 & & z_{33} & & & & & 1 & 0 \\
 & & & z_{44} & & & & 0 & 1 \\
 & & & & z_{55} & & & 1 & -1 \\
 & & & & & z_{66} & & 1 & -1 \\
 & & & & & & z_{77} & -1 & 1 \\
\hdashline
1 & 1 & 1 & 0 & 1 & 1 & -1 & 0 & 0 \\
0 & 0 & 0 & 1 & -1 & -1 & 1 & 0 & 0
\end{array}\right)
\left(\begin{array}{c}
-I_1 \\ -I_2 \\ -I_3 \\ -I_4 \\ -I_5 \\ -I_6 \\ -I_7 \\ \hdashline U_{\boxslash 1} \\ U_{\boxslash 2}
\end{array}\right)
=
\left(\begin{array}{c}
U_1^e \\ 0 \\ 0 \\ 0 \\ 0 \\ 0 \\ 0 \\ \hdashline 0 \\ 0
\end{array}\right).$$

Benutzt man für das Schnittgesetz die Formulierung

$$\boldsymbol{K}(\boldsymbol{I} + \boldsymbol{I}^e) = \boldsymbol{0}\,, \tag{Ia}$$

für das Umlaufgesetz die Formulierung

$$\boldsymbol{U} + \boldsymbol{U}^e = \boldsymbol{K}^T \boldsymbol{U}_{\varnothing} \tag{IIa}$$

und für die NWE-Relationen wiederum (III), so erhält man in Analogie zum Gls. (IV) das **System der Zweig-FG-Knoten-DG-Gleichungen**

$$\boxed{\begin{pmatrix} \boldsymbol{Z} & \boldsymbol{K}^T \\ \boldsymbol{K} & 0 \end{pmatrix} \begin{pmatrix} -\boldsymbol{I} \\ \boldsymbol{U}_\varnothing \end{pmatrix} = \begin{pmatrix} \boldsymbol{U}^e \\ \boldsymbol{K}\boldsymbol{I}^e \end{pmatrix} = \begin{pmatrix} \boldsymbol{U}^e \\ -\boldsymbol{I}^\varnothing \end{pmatrix}} . \qquad \text{(IVa)}$$

Der Vektor $\boldsymbol{I}^\varnothing = (I_1^\varnothing, I_2^\varnothing, \ldots, I_{k-1}^\varnothing)^T = -\boldsymbol{K} \cdot \boldsymbol{I}^e$ hat die Bedeutung von Knoten-FG-Erregungen, die die Summe $I_\varkappa^\varnothing (\varkappa = 1, \ldots, k-1)$ aller in den $\varkappa$-ten Knoten eingespeisten FG-Quellen zusammenfassen. (Der eingespeiste Fluß $I_\varkappa^\varnothing$ fließt im Bezugsknoten k wieder aus dem NW heraus.)

Bei der Lösung des Gls. (IVa) sollte man wiederum die natürliche Partitionierung der Koeffizientenmatrix berücksichtigen und folgenden Formelsatz verwenden:

$$-\boldsymbol{I} = \boldsymbol{Z}^{-1}(\boldsymbol{U}^e - \boldsymbol{K}^T \boldsymbol{U}_\varnothing) \qquad (75)$$

und

$$(\boldsymbol{K}\boldsymbol{Z}^{-1}\boldsymbol{K}^T)\, \boldsymbol{U}_\varnothing = \boldsymbol{K}\boldsymbol{Z}^{-1}\boldsymbol{U}^e + \boldsymbol{I}^\varnothing . \qquad (76)$$

Die Formeln (75) und (76) zeigen, daß sich die Auflösung des Gls. (IVa) der Ordnung $(z + k - 1)$ im wesentlichen auf die Auflösung eines Gls. der Ordnung $(k - 1)$ zurückführen läßt.

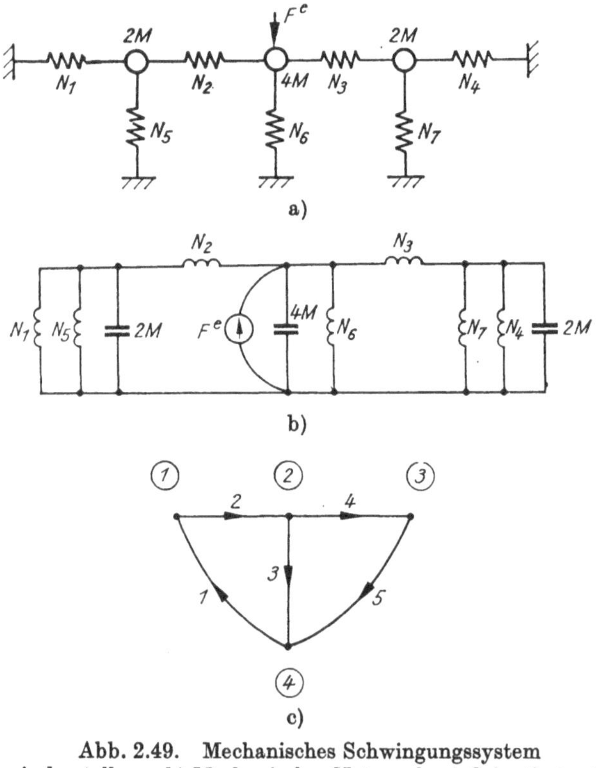

Abb. 2.49. Mechanisches Schwingungssystem
a) Prinzipdarstellung, b) Mechanisches Netzwerk, c) Orientierter Graph

Als **Beispiel** für die Aufstellung des Gls. (IV a) betrachten wir das in Abb. 2.49. a dargestellte mechanische Schwingungssystem, das durch eine vertikal angreifende periodische Kraft F^e mit der Kreisfrequenz ω erregt wird. Es soll der eingeschwungene Zustand der eindimensionalen vertikalen Bewegung des Systems untersucht werden. Die im Bild eingetragenen Federnachgiebigkeiten beschreiben die Federwirkung bezüglich vertikaler Bewegungen. Das zugehörende NW zeigt die Abb. 2.49. b. Faßt man die parallel liegenden Zweige jeweils zu einem Zweig zusammen, so hat der NW-Graph (vgl. Abb. 2.49. c) nur fünf Zweige. Mit den Zweigimpedanzen

$$z_{11} = sN_1 \,||sN_5||\, (2sM)^{-1} = \left(\frac{1}{sN_1} + \frac{1}{sN_5} + 2sM\right)^{-1}, \qquad z_{22} = sN_2\,,$$

$$z_{33} = sN_6 || \frac{1}{4sM}, \qquad z_{44} = sN_3 \quad \text{und} \quad z_{55} = sN_4 \,||sN_7||\, \frac{1}{2sM}$$

lautet das System (IV a) der Zweigkraft-Knotengeschwindigkeits-Gleichungen

$$\left(\begin{array}{ccccc|ccc} z_{11} & & & & & -1 & 0 & 0 \\ & z_{22} & & & & 1 & -1 & 0 \\ & & z_{33} & & & 0 & 1 & 0 \\ & & & z_{44} & & 0 & 1 & -1 \\ & & & & z_{55} & 0 & 0 & 1 \\ \hline -1 & 1 & 0 & 0 & 0 & 0 & 0 & 0 \\ 0 & -1 & 1 & 1 & 0 & 0 & 0 & 0 \\ 0 & 0 & 0 & -1 & 1 & 0 & 0 & 0 \end{array}\right) \begin{pmatrix} -F_1 \\ -F_2 \\ -F_3 \\ -F_4 \\ -F_5 \\ \hline V_{\varnothing 1} \\ V_{\varnothing 2} \\ V_{\varnothing 3} \end{pmatrix} = \begin{pmatrix} 0 \\ 0 \\ 0 \\ 0 \\ 0 \\ \hline 0 \\ -F^e \\ 0 \end{pmatrix}.$$

2.3.4. Das System der Zweig-DG-Maschen-FG-Gleichungen

Verwendet man das Schnittgesetz in der Formulierung

$$\boldsymbol{I} + \boldsymbol{I}^e = \boldsymbol{M}^T \boldsymbol{I}_0\,, \tag{II'}$$

das Umlaufgesetz in der Formulierung

$$\boldsymbol{M}(\boldsymbol{U} + \boldsymbol{U}^e) = 0 \tag{I'}$$

und die NWE-Relationen in der Formulierung

$$\boldsymbol{I} = \boldsymbol{Y} \cdot \boldsymbol{U}\,, \tag{III'}$$

so erhält man nach Einsetzen von (III') in (II') und anschließende Zusammenfassung mit (I') das **System der Zweig-DG-Maschen-FG-Gleichungen**

$$\boxed{\begin{pmatrix} \boldsymbol{Y} & \boldsymbol{M}^T \\ \boldsymbol{M} & 0 \end{pmatrix} \begin{pmatrix} -\boldsymbol{U} \\ \boldsymbol{I}_0 \end{pmatrix} = \begin{pmatrix} \boldsymbol{I}^e \\ \boldsymbol{M}\boldsymbol{U}^e \end{pmatrix} = \begin{pmatrix} \boldsymbol{I}^e \\ \boldsymbol{U}^0 \end{pmatrix}}\,. \tag{IV'}$$

Der Vektor $\boldsymbol{U}^0 = (\boldsymbol{U}_1^0, U_2^0, \dots, U_{z-k+1}^0)^T = \boldsymbol{M} \cdot \boldsymbol{U}^e$ auf der rechten Seite von (IV′) hat die Bedeutung von Maschen-DG-Erregungen, die die Summe U_μ^0 aller in der μ-ten Masche ($\mu = 1, \dots, z - k + 1$) vorhandenen DG-Quellen zusammenfassen.

Bei der Auflösung des Gls. (IV′) der Ordnung $(z + z - k + 1) = 2z - k + 1$ wird man die Partitionierung der Koeffizientenmatrix und die Diagonalgestalt der Zweigadmittanzmatrix $\boldsymbol{Y}$ beachten und folgenden Formelsatz verwenden:

$$-\boldsymbol{U} = \boldsymbol{Y}^{-1}(\boldsymbol{I}^e - \boldsymbol{M}^T\boldsymbol{I}_0)\,, \tag{77}$$

wobei sich $\boldsymbol{I}_0$ aus einem Gls. der Ordnung $(z - k + 1)$ ergibt,

$$(\boldsymbol{M}\boldsymbol{Y}^{-1}\boldsymbol{M}^T)\,\boldsymbol{I}_0 = \boldsymbol{M}\boldsymbol{Y}^{-1}\boldsymbol{I}^e - \boldsymbol{U}^0\,. \tag{78}$$

Als **Beispiel** für die Aufstellung des Gls. (IV′) wollen wir das in Abb. 2.49a dargestellte mechanische Schwingungssystem verwenden. In dem orientierten

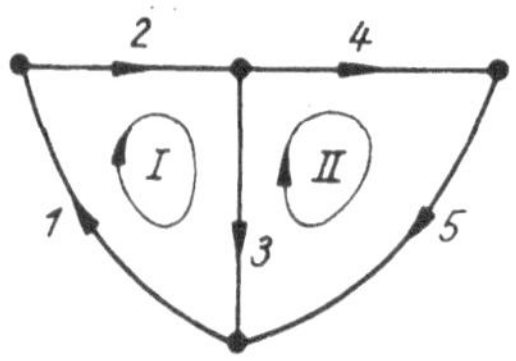

Abb. 2.50. Vollständiges System unabhängiger Maschen für das mechanische Schwingungssystem (Abb. 2.49)

Graphen wird ein vollständiges System unabhängiger Maschen gemäß Abb. 2.50 eingetragen. Mit den Zweigadmittanzen

$$y_{11} = (sN_1)^{-1} + (sN_5)^{-1} + 2sM\,, \quad y_{22} = (sN_2)^{-1}\,, \quad y_{33} = (sN_6)^{-1} + 4sM\,,$$
$$y_{44} = (sN_3)^{-1} \quad \text{und} \quad y_{55} = (sN_4)^{-1} + (sN_7)^{-1} + 2sM$$

lautet das Gls. (IV′) der Zweiggeschwindigkeits-Maschenkraft-Gleichungen

$$\left(\begin{array}{ccccc|cc} y_{11} & & & & & 1 & 0 \\ & y_{22} & & & & 1 & 0 \\ & & y_{33} & & & 1 & -1 \\ & & & y_{44} & & 0 & 1 \\ & & & & y_{55} & 0 & 1 \\ \hline 1 & 1 & 1 & 0 & 0 & 0 & 0 \\ 0 & 0 & -1 & 1 & 1 & 0 & 0 \end{array}\right) \left(\begin{array}{c} -V_1 \\ -V_2 \\ -V_3 \\ -V_4 \\ -V_5 \\ \hline F_{01} \\ F_{02} \end{array}\right) = \left(\begin{array}{c} 0 \\ 0 \\ -F_e^e \\ 0 \\ 0 \\ \hline 0 \\ 0 \end{array}\right).$$

2.3.5. Das System der Zweig-FG- und der Zweig-DG-Gleichungen

Multipliziert man die erste Zeile des Gls. (IV) bzw. (IVa) mit der Maschen-Zweig-Inzidenzmatrix $\boldsymbol{M}$, so erhält man wegen $\boldsymbol{M} \cdot \boldsymbol{S}^T = 0$ bzw. $\boldsymbol{M} \cdot \boldsymbol{K}^T = 0$

(vgl. Abschn. 2.2.3) ein **System von Zweig-FG-Gleichungen** in der Gestalt

$$\boxed{\begin{pmatrix} \boldsymbol{M} \cdot \boldsymbol{Z} \\ \boldsymbol{S} \end{pmatrix} \boldsymbol{I} = \begin{pmatrix} -\boldsymbol{M} \cdot \boldsymbol{U}^e \\ -\boldsymbol{S} \cdot \boldsymbol{I}^e \end{pmatrix} = \begin{pmatrix} -\boldsymbol{U}^0 \\ -\boldsymbol{S} \cdot \boldsymbol{I}^e \end{pmatrix}} \tag{V}$$

bzw.

$$\boxed{\begin{pmatrix} \boldsymbol{M} \cdot \boldsymbol{Z} \\ \boldsymbol{K} \end{pmatrix} \boldsymbol{I} = \begin{pmatrix} -\boldsymbol{M} \cdot \boldsymbol{U}^e \\ -\boldsymbol{K} \cdot \boldsymbol{I}^e \end{pmatrix} = \begin{pmatrix} -\boldsymbol{U}^0 \\ \boldsymbol{I}^\varnothing \end{pmatrix}} \,. \tag{V a}$$

Multipliziert man die erste Zeile des Gls. (IV′) mit einer Schnittmengen-Inzidenzmatrix $\boldsymbol{S}$ zu einem vollständigen System unabhängiger Schnittmengen bzw. mit einer Knoten-Zweig-Inzidenzmatrix $\boldsymbol{K}$, so erhält man wegen $\boldsymbol{S} \cdot \boldsymbol{M}^T = \boldsymbol{0}$ bzw. $\boldsymbol{K} \cdot \boldsymbol{M}^T = \boldsymbol{0}$ ein **System von Zweig-DG-Gleichungen** in der Gestalt

$$\boxed{\begin{pmatrix} \boldsymbol{S} \cdot \boldsymbol{Y} \\ \boldsymbol{M} \end{pmatrix} \boldsymbol{U} = \begin{pmatrix} -\boldsymbol{S} \cdot \boldsymbol{I}^e \\ -\boldsymbol{M} \cdot \boldsymbol{U}^e \end{pmatrix} = \begin{pmatrix} -\boldsymbol{S} \cdot \boldsymbol{I}^e \\ -\boldsymbol{U}^0 \end{pmatrix}} \tag{V′}$$

bzw.

$$\boxed{\begin{pmatrix} \boldsymbol{K} \cdot \boldsymbol{Y} \\ \boldsymbol{M} \end{pmatrix} \boldsymbol{U} = \begin{pmatrix} -\boldsymbol{K} \cdot \boldsymbol{I}^e \\ -\boldsymbol{M} \cdot \boldsymbol{U}^e \end{pmatrix} = \begin{pmatrix} \boldsymbol{I}^\varnothing \\ -\boldsymbol{U}^0 \end{pmatrix}} \,. \tag{V′ a}$$

Die auf den rechten Seiten der vorstehenden vier Gls. stehenden Ausdrücke sind auch in den Gls. der Abschn. 2.3.3. und 2.3.4. enthalten und brauchen deshalb hier nicht nochmals diskutiert zu werden.

Die Koeffizientenmatrizen bestehen aus einer Inzidenzmatrix und einer Inzidenzmatrix, die mit einer Diagonalmatrix der Zweigimpedanzen $\boldsymbol{Z}$ oder der Zweigadmittanzen $\boldsymbol{Y}$ multipliziert wurde. Bei der Multiplikation einer Matrix $\boldsymbol{A} = (a_{ij})$ mit einer Diagonalmatrix $\boldsymbol{D} = \langle d_{ii} \rangle$ gilt für die Produktmatrix $\boldsymbol{A} \cdot \boldsymbol{D} = (a_{ij} d_{jj})$, d. h., die j-te Spalte der Matrix $\boldsymbol{A}$ ist mit dem Diagonalelement d_{jj} durchzumultiplizieren. Da in den vorstehenden Gls. Inzidenzmatrizen, deren Elemente nur die Werte 1, -1 bzw. 0 annehmen können, mit der Diagonalmatrix $\boldsymbol{Z}$ oder $\boldsymbol{Y}$ multipliziert werden, kommen in den j-ten Spalten der Produktmatrizen die Admittanzen oder Impedanzen des j-ten Zweiges mit positivem Vorzeichen, negativem Vorzeichen bzw. Nullen vor. Mithin lassen sich die vier angegebenen Gls. unmittelbar aus dem NW ablesen.

Als **Beispiel** wollen wir die Gls. (Va) und (V′a) für das mechanische Schwingungssystem der Abb. 2.49 aufstellen. Dabei wird vorausgesetzt, daß die Zweige, Knoten und Maschen ebenso eingeführt werden wie oben. Mit den auf S. 69 angegebenen Zweigimpedanzen $z_{11}, z_{22}, z_{33}, z_{44}$ und z_{55} lautet das System (V a) der Zweig-Kraft-Gleichungen

$$\begin{pmatrix} z_{11} & z_{22} & z_{33} & 0 & 0 \\ 0 & 0 & -z_{33} & z_{44} & z_{55} \\ -1 & 1 & 0 & 0 & 0 \\ 0 & -1 & 1 & 1 & 0 \\ 0 & 0 & 0 & -1 & 1 \end{pmatrix} \begin{pmatrix} F_1 \\ F_2 \\ F_3 \\ F_4 \\ F_5 \end{pmatrix} = \begin{pmatrix} 0 \\ 0 \\ 0 \\ +F^e \\ 0 \end{pmatrix}.$$

Für das System (V′a) der Zweig-Geschwindigkeits-Gln. erhält man mit den auf S. 70 angegebenen Zweigadmittanzen $y_{\zeta\zeta} = \frac{1}{z_{\zeta\zeta}}$ $(\zeta = 1, \ldots, 5)$

$$\begin{pmatrix} -y_{11} & y_{22} & 0 & 0 & 0 \\ 0 & -y_{22} & y_{33} & y_{44} & 0 \\ 0 & 0 & 0 & -y_{44} & y_{55} \\ 1 & 1 & 1 & 0 & 0 \\ 0 & 0 & -1 & 1 & 1 \end{pmatrix} \begin{pmatrix} V_1 \\ V_2 \\ V_3 \\ V_4 \\ V_5 \end{pmatrix} = \begin{pmatrix} 0 \\ +F^e \\ 0 \\ 0 \\ 0 \end{pmatrix}.$$

Die Gls. (V) und (V′) sind ineinander überführbar, indem der Zweig-FG-Vektor $\boldsymbol{I}$ (bzw. $\boldsymbol{U}$) durch den Zweig-DG-Vektor $\boldsymbol{U}$ (bzw. $\boldsymbol{I}$) mittels der NWE-Relationen $\boldsymbol{I} = \boldsymbol{Y} \cdot \boldsymbol{U}$ (bzw. $\boldsymbol{U} = \boldsymbol{Z} \cdot \boldsymbol{I}$) ersetzt wird und außerdem die erste und die zweite Zeile eines der Gls. vertauscht werden. In gleicher Weise kann man die Gls. (Va) und (V′a) ineinander überführen. Alle vier in diesem Abschnitt eingeführten Gls. sind von der Ordnung z. Für jedes sinnvolle NW gilt $z > k - 1$ und $z > z - k + 1$. Aus den Abschn. 2.3.3., 2.3.4. sowie 2.3.6. geht hervor, daß man mit der Lösung von Gls. der Ordnung $k - 1$ oder $z - k + 1$ auskommt. Daher ist es im allgemeinen nicht zu empfehlen, bei der numerischen NW-Analyse die in diesem Abschnitt besprochenen Gls. zugrunde zu legen. Es sei denn, die Technik der Auflösung schwachbesetzter Gls., vgl. Abschnitt 3.3.2, kann günstig eingesetzt werden.

2.3.6. Die Systeme der Schnittmengen-DG-Gleichungen und der Knoten-DG-Gleichungen

Eliminiert man in dem Gls. (V′) den Vektor $\boldsymbol{U}$ der Zweig-DG mit Hilfe des Umlaufgesetzes in der Formulierung

$$\boldsymbol{U} = \boldsymbol{S}^T \boldsymbol{U}_{\boxslash} - \boldsymbol{U}^e, \tag{II}$$

so erhält man bei Beachtung der Relation $\boldsymbol{M} \cdot \boldsymbol{S}^T = 0$ das **System der Schnittmengen-DG-Gleichungen**

$$\boxed{\boldsymbol{SYS}^T \boldsymbol{U}_{\boxslash} = \boldsymbol{SYU}^e - \boldsymbol{SI}^e.} \tag{VI}$$

Ebenso erhält man aus dem Gls. (V′a) das **System der Knoten-DG-Gleichungen**

$$\boxed{\boldsymbol{KYK}^T \boldsymbol{U}_{\varnothing} = \boldsymbol{KYU}^e - \boldsymbol{KI}^e = \boldsymbol{KYU}^e + \boldsymbol{I}^{\varnothing}.} \tag{VIa}$$

Beiden Gls. waren wir bereits in den Gls. (74) und (76) begegnet. Es handelt sich in beiden Fällen um Gls. der Ordnung $k - 1$. Aus dem Vektor $\boldsymbol{U}_{\boxslash}$ bzw. $\boldsymbol{U}_{\varnothing}$ erhält man erforderlichenfalls den Vektor der Zweig-DG $\boldsymbol{U}$ mittels der Gls. (II) bzw. (IIa) und den Vektor $\boldsymbol{I}$ der Zweig-FG anschließend über die NWE-Relation (III′). Die auf der rechten Seite der Gls. (VI) bzw. (VIa) vorkommenden Matrizen $\boldsymbol{S} \cdot \boldsymbol{Y}$ bzw. $\boldsymbol{K} \cdot \boldsymbol{Y}$ kann man unmittelbar aus dem NW ablesen. Das wurde bereits im vorangehenden Abschn. 2.3.5. erläutert. Interessanterweise kann man aber auch die Koeffizientenmatrizen $\boldsymbol{SYS}^T$ bzw. $\boldsymbol{KYK}^T$ auf Grund der Diagonalgestalt der Matrix $\boldsymbol{Y}$ leicht unmittelbar aus dem NW ablesen.

Für die Elemente $(\boldsymbol{SYS}^T)_{\varkappa\varkappa'}$ $(\varkappa, \varkappa' = 1, \dots, k-1)$ der **Schnittmengen-Admittanzmatrix** $\boldsymbol{SYS}^T$ gilt:

$$(\boldsymbol{SYS}^T)_{\varkappa\varkappa'} = \sum_{\zeta=1}^{z} (\boldsymbol{SY})_{\varkappa\zeta} (\boldsymbol{S}^T)_{\zeta\varkappa'} = \sum_{\zeta=1}^{z} s_{\varkappa\zeta} y_{\zeta\zeta} s_{\varkappa'\zeta} .$$

a) $\varkappa = \varkappa'$: Als Hauptdiagonalelemente $(\boldsymbol{SYS}^T)_{\varkappa\varkappa} = \sum_{\zeta=1}^{z} (s_{\varkappa\zeta})^2 y_{\zeta\zeta}$ ergeben sich die Summen der Admittanzen aller der Zweige, die zur $\varkappa$-ten Schnittmenge gehören.

b) $\varkappa \neq \varkappa'$: Als Nichthauptdiagonalelemente $(\boldsymbol{SYS}^T)_{\varkappa\varkappa'} = \sum_{\zeta=1}^{z} s_{\varkappa\zeta} s_{\varkappa'\zeta} y_{\zeta\zeta} = (\boldsymbol{SYS}^T)_{\varkappa'\varkappa}$ ergeben sich die vorzeichenbehafteten Summanden der Admittanzen aller der Zweige, die der $\varkappa$-ten und der $\varkappa'$-ten Schnittmenge zugleich angehören.
Das Vorzeichen der Summanden hängt von den Orientierungen der $\varkappa$-ten und der $\varkappa'$-ten Schnittmenge ab. Eine in der $\varkappa$-ten und der $\varkappa'$-ten Schnittmenge enthaltene Zweigadmittanz wird mit positivem bzw. negativem Vorzeichen berücksichtigt, wenn die beiden Schnittmengenorientierungen (bezüglich des fraglichen Zweiges) gleichsinnig bzw. gegensinnig sind.

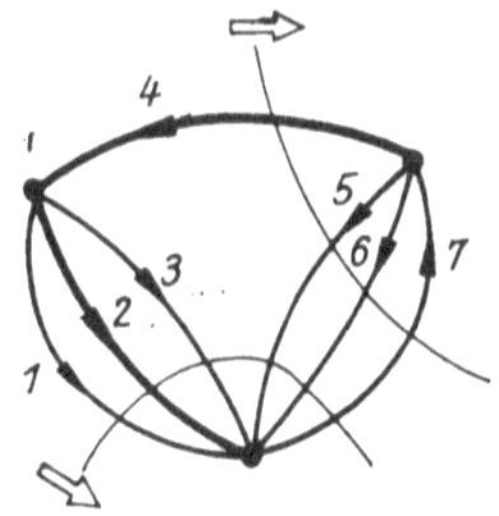

Abb. 2.51. Ein Schnittmengensystem für das elektrische Filter gemäß Abb. 2.48.a

Als **Beispiel** wollen wir für das in Abb. 2.48 auf S. 67 dargestellte elektrische Filter das System (VI) der Schnittmengenspannungen aufstellen. In Abb. 2.51 wurde nochmals der Graph des NW mit einem eingetragenen Schnittmengensystem gezeichnet. Das Gls. (VI) der Schnittmengenspannungen lautet für das elektrische Filter

$$\begin{pmatrix} y_{11} + y_{22} + y_{33} + y_{55} + y_{66} + y_{77} & - y_{55} - y_{66} - y_{77} \\ - y_{55} - y_{66} - y_{77} & y_{44} + y_{55} + y_{66} + y_{77} \end{pmatrix} \begin{pmatrix} U_{\boxtimes 1} \\ U_{\boxtimes 2} \end{pmatrix} = \begin{pmatrix} y_{11}\, U_1^e \\ 0 \end{pmatrix} .$$

Für die Elemente der sogenannten **Knotenadmittanzmatrix** ($\boldsymbol{KYK}^T$) gilt:

$$(\boldsymbol{KYK}^T)_{\varkappa\varkappa'} = \sum_{\zeta=1}^{z} (\boldsymbol{KY})_{\varkappa\zeta} (\boldsymbol{K}^T)_{\zeta\varkappa'} = \sum_{\zeta=1}^{z} k_{\varkappa\zeta} y_{\zeta\zeta} k_{\varkappa'\zeta} \qquad (\varkappa, \varkappa' = 1, \ldots, k-1).$$

a) $\varkappa = \varkappa'$: Als Hauptdiagonalelemente $(\boldsymbol{KYK}^T)_{\varkappa\varkappa} = \sum_{\zeta=1}^{z} (k_{\varkappa\zeta})^2 \cdot y_{\zeta\zeta}$ ergeben sich die Summen der Admittanzen aller der Zweige, die mit dem $\varkappa$-ten Knoten inzidieren.

b) $\varkappa \neq \varkappa'$: Als Nichthauptdiagonalelemente $(\boldsymbol{KYK}^T)_{\varkappa\varkappa'} = \sum_{\zeta=1}^{z} k_{\varkappa\zeta} k_{\varkappa'\zeta} y_{\zeta\zeta} = (\boldsymbol{KYK}^T)_{\varkappa'\varkappa}$ erhält man die negative Summe der Admittanzen aller der Zweige, die zwischen dem $\varkappa$-ten und dem $\varkappa'$-ten Knoten liegen. (Die Eindeutigkeit des Vorzeichens wird dadurch bedingt, daß ein Zweig stets von einem Knoten wegführt und zum anderen hinführt!)

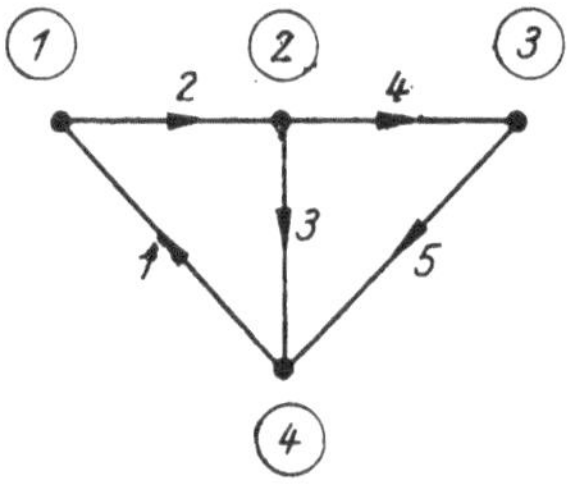

Abb. 2.52. Netzwerk-Graph des mechanischen Schwingungssystems gemäß Abb. 2.49

Als **Beispiel** wählen wir wieder das mechanische Schwingungssystem, das in Abb. 2.49 auf S. 68 dargestellt wurde. Der Deutlichkeit halber sei der Graph des NW nochmals in Abb. 2.52 skizziert. Das System (VIa) der Knotengeschwindigkeits-Gln. lautet

$$\begin{pmatrix} y_{11} + y_{22} & -y_{22} & 0 \\ -y_{22} & y_{22} + y_{33} + y_{44} & -y_{44} \\ 0 & -y_{44} & y_{44} + y_{55} \end{pmatrix} \begin{pmatrix} V_{\varnothing 1} \\ V_{\varnothing 2} \\ V_{\varnothing 3} \end{pmatrix} = \begin{pmatrix} 0 \\ F^e \\ 0 \end{pmatrix}.$$

2.3.7. Das System der Maschen-FG-Gleichungen

Eliminiert man im Gls. (V) auf S. 71 den Vektor $\boldsymbol{I}$ der Zweig-FG mit Hilfe des Schnittgesetzes in der Formulierung

$$\boldsymbol{I} = \boldsymbol{M}^T \boldsymbol{I}_0 - \boldsymbol{I}^e, \qquad \text{(II')}$$

so erhält man wegen $\boldsymbol{S} \cdot \boldsymbol{M}^T = 0$ das **System der Maschen-FG-Gleichungen**

$$\boxed{(\boldsymbol{MZM}^T)\, \boldsymbol{I}_0 = \boldsymbol{MZI}^e - \boldsymbol{U}^0.} \qquad \text{(VI')}$$

Auch diesem Gls. waren wir bereits in Formel (78) begegnet. Es handelt sich um ein Gls. der Ordnung $z - k + 1$. Aus dem Vektor $\boldsymbol{I}_0$ kann man den Vektor der Zweig-FG $\boldsymbol{I}$ mittels der Gl. (II') und anschließend den Vektor $\boldsymbol{U}$ der Zweig-DG über die NWE-Relation (III) ohne großen Aufwand berechnen.

Bereits im Abschn. 2.3.5. wurde erläutert, daß man die auf der rechten Seite des Gls. (VI') vorkommende Matrix $\boldsymbol{M} \cdot \boldsymbol{Z}$ unmittelbar aus dem NW ablesen kann. Aber auch die Koeffizientenmatrix $(\boldsymbol{MZM}^T)$, die sogenannte **Maschenimpedanzmatrix**, läßt sich auf Grund der Diagonalgestalt der Matrix $\boldsymbol{Z}$ leicht unmittelbar aus dem NW-Graphen ablesen. Für die Elemente der Maschenimpedanzmatrix gilt

$$(\boldsymbol{MZM}^T)_{\mu\mu'} = \sum_{\zeta=1}^{z} (\boldsymbol{MZ})_{\mu\zeta} (\boldsymbol{M}^T)_{\zeta\mu'} = \sum_{\zeta=1}^{z} m_{\mu\zeta} z_{\zeta\zeta} m_{\mu'\zeta} \qquad (\mu, \mu' = 1, \ldots, z - k + 1) .$$

a) $\mu = \mu'$: Als Hauptdiagonalelemente $(\boldsymbol{MZM}^T)_{\mu\mu} = \sum_{\zeta=1}^{z} (m_{\mu\zeta})^2 \cdot z_{\zeta\zeta}$ ergeben sich die Summen der Impedanzen aller der Zweige, die zur μ-ten Masche gehören.

b) $\mu \neq \mu'$: Als Nichthauptdiagonalelemente $(\boldsymbol{MZM}^T)_{\mu\mu'} = \sum_{\zeta=1}^{z} m_{\mu\zeta} m_{\mu'\zeta} z_{\zeta\zeta} = (\boldsymbol{MZM}^T)_{\mu'\mu}$ ergeben sich die vorzeichenbehafteten Summen der Impedanzen aller Zweige, die der μ-ten und der μ'-ten Masche zugleich angehören. Eine Zweigimpedanz wird mit positivem bzw. negativem Vorzeichen berücksichtigt, wenn die μ-te und die μ'-te Masche gleichsinnig bzw. gegensinnig über den fraglichen Zweig geführt werden.

Als **Beispiel** wollen wir die in Abb. 2.53.a skizzierte elektrische Schaltung betrachten. In Abb. 2.53.b wurde der orientierte NW-Graph mit einem ein-

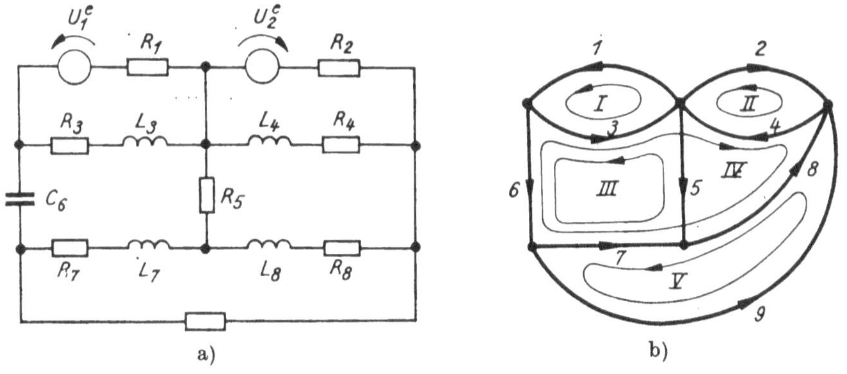

Abb. 2.53. Beispiel zur Maschenstromanalyse;
a) elektrische Schaltung, b) Netzwerk-Graph mit einem vollständigem System unabhängiger Maschen

getragenen vollständigen System unabhängiger Maschen dargestellt. Mit den Zweigimpedanzen $z_{11} = R_1$, $z_{22} = R_2$, $z_{33} = R_3 + sL_3$, $z_{44} = R_4 + sL_4$, $z_{55} = R_5$, $z_{66} = \frac{1}{sC_6}$, $z_{77} = R_7 + sL_7$, $z_{88} = R_8 + sL_8$, $z_{99} = R_9$ lautet das Gls. (VI') der Maschenstrom-Gln.

$$\begin{pmatrix} z_{11} + z_{33} & 0 & -z_{33} & +z_{33} & 0 \\ 0 & z_{22} + z_{44} & 0 & z_{44} & 0 \\ -z_{33} & 0 & z_{33} + z_{55} + z_{66} + z_{77} & -z_{33} - z_{66} - z_{77} & -z_{77} \\ z_{33} & z_{44} & -z_{33} - z_{66} - z_{77} & z_{44} + z_{66} + z_{88} + z_{33} + z_{77} & z_{77} + z_{88} \\ 0 & 0 & -z_{77} & z_{77} + z_{88} & z_{77} + z_{88} + z_{99} \end{pmatrix} \begin{pmatrix} I_{01} \\ I_{02} \\ I_{03} \\ I_{04} \\ I_{05} \end{pmatrix} = \begin{pmatrix} -U_1^e \\ +U_2^e \\ 0 \\ 0 \\ 0 \end{pmatrix}$$

Bei einem Vergleich der Gls. (VI), (VIa) und (VI') erkennt man als besonderen Vorteil des Knoten-DG-Gls. (VIa), daß hier alle Nichtdiagonalelemente der Koeffizientenmatrix negatives Vorzeichen tragen, während beim Schnittmengen-DG-Gls. (VI) und beim Maschen-FG-Gls. (VI') die Orientierung der Schnittmengen und Maschen unbedingt berücksichtigt werden muß.

In diesem Zusammenhang erweist sich beim Umgang mit dem Maschen-FG-Gls. (VI') die folgende Regel als nützlich.

> Ist der Graph des NW eben, wählt man als vollständiges System unabhängiger Maschen das System der (inneren) Fenstermaschen (vgl. S. 33) und orientiert diese alle gleichsinnig — entweder im Uhrzeigersinn oder im Gegenuhrzeigersinn —, so tragen alle in den Nichthauptdiagonalelementen von $(\boldsymbol{MZM}^T)$ vorkommenden Impedanzen negatives Vorzeichen.

Der Beweis dieser Regel sei dem Leser als Übungsaufgabe empfohlen.

2.3.8. Weitere Gleichungssysteme

Die bisher hergeleiteten und diskutierten Gls. zur Analyse linearer NW erfassen bei weitem nicht alle denkbaren Möglichkeiten. Es sind zahlreiche **andere Kombinationen der drei Grundbeziehungen** — Schnittgesetz, Umlaufgesetz und NWE-Relationen — möglich. Die aus unserer Sicht für NW beliebiger Struktur praktisch am häufigsten angewendeten Gls. wurden in den vorangegangenen Abschnitten zusammengestellt. Mitunter erweisen sich bestimmte Formulierungen des Gls. für ein spezielles Lösungsverfahren als besonders geeignet. Beispielsweise ist es bei der symbolischen Lösung von algebraischen Gls. mit der Methode der Signalflußgraphen (vgl. Abschn. 3.1.) vorteilhaft, wenn sämtliche

Hauptdiagonalelemente den Wert -1 besitzen. Wir wollen vorführen, wie man zu einem solchen Gls. kommen kann.

Ausgehend von dem Zweig-FG-Gls. (V) denken wir uns im NW-Graphen einen vollständigen Baum markiert und die Vektoren und Matrizen entsprechend in einen Baum- und in einen Verbindungs-Zweig-Teil partitioniert,

$$\begin{pmatrix} \boldsymbol{M}\boldsymbol{U}^e \\ \boldsymbol{S}\boldsymbol{I}^e \end{pmatrix} = \begin{pmatrix} \boldsymbol{M}_V\boldsymbol{U}_V^e + \boldsymbol{M}_B\boldsymbol{U}_B^e \\ \boldsymbol{S}_V\boldsymbol{I}_V^e + \boldsymbol{S}_B\boldsymbol{I}_B^e \end{pmatrix} = -\begin{pmatrix} \boldsymbol{M}_V\boldsymbol{Z}_V & \boldsymbol{M}_B\boldsymbol{Z}_B \\ \boldsymbol{S}_V & \boldsymbol{S}_B \end{pmatrix} \begin{pmatrix} \boldsymbol{I}_V \\ \boldsymbol{I}_B \end{pmatrix}$$

oder

$$\begin{pmatrix} \boldsymbol{M}\boldsymbol{U}^e \\ \boldsymbol{S}\boldsymbol{I}^e \end{pmatrix} = \begin{pmatrix} -\boldsymbol{M}_V & -\boldsymbol{M}_B\boldsymbol{Z}_B \\ -\boldsymbol{S}_V\boldsymbol{Y}_V & -\boldsymbol{S}_B \end{pmatrix} \begin{pmatrix} \boldsymbol{U}_V \\ \boldsymbol{I}_B \end{pmatrix}. \tag{79}$$

Wählt man speziell als Maschen-Zweig-Inzidenzmatrix $\boldsymbol{M}$ und als Schnittmengen-Zweig-Inzidenzmatrix $\boldsymbol{S}$ die zu dem markierten vollständigen Baum gehörende Fundamentalmaschenmatrix $\boldsymbol{M}_f$ und die Fundamentalschnittmengen-Matrix $\boldsymbol{S}_f$, so erhält man wegen der Relationen

$$\boldsymbol{M}_f = (\boldsymbol{M}_{fV}, \boldsymbol{M}_{fB}) = (\boldsymbol{E}, \boldsymbol{M}_{fB})\,, \quad \boldsymbol{S}_f = (\boldsymbol{S}_{fV}, \boldsymbol{S}_{fB}) = (\boldsymbol{S}_{fV}, \boldsymbol{E})\,,$$
$$\boldsymbol{S}_{fV} = -\boldsymbol{M}_{fB}^T \tag{50}$$

(vgl. S. 49) schließlich ein Gls. der gewünschten Gestalt

$$\begin{pmatrix} -\boldsymbol{E} & -\boldsymbol{M}_{fB}\boldsymbol{Z}_B \\ \boldsymbol{M}_{fB}^T\boldsymbol{Y}_V & -\boldsymbol{E} \end{pmatrix} \begin{pmatrix} \boldsymbol{U}_V \\ \boldsymbol{I}_B \end{pmatrix} = \begin{pmatrix} \boldsymbol{U}_V^e + \boldsymbol{M}_{fB}\boldsymbol{U}_B^e \\ \boldsymbol{I}_B^e - \boldsymbol{M}_{fB}^T\boldsymbol{I}_V^e \end{pmatrix}. \tag{80}$$

Dem Leser sei als Übungsaufgabe empfohlen, ein weiteres Gls. (81), das ebenfalls die Werte -1 in der Hauptdiagonalen der Koeffizientenmatrix hat, unabhängig von (80) aus (V′) herzuleiten,

$$\begin{pmatrix} -\boldsymbol{E} & -\boldsymbol{Y}_V\boldsymbol{M}_{fB} \\ \boldsymbol{Z}_B\boldsymbol{M}_{fB}^T & -\boldsymbol{E} \end{pmatrix} \begin{pmatrix} \boldsymbol{I}_V \\ \boldsymbol{U}_B \end{pmatrix} = \begin{pmatrix} \boldsymbol{Y}_V(\boldsymbol{U}_V^e + \boldsymbol{M}_{fB}\boldsymbol{U}_B^e) \\ \boldsymbol{Z}_B(\boldsymbol{I}_B^e - \boldsymbol{M}_{fB}^T\boldsymbol{I}_V^e) \end{pmatrix}. \tag{81}$$

Als **Beispiel** zur Aufstellung des Gls. (80) betrachten wir wieder das auf S. 68 erstmalig verwendete mechanische Schwingungssystem (Abb. 2.49). Der NW-Graph mit einem zugehörenden Fundamentalmaschensystem wurde in Abb. 2.54 skizziert. Mit den auf S. 69 bzw. S. 70 angegebenen Baumzweig-Impedanzen z_{11}, z_{33}, z_{55} bzw. Verbindungszweig-Admittanzen y_{22} und y_{44} lautet das Gls. (80)

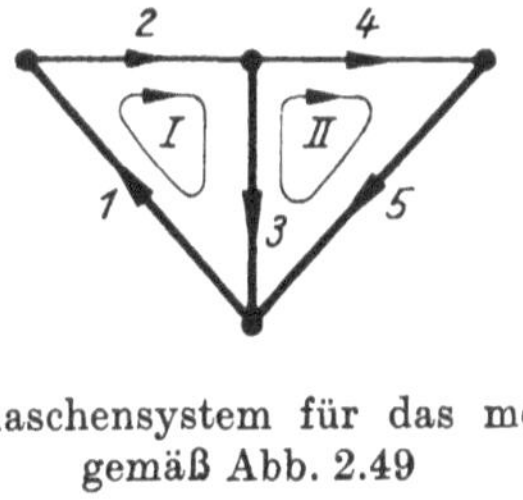

Abb. 2.54. Ein Fundamentalmaschensystem für das mechanische Schwingungssystem gemäß Abb. 2.49

der Verbindungszweig-Geschwindigkeits-Baumzweig-Kraft-Gln.

$$\begin{pmatrix} -1 & 0 & -z_{11} & -z_{33} & 0 \\ 0 & -1 & 0 & z_{33} & -z_{55} \\ y_{22} & 0 & -1 & 0 & 0 \\ y_{22} & -y_{44} & 0 & -1 & 0 \\ 0 & y_{44} & 0 & 0 & -1 \end{pmatrix} \begin{pmatrix} V_2 \\ V_4 \\ F_1 \\ F_3 \\ F_5 \end{pmatrix} = \begin{pmatrix} 0 \\ 0 \\ 0 \\ -F^e \\ 0 \end{pmatrix}.$$

2.4. Netzwerke mit Mehrtoren

In den vorangegangenen Abschnitten haben wir NW untersucht, die ohne Ausnahme aus zweipoligen Netzwerkelementen (NWE), nämlich Verbrauchern (R), F-Speichern (C), D-Speichern (L) und idealen F- und D-Quellen, zusammengesetzt waren. Die Wirkungsweise jedes solchen NWE ließ sich mathematisch durch eine Beziehung zwischen einer DG und einer FG ausdrücken. Bei der Modellbildung war davon ausgegangen worden, daß sich das zu untersuchende technische System so weit zerlegen läßt, daß alle Komponenten höchstens zwei Anschlußstellen besitzen. Bekanntlich ist das nicht immer möglich. Man denke an elektrische Transformatoren, an Getriebe für rotatorische Bewegungsabläufe, an Verstärkerelemente, an Transistoren, ..., die alle mindestens drei Anschlüsse besitzen und die sich nicht weiter in kleinere, voneinander unabhängig wirkende Einzelkomponenten mit nur zwei Anschlüssen zerlegen lassen. Es ist daher naheliegend, auch im NW-Modell mehrpolige NW-Elemente einzuführen.

Wenn es gelingt, die Analyseverfahren für NW mit **mehrpoligen NWE** zu erweitern, hat man zugleich eine Möglichkeit gefunden, größere Teile des NW („Unternetzwerke") nur durch ihr Klemmenverhalten und damit als mehrpoliges NWE zu beschreiben. Dadurch kann der erforderliche Speicherbedarf und die Rechenzeit bei der Analyse großer NW oft erheblich reduziert werden.

Im Abschn. 2.4.1. werden die nach den zweipoligen NWE häufigst vorkommenden mehrpoligen NWE, die der Elektrotechniker meist „Vierpole" nennt, behandelt. Damit wird die Analyse von Systemen, die Transistoren, Röhren, Wandler, Übertrager (mit zwei Wicklungen), Gyratoren, Negativ-Impedanz-Konverter, ... enthalten, möglich. Die entsprechenden NWE werden als **2-Tore** beschrieben. (Die Bezeichnung „Vierpol" für diese NWE erscheint im Hinblick auf das allgemeine Konzept der Mehrtore und Mehrpole nicht günstig, da ein Vierpol ein 2-Tor, aber auch ein 3-Tor sein kann.)

Anschließend werden im Abschn. 2.4.2. allgemeine ***n*-Tore** mit einer Torzahl $n \geqq 2$ besprochen. Im Abschn. 2.4.3. wird gezeigt, wie Mehrtore bei der Analyse von NW zu berücksichtigen sind.

Zum Schluß dieser einleitenden Bemerkungen sei darauf hingewiesen, daß zur Erfassung von Komponenten mit mehr als zwei Anschlußklemmen nicht unbedingt mehrtorige NWE, wie es im folgenden geschieht, eingeführt werden müssen. Durch konsequente Anwendung des Konzepts der abhängigen oder **gesteuerten Quellen** — das sind ideale Quellen, deren Werte von anderen FG oder DG des NW abhängen — kann man bei der NW-Analyse stets von einem NW-Modell ausgehen, das sich nur aus den Grundelementen R, L, C, idealen Quellen als äußeren Erregungen und gesteuerten Quellen zusammensetzt (vgl. [Roh-70], S. 243). Wir werden diesen Weg nur gelegentlich verfolgen, weil das Arbeiten mit Mehrtoren dem Herangehen der NW-Analyse unmittelbar entspricht und der Umgang mit Mehrtorparametern (insbesondere „Vierpolparametern") üblicher ist.

Bei 2-Toren sind unterschiedliche Vorzeichenfestlegungen üblich, vgl. die Lehrbücher der elektrischen Vierpoltheorie. In diesem Buch werden die Vorzeichen für 2-Tore und n-Tore mit einer Torzahl $n > 2$ einheitlich festgelegt.

2.4.1. Zweitore

2.4.1.1. Definition des Zweitors — Widerspiegelung im NW-Graphen

> Ein NWE (oder Unternetzwerk), dessen Wirkungen im Gesamt-NW durch zwei Beziehungen zwischen zwei (von außen zugänglichen) FG und zwei (von außen zugänglichen) DG vollständig beschrieben werden können, bezeichnen wir als **zweitoriges NWE** oder kurz als **2-Tor.** Die beiden Klemmenpaare (= Knotenpaare), zwischen denen die beiden DG abfallen, sind die „Tore" des NWE.

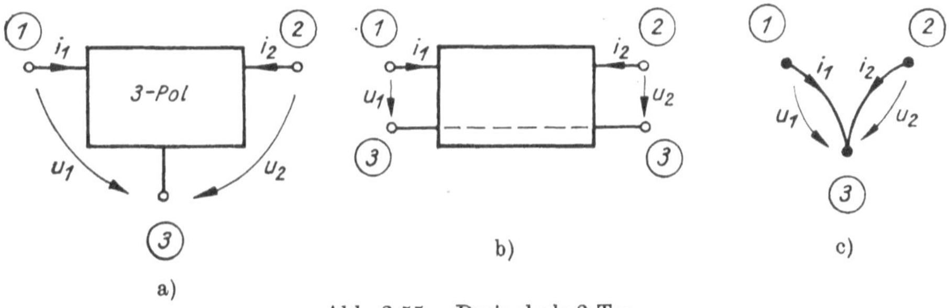

Abb. 2.55. Dreipol als 2-Tor
a) Übliche 3-Pol-Darstellung, b) Darstellung als 2-Tor bzw. 4-Pol, c) Netzwerk-Graph

Die Abb. 2.55 zeigt eine wichtige Klasse von 2-Toren, die **3-Pole.** (Der Elektrotechniker sei an Trioden und Transistoren erinnert.) Die beiden Tore sind hier das Knotenpaar (1, 3) und das Knotenpaar (2, 3). Mit den angegebenen DG u_1 und u_2 sowie den FG i_1 und i_2 sind alle am 2-Tor von außen zugänglichen FG und DG festgelegt. (Auf Grund des Umlaufgesetzes fällt zwischen den Knoten 1 und 2 die DG $(u_1 - u_2)$ ab; in Richtung des Knotens 3 strömt die FG $(i_1 + i_2)$, das folgt aus dem Schnittgesetz.) Will man an die (aus der „Vierpoltheorie") gewohnte 2-Tor-Darstellung anknüpfen, so stellt man einen 3-Pol häufig als 4-Pol gemäß Abb. 2.55.b dar. In Abb. 2.55.c wurde die Charakterisierung eines solchen 2-Tores im Graphen des NW skizziert. Jeder 3-Pol wird im Graphen durch 2-Tor-Zweige wiedergegeben. Die in Abb. 2.55.a eingetragenen FG und DG erscheinen als 2-Tor-Zweig-FG und als 2-Tor-Zweig-DG.

Die Abb. 2.56.a zeigt eine weitere Klasse von **2-Toren.** (Wichtige Beispiele für solche 2-Tore sind Wandler, Gyratoren, Übertrager mit zwei Wicklungen.) Die beiden Tore sind das Knotenpaar (1, 1') und das Knotenpaar (2, 2'). Es soll sich dabei um vier verschiedene Knoten handeln, so daß dieses 2-Tor ersichtlich ein Vierpol ist. Auf Grund des Schnittgesetzes könnten drei der vier durch die äußeren Knoten in den 4-Pol ein- bzw. ausströmenden FG willkürlich gewählt werden. Da der 4-Pol jedoch ein 2-Tor sein soll, wird hier eine spezielle **Torbedingung** gefordert: Die durch den Knoten 1 (2) einströmende FG i_1 (i_2) stimmt stets mit der durch den Knoten 1' (2') ausströmende FG überein.

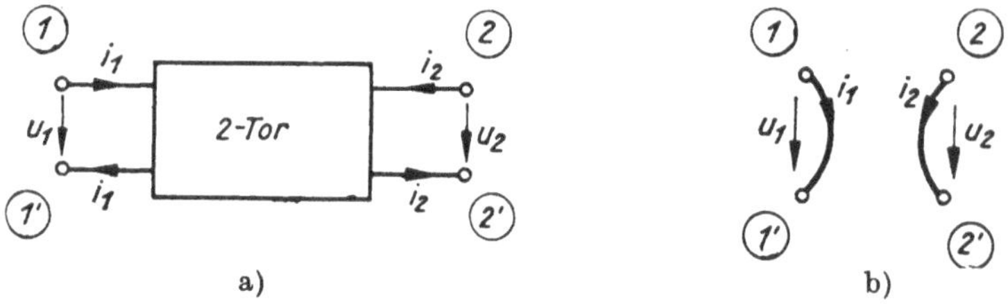

Abb. 2.56. Zweitor
a) Darstellung als 4-Pol, b) Netzwerk-Graph

(Diese Torbedingung ist automatisch immer dann erfüllt, wenn an das fragliche Tor ein 2-Pol angeschlossen wird. Die Tatsache, ob ein 4-Pol ein 2-Tor ist oder nicht, kann also auch vom umgebenden Rest-NW beeinflußt werden!) Aus dem Schnittgesetz folgt unmittelbar, daß bei Erfüllung der Torbedingung an einem Tor die Torbedingung am zweiten stets eingehalten wird.

Mit der Festlegung der DG u_1 und u_2 sind die DG zwischen den anderen Knotenpaaren (1, 2) und (1', 2') nur bis auf eine additive Konstante fixiert. Es ist nun möglich, daß durch das das 2-Tor umgebende Rest-NW eine Verbindung zwischen den Knotenpaaren (1, 1') und (2, 2') hergestellt wird. Dann wird die zunächst noch unbestimmte Konstante der 2-Tor-DG durch das äußere NW festgelegt. Andererseits kann es vorkommen, daß zwischen den Knotenpaaren (1, 1') und (2, 2') keine Verbindung besteht. Dann zerfällt der Graph des NW in zwei separate Teilgraphen. In jedem kann ein Bezugspunkt zur Bestimmung der Knoten-DG frei gewählt werden. Weil der Graph zerfällt, müssen viele Aussagen des Abschn. 2.2. abgeändert oder neu bewiesen werden, da dort stets von einem **zusammenhängenden Graphen** ausgegangen wurde. Glücklicherweise kann man darauf verzichten, wenn man den Graphen des Gesamt-NW zusammenhängend macht, indem man zwei Knoten der ursprünglich separaten

Teilgraphen zusammenfallen läßt (vgl. auch Abb. 2.79 auf S. 101). Man kann für das zusammenhängende Gesamt-NW nur einen Bezugspunkt wählen.

Einem 2-Tor gemäß Abb. 2.56.a entspricht ein Teilgraph des NW gemäß Abb. 2.56.b. Die Bedeutung der eingetragenen Zweig-FG und der Zweig-DG der beiden 2-Tor-Zweige geht aus dem Vergleich mit der Abb. 2.56.a hervor.

Zerfällt der Graph des Gesamt-NW und liegen die beiden 2-Torzweige jeweils in einem anderen Teilgraphen, dann kann man ohne Beschränkung der Allgemeinheit die Knoten 1′ und 2′ miteinander verschmelzen und erhält damit einen zusammenhängenden Graphen des Gesamt-NW. Der zum 2-Tor gehörende Teilgraph sieht dann ebenso aus wie der zu einem 3-Pol gehörende Teilgraph

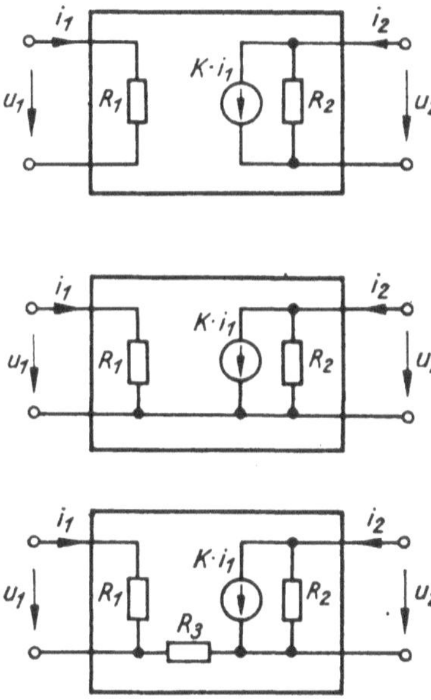

a)

b)

c)

Abb. 2.57. Netzwerk als Beispiel für den Unterschied zwischen 2-Tor und 4-Pol

(vgl. Abb. 2.55.c). Es war bereits erwähnt worden, daß bei **vierpoligen Unternetzwerken** auf Grund der Kenntnis des Unternetzwerkes allein mitunter nicht entschieden werden kann, ob es sich um ein **2-Tor** handelt **oder** um ein **3-Tor.** Zur Erläuterung wurden in Abb. 2.57 drei verschiedene Unter-NW mit jeweils einer FG-gesteuerten F-Quelle und vier äußeren Anschlußknoten skizziert.

In Abb. 2.57.a ist die o. g. Torbedingung auf Grund der angegebenen inneren Struktur offensichtlich erfüllt. Bei Abb. 2.57.b handelt es sich um einen 3-Pol. Also liegt in beiden Fällen ein 2-Tor vor — unabhängig von der äußeren Beschaltung. Bei dem in Abb. 2.57.c dargestellten Fall kann durch Beschaltung wenigstens eines der beiden Tore mit einem Zweipol dafür gesorgt werden, daß die Torbedingung erfüllt ist. Durch den Verbraucher R_3 kann dann wegen des

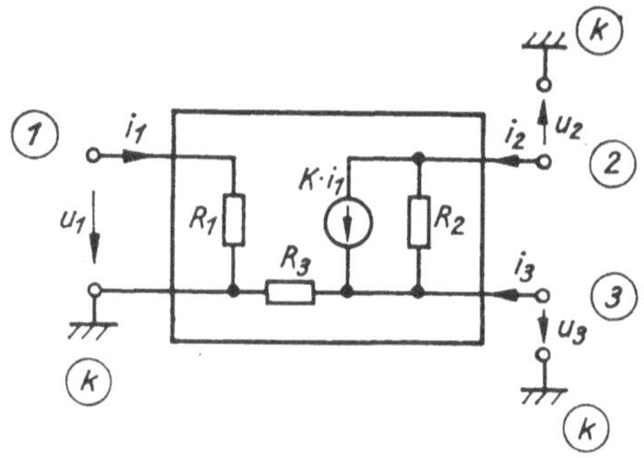

Abb. 2.58. 3-Tor-Darstellung des Netzwerkes gemäß Abb. 2.57.c

Schnittgesetzes keine FG $\neq 0$ strömen, also auch keine DG $\neq 0$ abfallen. Unter diesen Bedingungen sind die drei skizzierten Unternetzwerke als gleichwertig anzusehen. Die mathematische Beschreibung der drei Unternetzwerke unterscheidet sich nicht. Bei anderer Beschaltung wird das NW gemäß Abb. 2.57.c kein 2-Tor sein. In Abb. 2.58 wurde der gleiche 4-Pol nochmals skizziert. Die eingetragenen DG und FG machen deutlich, daß dieser 4-Pol jetzt als 3-Tor aufgefaßt werden muß. Die drei Tore sind das Knotenpaar (1, k), das Knotenpaar (2, k) und das Knotenpaar (3, k) mit k als Bezugsknoten. Das vorliegende 3-Tor wird mathematisch beschrieben durch drei Beziehungen zwischen den drei FG i_1, i_2, i_3 und den drei DG u_1, u_2, u_3, die z. B. wie folgt formuliert werden können:

$$\begin{pmatrix} i_1 \\ i_2 \\ i_3 \end{pmatrix} = \begin{pmatrix} 1/R_1 & 0 & 0 \\ K/R_1 & 1/R_2 & -1/R_2 \\ -K/R_1 & -1/R_2 & \dfrac{R_2 + R_3}{R_2 R_3} \end{pmatrix} \begin{pmatrix} u_1 \\ u_2 \\ u_3 \end{pmatrix}.$$

2.4.1.2. Zweitor-Darstellungen

Die Erfassung der **NWE-Relationen** wird bei 2-Toren gewisse Unterschiede gegenüber den 1-Toren (= zweipolige NWE) aufweisen, weil die beiden 2-Tor-Zweige nicht unabhängig voneinander betrachtet werden dürfen, sondern miteinander verkoppelt sind. Wie in den Abschn. 2.3.1. und 2.3.2. für eintorige NWE näher ausgeführt, wollen wir wieder annehmen, daß es sich bei den Mehrtoren um lineare, zeitinvariante NWE handelt, so daß es möglich ist, im Frequenzbereich, d. h. mit den LAPLACE-Transformierten von FG und DG, zu arbeiten. In Verallgemeinerung der Gln.

$$U_\zeta(s) = z_{\zeta\zeta}(s) \cdot I_\zeta(s) \tag{71}$$

kann man bei einem linearen, zeitinvarianten 2-Tor normalerweise die beiden Tor-DG $U_1(s)$ und $U_2(s)$ als lineare Funktionen der Tor-FG $I_1(s)$ und $I_2(s)$ ausdrücken,

$$\begin{pmatrix} U_1(s) \\ U_2(s) \end{pmatrix} = \begin{pmatrix} z_{11}(s) & z_{12}(s) \\ z_{21}(s) & z_{22}(s) \end{pmatrix} \begin{pmatrix} I_1(s) \\ I_2(s) \end{pmatrix}. \tag{82}$$

Die Elemente $z_{ij}(s)$ haben die Bedeutung von Impedanzen. Man nennt sie die **Impedanz- oder z-Parameter** des 2-Tores.

Das Argument s, die komplexe Frequenz, wird künftig weitgehend fortgelassen, wenn aus dem Zusammenhang hervorgeht (z. B. durch großgeschriebenes U und I), daß es sich um eine Darstellung im Frequenzbereich handelt.

Während bei den 1-Toren das NWE eine Relation zwischen einer DG und einer FG vermittelte, die man auf zweierlei Art auflösen konnte (DG in Abhängigkeit von der FG bei der Impedanzdarstellung oder FG in Abhängigkeit von der DG bei der Admittanzdarstellung), stellt ein zweitoriges NWE Beziehungen zwischen 2 DG und 2 FG her, von denen zwei willkürlich gewählt werden können. Folglich sind grundsätzlich für die Erfassung eines zweitorigen NWE $\binom{4}{2} = 6$ verschiedene Darstellungsweisen möglich. Außer den z-Parametern (82) gibt es weitere fünf 2-Tor-Darstellungen,

Admittanz- oder y-Parameter:

$$\begin{pmatrix} I_1 \\ I_2 \end{pmatrix} = \begin{pmatrix} y_{11} & y_{12} \\ y_{21} & y_{22} \end{pmatrix} \begin{pmatrix} U_1 \\ U_2 \end{pmatrix}, \tag{83}$$

Ketten- oder a-Parameter:

$$\begin{pmatrix} U_1 \\ I_1 \end{pmatrix} = \begin{pmatrix} a_{11} & a_{12} \\ a_{21} & a_{22} \end{pmatrix} \begin{pmatrix} U_2 \\ I_2 \end{pmatrix}, \tag{84}$$

Inverse Ketten- oder b-Parameter:

$$\begin{pmatrix} U_2 \\ I_2 \end{pmatrix} = \begin{pmatrix} b_{11} & b_{12} \\ b_{21} & b_{22} \end{pmatrix} \begin{pmatrix} U_1 \\ I_1 \end{pmatrix}, \tag{85}$$

Reihen-Parallel- oder h-Parameter:

$$\begin{pmatrix} U_1 \\ I_2 \end{pmatrix} = \begin{pmatrix} h_{11} & h_{12} \\ h_{21} & h_{22} \end{pmatrix} \begin{pmatrix} I_1 \\ U_2 \end{pmatrix}, \tag{86}$$

Parallel-Reihen- oder g-Parameter:

$$\begin{pmatrix} I_1 \\ U_2 \end{pmatrix} = \begin{pmatrix} g_{11} & g_{12} \\ g_{21} & g_{22} \end{pmatrix} \begin{pmatrix} U_1 \\ I_2 \end{pmatrix}. \tag{87}$$

Die anschauliche Bedeutung der 2-Tor-Parameter ergibt sich aus der **Meßvorschrift** für die entsprechenden Parameter. Diese folgt unmittelbar aus der entsprechenden 2-Tor-Darstellung. Beispielsweise erhält man das Element a_{22} gemäß Gl. (84) aus dem Verhältnis I_1/I_2 bei $U_2 = 0$ (vgl. Abb. 2.59.a) oder das Element h_{12} gemäß Gl. (86) aus dem Verhältnis U_1/U_2 bei $I_1 = 0$ (vgl. Abb. 2.59.b). Die zum Teil üblichen Bezeichnungen, wie z. B. „reziproker Kurz-

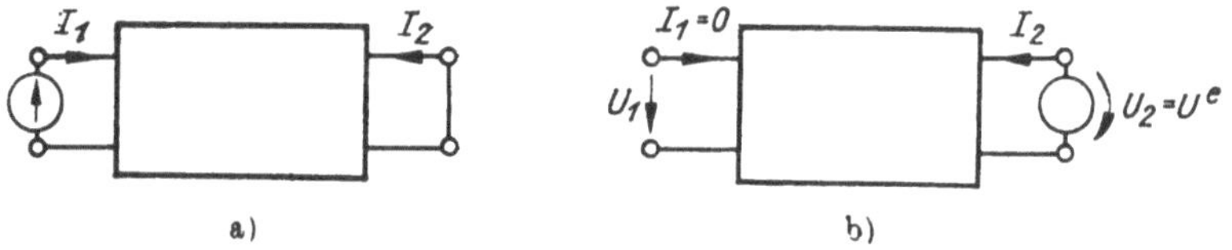

Abb. 2.59. Zur Messung der 2-Tor-Parameter a_{22} und h_{12}

schluß-FG-Übertragungsfaktor" für a_{22}, sollen hier nicht aufgeführt werden, da diese verbalen Charakterisierungen — trotz ihrer oft beachtlichen Länge — weniger Information als das Matrixelement mit seinen beiden Indizes enthalten.

Die sechs verschiedenen 2-Tor-Darstellungen lassen sich ineinander umrechnen. Die Ergebnisse wurden in der Tab. 2.2 zusammengestellt. Die Rechnung selbst basiert auf dem Austausch einer abhängigen Variablen mit einer unabhängigen Variablen. Es handelt sich also um die einfachste Anwendung des sogenannten Austauschverfahrens [Sti-61], dem wir in den Abschn. 2.4.2.2. und 3.2. nochmals begegnen werden. Ein solcher Austauschschritt sei mit neutralen Symbolen vorgeführt. In dem Gls.

$$\begin{pmatrix} y_1 \\ y_2 \end{pmatrix} = \begin{pmatrix} a & b \\ c & d \end{pmatrix} \begin{pmatrix} x_1 \\ x_2 \end{pmatrix}$$

soll die abhängige Variable y_2 mit der unabhängigen Variablen x_1 ausgetauscht werden:

$$\begin{pmatrix} y_1 \\ x_1 \end{pmatrix} = \begin{pmatrix} \frac{a}{c} & b - \frac{ad}{c} \\ \frac{1}{c} & -\frac{d}{c} \end{pmatrix} \begin{pmatrix} y_2 \\ x_2 \end{pmatrix}.$$

Das Schema zeigt eine notwendige und hinreichende Bedingung für den Variablentausch: Das „Pivotelement" des Austausches — gegeben durch den Schnittpunkt der mit der abhängigen Variablen korrespondierenden Zeile und der mit der unabhängigen Variablen korrespondierenden Spalte der ursprünglichen Koeffizientenmatrix, in den gewählten Symbolen also das Matrixelement c — muß von Null verschieden sein. Daraus folgt, daß **nicht alle 2-Tor-Darstellungen existieren** können, wenn in einer vorliegenden Darstellung einzelne Elemente der Matrix verschwinden. Bei den in der NW-Analyse häufig verwendeten 2-Tor-Modellen gehört es durchaus zur Regel, daß einige der 2-Tor-Darstellungen nicht existieren.

Wir betrachten als **Beispiele** drei wichtige Anwendungsfälle für 2-Tore aus dem elektrotechnischen Bereich, eine Triode (Röhre mit einem Gitter), einen Transistor und einen elektrischen Transformator mit zwei Wicklungen.

Die Abb. 2.60. a zeigt das Symbol für eine **Triode** in Kathoden-Basisschaltung. Bei der idealen Triode fließt kein Gitterstrom. Folglich wird stets $I_1 = 0$.

Tab. 2.2. Zusammenhänge zwischen den 6 verschiedenen Zweitor-Darstellungen

$\boldsymbol{Z} = \begin{pmatrix} z_{11} & z_{12} \\ z_{21} & z_{22} \end{pmatrix}$		$\begin{matrix} \frac{y_{22}}{\det \boldsymbol{Y}} & \frac{-y_{12}}{\det \boldsymbol{Y}} \\ \frac{-y_{21}}{\det \boldsymbol{Y}} & \frac{y_{11}}{\det \boldsymbol{Y}} \end{matrix}$	$\begin{matrix} \frac{\det \boldsymbol{H}}{h_{22}} & \frac{h_{12}}{h_{22}} \\ \frac{-h_{21}}{h_{22}} & \frac{1}{h_{22}} \end{matrix}$	$\begin{matrix} \frac{1}{g_{11}} & \frac{-g_{12}}{g_{11}} \\ \frac{g_{21}}{g_{11}} & \frac{\det \boldsymbol{G}}{g_{11}} \end{matrix}$	$\begin{matrix} \frac{a_{11}}{a_{21}} & \frac{-\det \boldsymbol{A}}{a_{21}} \\ \frac{1}{a_{21}} & \frac{-a_{22}}{a_{21}} \end{matrix}$	$\begin{matrix} \frac{-b_{22}}{b_{21}} & \frac{1}{b_{21}} \\ \frac{-\det \boldsymbol{B}}{b_{21}} & \frac{b_{11}}{b_{21}} \end{matrix}$
$\boldsymbol{Y} = \begin{pmatrix} y_{11} & y_{12} \\ y_{21} & y_{22} \end{pmatrix}$	$\begin{matrix} \frac{z_{22}}{\det \boldsymbol{Z}} & \frac{-z_{12}}{\det \boldsymbol{Z}} \\ \frac{-z_{21}}{\det \boldsymbol{Z}} & \frac{z_{11}}{\det \boldsymbol{Z}} \end{matrix}$		$\begin{matrix} \frac{1}{h_{11}} & \frac{-h_{12}}{h_{11}} \\ \frac{h_{21}}{h_{11}} & \frac{\det \boldsymbol{H}}{h_{11}} \end{matrix}$	$\begin{matrix} \frac{\det \boldsymbol{G}}{g_{22}} & \frac{g_{12}}{g_{22}} \\ \frac{-g_{21}}{g_{22}} & \frac{1}{g_{22}} \end{matrix}$	$\begin{matrix} \frac{a_{22}}{a_{12}} & \frac{-\det \boldsymbol{A}}{a_{12}} \\ \frac{1}{a_{12}} & \frac{-a_{11}}{a_{12}} \end{matrix}$	$\begin{matrix} \frac{-b_{11}}{b_{12}} & \frac{1}{b_{12}} \\ \frac{-\det \boldsymbol{B}}{b_{12}} & \frac{b_{22}}{b_{12}} \end{matrix}$
$\boldsymbol{H} = \begin{pmatrix} h_{11} & h_{12} \\ h_{21} & h_{22} \end{pmatrix}$	$\begin{matrix} \frac{\det \boldsymbol{Z}}{z_{22}} & \frac{z_{12}}{z_{22}} \\ \frac{-z_{21}}{z_{22}} & \frac{1}{z_{22}} \end{matrix}$	$\begin{matrix} \frac{1}{y_{11}} & \frac{-y_{12}}{y_{11}} \\ \frac{y_{21}}{y_{11}} & \frac{\det \boldsymbol{Y}}{y_{11}} \end{matrix}$		$\begin{matrix} \frac{g_{22}}{\det \boldsymbol{G}} & \frac{-g_{12}}{\det \boldsymbol{G}} \\ \frac{-g_{21}}{\det \boldsymbol{G}} & \frac{g_{11}}{\det \boldsymbol{G}} \end{matrix}$	$\begin{matrix} \frac{a_{12}}{a_{22}} & \frac{\det \boldsymbol{A}}{a_{22}} \\ \frac{1}{a_{22}} & \frac{-a_{21}}{a_{22}} \end{matrix}$	$\begin{matrix} \frac{-b_{12}}{b_{11}} & \frac{1}{b_{11}} \\ \frac{\det \boldsymbol{B}}{b_{11}} & \frac{b_{21}}{b_{11}} \end{matrix}$
$\boldsymbol{G} = \begin{pmatrix} g_{11} & g_{12} \\ g_{21} & g_{22} \end{pmatrix}$	$\begin{matrix} \frac{1}{z_{11}} & \frac{-z_{12}}{z_{11}} \\ \frac{z_{21}}{z_{11}} & \frac{\det \boldsymbol{Z}}{z_{11}} \end{matrix}$	$\begin{matrix} \frac{\det \boldsymbol{Y}}{y_{22}} & \frac{y_{12}}{y_{22}} \\ \frac{-y_{21}}{y_{22}} & \frac{1}{y_{22}} \end{matrix}$	$\begin{matrix} \frac{h_{22}}{\det \boldsymbol{H}} & \frac{-h_{12}}{\det \boldsymbol{H}} \\ \frac{-h_{21}}{\det \boldsymbol{H}} & \frac{h_{11}}{\det \boldsymbol{H}} \end{matrix}$		$\begin{matrix} \frac{a_{21}}{a_{11}} & \frac{\det \boldsymbol{A}}{a_{11}} \\ \frac{1}{a_{11}} & \frac{-a_{12}}{a_{11}} \end{matrix}$	$\begin{matrix} \frac{-b_{21}}{b_{22}} & \frac{1}{b_{22}} \\ \frac{\det \boldsymbol{B}}{b_{22}} & \frac{b_{12}}{b_{22}} \end{matrix}$
$\boldsymbol{A} = \begin{pmatrix} a_{11} & a_{12} \\ a_{21} & a_{22} \end{pmatrix}$	$\begin{matrix} \frac{z_{11}}{z_{21}} & \frac{-\det \boldsymbol{Z}}{z_{21}} \\ \frac{1}{z_{21}} & \frac{-z_{22}}{z_{21}} \end{matrix}$	$\begin{matrix} \frac{-y_{22}}{y_{21}} & \frac{1}{y_{21}} \\ \frac{-\det \boldsymbol{Y}}{y_{21}} & \frac{y_{11}}{y_{21}} \end{matrix}$	$\begin{matrix} \frac{-\det \boldsymbol{H}}{h_{21}} & \frac{h_{11}}{h_{21}} \\ \frac{-h_{22}}{h_{21}} & \frac{1}{h_{21}} \end{matrix}$	$\begin{matrix} \frac{1}{g_{21}} & \frac{-g_{22}}{g_{21}} \\ \frac{g_{11}}{g_{21}} & \frac{-\det \boldsymbol{G}}{g_{21}} \end{matrix}$		$\begin{matrix} \frac{b_{22}}{\det \boldsymbol{B}} & \frac{-b_{12}}{\det \boldsymbol{B}} \\ \frac{-b_{21}}{\det \boldsymbol{B}} & \frac{b_{11}}{\det \boldsymbol{B}} \end{matrix}$
$\boldsymbol{B} = \begin{pmatrix} b_{11} & b_{12} \\ b_{21} & b_{22} \end{pmatrix}$	$\begin{matrix} \frac{z_{22}}{z_{12}} & \frac{-\det \boldsymbol{Z}}{z_{12}} \\ \frac{1}{z_{12}} & \frac{-z_{11}}{z_{12}} \end{matrix}$	$\begin{matrix} \frac{-y_{11}}{y_{12}} & \frac{1}{y_{12}} \\ \frac{-\det \boldsymbol{Y}}{y_{12}} & \frac{y_{22}}{y_{12}} \end{matrix}$	$\begin{matrix} \frac{1}{h_{12}} & \frac{-h_{11}}{h_{12}} \\ \frac{h_{22}}{h_{12}} & \frac{-\det \boldsymbol{H}}{h_{12}} \end{matrix}$	$\begin{matrix} \frac{-\det \boldsymbol{G}}{g_{12}} & \frac{g_{22}}{g_{12}} \\ \frac{-g_{11}}{g_{12}} & \frac{1}{g_{12}} \end{matrix}$	$\begin{matrix} \frac{a_{22}}{\det \boldsymbol{A}} & \frac{-a_{12}}{\det \boldsymbol{A}} \\ \frac{-a_{21}}{\det \boldsymbol{A}} & \frac{a_{11}}{\det \boldsymbol{A}} \end{matrix}$	

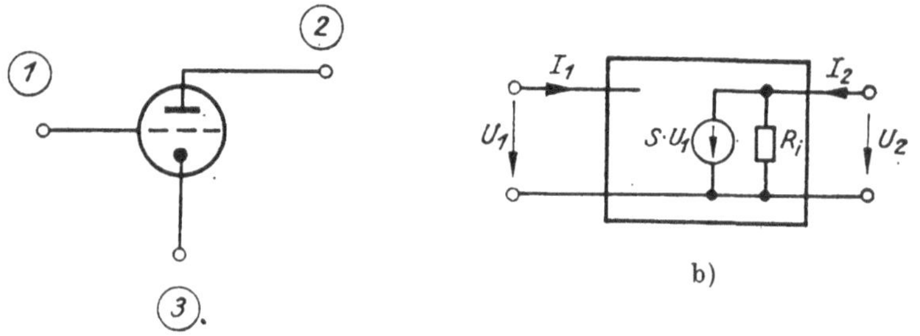

a) b)

Abb. 2.60. Triode als spezielles 2-Tor;
a) Symbol, b) y-Parameter-Ersatzschaltbild

Damit folgt für die y-Parameter des 2-Tores $y_{11} = y_{12} = 0$. Die Admittanzen y_{21} und y_{22} können durch Messungen bestimmt werden. Den Wert y_{21} nennt der Schwachstromtechniker Steilheit S, den Wert y_{22} Innenleitwert $1/R_i$. Mithin wird die y-Matrix der idealen Triode

$$\boldsymbol{Y} = \begin{pmatrix} y_{11} & y_{12} \\ y_{21} & y_{22} \end{pmatrix} = \begin{pmatrix} 0 & 0 \\ S & 1/R_i \end{pmatrix}.$$

In Abb. 2.60.b wurde ein zu den y-Parametern gehörendes formales Ersatzschaltbild der idealen Triode dargestellt. Wegen $y_{11} = 0$ und $y_{12} = 0$ können für eine ideale Triode weder die h-Parameter noch die b-Parameter existieren. Da die Matrix $\boldsymbol{Y}$ singulär ist, existiert auch die Matrix $\boldsymbol{Z} = \boldsymbol{Y}^{-1}$ nicht.

Die Abb. 2.61.a zeigt das Symbol für einen **npn-Transistor** in Emitterschaltung. Hier sind im allgemeinen sämtliche vier Elemente der y-Matrix

$$\boldsymbol{Y} = \begin{pmatrix} y_{11} & y_{12} \\ y_{21} & y_{22} \end{pmatrix}$$

von Null verschieden, und die Matrix $\boldsymbol{Y}$ ist nicht singulär. Folglich können für dieses 2-Tor sämtliche sechs 2-Tor-Darstellungen benutzt werden. Meist liegt

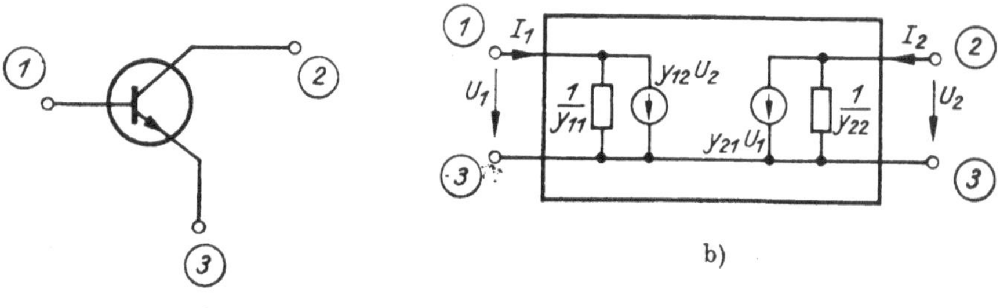

a) b)

Abb. 2.61. Transistor als spezielles 2-Tor;
a) Symbol, b) y-Parameter-Ersatzschaltbild

jedoch der Betrag des „Rückwirkungs-Leitwertes“ y_{12} um mehrere Zehnerpotenzen unter dem der anderen y-Parameter. Setzt man näherungsweise $y_{12} = 0$, so existieren die inversen Ketten- oder b-Parameter für ein solches 2-Tor nicht. In Abb. 2.61.b wurde das y-Parameter-Ersatzschaltbild des Transistors dargestellt.

Der Aufbau eines **elektrischen Transformators** mit zwei auf einem Eisenkern angebrachten Wicklungen wurde in Abb. 2.62.a skizziert. Die Abb. 2.62.b zeigt die symbolische Darstellung des NWE. Die Wirkung beruht darauf, daß ein Teil des magnetischen Flusses φ_1, der durch den Strom in der Wicklung 1 mit der (Selbst-)Induktivität L_1 hervorgerufen wird, auch durch die Wicklung 2 mit der (Selbst-)Induktivität L_2 fließt und am Tor 2 eine Spannung $u_2 = \frac{\mathrm{d}}{\mathrm{d}t}(Mi_1)$ induziert. Umgekehrt induziert ein Strom i_2 durch L_2 über L_1 eine Spannung

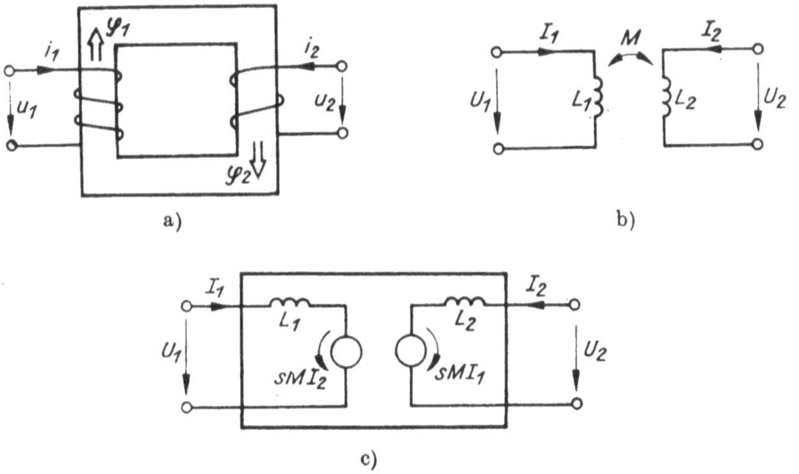

Abb. 2.62. Elektrischer Transformator als spezielles 2-Tor
a) Prinzipieller Aufbau, b) Symbolische Darstellung, c) z-Parameter-Ersatzschaltbild

$u_1 = \frac{\mathrm{d}}{\mathrm{d}t}(Mi_2)$. Die Gegeninduktivität M ist positiv (negativ), wenn sich bei positivem $i_1(t)$ und positivem $i_2(t)$ die magnetischen Flüsse $\varphi_1(t)$ und $\varphi_2(t)$ durch die beiden Wicklungen gegenseitig verstärken (schwächen). Im skizzierten Beispiel wird M positiv. (Zum Beweis der genannten Tatsachen muß die Theorie elektromagnetischer Felder herangezogen werden.) Es ist üblich, das Übertrager-2-Tor (vgl. Abb. 2.62.b) durch z-Parameter zu beschreiben,

$$\begin{pmatrix} U_1 \\ U_2 \end{pmatrix} = \begin{pmatrix} sL_1 & sM \\ sM & sL_2 \end{pmatrix} \begin{pmatrix} I_1 \\ I_2 \end{pmatrix}, \tag{88}$$

oder durch die gleichwertige Beschreibung im Zeitbereich

$$\begin{pmatrix} u_1 \\ u_2 \end{pmatrix} = \frac{\mathrm{d}}{\mathrm{d}t} \begin{pmatrix} L_1 & M \\ M & L_2 \end{pmatrix} \begin{pmatrix} i_1 \\ i_2 \end{pmatrix} = \begin{pmatrix} L_1 & M \\ M & L_2 \end{pmatrix} \frac{\mathrm{d}}{\mathrm{d}t} \begin{pmatrix} i_1 \\ i_2 \end{pmatrix}. \tag{88'}$$

Die Abb. 2.62.c zeigt die zur Gl. (88) gehörende formale z-Parameter-Ersatzschaltung.

Einige allgemeingültige Aussagen über die Größen L_1, L_2 und M liefert eine Energiebetrachtung. Da die im NWE gespeicherte Energie niemals negativ sein kann, wird für $t \geqq 0$ (vgl. S. 11)

$$\begin{aligned} E(t) &= E(0) + \int_0^t \left(u_1(x)\, i_1(x) + u_2(x)\, i_2(x)\right) \mathrm{d}x \\ &= E(0) + \int_0^t \left(i_1(x), i_2(x)\right) \frac{\mathrm{d}}{\mathrm{d}x} \left[\begin{pmatrix} L_1 & M \\ M & L_2 \end{pmatrix} \begin{pmatrix} i_1(x) \\ i_2(x) \end{pmatrix} \right] \mathrm{d}x \\ &= \frac{1}{2} \left(L_1 i_1^2(t) + 2M i_1(t)\, i_2(t) + L_2 i_2^2(t)\right) \geqq 0\,. \end{aligned} \tag{89}$$

Die Beziehung (89) muß für beliebige Zeitfunktionen $i_1(t)$ und $i_2(t)$ richtig sein. Die Spezialfälle $i_2(t) = 0$ bzw. $i_1(t) = 0$ liefern

$$L_1 \geqq 0 \quad \text{bzw.} \quad L_2 \geqq 0\,.$$

Der Ansatz $i_1(t) = -\frac{M}{L_1} i_2(t)$ ergibt

$$|M| \leqq \sqrt{L_1 \cdot L_2}\,. \tag{90}$$

Mithin wird der sogenannte Kopplungsfaktor

$$k = \frac{|M|}{\sqrt{L_1 \cdot L_2}} \leqq 1\,. \tag{91}$$

Für $k < 1$ existieren für den Übertrager sämtliche sechs 2-Tor-Darstellungen.

Im idealisierten Sonderfall $k = 1$ spricht man vom **festgekoppelten elektrischen Übertrager.** Der Kopplungsfaktor 1 bedeutet physikalisch, daß der gesamte durch die Wicklung 1 bzw. 2 strömende magnetische Fluß auch durch die Wicklung 2 bzw. 1 strömt. Für das Verhältnis der 2-Tor-Spannungen gilt nun

$$\frac{u_1(t)}{u_2(t)} = (\operatorname{sgn} M) \sqrt{\frac{L_1}{L_2}}\,; \tag{92}$$

denn aus Gl. (88') folgt mit $L_1 \cdot L_2 = M^2$

$$\frac{u_1}{L_1} = \frac{\mathrm{d}}{\mathrm{d}t}\left(i_1 + \frac{M}{L_1} i_2\right) = \frac{\mathrm{d}}{\mathrm{d}t}\left(i_1 + \frac{L_2}{M} i_2\right) = \frac{u_2}{M} = \frac{u_2}{\sqrt{L_1 L_2}} (\operatorname{sgn} M)\,.$$

Die gespeicherte Energie liefert den Ausdruck

$$E(t) = \frac{1}{2}\left(\sqrt{L_1}\cdot i_1(t) + (\operatorname{sgn} M)\sqrt{L_2}\cdot i_2(t)\right)^2 . \tag{93}$$

Wenn die Energie $E(t)$ für alle $t \geqq 0$ verschwindet, so sprechen wir von einem **idealen elektrischen Übertrager.** Es muß dann zusätzlich zu der Beziehung (92) die Relation

$$\frac{i_1(t)}{i_2(t)} = -(\operatorname{sgn} M)\sqrt{\frac{L_2}{L_1}} \tag{94}$$

erfüllt sein. Diese Relation kann man für einen fest-gekoppelten Übertrager aus den 2-Tor-Gln. (88) nur für $L_1 \to \infty$ und $L_2 \to \infty$ gewinnen. Für den idealen elektrischen Übertrager existieren weder die z- noch die y-Parameter.

Aus den Gln. (92) und (94) erhält man sofort die a-Parameter-Darstellung

$$\begin{pmatrix} U_1 \\ I_1 \end{pmatrix} = \begin{pmatrix} (\operatorname{sgn} M)\sqrt{\frac{L_1}{L_2}} & 0 \\ 0 & -(\operatorname{sgn} M)\sqrt{\frac{L_2}{L_1}} \end{pmatrix} \begin{pmatrix} U_2 \\ I_2 \end{pmatrix} = \begin{pmatrix} \frac{1}{ü} & 0 \\ 0 & -ü \end{pmatrix} \begin{pmatrix} U_2 \\ I_2 \end{pmatrix}$$

wenn als Abkürzung das Übersetzungsverhältnis $ü = (\operatorname{sgn} M)\sqrt{\frac{L_2}{L_1}}$ eingeführt wird.

2.4.1.3. Wandler

Ein **Wandler** repräsentiert eine Komponente mit der Fähigkeit, Signale, die in einem NW-Typ vorkommen, zu überführen in Signale, die in einem oder mehreren anderen NW-Typen vorkommen. Wir beschränken uns auf **einfache Wandler,** die nur einen Eingangs- und nur einen Ausgangskreis besitzen, sich also als 2-Tore beschreiben lassen.

Hier können nur einige Beispiele für Wandlerprinzipien genannt werden. Auf eine ausführliche Diskussion der physikalischen Effekte, die einer Wandlung zugrunde gelegt werden können, wird verzichtet. Auch Einzelheiten über die technische Realisierung von Wandlern können nicht gebracht werden. Dem daran interessierten Leser sei wiederum das schon früher zitierte Buch [Len-71] empfohlen. Bei den folgenden **Beispielen** werden der Deutlichkeit halber die fachspezifischen Bezeichnungen für die vorkommenden FG und DG verwendet.[1])

Das Prinzip einer Signalgrößen-**Wandlung zwischen einem mechanisch-translatorischen und einem Strömungs-NW** zeigt die Abb. 2.63.a. Die translatorische Bewegung des Kolbens wird in Strömungsbewegung der rechts an den

[1]) Die Vorzeichen werden so gewählt, daß sowohl der im Abschn. 2.4.1. getroffenen Vorzeichenfestlegung als auch der üblichen formelmäßigen Erfassung der Wandlerprinzipien genügt wird.

Abb. 2.63. Wandlung zwischen einem mechanisch-translatorischen und einem Strömungsnetzwerk
a) Prinzipieller Aufbau, b) 2-Tor-Darstellung

Kolben anschließenden inkompressiblen Flüssigkeit verwandelt. Unter der Annahme, daß der Kolben starr, masselos und im Rohr ohne Spiel und Reibung axial beweglich ist, stellen sich zwischen der Kraft f und der Geschwindigkeit v des Kolbens auf der mechanischen Seite und dem Volumenfluß w und dem Flüssigkeitsdruck p auf der hydraulischen Seite bei einer Kontaktfläche A die folgenden Beziehungen ein:

$$f = A \cdot p \quad \text{und} \quad v = \frac{1}{A} \cdot w .$$

Das 2-Tor-Schema dieses Wandlers wurde in Abb. 2.63. b dargestellt.
Die **Wandlung zwischen translatorischen und rotatorischen NW** wird durch das Zusammenwirken von Zahnrad und Zahnstange ermöglicht (vgl. Abb. 2.64. a). Die FG und die DG in translatorischen bzw. rotatorischen NW sind die Kraft f und die Geschwindigkeit v bzw. die Drehkraft f_D und die Winkelgeschwindigkeit ω. Nimmt man das Zahnrad und die Zahnstange als starr und masselos und darüberhinaus reibungsfrei gelagert an, so gelten ersichtlich zwischen der Geschwindigkeit v und der Winkelgeschwindigkeit ω die Beziehung

$$v = r\omega$$

und zwischen der Kraft f und der Drehkraft f_D die Beziehung

$$f = \frac{1}{r} f_D .$$

Die Abb. 2.64. b zeigt das den Wandlungsmechanismus widerspiegelnde 2-Tor, das ein translatorisches und ein rotatorisches NW verkoppelt. Eine einfache An-

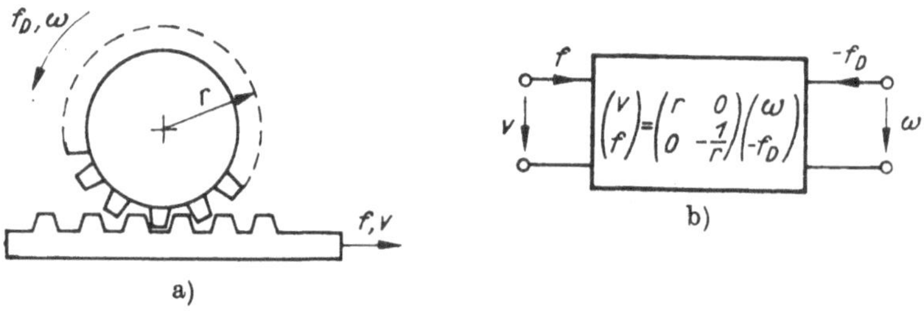

Abb. 2.64. Wandlung zwischen translatorischen und rotatorischen Netzwerken
a) Prinzipieller Aufbau, b) 2-Tor-Darstellung

wendung zeigt die Abb. 2.65.a. Zwei Körper werden durch ihre Massen M_1 bzw. M_2 charakterisiert. Bei ihrer translatorischen Bewegung, die durch die erregenden Kräfte f_1^e bzw. f_2^e ausgelöst wird, wird gegenüber dem Bezugssystem ein Reibungsmitgang H_1 bzw. H_2 wirksam. Die Verbindung zwischen den beiden Körpern wird durch ein Seil, das durch die beiden Nachgiebigkeiten N_1 und N_2 im NW-Modell erfaßt werden soll, hergestellt. Das Seil wird über eine feste Rolle, charakterisiert durch ihre Drehmasse M_D und ihren Drehreibungsmitgang H_D, geführt. Das zugehörende NW wurde in Abb. 2.65.b wiedergegeben. Der das

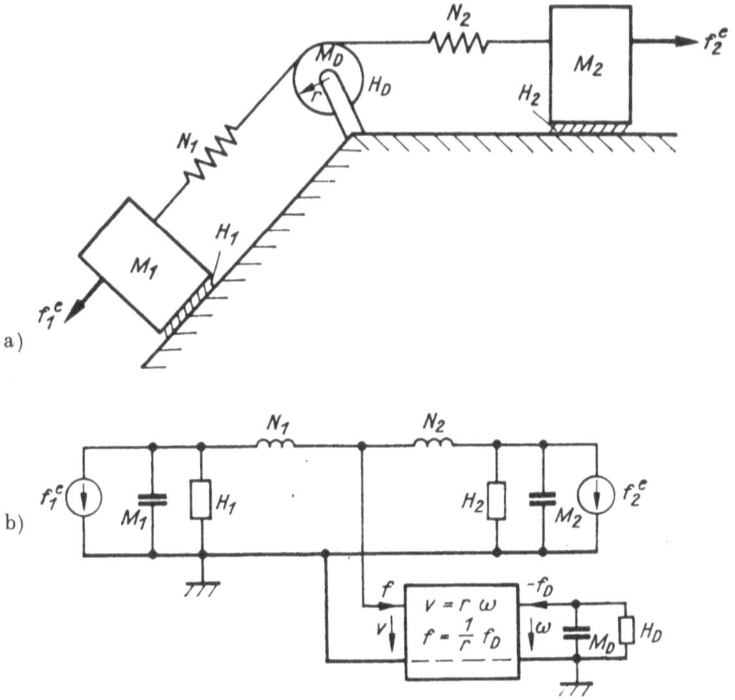

Abb. 2.65. Translatorisch-rotatorisches Schwingungssystem
a) Aufbau, b) Netzwerkdarstellung

Bezugssystem widerspiegelnde Knoten des NW wurde als „Erdknoten“ besonders hervorgehoben. Das im NW eingetragene 2-Tor repräsentiert den idealen Wandlungsmechanismus. Die tatsächlich vorhandene Trägheit und die Reibungsdämpfung der Rolle wurden als getrennte NWE im übrigen NW berücksichtigt. Die Größen f und v stellen die Seilkraft und die Seilgeschwindigkeit am Berührungsort mit der Rolle dar, während ω die Winkelgeschwindigkeit der Rolle und f_D die auf die Rolle wirkende Drehkraft (= Drehmoment) symbolisieren.

Wir wollen im folgenden immer dann von einem **idealen Wandler** sprechen, wenn die von links in den Wandler einströmende augenblickliche Leistung $p_1(t) = i_1(t) \cdot u_1(t)$ und die von rechts einströmende augenblickliche Leistung $p_2(t) = i_2(t) \cdot u_2(t)$ sich zu Null ergänzen, d. h.

$$p_1(t) + p_2(t) = 0 \,. \tag{95}$$

Ein **elektromechanisches Wandlungsprinzip** nutzt aus, daß auf eine Ladung q im elektrischen Feld $\mathfrak{E}$ eine Kraft $\mathfrak{f} = q\mathfrak{E}$ wirkt. Bringt man eine Ladung q in

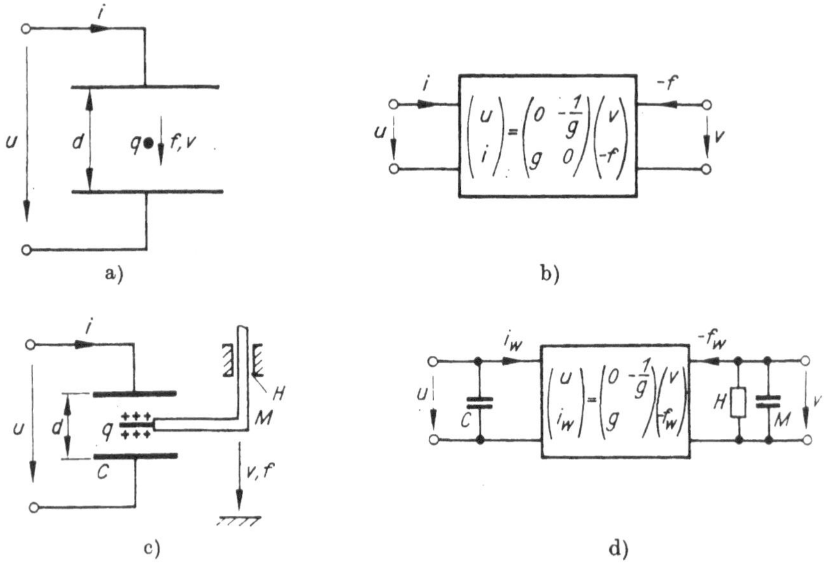

Abb. 2.66. Elektromechanischer Wandler;
a) Prinzipieller Aufbau, b) Netzwerkersatzschaltbild (idealer Wandler), c) Prinzipieller Aufbau einer technischen Realisierung, d) Netzwerkersatzschaltbild zu c)

das Feld eines Plattenkondensators (Abb. 2.66. a), dessen Platten einen Abstand d voneinander haben und zwischen denen eine Spannung u anliegt, so wirkt auf die Ladung q die Kraft

$$\mathfrak{f} = \frac{u}{d} q = \frac{q}{d} u = g \cdot u \,,$$

die eine Bewegung der Ladung hervorrufen kann. Eine mit der Geschwindigkeit v bewegte Ladung q stellt einen Konvektionsstrom dar:

$$i = \frac{q}{d} v = g \cdot v,$$

Diese beiden Beziehungen beschreiben einen idealen Wandlungsmechanismus (vgl. Abb. 2.66. b), denn es gilt in Übereinstimmung mit Gl. (95)

$$(-\mathfrak{f}) \cdot v + u \cdot i = 0 \,.$$

Die Abb. 2.66.c deutet eine technische Realisierung eines elektromechanischen Wandlers an.

Der in Abb. 2.66.c eingetragene Strom i wird jedoch nicht nur zur Auslösung des Wandlungsmechanismus, mit dessen Hilfe das mechanische System in Bewegung gesetzt werden kann, benötigt, sondern auch zur Herstellung der Kondensatorspannung u. Die auf das mechanische System wirkende Kraft wird — solange keine weiteren Nutzlasten angebracht werden — zur Überwindung der Trägheit des beweglichen Teiles und der Reibungsdämpfung der Lagerung, die man durch die Masse M und den Reibungsmitgang H kennzeichnen kann, aufgebraucht. Mithin ergibt sich für die Anordnung gemäß Abb. 2.66.c das skizzierte NW-Ersatzschaltbild 2.66.d. Das hier beschriebene Prinzip eines elektromechanischen Wandlers wird in piezoelektrischen Kristallen, die u. a. in Mikrophonen verwendet werden, ausgenutzt.

Die elektromagnetische Feldtheorie lehrt, daß auf eine Raumladung ϱ, die sich im elektromagnetischen Feld mit der Geschwindigkeit $\mathfrak{v}$ bewegt, die sogenannte LORENTZ-Kraftdichte wirkt,

$$\mathfrak{f} = \varrho\mathfrak{E} + \varrho\mathfrak{v} \times \mathfrak{B}$$

mit der Induktion $\mathfrak{B}$, $|\mathfrak{B}| = B = \dfrac{|\varphi|}{A} = \dfrac{\text{magnetischer Fluß}}{\text{Fläche}}$. Der eben besprochene elektromechanische Wandler nutzt offensichtlich den ersten Term der LORENTZ-Kraft aus. Der zweite Term liefert die Grundlage des sogenannten **elektrodynamischen Wandlers.** Fließt durch einen Draht ein Strom i und führt der Draht auf der Länge l durch ein Magnetfeld mit der Induktion B und stehen die magnetischen Feldlinien senkrecht auf der Stromrichtung (vgl. Abb. 2.67.a), so wirkt auf den Draht eine Kraft f, die senkrecht auf der Stromrichtung und den magnetischen Feldlinien steht,

$$f = B \cdot l \cdot i\,. \tag{96}$$

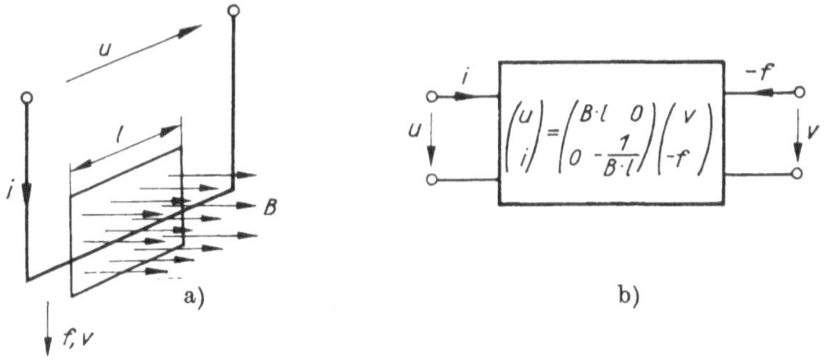

Abb. 2.67. Elektrodynamischer Wandler;
a) Prinzipieller Aufbau, b) 2-Tor-Darstellung des idealen Wandlers

(Der Term „$l \cdot i$" tritt an die Stelle von „$\varrho \mathfrak{v}$" in der Lorentz-Kraftdichte.) Diese Kraft führt zur Bewegung des Leiters. Bewegt sich aber ein Leiter mit der Geschwindigkeit v durch ein Magnetfeld der Induktion B und gelten die Orthogonalitätsrelationen gemäß Abb. 2.67.a, so wird zwischen den Enden des Leiters eine Spannung

$$u = B \cdot l \cdot v \tag{96'}$$

induziert. (Ohne Kenntnis des Induktionsgesetzes hätte man die Gl. (96') aus der Forderung (95) an einen idealen Wandler und der Gl. (96) herleiten können.)

Die 2-Tor-Darstellung des idealen elektrodynamischen Wandlers zeigt die Abb. 2.67.b. Praktisch ausgenutzt werden elektrodynamische Wandler z. B. bei elektrodynamischen Schwingtischen, Lautsprechern und Mikrophonen. Berücksichtigt man bei der Modellierung eines Schwingtisches (Abb. 2.68.a) den Drahtwiderstand R und die Induktivität L der Schwingspulen einerseits und die Masse M, den Reibungsmitgang H und die Nachgiebigkeit N des schwingenden Teiles andererseits, so erhält man das Ersatzschaltbild 2.68.b.

Ein Vergleich der vier besprochenen Wandlertypen zeigt, daß die idealen Wandler in jedem Falle durch ihre Ketten- oder a-Parameter (vgl. Gl. (84) im Abschn. 2.4.1.2) dargestellt wurden. Beim ersten und dritten Wandler sind in der $\boldsymbol{A}$-Matrix nur die beiden Nichtdiagonalelemente von Null verschieden, beim zweiten und vierten Beispiel sind nur die Diagonalelemente der $\boldsymbol{A}$-Matrix von Null verschieden. Auch viele weitere Wandlerprinzipien legen die Unterschei-

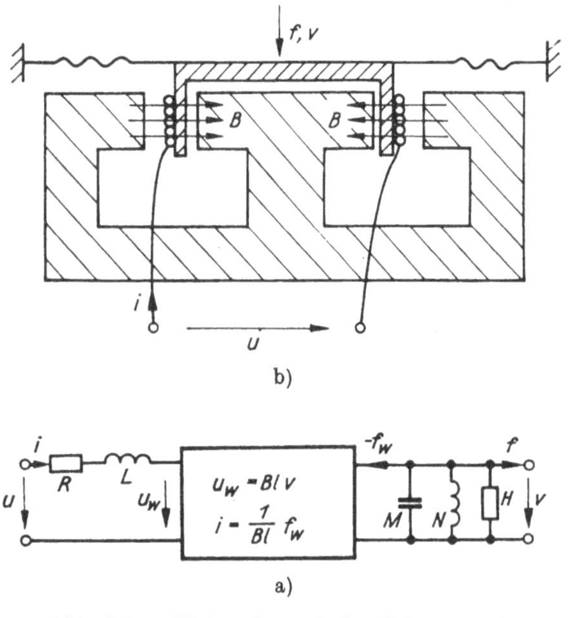

Abb. 2.68. Elektrodynamischer Schwingtisch;
a) Aufbau, b) Netzwerkersatzschaltbild

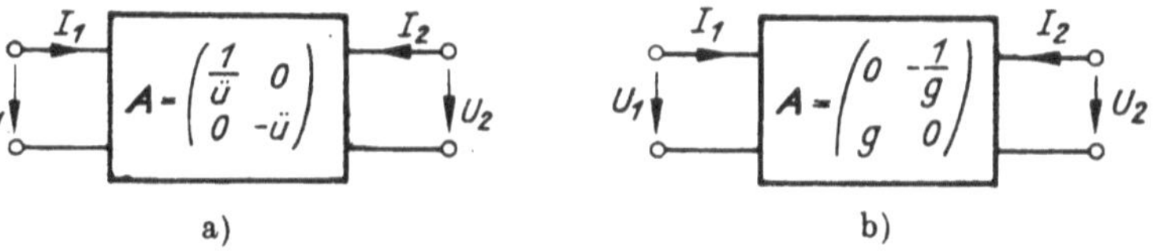

Abb. 2.69. 2-Tor-Darstellungen idealer Wandler
a) Übertrager, b) Gyratoren

dung von **zwei Typen idealer Wandler** nahe. Sie sind in den Abbn. 2.69.a und 2.69.b durch ihre **A**-Matrizen charakterisiert worden. Die 2-Tor-Eigenschaften charakterisieren die beiden Typen als Übertrager (Abb. 2.69.a) und Gyratoren (Abb. 2.69.b), über die im folgenden Abschnitt gesprochen wird.

2.4.1.4. Übersetzer-2-Tore

Unter einem (idealen) **Übersetzer-2-Tor** wollen wir ein 2-Tor verstehen, dessen Kettenmatrix $\boldsymbol{A}$ wie folgt charakterisiert werden kann [Kle-61]:

- Entweder die beiden Diagonalelemente oder die beiden Nichtdiagonalelemente sind von Null verschieden.
- Für die Determinante gilt $\det \boldsymbol{A} = 1$ oder $\det \boldsymbol{A} = -1$.

Insgesamt sind also vier Gruppen von Übersetzer-2-Toren zu unterscheiden.

Sind die Diagonalelemente von Null verschieden und gilt $\det \boldsymbol{A} = -1$, so sprechen wir von einem idealen **Übertrager** (vgl. Abb. 2.69.a). Bei diesem Übertrager existieren weder die z-Parameter noch die y-Parameter. Die übrigen vier 2-Tor-Darstellungen können zur Beschreibung des Übertragers verwendet werden. Als Beispiele kann man den (idealen) translatorisch-rotatorischen Wandler und den (idealen) elektrodynamischen Wandler ansehen.

Aber auch innerhalb des gleichen NW-Typs werden (ideale) Übertrager als NWE benutzt. Denkt man beispielsweise an zwei magnetisch gekoppelte Spulen, so ist es möglich, die Verlustwiderstände, die Primärinduktivitäten und die Streuinduktivität als 1-Tore abzuspalten, und es bleibt dann noch ein elektrischer (idealer) Übertrager übrig. Durch zwei ineinander greifende Zahnräder wird ein Übertrager-Mechanismus zwischen zwei rotatorischen NW, durch einen Hebel ein Übertragungs-Mechanismus zwischen translatorischen NW wirksam. Beim hydraulischen Wagenheber wird ein weiterer Übertragungs-Mechanismus zwischen translatorischen NW wirksam. ...

Allen Übertragern zwischen NW des gleichen Typs ist gemeinsam, daß man ihre Wirkung erklären kann als zweifache Wandlung. Zunächst werden die Signale in einen anderen Objektbereich und anschließend in den ursprünglichen zurückverwandelt.

Beim Hebel wird die translatorische Bewegung über die Zwischenstufe einer rotatorischen wieder in die translatorische gewandelt. Man macht sich leicht klar, daß die Wirkung des idealen Hebels auf einer verlustlosen Drehkraft- und Drehgeschwindigkeits-Übergabe beruht.

Bei den ineinander greifenden Zahnrädern wird an der Kontaktstelle eine translatorische Kraft und eine translatorische Geschwindigkeit übergeben. Ganz augenscheinlich wird dieser Effekt, wenn es sich um Räder handelt, die mittels Ketten oder Transmissionsriemen miteinander gekoppelt sind.

Beim Wagenheber wird die Druckgleichheit in einer inkompressiblen Flüssigkeit ausgenutzt. Beim elektrischen Übertrager erfolgt zunächst eine Wandlung in einen magnetischen Fluß, der verlustfrei durch die Sekundärwicklung fließt. ...

Die Eingangsimpedanz z_r eines am rechten Übertrager-Tor liegenden 2-Pols erscheint am linken Tor als Impedanz $\left(\frac{1}{ü^2}\right) z_r$; denn

$$\frac{U_1}{I_1} = \frac{(1/ü)\, U_2}{-\,ü(+I_2)} = \frac{1}{ü^2} \cdot \frac{U_2}{-I_2} = \frac{1}{ü^2} z_r \,.$$

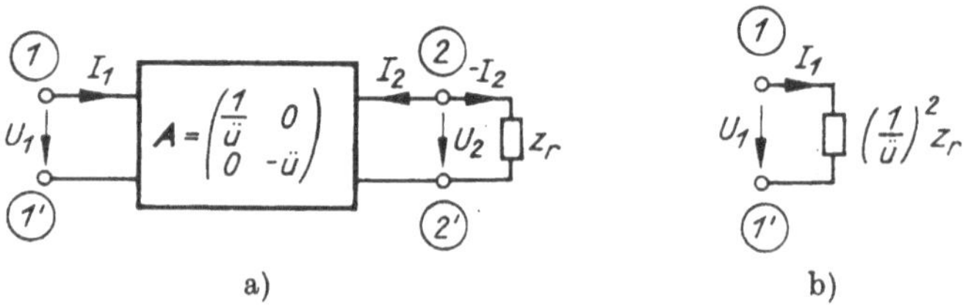

Abb. 2.70. Zur Berechnung der Eingangsimpedanz eines Übertragers

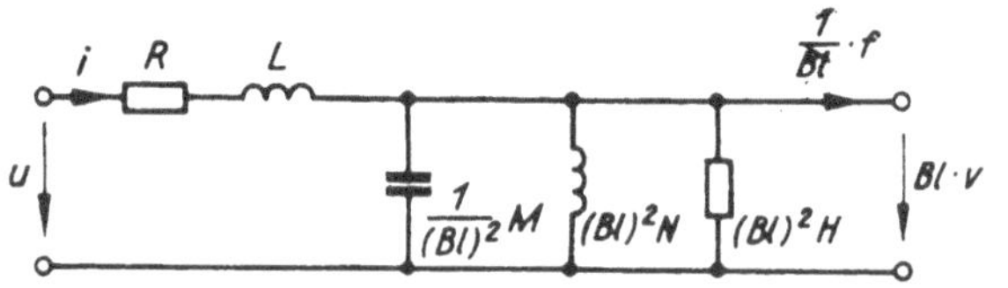

Abb. 2.71. Äquivalente Umwandlung des Netzwerkersatzschaltbildes des Schwingtisches (Abb. 2.68)

Die Abbn. 2.70.a und 2.70.b sind also gleichwertige Darstellungen des durch das Knotenpaar (1, 1′) charakterisierten 2-Pols. Ist der Zweipol (2, 2′) mit der Impedanz z_r selbst wieder ein NW, so kann man es auf die linke Seite transformieren und dabei die Wirkung des Übertragers exakt erfassen, indem man sämtliche Impedanzen des rechts angeschlossenen NW mit $1/ü^2$ multipliziert und die Knotenpaare (1, 1′) und (2, 2′) zusammenfallen läßt.

(Es sei dem Leser als Übungsaufgabe empfohlen, diese Tatsache mit Hilfe eines der oben angegebenen Gls. zur Analyse von NW allgemein zu beweisen.)

Als Beispiel ersetzen wir das NW-Modell eines elektrodynamischen Schwingtisches (vgl. Abb. 2.68.b) äquivalent durch ein NW, das nur aus 1-Toren (= 2-Polen) besteht (Abb. 2.71).

Bei der Analyse größerer NW läßt sich die durch den Übertrager vermittelte **Impedanztransformation** oft unmittelbar ausnutzen, und das den Übertrager symbolisierende 2-Tor kann von vornherein eliminiert werden.

Als nächstes Übersetzer-2-Tor sei der **Gyrator** (Abb. 2.69.b) besprochen. Bei ihm sind die Nichtdiagonalelemente der Kettenmatrix $\boldsymbol{A}$ von Null verschieden, und es gilt $\det \boldsymbol{A} = 1$. Bei einem Gyrator existieren die h-Parameter und die g-Parameter nicht. Die übrigen vier 2-Tor-Darstellungen können zur Beschreibung des Gyrators verwendet werden.

Beispiele für Gyratoren sind der ideale Wandler zwischen translatorischen und Strömungs-NW (vgl. Abb. 2.63) und der ideale elektromechanische Wandler (vgl. Abb. 2.66). Aber auch innerhalb des gleichen NW-Typs kann der Gyrator als NWE verwendet werden. So wird dieses NWE in der elektrischen NW-Theorie benutzt. Die näherungsweise Realisierung erfolgt durch aktive RC-Schaltungen (elektrische NW mit Widerständen, Kapazitäten und Transistoren).

Die Eingangsimpedanz z_r eines am rechten Gyrator-Tor liegenden 2-Poles erscheint an den Knoten des linken Tores als Admittanz $g^2 z_r$; denn

$$\frac{I_1}{U_1} = \frac{gU_2}{-1/g\,(+I_2)} = g^2 \frac{U_2}{-I_2} = g^2 z_r\,.$$

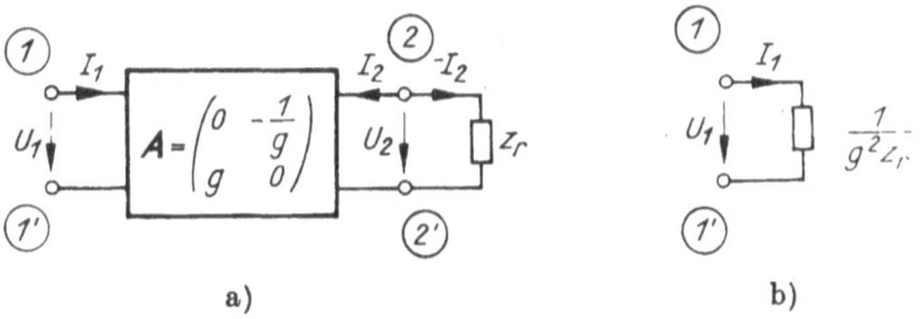

Abb. 2.72. Zur Berechnung der Eingangsimpedanz eines Gyrators

Die Abbn. 2.72.a und 2.72.b sind gleichwertige Darstelllungen des durch das Knotenpaar (1, 1′) charakterisierten 2-Pols.

Ist der Zweipol (2, 2′) mit der Impedanz z_r selbst ein NW mit einem ebenen Graphen, so kann man es auf die linke Seite transformieren und dabei die Wirkung des Gyrators exakt erfassen, indem man das an das Knotenpaar (2, 2′) anschließende NW durch ein duales NW ersetzt und als Zweigimpedanz $(g^2 z)^{-1}$ festlegt, wenn der korrespondierende Zweig im ursprünglichen NW die Impedanz z besaß, und schließlich die Knotenpaare (1, 1′) und (2, 2′) zusammenfallen läßt. (Es sei dem Leser als etwas anspruchsvollere Übungsaufgabe empfohlen, diese Tatsache allgemein zu beweisen.)

Als Beispiel ersetzen wir das NW-Modell eines (leerlaufenden) elektromechanischen Wandlers (vgl. Abb. 2.66.d) äquivalent durch ein NW, das nur aus 1-Toren (= 2-Polen) besteht (Abb. 2.73).

Beim **Negativ-Übertrager** sind die Diagonalelemente der Kettenmatrix $\boldsymbol{A}$ von Null verschieden, und es gilt $\det \boldsymbol{A} = 1$. Bei einem Negativ-Übertrager

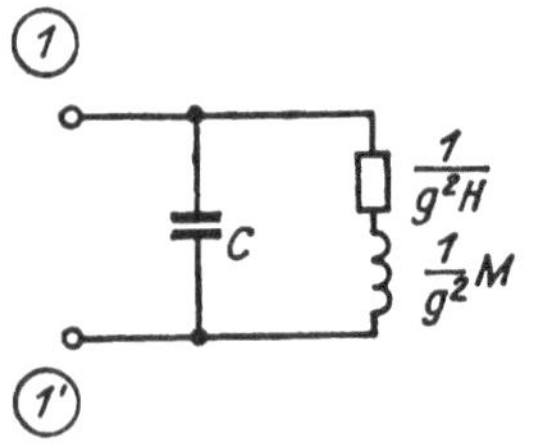

Abb. 2.73. Äquivalente Umwandlung des Netzwerkersatzschaltbildes des (leerlaufenden) elektromechanischen Wandlers (Abb. 2.66)

existieren die z- und die y-Parameter nicht. Die übrigen vier 2-Tor-Darstellungen können zur Beschreibung des Negativ-Übertragers verwendet werden. In der elektrischen NW-Theorie wird der Negativ-Übertrager als NWE verwendet und meist unter der aus dem Amerikanischen übernommenen Bezeichnung NIC (Negative-Impedance-Converter) geführt.

Die Eingangsimpedanz z_r eines am rechten Übertrager-Tor (2, 2′) liegenden 2-Pols erscheint am Knotenpaar (1, 1′) (vgl. Abb. 2.74) als Impedanz $-z_r/ü^2$; denn

$$\frac{U_1}{I_1} = \frac{-(1/ü)\,U_2}{-ü(+I_2)} = \frac{-1}{ü^2}\,\frac{U_2}{-I_2} = \frac{-1}{ü^2}\,z_r\,.$$

Beim **Negativ-Gyrator** sind die Nichtdiagonalelemente der Kettenmatrix $\boldsymbol{A}$ von Null verschieden, und es gilt $\det \boldsymbol{A} = -1$. Es existieren die h- und die g-Parameter nicht, die übrigen vier 2-Tor-Darstellungen können zur Beschreibung des Negativ-Gyrators verwendet werden.

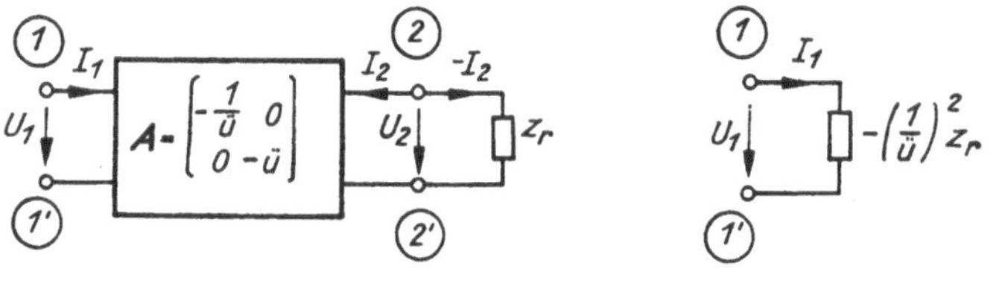

a) b)

Abb. 2.74. Zur Berechnung der Eingangsimpedanz eines Negativ-Übertragers

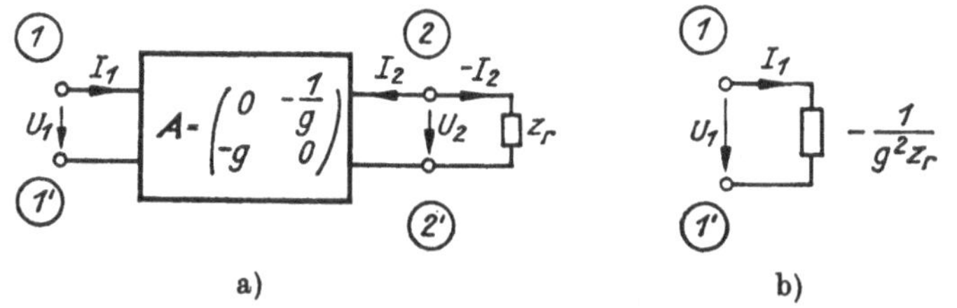

a) b)

Abb. 2.75. Zur Berechnung der Eingangsimpedanz eines Negativ-Gyrators

Die Eingangsimpedanz z_r eines am rechten Tor (2, 2') liegenden 2-Pols (vgl. Abb. 2.75) erscheint am Tor (1, 1') als Admittanz $-g^2 z_r$; denn

$$\frac{I_1}{U_1} = \frac{-gU_2}{-1/g\,(+I_2)} = -g^2 \frac{U_2}{-I_2} = -g^2 z_r\,.$$

Die **Kettenschaltung zweier 2-Tore** ergibt wiederum ein 2-Tor (vgl. Abb. 2.76). Aus der Gleichungskette

$$\begin{pmatrix} U_1 \\ I_1 \end{pmatrix} = \boldsymbol{A}_1 \begin{pmatrix} U_1' \\ +I_1' \end{pmatrix} = \boldsymbol{A}_1 \begin{pmatrix} 1 & 0 \\ 0 & -1 \end{pmatrix} \begin{pmatrix} U_1' \\ -I_1' \end{pmatrix} = \boldsymbol{A}_1 \begin{pmatrix} 1 & 0 \\ 0 & -1 \end{pmatrix} \boldsymbol{A}_2 \begin{pmatrix} U_2 \\ +I_2 \end{pmatrix} = \boldsymbol{A}_{\text{ges}} \begin{pmatrix} U_2 \\ +I_2 \end{pmatrix}$$

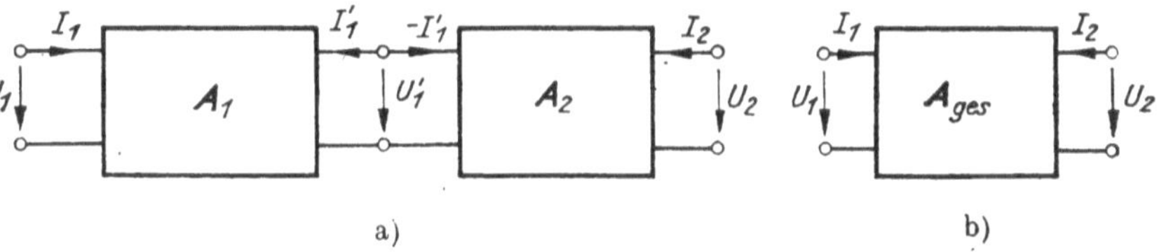

Abb. 2.76. Kettenschaltung zweier 2-Tore

folgt, daß man die Kettenmatrix $\boldsymbol{A}_{\text{ges}}$ der Kettenschaltung durch Multiplikation der beiden Einzel-Kettenmatrizen $\boldsymbol{A}_1$ und $\boldsymbol{A}_2$ erhält, nachdem man zuvor — auf Grund der hier getroffenen Vorzeichenkonvention bei der Orientierung der 2-Tor-Zweige — in der zweiten Spalte der Matrix $\boldsymbol{A}_1$ die Vorzeichen abgeändert hat.

Durch eine leichte Rechnung kann man sich davon überzeugen, daß die Kettenschaltung zweier gleichartiger Übersetzer-2-Tore stets einen idealen Übertrager ergibt (Übungsaufgabe).

2.4.2. Mehrtore

2.4.2.1. Definition des Mehrtores — Widerspiegelung im NW-Graphen

Ein **n-Tor** ist ein NWE (oder Unternetzwerk), dessen Wirkungen im Gesamtnetzwerk durch n Beziehungen zwischen n (von außen zugänglichen) FG und n (von außen zugänglichen) DG vollständig beschrieben werden. Die n Klemmenpaare (= Knotenpaare), zwischen denen die n DG abfallen, sind die „Tore“ des NWE.

Die Torzahl n ist eine natürliche Zahl $\geqq 1$. Im Spezialfall $n = 1$ handelt es sich um die zweipoligen NWE, über die im Abschn. 2.1. ausführlich gesprochen wurde. Die Beschreibung von Mehrtoren (MT) — das sind n-Tore mit einer Torzahl $n > 1$ — zeigt jedoch gegenüber der Beschreibung von 1-Toren charakteristische Besonderheiten, die bei der Behandlung der 2-Tore im Abschnitt 2.4.1. bereits deutlich zutage traten.

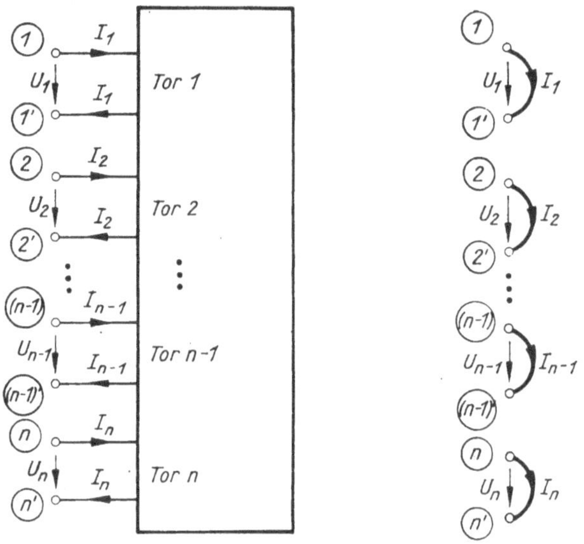

a) b)

Abb. 2.77. n-Tor;
a) Symbolische Darstellung, b) Netzwerk-Graph

In Abb. 2.77 wurde ein (lineares) n-Tor symbolisch dargestellt. Es istwiederum möglich, daß mehrere der Knoten 1', 2', ..., n' zusammenfallen. Insbesondere können sämtliche Knoten 1', 2', ..., n' zusammenfallen und den gemeinsamen Bezugsknoten für alle n DG des n-Tores bilden. Wir sprechen dann von einem **(n + 1)-Pol** (vgl. Abb. 2.78). Umgekehrt kann man einen beliebigen n-Pol stets als (n − 1)-Tor auffassen. In vielen Fällen ist jedoch eine MT-Beschreibung einer kleineren Torzahl möglich. Wir werden die NW-Relationen meist im Frequenzbereich angeben, vgl. S. 82/83.

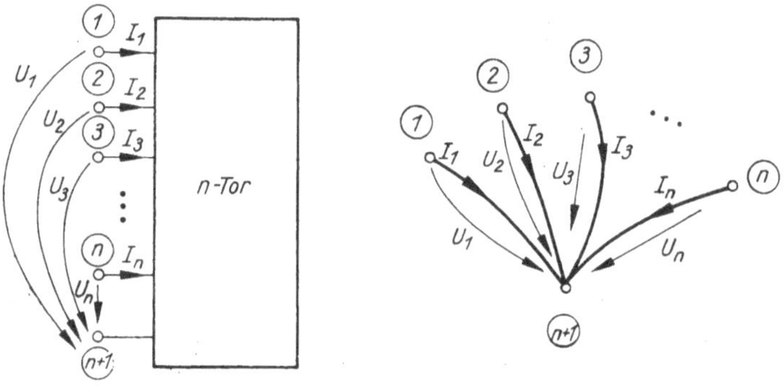

a) b)

Abb. 2.78. (n + 1)-Pol als n-Tor
a) Symbolische Darstellung, b) Netzwerk-Graph

Die Abbn. 2.77.b und 2.78.b lassen erkennen, daß der zu einem n-Tor gehörende Teilgraph immer dann zerfällt, wenn das n-Tor nicht gerade ein $(n+1)$-Pol ist. Es ist möglich, daß der übrige Teil des NW so angeordnet ist, daß der Graph des Gesamt-NW zusammenhängend wird. In diesen Fällen bereitet die Formulierung des Umlauf- und des Schnittgesetzes keine Schwierigkeiten. **Die Aussagen des Abschn. 2.2.4. sind ohne Einschränkungen anwendbar.** Bei der Aufstellung der Inzidenzmatrizen sind die MT-Zweige ebenso zu behandeln wie die 1-Tor-Zweige.

Zerfällt der Graph des Gesamt-NW in mehrere separate Teilgraphen, so sind die DG zwischen Knoten, die zu verschiedenen Teilgraphen gehören, durch die Tor-DG $U_1, \ldots, U_n$ nicht festgelegt. Für jeden separaten Teilgraphen kann ein Bezugspunkt zur Bestimmung der Knoten-DG frei gewählt werden. Da die im Abschnitt 2.2. bewiesenen Eigenschaften der Inzidenzmatrizen, die bei der mathematischen Formulierung des Schnitt- und des Umlaufgesetzes eine wesentliche Rolle gespielt haben, in dieser Form nur für zusammenhängende Graphen gelten, muß man bei der Beschreibung von NW mit MT entweder die oben bewiesenen Aussagen über Inzidenzmatrizen auf zerfallende Graphen erweitern oder dafür sorgen, daß der **Graph des Gesamt-NW** in jedem Falle **zusammenhängend** ist. Der Bequemlichkeit halber wählen wir die zweite Möglichkeit.

Für jeden in sich zusammenhängenden Teilgraphen denken wir uns einen Knoten als Bezugspunkt zur Bestimmung der Knoten-DG innerhalb dieses Teilgraphen markiert. Anschließend verringern wir die Zahl der Teilgraphen sukzessive dadurch, daß wir den Bezugsknoten eines Teilgraphen mit einem beliebigen Knoten eines anderen Teilgraphen zusammenfallen lassen. Dadurch reduziert sich die Gesamtzahl der Knoten des NW-Graphen. Offensichtlich gibt es im allgemeinen sehr viele verschiedene Möglichkeiten, um auf diese Weise

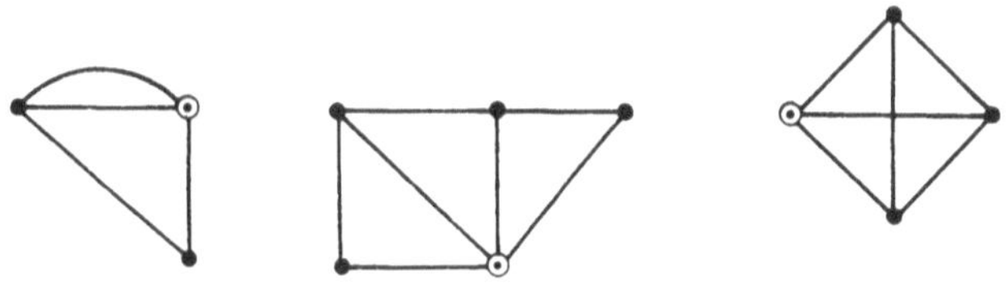

a)

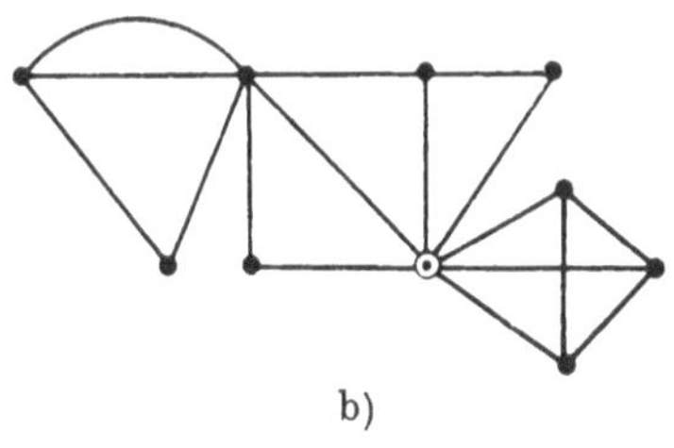

b)

Abb. 2.79. Zusammenfügen von zerfallenden Netzwerk-Graphen

zu einem zusammenhängenden Graphen für das Gesamt-NW zu kommen. Ein Beispiel wurde in Abb. 2.79 skizziert.

Durch den beschriebenen Vorgang des „Zusammenhängens" ursprünglich separierter Teilgraphen werden die Schnitt- und Umlaufregeln für die einzelnen Teilgraphen offensichtlich nicht beeinflußt. Auch die NWE-Relationen werden nicht betroffen. Also müssen sich bei einer Analyse des zusammenhängend gemachten NW die gleichen Zweig-FG und Zweig-DG ergeben, wie bei einer Analyse auf der Grundlage des zerfallenden Graphen. Bei den Knoten-DG muß natürlich beachtet werden, daß sie sich immer auf den Bezugsknoten beziehen. (Im Beispiel gemäß Abb. 2.79.a wurden drei verschiedene Bezugsknoten gewählt, während in Abb. 2.79.b nur noch ein Bezugsknoten vorhanden ist.)

2.4.2.2. Mehrtor-Darstellungen

Von den insgesamt $2n$ Größen $I_1, I_2, \ldots, I_n$; $U_1, U_2, \ldots, U_n$ können n gewählt werden. Die anderen sind dadurch bei Einhaltung der n MT-Relationen festgelegt. Im allgemeinen gibt es also $\binom{2n}{n}$ verschiedene Beschreibungsmöglichkeiten des n-Tors durch jeweils ein System von n Gleichungen.

Nimmt man sämtliche FG $I_1, I_2, \ldots, I_n$ als unabhängige Größen an und stellt die DG $U_1, U_2, \ldots, U_n$ in Abhängigkeit von diesen dar, so erhält man ein Gleichungssystem

$$\begin{pmatrix} U_1 \\ U_2 \\ \vdots \\ U_n \end{pmatrix} = \begin{pmatrix} z_{11} & z_{12} & \cdots & z_{1n} \\ z_{21} & z_{22} & \cdots & z_{2n} \\ \vdots & \vdots & \vdots\vdots\vdots & \vdots \\ z_{n1} & z_{n2} & \cdots & z_{nn} \end{pmatrix} \begin{pmatrix} I_1 \\ I_2 \\ \vdots \\ I_n \end{pmatrix} \tag{97}$$

oder, kurz in Vektorschreibweise zusammengefaßt,

$$\boldsymbol{U} = \boldsymbol{Z} \cdot \boldsymbol{I}\,. \tag{97'}$$

Die Elemente der Matrix $\boldsymbol{Z}$ haben die Dimension von Impedanzen. Deshalb spricht man bei der Darstellung (97) von der **Impedanz- oder z-Parameter-Darstellung** des n-Tores.

Das Matrixelement $z_{\nu\mu}$ ($\nu, \mu = 1, \ldots, n$) erhält man durch Messung oder — insbesondere bei Unter-NW — durch Berechnung der (normierten) Tor-DG U_ν am Tor ν, wenn in das μ-te Tor die (normierte) FG $I_\mu = 1$ eingespeist wird — bei Leerlauf an allen anderen Toren ($\neq \mu$). In Abb. 2.80 wurde die meßtechnische Ermittlung des Parameters z_{12} skizziert.

Will man umgekehrt alle FG $I_1, I_2, \ldots, I_n$ in Abhängigkeit von den DG $U_1, U_2, \ldots, U_n$ ausdrücken, so wird man auf die **Admittanz- oder y-Parameter-Darstellung** des MT geführt,

$$\begin{pmatrix} I_1 \\ I_2 \\ \vdots \\ I_n \end{pmatrix} = \begin{pmatrix} y_{11} & y_{12} & \cdots & y_{1n} \\ y_{21} & y_{22} & \cdots & y_{2n} \\ \vdots & \vdots & \vdots\vdots\vdots & \vdots \\ y_{n1} & y_{n2} & \cdots & y_{nn} \end{pmatrix} \begin{pmatrix} U_1 \\ U_2 \\ \vdots \\ U_n \end{pmatrix} \tag{98}$$

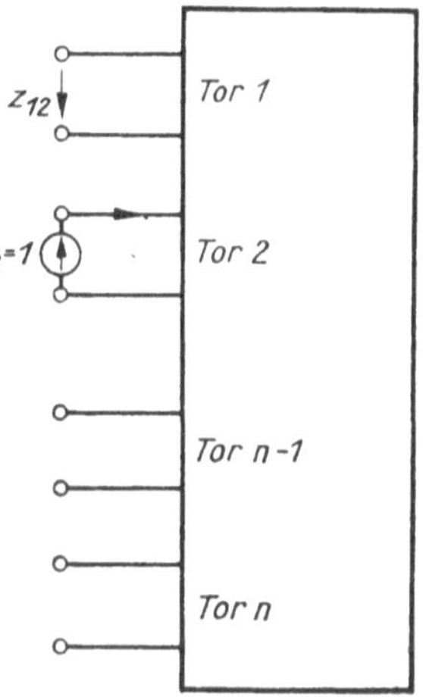

Abb. 2.80. Meßtechnische Bestimmung des Mehrtorparameters z_{12}

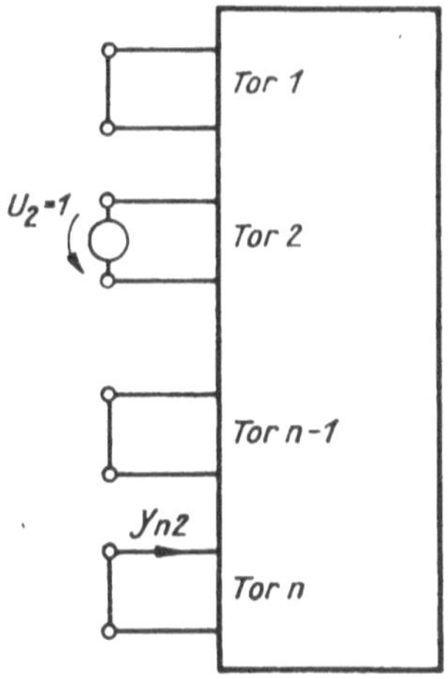

Abb. 2.81. Meßtechnische Bestimmung des Mehrtorparameters y_{n2}

oder kurz

$$\boldsymbol{I} = \boldsymbol{Y} \cdot \boldsymbol{U} \,. \tag{98'}$$

Wenn sowohl die z- als auch die y-Parameter existieren, gilt

$$\boldsymbol{Y} = \boldsymbol{Z}^{-1} \,. \tag{99}$$

Das Matrixelement $y_{\nu\mu}$ ($\nu, \mu = 1, \ldots, n$) erhält man durch Messung oder Berechnung der (normierten) FG I_ν am Tor ν, wenn am Tor μ eine (normierte) DG $U_\mu = 1$ angelegt wird — bei Kurzschluß an allen anderen Toren ($\neq \mu$). In Abb. 2.81 wurde die meßtechnische Ermittlung des Parameters y_{n2} skizziert.

In vielen Fällen ist es nicht erforderlich, sämtliche z- oder y-Parameter zu bestimmen, weil im n-Tor gewisse Reziprozitätsrelationen vorliegen. Wir sprechen von **Reziprozität** bezüglich der Tore ν und μ, wenn bei Erregung am ν-ten Tor am μ-ten Tor die gleiche Antwort gemessen wird wie am ν-ten Tor bei Erregung am μ-ten; sonst darf natürlich nichts am Mehrtor und seinen Erregungen geändert werden. Dann gilt für die y-Parameter $y_{\nu\mu} = y_{\mu\nu}$ und für die z-Parameter $z_{\nu\mu} = z_{\mu\nu}$. Sind solche Reziprozitätsrelationen bei beliebiger Wahl der $\mu, \nu \in \{1, \ldots, n\}$ erfüllt, so spricht man von einem reziproken n-Tor schlechthin.

Ein n-Tor läßt sich durch unterschiedliche äußere Beschaltung in verschiedenen Betriebsfällen betreiben. Betrachtet man zwei verschiedene Betriebsfälle, die durch den FG-Vektor $\boldsymbol{I}$ und den DG-Vektor $\boldsymbol{U}$ bzw. durch $\boldsymbol{I}'$ und $\boldsymbol{U}'$ gekennzeichnet werden, so gilt mit (97') und (98') die Beziehung

$$\boldsymbol{U}^T\boldsymbol{I}' = \boldsymbol{I}^T\boldsymbol{Z}^T\boldsymbol{Y}\boldsymbol{U}' \,. \tag{100'}$$

Für ein reziprokes n-Tor wird — bei vorausgesetzter Existenz der z-Parameter — $\boldsymbol{Z}^T = \boldsymbol{Z}$. Unter Beachtung von (99) erhält man nun

$$\boxed{\boldsymbol{U}^T\boldsymbol{I}' = \boldsymbol{I}^T\boldsymbol{U}'} \,. \tag{100}$$

In der elektrotechnischen Literatur wird die Beziehung (100) meist nur für 2-Tore („Vierpole“) formuliert und als **Reziprozitätstheorem** (= Umkehrungssatz) bezeichnet. Geht man umgekehrt vom Reziprozitätstheorem (100) aus und fordert dessen Gültigkeit für jede Wahl von zwei Betriebsfällen, so muß das n-Tor reziprok sein (Übungsaufgabe). Man kann zeigen, daß jedes n-Tor, das in seinem Inneren nur passive Zweipol-Zweige, also die NWE R, L und C, sowie Übertrager enthält, ein reziprokes n-Tor ist.

Neben den Impedanz- und den Admittanz-Parametern, die man gelegentlich in dem gemeinsamen Begriff der Immittanz-Parameter zusammenfaßt, sind weitere Darstellungsmöglichkeiten gegeben, wenn in den n unabhängigen (und damit auch in den n abhängigen) Größen sowohl FG als auch DG enthalten sind. Man spricht dann von einer Darstellung des n-Tors durch **hybride Parameter.** Wählt man n_1 FG $(I_1, I_2, \dots, I_{n_1})^T = \boldsymbol{I}_1$ für eine beliebige natürliche Zahl n_1 mit $n_1 \leqq n$ und die zu den übrigen $n_2 = n - n_1$ Toren gehörenden DG $(U_{n_1+1}, \dots, U_n)^T = \boldsymbol{U}_2$ als die n unabhängigen Größen, so ergeben sich die abhängigen Größen $(U_1, U_2, \dots, U_{n_1})^T = \boldsymbol{U}_1$ und $(I_{n_1+1}, \dots, I_n)^T = \boldsymbol{I}_2$ aus einer Beziehung

$$\boxed{\begin{pmatrix} \boldsymbol{U}_1 \\ \boldsymbol{I}_2 \end{pmatrix} = \begin{pmatrix} \boldsymbol{H}_{11} & \boldsymbol{H}_{12} \\ \boldsymbol{H}_{21} & \boldsymbol{H}_{22} \end{pmatrix} \begin{pmatrix} \boldsymbol{I}_1 \\ \boldsymbol{U}_2 \end{pmatrix}}\,. \tag{101}$$

Man macht sich leicht klar, daß die hybride MT-Darstellung (101) für $n_1 = n$ bzw. $n_2 = n$ übergeht in die z- bzw. y-Parameter-Darstellung. Die MT-Darstellung (101) enthält also die Impedanz- und die Admittanz-Parameter-Beschreibung als Sonderfälle. **Wir werden im weiteren voraussetzen, daß zu jedem n-Tor eine hybride Parameter-Darstellung der Gestalt (101) existiert.**

Verschiedene MT-Darstellungen lassen sich durch mehrfache Anwendung des bereits auf S. 84 erwähnten Austauschverfahrens **ineinander überführen.** Will man ganze Gruppen von Variablen vertauschen, so lassen sich auch dafür geschlossene Austausch-Formeln angeben. Eine MT-Darstellung liege in der allgemeinen Form

$$\boldsymbol{y} = \boldsymbol{H}\boldsymbol{x}$$

vor, und es sind m $(< n)$ Komponenten des Vektors $\boldsymbol{x}$ mit m Komponenten des Vektors $\boldsymbol{y}$ auszutauschen. O. B. d. A. kann man annehmen, daß die auszutauschenden Komponenten sowohl im Vektor $\boldsymbol{x}$ als auch im Vektor $\boldsymbol{y}$ unmittelbar hintereinander folgen, z. B. als mittlerer Teil $\boldsymbol{x}_2$ im Vektor $\boldsymbol{x}$ und als erster Teil $\boldsymbol{y}_1$ im Vektor $\boldsymbol{y}$. Dadurch wird das Gls. wie folgt partitioniert,

$$\begin{pmatrix} \boldsymbol{y}_1 \\ \boldsymbol{y}_2 \end{pmatrix} = \begin{pmatrix} \boldsymbol{H}_{11} & \boldsymbol{H}_{12} & \boldsymbol{H}_{13} \\ \boldsymbol{H}_{21} & \boldsymbol{H}_{22} & \boldsymbol{H}_{23} \end{pmatrix} \begin{pmatrix} \boldsymbol{x}_1 \\ \boldsymbol{x}_2 \\ \boldsymbol{x}_3 \end{pmatrix}. \tag{102}$$

Der Austausch der Teilvektoren $\boldsymbol{x}_2$ und $\boldsymbol{y}_1$ liefert

$$\begin{pmatrix} \boldsymbol{x}_2 \\ \boldsymbol{y}_2 \end{pmatrix} = \begin{pmatrix} -\boldsymbol{H}_{12}^{-1}\boldsymbol{H}_{11} & \boldsymbol{H}_{12}^{-1} & -\boldsymbol{H}_{12}^{-1}\boldsymbol{H}_{13} \\ \boldsymbol{H}_{21} - \boldsymbol{H}_{22}\boldsymbol{H}_{12}^{-1}\boldsymbol{H}_{11} & \boldsymbol{H}_{22}\boldsymbol{H}_{12}^{-1} & \boldsymbol{H}_{23} - \boldsymbol{H}_{22}\boldsymbol{H}_{12}^{-1}\boldsymbol{H}_{13} \end{pmatrix} \begin{pmatrix} \boldsymbol{x}_1 \\ \boldsymbol{y}_1 \\ \boldsymbol{x}_3 \end{pmatrix}. \tag{102'}$$

Die Überprüfung der Richtigkeit der vorgenommenen Umformung sei dem Leser als Übung für das Rechnen mit Hypermatrizen empfohlen. Die Formel (102') zeigt, daß der Austausch der Teilvektoren $\boldsymbol{y}_1$ und $\boldsymbol{x}_2$ genau dann möglich ist, wenn die in der ursprünglichen Matrix von den $\boldsymbol{y}_1$-Zeilen und den $\boldsymbol{x}_2$-Spalten ausgeblendete quadratische Pivot-Matrix $\boldsymbol{H}_{12}$ nichtsingulär ist. Will man insbesondere nur eine einzige Komponente austauschen, so wird die Pivot-Matrix $\boldsymbol{H}_{12}$ ein einziges Matrixelement, das nicht verschwinden darf.

2.4.2.3. Modellierung von Mehrwicklungstransformatoren

Der praktischen Bedeutung halber wird etwas detaillierter auf die Modellierung von (verlustlosen) Transformatoren durch Mehrtore eingegangen. Gedacht wird hier in erster Linie an elektrische Transformatoren mit mehreren Wicklungen. Es könnte sich aber auch um ein Getriebe handeln, bei dem mehr als zwei Räder miteinander verkoppelt sind, oder um einen Hebel mit mehreren „Anzapfungen“ ... In den Formulierungen dieses Abschnittes beschränken wir uns auf die Terminologie der Elektrotechnik.

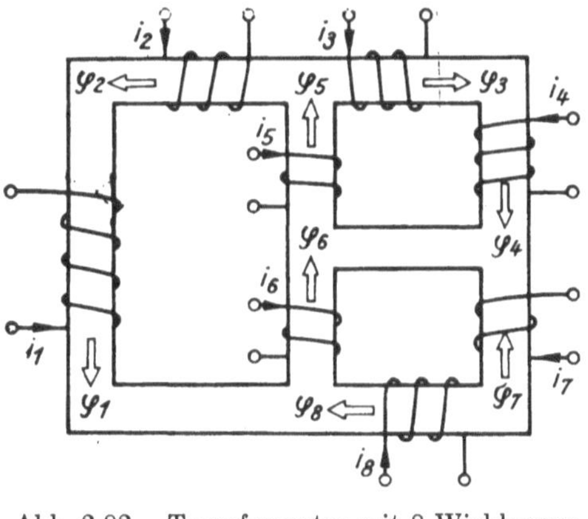

Abb. 2.82. Transformator mit 8 Wicklungen

Die Abb. 2.82 zeigt als Beispiel einen 8-Wicklungs-Transformator. Bezeichnen wir mit $L_{\nu\nu}$ die Selbstinduktivität der ν-ten Wicklung und mit $L_{\nu\mu} = L_{\mu\nu}$ die Gegeninduktivität zwischen ν-ter und μ-ter Wicklung, so lautet der Zusammenhang zwischen den Torspannungen und den Torströmen

$$\boldsymbol{u} = \begin{pmatrix} u_1 \\ u_2 \\ \vdots \\ u_n \end{pmatrix} = \frac{\mathrm{d}}{\mathrm{d}t} \begin{pmatrix} L_{11} & L_{12} & \cdots & L_{1n} \\ L_{21} & L_{22} & \cdots & L_{2n} \\ \vdots & \vdots & \vdots\vdots & \vdots \\ L_{n1} & L_{n2} & \cdots & L_{nn} \end{pmatrix} \begin{pmatrix} i_1 \\ i_2 \\ \vdots \\ i_n \end{pmatrix} = \frac{\mathrm{d}}{\mathrm{d}t} (\boldsymbol{L}\boldsymbol{i}) = \boldsymbol{L} \frac{\mathrm{d}}{\mathrm{d}t} \boldsymbol{i} \,. \tag{103}$$

Es handelt sich ersichtlich um ein reziprokes MT, da die Matrix $s\boldsymbol{L}$ der z-Parameter des MT symmetrisch ist. Die Gegeninduktivitäten $L_{\mu\nu} = L_{\nu\mu}$ sind positiv (negativ), wenn sich bei positiver Stromrichtung in den Wicklungen ν und μ die durch die Selbstinduktivitäten $L_{\nu\nu}$ und $L_{\mu\mu}$ erzeugten magnetischen Flüsse φ_ν und φ_μ gegenseitig verstärken (schwächen). Im Beispiel wurden die magnetischen Flußrichtungen mittels der bekannten „Rechte-Faust-Regel" als Doppelpfeile in Abb. 2.82 eingetragen. Daraus ergibt sich z. B. $L_{12} \geqq 0$, $L_{13} \leqq 0$, $L_{14} \leqq 0$, $L_{15} \geqq 0$, $L_{16} \geqq 0$, $L_{17} \geqq 0$, $L_{18} \leqq 0$; $L_{23} \leqq 0$; ...; $L_{67} \leqq 0$, $L_{68} \geqq 0$; $L_{78} \leqq 0$.

Bei einer realistischen Modellierung von Transformatoren ist die Matrix $\boldsymbol{L}$ stets regulär, weil sowohl der Transformatorkern als auch das umgebende Medium eine endliche Permeabilität $\neq 0$ besitzen (vgl. auch S. 113). Folglich existiert die Matrix $(s\boldsymbol{L})^{-1}$, d. h., für das den Transformator beschreibende MT kann sowohl die z- als auch die y-Parameter-Darstellung gewählt werden.

Es ist mitunter zweckmäßig, NWE zu betrachten, die **idealisierten Mehrwicklungstransformatoren** entsprechen. Wir wollen deshalb die MT-Beschreibung der fest-gekoppelten und der idealen Mehrwicklungsübertrager behandeln.

Bei **elektrischen Übertragern mit festen Kopplungen** gilt für mindestens zwei Wicklungen:

> Der gesamte durch eine solche Wicklung hindurchströmende magnetische Fluß durchströmt wenigstens noch eine weitere Wicklung. Andernfalls gibt es Flußlinien, die nur durch eine Wicklung hindurchlaufen und sich über das umgebende Medium schließen (magnetischer Nebenschluß).

Wegen div $\mathfrak{B} = 0$ oder $\oint\!\!\oint \mathfrak{B}\, d\mathfrak{A} = \oint\!\!\oint d\varphi = 0$ (mit $d\mathfrak{A}$ als gerichtetem Flächenelement) ist die Summe der durch eine geschlossene Hülle hindurchtretenden magnetischen Flußlinien gleich Null; d. h., für die magnetischen Flüsse gilt das **Schnittgesetz** (vgl. Abb. 2.83). Wir können uns den Verlauf der magnetischen Flüsse an einem Graphen veranschaulichen: Ausgehend von den Flüssen φ_ν durch die ν-te Wicklung ($\nu = 1, \ldots, n$), deren Orientierung gemäß der „Rechte-Faust-Regel" festgelegt wird, werden alle vorkommenden Möglichkeiten, wie

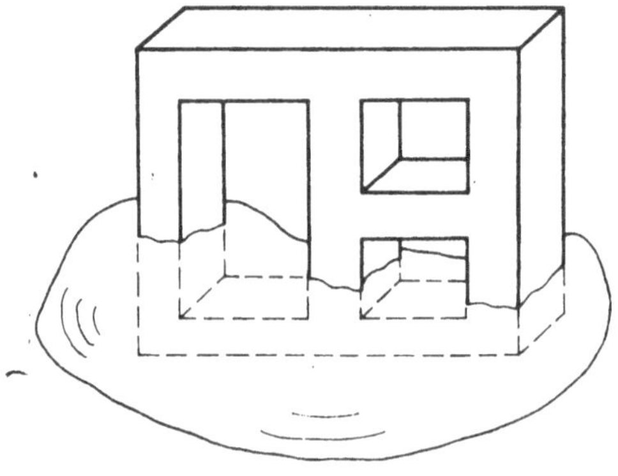

Abb. 2.83. Zur Anwendung des Schnittgesetzes

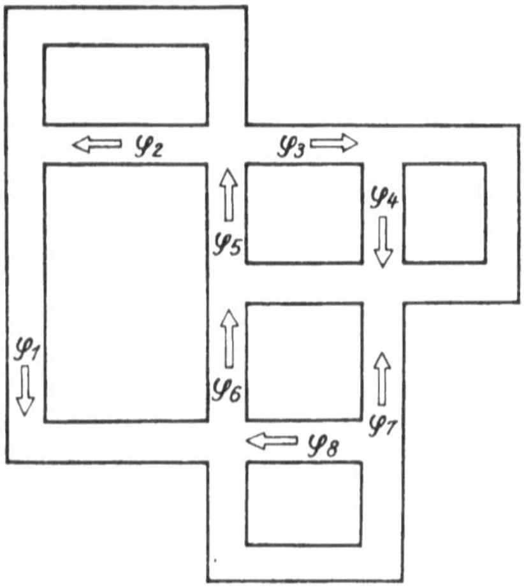

Abb. 2.84. Fiktiver Transformatorkern, in dem die Nebenschlüsse durch zusätzliche Schenkel berücksichtigt werden

sich die Flußlinien schließen können, eingetragen. Wenn eine Wicklung nicht fest an die übrigen gekoppelt ist, so existiert ein magnetischer Nebenschluß parallel zu dieser Wicklung. Man kann sich den Graphen der magnetischen Flüsse in einem **fiktiven Transformatorkern**, der auch Schenkel für alle tatsächlich vorhandenen Nebenschlüsse enthält, realisiert denken. Sind in unserem Beispiel eines 8-Wicklungs-Transformators lediglich die Wicklungen 2, 4, 8 nicht fest an die übrigen gekoppelt, erhält man einen fiktiven Transformatorkern gemäß Abb. 2.84, in den die Flüsse $\varphi_1, \varphi_2, \ldots, \varphi_8$ vorzeichenrichtig (vgl. mit Abb. 2.82) eingetragen wurden. Durch das Schnittgesetz werden die magnetischen Flüsse $\varphi_1, \varphi_2, \ldots, \varphi_n$ gewissen Zwangsbedingungen unterworfen. Aus der Abb. 2.84 liest man für das Beispiel die Bedingungen ab,

$$\varphi_1 - \varphi_5 + \varphi_3 = 0\,, \qquad \varphi_1 - \varphi_6 - \varphi_7 = 0\,.$$

Diese Zwangsbedingungen werden nicht beeinflußt, wenn man die Schenkel des fiktiven Kerns, auf denen keine Wicklung liegt, zu einem Knoten zusammenzieht. Den dadurch entstehenden Graphen wollen wir für die weiteren Betrachtungen als **magnetischen Graphen** bezeichnen. (Selbstschleifen — das sind Zweige die nur mit einem Knoten inzidieren — können fortgelassen werden, da sie für die zwischen den Flüssen bestehenden Zwangsbedingungen bedeutungslos sind). Jeder Zweig des magnetischen Graphen entspricht einer Wicklung ohne magnetischen Nebenschluß. Für unser Beispiel wurde der magnetische Graph in Abb. 2.85.a dargestellt. Wären in dem 8-Wicklungstransformator alle Wicklungen fest an die übrigen gekoppelt, so erhielte man einen magnetischen Graphen gemäß Abb. 2.85.b.

Die magnetischen Flüsse φ_ν, denen im magnetischen Graphen kein Zweig entspricht, können ersichtlich unabhängig von den übrigen Flüssen gewählt werden

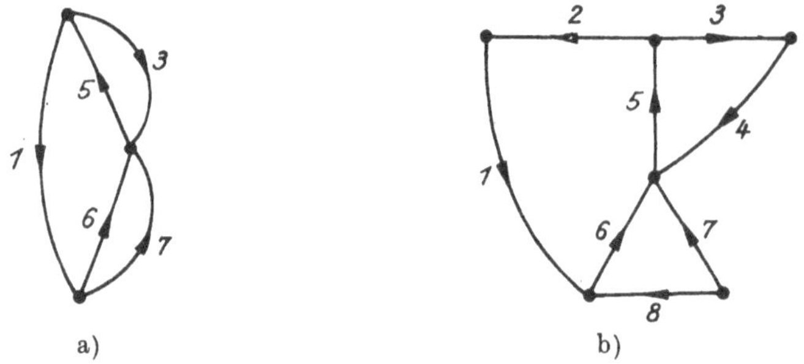

Abb. 2.85. Magnetischer Graph für
a) den Transformator in Abb. 2.84; b) den Transformator in Abb. 2.83 ohne Nebenschlüsse

— ohne dadurch Zwangsbedingungen zwischen den magnetischen Flüssen zu verletzen. Bei einer realistischen NW-Beschreibung eines Transformators kann im Grunde keine Wicklung fest an die übrigen gekoppelt werden. Folglich entartet der magnetische Graph zu einem einzigen Knoten, und es können sämtliche Flüsse $\varphi_1, \varphi_2, \ldots, \varphi_n$ unabhängig voneinander gewählt werden.

Zwischen dem Fluß φ_ν und der über der ν-ten Wicklung mit w_ν Windungen abfallenden Spannung u_ν gilt bekanntlich die Beziehung

$$u_\nu = w_\nu \frac{\mathrm{d}}{\mathrm{d}t} \varphi_\nu .$$

Aus den Zwangsbedingungen zwischen den magnetischen Flüssen, die sich im magnetischen Graphen als Realisierungen des Schnittgesetzes widerspiegeln, ergeben sich so **Zwangsbedingungen zwischen den MT-Spannungen** u_ν. Wenn keine festen Kopplungen zwischen den Wicklungen bestehen, dann sind sämtliche n MT-Spannungen u_ν $(\nu = 1, \ldots, n)$ unabhängig voneinander wählbar. In der Beziehung

$$\boldsymbol{u} = \boldsymbol{L} \frac{\mathrm{d}}{\mathrm{d}t} \boldsymbol{i}$$

müssen deshalb für einen Übertrager ohne feste Kopplungen die n Zeilen der Matrix $\boldsymbol{L}$ voneinander unabhängig sein; d. h., die Matrix $\boldsymbol{L}$ muß regulär sein, da die n MT-Ströme i_ν beliebig wählbar sind. (Denn bei singulärer Matrix $\boldsymbol{L}$ bestehen lineare Abhängigkeiten zwischen den Zeilen von $\boldsymbol{L}$ und damit Zwangsbedingungen zwischen den Komponenten des Vektors $\boldsymbol{u}$.)

Wir wollen vereinbaren, daß der magnetische Graph eines fest-gekoppelten Übertragers aus z_m Zweigen bestehen möge, die in k_m Knoten miteinander verknüpft sind. O. B. d. A. kann man den Toren des Übertragers, denen Zweige im magnetischen Graphen entsprechen, die Indizes $1, 2, \ldots, z_m$ zuordnen.

Beschreibt man die topologische Struktur des magnetischen Graphen durch die Knoten-Zweig-Relationen mit einer Knoten-Zweig-Inzidenzmatrix $\boldsymbol{K}_m$ vom Typ $(k_m - 1,\ z_m)$ oder nach Wahl eines vollständigen Systems unabhängiger

Schnittmengen durch die zugehörende Schnittmengen-Zweig-Inzidenzmatrix $\boldsymbol{S}_m$ oder nach Wahl eines vollständigen Systems unabhängiger Maschen durch die zugehörende Maschen-Zweig-Inzidenzmatrix $\boldsymbol{M}_m$ und verwendet man den Vektor der Zweig-Magnetflüsse

$$\boldsymbol{\varphi}_m = (\varphi_1, \varphi_2, \dots, \varphi_{z_m})^T ,$$

so gelten für das Schnittgesetz folgende gleichwertige Formulierungen (vgl. Abschnitt 2.2.4.1.):

$$\boldsymbol{S}_m \boldsymbol{\varphi}_m = \boldsymbol{0} \tag{104}$$

oder

$$\boldsymbol{K}_m \boldsymbol{\varphi}_m = \boldsymbol{0} \tag{104a}$$

oder

$$\boldsymbol{\varphi}_m = \boldsymbol{M}_m^T \boldsymbol{\varphi}_0 \tag{104'}$$

mit einem Vektor $\boldsymbol{\varphi}_0$, dessen $(z_m - k_m + 1)$ Komponenten willkürlich gewählt werden können. Gehört die Inzidenzmatrix $\boldsymbol{M}_m$ zu einem Fundamental-Maschen-System des magnetischen Graphen, so lassen sich die Komponenten von $\boldsymbol{\varphi}_0$ als magnetische Verbindungszweig-FG deuten. Mit der Diagonalmatrix der Windungszahlen für die im magnetischen Graphen widergespiegelten z_m Wicklungen $\boldsymbol{W}_m = \langle w_1, w_2, \dots, w_{z_m} \rangle$ gilt daher für den Teilvektor $\boldsymbol{u}_m = (u_1, u_2, \dots, u_{z_m})^T$ der Torspannungen

$$\boldsymbol{u}_m = \boldsymbol{W}_m \frac{\mathrm{d}}{\mathrm{d}t} \boldsymbol{\varphi}_m \qquad \text{oder} \qquad \frac{\mathrm{d}}{\mathrm{d}t} \boldsymbol{\varphi}_m = \boldsymbol{W}_m^{-1} \boldsymbol{u}_m . \tag{105}$$

(Der Vektor $\boldsymbol{u}$ ist damit partitioniert worden, $\boldsymbol{u}^T = (\boldsymbol{u}_m^T, \boldsymbol{u}_u^T)$, wobei die $(n - z_m)$ Komponenten des Teilvektors $\boldsymbol{u}_u$ unabhängig voneinander wählbar sind.) Aus dem formulierten Schnittgesetz für die magnetischen Flüsse bei einem festgekoppelten Übertrager folgen Zwangsbedingungen für die Spannungen an den Übertrager-Toren. Aus (105) und (104), (104a) bzw. (104') erhält man

$$\boldsymbol{S}_m \boldsymbol{W}_m^{-1} \boldsymbol{u}_m = \boldsymbol{0} , \tag{106}$$

$$\boldsymbol{K}_m \boldsymbol{W}_m^{-1} \boldsymbol{u}_m = \boldsymbol{0} \tag{106a}$$

bzw.

$$\boldsymbol{u}_m = \boldsymbol{W}_m \boldsymbol{M}_m^T \boldsymbol{u}_0 . \tag{106'}$$

Dabei sind die $(z_m - k_m + 1)$ Komponenten des Vektors $\boldsymbol{u}_0$ willkürlich wählbar.

Aus den abgeleiteten Zwangsbedingungen, die die Torspannungen eines festgekoppelten Mehrwicklungs-Übertragers erfüllen müssen, ergeben sich Forderungen an die MT-Matrix $\boldsymbol{L}$ in der nach wie vor geltenden MT-Darstellung (103). Mit Gl. (106a) muß gelten

$$\boldsymbol{K}_m \boldsymbol{W}_m^{-1} \boldsymbol{u}_m = \boldsymbol{K}_m \boldsymbol{W}_m^{-1} \boldsymbol{L}_m \frac{\mathrm{d}}{\mathrm{d}t} \boldsymbol{i} = \boldsymbol{0} \qquad \text{bei beliebigem Vektor} \qquad \frac{\mathrm{d}}{\mathrm{d}t} \boldsymbol{i} ,$$

also auch

$$\boldsymbol{K}_m \boldsymbol{W}_m^{-1} \boldsymbol{L}_m = \boldsymbol{0} . \tag{107}$$

Die Matrix $\boldsymbol{L}_m$ vom Typ (z_m, n) wird von den ersten z_m Zeilen der Matrix L gebildet.

Da wegen Rg $\boldsymbol{K}_m = k_m - 1$ auch Rg $(\boldsymbol{K}_m \boldsymbol{W}_m^{-1}) = k_m - 1$ gilt, können die zu den Zeilenvektoren der Matrix $(\boldsymbol{K}_m \boldsymbol{W}_m^{-1})$ orthogonalen z_m-dimensionalen Spaltenvektoren der Matrix $\boldsymbol{L}_m$ einen Vektorraum aufspannen, der höchstens die Dimension $(z_m - k_m + 1)$ besitzt. Also besitzt die Matrix $\boldsymbol{L}_m$ einen Rang

$$\operatorname{Rg} \boldsymbol{L}_m \leqq z_m - k_m + 1 .$$

Andererseits können gemäß Gl. (106') die $z_m - k_m + 1$ Komponenten des Vektors $\boldsymbol{u}_0$, die bei geeigneter Maschenwahl im magnetischen Graphen bereits $z_m - k_m + 1$ Komponenten des Vektors $\boldsymbol{u}_m$ – nämlich die Übertrager-Torspannungen zu den Verbindungszweigen im magnetischen Graphen – vollständig festlegen, unabhängig voneinander gewählt werden. Folglich müssen in der MT-Darstellung (103) mindestens $z_m - k_m + 1$ Zeilen der Matrix $\boldsymbol{L}_m$ voneinander unabhängig sein, d. h.,

$$\operatorname{Rg} \boldsymbol{L}_m \geqq z_m - k_m + 1 .$$

Beide Abschätzungen zusammen liefern das Ergebnis

$$\operatorname{Rg} \boldsymbol{L}_m = z_m - k_m + 1 . \qquad (108)$$

Da die nicht zum Vektor $\boldsymbol{u}_m$ gehörenden restlichen $n - z_m$ MT-Spannungen frei gewählt werden dürfen – ohne dadurch die zwischen den Torspannungen bestehenden Zwangsbedingungen zu verletzen –, können die nicht zu $\boldsymbol{L}_m$ gehörenden Zeilenvektoren von $\boldsymbol{L}$ nicht in dem von den $\boldsymbol{L}_m$-Zeilenvektoren gebildeten $(z_m - k_m + 1)$-dimensionalen Unterraum liegen. Also gilt

$$\operatorname{Rg} \boldsymbol{L} = (n - z_m) + (z_m - k_m + 1) = n - (k_m + 1) . \qquad (109)$$

Das Ergebnis (109) kann man wie folgt in Worte kleiden:

> Bei einem fest-gekoppelten Übertrager ist der Rangabfall der Matrix $\boldsymbol{L}$ gleich der Zahl der unabhängigen Schnittmengen im magnetischen Graphen.

Ist keine Wicklung mit den übrigen fest verkoppelt, so entartet der magnetische Graph zu einem einzigen Knoten. In der Formel (109) wird $k_m = 1$ und damit Rg $\boldsymbol{L} = n$, d. h., die Matrix $\boldsymbol{L}$ ist regulär.

Ein festgekoppelter Mehrwicklungs-Übertrager wird durch die (singuläre) **MT-Matrix $\boldsymbol{L}$ und eine der gleichwertigen Bedingungen** (106), (106a) **oder** (106') **vollständig beschrieben.** Wir wollen beide Beziehungen in einer hybriden MT-Matrix zusammenfassen. Dazu wählen wir im magnetischen Graphen einen vollständigen Baum und bezeichnen die zu den Baumzweig-Spannungen gehörenden Torspannungen mit $\boldsymbol{u}_B$, die zu den Verbindungszweigen gehörenden mit $\boldsymbol{u}_V$. Die zum gewählten Baum gehörende Fundamental-Maschen-Inzidenzmatrix $\boldsymbol{M}_m$ lautet dann

$$\boldsymbol{M}_m = (\boldsymbol{M}_V, \boldsymbol{M}_B) = (\boldsymbol{E}, \boldsymbol{M}_B) .$$

Die Beziehung $\boldsymbol{u}_m = \boldsymbol{W}_m\boldsymbol{M}_m^T\boldsymbol{u}_0$ kann man in partitionierter Schreibweise so formulieren:

$$\boldsymbol{u}_m = \begin{pmatrix}\boldsymbol{u}_V\\ \boldsymbol{u}_B\end{pmatrix} = \begin{pmatrix}\boldsymbol{W}_V & \\ & \boldsymbol{W}_B\end{pmatrix}\begin{pmatrix}\boldsymbol{E}\\ \boldsymbol{M}_B^T\end{pmatrix}\boldsymbol{u}_0 = \begin{pmatrix}\boldsymbol{W}_V\ \boldsymbol{u}_0\\ \boldsymbol{W}_B\boldsymbol{M}_B^T\boldsymbol{u}_0\end{pmatrix}$$

und damit

$$\boldsymbol{u}_B = \boldsymbol{W}_B\boldsymbol{M}_B^T\boldsymbol{W}_V^{-1}\boldsymbol{u}_V \tag{110}$$

und nach Laplace-Transformation

$$\boldsymbol{U}_B = \boldsymbol{W}_B\boldsymbol{M}_B^T\boldsymbol{W}_V^{-1}\boldsymbol{U}_V\,. \tag{110'}$$

Diese Formulierung der beim festgekoppelten Übertrager bestehenden Zwangsbedingungen zwischen den Torspannungen zeigt besonders deutlich, daß nach Wahl der Torspannungen zu einem Verbindungszweigsystem im magnetischen Graphen die übrigen Torspannungen, die Baum-Zweigen des magnetischen Graphen entsprechen, festgelegt sind. Faßt man die nicht zu $\boldsymbol{u}_B$ gehörenden Torspannungen zum $(n - k_m + 1)$-dimensionalen Teilvektor $\boldsymbol{u}_R$ der restlichen Torspannungen zusammen und bezeichnet die entsprechenden Zeilen der Matrix $\boldsymbol{L}$ mit $\boldsymbol{L}_R$, so gilt mit (103)

$$\boldsymbol{U}_R = s\boldsymbol{L}_R\boldsymbol{I} = (s\boldsymbol{L}_{RR}, s\boldsymbol{L}_{RB})\begin{pmatrix}\boldsymbol{I}_R\\ \boldsymbol{I}_B\end{pmatrix}. \tag{111}$$

Der Vektor $\boldsymbol{U}_R$ enthält stets den Vektor $\boldsymbol{U}_V$, ggf. aber noch den weiteren Torspannungsvektor $\boldsymbol{U}_n$, d. h. $\boldsymbol{U}_R^T = (\boldsymbol{U}_V^T, \boldsymbol{U}_u^T)$. Die Komponenten von $\boldsymbol{U}_R$ können unabhängig voneinander gewählt werden. Dabei ist es möglich, die zu den Komponenten von $\boldsymbol{U}_B$ gehörenden Tore leerlaufen zu lassen, d. h. $\boldsymbol{I}_B = \boldsymbol{0}$ zu setzen. Folglich ist die quadratische Matrix $\boldsymbol{L}_{RR}$ nichtsingulär. Mithin wird Gl. (111)

$$(s\boldsymbol{L}_{RR})^{-1}\,\boldsymbol{U}_R = \boldsymbol{I}_R + \boldsymbol{L}_{RR}^{-1}\boldsymbol{L}_{RB}\boldsymbol{I}_B\,. \tag{112}$$

Die Beziehungen (110') und (112) werden zusammengefaßt zur **hybriden MT-Darstellung des festgekoppelten Mehrwicklungs-Übertragers** (mit $\widetilde{\boldsymbol{W}}_R\boldsymbol{U}_R = (\boldsymbol{W}_V^{-1}, \boldsymbol{0})\,\boldsymbol{U}_R = \boldsymbol{W}_V^{-1}\boldsymbol{U}_V$)

$$\boxed{\begin{pmatrix}\boldsymbol{U}_B\\ \boldsymbol{I}_R\end{pmatrix} = \begin{pmatrix}\boldsymbol{0} & \boldsymbol{W}_B\boldsymbol{M}_B^T\widetilde{\boldsymbol{W}}_R\\ -\boldsymbol{L}_{RR}^{-1}\boldsymbol{L}_{RB} & (s\boldsymbol{L}_{RR})^{-1}\end{pmatrix}\begin{pmatrix}\boldsymbol{I}_B\\ \boldsymbol{U}_R\end{pmatrix}}\,. \tag{113}$$

Nimmt man beim Beispiel des 8-Wicklungs-Transformators (Abb. 2.82) an, daß sämtliche 8 Wicklungen fest an die übrigen gekoppelt sind und wählt man die Zweige 1, 2, 3, 7, 8 als vollständigen Baum des magnetischen Graphen (vgl. Abb. 2.85. b), so lauten die Matrizen

$$\boldsymbol{W}_B = \langle w_1, w_2, w_3, w_7, w_8\rangle\,, \qquad \boldsymbol{W}_V = \langle w_4, w_5, w_6\rangle$$

und

$$\boldsymbol{M}_B = \begin{pmatrix}-1 & -1 & 1 & -1 & 1\\ 1 & 1 & 0 & 1 & -1\\ 0 & 0 & 0 & -1 & 1\end{pmatrix}.$$

Damit erhält man den folgenden Ausdruck für die Zwangsbedingungen zwischen den Torspannungen:

$$\boldsymbol{u}_B = \begin{pmatrix} u_1 \\ u_2 \\ u_3 \\ u_7 \\ u_8 \end{pmatrix} = \begin{pmatrix} -w_1/w_4 & w_1/w_5 & 0 \\ -w_2/w_4 & w_2/w_5 & 0 \\ w_3/w_4 & 0 & 0 \\ -w_7/w_4 & w_7/w_5 & -w_7/w_6 \\ w_8/w_4 & -w_8/w_5 & w_8/w_6 \end{pmatrix} \begin{pmatrix} u_4 \\ u_5 \\ u_6 \end{pmatrix} = \boldsymbol{W}_B \boldsymbol{M}_B^T \boldsymbol{W}_V^{-1} \boldsymbol{u}_V .$$

Aus der Tatsache, daß beim fest-gekoppelten Mehrwicklungs-Übertrager die MT-Matrix $\boldsymbol{L}$ singulär wird, folgt noch nicht, daß die in ihn einströmende augenblickliche Gesamtleistung

$$p(t) = \sum_{\nu=1}^{n} i_\nu(t) \cdot u_\nu(t) = \boldsymbol{i}^T(t)\, \boldsymbol{u}(t)$$

identisch verschwindet. Das ist selbst dann nicht der Fall, wenn sämtliche Wicklungen des Übertragers fest miteinander verkoppelt sind. In diesem Falle wird $z_m = n$, $\boldsymbol{U}_m = \boldsymbol{U}$, $\boldsymbol{W}_m = \boldsymbol{W}$, $\boldsymbol{U}_R = \boldsymbol{U}_V$ (Vektor der Tor-Spannungen, die zu den Verbindungszweigen des magnetischen Graphen gehören), und die Formel (113) geht über in

$$\begin{pmatrix} \boldsymbol{U}_B \\ \boldsymbol{I}_V \end{pmatrix} = \begin{pmatrix} 0 & \boldsymbol{W}_B \boldsymbol{M}_B^T \boldsymbol{W}_V^{-1} \\ -\boldsymbol{L}_{VV}^{-1} \boldsymbol{L}_{VB} & (s\boldsymbol{L}_{VV})^{-1} \end{pmatrix} \begin{pmatrix} \boldsymbol{I}_B \\ \boldsymbol{U}_V \end{pmatrix}. \tag{113'}$$

Einen Übertrager, dessen sämtliche Wicklungen fest miteinander verkoppelt sind und der die zusätzliche Forderung

$$p(t) = \boldsymbol{i}^T(t)\, \boldsymbol{u}(t) = 0 \quad \text{für alle} \quad t \geqq 0 \tag{114}$$

oder, damit gleichbedeutend,

$$\boldsymbol{I}^T(s)\, \boldsymbol{U}(s) = 0 \tag{114'}$$

erfüllt, wollen wir als idealen Mehrwicklungsübertrager bezeichnen.

Aus (113') und (114') folgt

$$(\boldsymbol{I}_V^T, \boldsymbol{I}_B^T) \begin{pmatrix} \boldsymbol{U}_V \\ \boldsymbol{U}_B \end{pmatrix} = \left(-\boldsymbol{I}_B^T \boldsymbol{L}_{VB}^T \boldsymbol{L}_{VV}^{-1} + \boldsymbol{U}_V^T (s\boldsymbol{L}_{VV})^{-1},\ \boldsymbol{I}_B^T\right) \begin{pmatrix} \boldsymbol{U}_V \\ \boldsymbol{W}_B \boldsymbol{M}_B^T \boldsymbol{W}_V^{-1} \boldsymbol{U}_V \end{pmatrix}$$
$$= -\boldsymbol{I}_B^T \boldsymbol{L}_{VB}^T \boldsymbol{L}_{VV}^{-1} \boldsymbol{U}_V + \boldsymbol{U}_V^T s^{-1} \boldsymbol{L}_{VV}^{-1} \boldsymbol{U}_V + \boldsymbol{I}_B^T \boldsymbol{W}_B \boldsymbol{M}_B^T \boldsymbol{W}_V^{-1} \boldsymbol{U}_V = 0$$

für beliebige Vektoren $\boldsymbol{I}_B$ und $\boldsymbol{U}_V$. Das ist nur möglich, wenn folgende Beziehungen erfüllt sind:

$$\boldsymbol{L}_{VV}^{-1} = 0\,, \quad \boldsymbol{L}_{VB}^T \boldsymbol{L}_{VV}^{-1} = \boldsymbol{W}_B \boldsymbol{M}_B^T \boldsymbol{W}_V^{-1}\,.$$

Damit lautet die **hybride MT-Darstellung des idealen Mehrwicklungsübertragers**

$$\boxed{\begin{pmatrix} \boldsymbol{U}_B \\ \boldsymbol{I}_V \end{pmatrix} = \begin{pmatrix} 0 & \boldsymbol{W}_B \boldsymbol{M}_B^T \boldsymbol{W}_V^{-1} \\ -\boldsymbol{W}_V^{-1} \boldsymbol{M}_B \boldsymbol{W}_B & 0 \end{pmatrix} \begin{pmatrix} \boldsymbol{I}_B \\ \boldsymbol{U}_V \end{pmatrix}} \tag{115'}$$

oder, im Zeitbereich ausgedrückt,

$$\begin{pmatrix} \boldsymbol{u}_B \\ \boldsymbol{i}_V \end{pmatrix} = \begin{pmatrix} \boldsymbol{0} & \boldsymbol{W}_B\boldsymbol{M}_B^T\boldsymbol{W}_V^{-1} \\ -\boldsymbol{W}_V^{-1}\boldsymbol{M}_B\boldsymbol{W}_B & \boldsymbol{0} \end{pmatrix} \begin{pmatrix} \boldsymbol{i}_B \\ \boldsymbol{u}_V \end{pmatrix}. \tag{115}$$

Für das Beispiel des 8-Wicklungstransformators erhält man bei Zugrundelegung des oben gewählten vollständigen Baumes im magnetischen Graphen

$$\begin{bmatrix} u_1 \\ u_2 \\ u_3 \\ u_7 \\ u_8 \\ i_4 \\ i_5 \\ i_6 \end{bmatrix} = \begin{bmatrix} & & & & & -w_1/w_4 & w_1/w_5 & 0 \\ & & & & & -w_2/w_4 & w_2/w_5 & 0 \\ & & 0 & & & w_3/w_4 & 0 & 0 \\ & & & & & -w_7/w_4 & w_7/w_5 & -w_7/w_6 \\ & & & & & w_8/w_4 & -w_8/w_5 & w_8/w_6 \\ w_1/w_4 & w_2/w_4 & -w_3/w_4 & w_7/w_4 & -w_8/w_4 & & & \\ -w_1/w_5 & -w_2/w_5 & 0 & -w_7/w_5 & w_8/w_5 & & 0 & \\ 0 & 0 & 0 & w_7/w_6 & -w_8/w_6 & & & \end{bmatrix} \begin{bmatrix} i_1 \\ i_2 \\ i_3 \\ i_7 \\ i_8 \\ u_4 \\ u_5 \\ u_6 \end{bmatrix}.$$

Ein idealer Übertrager mit n Wicklungen wird als n-toriges NWE durch $(k_m - 1)$ Zwangsbedingungen an die Tor-Spannungen (1. Zeile von Gl. (115)) und durch $n - k_m + 1$ Zwangsbedingungen an die Tor-Ströme (2. Zeile von Gl. (115)) beschrieben. Durch diese insgesamt n Bedingungen ist der ideale Übertrager vollständig bestimmt. (Es ist möglich, die hier aus einer Leistungsforderung hergeleiteten Zwangsbedingungen für die Ströme aus den Maxwellschen Gln. bei Verwendung eines idealen Kernmaterials (Permeabilität $\mu \to \infty$, Leitfähigkeit $\varkappa \to 0$) zu entwickeln. Diesen Zugang kann man in [Roh-70] nachlesen.)

Wir haben bereits oben erläutert, daß sich die in der ersten Zeile von Gl. (115) notierten **Zwangsbedingungen an die Tor-Spannungen** eines idealen Übertragers auch in anderer Form gleichwertig formulieren lassen,

$$\boldsymbol{S}_m\boldsymbol{W}^{-1}\boldsymbol{u} = \boldsymbol{0}\,, \tag{106}$$

$$\boldsymbol{K}_m\boldsymbol{W}^{-1}\boldsymbol{u} = \boldsymbol{0}\,, \tag{106a}$$

$$\boldsymbol{u} = \boldsymbol{W}\boldsymbol{M}_m^T\boldsymbol{u}_0\,. \tag{106'}$$

Ebenso stellen auch die in der zweiten Zeile der Gl. (115) erfaßten **Zwangsbedingungen an die Tor-Ströme** des idealen Übertragers nur eine spezielle Schreibweise dar. Wir wollen die übrigen gleichwertigen Formulierungen noch kurz nachtragen. Mit der Gl. (50), vgl. S. 49, erhält man

$$\boldsymbol{i} = \begin{pmatrix} \boldsymbol{i}_V \\ \boldsymbol{i}_B \end{pmatrix} = \begin{pmatrix} \boldsymbol{W}_V^{-1}(-\boldsymbol{M}_B)\,\boldsymbol{W}_B\boldsymbol{i}_B \\ \boldsymbol{i}_B \end{pmatrix} = \begin{pmatrix} \boldsymbol{W}_V^{-1} & \boldsymbol{0} \\ \boldsymbol{0} & \boldsymbol{W}_B^{-1} \end{pmatrix} \begin{pmatrix} \boldsymbol{S}_V^T \\ \boldsymbol{E} \end{pmatrix} \boldsymbol{W}_B\boldsymbol{i}_B = \boldsymbol{W}^{-1}\boldsymbol{S}_m^T\boldsymbol{W}_B\boldsymbol{i}_B\,.$$

Mit dem Vektor $\boldsymbol{i}_B$ ist auch der Vektor $\boldsymbol{W}_B\boldsymbol{i}_B = \boldsymbol{i}_0$ willkürlich wählbar, und der Vektor $\boldsymbol{S}_m^T\boldsymbol{i}_0$ kann den linearen Vektorraum, der von den Zeilen der Matrix $\boldsymbol{S}_m$ aufgespannt wird, durchlaufen. Der gleiche Vektorraum wird aber von den Zeilen jeder Schnittmengen-Inzidenzmatrix zu einem vollständigen System unabhängiger Schnittmengen und auch von der Knoten-Zweig-Inzidenzmatrix $\boldsymbol{K}_m$ des magnetischen Graphen aufgespannt. Folglich sind die Tor-Ströme den gleichwertigen Zwangsbedingungen

$$\boldsymbol{i} = \boldsymbol{W}^{-1}\boldsymbol{S}_m^T\boldsymbol{i}_0 \tag{116}$$

oder

$$\boldsymbol{i} = \boldsymbol{W}^{-1}\boldsymbol{K}_m^T\boldsymbol{i}_0 \tag{116a}$$

bei willkürlichem $\boldsymbol{i}_0$ unterworfen. Durch Multiplikation der Gln. (116) oder (116a) mit der Matrix $\boldsymbol{M}_m\boldsymbol{W}$ von links erhält man wegen $\boldsymbol{M}_m\boldsymbol{S}_m^T = \boldsymbol{M}_m\boldsymbol{K}_m^T = \boldsymbol{0}$ eine dritte Formulierung für die Strom-Zwangsbedingungen

$$\boldsymbol{M}_m\boldsymbol{W}\boldsymbol{i} = \boldsymbol{0}\,. \tag{116'}$$

2.4.3. Gleichungssysteme zur Analyse linearer NW mit Mehrtoren

2.4.3.1. Mathematische Erfassung des Schnittgesetzes, des Umlaufgesetzes und der NWE-Relationen

Im Abschn. 2.4.2.1. wurde gezeigt, daß sich zu einem NW, das auch Mehrtore (MT) enthalten darf, stets ein zusammenhängender, orientierter Graph angeben läßt, in dem jedes n-Tor ($n \geqq 1$) durch genau n Zweige widergespiegelt wird. Wir wollen wieder zulassen, daß in jedem **Zweig** des Netzwerkes eine ideale D-Quelle und eine ideale F-Quelle liegen kann. Verbindet der ζ-te Zweig des Graphen die Knoten $\varkappa_1$ und $\varkappa_2$ ($\varkappa_1, \varkappa_2 \in \{1, 2, \ldots, k\}$) entsprechend Abb. 2.86a, so sind die Zweig-DG U_ζ und die Zweig-FG I_ζ und die evtl. vorhandene Zweig-F-Quelle I_ζ^e sowie die evtl. vorhandene Zweig-D-Quelle U_ζ^e gemäß Abb. 2.86.b

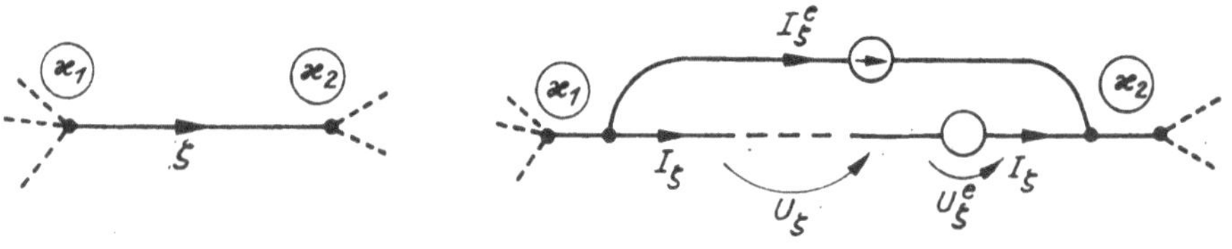

a) b)

Abb. 2.86. Zweig eines Mehrtores

angeordnet. Wenn der ζ-te Zweig zu einem 1-Tor (= zweipoliges NWE) gehört, kann man in Abb. 2.86.b anstelle der drei Punkte, über denen die DG U_ζ abfällt, das Symbol für das NWE ζ eintragen (vgl. Abb. 2.40.a im Abschnitt 2.2.4.), da die den ζ-ten Zweig charakterisierende NWE-Relation allein durch den Zusammenhang zwischen U_ζ und I_ζ bestimmt wird. Für die MT-Zweige aber ist charakteristisch, daß Verknüpfungen zwischen FG und DG in verschiedenen Zweigen bestehen. Durch die Darstellung gemäß Abb. 2.86.b wird hervorgehoben, daß sich in dem durch drei Punkte angedeuteten zentralen Teil des Zweiges weder ideale (ungesteuerte) D-Quellen noch ideale (ungesteuerte) F-Quellen befinden dürfen.

Die Topologie von Netzwerken wird durch den zugehörenden orientierten Graphen wiedergegeben. Da es uns gelungen ist, auch für NW mit MT stets einen zusammenhängenden Graphen, in dem jeder Zweig zwei verschiedene Knoten verbindet, anzugeben, bringt die Beschreibung der Topologie von NW mit MT keinerlei Besonderheiten gegenüber NW, die nur aus 1-Toren bestehen, mit sich. Die Ergebnisse des Abschnittes 2.2 können ohne Änderung übernommen werden. Wie früher lassen sich die Knoten-, Maschen- und Schnittmengen-Inzidenzmatrizen unmittelbar aus dem Graphen ablesen und das Schnittgesetz und Umlaufgesetz mit ihrer Hilfe mathematisch fassen.

Aus Zweckmäßigkeitsgründen wollen wir vereinbaren, daß bei der Indizierung der Zweige zuerst alle 1-Tor-Zweige und erst anschließend die MT-Zweige durchnumeriert werden. Kennzeichnet man die MT-Zweige durch den Index „M“, so ergeben sich die folgenden Partitionierungen für den Vektor der

Zweig-FG: $\begin{pmatrix} \boldsymbol{I} \\ \boldsymbol{I}_M \end{pmatrix}$,

für den Vektor der Zweig-DG: $\begin{pmatrix} \boldsymbol{U} \\ \boldsymbol{U}_M \end{pmatrix}$,

für eine Schnittmengen-Zweig-Inzidenzmatrix: $(\boldsymbol{S}, \boldsymbol{S}_M)$,

für eine Maschen-Zweig-Inzidenz-Matrix: $(\boldsymbol{M}, \boldsymbol{M}_M)$ usw.

Die **Formulierungen des Schnittgesetzes** lassen sich ohne inhaltliche Veränderung aus dem Abschn. 2.2.4.1. übernehmen und lauten jetzt

$$(\boldsymbol{S}, \boldsymbol{S}_M)\begin{pmatrix} \boldsymbol{I} + \boldsymbol{I}^e \\ \boldsymbol{I}_M + \boldsymbol{I}_M^e \end{pmatrix} = \boldsymbol{S}(\boldsymbol{I} + \boldsymbol{I}^e) + \boldsymbol{S}_M(\boldsymbol{I}_M + \boldsymbol{I}_M^e) = \boldsymbol{0} \tag{117}$$

oder

$$(\boldsymbol{K}, \boldsymbol{K}_M)\begin{pmatrix} \boldsymbol{I} + \boldsymbol{I}^e \\ \boldsymbol{I}_M + \boldsymbol{I}_M^e \end{pmatrix} = \boldsymbol{K}(\boldsymbol{I} + \boldsymbol{I}^e) + \boldsymbol{K}_M(\boldsymbol{I}_M + \boldsymbol{I}_M^e) = \boldsymbol{0} \tag{117a}$$

oder

$$\begin{pmatrix} \boldsymbol{I} + \boldsymbol{I}^e \\ \boldsymbol{I}_M + \boldsymbol{I}_M^e \end{pmatrix} = (\boldsymbol{M}, \boldsymbol{M}_M)^T \boldsymbol{I}_0 = \begin{pmatrix} \boldsymbol{M}^T \boldsymbol{I}_0 \\ \boldsymbol{M}_M^T \boldsymbol{I}_0 \end{pmatrix}. \tag{117'}$$

Die **Formulierungen des Umlaufgesetzes** lassen sich ohne inhaltliche Veränderung aus dem Abschn. 2.2.4.2. übernehmen und lauten jetzt

$$(\boldsymbol{M}, \boldsymbol{M}_M)\begin{pmatrix} \boldsymbol{U} + \boldsymbol{U}^e \\ \boldsymbol{U}_M + \boldsymbol{U}_M^e \end{pmatrix} = \boldsymbol{M}(\boldsymbol{U} + \boldsymbol{U}^e) + \boldsymbol{M}_M(\boldsymbol{U}_M + \boldsymbol{U}_M^e) = \boldsymbol{0} \tag{118'}$$

oder

$$\begin{pmatrix} \boldsymbol{U} + \boldsymbol{U}^e \\ \boldsymbol{U}_M + \boldsymbol{U}_M^e \end{pmatrix} = (\boldsymbol{S}, \boldsymbol{S}_M)^T \boldsymbol{U}_{\boxslash} = \begin{pmatrix} \boldsymbol{S}^T \boldsymbol{U}_{\boxslash} \\ \boldsymbol{S}_M^T \boldsymbol{U}_{\boxslash} \end{pmatrix} \tag{118}$$

oder

$$\begin{pmatrix} \boldsymbol{U} + \boldsymbol{U}^e \\ \boldsymbol{U}_M + \boldsymbol{U}_M^e \end{pmatrix} = (\boldsymbol{K}, \boldsymbol{K}_M)^T \boldsymbol{U}_{\varnothing} = \begin{pmatrix} \boldsymbol{K}^T \boldsymbol{U}_{\varnothing} \\ \boldsymbol{K}_M^T \boldsymbol{U}_{\varnothing} \end{pmatrix}. \tag{118a}$$

Auf Grund der eingeführten Partitionierung in 1-Tor- und MT-Zweige kann man die **Formulierung der NWE-Relationen für die 1-Tore** aus Abschnitt 2.3.1. übernehmen,

$$\boldsymbol{U} = \boldsymbol{Z}\boldsymbol{I} \tag{119}$$

oder

$$\boldsymbol{I} = \boldsymbol{Y}\boldsymbol{U} \quad (\text{mit } \boldsymbol{Y} = \boldsymbol{Z}^{-1})\,. \tag{119'}$$

Bei der **Formulierung der NWE-Relationen für die MT** muß man beachten, daß nicht immer alle MT-Darstellungen existieren. Wir wollen davon ausgehen, daß für eine gewisse Einteilung der MT-Zweige und damit der MT-DG $\boldsymbol{U}_M = \begin{pmatrix} \boldsymbol{U}_{M1} \\ \boldsymbol{U}_{M2} \end{pmatrix}$ und der MT-FG $\boldsymbol{I}_M = \begin{pmatrix} \boldsymbol{I}_{M1} \\ \boldsymbol{I}_{M2} \end{pmatrix}$ die hybride MT-Darstellung

$$\begin{pmatrix} \boldsymbol{U}_{M1} \\ \boldsymbol{I}_{M2} \end{pmatrix} = \begin{pmatrix} \boldsymbol{H}_{11} & \boldsymbol{H}_{12} \\ \boldsymbol{H}_{21} & \boldsymbol{H}_{22} \end{pmatrix} \begin{pmatrix} \boldsymbol{I}_{M1} \\ \boldsymbol{U}_{M2} \end{pmatrix} \tag{120}$$

vorliegt. In dieser MT-Darstellung sind u. a. die z-Parameter-Darstellung

$$\boldsymbol{U}_M = \boldsymbol{Z}_M \boldsymbol{I}_M \tag{121}$$

und die y-Parameter-Darstellung

$$\boldsymbol{I}_M = \boldsymbol{Y}_M \boldsymbol{U}_M\,, \tag{121'}$$

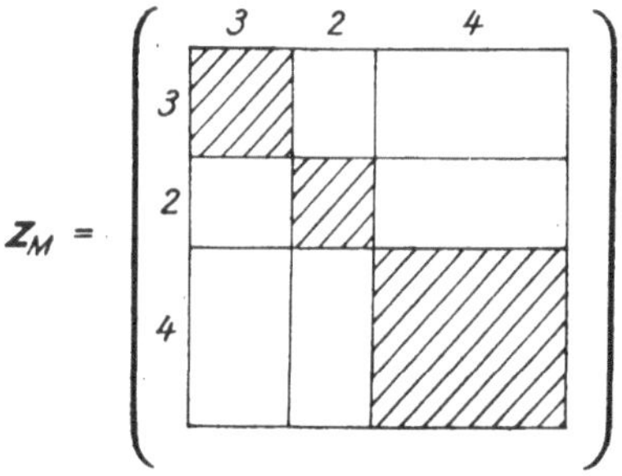

Abb. 2.87. Beispiel für die Struktur einer Mehrtor-Impedanzmatrix

aber auch die MT-Beschreibung für fest-gekoppelte und für ideale Übertrager als Sonderfälle enthalten (vgl. S. 104, S. 111 und S. 112). Vereinbart man, daß die zu einem MT gehörenden Zweige stets unmittelbar aufeinander folgende Zweignummern erhalten, so werden — im Falle ihrer Existenz — die Impedanzmatrix $\boldsymbol{Z}_M$ und die Admittanzmatrix $\boldsymbol{Y}_M$ zu Quasi-Diagonalmatrizen. In Abb. 2.87 wurde als Beispiel symbolisch der nicht notwendig verschwindende Teil einer MT-Impedanzmatrix $\boldsymbol{Z}_M$ für den Fall, daß im NW ein 3-Tor, ein 2-Tor und ein 4-Tor enthalten sind, schraffiert hervorgehoben.

2.4.3.2. Erweiterung der Systeme der Zweig-FG — Schnittmengen-DG — Gleichungen und der Zweig-FG — Knoten-DG — Gleichungen

Wir verwenden das **Schnittgesetz** in der Formulierung

$$\boldsymbol{S}(\boldsymbol{I} + \boldsymbol{I}^e) + \boldsymbol{S}_M(\boldsymbol{I}_M + \boldsymbol{I}^e_M) = \boldsymbol{0}\,, \tag{117}$$

das **Umlaufgesetz** in der Formulierung

$$\boldsymbol{U} + \boldsymbol{U}^e = \boldsymbol{S}^T\boldsymbol{U}_{\varnothing}\,, \tag{118.1}$$

$$\boldsymbol{U}_M + \boldsymbol{U}^e_M = \boldsymbol{S}^T_M\boldsymbol{U}_{\varnothing} \tag{118.2}$$

und die **NWE-Relationen** in der Formulierung

$$\boldsymbol{U} = \boldsymbol{Z}\boldsymbol{I}\,, \tag{119}$$

$$\begin{pmatrix}\boldsymbol{U}_{M1}\\ \boldsymbol{I}_{M2}\end{pmatrix} = \begin{pmatrix}\boldsymbol{H}_{11} & \boldsymbol{H}_{12}\\ \boldsymbol{H}_{21} & \boldsymbol{H}_{22}\end{pmatrix}\begin{pmatrix}\boldsymbol{I}_{M1}\\ \boldsymbol{U}_{M2}\end{pmatrix}. \tag{120}$$

Einsetzen von Gl. (119) in Gl. (118.1) und der ersten Zeile von Gl. (120) in Gl. (118.2) ergibt (mit der Partitionierung $\boldsymbol{S}_M = (\boldsymbol{S}_{M1}, \boldsymbol{S}_{M2})$)

$$\boldsymbol{Z}\boldsymbol{I} = -\,\boldsymbol{U}^e + \boldsymbol{S}^T\boldsymbol{U}_{\varnothing}\,,$$

$$(\boldsymbol{H}_{11} \quad \boldsymbol{H}_{12})\begin{pmatrix}\boldsymbol{I}_{M1}\\ \boldsymbol{U}_{M2}\end{pmatrix} = -\,\boldsymbol{U}^e_{M1} + \boldsymbol{S}^T_{M1}\boldsymbol{U}_{\varnothing}\,,$$

$$\boldsymbol{U}_{M2} = -\,\boldsymbol{U}^e_{M2} + \boldsymbol{S}^T_{M2}\boldsymbol{U}_{\varnothing}\,.$$

Durch Einsetzen der zweiten Zeile von Gl. (120) in Gl. (117) erhält man

$$\boldsymbol{S}(\boldsymbol{I} + \boldsymbol{I}^e) + \boldsymbol{S}_{M1}(\boldsymbol{I}_{M1} + \boldsymbol{I}^e_{M1}) + \boldsymbol{S}_{M2}(\boldsymbol{H}_{21} \quad \boldsymbol{H}_{22})\begin{pmatrix}\boldsymbol{I}_{M1}\\ \boldsymbol{U}_{M2}\end{pmatrix} + \boldsymbol{S}_{M2}\boldsymbol{I}^e_{M2} = \boldsymbol{0}\,.$$

Diese Beziehungen kann man zusammenfassen zu dem Gleichungssystem

$$\boxed{\begin{pmatrix}\boldsymbol{Z} & \boldsymbol{0} & \boldsymbol{S}^T\\ \boldsymbol{0} & \begin{pmatrix}\boldsymbol{H}_{11} & \boldsymbol{H}_{12}\\ \boldsymbol{0} & \boldsymbol{E}\end{pmatrix} & \begin{pmatrix}\boldsymbol{S}^T_{M1}\\ \boldsymbol{S}^T_{M2}\end{pmatrix}\\ \boldsymbol{S} & \boldsymbol{S}_M\cdot\begin{pmatrix}\boldsymbol{E} & \boldsymbol{0}\\ \boldsymbol{H}_{21} & \boldsymbol{H}_{22}\end{pmatrix} & \boldsymbol{0}\end{pmatrix}\begin{pmatrix}-\boldsymbol{I}\\ \begin{pmatrix}-\boldsymbol{I}_{M1}\\ -\boldsymbol{U}_{M2}\end{pmatrix}\\ \boldsymbol{U}_{\varnothing}\end{pmatrix} = \begin{pmatrix}\boldsymbol{U}^e\\ \begin{pmatrix}\boldsymbol{U}^e_{M1}\\ \boldsymbol{U}^e_{M2}\end{pmatrix}\\ \boldsymbol{S}\boldsymbol{I}^e + \boldsymbol{S}_M\boldsymbol{I}^e_M\end{pmatrix}}\,. \tag{122}$$

Werden in der MT-Darstellung (120) die Teilmatrizen $\boldsymbol{H}_{12} = \boldsymbol{0}$ und $\boldsymbol{H}_{21} = \boldsymbol{0}$, so erhält man mit $\boldsymbol{H}_{11} = \boldsymbol{Z}_{M1}$ und $\boldsymbol{H}_{22} = \boldsymbol{Y}_{M2}$ das Gleichungssystem

$$\begin{pmatrix}\boldsymbol{Z} & \boldsymbol{0} & \boldsymbol{0} & \boldsymbol{S}^T\\ \boldsymbol{0} & \boldsymbol{Z}_{M1} & \boldsymbol{0} & \boldsymbol{S}^T_{M1}\\ \boldsymbol{0} & \boldsymbol{0} & \boldsymbol{E} & \boldsymbol{S}^T_{M2}\\ \boldsymbol{S} & \boldsymbol{S}_{M1} & \boldsymbol{S}_{M2}\boldsymbol{Y}_{M2} & \boldsymbol{0}\end{pmatrix}\begin{pmatrix}-\boldsymbol{I}\\ -\boldsymbol{I}_{M1}\\ -\boldsymbol{U}_{M2}\\ \boldsymbol{U}_{\varnothing}\end{pmatrix} = \begin{pmatrix}\boldsymbol{U}^e\\ \boldsymbol{U}^e_{M1}\\ \boldsymbol{U}^e_{M2}\\ \boldsymbol{S}\boldsymbol{I}^e + \boldsymbol{S}_M\boldsymbol{I}^e_M\end{pmatrix}. \tag{123}$$

Hier sind ersichtlich die durch den Index „$M1$“ zusammengefaßten MT in z-Parameterdarstellung und die durch den Index „$M2$“ zusammengefaßten MT in y-Parameterdarstellung gegeben. Daraus erhält man sofort Gleichungen für die Sonderfälle, daß alle MT in z-Parameterdarstellung bzw. alle MT in y-Parameterdarstellung vorliegen,

$$\begin{pmatrix} \boldsymbol{Z} & 0 & \boldsymbol{S}^T \\ 0 & \boldsymbol{Z}_M & \boldsymbol{S}_M^T \\ \boldsymbol{S} & \boldsymbol{S}_M & 0 \end{pmatrix} \begin{pmatrix} -\boldsymbol{I} \\ -\boldsymbol{I}_M \\ \boldsymbol{U}_{\boxslash} \end{pmatrix} = \begin{pmatrix} \boldsymbol{U}^e \\ \boldsymbol{U}_M^e \\ \boldsymbol{S}\boldsymbol{I}^e + \boldsymbol{S}_M \boldsymbol{I}_M^e \end{pmatrix} \tag{124}$$

bzw.

$$\begin{pmatrix} \boldsymbol{Z} & 0 & \boldsymbol{S}^T \\ 0 & \boldsymbol{E} & \boldsymbol{S}_M^T \\ \boldsymbol{S} & \boldsymbol{S}_M \boldsymbol{Y}_M & 0 \end{pmatrix} \begin{pmatrix} -\boldsymbol{I} \\ -\boldsymbol{U}_M \\ \boldsymbol{U}_{\boxslash} \end{pmatrix} = \begin{pmatrix} \boldsymbol{U}^e \\ \boldsymbol{U}_M^e \\ \boldsymbol{S}\boldsymbol{I}^e + \boldsymbol{S}_M \boldsymbol{I}_M^e \end{pmatrix}. \tag{125}$$

Existieren sowohl die z- als auch die y-Parameterdarstellung für sämtliche MT des NW, so lassen sich die Gls. (124) und (125) auch direkt ineinander überführen.

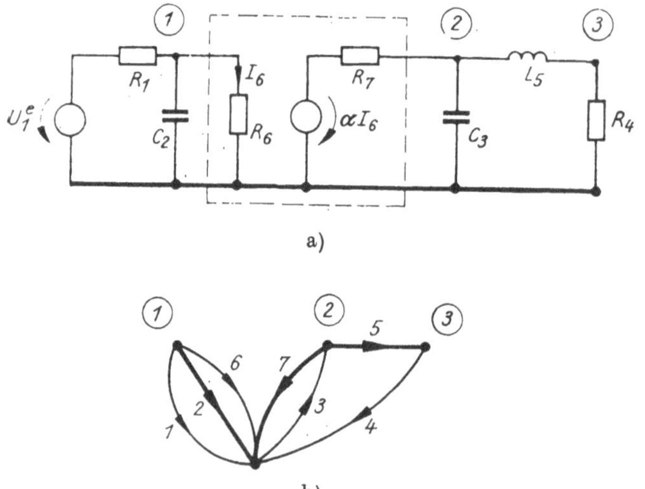

Abb. 2.88. Elektrisches Netzwerk mit stromgesteuerter Spannungsquelle: a) Schaltbild, b) Netzwerk-Graph

Als **Beispiel** betrachten wir das in Abb. 2.88.a dargestellte elektrische NW mit einer stromgesteuerten Spannungsquelle. Den orientierten Graphen der Schaltung zeigt die Abb. 2.88.b. Die beiden miteinander verkoppelten Zweige 6 und 7 werden als 2-Tor aufgefaßt (in Abb. 2.88.a gestrichelt angedeutet), dessen z-Parametermatrix existiert,

$$\begin{pmatrix} U_6 \\ U_7 \end{pmatrix} = \begin{pmatrix} R_6 & 0 \\ \alpha & R_7 \end{pmatrix} \begin{pmatrix} I_6 \\ I_7 \end{pmatrix}.$$

Wählt man die Inzidenzmatrix $(\boldsymbol{S}, \boldsymbol{S}_M)$ zu dem Fundamentalschnittmengensystem, das mit dem in Abb. 2.88.b fett gezeichneten vollständigen Baum korrespondiert, so lautet das Gls. (124)

$$
\begin{pmatrix}
R_1 & & & & & & & 1 & 0 & 0 \\
 & (sC_2)^{-1} & & & & & & 1 & 0 & 0 \\
 & & (sC_3)^{-1} & & & & & 0 & -1 & 0 \\
 & & & R_4 & & & & 0 & 1 & -1 \\
 & & & & sL_5 & & & 0 & 0 & 1 \\
 & & & & & R_6 & 0 & 1 & 0 & 0 \\
 & & & & & \alpha & R_7 & 0 & 1 & 0 \\
\hline
1 & 1 & 0 & 0 & 0 & 1 & 0 & & & \\
0 & 0 & -1 & 1 & 0 & 0 & 1 & & & \\
0 & 0 & 0 & -1 & 1 & 0 & 0 & & &
\end{pmatrix}
\begin{pmatrix} -I_1 \\ -I_2 \\ -I_3 \\ -I_4 \\ -I_5 \\ -I_6 \\ -I_7 \\ \hline U_{\boxslash 1} \\ U_{\boxslash 2} \\ U_{\boxslash 3} \end{pmatrix}
=
\begin{pmatrix} U_1^e \\ 0 \\ 0 \\ 0 \\ 0 \\ 0 \\ 0 \\ \hline 0 \\ 0 \\ 0 \end{pmatrix}.
$$

Die nicht ausgefüllten Plätze der Koeffizientenmatrix sind Nullen. Für manche Anwendungen kommt man zu angepaßteren Gleichungssystemen, wenn man in der Gl. (122) den Teilvektor $\boldsymbol{U}_{M2}$ eliminiert. Wegen

$$\boldsymbol{U}_{M2} = - \boldsymbol{U}_{M2}^e + \boldsymbol{S}_{M2}^T \boldsymbol{U}_{\boxslash}$$

ergibt sich nach einigen Umformungen

$$
\boxed{
\begin{pmatrix}
\boldsymbol{Z} & \boldsymbol{0} & \boldsymbol{S}^T \\
\boldsymbol{0} & \boldsymbol{H}_{11} & (\boldsymbol{E}, -\boldsymbol{H}_{12}) \cdot \begin{pmatrix} \boldsymbol{S}_{M1}^T \\ \boldsymbol{S}_{M2}^T \end{pmatrix} \\
\boldsymbol{S} & \boldsymbol{S}_M \cdot \begin{pmatrix} \boldsymbol{E} \\ \boldsymbol{H}_{21} \end{pmatrix} & -\boldsymbol{S}_{M2} \boldsymbol{H}_{22} \boldsymbol{S}_{M2}^T
\end{pmatrix}
\begin{pmatrix} -\boldsymbol{I} \\ -\boldsymbol{I}_{M1} \\ \boldsymbol{U}_{\boxslash} \end{pmatrix}
=
\begin{pmatrix} \boldsymbol{U}^e \\ \boldsymbol{U}_{M1}^e - \boldsymbol{H}_{12} \boldsymbol{U}_{M2}^e \\ \boldsymbol{S}\boldsymbol{I}^e + \boldsymbol{S}_M \boldsymbol{I}_M^e - \boldsymbol{S}_{M2} \boldsymbol{H}_{22} \boldsymbol{U}_{M2}^e \end{pmatrix}.
}
\tag{126}
$$

Das Gls. (126) zeichnet sich gegenüber dem Gls. (122) durch eine größere Symmetrie aus, die wir später noch ausnutzen werden. Werden die MT-Teilmatrizen $\boldsymbol{H}_{11} = \boldsymbol{0}$ und $\boldsymbol{H}_{22} = \boldsymbol{0}$ (vgl. Formel (115′) für die MT-Darstellung idealer Übertrager), dann geht die Gl. (126) über in das speziellere Gls.

$$
\begin{pmatrix}
\boldsymbol{Z} & \boldsymbol{0} & \boldsymbol{S}^T \\
\boldsymbol{0} & \boldsymbol{0} & (\boldsymbol{E}, -\boldsymbol{H}_{12})\, \boldsymbol{S}_M^T \\
\boldsymbol{S} & \boldsymbol{S}_M \cdot \begin{pmatrix} \boldsymbol{E} \\ \boldsymbol{H}_{21} \end{pmatrix} & \boldsymbol{0}
\end{pmatrix}
\begin{pmatrix} -\boldsymbol{I} \\ -\boldsymbol{I}_{M1} \\ \boldsymbol{U}_{\boxslash} \end{pmatrix}
=
\begin{pmatrix} \boldsymbol{U}^e \\ \boldsymbol{U}_{M1}^e - \boldsymbol{H}_{12} \boldsymbol{U}_{M2}^e \\ \boldsymbol{S}\boldsymbol{I}^e + \boldsymbol{S}_M \boldsymbol{I}_M^e - \boldsymbol{S}_{M2} \boldsymbol{H}_{22} \boldsymbol{U}_{M2}^e \end{pmatrix}.
\tag{127}
$$

Die Gln. (122) bis (127) stellen offensichtlich verschiedene — bei weitem nicht alle möglichen — **Erweiterungen** des Gls. (IV) aus dem Abschn. 2.3.3. **der Zweig-FG-Schnittmengen-DG-Gln.** für eintorige NW auf NW mit MT dar.

Bei der numerischen Lösung der Gls. (122) bis (127) sind die bereits im Abschnitt 2.3.3. gegebenen Hinweise auf die natürliche Partitionierung der Koeffizientenmatrizen zu beachten. In den in diesem Abschnitt vorgestellten

Gls. sind alle Elemente der Diagonalmatrix $\boldsymbol{Z}$ der 1-Tor-Zweigimpedanzen $\neq 0$, so daß $\boldsymbol{Z}^{-1} = \boldsymbol{Y}$ sofort angegeben werden kann. Folglich kann man im Vektor der Unbekannten den Teilvektor $-\boldsymbol{I}$ leicht eliminieren und damit die Ordnung des zu lösenden Gls. um die Anzahl der 1-Tor-Zweige des NW-Graphen reduzieren (siehe Gl. (131) auf S. 127).

Hätten wir das Schnittgesetz in der Formulierung

$$\boldsymbol{K}(\boldsymbol{I} + \boldsymbol{I}^e) + \boldsymbol{K}_M(\boldsymbol{I}_M + \boldsymbol{I}_M^e) = 0 \tag{117a}$$

und das Umlaufgesetz in der Formulierung

$$\boldsymbol{U} + \boldsymbol{U}^e = \boldsymbol{K}^T \boldsymbol{U}_\varnothing \,, \tag{118.1a}$$

$$\boldsymbol{U}_M + \boldsymbol{U}_M^e = \boldsymbol{K}_M^T \boldsymbol{U}_\varnothing \tag{118.2a}$$

und die NWE-Relationen in der Formulierung (119), (120) zugrunde gelegt, so wären wir auf die gleiche Weise zu Gls. (122a) bis (127a) gelangt, die anstelle der Schnittmengen-Zweig-Inzidenzmatrizen $\boldsymbol{S}$, $\boldsymbol{S}_{M1}$, ... und des Schnittmengen-DG-Vektors $\boldsymbol{U}_{\boxtimes}$ jeweils die Knoten-Zweig-Inzidenzmatrizen $\boldsymbol{K}$, $\boldsymbol{K}_{M1}$, ... und den Knoten-DG-Vektor $\boldsymbol{U}_\varnothing$ verwenden würden. Es sind **Erweiterungen des Systems (IVa) der Zweig-FG — Knoten-DG — Gln.** auf NW mit MT. Aus Platzgründen werden wir diese Gln. sogleich in modifizierter Form, nämlich nach Elimination des FG-Vektors $-\boldsymbol{I}$ aus dem Vektor der Unbekannten, notieren. Aus der ersten Zeile der hier unterdrückten Gls. folgt

$$-\boldsymbol{I} = \boldsymbol{Z}^{-1}\boldsymbol{U}^e - \boldsymbol{Z}^{-1}\boldsymbol{K}^T\boldsymbol{U}_\varnothing \,.$$

Also kann man in der letzten Zeile $\boldsymbol{K}(-\boldsymbol{I})$ ersetzen durch $-\boldsymbol{K}\boldsymbol{Z}^{-1}\boldsymbol{K}^T\boldsymbol{U}_\varnothing +$ $+ \boldsymbol{K}\boldsymbol{Z}^{-1}\boldsymbol{U}^e$. Mit der weiteren Abkürzung

$$-\boldsymbol{I}^\varnothing = \boldsymbol{K}\boldsymbol{I}^e + \boldsymbol{K}_M\boldsymbol{I}_M^e$$

für die Knoten-FG-Einspeisungen kommt man zu den folgenden Gls. In Analogie zum Gls. (122) erhält man

$$\begin{pmatrix} \boldsymbol{H}_{11} & \boldsymbol{H}_{12} & \boldsymbol{K}_{M1}^T \\ 0 & \boldsymbol{E} & \boldsymbol{K}_{M2}^T \\ \boldsymbol{K}_M \cdot \begin{pmatrix} \boldsymbol{E} & 0 \\ \boldsymbol{H}_{21} & \boldsymbol{H}_{22} \end{pmatrix} & & -\boldsymbol{K}\boldsymbol{Z}^{-1}\boldsymbol{K}^T \end{pmatrix} \begin{pmatrix} -\boldsymbol{I}_{M1} \\ -\boldsymbol{U}_{M2} \\ \boldsymbol{U}_\varnothing \end{pmatrix} = \begin{pmatrix} \boldsymbol{U}_{M1}^e \\ \boldsymbol{U}_{M2}^e \\ -\boldsymbol{I}^\varnothing - \boldsymbol{K}\boldsymbol{Z}^{-1}\boldsymbol{U}^e \end{pmatrix}, \tag{122a}$$

dem Gls. (123) entspricht

$$\begin{pmatrix} \boldsymbol{Z}_{M1} & 0 & \boldsymbol{K}_{M1}^T \\ 0 & \boldsymbol{E} & \boldsymbol{K}_{M2}^T \\ \boldsymbol{K}_{M1} & \boldsymbol{K}_{M2}\boldsymbol{Y}_{M2} & -\boldsymbol{K}\boldsymbol{Z}^{-1}\boldsymbol{K}^T \end{pmatrix} \begin{pmatrix} -\boldsymbol{I}_{M1} \\ -\boldsymbol{U}_{M2} \\ \boldsymbol{U}_\varnothing \end{pmatrix} = \begin{pmatrix} \boldsymbol{U}_{M1}^e \\ \boldsymbol{U}_{M2}^e \\ -\boldsymbol{I}^\varnothing - \boldsymbol{K}\boldsymbol{Z}^{-1}\boldsymbol{U}^e \end{pmatrix}. \tag{123a}$$

Statt der Gls. (124) bzw. (125) erhält man

$$\begin{pmatrix} \boldsymbol{Z}_M & \boldsymbol{K}_M^T \\ \boldsymbol{K}_M & -\boldsymbol{K}\boldsymbol{Z}^{-1}\boldsymbol{K}^T \end{pmatrix} \begin{pmatrix} -\boldsymbol{I}_M \\ \boldsymbol{U}_\varnothing \end{pmatrix} = \begin{pmatrix} \boldsymbol{U}_M^e \\ -\boldsymbol{I}^\varnothing - \boldsymbol{K}\boldsymbol{Z}^{-1}\boldsymbol{U}^e \end{pmatrix} \tag{124a}$$

bzw.

$$\begin{pmatrix} \boldsymbol{E} & \boldsymbol{K}_M^T \\ \boldsymbol{K}_M\boldsymbol{Y}_M & -\boldsymbol{K}\boldsymbol{Z}^{-1}\boldsymbol{K}^T \end{pmatrix} \begin{pmatrix} -\boldsymbol{U}_M \\ \boldsymbol{U}_\varnothing \end{pmatrix} = \begin{pmatrix} \boldsymbol{U}_M^e \\ -\boldsymbol{I}^\varnothing - \boldsymbol{K}\boldsymbol{Z}^{-1}\boldsymbol{U}^e \end{pmatrix}, \tag{125a}$$

und das Gls. (126) korrespondiert mit dem folgenden Gls.:

$$\begin{pmatrix} \boldsymbol{H}_{11} & (\boldsymbol{E}, -\boldsymbol{H}_{12}) \cdot \begin{pmatrix} \boldsymbol{K}_{M1}^T \\ \boldsymbol{K}_{M2}^T \end{pmatrix} \\ \boldsymbol{K}_M \cdot \begin{pmatrix} \boldsymbol{E} \\ \boldsymbol{H}_{21} \end{pmatrix} & -\boldsymbol{K}_{M2}\boldsymbol{H}_{22}\boldsymbol{K}_{M2}^T - \boldsymbol{K}\boldsymbol{Z}^{-1}\boldsymbol{K}^T \end{pmatrix} \begin{pmatrix} -\boldsymbol{I}_{M1} \\ \boldsymbol{U}_\varnothing \end{pmatrix}$$

$$= \begin{pmatrix} \boldsymbol{U}_{M1}^e - \boldsymbol{H}_{12}\boldsymbol{U}_{M2}^e \\ -\boldsymbol{I}^\varnothing - \boldsymbol{K}\boldsymbol{Z}^{-1}\boldsymbol{U}^e - \boldsymbol{K}_{M2}\boldsymbol{H}_{22}\boldsymbol{U}_{M2}^e \end{pmatrix}. \tag{126a}$$

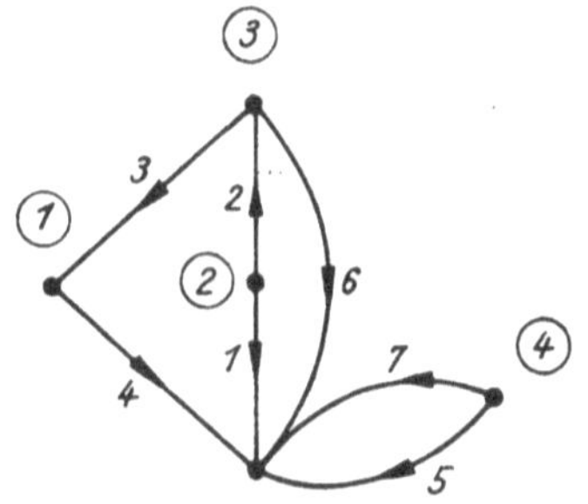

Abb. 2.89. Netzwerk-Graph des translatorisch-rotatorischen Schwingungssystems (Abb. 2.65)

Als weiteres **Beispiel** betrachten wir das translatorisch-rotatorische Schwingungssystem, das auf S. 91 in Abb. 2.65 dargestellt wurde. Den orientierten NW-Graphen zeigt die Abb. 2.89. In dem NW (Abb. 2.65.b) ist ein 2-Tor enthalten, ein idealer Übertrager, der durch seine a-Parameter repräsentiert wird,

$$\begin{pmatrix} V \\ F \end{pmatrix} = \begin{pmatrix} r & 0 \\ 0 & -1/r \end{pmatrix} \begin{pmatrix} \Omega \\ -F_D \end{pmatrix}.$$

Diese Darstellung kann ohne Mühe in die Form (120) gebracht werden,

$$\begin{pmatrix} V \\ -F_D \end{pmatrix} = \begin{pmatrix} 0 & r \\ -r & 0 \end{pmatrix} \begin{pmatrix} F \\ \Omega \end{pmatrix}.$$

Ersichtlich entarten die Teilmatrizen $\boldsymbol{H}_{11}$ und $\boldsymbol{H}_{22}$ hier zur Zahl 0. Als Knoten-Zweig-Inzidenzmatrix ergibt sich

$$(\boldsymbol{K}, \boldsymbol{K}_M) = \left(\begin{array}{ccccc|cc} 0 & 0 & -1 & 1 & 0 & 0 & 0 \\ 1 & 1 & 0 & 0 & 0 & 0 & 0 \\ 0 & -1 & 1 & 0 & 0 & 1 & 0 \\ 0 & 0 & 0 & 0 & 1 & 0 & 1 \end{array}\right)$$

und damit

$$(\boldsymbol{E}, -\boldsymbol{H}_{12}) \cdot \boldsymbol{K}_M^T = (1, \ -r)\begin{pmatrix} 0 & 0 & 1 & 0 \\ 0 & 0 & 0 & 1 \end{pmatrix} = (0 \quad 0 \quad 1 \ -r) = \left(\boldsymbol{K}_M \begin{pmatrix} \boldsymbol{E} \\ \boldsymbol{H}_{21} \end{pmatrix}\right)^T .$$

Mit den 1-Tor-Zweig-Admittanzen

$$y_{11} = sM_1 + \frac{1}{H_1}, \quad y_{22} = \frac{1}{sN_1}, \quad y_{33} = \frac{1}{sN_2}, \quad y_{44} = sM_2 + \frac{1}{H_2},$$

$$y_{55} = sM_D + \frac{1}{H_D}$$

lautet das Gls. (126a)

$$\left[\begin{array}{c|cccc} 0 & 0 & 0 & 1 & -r \\ \hline 0 & -y_{33} - y_{44} & 0 & y_{33} & 0 \\ 0 & 0 & -y_{22} - y_{11} & y_{22} & 0 \\ 1 & y_{33} & y_{22} & -y_{22} - y_{33} & 0 \\ -r & 0 & 0 & 0 & -y_{55} \end{array}\right] \left[\begin{array}{c} -F \\ \hline V_{\varnothing 1} \\ V_{\varnothing 2} \\ V_{\varnothing 3} \\ V_{\varnothing 4} \end{array}\right] = \left[\begin{array}{c} 0 \\ \hline F_2^e \\ F_1^e \\ 0 \\ 0 \end{array}\right].$$

Dabei wurden die im Abschn. 2.3.6. hergeleiteten Ableseregeln für die Matrix $\boldsymbol{KZ}^{-1}\boldsymbol{K}^T = \boldsymbol{KYK}^T$ verwendet. Die Knotengeschwindigkeiten $V_{\varnothing 1}$, $V_{\varnothing 2}$, $V_{\varnothing 3}$ bzw. $V_{\varnothing 4}$ sind die translatorischen Geschwindigkeiten der Körper mit den Massen M_2 und M_1, die Seilgeschwindigkeit $r\Omega$ an der Berührungsstelle mit dem Rad bzw. die Drehgeschwindigkeit Ω des Rades.

2.4.3.3. Erweiterung des Systems der Zweig-DG — Maschen-FG — Gleichungen

Verwendet man das Schnittgesetz in der Formulierung

$$\begin{pmatrix} \boldsymbol{I} + \boldsymbol{I}^e \\ \boldsymbol{I}_M + \boldsymbol{I}_M^e \end{pmatrix} = \begin{pmatrix} \boldsymbol{M}^T \\ \boldsymbol{M}_M^T \end{pmatrix} \boldsymbol{I}_0 , \tag{118'}$$

das Umlaufgesetz in der Formulierung

$$(\boldsymbol{M}, \boldsymbol{M}_M) \begin{pmatrix} \boldsymbol{U} + \boldsymbol{U}^e \\ \boldsymbol{U}_M + \boldsymbol{U}_M^e \end{pmatrix} = 0 \tag{117'}$$

und die NWE-Relationen in der Formulierung

$$\boldsymbol{I} = \boldsymbol{YU} , \tag{119'}$$

$$\begin{pmatrix} \boldsymbol{I}_{M1} \\ \boldsymbol{U}_{M2} \end{pmatrix} = \begin{pmatrix} \boldsymbol{G}_{11} & \boldsymbol{G}_{12} \\ \boldsymbol{G}_{21} & \boldsymbol{G}_{22} \end{pmatrix} \begin{pmatrix} \boldsymbol{U}_{M1} \\ \boldsymbol{I}_{M2} \end{pmatrix}, \tag{120'}$$

so erhält man nach ebensolchen Umrechnungen wie im Abschnitt 2.4.3.2. die folgenden **Erweiterungen des Systems (IV′) der Zweig-DG — Maschen-FG — Gln.**

aus dem Abschn. 2.3.4. für 1-torige NW auf NW mit MT:

$$\begin{bmatrix} Y & 0 & M^T \\ 0 & \begin{pmatrix} G_{11} & G_{12} \\ 0 & E \end{pmatrix} & \begin{pmatrix} M^T_{M1} \\ M^T_{M2} \end{pmatrix} \\ M & M_M \cdot \begin{pmatrix} E & 0 \\ G_{21} & G_{22} \end{pmatrix} & 0 \end{bmatrix} \begin{bmatrix} -U \\ \begin{pmatrix} -U_{M1} \\ -I_{M2} \end{pmatrix} \\ I_0 \end{bmatrix} = \begin{bmatrix} I^e \\ I^e_{M1} \\ I^e_{M2} \\ MU^e + M_M U^e_M \end{bmatrix} = \begin{bmatrix} I^e \\ \begin{pmatrix} I^e_{M1} \\ I^e_{M2} \end{pmatrix} \\ U^0 \end{bmatrix} \tag{122'}$$

Für $G_{12} = 0$ und $G_{21} = 0$ wird $G_{11} = Y_{M1}$ und $G_{22} = Z_{M2}$, also

$$\begin{pmatrix} Y & 0 & M^T \\ 0 & \begin{pmatrix} Y_{M1} & 0 \\ 0 & E \end{pmatrix} & \begin{pmatrix} M^T_{M1} \\ M^T_{M2} \end{pmatrix} \\ M & M_{M1},\ M_{M2} Z_{M2} & 0 \end{pmatrix} \begin{pmatrix} -U \\ \begin{pmatrix} -U_{M1} \\ -I_{M2} \end{pmatrix} \\ I_0 \end{pmatrix} = \begin{pmatrix} I^e \\ \begin{pmatrix} I^e_{M1} \\ I^e_{M2} \end{pmatrix} \\ U^0 \end{pmatrix} \tag{123'}$$

mit den Spezialfällen

$$\begin{pmatrix} Y & 0 & M^T \\ 0 & Y_M & M^T_M \\ M & M_M & 0 \end{pmatrix} \begin{pmatrix} -U \\ -U_M \\ I_0 \end{pmatrix} = \begin{pmatrix} I^e \\ I^e_M \\ U^0 \end{pmatrix} \tag{124'}$$

und

$$\begin{pmatrix} Y & 0 & M^T \\ 0 & E & M^T_M \\ M & M_M Z_M & 0 \end{pmatrix} \begin{pmatrix} -U \\ -I_M \\ I_0 \end{pmatrix} = \begin{pmatrix} I^e \\ I^e_M \\ U^0 \end{pmatrix}. \tag{125'}$$

Durch Elimination des Teilvektors $(-I_{M2})$ aus dem Gls. (122′) kann man das symmetrisch aufgebaute Gls.

$$\begin{bmatrix} Y & 0 & M^T \\ 0 & G_{11} & (E, -G_{12}) \cdot \begin{pmatrix} M^T_{M1} \\ M^T_{M2} \end{pmatrix} \\ M & M_M \cdot \begin{pmatrix} E \\ G_{21} \end{pmatrix} & -M_{M2} G_{22} M^T_{M2} \end{bmatrix} \begin{bmatrix} -U \\ -U_{M1} \\ I_0 \end{bmatrix} = \begin{bmatrix} I^e \\ I^e_{M1} - G_{12} I^e_{M2} \\ U^0 - M_{M2} G_{22} I^e_{M2} \end{bmatrix} \tag{126'}$$

herleiten, das für $G_{11} = 0$ und $G_{22} = 0$ übergeht in

$$\begin{bmatrix} Y & 0 & M^T \\ 0 & 0 & (E, -G_{12}) \cdot \begin{pmatrix} M^T_{M1} \\ M^T_{M2} \end{pmatrix} \\ M & M_M \cdot \begin{pmatrix} E \\ G_{21} \end{pmatrix} & 0 \end{bmatrix} \begin{bmatrix} -U \\ -U_{M1} \\ I_0 \end{bmatrix} = \begin{bmatrix} I^e \\ I^e_{M1} - G_{12} I^e_{M2} \\ U^0 - M_{M2} G_{22} I^e_{M2} \end{bmatrix}. \tag{127'}$$

Bei der numerischen Lösung der Gls. (122′) bis (127′) ist selbstverständlich wieder die Partitionierung der Koeffizientenmatrizen zu beachten. Ein Vergleich mit den Gls. (122) bis (127) zeigt, daß sich die jeweils entsprechenden Systeme ineinander überführen lassen, wenn man die folgenden **Bezeichnungswechsel** vornimmt,

$$\left\|\begin{array}{rcl} \text{Schnittmenge} & \leftrightarrow & \text{Masche} \\ \text{Zweig} & \leftrightarrow & \text{Zweig} \\ \text{FG} & \leftrightarrow & \text{DG} \\ \text{DG} & \leftrightarrow & \text{FG} \\ \text{Impedanz} & \leftrightarrow & \text{Admittanz} \\ \text{Admittanz} & \leftrightarrow & \text{Impedanz} \end{array}\right.$$

Als **Beispiel** wollen wir der Analyse des vorhin behandelten mechanischen Systems (vgl. Abbn. 2.65 und 2.89) das Gls. (126′) zugrunde legen. Das verwendete **Maschensystem** wurde in Abb. 2.90 in den NW-Graphen eingezeichnet.

Die **Maschen-Zweig-Inzidenzmatrix** lautet

$$(\boldsymbol{M}, \boldsymbol{M}_M) = \left(\begin{array}{rrrrr:rr} -1 & 1 & 1 & 1 & 0 & 0 & 0 \\ 1 & -1 & 0 & 0 & 0 & -1 & 0 \\ 0 & 0 & 0 & 0 & -1 & 0 & 1 \end{array}\right).$$

Die 1-Tor-Zweig-Admittanzen wurden schon auf der S. 122 notiert. Die NWE-Relation (120′) für das 2-Tor wird

$$\begin{pmatrix} I_6 \\ U_7 \end{pmatrix} = \begin{pmatrix} F \\ \Omega \end{pmatrix} = \begin{pmatrix} 0 & -1/r \\ 1/r & 0 \end{pmatrix} \begin{pmatrix} V \\ -F_D \end{pmatrix}.$$

Für unser Beispiel stimmen die Gls. (126′) und (127′) überein und lauten

$$\left(\begin{array}{ccccc:c:ccc} y_{11} & & & & & & -1 & 1 & 0 \\ & y_{22} & & & & & 1 & -1 & 0 \\ & & y_{33} & & & & 1 & 0 & 0 \\ & & & y_{44} & & & 1 & 0 & 0 \\ & & & & y_{55} & & 0 & 0 & -1 \\ \hdashline & & & & & 0 & 0 & -1 & \frac{1}{r} \\ \hdashline -1 & 1 & 1 & 1 & 0 & 0 & & & \\ 1 & -1 & 0 & 0 & 0 & -1 & & & \\ 0 & 0 & 0 & 0 & -1 & \frac{1}{r} & & & \end{array}\right) \begin{pmatrix} -V_1 \\ -V_2 \\ -V_3 \\ -V_4 \\ -V_5 \\ -V \\ F_{01} \\ F_{02} \\ F_{03} \end{pmatrix} = \begin{pmatrix} F_1^e \\ 0 \\ 0 \\ F_2^e \\ 0 \\ 0 \\ 0 \\ 0 \\ 0 \end{pmatrix}$$

oder, nach Elimination des Teilvektors $(-V_1, -V_2, -V_3, -V_4, -V_5)^T$ und Verwendung der Zweigimpedanzen $z_{ii} = 1/y_{ii}$:

$$\begin{pmatrix} 0 & 0 & -1 & \frac{1}{r} \\ \hline 0 & -z_{11}-z_{22}-z_{33}-z_{44} & z_{11}+z_{22} & 0 \\ -1 & z_{11}+z_{22} & -z_{11}-z_{22} & 0 \\ \frac{1}{r} & 0 & 0 & -z_{55} \end{pmatrix} \begin{pmatrix} -V \\ F_{02} \\ F_{01} \\ F_{03} \end{pmatrix} = \begin{pmatrix} 0 \\ z_{11}F_1^e - z_{44}F_2^e \\ -z_{11}F_1^e \\ 0 \end{pmatrix}.$$

Die Maschenkräfte F_{01}, F_{02} bzw. F_{03} haben die Bedeutung der Seilkraft, die auf den Körper der Masse M_2 wirkt, der Kraft $(-F)$ und der Drehkraft $(-F_D)$.

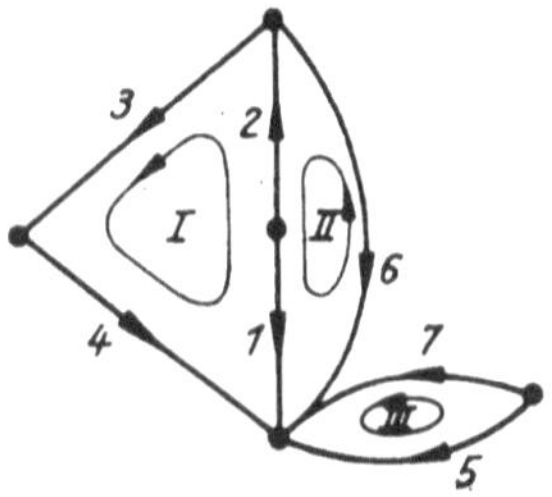

Abb. 2.90. Netzwerk-Graph des translatorisch-rotatorischen Schwingungssystems (Abb. 2.65) mit eingezeichneten Maschen

2.4.3.4. Erweiterung des Systems der Zweig-FG-Gleichungen und des Systems der Zweig-DG-Gleichungen

Multipliziert man die erste Zeile des Gls. (122) mit der Matrix $\boldsymbol{M}$ und die zweite Zeile mit der Matrix $\boldsymbol{M}_M$ (vgl. S. 45), so erhält man wegen

$$(\boldsymbol{M}, \boldsymbol{M}_M) \cdot \begin{pmatrix} \boldsymbol{S}^T \\ \boldsymbol{S}_M^T \end{pmatrix} = 0 \tag{45'}$$

das Gls.

$$\begin{pmatrix} \boldsymbol{M} \cdot \boldsymbol{Z} & 0 & 0 \\ 0 & \boldsymbol{M}_M \cdot \begin{pmatrix} \boldsymbol{H}_{11} & \boldsymbol{H}_{12} \\ 0 & \boldsymbol{E} \end{pmatrix} \\ \boldsymbol{S} & \boldsymbol{S}_M \cdot \begin{pmatrix} \boldsymbol{E} & 0 \\ \boldsymbol{H}_{21} & \boldsymbol{H}_{22} \end{pmatrix} \end{pmatrix} \begin{pmatrix} -\boldsymbol{I} \\ -\boldsymbol{I}_{M1} \\ -\boldsymbol{U}_{M2} \end{pmatrix} = \begin{pmatrix} \boldsymbol{M} \cdot \boldsymbol{U}^e \\ \boldsymbol{M}_M \boldsymbol{U}_M^e \\ \boldsymbol{S} \cdot \boldsymbol{I}^e + \boldsymbol{S}_M \boldsymbol{I}_M^e \end{pmatrix}. \tag{128}$$

Ebenso erhält man aus Gl. (122')

$$\begin{pmatrix} \boldsymbol{M} \cdot \boldsymbol{Z} & 0 & 0 \\ 0 & \boldsymbol{M}_M \cdot \begin{pmatrix} \boldsymbol{E} & 0 \\ \boldsymbol{G}_{21} & \boldsymbol{G}_{22} \end{pmatrix} \\ \boldsymbol{S} & \boldsymbol{S}_M \cdot \begin{pmatrix} \boldsymbol{G}_{11} & \boldsymbol{G}_{12} \\ 0 & \boldsymbol{E} \end{pmatrix} \end{pmatrix} \begin{pmatrix} -\boldsymbol{I} \\ -\boldsymbol{U}_{M1} \\ -\boldsymbol{I}_{M2} \end{pmatrix} = \begin{pmatrix} \boldsymbol{M} \cdot \boldsymbol{U}^e \\ \boldsymbol{M}_M \boldsymbol{U}_M^e \\ \boldsymbol{S} \cdot \boldsymbol{I}^e + \boldsymbol{S}_M \boldsymbol{I}_M^e \end{pmatrix} \tag{129}$$

und aus Gl. (123)

$$\begin{pmatrix} M \cdot Z & & \\ & M_{M1}Z_{M1} & \\ & & M_{M2} \\ S & S_{M1} & S_{M2}Y_{M2} \end{pmatrix} \begin{pmatrix} -I \\ -I_{M1} \\ -U_{M2} \end{pmatrix} = \begin{pmatrix} M \cdot U^e \\ M_{M1}U^e_{M1} \\ M_{M2}U^e_{M2} \\ S \cdot I^e + S_M I^e_M \end{pmatrix}. \quad (130)$$

In den Gln. (128), (129), (130) kann man die Schnittmengen-Inzidenzmatrizen S, S_M, ... durch Knoten-Zweig-Inzidenzmatrizen K, K_M, ... ersetzen und kommt damit zu Gln. (128a), (129a), (130a), die hier aus Platzgründen nicht abgedruckt werden.

Multipliziert man die erste Zeile des Gls. (122′) mit der Matrix S und die zweite Zeile mit der Matrix S_M, so erhält man wegen

$$(S, S_M)\begin{pmatrix} M^T \\ M^T_M \end{pmatrix} = 0$$

das Gls.

$$\begin{bmatrix} S \cdot Y & 0 & 0 \\ 0 & S_M \cdot \begin{pmatrix} G_{11} & G_{12} \\ 0 & E \end{pmatrix} \\ M & M_M \cdot \begin{pmatrix} E & 0 \\ G_{21} & G_{22} \end{pmatrix} \end{bmatrix} \begin{bmatrix} -U \\ -U_{M1} \\ -I_{M2} \end{bmatrix} = \begin{bmatrix} S \cdot I^e \\ S_M I^e_M \\ M \cdot U^e + M_M U^e_M \end{bmatrix} = \begin{bmatrix} S \cdot I^e \\ S_M I^e_M \\ U^0 \end{bmatrix}. \quad (128')$$

Ebenso erhält man aus Gl. (122′)

$$\begin{bmatrix} S \cdot Y & 0 & 0 \\ 0 & S_M \cdot \begin{pmatrix} E & 0 \\ H_{21} & H_{22} \end{pmatrix} \\ M & M_M \cdot \begin{pmatrix} H_{11} & H_{12} \\ 0 & E \end{pmatrix} \end{bmatrix} \begin{bmatrix} -U \\ -I_{M1} \\ -U_{M2} \end{bmatrix} = \begin{bmatrix} S \cdot I^e \\ S_M I^e_M \\ U^0 \end{bmatrix} \quad (129')$$

und aus Gl. (123′)

$$\begin{pmatrix} S \cdot Y & & \\ & S_{M1}Y_{M1} & \\ & & S_{M2} \\ M & M_{M1} & M_{M2}Z_{M2} \end{pmatrix} \begin{pmatrix} -U \\ -U_{M1} \\ -I_{M2} \end{pmatrix} = \begin{pmatrix} S \cdot I^e \\ S_{M1}I^e_{M1} \\ S_{M2}I^e_{M2} \\ U^0 \end{pmatrix}. \quad (130')$$

Wiederum kann man in den Gln. (128′), (129′) und (130′) die Schnittmengen-Zweig-Inzidenzmatrizen durch die entsprechenden Knoten-Zweig-Inzidenzmatrizen ersetzen und erhält so die Gln. (128′a), (129′a) und (130′a), auf deren Niederschrift hier verzichtet werden kann. Ein Vergleich mit den im Abschn. 2.3.5. auf S. 71 angegebenen Formeln zeigt, daß die Gls. (128), (129), (130), bzw. (128′), (129′) (130′) Erweiterungen der Gls. (V) bzw. (V′) auf NW mit MT sind.

2.4.3.5. Erweiterung der Systeme der Schnittmengen-DG-, der Knoten-DG- und der Maschen-FG-Gleichungen

Im Abschn. 2.3. waren die Systeme der Schnittmengen-DG-Gln. (VI), der Knoten-DG-Gln. (VIa) und der Maschen-FG-Gln. (VI′) für NW mit eintorigen NWE aus den größeren Gls. (IV), (IVa) und (IV′) hergeleitet worden. Im wesentlichen bestand die Herleitung darin, in den größeren Gls. (IV), (IVa) bzw. (IV′) den Unbekanntenvektor durch Elimination der Teilvektoren der Zweig-FG $\boldsymbol{I}$ bzw. der Zweig-DG $\boldsymbol{U}$ auf den Vektor der Schnittmengen-DG $\boldsymbol{U}_{\boxslash}$, der Knoten-DG $\boldsymbol{U}_{\varnothing}$ bzw. der Maschen-FG $\boldsymbol{I}_0$ zu reduzieren. Das ist bei NW mit ausschließlich 1-Toren als NWE immer möglich, weil auf Grund der Invertierbarkeit der Diagonalmatrix $\boldsymbol{Z}$ der Zweigimpedanzen und der Diagonalmatrix $\boldsymbol{Y}$ der Zweigadmittanzen sich der Vektor $\boldsymbol{I}$ und der Vektor $\boldsymbol{U}$ stets separieren und anschließend eliminieren lassen.

Bei NW mit MT läßt sich diese Vorgehensweise nicht in jedem Falle übertragen. Gehen wir beispielsweise aus von dem Gls.

$$\begin{pmatrix} \boldsymbol{Z} & 0 & \boldsymbol{S}^T \\ 0 & \boldsymbol{H}_{11} & (\boldsymbol{E}, -\boldsymbol{H}_{12})\,\boldsymbol{S}_M^T \\ \boldsymbol{S} & \boldsymbol{S}_M \cdot \begin{pmatrix} \boldsymbol{E} \\ \boldsymbol{H}_{21} \end{pmatrix} & -\boldsymbol{S}_{M2}\boldsymbol{H}_{22}\boldsymbol{S}_{M2}^T \end{pmatrix} \begin{pmatrix} -\boldsymbol{I} \\ -\boldsymbol{I}_{M1} \\ \boldsymbol{U}_{\boxslash} \end{pmatrix} = \begin{pmatrix} \boldsymbol{U}^e \\ \boldsymbol{U}_{M1}^e - \boldsymbol{H}_{12}\boldsymbol{U}_{M2}^e \\ \boldsymbol{S}\boldsymbol{I}^e + \boldsymbol{S}_M\boldsymbol{I}_M^e - \boldsymbol{S}_{M2}\boldsymbol{H}_{22}\boldsymbol{U}_{M2}^e \end{pmatrix}, \tag{126}$$

mit dessen Hilfe alle linearen NW mit MT analysiert werden können. Der Vektor der 1-Tor-Zweig-FG $(-\boldsymbol{I})$ läßt sich wie früher eliminieren. Mit $\boldsymbol{Y} = \boldsymbol{Z}^{-1}$ geht das Gls. (126) über in

$$\begin{pmatrix} \boldsymbol{H}_{11} & (\boldsymbol{E}, -\boldsymbol{H}_{12}) \cdot \boldsymbol{S}_M^T \\ \boldsymbol{S}_M \cdot \begin{pmatrix} \boldsymbol{E} \\ \boldsymbol{H}_{21} \end{pmatrix} & -\boldsymbol{S}\boldsymbol{Y}\boldsymbol{S}^T - \boldsymbol{S}_{M2}\boldsymbol{H}_{22}\boldsymbol{S}_{M2}^T \end{pmatrix} \begin{pmatrix} -\boldsymbol{I}_{M1} \\ \boldsymbol{U}_{\boxslash} \end{pmatrix} = \begin{pmatrix} \boldsymbol{U}_{M1}^e - \boldsymbol{H}_{12}\boldsymbol{U}_{M2}^e \\ \boldsymbol{S}\boldsymbol{I}^e + \boldsymbol{S}_M\boldsymbol{I}_M^e - \boldsymbol{S}\boldsymbol{Y}\boldsymbol{U}^e - \boldsymbol{S}_{M2}\boldsymbol{H}_{22}\boldsymbol{U}_{M2}^e \end{pmatrix}. \tag{131}$$

Auch den MT-Zweig-FG-Vektor $(-\boldsymbol{I}_{M1})$ kann man nach dem gleichen Prinzip eliminieren, falls die Matrix $\boldsymbol{H}_{11}$ invertierbar ist. Unter dieser Voraussetzung kann in der MT-Darstellung (120) der Teilvektor $\boldsymbol{U}_{M1}$ mit dem Teilvektor $\boldsymbol{I}_{M1}$ ausgetauscht werden (vgl. die Bemerkungen im Anschluß an Formel (102) auf S. 105). Mithin existiert eine MT-Darstellung

$$\boldsymbol{I}_M = \boldsymbol{Y}_M\boldsymbol{U}_M\,.$$

Der Teilvektor $(-\boldsymbol{I}_{M1})$ im Gls. (131) läßt sich also genau dann eliminieren, wenn das Gls. (125), das auf S. 118 notiert wurde, existiert. In diesem können die Teilvektoren $(-\boldsymbol{I})$ und $(-\boldsymbol{U}_M)$ stets eliminiert werden, und man erhält das folgende **Gls. für die Schnittmengen-DG**

$$\boxed{(\boldsymbol{SYS}^T + \boldsymbol{S}_M\boldsymbol{Y}_M\boldsymbol{S}_M^T)\,\boldsymbol{U}_{\varnothing} = -\,\boldsymbol{S}(\boldsymbol{I}^e - \boldsymbol{YU}^e) - \boldsymbol{S}_M(\boldsymbol{I}_M^e - \boldsymbol{Y}_M\boldsymbol{U}_M^e)}\,. \qquad (132)$$

Wird die Topologie des NW nicht durch eine Schnittmengen-Inzidenz-Matrix $(\boldsymbol{S}, \boldsymbol{S}_M)$, sondern durch eine Knoten-Inzidenzmatrix $(\boldsymbol{K}, \boldsymbol{K}_M)$ beschrieben, so erhält man bei Existenz der MT-Admittanzmatrix $\boldsymbol{Y}_M$ in Analogie zum Gls. (132) das folgende **Gls. für die Knoten-DG**

$$\boxed{(\boldsymbol{KYK}^T + \boldsymbol{K}_M\boldsymbol{Y}_M\boldsymbol{K}_M^T)\,\boldsymbol{U}_{\varnothing} = -\,\boldsymbol{K}(\boldsymbol{I}^e - \boldsymbol{YU}^e) - \boldsymbol{K}_M(\boldsymbol{I}_M^e - \boldsymbol{Y}_M\boldsymbol{U}_M^e)}\,. \qquad (132\,a)$$

Bei Nichtexistenz der Matrix $\boldsymbol{Y}_M$ aber muß man auf das analoge Gls. zu (131) zurückgreifen, das bereits als Formel (126a) auf S. 121 notiert wurde.

In ähnlicher Weise läßt sich — ausgehend vom Gls. (126′) auf S. 123 — zeigen, daß sich ein Gls. für die Maschen-FG bei NW mit MT im allgemeinen nur dann aufschreiben läßt, wenn für sämtliche MT eine z-Parameterdarstellung möglich ist und damit die MT-Impedanzmatrix $\boldsymbol{Z}_M$ existiert. Dann lautet das **Gls. für die Maschen-FG**

$$\boxed{(\boldsymbol{MZM}^T + \boldsymbol{M}_M\boldsymbol{Z}_M\boldsymbol{M}_M^T)\,\boldsymbol{I}_0 = -\,\boldsymbol{M}(\boldsymbol{U}^e - \boldsymbol{ZI}^e) - \boldsymbol{M}_M(\boldsymbol{U}_M^e - \boldsymbol{Z}_M\boldsymbol{I}_M^e)}\,. \qquad (132')$$

Kennt man jedoch nur eine MT-Beschreibung der Form

$$\begin{pmatrix} \boldsymbol{I}_{M1} \\ \boldsymbol{U}_{M2} \end{pmatrix} = \begin{pmatrix} \boldsymbol{G}_{11} & \boldsymbol{G}_{12} \\ \boldsymbol{G}_{21} & \boldsymbol{G}_{22} \end{pmatrix} \begin{pmatrix} \boldsymbol{U}_{M1} \\ \boldsymbol{I}_{M2} \end{pmatrix}, \qquad (120')$$

so läßt sich das Gls. (126′) nur bis auf das Gls.

$$\begin{pmatrix} \boldsymbol{G}_{11} & (\boldsymbol{E}, -\boldsymbol{G}_{12})\cdot \boldsymbol{M}_M^T \\ \boldsymbol{M}_M \cdot \begin{pmatrix} \boldsymbol{E} \\ \boldsymbol{G}_{21} \end{pmatrix} & -(\boldsymbol{M}, \boldsymbol{M}_{M2}) \begin{pmatrix} \boldsymbol{Z} & 0 \\ 0 & \boldsymbol{G}_{22} \end{pmatrix} \begin{pmatrix} \boldsymbol{M}^T \\ \boldsymbol{M}_{M2}^T \end{pmatrix} \end{pmatrix} \begin{pmatrix} -\boldsymbol{U}_{M1} \\ \boldsymbol{I}_0 \end{pmatrix} =$$

$$= \begin{pmatrix} \boldsymbol{I}_{M1}^e - \boldsymbol{G}_{12}\boldsymbol{I}_{M2}^e \\ \boldsymbol{MU}^e + \boldsymbol{M}_M\boldsymbol{U}_M^e - \boldsymbol{MZI}^e - \boldsymbol{M}_{M2}\boldsymbol{G}_{22}\boldsymbol{I}_{M2}^e \end{pmatrix} \qquad (131')$$

reduzieren.

2.4.3.6. Indefinite Admittanz- und Impedanzmatrizen

In den Abschn. 2.3.6. und 2.3.7. waren Ablesevorschriften für die Matrizen $\boldsymbol{SYS}^T$, $\boldsymbol{KYK}^T$ und $\boldsymbol{MZM}^T$ angegeben worden, die die Diagonalgestalt der Matrizen $\boldsymbol{Y}$ und $\boldsymbol{Z}$ wesentlich ausnutzten. In den Gls. der vorangehenden Abschnitte erscheinen weitere Ausdrücke ähnlicher Struktur, z.B. $\boldsymbol{S}_{M2}\boldsymbol{H}_{22}\boldsymbol{S}_{M2}^T$ oder $\boldsymbol{S}_M\boldsymbol{Y}_M\boldsymbol{S}_M^T$, bei denen jedoch die inneren Matrizen keine Diagonalgestalt mehr besitzen. Es fragt sich, ob sich auch in diesen Fällen noch **Ableseregeln** finden lassen. Es sei $\boldsymbol{S}$ eine Inzidenzmatrix mit z Spalten, $\boldsymbol{Y} = (y_{\zeta\zeta'})$ eine beliebige quadratische Matrix der Ordnung z. Wir wollen untersuchen, wie ein bestimmtes

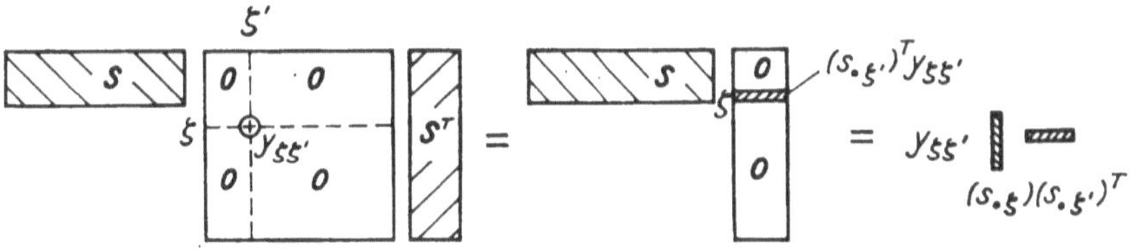

Abb. 2.91. Zur Bildung des Matrizenproduktes $\boldsymbol{SYS}^T$, wenn nur ein Matrixelement $y_{\zeta\zeta'} \neq 0$ ist

Element $y_{\zeta\zeta'} \neq 0$ der Matrix $\boldsymbol{Y}$ in dem Matrizenprodukt $\boldsymbol{SYS}^T$ erscheint. Dazu nehmen wir zunächst an, daß die übrigen Elemente der Matrix $\boldsymbol{Y}$ verschwinden. Dann gilt (vgl. Abb. 2.91)

$$\boldsymbol{SYS}^T = y_{\zeta\zeta'} s_{.\zeta} (s_{.\zeta'})^T .$$

Das Element $y_{\zeta\zeta'}$ schlägt sich also im dyadischen Produkt zwischen dem ζ-ten Spaltenvektor $s_{.\zeta}$ und dem ζ'-ten Spaltenvektor $s_{.\zeta'}$ der Inzidenzmatrix $\boldsymbol{S}$ nieder. Für den allgemeinen Fall einer möglicherweise voll besetzten Matrix $\boldsymbol{Y}$ gilt

$$\boldsymbol{SYS}^T = \sum_{\zeta,\zeta'=1}^{z} y_{\zeta\zeta'} s_{.\zeta} (s_{.\zeta'})^T . \tag{133}$$

Die Anteile der z^2 Elemente der Matrix $\boldsymbol{Y}$ überlagern sich additiv. Die dyadischen Produkte $s_{.\zeta}(s_{.\zeta'})^T$ stellen selbst quadratische Matrizen der Ordnung z mit dem Rang 1 dar. Da es sich hier stets um das dyadische Produkt zweier Inzidenzvektoren, deren Komponenten nur die Werte 1, -1 oder 0 annehmen können, handelt, sind als Elemente des dyadischen Produktes nur die Werte 1, -1 oder 0 möglich. Sämtliche nichtverschwindenden Zeilen (Spalten) stimmen ggf. bis auf das Vorzeichen überein. Kennt man die nichtverschwindenden Elemente der Matrix $\boldsymbol{Y}$, so wird der Aufbau der Matrix $\boldsymbol{SYS}^T$ allein durch die Inzidenzmatrix $\boldsymbol{S}$ bestimmt. Da bei unserer Problemstellung der NW-Analyse die Inzidenzmatrix die Struktur des NW-Graphen (oder eines Teiles davon) widerspiegelt, kann man grundsätzlich die oben genannten Matrizen aus dem NW-Graphen ablesen.

Besonders gut überschaubare Verhältnisse liegen vor, wenn man als Inzidenzmatrix die vollständige Knoten-Zweig-Inzidenzmatrix ${}^v\boldsymbol{K}$ (vgl. Abschn. 2.2.3.1., insbes. S. 35) benutzt. Wir wollen diesen Fall etwas eingehender betrachten.

Die Matrix

$${}^v\boldsymbol{K}\boldsymbol{Y}{}^v\boldsymbol{K}^T = \sum_{\zeta,\zeta'=1}^{z} y_{\zeta\zeta'} {}^v k_{.\zeta} ({}^v k_{.\zeta'})^T \tag{133a}$$

ist von der Ordnung k (= Anzahl der Knoten des NW-Graphen). In jedem Spaltenvektor ${}^v k_{.\zeta}(\zeta = 1, \dots, z)$ gibt es genau zwei nicht-verschwindende Elemente. Führt der Zweig ζ vom Knoten $\varkappa_1$ zum Knoten $\varkappa_2$ ($\varkappa_1 \neq \varkappa_2 \in \{1, 2, \dots, k\}$), so gilt ${}^v k_{\varkappa_1\zeta} = 7$, ${}^v k_{\varkappa_2\zeta} = -1$. Führt der Zweig ζ' vom Knoten $\varkappa_1'$ zum Knoten $\varkappa_2'$ ($\varkappa_1' \neq \varkappa_2' \in \{1, 2, \dots, k\}$), so gilt ${}^v k_{\varkappa_1'\zeta} = 1$, ${}^v k_{\varkappa_2'\zeta'} = -1$. Folglich erscheint $y_{\zeta\zeta'}$

in der Matrix ${}^v\boldsymbol{K}\boldsymbol{Y}{}^v\boldsymbol{K}^T$ in den Elementen $(\varkappa_1, \varkappa_1')$ und $(\varkappa_2, \varkappa_2')$ als Summand mit positivem Vorzeichen und in den Elementen $(\varkappa_1, \varkappa_2')$ und $(\varkappa_2, x_1')$ als Summand mit negativem Vorzeichen.

Da die Spaltensummen der Matrix ${}^v\boldsymbol{K}$ verschwinden, ergeben sämtliche Spaltensummen und sämtliche Zeilensummen der Matrix ${}^v\boldsymbol{K}\boldsymbol{Y}{}^v\boldsymbol{K}^T$ den Wert Null – unabhängig von der Wahl der Matrix $\boldsymbol{Y}$.

Diese übersichtlichen Zusammenhänge nutzt man beim Arbeiten mit den sogen. **indefiniten Admittanzmatrizen** aus: Wir setzen voraus, daß zu allen MT des NW die y-Parameterdarstellung und damit die MT-Matrix $\boldsymbol{Y}_M$ existiert. Die Grundbeziehungen der NW-Analyse kann man mit der vollständigen Knoten-Zweig-Inzidenzmatrix $({}^v\boldsymbol{K}, {}^v\boldsymbol{K}_M)$ für NW mit MT wie folgt formulieren.

Schnittgesetz:

$${}^v\boldsymbol{K}(\boldsymbol{I} + \boldsymbol{I}^e) + {}^v\boldsymbol{K}_M(\boldsymbol{I}_M + \boldsymbol{I}_M^e) = \boldsymbol{0} \,.$$

(Diese Beziehung unterscheidet sich gegenüber Gl. (117a) lediglich durch Hinzunahme einer k-ten Zeile, die sich jedoch als Summe der übrigen Zeilen ergibt und folglich keine neue Bedingung darstellt.)

Umlaufgesetz:

$$\begin{pmatrix} \boldsymbol{U} + \boldsymbol{U}^e \\ \boldsymbol{U}_M + \boldsymbol{U}_M^e \end{pmatrix} = \begin{pmatrix} {}^v\boldsymbol{K}^T \\ {}^v\boldsymbol{K}_M^T \end{pmatrix} {}^v\boldsymbol{U}_\varnothing \,.$$

(Die k Komponenten ${}^vU_{\varnothing\varkappa}$ $(\varkappa = 1, \dots, k)$ des Vektors ${}^v\boldsymbol{U}_\varnothing$ können willkürlich gewählt werden. Man kann ${}^vU_{\varnothing\varkappa}$ interpretieren als DG zwischen dem $\varkappa$-ten Knoten und einem beliebigen Bezugspunkt, der im allgemeinen nicht mit einem Knoten des NW zusammenfällt.)

NWE-Relationen:

$$\boldsymbol{I} = \boldsymbol{Y} \cdot \boldsymbol{U} \,, \qquad \boldsymbol{I}_M = \boldsymbol{Y}_M \boldsymbol{U}_M \,.$$

Nach leichter Rechnung folgt aus diesen drei Grundbeziehungen die **indefinite Admittanzdarstellung des NW**

$$\boxed{{}^i\boldsymbol{Y}{}^v\boldsymbol{U}_\varnothing = ({}^v\boldsymbol{K}, {}^v\boldsymbol{K}_M) \begin{pmatrix} \boldsymbol{Y} & 0 \\ 0 & \boldsymbol{Y}_M \end{pmatrix} \begin{pmatrix} {}^v\boldsymbol{K}^T \\ {}^v\boldsymbol{K}_M^T \end{pmatrix} {}^v\boldsymbol{U}_\varnothing \doteq -\, ({}^v\boldsymbol{K}, {}^v\boldsymbol{K}_M) \begin{pmatrix} \boldsymbol{I}^e - \boldsymbol{Y}\boldsymbol{U}^e \\ \boldsymbol{I}_M^e - \boldsymbol{Y}_M \boldsymbol{U}_M^e \end{pmatrix} = {}^v\boldsymbol{I}^\varnothing} \tag{134}$$

Die Koeffizientenmatrix ${}^i\boldsymbol{Y}$ wird als **indefinite Admittanzmatrix** des NW bezeichnet; im Vektor ${}^v\boldsymbol{I}^\varnothing$ sind alle NW-Erregungen zusammengefaßt, wobei auch die D-Quellen in äquivalente Knoten-FG-Einspeisungen umgerechnet wurden.

Setzt man in der Quasidiagonalmatrix $\langle \boldsymbol{Y}, \boldsymbol{Y}_M \rangle$ alle Elemente gleich Null bis auf die zu einem bestimmten NWE oder Unternetzwerk gehörenden Zweigadmittanzen, so nennt man den verbleibenden Teil der indefiniten Admittanzmatrix ${}^i\boldsymbol{Y}$ die indefinite Admittanzmatrix des NWE oder Unternetzwerkes.

Als erstes Beispiel soll die indefinite Admittanzmatrix eines Verbrauchers R_ζ im ζ-ten Zweig, der vom Knoten $\varkappa_1$ zum Knoten $\varkappa_2$ führt, ermittelt werden. In diesem Falle sind in der Matrix $\langle \boldsymbol{Y}, \boldsymbol{Y}_M \rangle$ sämtliche Elemente gleich Null zu setzen bis auf das Diagonalelement $y_{\zeta\zeta} = 1/R_\zeta$, und die indefinite Admittanzmatrix des Verbrauchers erhält man aus $y_{\zeta\zeta}{}^v k_{.\zeta}({}^v k_{.\zeta})^T$. Sie wurde in Abb. 2.92.a veranschaulicht.

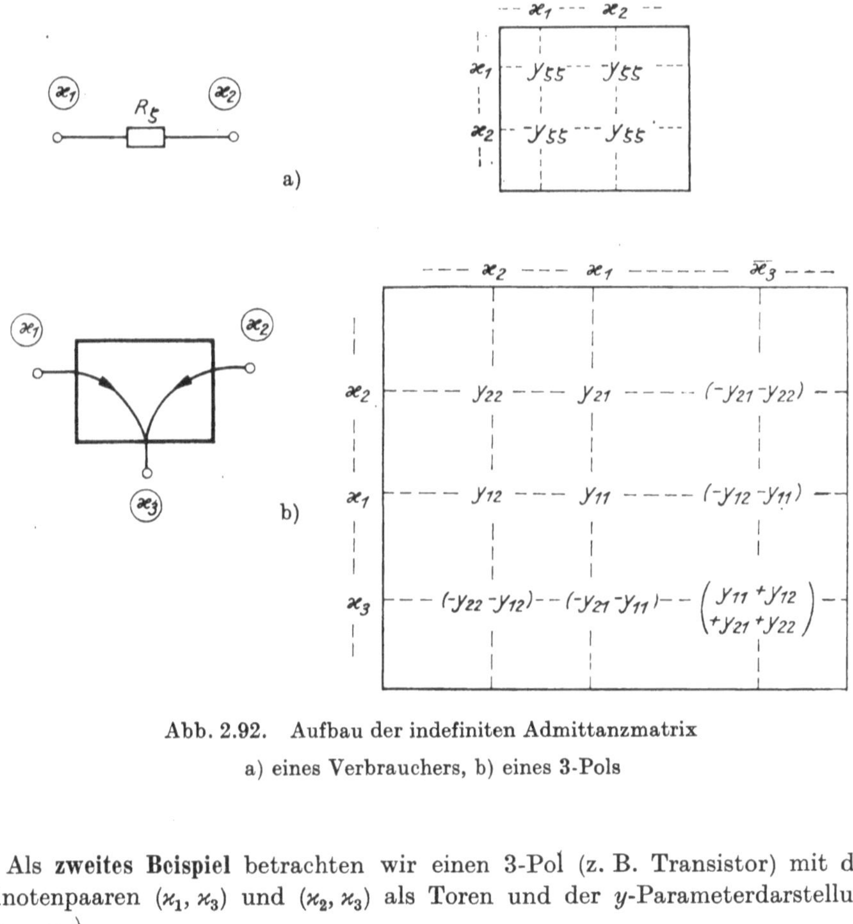

Abb. 2.92. Aufbau der indefiniten Admittanzmatrix

a) eines Verbrauchers, b) eines 3-Pols

Als **zweites Beispiel** betrachten wir einen 3-Pol (z. B. Transistor) mit den Knotenpaaren $(\varkappa_1, \varkappa_3)$ und $(\varkappa_2, \varkappa_3)$ als Toren und der y-Parameterdarstellung $\begin{pmatrix} y_{11} & y_{12} \\ y_{21} & y_{22} \end{pmatrix}$. Die indefinite Admittanzmatrix zu diesem NWE wurde in Abb. 2.92.b notiert. Die Nachrechnung sei dem Leser als Übungsaufgabe empfohlen.

Aus den indefiniten Admittanzmatrizen aller NWE oder Unternetzwerke erhält man — bei einheitlicher Indizierung der Verknüpfungsknoten entsprechend der Struktur des Gesamtnetzwerkes — durch Addition die indefinite Admittanzmatrix des Gesamtnetzwerkes ${}^i\boldsymbol{Y}$.

In jeder indefiniten Admittanzmatrix ergeben sowohl die Spaltensummen als auch die Zeilensummen einen Nullvektor. Folglich ist das Gls. (134) auch nicht eindeutig lösbar. Vor der numerischen Lösung wird man zweckmäßig eine Zeile des Gls. streichen und eine Komponente des Vektors ${}^{v}\boldsymbol{U}_{\varnothing}$ zu Null festsetzen. (Damit wird die zugehörende Spalte der Koeffizientenmatrix ${}^{i}\boldsymbol{Y}$ annulliert, der zu dieser Komponente gehörende Knoten des NW wird zum Bezugsknoten.)

Die nicht notwendig verschwindenden Elemente der indefiniten Admittanzmatrix eines n-Pols (= NWE oder Unter-NW mit n äußeren Anschlußknoten) bilden stets eine quadratische Matrix der Ordnung n. Jeder n-Pol läßt sich auf n verschiedene Weisen als $(n - 1)$-Tor darstellen, je nachdem, welchen Pol man als gemeinsamen Knoten bei der Festlegung der Tor-DG wählt (vgl. auch Abb. 2.78 auf S. 100). Die indefinite Admittanzmatrix des n-Pols enthält die y-Parameter-Darstellung für sämtliche n verschiedenen $(n - 1)$-Tore. Man braucht lediglich die zu dem gemeinsamen Knoten gehörende Zeile und Spalte der indefiniten Admittanzmatrix zu streichen. Umgekehrt kommt man von jeder der n verschiedenen $(n - 1)$-Tor-Darstellungen des gleichen n-Pols zur selben indefiniten Admittanzmatrix des n-Pols. Das ist auf den ersten Blick durchaus nicht selbstverständlich, da sich bei den verschiedenen $(n - 1)$-Tor-Darstellungen Unterschiede sowohl im NW-Graphen, die sich in der Inzidenzmatrix $\boldsymbol{K}_M$ niederschlagen, als auch in der MT-Matrix $\boldsymbol{Y}_M$ ergeben.

Es ist in unserem Zusammenhang vorteilhaft, eine Charakterisierung der n-Pole zu besitzen, die ohne das MT-Konzept auskommt, und alle n Knoten des n-Pols von vornherein gleichberechtigt behandelt. Wir empfehlen dem Leser, sich die meßtechnische Ermittlung der Elemente der indefiniten Admittanzmatrix auf der Basis des Gls. (134) als Übungsaufgabe zu überlegen. Bei NW, die nicht nur aus 2-Polen zusammengeschaltet sind, gilt im allgemeinen $({}^{i}\boldsymbol{Y})_{\varkappa\varkappa'} \neq ({}^{i}\boldsymbol{Y})_{\varkappa'\varkappa}$. Die Nichtdiagonalelemente der indefiniten Admittanzmatrix eines beliebigen n-Pols charakterisieren den n-Pol bereits eindeutig (da Zeilen- und Spaltensummen stets verschwinden). Die in der indefiniten Admittanzmatrix enthaltene Information läßt sich nach einem Vorschlag von MASON und

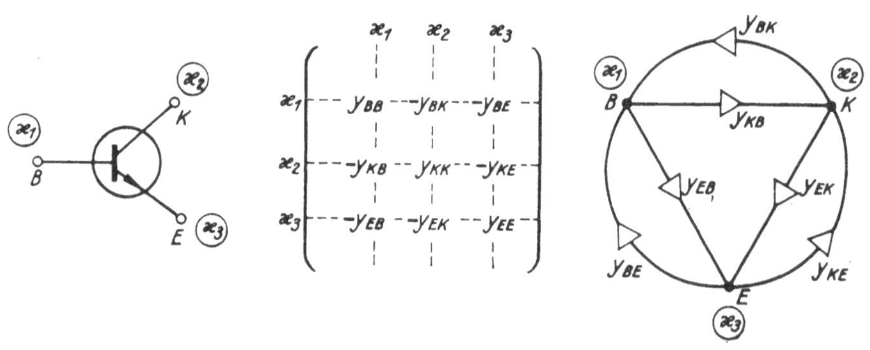

a) b)

Abb. 2.93. Indefinite Admittanzmatrix und Unistor-Graph eines Transistors

ZIMMERMANN [M-Z-63] in einem speziellen Graphen, dem sogenannten **Unistorschema,** veranschaulichen. Zur Erläuterung betrachten wir in Abb. 2.93 ein 3-poliges Schaltelement (Transistor), die zugehörende indefinite Admittanzmatrix und das Unistorschema.

Generell entsteht das Unistorschema zu einer vorgelegten indefiniten Admittanzmatrix wie folgt. Das Unistorschema ist ein orientierter Graph, dessen Knotenzahl mit der Ordnung der indefiniten Admittanzmatrix übereinstimmt. Jedem Nichtdiagonalelement $({}^i\boldsymbol{Y})_{\varkappa'\varkappa}$, $\varkappa \neq \varkappa'$, wird ein Unistorzweig zugeordnet, der vom Knoten $\varkappa$ zum Knoten $\varkappa'$ gerichtet ist und das Zweiggewicht $y_{\varkappa'\varkappa} = -({}^i\boldsymbol{Y})_{\varkappa'\varkappa}$ erhält. Bei der Zusammenschaltung mehrerer NWE können parallel liegende und gleichsinnig orientierte Unistorzweige zwischen denselben Knoten zu einem Zweig susammengefaßt werden, wobei die Gewichte der Einzelzweige zu addieren sind.

Es ist nun möglich, die durch das Gls. (134) repräsentierten Schnittgesetze für die k Knoten des NW bei fehlender äußerer Erregung im Unistorschema zu veranschaulichen. Dazu trifft man folgende Festlegung: Liegt am Knoten $\varkappa$ eine DG $U_{\varnothing\varkappa}$ an, so soll durch den Unistorzweig mit dem Gewicht $y_{\varkappa'\varkappa}$ eine FG $y_{\varkappa'\varkappa}U_{\varnothing\varkappa}$ in Richtung des Pfeiles, der den Unistorzweig orientiert, fließen — unabhängig von der Knoten-DG $U_{\varnothing\varkappa'}$.
Die $\varkappa'$-te Zeile des Gls. (134) lautet ausgeschrieben

$$\sum_{\varkappa=1}^{n} ({}^i\boldsymbol{Y})_{\varkappa'\varkappa} U_{\varnothing\varkappa} = \Big(\sum_{\varkappa\neq\varkappa'} y_{\varkappa\varkappa'}\Big) U_{\varnothing\varkappa'} - \sum_{\varkappa\neq\varkappa'} y_{\varkappa'\varkappa} U_{\varnothing\varkappa} = I^{\varnothing}_{\varkappa'} .$$

Der mit $U_{\varnothing\varkappa'}$ multiplizierte Term gehört zu den Unistorzweigen, die von Knoten $\varkappa'$ fortführen. Die mit $U_{\varnothing\varkappa'}$ multiplizierten Terme gehören zu Unistorzweigen, die zum Knoten $\varkappa'$ hinführen. Der rechten Seite wird ein zum Knoten $\varkappa'$ hinführender Unistorzweig mit dem Gewicht $I^{\varnothing}_{\varkappa'}$ zugeordnet.

Mit diesen Vereinbarungen gilt im Unistorschema das Schnittgesetz für sämtliche Knoten (, obwohl die einzelnen Unistorzweig-FG nicht mit den Zweig-FG des NW übereinstimmen!). Weiter wollen wir dem Knoten $\varkappa$ des Unistorschemas die DG $U_{\varnothing\varkappa'}$ ($\varkappa = 1,2, \ldots, k$) zuordnen, um auch das Umlaufgesetz im Unistorschema zu gewährleisten.

Es ist oft zweckmäßig, als Bezugspunkt für die Festlegung der DG den k-ten Knoten des NW zu wählen. Dann wird $U_{\varnothing\varkappa'} = 0$ und die vom k-ten Knoten fortführenden Unistorzweige mit dem Gewicht $y_{\varkappa'k}$ können weggelassen werden.

Die indefinite Admittanzdarstellung (134) steht in einem außerordentlich engen Zusammenhang zum Gls. der Knoten-DG (132a). Die Frage ist naheliegend, ob man auch mit dem Gls. der Schnittmengen-DG (132) bzw. mit dem Gls. der Maschen-FG (132′) korrespondierende indefinite Admittanz- bzw. Impedanzdarstellungen finden kann. Prinzipiell muß diese Frage bejaht werden. Doch treten im allgemeinen kompliziertere Zusammenhänge als bei der Darstellung (134) auf, weil sich die Eigenschaft, daß jeder Zweig mit genau zwei Knoten inzidiert und deshalb die Spaltensummen der Inzidenzmatrix (${}^v\boldsymbol{K}$, ${}^v\boldsymbol{K}_M$) verschwinden, nicht auf Schnittmengen und Maschen überträgt. Bei ebenen

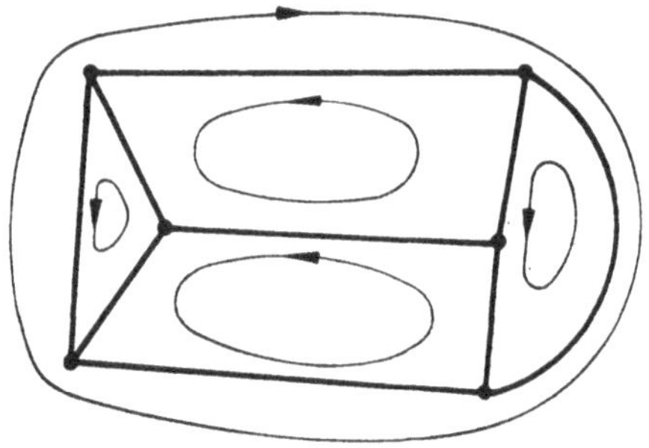

Abb. 2.94. Maschensystem, das der Berechnung einer indefiniten Impedanzmatrix zugrunde gelegt wird

NW-Graphen kann man jedoch stets eine zu (134) analoge **indefinite Impedanzdarstellung** angeben und alle aus (134) gezogenen Schlußfolgerungen sinngemäß übertragen. Dazu hat man im ebenen Graphen das System der (inneren) gleichsinnig orientierten Fenstermaschen zu wählen und dieses Maschensystem durch die gegensinnig orientierte Außenmasche zu ergänzen (vgl. Abb. 2.94). Bezeichnet man die zu diesem Maschensystem gehörende Maschen-Zweig-Inzidenzmatrix mit $({}^v\boldsymbol{M}, {}^v\boldsymbol{M}_M)$, so finden wir in jeder Spalte dieser Matrix genau eine 1, eine -1 und sonst Nullen. Also verschwinden die Spaltensummen dieser Matrix. Die indefinite Impedanzdarstellung des NW lautet

$$({}^v\boldsymbol{M}, {}^v\boldsymbol{M}_M)\begin{pmatrix}\boldsymbol{Z} & 0\\ 0 & \boldsymbol{Z}_M\end{pmatrix}\begin{pmatrix}{}^v\boldsymbol{M}^T\\ {}^v\boldsymbol{M}_M^T\end{pmatrix}{}^v\boldsymbol{I}_0 = -\,({}^v\boldsymbol{M}, {}^v\boldsymbol{M}_M)\begin{pmatrix}\boldsymbol{U}^e - \boldsymbol{Z}\boldsymbol{I}^e\\ \boldsymbol{U}_M^e - \boldsymbol{Z}_M\boldsymbol{I}_M^e\end{pmatrix}. \quad (134')$$

Die Formulierung der Eigenschaften der indefiniten Impedanzmatrizen des Gesamt-NW, der NWE und Unter-NW kann dem Leser als Übungsaufgabe überlassen werden.

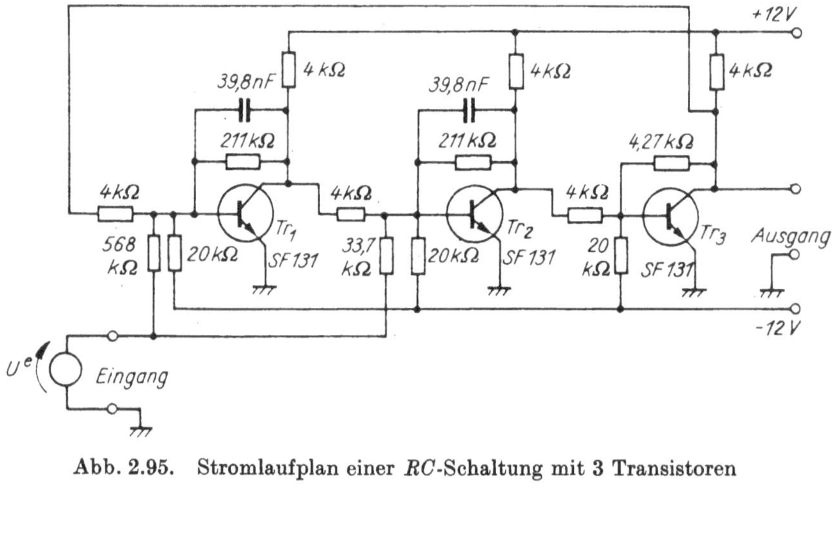

Abb. 2.95. Stromlaufplan einer *RC*-Schaltung mit 3 Transistoren

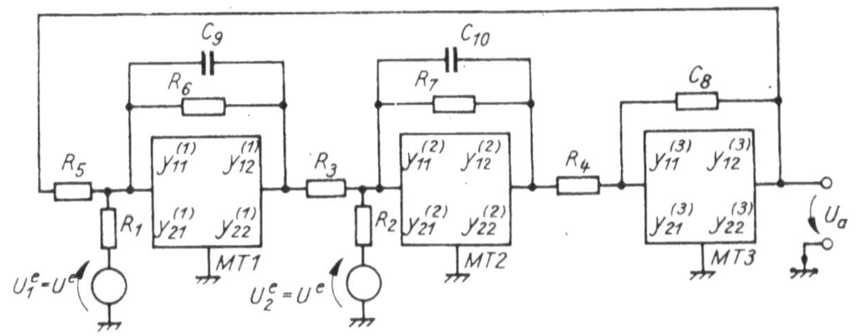

Abb. 2.96. Wechselstromersatzschaltbild zur Berechnung des Kleinsignalverhaltens

2.4.3.7. Anwendungen

In diesem Abschnitt soll die Anwendung der abgeleiteten Gls. zur Analyse von NW mit MT an zwei größeren Beispielen erläutert werden. Die Abb. 2.95 zeigt den Stromlaufplan einer *RC*-Schaltung **mit 3 Transistoren.** Sie soll das Verhalten eines *RCL*-Schwingkreises nachbilden. Die Analyse ist im Frequenzbereich durchzuführen. Die angelegten Gleichspannungen von +12 V bzw. −12 V sorgen für eine Arbeitspunkteinstellung bei den nichtlinearen Bauelementen. Die am Eingang anliegende Wechselspannung wird von der Schaltung in Abhängigkeit von der Frequenz unterschiedlich bedämpft. Im Sinne des Abschn. 2.3.2. ist das Kleinsignalverhalten der Schaltung zu berechnen. Das lineare Wechselstrom-Ersatzschaltbild wurde in Abb. 2.96 festgehalten. Man erkennt, daß alle zeitlich konstanten Gleichspannungen in diesem Ersatzschaltbild nicht mehr vorkommen (vgl. S. 65). Aus der idealen Wechselspannungsquelle, die in der ursprünglichen Form nicht in unser NW-Zweig-Konzept paßt, wurde durch eine Quellen-Transformation (vgl. S. 51) eine ideale Spannungsquelle in zwei Zweigen. In den 2-Toren wurden nicht nur die Transistoren, sondern jeweils noch ein zusätzlicher Basiswiderstand $R_B = 20\ \text{k}\Omega$ und ein Kollektorwiderstand $R_C = 4\ \text{k}\Omega$ erfaßt, vgl. Abb. 2.97. Aus den y-Parametern der Transistoren y_{ij}^{Tr} erhält man die y-Parameter jedes solchen

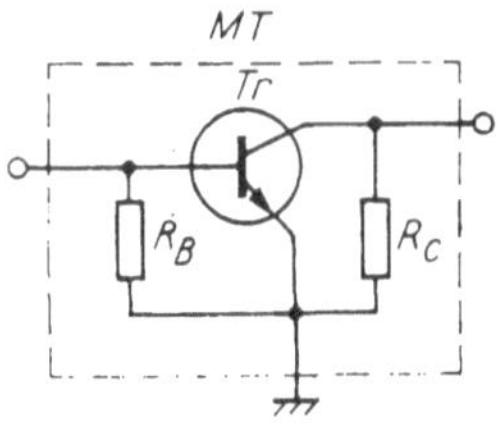

Abb. 2.97

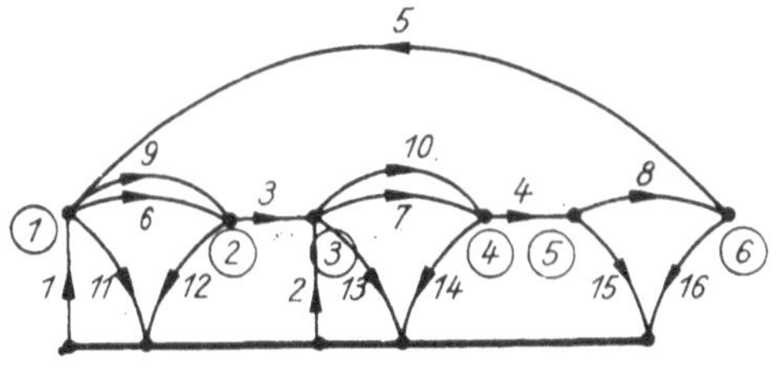

Abb. 2.98

Abb. 2.97. 2-Tor-Darstellung der Transistoren

Abb. 2.98. Netzwerk-Graph der *RC*-Schaltung mit 3 Transistoren

2-Tores gemäß

$$y_{11} = y_{11}^{\mathrm{Tr}} + \frac{1}{R_B}, \quad y_{12} = y_{12}^{\mathrm{Tr}}, \quad y_{21} = y_{21}^{\mathrm{Tr}}, \quad y_{22} = y_{22}^{\mathrm{Tr}} + \frac{1}{R_C}.$$

In Abb. 2.98 wurde der orientierte NW-Graph mit durchnumerierten Zweigen und Knoten angegeben. Die Zweige 1, ..., 10 erfassen die 2-poligen (= 1-torigen) NWE, während die Zweige 11 und 12, 13 und 14, 15 und 16 jeweils ein 2-Tor charakterisieren. Mit dem gewählten Bezugsknoten (= durchgehende Erde) der Schaltung lautet das Gleichungssystem (132a) der Knoten-Spannungs-Gln.

$$\begin{pmatrix} y_1+y_5+y_6+y_9+y_{11}^{(1)} & -y_6-y_9+y_{12}^{(1)} & 0 & 0 & 0 & -y_5 \\ -y_6-y_9+y_{21}^{(1)} & y_9+y_3+y_6+y_{22}^{(1)} & -y_3 & 0 & 0 & 0 \\ 0 & -y_3 & y_2+y_3+y_7+y_{10}+y_{11}^{(2)} & -y_7-y_{10}+y_{12}^{(2)} & 0 & 0 \\ 0 & 0 & -y_7-y_{10}+y_{21}^{(2)} & y_{10}+y_4+y_7+y_{22}^{(2)} & -y_4 & 0 \\ 0 & 0 & 0 & -y_4 & y_4+y_8+y_{11}^{(3)} & -y_8+y_{12}^{(3)} \\ -y_5 & & & & -y_8+y_{21}^{(3)} & y_5+y_8+y_{22}^{(3)} \end{pmatrix} \boldsymbol{U}_{\varnothing} = \begin{pmatrix} -y_1 U_1^e \\ -y_2 U_2^e \\ 0 \\ 0 \\ 0 \\ 0 \end{pmatrix}$$

mit $y_i = 1/R_i$ für $i = 1, 2, \ldots, 8$ und $y_9 = sC_9$, $y_{10} = sC_{10}$.

Bei der Aufstellung dieses Gls. geht man zweckmäßig von der indefiniten Admittanz-Darstellung (134) aus. Man bestimmt zunächst die indefiniten Admittanzmatrizen aller NWE und addiert diese anschließend. Die zum Bezugsknoten gehörende Zeile und Spalte der indefiniten Admittanzmatrix des Gesamt-NW wird zum Schluß gestrichen.

Als zweite Anwendung wird ein **elektromechanisches Schwingungssystem** betrachtet, dessen prinzipieller Aufbau der Abb. 2.99 zu entnehmen ist. In einem Elektromagneten (Masse M_3) schwingt ein Permanentmagnet (Masse M_1) in vertikaler Richtung, der durch Federn (F_1) mit dem Elektromagneten verbunden ist. Dieses System ist wiederum federnd (F_3) in einem Gehäuse (mit der Masse M_2) aufgehängt. Das Gehäuse selbst steht auf Gummifüßen, deren Wirkung gegenüber dem Bezugssystem (= Erdboden) durch Federn (F_2) nachgebildet werden kann. Das System wird durch einen in der Erregerspule (Wandler 1) fließenden Strom in Schwingungen versetzt. Die Relativbewegung zwischen Elektro- und Permanentmagnet wird durch die in einer Meßspule (Wandler 2) induzierte Spannung gemessen. Gesucht sind vor allem die Geschwindigkeit und die Beschleunigung des Elektromagneten sowie der Strom durch den Lastwiderstand R_L.

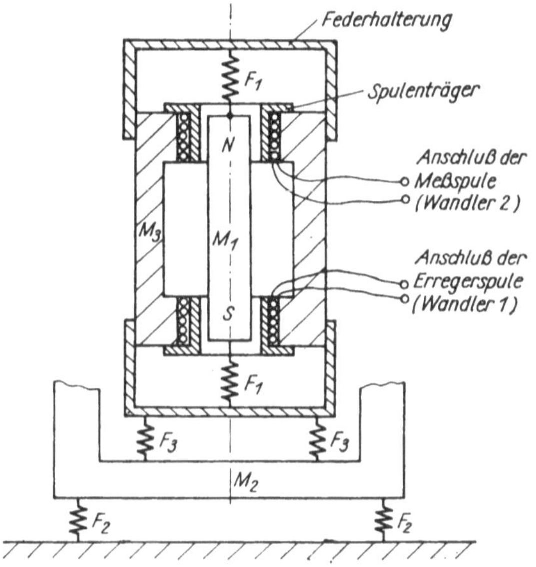

Abb. 2.99. Elektromechanisches Schwingungssystem

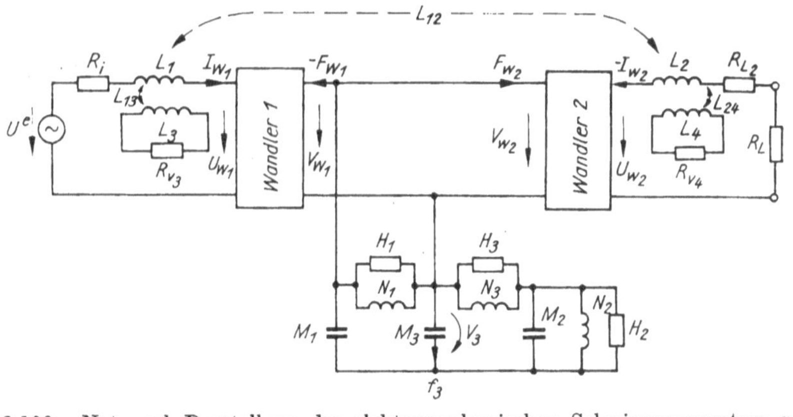

Abb. 2.100. Netzwerk-Darstellung des elektromechanischen Schwingungssystem gemäß Abb. 2.99

Das technische System kann man wie folgt modellieren (vgl. Abb. 2.100). Im Wandler 1 wird aus dem eingespeisten Strom I_{W1} die Kraft F_{W1}, während der Wandler 2 die Relativgeschwindigkeit V_{W2} in die Spannung U_{W2} umformt. Es handelt sich um die im Abschn. 2.4.1.3. erwähnten (idealen) elektrodynamischen Wandler. Mit den Wandlerkonstanten $\ddot{u}_1$ und $\ddot{u}_2$ gilt

$$F_{W1} = \ddot{u}_1 I_{W1}\,, \quad V_{W1} = \frac{1}{\ddot{u}_1} U_{W1} \quad \text{und} \quad U_{W2} = \ddot{u}_2 V_{W2}\,, \quad I_{W2} = \frac{1}{\ddot{u}_2} F_{W2}$$

oder, in Matrizenschreibweise formuliert,

$$\begin{pmatrix} V_{W1} \\ I_{W1} \end{pmatrix} = \begin{pmatrix} 0 & 1/\ddot{u}_1 \\ -1/\ddot{u}_1 & 0 \end{pmatrix} \begin{pmatrix} -F_{W1} \\ U_{W1} \end{pmatrix} \quad \text{und} \quad \begin{pmatrix} U_{W2} \\ F_{W2} \end{pmatrix} = \begin{pmatrix} 0 & \ddot{u}_2 \\ -\ddot{u}_2 & 0 \end{pmatrix} \begin{pmatrix} -I_{W2} \\ V_{W2} \end{pmatrix}.$$

Ersichtlich handelt es sich hier um ideale transformatorische Wandler (vgl. Gl. (115′) auf S. 112 und Abb. 2.69.a auf S. 95).

L_1 und L_2 stellen die Induktivitäten der Wandlerspulen dar, die über die Eisenteile des Permanent- und Elektromagneten magnetisch miteinander verkoppelt sind (Gegeninduktivität L_{12}). Die Spulen sind auf metallische Spulenträger aufgeklebt, die wie eine Windung mit der Induktivität L_3 (bzw. L_4) und dem Verlustwiderstand R_{V3} (bzw. R_{V4}) in Reihe wirken. Sie sind über die Gegeninduktivitäten L_{13} und L_{24} mit den Wandlerspulen verkoppelt. Die wesentlich schwächere Kopplung zwischen L_3 und L_2/L_4 sowie zwischen L_4 und L_1/L_3 wird vernachlässigt. R_{L2} stellt den (relativ großen) Verlustwiderstand der Meßspule dar, R_i faßt den Drahtwiderstand der Erregerspule und den Innenwiderstand der Spannungsquelle zusammen, R_L ist der Lastwiderstand (= Eingangswiderstand des angeschlossenen Auswertegerätes).

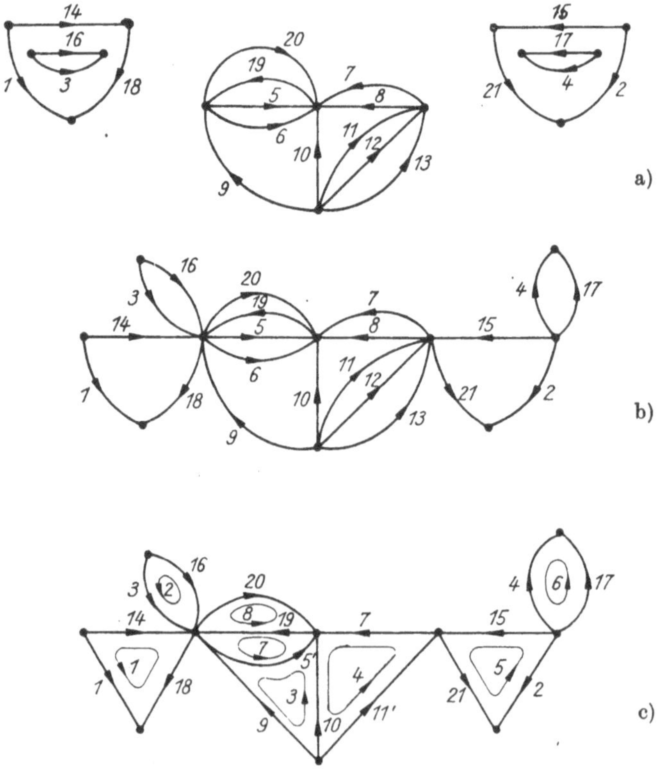

Abb. 2.101. Netzwerk-Graph des elektromechanischen Schwingungssystems; a) zerfallender Graph, b) zusammenhängender Graph, c) vollständiges System unabhängiger Maschen (statt Zweig 7 lies Zweig 7′)

Im mechanischen Teil des Systems werden die Federn jeweils durch eine Nachgiebigkeit N und einen Reibungsmitgang H wiedergegeben, während die Trägheit der Körper in ihren Massen M_1, M_2 und M_3 erfaßt wird. Das skizzierte NW-Modell wurde in Abb. 2.100 dargestellt. Einen zugehörenden orientierten NW-Graphen zeigt die Abb. 2.101.a. Der Graph zerfällt in fünf separate Teilgraphen. Im Sinne des Abschn. 2.4.2.1. verwandeln wir den Graphen in einen einfach zusammenhängenden Graphen (vgl. Abb. 2.101.b).

Die Analyse soll mit Hilfe der Maschenmethode durchgeführt werden. Die induktiv verkoppelten Spulen bilden ein 4-Tor mit der folgenden z-Parameter-Darstellung

$$\boldsymbol{U}_L = \begin{pmatrix} U_{L1} \\ U_{L2} \\ U_{L3} \\ U_{L4} \end{pmatrix} = \begin{pmatrix} U_{14} \\ U_{15} \\ U_{16} \\ U_{17} \end{pmatrix} = s \begin{pmatrix} L_1 & L_{12} & L_{13} & 0 \\ L_{12} & L_2 & 0 & L_{24} \\ L_{13} & 0 & L_3 & 0 \\ 0 & L_{24} & 0 & L_4 \end{pmatrix} \begin{pmatrix} I_{14} \\ I_{15} \\ I_{16} \\ I_{17} \end{pmatrix} = s\boldsymbol{L}\boldsymbol{I}_L \,.$$

Die Wandler sind ideale Übertrager, die eine Mehrtor-Darstellung zulassen,

$$\begin{pmatrix} I_{18} \\ I_{20} \\ U_{21} \\ U_{19} \end{pmatrix} = \begin{pmatrix} I_{W1} \\ F_{W2} \\ U_{W2} \\ V_{W1} \end{pmatrix} = \left(\begin{array}{cc|cc} 0 & 0 & 0 & -1/\ddot{u}_1 \\ 0 & 0 & -\ddot{u}_2 & 0 \\ \hline 0 & \ddot{u}_2 & 0 & 0 \\ 1/\ddot{u}_1 & 0 & 0 & 0 \end{array}\right) \begin{pmatrix} U_{W1} \\ V_{W2} \\ -I_{W2} \\ -F_{W1} \end{pmatrix}. \tag{135}$$

Wir partitionieren die MT-Zweige wie folgt:

$$\boldsymbol{U}_{M1} = (U_{18}, U_{20})^T \text{ und } \boldsymbol{I}_{M2} = (I_{21}, I_{19}, I_{14}, I_{15}, I_{16}\, \mathrm{I}_{17})^T \,.$$

Bei dieser Partitionierung wird in Gl. (120′) die Teilmatrix $\boldsymbol{G}_{11} = \boldsymbol{0}$.

Faßt man die parallel liegenden Zweige 11, 12, 13 bzw. 5, 6 bzw. 7, 8 zu einem Zweig 11′ bzw. 5′ bzw. 7′ zusammen, so lautet die Maschen-Zweig-Inzidenzmatrix für das in Abb. 2.101.c eingetragene System unabhängiger Maschen:

$\varkappa$ \ ζ	1	2	3	4	5′	7′	9	10	11′	18	20	21	19	14	15	16	17
1	1									−1				−1			
2			1													−1	
3					−1		−1	1									
4						1		−1	1								
5		−1										1			1		
6				−1													1
7					1								1				
8											−1		−1				

$\boldsymbol{M}_{1\text{-Tore}}$ (Spalten 1 … 11′), $\boldsymbol{M}_{M1}$ (Spalten 18, 20), $\boldsymbol{M}_{M2}$ (Spalten 21 … 17); $\boldsymbol{M}_{\ddot{U}}$, $\boldsymbol{M}_L$

Im Gls. (126′) lassen sich wegen $\boldsymbol{G}_{11} = \boldsymbol{0}$ nicht sämtliche Zweig-DG eliminieren. Man kommt lediglich auf ein Gls. der Gestalt (131′).

Die Impedanzen der Zweige 1, 2, 3, 4, 5′, 7′, 9, 10 und 11′ werden zu einer Diagonalmatrix $\boldsymbol{Z}$ zusammengefaßt. Mit der angegebenen Partitionierung wird

$$(\boldsymbol{E}, -\boldsymbol{G}_{12})\,\boldsymbol{M}_M^T = \begin{pmatrix} 1 & 0 & \vline & 0 & 1/\ddot{u}_1 & 0 & 0 & 0 & 0 \\ 0 & 1 & \vline & \ddot{u}_2 & 0 & 0 & 0 & 0 & 0 \end{pmatrix} \begin{pmatrix} \boldsymbol{M}_{M1}^T \\ \boldsymbol{M}_{M2}^T \end{pmatrix}$$
$$= \begin{pmatrix} -1 & 0 & 0 & 0 & 0 & 0 & 1/\ddot{u}_1 & -1/\ddot{u}_1 \\ 0 & 0 & 0 & 0 & \ddot{u}_2 & 0 & 0 & -1 \end{pmatrix} = \left(\boldsymbol{M}_M \begin{pmatrix} \boldsymbol{E} \\ \boldsymbol{G}_{21} \end{pmatrix}\right)^T.$$

Weiter läßt sich leicht die Beziehung

$$\boldsymbol{M}_{M2}\boldsymbol{G}_{22}\boldsymbol{M}_{M2}^T = \boldsymbol{M}_L s\boldsymbol{L}\boldsymbol{M}_L^T$$

nachweisen. Mithin kann zur Berechnung des elektromechanischen Systems das folgende Gleichungssystem benutzt werden:

$$\left(\begin{array}{cc|cccccccc} 0 & 0 & -1 & 0 & 0 & 0 & 0 & 0 & 1/\ddot{u}_1 & 1/\ddot{u}_1 \\ 0 & 0 & 0 & 0 & 0 & 0 & \ddot{u}_2 & 0 & 0 & -1 \\ \hline -1 & 0 & & & & & & & & \\ 0 & 0 & & & & & & & & \\ 0 & 0 & & & & & & & & \\ 0 & 0 & & & & & & & & \\ 0 & \ddot{u}_2 & & \multicolumn{7}{c}{-(\boldsymbol{M}_{1\text{-Tore}}, \boldsymbol{M}_L)\begin{pmatrix} \boldsymbol{Z} & \boldsymbol{0} \\ \boldsymbol{0} & s\boldsymbol{L} \end{pmatrix}\begin{pmatrix} \boldsymbol{M}_{1\text{-Tore}}^T \\ \boldsymbol{M}_L^T \end{pmatrix}} \\ 0 & 0 & & & & & & & & \\ 1/\ddot{u}_1 & 0 & & & & & & & & \\ -1/\ddot{u}_1 & -1 & & & & & & & & \end{array}\right) \left(\begin{array}{c} -U_{18} \\ -U_{20} \\ \hline I_{01} \\ I_{02} \\ I_{03} \\ I_{04} \\ I_{05} \\ I_{06} \\ I_{07} \\ I_{08} \end{array}\right) = \left(\begin{array}{c} 0 \\ 0 \\ \hline U^e \\ 0 \\ 0 \\ 0 \\ 0 \\ 0 \\ 0 \\ 0 \end{array}\right).$$

Die Teilmatrix $(\boldsymbol{M}_{1\text{-Tore}}, \boldsymbol{M}_L)\begin{pmatrix} \boldsymbol{Z} & \boldsymbol{0} \\ \boldsymbol{0} & s\boldsymbol{L} \end{pmatrix}\begin{pmatrix} \boldsymbol{M}_{1\text{-Tore}}^T \\ \boldsymbol{M}_L^T \end{pmatrix}$ kann man bei einiger Geübtheit unmittelbar aus dem NW-Graphen ablesen. Sie lautet:

$$\begin{pmatrix} z_1 + sL_1 & sL_{13} & 0 & 0 & -sL_{12} & 0 & 0 & 0 \\ sL_{13} & z_3 + sL_3 & 0 & 0 & 0 & 0 & 0 & 0 \\ 0 & 0 & z_{5'} + z_9 + z_{10} & -z_{10} & 0 & 0 & -z_{5'} & 0 \\ 0 & 0 & -z_{10} & z_{7'} + z_{10} + z_{11'} & 0 & 0 & 0 & 0 \\ -sL_{12} & 0 & 0 & 0 & z_2 + sL_2 & sL_{24} & 0 & 0 \\ 0 & 0 & 0 & 0 & sL_{24} & z_4 + sL_4 & 0 & 0 \\ 0 & 0 & -z_{5'} & 0 & 0 & 0 & z_{5'} & 0 \\ 0 & 0 & 0 & 0 & 0 & 0 & 0 & 0 \end{pmatrix}.$$

Der Kürze halber wurde für die 1-Tor-Zweigimpedanzen $z_{\zeta\zeta} = z_\zeta$ geschrieben.

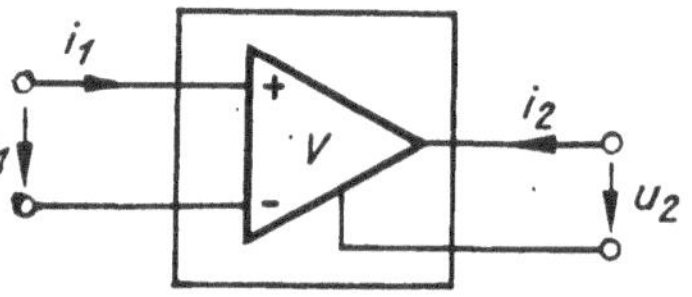

Abb. 2.102. Zweitor-Darstellung des idealen Verstärkers

Wir wollen diesen Abschnitt abschließen mit einigen Bemerkungen über die Aufstellung der NW-Gln. für NW, die ideale Verstärker als NWE enthalten.

Ein **idealer Verstärker** mit der (endlichen) Verstärkung V läßt sich als Zweitor interpretieren (vgl. Abb. 2.102), für das eine MT-Darstellung in der Form (120) oder (120′) existiert,

$$\begin{pmatrix} u_2 \\ i_1 \end{pmatrix} = \begin{pmatrix} 0 & V \\ 0 & 0 \end{pmatrix} \begin{pmatrix} i_2 \\ u_1 \end{pmatrix}. \tag{136}$$

Die Analyse von NW, die einen oder mehrere ideale Verstärker enthalten, ist demnach auf der Grundlage der in den vorangegangenen Abschnitten hergeleiteten Gls. ohne weiteres möglich. Kennzeichnet man die an den Eingangstoren bzw. Ausgangstoren registrierbaren NW-Größen durch einen Index „e" bzw. „a", so lassen sich die Gln. (136) für sämtliche idealen Verstärker des NW zusammenfassen zu

$$\begin{pmatrix} \boldsymbol{u}_a \\ \boldsymbol{i}_e \end{pmatrix} = \begin{pmatrix} \boldsymbol{0} & \boldsymbol{V} \\ \boldsymbol{0} & \boldsymbol{0} \end{pmatrix} \begin{pmatrix} \boldsymbol{i}_a \\ \boldsymbol{u}_e \end{pmatrix}$$

mit der Diagonalmatrix $\boldsymbol{V}$ der Verstärkungen. Für die LAPLACE-Transformierten der F- und D-Größen gilt daher

$$\begin{pmatrix} \boldsymbol{U}_a \\ \boldsymbol{I}_e \end{pmatrix} = \begin{pmatrix} \boldsymbol{0} & \boldsymbol{V} \\ \boldsymbol{0} & \boldsymbol{0} \end{pmatrix} \begin{pmatrix} \boldsymbol{I}_a \\ \boldsymbol{U}_e \end{pmatrix}. \tag{136′}$$

Der Übersichtlichkeit halber wird hier vorausgesetzt, daß außer idealen Verstärkern keine weiteren MT im NW vorhanden sind. Damit lautet z. B. das Gls. (126a)

$$\begin{pmatrix} \boldsymbol{0} & (\boldsymbol{E}, -\boldsymbol{V}) \begin{pmatrix} \boldsymbol{K}_a^T \\ \boldsymbol{K}_e^T \end{pmatrix} \\ \boldsymbol{K}_a & -\boldsymbol{K}\boldsymbol{Z}^{-1}\boldsymbol{K}^T \end{pmatrix} \begin{pmatrix} -\boldsymbol{I}_a \\ \boldsymbol{U}_\varnothing \end{pmatrix} = \begin{pmatrix} \boldsymbol{U}_a^e - \boldsymbol{V}\boldsymbol{U}_e^e \\ -\boldsymbol{I}^\varnothing - \boldsymbol{K}\boldsymbol{Z}^{-1}\boldsymbol{U}^e \end{pmatrix}. \tag{137a}$$

Im Extremfall (idealer) **Operationsverstärker** gehen die Verstärkungen V gegen $+\infty$ oder $-\infty$. Für Operationsverstärker existiert keine MT-Darstellung der Gestalt (120) oder (120′). Dennoch lassen sich Gls. zur Analyse von NW mit Operationsverstärkern angeben. Wir formen dazu die erste (Hyper-)Zeile des Gls. (137a) um in

$$\boldsymbol{0} = \boldsymbol{K}_e^T \boldsymbol{U}_\varnothing - \boldsymbol{U}_e^e - \boldsymbol{V}^{-1}(\boldsymbol{K}_a^T \boldsymbol{U}_\varnothing - \boldsymbol{U}_a^e)\,.$$

Für dem Betrage nach unbeschränkt wachsende Verstärkungen geht die Diagonalmatrix $\boldsymbol{V}^{-1}$ über in die Nullmatrix und die letzte Beziehung über in

$$\boldsymbol{0} = \boldsymbol{K}_e^T \boldsymbol{U}_\varnothing - \boldsymbol{U}_e^e = \boldsymbol{U}_e\,. \tag{139}$$

Gl. (139) besagt, daß die über den Operationsverstärker-Eingängen abfallenden DG $\boldsymbol{U}_e$ verschwinden.

Der Analyse von NW mit Operationsverstärkern kann daher das folgende Gls. zugrundegelegt werden,

$$\begin{pmatrix} \boldsymbol{0} & \boldsymbol{K}_e^T \\ \boldsymbol{K}_a & \boldsymbol{K}\boldsymbol{Z}^{-1}\boldsymbol{K}^T \end{pmatrix} \begin{pmatrix} \boldsymbol{I}_a \\ \boldsymbol{U}_\varnothing \end{pmatrix} = \begin{pmatrix} \boldsymbol{U}_e^e \\ \boldsymbol{I}^\varnothing + \boldsymbol{K}\boldsymbol{Z}^{-1}\boldsymbol{U}^e \end{pmatrix}. \tag{138a}$$

Für einen idealen Operationsverstärker (vgl. Abb. 2.103.a) gilt daher am Eingangstor sowohl $i_1 = 0$ als auch $u_1 = 0$. Zwischen u_2 und i_2 am Ausgangstor besteht kein bestimmter Zusammenhang, solange man den Operationsverstärker für sich betrachtet. Die am Ausgangstor anzutreffenden FG-DG-Relationen werden allein durch die äußere Beschaltung des Operationsverstärkers festgelegt.

Es ist vorgeschlagen worden, diese besonderen Verhältnisse durch eine eigene Namensgebung hervorzuheben ([C-Y-61], [Kle-71]). Einen Zweig, für den stets $i = 0$ und zugleich $u = 0$ gilt, bezeichnet man als **Nullatorzweig** (Symbol: -∅-). Einen Zweig, in dem die Zweig-FG i in keinem direkten Zusammenhang zur Zweig-DG u steht, bezeichnet man als **Noratorzweig** (Symbol: -∞-). In diesem Sinne kann man einen Operationsverstärker beschreiben, indem man das Eingangstor als Nullatorzweig und das Ausgangstor als Noratorzweig interpretiert. Man kommt so zu dem in Abb. 2.103.b gezeigten Nullator-Norator-Ersatzschaltbild des idealen Operationsverstärkers. Das skizzierte Zweitor bezeichnet

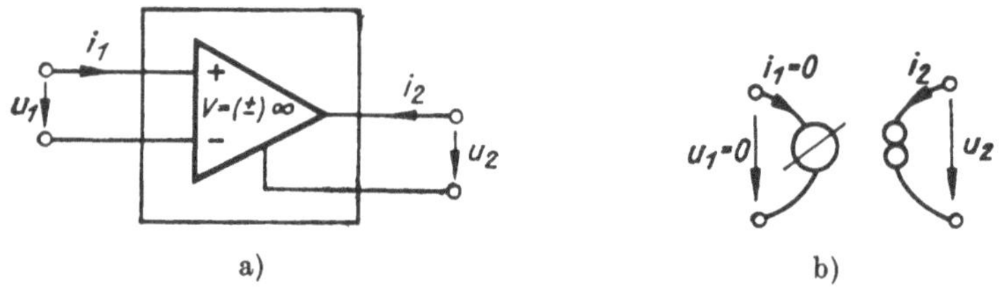

Abb. 2.103. Idealer Operationsverstärker;
a) Zweitor-Darstellung, b) Nullator-Norator-Ersatzschaltbild

man auch als **Nullor.** Ersetzt man in einem gegebenen NW sämtliche Operationsverstärker durch Nulloren, so stellen im Gls. (138a) die Matrix $\boldsymbol{K}_a$ die Knoten-Noratorzweig-Inzidenzmatrix und die Matrix $\boldsymbol{K}_e$ die Knoten-Nullatorzweig-Inzidenzmatrix dar.

Bei der Analyse von NW mit Operationsverstärkern erweist es sich oft als zweckmäßig, in (138a) einen Teilvektor $\boldsymbol{U}_{\varnothing I}$ des Vektors $\boldsymbol{U}_\varnothing = \begin{pmatrix} \boldsymbol{U}_{\varnothing I} \\ \boldsymbol{U}_{\varnothing II} \end{pmatrix}$ auf der Grundlage der Bezeichung (139) zu eliminieren. Gl. (139) nimmt nun die Gestalt an

$$\boldsymbol{0} = \boldsymbol{K}_{eI}^T \boldsymbol{U}_{\varnothing I} + \boldsymbol{K}_{eII}^T \boldsymbol{U}_{\varnothing II} - \boldsymbol{U}_e^e \,. \tag{139'}$$

Die Partitionierung werde so vorgenommen, daß die Matrix $\boldsymbol{K}_{eI}^T$ regulär ist,

$$\boldsymbol{U}_{\varnothing I} = -(\boldsymbol{K}_{eI}^T)^{-1} (\boldsymbol{K}_{eII}^T \boldsymbol{U}_{\varnothing II} - \boldsymbol{U}_e^e) \,. \tag{139''}$$

Diese Formel besagt, daß man bei NW mit Operationsverstärkern einen Teil der Knoten-DG durch die übrigen Knoten-DG ausdrücken kann. Mit Gl. (139'') erhält man aus der zweiten Zeile von Gl. (138a) das Gleichungssystem

$$\begin{pmatrix} \boldsymbol{K}_a & \boldsymbol{K}\boldsymbol{Z}^{-1}\boldsymbol{K}^T \begin{pmatrix} -(\boldsymbol{K}_{eI}^T)^{-1}\,\boldsymbol{K}_{eII}^T \\ \boldsymbol{E} \end{pmatrix} \end{pmatrix} \begin{pmatrix} \boldsymbol{I}_a \\ \boldsymbol{U}_{\varnothing II} \end{pmatrix} = \boldsymbol{I}^{\varnothing} + \boldsymbol{K}\boldsymbol{Z}^{-1}\boldsymbol{U}^e - \boldsymbol{K}\boldsymbol{Z}^{-1}\boldsymbol{K}^T \begin{pmatrix} (\boldsymbol{K}_{eI}^T)^{-1} \\ 0 \end{pmatrix} \boldsymbol{U}_e^e \,. \qquad (140\,a)$$

Wenn jeder Nullatorzweig des NW von einem anderen Knoten (Bezugsknoten ausgenommen!) fortführt, so wird $\boldsymbol{K}_{eI}$ bei geeigneter Indizierung zur Einheitsmatrix.

Zur Erläuterung betrachten wir die in Abb. 2.104a dargestellte **elektrische Schaltung mit 4 Operationsverstärkern.** Bei der gewählten Indizierung der Knoten und NWE lautet das Gls. (138a)

				1									I_{a1}		
					1								I_{a2}		
						1							I_{a3}		
							1	−1					I_{a4}		
				$G_1+G_2+G_7+sC_2$					$-G_2-sC_2$		$-G_1$		$U_{\varnothing 1}$		G_7U^e
					$G_3+G_5+sC_3$				$-G_5$	$-G_3-sC_3$			$U_{\varnothing 2}$		
						G_4+G_6				$-G_6$	$-G_4$		$U_{\varnothing 3}$	=	
							$G_8+G_{11}+G_9$		$-G_8$			$-G_9$	$U_{\varnothing 4}$		$G_{11}U^e$
								$G_{10}+G_{12}$			$-G_{10}$		$U_{\varnothing 5}$		
1				$-G_2-sC_2$	$-G_5$		$-G_8$		$G_2+G_5+G_6+sC_2$				$U_{\varnothing 6}$		
	1				$-G_3-sC_3$	$-G_6$				$G_3+G_6+sC_3$			$U_{\varnothing 7}$		
		1		$-G_1$		$-G_4$		$-G_{10}$			$G_1+G_4+G_{10}$		$U_{\varnothing 8}$		
			1				$-G_9$					G_9	$U_{\varnothing 9}$		

Bei der Partitionierung im Sinne der Gl. (139′) fassen wir die ersten vier Spalten der Inzidenzmatrix $\boldsymbol{K}_e^T$ zur Matrix $\boldsymbol{K}_{eI}^T = \boldsymbol{E}$ zusammen. Damit lautet das Gls. (140a)

$$\left[\begin{array}{cccc|ccccc} & & & & & -G_2-sC_2 & & -G_1 & \\ & & & & & -G_5 & -G_3-sC_3 & & \\ & & & & & & -G_6 & -G_4 & \\ & & & & G_8+G_9+G_{11} & -G_8 & & & -G_9 \\ & & & & G_{10}+G_{12} & & & -G_{10} & \\ \hline 1 & & & & -G_8 & G_2+G_5+G_8+sC_2 & & & \\ & 1 & & & & & G_3+G_6+sC_3 & & \\ & & 1 & & -G_{10} & & & G_1+G_4+G_{10} & \\ & & & 1 & -G_9 & & & & G_9 \end{array}\right] \times$$

$$\times \begin{bmatrix} I_{a1} \\ I_{a2} \\ I_{a3} \\ I_{a4} \\ \hline U_{\varnothing 5} \\ U_{\varnothing 6} \\ U_{\varnothing 7} \\ U_{\varnothing 8} \\ U_{\varnothing 9} \end{bmatrix} = \begin{bmatrix} G_7 U^e \\ 0 \\ 0 \\ G_{11} U^e \\ 0 \\ \hline 0 \\ 0 \\ 0 \\ 0 \end{bmatrix}.$$

Für die Berechnung der Knotenspannungen $U_{\varnothing 5}, \ldots, U_{\varnothing 9}$ ist es sehr bequem, daß das Gls. in zwei Teile zerfällt. Die 5 Knotenspannungen lassen sich allein aus den ersten 5 Gln. berechnen. Anschließend erhält man die Ströme $I_{a1}, \ldots, I_{a4}$ aus den restlichen Gln. Auf Grund dieser Partitionierung des Gls. ist die symbolische Analyse des Netzwerkes mit Papier und Bleistift ohne weiteres möglich. Man erhält mit $\Delta = -G_4(G_3 + sC_3)(G_2 + sC_2) - G_1G_5G_6$ folgende Ausdrücke für die Knotenspannungen:

$$U_{\varnothing 6} = \frac{1}{\Delta} G_7(G_3 + sC_3)\, G_4 U^e\,, \quad U_{\varnothing 5} = \frac{G_{10}}{\Delta(G_{10} + G_{12})} G_7 G_5 G_6 U^e \quad \text{und}$$

$$U_{\varnothing 9} = -\frac{1}{G_9}\left(G_8 U_{\varnothing 6} - (G_8 + G_9 + G_{11})\, U_{\varnothing 5} + G_{11} U^e\right).$$

Man kann sich leicht klarmachen, daß die am Beispiel demonstrierte stufenweise Lösbarkeit des Gls. (140a) eine allgemeine Gesetzmäßigkeit ist. Die Ausgangsspannungen der (elektrischen) Operationsverstärker sind stets auf „Erde“ bezogen. Wählt man diesen Knotenpunkt als Bezugsknoten des NW, in dem insgesamt eine Anzahl von k_{OV} Operationsverstärkern enthalten sein möge, so sind $(k - 1) - k_{OV}$ Zeilen der Matrix $\boldsymbol{K}_a$ Nullzeilen. Die zugehörenden Zeilen des Gls. (140a) stellen demnach ein für sich lösbares Gls. für die $(k - 1) - k_{OV}$ im Vektor $\boldsymbol{U}_{\varnothing II}$ zusammengefaßten Knotenspannungen dar.

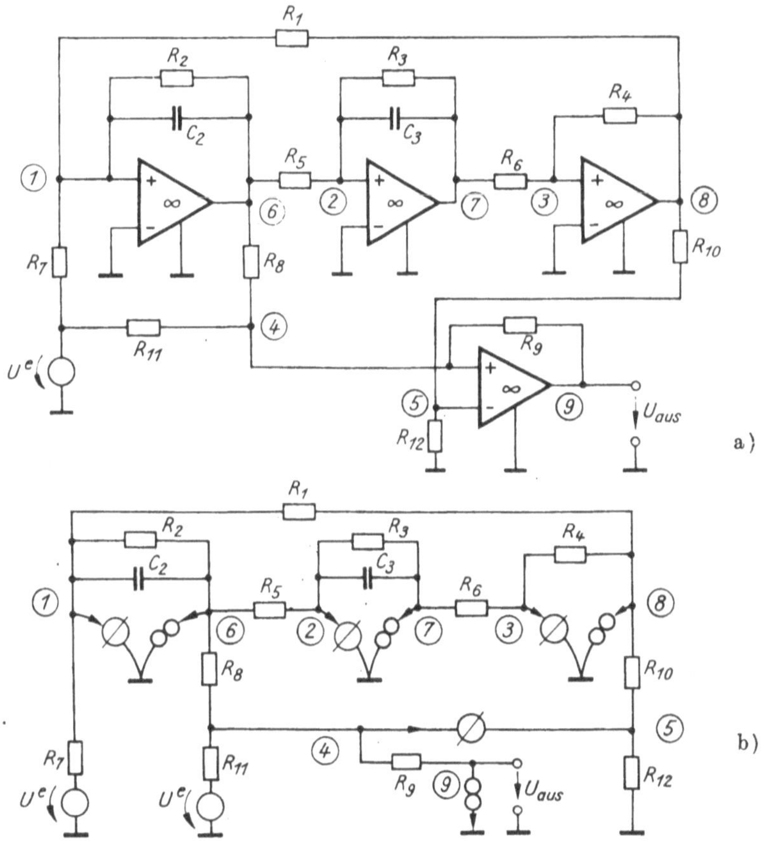

Abb. 2.104. Elektrische Schaltung mit vier idealen Operationsverstärkern
a) Schaltbild, b) Schaltbild mit Nulloren

Die **Analyse elektrischer NW mit Operationsverstärkern** kann man also nach folgenden Regeln durchführen:

Man stellt die Knotensätze für die Knoten auf, mit denen keine Operationsverstärker-Ausgänge verbunden sind und wählt dabei nur Knotenspannungen als Unbekannte. Das sind $(k - 1) - k_{OV}$ Beziehungen für die $(k - 1)$ Knotenspannungen. Da die Eingänge der Operationsverstärker (= Nullatorzweige!) jeweils zwei Knoten das gleiche Potential zuordnen, können k_{OV} Unbekannte eliminiert werden. Mithin erhält man $(k - 1) - k_{OV}$ Gln. für $(k - 1) - k_{OV}$ Unbekannte. Nach Auflösung dieses Gls. liefern die Strombilanzen an den Ausgangsknoten der Operationsverstärker die in den Noratorzweigen fließenden Ströme.

3. ANALYSE IM FREQUENZBEREICH

Im Kapitel 2 wurden Gls. zur Analyse linearer NW aufgestellt. Im Frequenzbereich handelt es sich um lineare algebraische Gls. In diesem Kapitel wird über Verfahren zur Lösung dieser Gls. gesprochen.

Im Hauptabschnitt 3.1. geht es um Verfahren, bei denen sowohl die NWE-Parameter als auch die komplexe Frequenz s als Buchstaben beibehalten werden dürfen, so daß sich die interessierenden Frequenzcharakteristiken des zu analysierenden NW als analytische Funktionen der NWE und der Frequenz ergeben. Wir wollen abkürzend von **„symbolischer Analyse“** sprechen. (Im Russischen bzw. Englischen sind die Termini „bukwennyi analiz“ bzw. „literal analysis“ üblich.) Nach der Durchführung einer symbolischen Analyse besitzt man alle wünschenswerten Informationen über das Verhalten des NW. Durch anschließendes Einsetzen von Zahlenwerten für die NWE-Parameter und die Frequenz s kann man sich die NW-Charakteristiken etwa in graphischen Darstellungen veranschaulichen. Der Einfluß von NWE-Toleranzen ergibt sich mühelos durch Abändern der Zahlenwerte für die NWE-Parameter. Die Ableitungen der Frequenzcharakteristiken nach den NWE-Parametern lassen sich geschlossen und ebenfalls in symbolischer Form ermitteln. Insbesondere im Hinblick auf eine wünschenswerte NW-Optimierung im Sinne einer „bestmöglichen“ Festlegung der NWE-Parameterwerte bei gegebener Schaltungsstruktur ist die symbolische Analyse die ideale Grundlage. Als Nachteil steht dem gegenüber, daß der Rechenaufwand zur Durchführung der symbolischen Analyse mit größer werdenden NW rasch anwächst. Bei vielen technischen Problemstellungen ist die symbolische Analyse mit den heutigen Rechenhilfsmitteln nicht mehr durchführbar oder — und das läuft praktisch auf dasselbe hinaus — die erforderlichen Aufwendungen werden unvertretbar hoch.

Im Hauptabschnitt 3.2 wird vorausgesetzt, daß die **NWE-Parameter als Zahlenwerte** vorgegeben sind, während die **komplexe Frequenz s als Buchstabe** behandelt werden soll. Jetzt kommt in den zu lösenden Gls. nur noch der Buchstabe s als Variable vor. Da in diesem Band ausschließlich NW mit konzentrierten NWE behandelt werden, sind **Polynom-Gls.** — d. h., die Elemente der Koeffizientenmatrix und der rechten Seite lassen sich als Polynome in s darstellen — zu lösen. Nach Auflösung der Gls. erhält man die interessierenden FG und DG des NW als gebrochen rationale Funktionen der Frequenz s.

Schließlich wird im Hauptabschnitt 3.3 zusätzlich vorausgesetzt, daß die **Analyse** des NW nur **an bestimmten Frequenzpunkten** durchzuführen ist. Zu lösen sind **lineare** (komplexe) **Zahlen-Gls.** Da auf die Lösung linearer Zahlen-Gls. in allen Lehrbüchern der numerischen Mathematik sehr ausführlich eingegangen wird (vgl. z. B. [F-F-63], [Zur-63]), können die allgemeinen Erörterungen im Hauptabschnitt 3.3. recht kurz gehalten werden. Näher eingegangen wird auf die numerische Lösung von Gls. mit schwach besetzten Koeffizientenmatrizen. Dieser Tatbestand liegt bei größeren praktischen NW-Problemen fast immer vor.

3.1. Verfahren zur symbolischen Analyse

Wir behandeln zunächst Verfahren, die bei der symbolischen Lösung beliebiger linearer algebraischer Gls. — unabhängig davon, ob die Gls. bei NW-Problemen auftreten oder nicht — anwendbar sind. Die Methoden der Flußgraphen (FGr) und der Signalflußgraphen (SFG) werden relativ ausführlich behandelt. Außerdem wird auf die Primzahlmethode eingegangen. Bei den anschließend behandelten Verfahren — erwähnt seien hier nur die Stichworte topologische Methoden, Strukturzahlmethode, WANG-Algebra, Methode der verallgemeinerten Zahlen — wird die spezielle Struktur der bei der NW-Analyse auftretenden Gls. berücksichtigt.

3.1.1. Die Flußgraphen-Methode

Gesucht wird die Lösung eines linearen algebraischen Gls.

$$\sum_{j=1}^{n} a_{ij}x_j = b_i\,, \qquad i = 1, \dots, n\,, \tag{1}$$

in Matrizenschreibweise

$$\boldsymbol{A}\boldsymbol{x} = \boldsymbol{b}\,. \tag{1'}$$

Die n Unbekannten x_i $(i = 1, \dots, n)$ ergeben sich gemäß der CRAMERschen Regel

$$x_i = \frac{\Delta_i}{\Delta} = \frac{1}{\Delta}\left(\sum_{j=1}^{n} b_j \Delta_{ji}\right). \tag{2}$$

Dabei bedeuten

- Δ die Koeffizientendeterminante $\det(\boldsymbol{A})$,
- Δ_i die Determinante einer Matrix, die aus $\boldsymbol{A}$ hervorgeht, wenn man in $\boldsymbol{A}$ die i-te Spalte durch die rechte Seite $\boldsymbol{b}$ ersetzt,
- Δ_{ji} $= (-1)^{i+j} \det(\boldsymbol{A}_{ji})$, wobei die Matrix $\boldsymbol{A}_{ji}$ der Ordnung $(n-1)$ aus $\boldsymbol{A}$ durch Streichen der j-ten Zeile und der i-ten Spalte hervorgeht.

Damit ist das Problem der Lösung eines Gls. auf die Berechnung von Determinanten zurückgeführt. Der Wert einer Determinante ist definiert durch

$$\Delta = \begin{vmatrix} a_{11} & a_{12} & \cdots & a_{1n} \\ a_{21} & a_{22} & \cdots & a_{2n} \\ \vdots & \vdots & \vdots\vdots\vdots & \vdots \\ a_{n1} & a_{n2} & \cdots & a_{nn} \end{vmatrix} = \sum (-1)^v\, a_{1v_1}\, a_{2v_2} \cdots a_{nv_n}\,, \tag{3}$$

wobei die Zahlenfolge $\{v_1, v_2, \ldots, v_n\}$ durch v Vertauschungen von jeweils zwei Zahlen aus der Zahlenfolge $\{1, 2, \ldots, n\}$ hervorgeht. Die Summierung erstreckt sich über alle möglichen $n!$ Permutationen. Enthält die Matrix $\boldsymbol{A}$ Nullen, so werden viele Terme in (3) zu Null. Sie brauchen bei der Berechnung von Δ nicht berücksichtigt zu werden. Die **Flußgraphen-Methode** beruht darauf, die sich in dem Gls. (1) ausdrückenden Relationen in einem orientierten Graphen geometrisch widerzuspiegeln und die (nicht verschwindenden Terme der) Determinanten Δ und Δ_i unmittelbar aus diesem Graphen abzulesen ([Coa-59] [Des-60] [HOS-61]). Zur Illustration der folgenden Betrachtungen soll das Gls.

$$\begin{pmatrix} a_{11} & 0 & a_{13} \\ a_{21} & a_{22} & a_{23} \\ 0 & a_{32} & a_{33} \end{pmatrix} \begin{pmatrix} x_1 \\ x_2 \\ x_3 \end{pmatrix} = \begin{pmatrix} b_1 \\ 0 \\ b_3 \end{pmatrix} \tag{4}$$

als Beispiel dienen. Die Determinante (4) ist mit Definitionsgl. (3) leicht berechenbar (Übungsaufgabe).

3.1.1.1. Berechnung der Koeffizientendeterminante

Ein **Flußgraph (FGr)** zur Berechnung einer n-reihigen Determinante $\Delta = \det \boldsymbol{A}$ besteht aus n Knoten und orientierten Zweigen mit den Zweiggewichten a_{ij} ($\neq 0$). Der Zweig mit dem Gewicht a_{ij} führt vom Knoten j zum Knoten i.

Die in den Knoten i ($i = 1, \ldots, n$) einmündenden Zweige entsprechen also den nichtverschwindenden Elementen der i-ten Zeile der Matrix $\boldsymbol{A}$. Man hätte

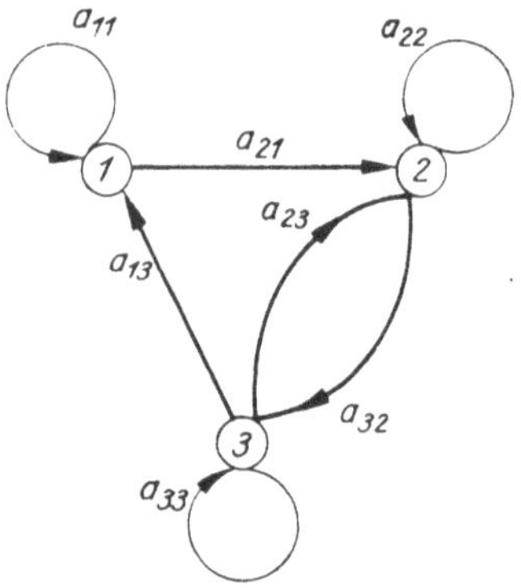

Abb. 3.1. Flußgraph zur Berechnung der Koeffizientendeterminante des Gls. (4)

den FGr auch so definieren können, daß die in den Knoten i einmündenden Zweige der i-ten Spalte von $\boldsymbol{A}$ entsprechen. Der FGr für die Berechnung der Koeffizientendeterminante unseres Beispiels (4) wurde in Abb. 3.1 dargestellt.

Es müssen nun noch einige Hilfsbegriffe eingeführt werden, bevor der Weg zur Berechnung von Δ angegeben werden kann.

Eine **orientierte Schleife** ist ein zusammenhängender Teilgraph, in dessen Knoten jeweils genau ein Zweig mündet und von dessen Knoten jeweils genau ein Zweig fortführt.
Zu den Schleifen gehören auch die **Selbstschleifen,** die nur einen Zweig besitzen, der im gleichen Knoten beginnt und endet.

Auf den ersten Blick scheint sich die Definition der orientierten Schleife nicht von der der orientierten Masche (vgl. Kap. 2, insbes. Abschn. 2.2.3.2.) zu unterscheiden. Eine orientierte Masche war erklärt worden als eine Masche, der willkürlich eine Orientierung zugeordnet worden war. Im Gegensatz dazu folgt man beim Durchlaufen einer orientierten Schleife stets der Orientierung der beteiligten Zweige. In den NW-Graphen des Kap. 2 waren Zweige und damit „Selbstmaschen", die nur mit einem Knoten inzidieren, prinzipiell nicht möglich.

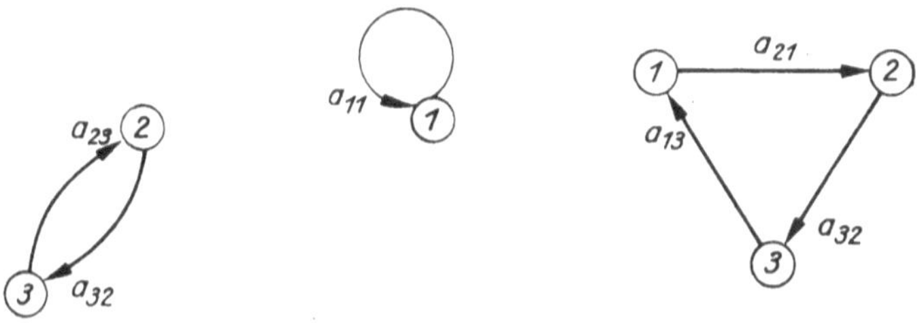

Abb. 3.2. Drei Schleifen des in Abb. 3.1 dargestellten Flußgraphen

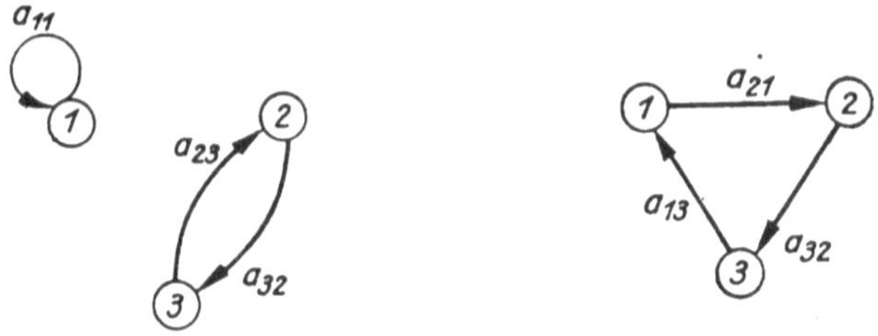

Abb. 3.3. Zwei Schleifenfamilien des in Abb. 3.1 dargestellten Flußgraphen

In Abb. 3.2 wurden drei Schleifen des in Abb. 3.1 dargestellten FGr herausgezeichnet.

Ein nicht notwendig zusammenhängender, alle Knoten des FGr enthaltender Teilgraph heißt eine **Schleifenfamilie,** wenn zu jedem Knoten genau ein Zweig hinführt und von jedem Knoten genau ein Zweig fortführt.

Eine Schleifenfamilie besteht demnach entweder aus einer einzigen oder mehreren, sich gegenseitig nicht berührenden (= disjunkten) Schleifen. In Abb. 3.3 wurden zwei Schleifenfamilien des in Abb. 3.1 dargestellten Flußgraphen angegeben.

Ein **Pfad** vom Knoten i zum Knoten j ist ein zusammenhängender, schleifenloser Teilgraph, der — wenn man der Orientierung der Pfadzweige folgt — vom Knoten i zum Knoten j führt und keinen Knoten mehrfach berührt.

Wir betrachten nun die Indizes der Zweige, die zu einer Schleifenfamilie gehören. Da in jeden Knoten genau ein Zweig einmündet, besteht jede Schleifenfamilie aus Zweigen mit den Gewichten $a_{1v_1}, a_{2v_2}, \ldots, a_{nv_n}$. Die Indizes $v_1, \ldots, v_n$ entsprechen den Knoten, von denen die Zweige fortführen. Da von jedem Knoten genau ein Zweig fortführt, ist $\{v_1, v_2, \ldots, v_n\}$ eine Permutation der Zahlenfolge $\{1, 2, \ldots, n\}$. Damit läßt sich eine umkehrbar eindeutige Beziehung zu den Termen in Gl. (3) herstellen:

Jeder (von Null verschiedene) Term in (3) entspricht einer Schleifenfamilie des FGr. Zur Berechnung eines derartigen Terms ist das Produkt der Gewichte der Zweige der entsprechenden Schleifenfamilie zu bilden. (5a)

Offen ist noch das Vorzeichen $(-1)^v$ der Summanden.

Wir wollen die **Anzahl v der Vertauschungen** von je zwei Zahlen bestimmen, um die zu einer bestimmten Schleifenfamilie gehörende Permutation $\{v_1, v_2, \ldots, v_n\}$ in die natürliche Reihenfolge $\{1, 2, \ldots, n\}$ zu überführen. Die Schleifenfamilie möge aus l Schleifen bestehen. Einer einzelnen Schleife mit m Zweigen entspricht ein bestimmtes m-Tupel der Indexfolge $\{v_1, \ldots, v_n\}$. Für verschiedene Schleifen der gleichen Schleifenfamilie haben die zugehörenden Indexteilmengen keine gemeinsamen Elemente. Wenn man für jede der l Einzelschleifen die Zahl der Vertauschungen ermittelt, die die korrespondierende Indexteilmenge in die natürliche Reihenfolge einordnet, so wird die gesuchte Anzahl v gleich der Summe der Vertauschungen für jede Einzelschleife.

Besitzt eine Einzelschleife $m > 1$ Zweige, so steht kein Element des zugehörenden m-Tupels an seinem durch die Zahlenfolge $\{1, 2, \ldots, n\}$ vorgeschriebenen natürlichen Platz. Mit jeder Vertauschung zweier Zahlen kann man eine Zahl an den ihr zukommenden natürlichen Platz bringen. Bei der letzten Vertauschung gelangen jedoch zwei Schleifen auf einmal an ihren natürlichen Platz, so daß die gesuchte Anzahl von Einzelvertauschungen $(m - 1)$ wird.

Dieses für Schleifen mit $m > 1$ Zweigen hergeleitete Ergebnis gilt auch für Schleifen mit $m = 1$, das sind die Selbstschleifen. Wird der Knoten i innerhalb der betrachteten Schleifenfamilie durch eine Selbstschleife erfaßt, so wird das zu dieser Schleife gehörende 1-Tupel $\{v_i\} = \{i\}$.

Insgesamt sind also für eine herausgegriffene Schleifenfamilie mit l Schleifen zu je m_λ $(\lambda = 1, \ldots, l)$ Zweigen

$$v = \sum_{\lambda=1}^{l} (m_\lambda - 1) = \sum_{\lambda=1}^{l} m_\lambda - l = n - l \tag{5b}$$

Vertauschungen erforderlich. ▲

Bezeichnet man mit S_σ das Produkt der Zweiggewichte und mit l_σ die Zahl der Schleifen der σ-ten Schleifenfamilie, mit s die Gesamtzahl der Schleifenfamilien, so erhält man wegen $(-1)^{n-l} = (-1)^{n+l}$ aus den Beziehungen (3), (5a) und (5b) für die Determinante Δ den folgenden Ausdruck

$$\boxed{\Delta = (-1)^n \sum_{\sigma=1}^{s} (-1)^{l_\sigma} S_\sigma} \,. \tag{6}$$

Damit ist die Ermittlung aller (von Null verschiedenen) Terme der rechten Seite von Gl. (3) zurückgeführt auf die topologische Aufgabe, in einem FGr alle Schleifen zu finden und aus diesen Schleifen alle möglichen Schleifenfamilien zusammenzustellen.

In unserem **Beispiel** (4) enthält der FGr folgende Schleifen, die hier zweckmäßig durch die Produkte P der Schleifenzweiggewichte charakterisiert werden:

$$P_1 = a_{11}\,, \quad P_2 = a_{22}\,, \quad P_3 = a_{33}\,, \quad P_4 = a_{13}a_{21}a_{32}\,, \quad P_5 = a_{23}a_{32}\,.$$

Für die Produkte S_σ zu den insgesamt drei Schleifenfamilien gilt

$$\begin{aligned} S_1 &= P_1P_2P_3 = a_{11}a_{22}a_{33} \quad &&\text{mit} \quad l_1 = 3\,,\\ S_2 &= P_1P_5 \quad = a_{11}a_{23}a_{32} \quad &&\text{mit} \quad l_2 = 2\,,\\ S_3 &= P_4 \quad\;\; = a_{13}a_{21}a_{32} \quad &&\text{mit} \quad l_3 = 1\,. \end{aligned}$$

Also ergibt sich folgende Koeffizienten-Determinante

$$\Delta = (-1)^3\,(-S_1 + S_2 - S_3) = a_{11}a_{22}a_{33} - a_{11}a_{23}a_{32} + a_{13}a_{21}a_{32}\,.$$

3.1.1.2. Berechnung der Zählerdeterminante

Man erhält die Zählerdeterminante Δ_i (vgl. S. **147**), indem die i-te Spalte in $\Delta = \det \boldsymbol{A}$ durch die rechte Seite $\boldsymbol{b}$ ersetzt wird. Wir wollen zunächst annehmen, daß $\boldsymbol{b}$ nur ein von Null verschiedenes Element b_k in der Zeile k enthält. (Sind mehrere Elemente von Null verschieden, so könnte man die Gesamtlösung aus den einzelnen Anteilen überlagern, da es sich um lineare Gleichungssysteme handelt.) Es gilt nach den bekannten Regeln der Determinantenrechnung

$$b_k\Delta_{ki} = \Delta_i^{(k)} = \begin{vmatrix} a_{11} & a_{12} & \cdots & 0 & \cdots & a_{1n}\\ \vdots & \vdots & & \vdots & & \vdots\\ a_{k1} & a_{k2} & \cdots & b_k & \cdots & a_{kn}\\ \vdots & \vdots & & \vdots & & \vdots\\ a_{n1} & a_{n2} & \cdots & 0 & \cdots & a_{nn} \end{vmatrix} = \begin{vmatrix} a_{11} & a_{12} & \cdots & 0 & \cdots & a_{1n}\\ \vdots & \vdots & & \vdots & & \vdots\\ 0 & 0 & \cdots & b_k & \cdots & 0\\ \vdots & \vdots & & \vdots & & \vdots\\ a_{n1} & a_{n2} & \cdots & 0 & \cdots & a_{nn} \end{vmatrix}. \tag{7}$$

Den durchgeführten Determinantenumformungen entsprechen folgende **Modifikationen des Flußgraphen:**

— alle in den Knoten k einmündenden Zweige werden eliminiert,

— alle vom Knoten i fortführenden Zweige werden eliminiert,

— es wird ein Zweig mit dem Zweiggewicht b_k, der vom Knoten i zum Knoten k gerichtet ist, eingeführt, den wir kurz „Zweig b_k" nennen wollen.

Zur Berechnung von $\Delta_i^{(k)}$ kann man wieder die Formel (6) heranziehen und dabei den modifizierten FGr zugrunde legen. Da jede Schleifenfamilie auch einen vom Knoten i fortführenden und einen zum Knoten k hinführenden Zweig enthält, ist in jeder Schleifenfamilie des modifizierten Graphen der Zweig b_k zu finden. Man kann daher b_k aus allen Termen S_σ ausklammern und die **Restterme** wie folgt neu interpretieren.

$i \neq k$: Jeder Restterm entspricht einem Pfad vom Knoten k zum Knoten i und Schleifen, die den Pfad und sich untereinander nicht berühren. (Der Pfad und die disjunkten Schleifen enthalten zusammen alle n Knoten des Graphen.)

(8)

$i = k$: Der Zweig b_k bildet die einzige (Selbst-)Schleife durch den Knoten i. Jeder Restterm entspricht den Schleifenfamilien des modifizierten Graphen, aus dem noch zusätzlich der Knoten i entfernt wird.

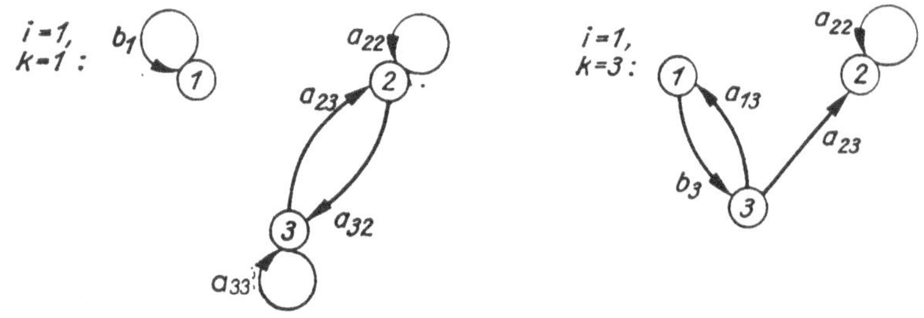

Abb. 3.4. Flußgraphen zur Berechnung der Determinanten $\Delta_1^{(1)}$ und $\Delta_1^{(3)}$

Wesentlich ist also auch bei der Berechnung von $\Delta_i^{(k)}$ das Aufsuchen von Schleifen und das Zusammenstellen von Schleifenfamilien. Als **Beispiel** werde die Unbekannte x_1 aus dem Gls. (4) berechnet. Da der Vektor $\boldsymbol{b}$ zwei von Null verschiedene Elemente enthält, muß (6) bzw. (8) für zwei modifizierte FGr, die in Abb. 3.4 dargestellt sind, ausgewertet werden.

Man erhält

$$\begin{aligned}
\Delta_1^{(1)} &= (-1)^3 \left((-1)^3\, b_1 a_{22} a_{33} + (-1)^2\, b_1 a_{23} a_{32}\right) && \text{(nach (6))}\\
&= (-1)^4\, b_1\left((-1)^2\, a_{22} a_{33} + (-1)^1\, a_{23} a_{32}\right) && \text{(nach (8))}\\
&= b_1 a_{22} a_{33} - b_1 a_{23} a_{32}\,,\\
\Delta_1^{(3)} &= (-1)^3 \left((-1)^2\, b_3 a_{13} a_{22}\right) && \text{(nach (6))}\\
&= (-1)^4\, b_3\left((-1)^1\, a_{13} a_{22}\right) && \text{(nach (8))}\\
&= -b_3 a_{13} a_{22}\,,
\end{aligned}$$

mithin

$$x_1 = \frac{\Delta_1}{\Delta} = \frac{1}{\Delta}(\Delta_1^{(1)} + \Delta_1^{(3)}) = \frac{b_1a_{22}a_{33} - b_1a_{23}a_{32} - b_3a_{13}a_{22}}{a_{11}a_{22}a_{33} - a_{11}a_{23}a_{32} + a_{13}a_{21}a_{32}}.$$

Aus (6) und (8) kann man sofort eine Vorschrift zur Bestimmung des Kofaktors Δ_{ki} formulieren, die nicht davon abhängt, ob man den ursprünglichen oder den modifizierten FGr zugrunde legt. Es gilt

$$\boxed{\Delta_{ki} = (-1)^{n+1} \sum_{\varrho=1}^{r_{ki}} P_{ki}^{\varrho} \left(\sum_{\sigma=1}^{s_\sigma} (-1)^{l_{\varrho\sigma}} S_{\varrho\sigma} \right)} \tag{9}$$

mit den Bezeichnungen

P_{ki}^{ϱ} = Produkt der Zweiggewichte des ϱ-ten Pfades vom Knoten k zum Knoten i; (Für $k = i$ entartet der Pfad zum Knoten i, und es ist $P_{ii}^1 = 1$ zu setzen.)

$S_{\varrho\sigma}$ = Produkt der Zweiggewichte der disjunkten Schleifen, die alle nicht vom ϱ-ten Pfad (von k nach i) berührten Knoten enthalten; (Die $S_{\varrho\sigma}$ entsprechen Schleifenfamilien in einem „Restgraphen", aus dem alle den ϱ-ten Pfad (von k nach i) berührenden Knoten und Zweige entfernt wurden. Wir werden kurz von „Restschleifenfamilien" sprechen.)

$l_{\varrho\sigma}$ = Anzahl der disjunkten Schleifen in der Restschleifenfamilie mit dem Zweiggewichtsprodukt $S_{\varrho\sigma}$;

s_ϱ = Anzahl der Restschleifenfamilien, die zu einem Pfad P_{ki}^{ϱ} gehören;

r_{ki} = Anzahl der verschiedenen Pfade von k nach i.

Enthält der ϱ-te Pfad bereits alle Knoten des Graphen, so ist $\left(\sum_{\sigma=1}^{s_\varrho} (-1)^{l_{\varrho\sigma}} S_{\varrho\sigma} \right) = 1$ zu setzen. Der Vorfaktor $(-1)^{n+1}$ in (9) gegenüber $(-1)^n$ in (6) wird dadurch bedingt, daß sich die Schleifenanzahlen $l_{\varrho\sigma}$ in (9) von den entsprechenden l_σ in (6) auf Grund der Einführung des Pfades, der ja aus einer mittels des Zweiges b_k schließbaren Schleife hervorgegangen ist, um 1 unterscheiden.

Bei Anwendung der Gl. (9) braucht die oben beschriebene Modifikation des FGr — Eliminierung aller nach k führenden und aller von i ausgehenden Zweige — nicht ausgeführt zu werden, denn in einem Pfad von k nach i können niemals Zweige, die in k einmünden, oder Zweige, die von i ausgehen, enthalten sein. Auch in den Schleifen der Restschleifenfamilien können diese Zweige nicht vorkommen, da diese per definitionem den Pfad nicht berühren dürfen.

Aus (9) erhält man mit (2) folgenden Ausdruck für die Zählerdeterminante:

$$\begin{aligned} \Delta_i &= \sum_{k=1}^{n} b_k \Delta_{ki} = (-1)^n \sum_{k=1}^{n} \sum_{\varrho=1}^{r_{ki}} (-b_k) P_{ki}^{\varrho} \left(\sum_{\sigma=1}^{s_\varrho} (-1)^{l_{\varrho\sigma}} S_{\varrho\sigma} \right) \\ &= (-1)^n \sum_{\varrho=1}^{r_i} P_{oi}^{\varrho} \left(\sum_{\sigma=1}^{s_\sigma} (-1)^{l_{\varrho\sigma}} S_{\varrho\sigma} \right). \end{aligned} \tag{9'}$$

Die zuletzt vorgenommene Umformung läßt sich wie folgt graphisch interpretieren (vgl. Abb. 3.5):

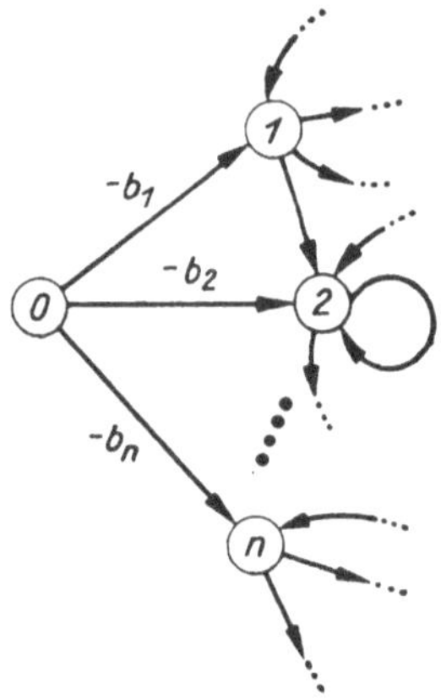

Abb. 3.5. Flußgraph, der um den Knoten 0 und Zweige, die den nichtverschwindenden Koeffizienten der rechten Seite $\boldsymbol{b}$ entsprechen, erweitert wurde

Man fügt dem FGr, der zur Berechnung der Nennerdeterminante Δ aufgestellt wurde, einen Knoten 0 hinzu und zeichnet zusätzlich Zweige mit den Zweiggewichten $(-b_k)$ vom Knoten 0 nach den Knoten k ein. Dann hat man sämtliche Pfade vom Knoten 0 zum Knoten i und die zugehörenden Restschleifenfamilien zu bestimmen. Die Gesamtzahl der verschiedenen Pfade von 0 nach i wird mit r_i, das Zweiggewichtsprodukt des ϱ-ten Pfades mit P_{0i}^{ϱ} bezeichnet. Der erweiterte FGr (Abb. 3.5.) spiegelt das gesamte Gls. (1) eindeutig wider.

Für die Variable x_i erhält man die Beziehung

$$\boxed{x_i = \frac{\sum\limits_{\varrho=1}^{r_i} P_{0i}^{\varrho} \left(\sum\limits_{\sigma=1}^{s_\varrho} (-1)^{l_{\varrho\sigma}} S_{\varrho\sigma} \right)}{\sum\limits_{\sigma=1}^{s} (-1)^{l_\sigma} S_\sigma}} \,. \tag{10}$$

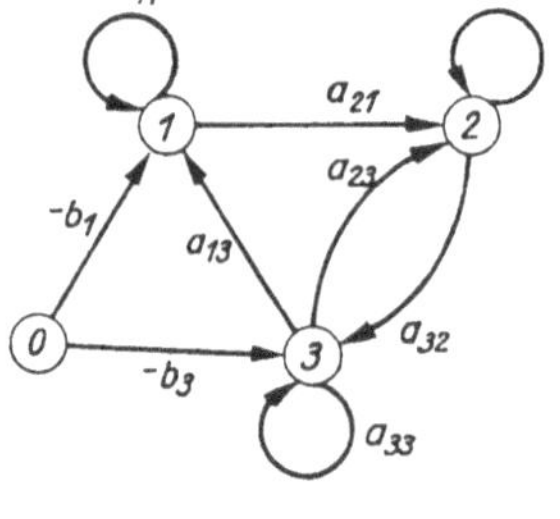

Abb. 3.6. Flußgraph zur Berechnung der Nenner- und sämtlicher Zählerdeterminanten für die Unbekannte des Gls. (4)

Im Falle unseres Beispiel-Gls. (4) ergibt sich (vgl. Abb. 3.6)

$$\begin{aligned}\Delta_1 &= (-1)^3 \left(-b_1((-1)^2 a_{22}a_{33} + (-1)^1 a_{23}a_{32}) - b_3 a_{13} (-1)^1 a_{22}\right) \\ &= b_1 a_{22} a_{33} - b_1 a_{23} a_{32} - b_3 a_{13} a_{22} .\end{aligned}$$

3.1.2. Die Signalflußgraphen-Methode

Das Konzept der Signalflußgraphen (SFG) und seine Anwendung zur Lösung linearer algebraischer Gleichungssysteme wurde von MASON ([Mas-53], [Mas-56], [Hos-61], [M-Z-63]) eingeführt und ist älter als die Methode der Flußgraphen. Wir werden hier umgekehrt von dem im Abschn. 3.1.1. für FGr erzielten Resultaten ausgehen und daraus bekannte Resultate der SFG ableiten.

Das Gls.

$$\sum_{j=1}^{n} a_{ij} x_j = b_i , \quad i = 1, \ldots, n , \tag{1}$$

kann man auch in der Form

$$\sum_{j=1}^{n} a'_{ij} x_j - b_i = x_i , \quad i = 1, \ldots, n , \tag{11}$$

schreiben, wobei

$$a'_{ij} = a_{ij} + \delta_{ij} \quad \text{mit} \quad \delta_{ij} = \begin{cases} 1 & \text{für } i = j \\ 0 & \phantom{\text{für }} i \neq j \end{cases}$$

bedeutet.

Der dem Gls. (11) zugeordnete **Signalflußgraph** (SFG) entsteht nach folgender Vorschrift:
jeder Variablen x_i wird ein Knoten i zugeordnet,
vom Knoten j führt zum Knoten i ein orientierter Zweig mit dem Gewicht a'_{ij}, das oft als „Zweig-Transmission" bezeichnet wird, von einem weiteren Knoten 0 aus führen Zweige zu den Knoten i mit den Gewichten $(-b_i)$.

Da die SFG-Methode ursprünglich nicht unmittelbar zur Lösung von Gls., sondern zur Berechnung der Übertragungsfaktoren von Regelungssystemen und elektrischen NW entwickelt wurde, wird der SFG in der Literatur oft mit etwas anderen Bezeichnungen dargestellt. Die Variablen x_i werden als Signale gedeutet, die Zweiggewichte als Übertragungsfaktoren der einzelnen Zweige. Die Knoten des SFG lassen sich als „Summierpunkte" interpretieren: Das Signal x_i ist gleich der mit a'_{ij} gewichteten Summe der Signale $x_j (j = 1, \ldots, n)$ und $(-b_i)$, die in den Knoten i einmünden.

Wenn man im Knoten 0 ein Signal $x_0 = 1$ vorgibt, so kann der berechnete Wert x_i als Übertragungsfaktor $T = \dfrac{x_i}{x_0}$ der Signalübertragung von einer „Quelle" 0 zu einer „Senke" i im SFG interpretiert werden. (Besitzt der Knoten i auch wegführende Zweige, so kann man einen Hilfszweig mit der Transmission 1, der vom Knoten i zum Hilfsknoten i' gerichtet ist, einführen. Ersichtlich gilt dann $x_i' = x_i$. Folglich spielt es keine Rolle, ob der Knoten i tatsächlich eine Senke ist oder nicht.)

Die vorstehende Deutung der SFG läßt eine enge Verwandtschaft mit den häufig in der Informations- und Regelungstechnik verwendeten Blockschaltbildern erkennen. Ein SFG ist nichts anderes als ein mit geänderter Symbolik gezeichnetes Blockschaltbild. Dagegen ist ein FGr unmittelbar einem Gls. in der Gestalt (1) zugeordnet.

Ein SFG und ein FGr, die das gleiche lineare algebraische Gls. – einmal in der Form (1) und einmal in der Form (11) notiert – repräsentieren, unterscheiden sich lediglich in den Zweiggewichten der Selbstschleifen. Um einen SFG in den zum gleichen Problem gehörenden FGr umzuwandeln, muß lediglich von sämtlichen Selbstschleifengewichten des SFG jeweils eine 1 subtrahiert werden.

3.1.2.1. Herleitung und Anwendung der Masonschen Formel

Die im Abschn. 3.1.1. bewiesenen Hauptresultate (6), (8) und (10) wollen wir verwenden, um die bekannte **Masonsche Formel** (14) zur Berechnung der Unbekannten $x_i = \Delta_i/\Delta$ $(i = 1, \dots, n)$ aus dem SFG herzuleiten. Dazu formen wir den SFG zuerst in einen FGr um, berechnen die Unbekannten x_i und interpretieren dann das Ergebnis am SFG.

Da sich der SFG vom korrespondierenden FGr nur in den Selbstschleifen unterscheidet, bleiben alle Pfade beim Umschreiben des SFG in den zugehörenden FGr ungeändert. Einer näheren Untersuchung bedürfen die Schleifenfamilien und die Restschleifenfamilien bezüglich ihrer Entsprechung im SFG.

Oben wurde für die Nennerdeterminante Δ das folgende Ergebnis hergeleitet:

$$\Delta = (-1)^n \sum_{\sigma=1}^{s} (-1)^{l_\sigma} S_\sigma\,, \tag{6}$$

wobei S_σ das Produkt der Zweiggewichte der σ-ten Schleifenfamilie und l_σ die Zahl der Schleifen in der σ-ten Schleifenfamilie angibt. Wir wollen die Gesamtheit der **Schleifenfamilien** des FGr **ordnen nach** der **Zahl** l_σ' **der** in den Schleifenfamilien enthaltenen **Nichtselbstschleifen.** (Die folgende Ableitung ist ein wenig diffizil. Wer sie zunächst übergehen will, möge sogleich zu den Beziehungen (12) auf S. 158 springen.)

$l_\sigma' = 0$: Es handelt sich um eine Schleifenfamilie, die aus n Selbstschleifen des FG gebildet wird. Zu der in (6) angegebenen Summe liefert diese Schleifenfamilie den Beitrag

$$\begin{aligned}\Sigma_0 &= (-1)^n \prod_{\nu=1}^{n} (a_{\nu\nu}' - 1)\\ &= 1 - \sum_{\nu=1}^{n} a_{\nu\nu}' + \sum_{\nu\neq\mu} a_{\nu\nu}' a_{\mu\mu}' - + \cdots + (-1)^n \prod_{\nu=1}^{n} a_{\nu\nu}'\,.\end{aligned}$$

$l'_\sigma = 1$: Es handelt sich um alle die Schleifenfamilien, die aus n_1 Selbstschleifen und einer Nicht-Selbstschleife, die die übrigen $(n - n_1)$ Knoten erfaßt, bestehen. Das Produkt der Zweiggewichte einer solchen Nichtselbstschleife bezeichnen wir mit $P_j^{(n1)}$, die von dieser Schleife nicht erfaßten Knoten mögen die Nummern $(j_1, j_2, \dots, j_{n1})$ tragen.

Zu der in (6) angegebenen Summe liefern die Schleifenfamilien mit $l'_\sigma = 1$ den Beitrag

$$\Sigma_1 = \sum_{n_1} \sum_j (-1)^{n_1+1} P_j^{(n_1)} \prod_{\nu=1}^{n_1} (a'_{j_\nu j_\nu} - 1)$$

$$= \sum_{n_1} \sum_j P_j^{(n_1)} \left(-1 + \sum_{\nu=1}^{n_1} a'_{j_\nu j_\nu} - \sum_{\nu \neq \mu} a'_{j_\nu j_\nu} a'_{j_\mu j_\mu} + - \cdots + (-1)^{n_1+1} \prod_{\nu=1}^{n_1} a'_{j_\nu j_\nu} \right).$$

Die Summe $\sum_{n_1}$ erstreckt sich über alle möglichen Werte n_1, für die $(n - n_1)$ Knoten berührende einzelne Schleifen existieren. Die Summe $\sum_j$ erstreckt sich über alle die einzelne Schleifen, die eine (feste) Knotenanzahl $(n - n_1)$ erfassen.

$l'_\sigma = 2$: Es handelt sich um alle die Schleifenfamilien, die aus n_2 Selbstschleifen und einem Paar disjunkter Nichtselbstschleifen, die die übrigen $(n - n_2)$ Knoten erfassen, bestehen.

Das Produkt der Zweiggewichte eines solchen Schleifenpaares bezeichnen wir mit $P_{1j}^{(n_2)} \cdot P_{2j}^{(n_2)}$, die von diesem Schleifenpaar nicht erfaßten Knoten mögen die Nummern $(j_1, j_2, \dots, j_{n_2})$ tragen. Zu der in (6) angegebenen Summe liefern die Schleifenfamilien mit $l'_\sigma = 2$ den Beitrag

$$\Sigma_2 = \sum_{n_2} \sum_j (-1)^{n_2+2} P_{1j}^{(n_2)} P_{2j}^{(n_2)} \prod_{\nu=1}^{n_2} (a'_{j_\nu j_\nu} - 1)$$

$$= \sum_{n_2} \sum_j P_{1j}^{(n_2)} P_{2j}^{(n_2)} \left(1 - \sum_{\nu=1}^{n_2} a'_{j_\nu j_\nu} + \sum_{\nu \neq \mu} a'_{j_\nu j_\nu} a'_{j_\mu j_\mu} - + \cdots + (-1)^{n_2+2} \prod_{\nu=1}^{n_2} a'_{j_\nu j_\nu} \right).$$

Die Summe $\sum_{n_2}$ erstreckt sich über alle möglichen Werte n_2, für die $(n - n_2)$ Knoten berührende disjunkte Schleifenpaare existieren. Die Summe $\sum_j$ erstreckt sich über alle möglichen disjunkten Schleifenpaare, die eine (feste) Knotenanzahl $(n - n_2)$ erfassen.

$l'_\sigma = 3$: Es handelt sich um alle die Schleifenfamilien, die aus n_3 Selbstschleifen und einem Tripel disjunkter Nichtselbstschleifen, die die übrigen $(n - n_3)$ Knoten erfassen, bestehen. Das Produkt der Zweiggewichte eines solchen Schleifentripels bezeichnen wir mit $P_{1j}^{(n_3)} P_{2j}^{(n_3)} P_{3j}^{(n_3)}$, die von diesem Schleifentripel nicht erfaßten Knoten mögen die Nummern $j_1, j_2, \dots, j_{n_3}$ tragen. Zu der in (6) angegebenen Summe liefern die

Schleifenfamilien mit $l'_\sigma = 3$ den Beitrag

$$\begin{aligned}\Sigma_3 &= \sum_{n_3} \sum_j (-1)^{n_3+3} P_{1j}^{(n_3)} P_{2j}^{(n_3)} P_{3j}^{(n_3)} \prod_{\nu=1}^{n_3} (a'_{j_\nu j_\nu} - 1) \\ &= \sum_{n_3} \sum_j P_{1j}^{(n_3)} P_{2j}^{(n_3)} P_{3j}^{(n_3)} \times \\ &\quad \times \left(-1 + \sum_{\nu=1}^{n_3} a'_{j_\nu j_\nu} + \sum_{\nu \neq \mu} a'_{j_\nu j_\nu} a'_{j_\mu j_\mu} - + \cdots + (-1)^{n_3+3} \prod_{\nu=1}^{n_3} a'_{j_\nu j_\nu}\right).\end{aligned}$$

Die Summe $\sum_{n_3}$ erstreckt sich über alle möglichen Werte n_3, für die $(n - n_3)$ Knoten berührende disjunkte Schleifentripel existieren. Die Summe $\sum_j$ erstreckt sich über alle disjunkten Schleifentripel, die eine (feste) Knotenanzahl $(n - n_3)$ erfassen.

Spätestens bei $l'_\sigma = \left[\frac{n}{2}\right]$ sind sämtliche Schleifenfamilien des FGr erfaßt.

Wir wollen nun alle zur Determinante Δ beitragenden Summanden nach der Zahl ihrer Faktoren umordnen,

$$\begin{aligned}(-1)^n \Delta &= \Sigma_0 + \Sigma_1 + \Sigma_2 + \Sigma_3 + \cdots \\ &= 1 - \left(\sum_{\nu=1}^{n} a'_{\nu\nu} + \sum_{n_1} \sum_j P_j^{(n_1)}\right) + \left(\sum_{\nu \neq \mu} a'_{\nu\nu} a'_{\mu\mu} + \sum_{n_1} \sum_j P_j^{(n_1)} \sum_{\nu=1}^{n_1} a'_{j_\nu j_\nu} \right. \\ &\qquad \left. + \sum_{n_2} \sum_j P_{1j}^{(n_2)} P_{2j}^{(n_2)}\right) \\ &\quad - \left(\sum_{\nu \neq \mu \neq \lambda} a'_{\nu\nu} a'_{\mu\mu} a'_{\lambda\lambda} + \sum_{n_1} \sum_j P_j^{(n_1)} \sum_{\nu \neq \mu} a'_{j_\nu j_\nu} a'_{j_\mu j_\mu} \right. \\ &\qquad \left. + \sum_{n_2} \sum_j P_{1j}^{(n_2)} P_{2j}^{(n_2)} \sum_{\nu=1}^{n_2} a'_{j_\nu j_\nu} + \sum_{n_3} \sum_j P_{1j}^{(n_3)} P_{2j}^{(n_3)} P_{3j}^{(n_3)}\right) + - \cdots \\ &= 1 - \sum_\sigma L_\sigma^{(1)} + \sum_\sigma L_\sigma^{(2)} - \sum_\sigma L_\sigma^{(3)} + - \cdots\end{aligned}$$ ▲

Die jeweils in runden Klammern zusammengefaßten Terme $\sum_\sigma L_\sigma^{(\varkappa)}$ ($\varkappa = 1, 2, 3, \ldots$) stellen die Transmissionen von Schleifen dar, die man wie folgt am SFG deuten kann:

$\sum_\sigma L_\sigma^{(1)}$: Gesamtheit aller Einzelschleifen des SFG,

$\sum_\sigma L_\sigma^{(2)}$: Gesamtheit aller disjunkten Schleifenpaare des SFG, (12)

$\sum_\sigma L_\sigma^{(3)}$: Gesamtheit aller disjunkten Schleifentripel des SFG,

⋮

In der üblichen Terminologie der SFG bezeichnet man einen Term $L_\sigma^{(\varkappa)}$ als (Transmission einer) **Schleife $\varkappa$-ter Ordnung.** Der Index $\varkappa$ kann höchstens den Wert n annehmen.

Mit den eingeführten Abkürzungen wird die Koeffizientendeterminante des Gls. (1):

$$\Delta = (-1)^n \Big(1 + \sum_{\varkappa} (-1)^{\varkappa} \sum_{\sigma} L_{\sigma}^{(\varkappa)}\Big). \tag{13}$$

Zur Berechnung der Variablen x_i wurden gemäß den Formeln (9') und (10) auch noch die Restschleifenfamilien des FGr benötigt, die den einzelnen Pfaden vom Knoten 0 zum Knoten i zugeordnet waren. Entfernt man alle Zweige des Graphen, die den Pfad berühren, so wird die Schleifenfamilie des so reduzierten FGr als Restschleifenfamilie bezeichnet. Ebenso wie oben kann man zeigen, daß das Zweiggewichtsprodukt einer Restschleifenfamilie des FGr sich als Summe der Transmissionen der vom Pfad mit dem Zweiggewichtsprodukt P_{0i}^{ϱ} disjunkten Schleifen $\varkappa$-ter Ordnung des SFG deuten läßt. Die Formel (10) geht so über in die **Masonsche Formel,**

$$\boxed{x_i = \frac{\sum\limits_{\varrho=1}^{r_i} P_{0i}^{\varrho}\Big(1 + \sum\limits_{\varkappa} (-1)^{\varkappa} \sum\limits_{\sigma} L_{\varrho\sigma}^{(\varkappa)}\Big)}{1 + \sum\limits_{\varkappa} (-1)^{\varkappa} \sum\limits_{\sigma} L_{\sigma}^{(\varkappa)}}} \tag{14}$$

mit den Abkürzungen

$P_{0i}^{\varrho} =$ Produkt der Zweiggewichte des ϱ-ten Pfades vom Knoten 0 zum Knoten i im SFG,

$L_{\varrho\sigma}^{(\varkappa)} =$ Produkt der Zweiggewichte der σ-ten Schleife $\varkappa$-ter Ordnung, die den durch die Transmission P_{0i}^{ϱ} gekennzeichneten Pfad nicht berührt,

$L_{\sigma}^{(\varkappa)} =$ Produkt der Zweiggewichte der σ-ten Schleife $\varkappa$-ter Ordnung des SFG.

Die $L_{\varrho\sigma}^{(\varkappa)}$ brauchen nicht gesondert berechnet zu werden, da sie in den $L_{\sigma}^{(\varkappa)}$ enthalten sind. Die Schleifen $\varkappa$-ter Ordnung sind nur darauf zu testen, ob sie den ϱ-ten Pfad berühren oder nicht.

Vergleicht man die Formeln (10) und (14), so ist als wesentlicher Unterschied festzustellen, daß von den Schleifenfamilien stets *alle* Knoten des FGr erfaßt werden, während in den Schleifen $\varkappa$-ter Ordnung jeweils $\varkappa$ disjunkte Schleifen zusammengefaßt sind, die nicht alle Knoten des SFG enthalten müssen.

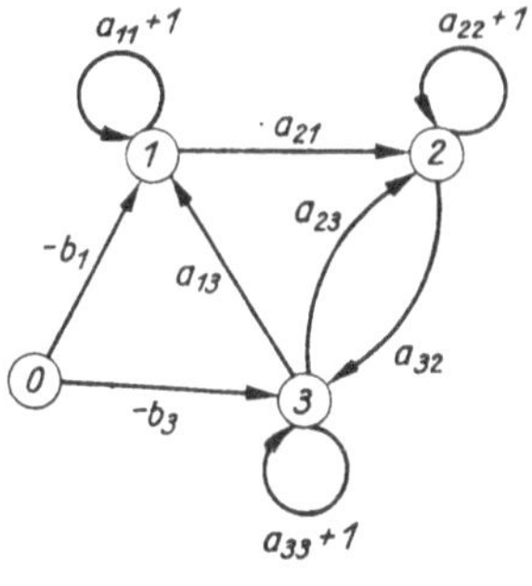

Abb. 3.7. Signalflußgraph des Gls. (4)

Als **Beispiel** betrachten wir in Abb. 3.7 den SFG zum Gls. (4) und wollen die Unbekannte x_2 mit Hilfe der Formel (14) bestimmen. Aus dem SFG kann man die folgenden Terme ablesen:

$$\sum_\sigma L_\sigma^{(1)} = (a_{11} + 1) + (a_{22} + 1) + (a_{33} + 1) + a_{13}a_{21}a_{32} + a_{23}a_{32}\,,$$

$$\sum_\sigma L_\sigma^{(2)} = (a_{11} + 1)\,(a_{23}a_{32}) + (a_{11} + 1)\,(a_{22} + 1) + (a_{11} + 1)\,(a_{33} + 1) + (a_{22} + 1)\,(a_{33} + 1)\,,$$

$$\sum_\sigma L_\sigma^{(3)} = (a_{11} + 1)\,(a_{22} + 1)\,(a_{33} + 1)\,,$$

$$P_{02}^1 = -b_1a_{21}\,, \qquad P_{02}^2 = -b_3a_{23}\,, \qquad P_{02}^3 = -b_3a_{13}a_{21}\,,$$

$$\sum_\sigma L_{1\sigma}^{(1)} = (a_{33} + 1)\,, \quad L_{1\sigma}^{(\varkappa)} \quad \text{mit} \quad \varkappa > 1 \text{ existieren nicht,}$$

$$\sum_\sigma L_{2\sigma}^{(1)} = (a_{11} + 1)\,, \quad L_{2\sigma}^{(\varkappa)} \quad \text{mit} \quad \varkappa > 1 \text{ existieren nicht,}$$

$$\sum_\sigma L_{3\sigma}^{(1)} \text{ existiert nicht.}$$

Also wird $x_2 = \dfrac{Z}{N}$ mit

$$\begin{aligned} Z &= -b_1a_{21}(1 - a_{33} - 1) - b_3a_{23}(1 - a_{11} - 1) - b_3a_{13}a_{21}\cdot 1 \\ &= b_1a_{21}a_{33} + b_3(a_{11}a_{23} - a_{13}a_{21})\,, \end{aligned}$$

$$\begin{aligned} N &= 1 - (a_{11} + 1 + a_{22} + 1 + a_{33} + 1 + a_{23}a_{32} + a_{13}a_{21}a_{32}) \\ &\quad + \big((a_{11} + 1)\,(a_{22} + 1) + (a_{11} + 1)\,(a_{33} + 1) + (a_{22} + 1)\,(a_{33} + 1) \\ &\qquad + (a_{11} + 1)\,a_{23}a_{32}\big) \\ &\quad - (a_{11} + 1)\,(a_{22} + 1)\,(a_{33} + 1) \\ &= a_{11}a_{23}a_{32} - a_{11}a_{22}a_{33} - a_{13}a_{21}a_{32}\,. \end{aligned}$$

Das Beispiel macht deutlich, daß bei der Lösung von Gls. der Gestalt (1) mit der Methode der SFG zunächst viele im Grunde überflüssige Terme notiert werden, die sich nach relativ aufwendigen Umformungen wegheben. Der Auswertungsaufwand läßt sich dadurch erheblich verringern, daß man das Gls. (1) vor Anwendung der SFG so umformt, daß möglichst viele Hauptdiagonalelemente $a_{ii} = -1$ werden. (Bei regulärer Koeffizientenmatrix kann man jedes Gls. (1) in eine Form mit $a_{ii} = -1$ für alle $i = 1, 2, \ldots, n$ bringen.) Die Selbstschleifen des SFG erhalten dann das Gewicht 0 und können folglich weggelassen werden.

Unser Beispiel-Gls. (4) kann man etwa so umschreiben:

$$\begin{pmatrix} -1 & 0 & -\dfrac{a_{13}}{a_{11}} \\ -\dfrac{a_{21}}{a_{22}} & -1 & -\dfrac{a_{23}}{a_{22}} \\ 0 & -\dfrac{a_{32}}{a_{33}} & -1 \end{pmatrix} \begin{pmatrix} x_1 \\ x_2 \\ x_3 \end{pmatrix} = \begin{pmatrix} -b_1/a_{11} \\ 0 \\ -b_3/a_{33} \end{pmatrix}$$

oder

$$\begin{bmatrix} 0 & 0 & -\frac{a_{13}}{a_{11}} \\ -\frac{a_{21}}{a_{22}} & 0 & -\frac{a_{23}}{a_{22}} \\ 0 & -\frac{a_{32}}{a_{33}} & 0 \end{bmatrix} \begin{bmatrix} x_1 \\ x_2 \\ x_3 \end{bmatrix} + \begin{bmatrix} \frac{b_1}{a_{11}} \\ 0 \\ \frac{b_3}{a_{33}} \end{bmatrix} = \begin{bmatrix} x_1 \\ x_2 \\ x_3 \end{bmatrix}.$$

Der zugehörende SFG wurde in Abb. 3.8 dargestellt.

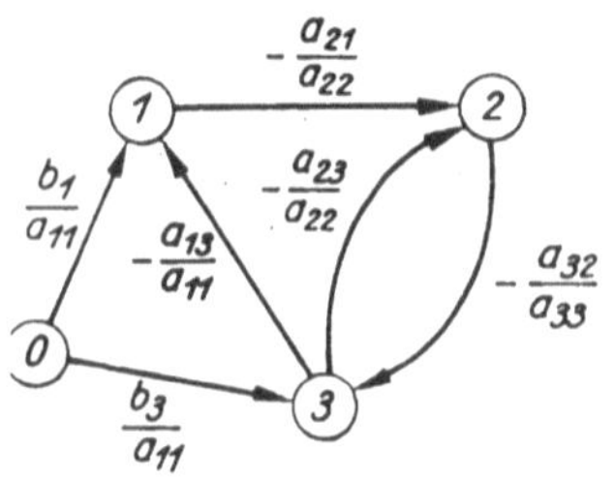

Abb. 3.8. Signalflußgraph des Gls. (4), aus dem die Selbstschleifen eliminiert wurden (der Zweig von 0 nach 3 muß das Gewicht b_3/a_{33} haben)

Wir wollen wiederum die Unbekannte x_2 mit Hilfe der Formel (14) bestimmen:

$$\sum_\sigma L_\sigma^{(1)} = -\frac{a_{21}}{a_{22}}\frac{a_{32}}{a_{33}}\frac{a_{13}}{a_{11}} + \frac{a_{23}}{a_{22}}\frac{a_{32}}{a_{33}}, \qquad L_\sigma^{(\varkappa)} \text{ für } \varkappa > 1 \text{ existieren nicht,}$$

$$P_{02}^1 = -\frac{b_1}{a_{11}}\frac{a_{21}}{a_{22}}, \quad P_{02}^2 = -\frac{b_3}{a_{33}}\frac{a_{23}}{a_{22}}, \quad P_{02}^3 = \frac{b_3}{a_{33}}\frac{a_{13}}{a_{11}}\frac{a_{21}}{a_{22}},$$

$L_{\varrho\sigma}^{(\varkappa)}$ existieren nicht.

Also wird

$$x_2 = \frac{-\frac{b_1}{a_{11}}\frac{a_{21}}{a_{22}} - \frac{b_3}{a_{33}}\frac{a_{23}}{a_{22}} + \frac{b_3}{a_{33}}\frac{a_{13}}{a_{11}}\frac{a_{21}}{a_{22}}}{1 + \frac{a_{21}}{a_{22}}\frac{a_{32}}{a_{33}}\frac{a_{13}}{a_{11}} - \frac{a_{23}}{a_{22}}\frac{a_{32}}{a_{33}}} = \frac{-b_1 a_{21} a_{33} + b_3(a_{13}a_{21} - a_{11}a_{23})}{a_{11}a_{22}a_{23} - a_{11}a_{23}a_{32} + a_{21}a_{32}a_{13}}.$$

Überblickt man die in den Abschnitten 2.3 und 2.4.3 zur **NW-Analyse** angegebenen Gls. im Hinblick auf eine symbolische Analyse **mit Hilfe von SFG,** so erscheinen die auf S. 77 notierten Gls. (80) und (81) besonders geeignet, da sämtliche Hauptdiagonalelemente von vornherein den Wert (-1) haben.

Als **Beispiel** betrachten wir die bereits im Abschn. 2.4.3.2. angegebene elektrische Schaltung mit einer stromgesteuerten Spannungsquelle (vgl. Abb. 2.88). Es soll das Gls. (81) aus Kap. 2. der Verbindungszweigstrom-Baumzweig-

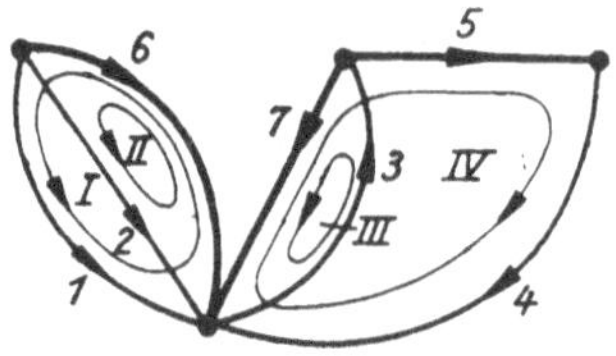

Abb. 3.9. NW-Graph einer elektrischen Schaltung (Abb. 2.88) mit eingetragenem Fundamentalmaschensystem

spannungs-Gln. aufgestellt werden,

$$\begin{pmatrix} -\boldsymbol{E} & -\boldsymbol{Y}_V\boldsymbol{M}_{fB} \\ \boldsymbol{Z}_B\boldsymbol{M}_{fB}^T & -\boldsymbol{E} \end{pmatrix} \begin{pmatrix} \boldsymbol{I}_V \\ \boldsymbol{U}_B \end{pmatrix} = \begin{pmatrix} \boldsymbol{Y}_V(\boldsymbol{U}_V^e + \boldsymbol{M}_{fB}\boldsymbol{U}_B^e) \\ \boldsymbol{Z}_B(\boldsymbol{I}_B^e - \boldsymbol{M}_{fB}^T\boldsymbol{I}_V^e) \end{pmatrix}.$$

In Abb. 3.9 wurde der NW-Graph mit eingetragenem vollständigen Baum und dem zugehörenden Fundamentalmaschensystem dargestellt. Die (Baum-) Zweigimpedanzmatrix $\boldsymbol{Z}_B$, die (Verbindungs-)Zweigadmittanzmatrix $\boldsymbol{Y}_V$ und die Inzidenzmatrix $\boldsymbol{M}_{fB}$ lauten für unser Beispiel

$$\boldsymbol{Z}_B = \begin{pmatrix} sL_5 & 0 & 0 \\ 0 & R_6 & 0 \\ 0 & \alpha & R_7 \end{pmatrix}, \quad \boldsymbol{Y}_V = \langle G_1, sC_2, sC_3, G_4\rangle\,, \quad \boldsymbol{M}_{fB} = \begin{array}{c} \\ \text{I} \\ \text{II} \\ \text{III} \\ \text{IV} \end{array} \begin{array}{c} \begin{array}{ccc} 5 & 6 & 7 \end{array} \\ \begin{pmatrix} 0 & -1 & 0 \\ 0 & -1 & 0 \\ 0 & 0 & 1 \\ 1 & 0 & -1 \end{pmatrix} \end{array}$$

mit $G_i = 1/R_i$.

Das Gls.

$$\begin{bmatrix} -1 & & & & 0 & G_1 & 0 \\ & -1 & & & 0 & sC_2 & 0 \\ & & -1 & & 0 & 0 & -sC_3 \\ & & & -1 & -G_4 & 0 & G_4 \\ 0 & 0 & 0 & sL_5 & -1 & & \\ -R_6 & -R_6 & 0 & 0 & & -1 & \\ -\alpha & -\alpha & R_7 & -R_7 & & & -1 \end{bmatrix} \begin{bmatrix} I_1 \\ I_2 \\ I_3 \\ I_4 \\ U_5 \\ U_6 \\ U_7 \end{bmatrix} = \begin{bmatrix} U_1^eG_1 \\ 0 \\ 0 \\ 0 \\ 0 \\ 0 \\ 0 \end{bmatrix}$$

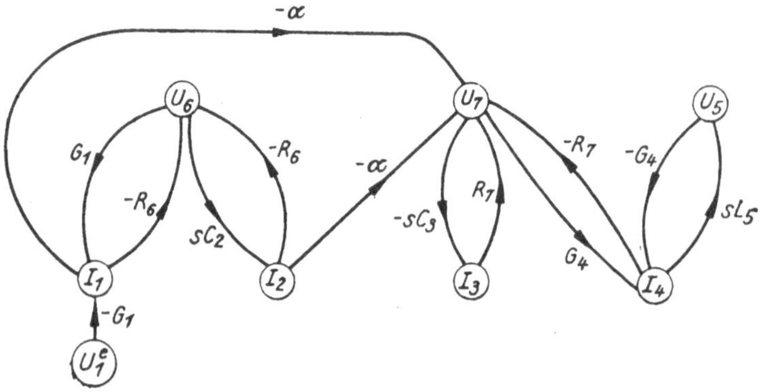

Abb. 3.10. SFG für das NW in Abb. 3.9 (bzw. Abb. 2.88)

wird im SFG der Abb. 3.10 widergespiegelt. Als Produkte der Zweiggewichte für die Schleifen erster Ordnung entnimmt man aus der Abb. 3.10 die Terme

$$P_1 = -G_1R_6\,,\quad P_2 = -sC_2R_6\,,\quad P_3 = -sC_3R_7\,,\quad P_4 = -\,G_4R_7\,,$$
$$P_5 = -sL_5G_4,$$

für die Schleifen zweiter Ordnung die Terme

$$P_1P_3\,,\quad P_1P_4\,,\quad P_1P_5\,,\quad P_2P_3\,,\quad P_2P_4\,,\quad P_2P_5\,,\quad P_3P_5$$

und für die Schleifen dritter Ordnung die Terme $P_1P_3P_5$, $P_2P_3P_5$. Daraus folgt die NW-Determinante (= Koeffizientendeterminante des Gls.) zu

$$\begin{aligned}\Delta &= (-1)^7\,(1 - \sum L^{(1)} + \sum L^{(2)} - \sum L^{(3)})\\ &= -\,(1 + G_1R_6 + G_4R_7 + G_1G_4R_6R_7 + s(C_2R_6 + C_3R_7 + G_4L_5\\ &\quad + G_1R_6R_7C_3 + G_4G_1R_6L_5 + G_4R_6R_7C_2)\\ &\quad + s^2(R_6R_7C_2C_3 + G_4R_6C_2L_5 + G_4R_7C_3L_5 + G_1G_4R_6R_7C_3L_5)\\ &\quad + s^3G_4R_6R_7C_2C_3L_5)\,.\end{aligned}$$

Wird beispielsweise die Zweigspannung $U_4 = R_4I_4 = R_4\dfrac{\Delta_4}{\Delta}$ gesucht, so muß noch die Zählerdeterminante Δ_4 bestimmt werden,

$$\begin{aligned}\Delta_4 &= (-1)^7 \sum_{\varrho} P_{04}^{\varrho}\Big(1 + \sum_{\varkappa} (-1)^{\varkappa} \sum_{\sigma} L_{\varrho\sigma}^{(\varkappa)}\Big)\\ &= (-1)^7\,\big((-U_1^eG_1(-\alpha)\,G_4(1 - sC_2(-R_6)) + (-U_1^eG_1R_6sC_2\alpha G_4\cdot 1)\big)\\ &= -\,\alpha G_1G_4U_1^e\,.\end{aligned}$$

3.1.2.2. Geschlossene SFG

Zum Schluß unserer Betrachtung der SFG-Methode soll noch kurz auf das Konzept der **„geschlossenen“ SFG** [M-Z-63] eingegangen werden. In Abb. 3.11.a wird ein „offener“ SFG symbolisch dargestellt, bei dem kein Pfad vom „abhängigen“ Knoten i zum „Quellknoten“ 0 zurückführt.

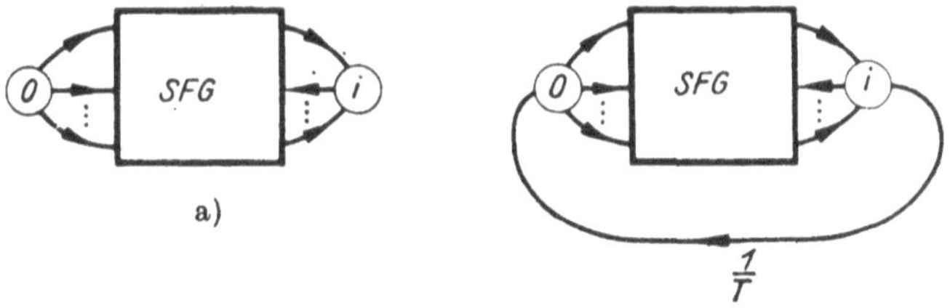

Abb. 3.11. Offener und geschlossener SFG

Der Übertragungsfaktor T vom Knoten 0 zum Knoten i wird mit $x_0 = 1$ und der oben eingeführten Symbolik

$$T = \frac{x_i}{x_0} = x_i = \frac{\Delta_i}{\Delta}\,.$$

Im geschlossenen SFG wird ein orientierter Zweig mit dem Gewicht $1/T$ vom Knoten i zur Quelle 0 zurückgeführt (Abb. 3.11.b). Wendet man die durch die Formel (13) gegebene Vorschrift auf den geschlossenen SFG an, so erhält man dessen „Koeffizientendeterminante“ Δ_g, die folgende Eigenschaften besitzt:

1. In Δ_g sind alle Terme der Determinante Δ des offenen SFG enthalten.
2. Alle weiteren Terme ergeben sich durch den Zweig mit dem Gewicht $\frac{1}{T}$, der die Pfade von 0 nach i zu einer Schleife ergänzt.

Man macht sich leicht klar, daß die unter 2. erfaßten Terme gerade den Ausdruck $\left(-\frac{1}{T}\Delta_i\right)$ bilden. (Das Minuszeichen entsteht, weil sich durch Einfügen des Zweiges mit dem Gewicht $\frac{1}{T}$ die Ordnung der in Δ_i erfaßten Schleifen um 1 erhöht.) Also wird

$$\Delta_g = \Delta - \frac{1}{T}\Delta_i, \quad \text{und wegen } T = \frac{\Delta_i}{\Delta}$$

ergibt sich

$$\Delta_g = \Delta - \frac{1}{T}\Delta_i = 0. \tag{15}$$

Damit erhält man folgende Vorschrift zur Bestimmung des Übertragungsfaktors T eines (offenen) SFG:

1. Der offene SFG wird durch einen zusätzlichen Zweig mit dem (vorerst unbekannten) Gewicht $1/T$ geschlossen.
2. Man bestimmt (gemäß (13)) die zu dem geschlossenen SFG gehörende Koeffizientendeterminante Δ_g. Diese Determinante läßt sich auftrennen in Terme, die $1/T$ nicht enthalten (diese bilden Δ), und in Terme, die $1/T$ als Faktor enthalten (diese bilden $-\Delta_i/T$).
3. Aus der Bestimmungsgleichung $\Delta_g = 0$ folgt dann $T = \frac{\Delta_i}{\Delta}$.

3.1.3. Zur praktischen Anwendung der SFG- und der Flußgraphen-Methode

In den vorangehenden Abschnitten wurde gezeigt, daß zur Lösung eines linearen algebraischen Gls. (1) sowohl die FGr-Methode als auch die SFG-Methode herangezogen werden können. Zu einem vorgegebenen Gls. kann man ohne weiteres sowohl den FGr als auch den SFG aufstellen, und zwar etwa mit dem gleichen Rechenaufwand. Die Beziehungen zwischen beiden Graphen sind denkbar einfach. Um vom FGr zum SFG (bzw. vom SFG zum FGr) überzugehen, hat man lediglich die Selbstschleifengewichte um den Wert 1 zu erhöhen (bzw. zu vermindern). Ggf. erhalten bei einem solchen Überführungsprozeß eine oder mehrere Selbstschleifen das Gewicht Null und können deshalb im Graphen fortgelassen werden.

Wir wollen nun beide Verfahren in bezug auf ihren Rechenaufwand zur Lösung eines Gls. (1) in symbolischer Form vergleichen.

1. Bei der Berechnung der Nennerdeterminante Δ und der Zählerdeterminante Δ_i $(i = 1, \ldots, n)$ mittels Flußgraphen (vgl. Formeln (6) und (9′)) werden keinerlei überflüssige Ausdrücke gebildet, da jeder nach den angegebenen Vorschriften (6) und (9′) entstehende Ausdruck einem nichtverschwindenden Term in der algebraischen Definition (3) der Determinante entspricht. In diesem Sinne ist die **Flußgraphen-Methode optimal.** Wenn zwischen den Koeffizienten $a_{ij} \neq 0$ $(i, j = 1, \ldots, n)$ der Koeffizientenmatrix $\boldsymbol{A}$ Abhängigkeiten bestehen — wie das bei Gls. zur Analyse von NW meist der Fall ist —, kann es dennoch zu Auslöschungen zwischen Termen der nach der Flußgraphen-Methode berechneten Determinante kommen. Auf einige wesentliche Verfahren zur symbolischen Lösung der speziellen NW-Gls. wird in späteren Abschnitten eingegangen.

2. Bei der symbolischen Lösung von (1) mit Hilfe von SFG erhalten die Selbstschleifen zum Knoten i das Gewicht $a_{ii} + 1$ $(i = 1, \ldots, n)$. Da die Koeffizienten a_{ii} als Symbole behandelt werden müssen, entstehen bei Anwendung der Formeln (13) und (14) für jedes Glied, das s Selbstschleifen enthält, 2^s Terme. Diese müssen sich zum großen Teil insgesamt wegheben, da auf Grund der Determinantendefinition (3) sämtliche nichtverschwindenden Terme aus n Faktoren bestehen. In diesem Sinne ist die **SFG-Methode im allgemeinen nicht optimal** (vgl. das Beispiel auf S. 160).

Wenn es gelingt, in dem zu lösenden Gls. alle Koeffizienten $a_{ii} = -1$ zu setzen, so enthält der SFG keine Selbstschleifen, und die Anzahl der mit Hilfe der SFG-Formeln berechneten Terme stimmt mit der Anzahl der nichtverschwindenden Terme der Determinante überein. Dann ist also auch die **SFG-Methode** im oben genannten Sinne **optimal.**

Bei den bisher in den Text eingestreuten kleinen Beispielen war es mit etwas Aufmerksamkeit stets möglich, alle Pfade und Schleifen 1., 2., ... Ordnung zu finden. Für umfangreichere Probleme werden die Verwendung entsprechender Algorithmen **und** der Einsatz von Rechenprogrammen zur Pfad- und Schleifenbestimmung unumgänglich. Dabei sind zwei Gruppen von Algorithmen üblich, die entweder mit Matrizenoperationen oder mit Suchvorgängen in entsprechenden Listen arbeiten.

Die erste Gruppe von Algorithmen geht von dem Grundgedanken aus, daß durch (mehrfaches) Potenzieren einer **Knoten-Verbindungs-Matrix** alle Pfade zwischen zwei Knoten ermittelt werden können [HSA-57]. Das Element (j, i) der Knoten-Verbindungs-Matrix ist 1 oder 0, falls eine direkte (d. h. aus einem Zweig des FGr oder SFG bestehenden) Verbindung vom Knoten i zum Knoten j

existiert bzw. nicht existiert. Einzelheiten über entsprechende Algorithmen sind [Til-68], [Paz-67] und der dort zitierten Literatur zu entnehmen. Da die Zahl der Pfade nicht von vornherein bekannt ist, entstehen in einem Rechenprogramm erhebliche Probleme bei der Speicherplatzverteilung.

Einfacher zu handhaben ist daher die zweite Gruppe von Algorithmen, die auf Matrix-Operationen verzichtet. Man stellt eine **Knoten-Verbindungsliste** auf, in der zu jedem Knoten die direkt benachbarten, also durch einen Zweig erreichbaren Knoten enthalten sind. Es lassen sich sehr einfache Suchvorschriften angeben ([Kro-67], [L-A-69]), um alle Pfade zwischen zwei gegebenen Knoten zu bestimmen. Die jeweils gefundenen Pfade lassen sich — entsprechend symbolisch kodiert — einfach speichern. Daher erfordert dieses Verfahren nur einen relativ geringen Programmieraufwand.

Mit einem Algorithmus zur Pfadbestimmung lassen sich auch Schleifen 1. Ordnung finden, wenn man für den Anfangs- und Endknoten der gesuchten Pfade den gleichen Knoten wählt. Hat man alle Schleifen 1. Ordnung gefunden, so erhält man durch Kombination (und Testen, ob gemeinsame Knoten enthalten sind) von Schleifen 1. Ordnung die Schleifen höherer Ordnung. Dabei läßt sich bemerkenswerterweise wieder ein Pfadbestimmungsalgorithmus einsetzen [L-A-69].

Eine detaillierte Beschreibung der Algorithmen oder gar der bei uns vorliegenden Rechenprogramme zur Ermittlung der Pfade und Schleifen würde den gesetzten Rahmen dieses Bandes sprengen.

3.1.4. Die Primzahlmethode

Jedem Symbol — auch der komplexen Frequenz s —, das in den Koeffizienten des zu lösenden Gls. vorkommt, wird eine Primzahl zugeordnet. Damit wird die Koeffizientenmatrix zu einer Zahlenmatrix, deren Elemente Primzahlen, Produkte von Primzahlen oder aus ihnen zusammengesetzte Summen sind. Der Primzahlmethode liegt der folgende aus der Zahlentheorie bekannte Satz zugrunde.

> Jede natürliche Zahl, die nicht selbst eine Primzahl ist, kann eindeutig in ein Produkt von Primzahlen, ihre sogenannten Primfaktoren, zerlegt werden.

Da für Summen von Zahlen entsprechende Sätze nicht gelten, darf bei den Umformungen des Gls. zwar multipliziert, aber nicht addiert werden. Alle entstehenden Summanden müssen also einzeln gespeichert werden. Bei Beachtung dieser Regel können alle Verfahren zur Lösung von Gls., die mit den Rechenoperationen Addition und Multiplikation auskommen und die Lösung in endlich vielen Schritten liefern, verwendet werden. Nach dem letzten Schritt muß jeder Summand in seine Primfaktoren zerlegt werden, die dann wieder mit den ursprünglichen Symbolen vertauscht werden.

Da nur mit ganzen Zahlen gerechnet wird, entstehen keine numerischen Probleme (Rundungsfehler, Stellenauslöschung, ...). In den auftretenden Summen dürfen ggf. Subtraktionen von zwei gleichen Zahlen ausgeführt werden (Wegheben identischer Terme mit unterschiedlichen Vorzeichen).

Das folgende **Beispiel** soll das Kodierungsprinzip des Verfahrens verdeutlichen. Das Beispiel wurde so klein gewählt, um die bekannten Formeln zur Berechnung einer dreireihigen Determinante verwenden zu können. Zu dem in Abb. 3.12 dargestellten RC-NW ist die Determinante Δ der Knoten-Admittanz-Matrix zu berechnen,

$$\Delta = \det\begin{pmatrix} G_1 + G_3 + sC_2 & -G_3 & 0 \\ -G_3 & G_3 + G_5 + sC_4 & -G_5 \\ 0 & -G_5 & G_5 + sC_6 \end{pmatrix}.$$

Mit der Kodierung

$$s \Leftrightarrow 2\,, \quad C_2 \Leftrightarrow 3\,, \quad C_4 \Leftrightarrow 5\,, \quad C_6 \Leftrightarrow 7\,, \quad \frac{1}{R_1} = G_1 \Leftrightarrow 11\,,$$

$$\frac{1}{R_3} = G_3 \Leftrightarrow 13\,, \quad \frac{1}{R_5} = G_5 \Leftrightarrow 17$$

wird

$$\begin{aligned}
\Delta \Leftrightarrow \det&\begin{pmatrix} 11 + 13 + 6 & -13 & 0 \\ -13 & 13 + 17 + 10 & -17 \\ 0 & -17 & 17 + 14 \end{pmatrix} \\
&= (11 + 13 + 6)\,(13 + 17 + 10)\,(17 + 14) - 17 \cdot 17\,(11 + 13 + 6) \\
&\quad - 13 \cdot 13\,(17 + 14) \\
&(= 2431 + 2002 + 3179 + 2618 + 1870 + 1540 + 2873 + 2366 + 3757 \\
&\quad + 3094 + 2210 + 1820 + 1326 + 1092 + 1734 + 1428 + 1020 + 840 \\
&\quad - 2873 - 2366 - 3179 - 3757 - 7734 \\
&= 2431 + 3094 + 2210 + 1820 + 1326 + 1092 + 1428 + 1020 + 840 \\
&\quad + 2002 + 2618 + 1870 + 1540) \\
&= 11 \cdot 13 \cdot 17 + 2(7 \cdot 11 \cdot 13 + 7 \cdot 11 \cdot 17 + 5 \cdot 11 \cdot 17 + 7 \cdot 13 \cdot 17 \\
&\qquad\qquad + 5 \cdot 13 \cdot 17 + 3 \cdot 13 \cdot 17) \\
&\quad + 2^2(5 \cdot 7 \cdot 11 + 5 \cdot 7 \cdot 13 + 3 \cdot 7 \cdot 13 + 3 \cdot 7 \cdot 17 + 3 \cdot 5 \cdot 17) \\
&\quad + 2^3 \cdot 3 \cdot 5 \cdot 7 \\
&\Leftrightarrow G_1G_3G_5 + s(G_1G_3C_6 + G_1G_5C_6 + G_1G_5C_4 + G_3G_5C_6 + G_3G_5C_4 + G_3G_5C_2) \\
&\quad + s^2(G_1C_4C_6 + G_3C_4C_6 + G_3C_2C_6 + G_5C_2C_6 + G_5C_2C_4) + s^3C_2C_4C_6\,.
\end{aligned}$$

Bei der Berechnung kleinerer Beispiele mit Papier und Bleistift wird man meist auf die Ausführung der Multiplikationen ganz verzichten, sondern die einzelnen Faktoren nebeneinander stehen lassen und damit auch die Primfaktorzerlegung einsparen. Im Beispiel würden so die in runden Klammern stehenden Zwischenschritte wegfallen.

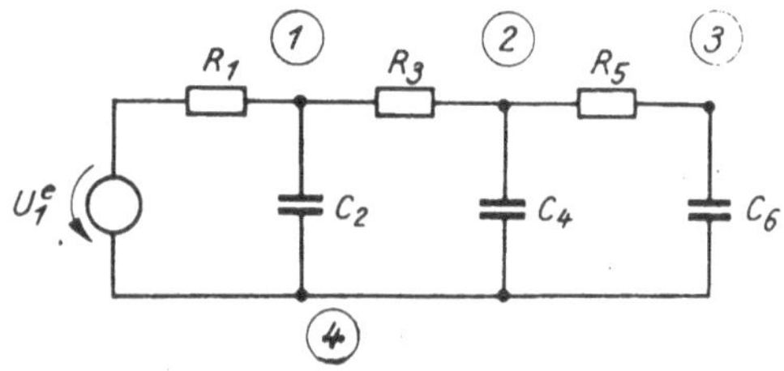

Abb. 3.12. *RC*-Netzwerk

Bei der rechentechnischen Realisierung des Verfahrens [Ros-68] kann man schnell an die Grenzen der im Rechenautomaten zur Verfügung stehenden Stellenzahl gelangen. Man wird deshalb stets die kleinsten Primzahlen verwenden und der komplexen Frequenz s die Zahl 2 zuordnen, da s in vielen Summanden potenziert erscheint. Die folgende Tabelle verdeutlicht das rasche Wachsen der Werte der Primzahlprodukte. Dabei bezeichnet i die Anzahl der (kleinstmöglichen) Primzahlfaktoren und P_i das Produkt dieser Zahlen. Für $i = 4$ erhält man z. B. $P_4 = 2 \cdot 3 \cdot 5 \cdot 7 = 210$.

i	P_i
3	30
5	2.310
8	9.699.690
10	6.469.693.230
13	$\approx 3 \cdot 10^{14}$
15	$\approx 6 \cdot 10^{17}$
18	$\approx 1 \cdot 10^{23}$
20	$\approx 6 \cdot 10^{26}$
30	$\approx 3 \cdot 10^{46}$

Vereinfachungen sind unter Umständen möglich, wenn in zwei Schritten gerechnet wird: Zuerst wird jedem Matrixelement ($\neq 0$) ein Symbol zugeordnet und das Gls. symbolisch gelöst. Anschließend werden in die erhaltenen Ausdrücke die Symbole für die NWE eingesetzt und die weiteren Umformungen vorgenommen.

Bei der Realisierung des Verfahrens auf Rechenanlagen ist es von Vorteil, daß lediglich Operationen mit ganzen Zahlen auszuführen sind. Diese Möglichkeit ist besonders bei der Programmierung in ALGOL und FORTRAN angenehm. Hat man bequeme Möglichkeiten der Zeichenkettenverarbeitung, wie z. B. in der Programmiersprache PL/1, so sind darauf aufbauende Verfahren in bezug auf Rechenzeit und Speicherplatz überlegen.

3.1.5. Symbolische Analyse von Eintor-Netzwerken

Die bisher besprochenen Verfahren sind bei der symbolischen Auflösung beliebiger linearer Gls. anwendbar. Im folgenden soll die spezielle Struktur der bei der Analyse von NW auftretenden Gls. berücksichtigt werden. Der praktischen Bedeutung halber gehen wir zunächst davon aus, daß das NW lediglich aus zweipoligen NWE (= 1-Toren) zusammengeschaltet ist. Bei der Berechnung dieser NW können die in den Abschnitten 2.3.3. bis 2.3.8. behandelten Gls. zugrundegelegt werden. Wir haben bereits früher festgestellt, daß von den dort angegebenen Gls. das der Schnittmengen-DG

$$\boldsymbol{SYS^TU}_{\boxtimes} = \boldsymbol{SYU}^e - \boldsymbol{SI}^e\,, \qquad \text{(VI)}$$

das Gls. der Knoten-DG

$$\boldsymbol{KYK^TU}_{\varnothing} = \boldsymbol{KYU}^e + \boldsymbol{I}^{\varnothing} \qquad \text{(VIa)}$$

(vgl. S. 72) und das Gls. der Maschen-FG

$$\boldsymbol{MZM^TI}_0 = \boldsymbol{MZI}^e - \boldsymbol{U}^0 \qquad \text{(VI')}$$

Systeme mit einer minimalen Anzahl von Unbekannten sind. Auch wenn man von den übrigen Gls. ausgeht, insbes. den Systemen (IV), (IVa) bzw. (IV'), hat es sich als zweckmäßig erwiesen, als Kernstück des Berechnungsverfahrens die Gls. (VI), (VIa) bzw. (VI') zu lösen (vgl. S. 66 und S. 72). Es erscheint daher gerechtfertigt, wenn wir uns hier nur mit der symbolischen Auflösung der Gls. (VI), (VIa) und (VI') beschäftigen. Diese drei Gls. stimmen in ihrer Struktur völlig überein. Daher genügt es, ein Gls. — wir wählen das **System (VIa) der Knoten-DG** — ausführlich zu behandeln und für die anderen Gls. die Ergebnisse mitzuteilen oder ihre Herleitung als Übungsaufgabe zu empfehlen.

3.1.5.1. Berechnung der NW-Determinante

Die Determinante der Koeffizientenmatrix des Gls. (VIa),

$$\det(\boldsymbol{KYK}^T)\,,$$

bezeichnet man als (eine) **NW-Determinante.** Sie ist von der Ordnung $k - 1$, wobei k die Gesamtzahl der Knoten des (zusammenhängenden) NW-Graphen angibt. Die Matrix $\boldsymbol{K}$ ist vom Typ $(k - 1, z)$ und die Matrix $\boldsymbol{Y}$ von der Ordnung z.

Bezeichnet man mit $M_{j_1j_2\cdots j_m}^{l_1l_2\cdots l_m}$ die Determinante einer m-zeiligen quadratischen Teilmatrix, die von den Zeilen $j_1, j_2, \ldots, j_m$ und den Spalten $l_1, l_2, \ldots, l_m$ aus einer Matrix $\boldsymbol{M}$ herausgeschnitten wird, so liefert die **Determinanten-Produkt-Regel** für rechteckige Matrizen (Satz von CAUCHY-BINET, vgl. [Grö-56], [S-R-61] [Gan-66]) den Ausdruck

$$\boxed{\det(\boldsymbol{KYK}^T) = \sum_{i,j=1}^{\binom{z}{k-1}} K_{1\,2\cdots k-1}^{i_1i_2\cdots i_{k-1}}\, K_{1\,2\cdots k-1}^{j_1j_2\cdots j_{k-1}}\, Y_{i_1i_2\cdots i_{k-1}}^{j_1j_2\cdots j_{k-1}}}\,. \qquad (16)$$

Die Summe ist über alle $\binom{z}{k-1}$ Kombinationen „i", d. i. ein $(k - 1)$-Tupel $(1 \leqq i_1 < i_2 < \cdots < i_{k-1} \leqq z)$, und über alle $\binom{z}{k-1}$ Kombinationen „j", d. i. ein $(k - 1)$-Tupel $(1 \leqq j_1 < j_2 < \cdots < j_{k-1} \leqq z)$, zu erstrecken. Bisher wurde nur der Typ der Matrizen $\boldsymbol{K}$ und $\boldsymbol{Y}$ berücksichtigt. Wir wissen jedoch mehr über diese Matrizen und können dadurch die Formel (16) zum Zwecke der Berechnung der NW-Determinante erheblich vereinfachen. Da $\boldsymbol{Y}$ eine Diagonalmatrix ist, können nur die Determinanten $Y^{j_1 j_2 \cdots j_{k-1}}_{i_1 i_2 \cdots i_{k-1}} \neq 0$ sein, für die die Kombination „i" mit der Kombination „j" übereinstimmt. Damit geht die Formel (16) über in

$$\det (\boldsymbol{KYK}^T) = \sum_{i=1}^{\binom{z}{k-1}} (K^{i_1 i_2 \cdots i_{k-1}}_{1\,2 \cdots k-1})^2 \, Y^{i_1 i_2 \cdots i_{k-1}}_{1\,2 \cdots k-1} \,. \tag{17}$$

Weiterhin ist aus dem Abschn. 2.2.3.1. bekannt, daß die Determinante $K^{i_1 i_2 \cdots i_{k-1}}_{1\,2 \cdots k-1}$ nur die Werte 1, -1 oder 0 annehmen kann. Es liefern genau alle diejenigen $K^{i_1 i_2 \cdots i_{k-1}}_{1\,2 \cdots k-1}$ einen von 0 verschiedenen Wert, für die die Zweige $i_1, i_2, \ldots, i_{k-1}$ des NW-Graphen einen vollständigen Baum bilden. Folglich wird die NW-Determinante durch die Summe der Produkte der Zweigadmittanzen sämtlicher vollständigen Bäume gebildet, in Kurzform

$$\boxed{\det (\boldsymbol{KYK}^T) = \sum \text{(Baum-Admittanz-Produkte)}}\,. \tag{18}$$

Ausgehend von den Gls. (VI′) oder (VI) wäre man in analoger Weise mit Hilfe der Aussagen der Abschn. 2.2.3.2. oder 2.2.3.3. zu den Ergebnissen

$$\det (\boldsymbol{MZM}^T) = \sum \text{(Verbindungszweigsystem-Impedanz-Produkte)} \tag{18′}$$

oder

$$\det (\boldsymbol{SYS}^T) = \sum \text{(Baum-Admittanz-Produkte)} \tag{18″}$$

gelangt.

Zwischen (18) und (18′) besteht die einfache Beziehung

$$\frac{\det (\boldsymbol{MZM}^T)}{\det (\boldsymbol{KYK}^T)} = \det \boldsymbol{Z} = \frac{1}{\det \boldsymbol{Y}}, \tag{19}$$

deren Nachweis dem Leser als Übungsaufgabe überlassen sei. Die Relationen (18′) bzw. (18) waren schon G. Kirchhoff [Kir-47] bzw. J. C. Maxwell [Max-92] bekannt. Kirchhoff verwendete im Jahre 1847 die folgende Formulierung (wobei wir lediglich die in diesem Buch benutzten Symbole für die Anzahl der Zweige, der Knoten usw. einsetzen und die Orthographie den heutigen Regeln anpassen):

> „... ein System von z Drähten ... Es sei k die Anzahl der vorhandenen Kreuzungspunkte, ..., und es sei $m = z - k + 1$, dann ist der gemeinschaftliche Nenner aller Größen I die Summe derjenigen Kombinationen von $z_1, z_2, \ldots, z_z$ zu je m Elementen, $z_{\zeta_1}, z_{\zeta_2}, \ldots, z_{\zeta_m}$, welche die Eigenschaft haben, daß nach Fortnahme der Drähte $\zeta_1, \zeta_2, \ldots, \zeta_m$ keine geschlossene Figur übrig bleibt ..."

J. C. Maxwell veröffentlichte 1892 das Ergebnis (zitiert nach [S-R-61]):

> „det ($\boldsymbol{KYK^T}$) is the sum of the products of conductivities taken ($k-1$) at a time, omitting all those terms which contain products of the conductivities of branches which form closed circuits."

Auf Grund der Bedeutung dieser Relationen wollen wir noch eine **zweite,** am NW orientierte **Herleitung der Formel** (18) bringen. Die Determinantendefinition (3), vgl. S. 147, auf die Koeffizientenmatrix ($\boldsymbol{KYK^T}$) angewendet, liefert für die NW-Determinante nach Auflösung aller Klammern

$$\det(\boldsymbol{KYK^T}) = \sum_{\sigma} a_\sigma \left(\prod_{\varkappa=1}^{k-1} y_{\sigma\varkappa} \right), \tag{20}$$

also eine Summe von Produkten von jeweils ($k-1$) Zweigadmittanzen. Über die Anzahl der Summanden und die Gewichte a_σ kann aus der Det.-Definition zunächst nichts ausgesagt werden. Wir wollen in (20) einen Summanden herausgreifen und alle in diesem Term nicht vorkommenden Admittanzen des NW gleich Null setzen. Die Determinante des Gls. (VIa) bleibt trotz dieses Eingriffs von Null verschieden. Also wird in dem so modifizierten NW mit $k-1$ Zweigen bei jedem FG-Vektor $\boldsymbol{I}^\varnothing$, d. h. bei jeder denkbaren FG-Einspeisung in den Knoten 1, 2, ..., $k-1$, der DG-Vektor $\boldsymbol{U}_\varnothing$, d. h. die DG zwischen dem 1., 2., ..., ($k-1$)-ten und dem k-ten Knoten, eindeutig festgelegt. Das ist aber nur möglich, wenn die $k-1$ Faktoren in $\prod_{\varkappa=1}^{k-1} y_{\sigma\varkappa}$ voneinander verschieden sind und die zugehörigen Zweige einen vollständigen Baum im ursprünglichen NW-Graphen bilden. (Andernfalls gäbe es im modifizierten NW von wenigstens einem der Knoten 1, ..., $k-1$ keine „leitende Verbindung" zum Bezugsknoten.) Da der Summand σ völlig willkürlich herausgegriffen war, sind alle in (20) vorkommenden Produkte $\prod_{\varkappa=1}^{k-1} y_{\sigma\varkappa}$ Baum-Admittanz-Produkte im Sinne der Formel (18). Es bleibt zu zeigen, daß die Gewichte $a_\sigma = 1$ sind. Dazu berechnen wir die Determinante des modifizierten NW, das ja nur aus einem einzigen Baum besteht.

$$a_\sigma \prod_{\varkappa=1}^{k-1} y_{\sigma\varkappa} = \det(\boldsymbol{K_B Y_B K_B^T}) = \det \boldsymbol{K_B} \cdot \det \boldsymbol{Y_B} \cdot \det(\boldsymbol{K_B^T}) = (\det \boldsymbol{K_B})^2 \det \boldsymbol{Y_B}$$
$$= \det \boldsymbol{Y_B} = \prod_{\varkappa=1}^{k-1} y_{\sigma\varkappa}\,.$$

Diese Überlegung zeigt zugleich, daß jeder vollständige Baum einen nichtverschwindenden Term zur rechten Seite von (20) beisteuert. Damit ist die Formel (18) vollständig bewiesen. ▲

Wir empfehlen dem Leser als Übungsaufgabe, sich einen ähnlichen elementaren Beweis — ausgehend vom Gls. (VI') für die Formel (18') zu überlegen.

Die Relationen (18) und (18') zeigen, daß die Berechnung der NW-Determinanten im wesentlichen auf das Aufsuchen aller vollständigen Bäume (oder ihrer Komplemente, den Verbindungszweigsystemen), die im NW-Graphen enthalten sind, zurückgeführt werden kann. Ein leicht verständliches Verfahren zur **Auflistung sämtlicher** (vollständigen) **Bäume** eines zusammenhängenden Graphen, das 1939 von TSAI [Tsa-39] angegeben wurde, wird nun beschrieben.

Zu jedem Knoten $\varkappa, \varkappa = 1, \ldots, k-1$, des Graphen (also mit Ausnahme des Bezugsknotens!) notiert man sich die Teilmenge $M_\varkappa$ aller $m_\varkappa$ Zweige, die mit dem $\varkappa$-ten Knoten direkt verbunden sind. Anschließend bildet man alle Kombinationen aus $(k-1)$ Zweigen des Graphen, indem man aus jeder Zweigmenge $M_\varkappa$ genau einen Zweig herausgreift. Insgesamt gibt es $m_1 \cdot m_2 \cdots m_{k-1}$ solche Kombinationen. Jede solche Kombination stellt entweder einen (vollständigen) Baum des NW-Graphen dar, oder die durch die Kombination gelieferte Zweigmenge bildet keinen zusammenhängenden Teilgraphen, der mit sämtlichen k Knoten inzidiert. Dann gibt es doppelt belegte Zweige und/oder Maschen. Man kann zeigen, daß jede Baumkombination genau einmal vorkommt, während Zweigkombinationen mit Maschen immer geradzahlig oft auftreten. Nach Tilgung aller Zweigkombinationen, die sich wiederholen oder die einen Zweig mehrfach enthalten, bleiben gerade diejenigen Kombinationen übrig, die einen Baum bilden.

Zur Kontrolle kann man wegen (18) die **Gesamtzahl g_B der Bäume** berechnen, wenn man sämtliche Zweigadmittanzen gleich Eins, d. h. $\boldsymbol{Y} = \boldsymbol{E}$, setzt,

$$g_B = \det(\boldsymbol{KEK}^T) = \det(\boldsymbol{KK}^T)\,. \tag{21}$$

Es gilt für $\varkappa, \varkappa' = 1, \ldots, k-1$:

$(\boldsymbol{KK}^T)_{\varkappa\varkappa}$ = Anzahl der Zweige, die mit dem $\varkappa$-ten Knoten verbunden sind,
$(\boldsymbol{KK}^T)_{\varkappa\varkappa'} = (-1) \cdot$ (Anzahl der Zweige, die zwischen dem $\varkappa$-ten und dem $\varkappa'$-ten Knoten liegen).

In Analogie zu (21) gilt

$$g_B = \det(\boldsymbol{MM}^T) = \det(\boldsymbol{SS}^T)\,. \tag{21'}$$

Ein analoges Verfahren zur Auflistung sämtlicher Verbindungszweigsysteme wurde für ebene NW-Graphen von WANG [Wan-34] und für beliebige zusammenhängende NW-Graphen von TING [Tin-35] veröffentlicht.

Bei der Auswertung der Schnittmengen-Admittanzmatrix und der Maschen-Impedanzmatrix in Analogie zu der hier für die Knoten-Admittanzmatrix angegebenen Vorschrift muß beachtet werden, daß dort die sich wiederholenden Terme eine gerade oder eine ungerade Anzahl von Malen auftreten können. Die geradezahlig oft auftretenden Terme sind zu streichen, die ungeradzahlig oft auftretenden Terme sind nur einmal zu zählen (schwere Übungsaufgabe).

Als **Beispiel** betrachten wir das in Abb. 3.13a dargestellte *RLC*-NW. Nach Zusammenfassen der NWE R_1, C_1, L_1 bzw. R_4, C_4, L_4 zum Zweig 1 bzw. 4 erhält man einen NW-Graphen gemäß Abb. 3.13.b. Die Gesamtzahl der vollständigen

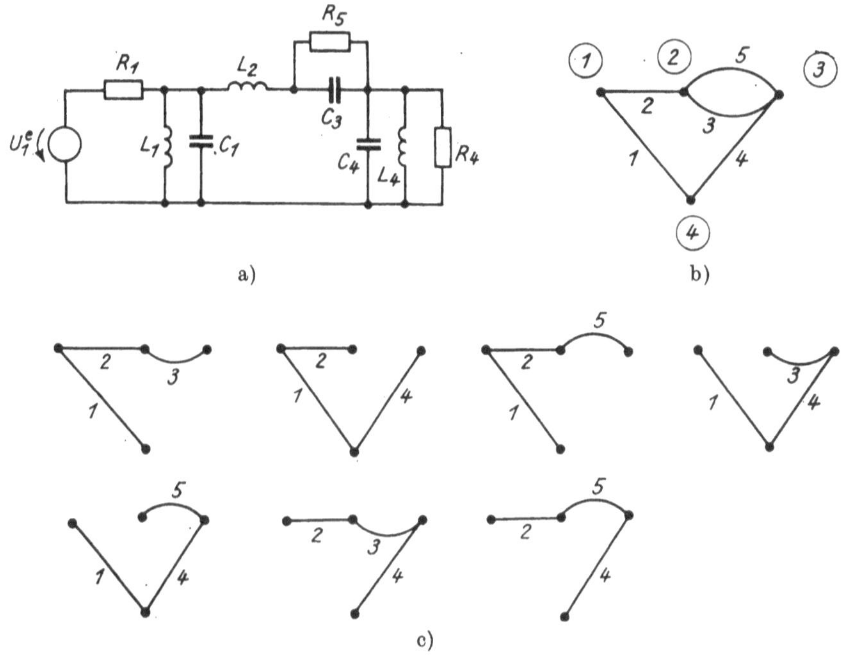

Abb. 3.13. *RLC*-Netzwerk;
a) Schaltbild, b) Netzwerk-Graph, c) alle vollständigen Bäume

Bäume erhält man mit (21) zu

$$g_B = \det\begin{pmatrix} 2 & -1 & 0 \\ -1 & 3 & -2 \\ 0 & -2 & 3 \end{pmatrix} = 18 - 8 - 3 = 7\,.$$

Aus den Zweigmengen

$$M_1 = \{1, 2\}, \quad M_2 = \{2, 3, 5\}, \quad M_3 = \{3, 4, 5\}$$

erhält man gemäß der angegebenen Vorschrift die Baumliste

$$B = \begin{pmatrix} 1 & 1 & 1 & 1 & 1 & 1 & 1 & 1 & 1 & 2 & 2 & 2 & 2 & 2 & 2 & 2 \\ 2 & 2 & 2 & 3 & 3 & 3 & 5 & 5 & 5 & 2 & 3 & 3 & 3 & 5 & 5 & 5 \\ 3 & 4 & 5 & 3 & 4 & 5 & 3 & 4 & 5 & & 3 & 4 & 5 & 3 & 4 & 5 \end{pmatrix}.$$
$$\begin{matrix} & & & * & & \uparrow & \uparrow & & * & * & * & & \uparrow & \uparrow & & * \end{matrix}$$

Die mit (∗) markierten Spalten sind zu annullieren, da sie Zweige mehrfach enthalten. Die sich wiederholenden Kombinationen — markiert durch entsprechende Verbindungspfeile — müssen ebenfalls annulliert werden. Damit erhält man als endgültige Baumliste

$$B = \begin{pmatrix} 1 & 1 & 1 & 1 & 1 & 2 & 2 \\ 2 & 2 & 2 & 3 & 5 & 3 & 5 \\ 3 & 4 & 5 & 4 & 4 & 4 & 4 \end{pmatrix}.$$

Zur Illustration wurden diese 7 Bäume in Abb. 3.13.c skizziert. In der neueren Literatur wird die Baumliste — ausgehend von einer Veröffentlichung von BELLERT aus dem Jahre 1962 [Bel-62] — häufig als „Strukturzahl" des Graphen und das skizzierte Verfahren von TSAI zur Gewinnung von B als **Methode der Strukturzahlen** bezeichnet.

Nach Ermittlung der Baumliste B erhält man gemäß (18) die NW-Determinante det $(\boldsymbol{KYK}^T)$ aus der Summe über die Zweig-Admittanzprodukte sämtlicher Bäume. Zum gleichen Ergebnis kommt man auf dem folgenden leicht modifizierten Weg. Statt der Zweigmengen $M_\varkappa$ betrachten wir die Summe der Admittanzen aller mit dem $\varkappa$-ten Knoten verknüpften Zweige, die durch die Elemente $(\boldsymbol{KYK}^T)_{\varkappa\varkappa}$, $\varkappa = 1, \dots, k-1$, geliefert werden. Man erhält die NW-Determinante aus dem Produkt, wenn man alle Summanden, die sich wiederholen, und solche, die einen Faktor mehrfach enthalten, streicht. Zweckmäßig berücksichtigt man diese obligatorischen Kürzungsregeln nicht erst nach Abschluß der Produktbildung, sondern bereits während der Rechnung. Diese Rechenregeln kann man als eine Algebra mit der Eigenschaft

$$x + x = 0 \quad \text{und} \quad x \cdot x = 0$$

für jedes Element x der Algebra auffassen. Nach einem Vorschlag von DUFFIN [Duf-59] wird sie als **WANG-Algebra** bezeichnet (vgl. auch [Ede-69]).

Bei der Berechnung der Determinanten $(\boldsymbol{MZM}^T)$ und $(\boldsymbol{SYS}^T)$ braucht man ebenfalls nur die Hauptdiagonalelemente zu berücksichtigen und diese nach den Regeln der WANG-Algebra auszumultiplizieren (Übungsaufgabe).

Das oben angegebene **Verfahren zur Auflistung sämtlicher Bäume** erweist sich bei größeren NW — trotz seiner auf den ersten Blick bestechenden Einfachheit — nicht als sehr günstig. Es treten relativ viele Terme mehrfach auf, die gestrichen werden müssen. Dazu mzuß die gesamte bisher aufgebaute Baumliste durchgemustert werden. Ein Verfahren zur Auflistung sämtlicher Bäume, das jeden Baum genau einmal liefert, wurde von MAYEDA und SESHU [M-S-65] publiziert und in [Muc-68] zweckmäßig programmierungstechnisch realisiert.

Abschließend wollen wir eine leichte Modifikation des von TSAI vorgeschlagenen Verfahrens angeben, bei der das aufwendige Durchmustern des bereits aufgestellten Teiles der Baumliste vermieden wird. Zunächst ist es zweckmäßig, alle parallel liegenden Zweige zum Zwecke der Baumsuche durch einen einzigen Zweig zu ersetzen. Dadurch wird die Baumliste kürzer und der Berechnungsaufwand geringer. (Enthält ein so gewonnener Baum einen Zweig ζ, dem ursprünglich m_ζ parallel liegende Zweige entsprachen, so kann man diesen Baum der verkürzten Baumliste bei Bedarf ohne Mühe in m_ζ „verschiedene" Bäume auffächern.) In dem so reduzierten Graphen wird jeder Zweig eineindeutig durch seinen Anfangs- und Endknoten widergespiegelt. Die Knoten-Zweig-Inzidenzmengen $M_\varkappa$ ($\varkappa = 1, \dots, k-1$) haben nur noch anzugeben, mit welchen anderen Knoten der $\varkappa$-te Knoten unmittelbar verbunden ist: als Element von $M_\varkappa$ erscheint jetzt ein geordnetes Zahlenpaar $\varkappa\varkappa'$ anstelle der einen Zweignummer ζ.

Durch Kombination je eines Zweiges der Mengen $M_\varkappa$ erhält man sämtliche vollständigen Bäume des Graphen. Kombinationen, die keinem vollständigen Baum entsprechen, sind jetzt sofort aus der Kombination selbst zu erkennen, da sie Zyklen der Gestalt $\varkappa\varkappa'$, $\varkappa'\varkappa$ oder $\varkappa\varkappa'$, $\varkappa'\varkappa''$, $\varkappa''\varkappa$ oder ... enthalten.

Für das in Abb. 3.13. b dargestellte Beispiel lassen sich die Parallelzweige 3 und 5 zusammenfassen, und die Mengen $M_\varkappa$ lauten dann $M_1 = \{12, 14\}$, $M_2 = \{21, 23\}$, $M_3 = \{32, 34\}$. Daraus erhält man die Baumliste

$$B = \begin{pmatrix} 12 & 12 & 12 & 14 & 14 & 14 & 14 \\ 21 & 23 & 23 & 21 & 21 & 23 & 23 \\ & 32 & 34 & 32 & 34 & 32 & 34 \end{pmatrix} = \begin{pmatrix} 12 & 14 & 14 & 14 \\ \underline{23} & 21 & 21 & \underline{23} \\ 34 & \underline{32} & 34 & 34 \end{pmatrix}.$$
$$\begin{matrix} * & * & & & & * & \end{matrix}$$

Im reduzierten Graphen existieren 4 vollständige Bäume. Die unterstrichenen Zweige entsprechen 2 Parallelzweigen, so daß sich im ursprünglichen Graphen $2 \cdot 3 + 1 = 7$ Bäume ergeben, wie oben bereits auf andere Weise berechnet wurde.

3.1.5.2. Berechnung von Unterdeterminanten

Zur Lösung der Gls. (VI), (VIa) und (VI') reicht die Berechnung der Koeffizientendeterminanten $\Delta = \det \boldsymbol{A}$ nicht aus. Gemäß der CRAMERschen Regel, vgl. Gl. (2) auf S. 147, müssen auch die Zählerdeterminanten bestimmt werden. Dazu sind im wesentlichen die Kofaktoren

$$\Delta_{ji} = (-1)^{i+j} \det \boldsymbol{A}_{ji}$$

mit der $(n - 1)$-reihigen Matrix $\boldsymbol{A}_{ji}$, die aus $\boldsymbol{A}$ durch Streichen der j-ten Zeile und der i-ten Spalte hervorgeht, zu bestimmen.

Der Einfachheit halber beschränken wir uns in diesem Abschnitt auf die Berechnung der **Unterdeterminanten der Knoten-Admittanz-Matrix**. Bezeichnet man mit ${}_\varkappa\boldsymbol{K}$ die aus $\boldsymbol{K}$ durch Streichen der $\varkappa$-ten Zeile hervorgehende Matrix, so lauten für das Gls. der Knoten-DG die Kofaktoren

$$\Delta_{\varkappa'\varkappa} = (-1)^{\varkappa'+\varkappa} \det \left({}_{\varkappa'}\boldsymbol{K}\boldsymbol{Y}({}_\varkappa\boldsymbol{K})^T\right). \tag{22}$$

Die Matrix ${}_\varkappa\boldsymbol{K}$ läßt sich als Knoten-Zweig-Inzidenzmatrix eines **modifizierten NW-Graphen** deuten, in dem — ausgehend vom ursprünglichen Graphen mit der Inzidenzmatrix $\boldsymbol{K}$ — der Knoten $\varkappa$ mit dem Bezugsknoten k verschmolzen wurde und alle Zweige, die die Knoten $\varkappa$ und k direkt miteinander verbinden, fortgelassen wurden.

Die Hauptunterdeterminante $\Delta_{\varkappa\varkappa}$ läßt sich als NW-Determinante des modifizierten NW deuten,

$$\Delta_{\varkappa\varkappa} = (-1)^{2\varkappa} \det \left({}_\varkappa\boldsymbol{K}\boldsymbol{Y}({}_\varkappa\boldsymbol{K})^T\right) = \sum_{i=1}^{\binom{z}{k-2}} \left({}_\varkappa K^{i_1 i_2 \cdots i_{k-2}}_{1\,2 \cdots k-2}\right)^2 Y^{i_1 i_2 \cdots i_{k-2}}_{i_1 i_2 \cdots i_{k-2}}. \tag{23}$$

> Es sind sämtliche (vollständigen) Bäume im modifizierten NW-Graphen zu ermitteln, und die Summe dieser Baum-Admittanzprodukte liefert die Hauptunterdeterminante.

Bei den Kofaktoren $\Delta_{\varkappa'\varkappa}$ mit $\varkappa' \neq \varkappa$ sind die Verhältnisse etwas komplizierter. Wir wollen zunächst ihr Vorzeichen bestimmen. Aus dem Gls.

$$(\boldsymbol{KYK}^T)\,\boldsymbol{U}_\varnothing = \boldsymbol{I}^\varnothing$$

folgt mit der Formel (2) und $\Delta = \det(\boldsymbol{KYK}^T)$:

$$U_{\varnothing\varkappa} = \frac{\sum\limits_{\varkappa'=1}^{k-1} \Delta_{\varkappa'\varkappa} I_{\varkappa'}^\varnothing}{\Delta}.$$

Da die Determinante Δ aus Summanden mit ausschließlich positivem Vorzeichen besteht und bei beliebigen FG-Einspeisungen $I_{\varkappa'}^\varnothing$ positiven Vorzeichens auch die Knoten-DG $U_{\varnothing\varkappa}$ stets positives Vorzeichen besitzen, ist ein negatives Vorzeichen bei einem der Kofaktoren $\Delta_{\varkappa'\varkappa}$ $(\varkappa, \varkappa' = 1, \dots, k-1)$ nicht möglich. Mithin gilt mit Gl. (16) bei Beachtung der Diagonalgestalt der Matrix $\boldsymbol{Y}$:

$$\Delta_{\varkappa'\varkappa} = \Delta_{\varkappa\varkappa'} = \sum_{i=1}^{\binom{z}{k-2}} \left|{}_\varkappa K_{1\,2\cdots k-2}^{i_1 i_2 \cdots i_{k-2}}\right| \left|{}_{\varkappa'} K_{1\,2\cdots k-2}^{i_1 i_2 \cdots i_{k-2}}\right| Y_{i_1 i_2 \cdots i_{k-2}}^{i_1 i_2 \cdots i_{k-2}}. \tag{24}$$

(weil der Kofaktor bei allen denkbaren Werten für die Zweigadmittanzen positiv ist, kann in (24) kein Summand negativ sein!).

Die Faktoren $\left|{}_\varkappa K_{1\,2\cdots k-2}^{i_1 i_2 \cdots i_{k-2}}\right|$ bzw. $\left|{}_{\varkappa'} K_{1\,2\cdots k-2}^{i_1 i_2 \cdots i_{k-2}}\right|$ werden auf Grund der Eigenschaften der Knoten-Zweig-Inzidenzmatrizen genau dann gleich Eins, wenn die Zweige $i_1, i_2 \cdots i_{k-2}$ einen Baum in dem modifizierten Graphen, der durch Zusammenlegen des Knotens $\varkappa$ bzw. $\varkappa'$ mit dem Bezugsknoten k entsteht, bilden. Sonst verschwinden diese Faktoren.

Also ergibt sich der Kofaktor $\Delta_{\varkappa'\varkappa}$ aus den Baumadmittanzprodukten, die sowohl in der Hauptunterdeterminante $\Delta_{\varkappa\varkappa}$ als auch in der Hauptunterdeterminante $\Delta_{\varkappa'\varkappa'}$ enthalten sind.

Damit ist die Berechnung sämtlicher Kofaktoren $\Delta_{\varkappa'\varkappa}$ $(\varkappa', \varkappa = 1, \dots, k-1)$ im wesentlichen zurückgeführt worden auf die Ermittlung von Baumlisten ${}_\varkappa B$ für die modifizierten NW-Graphen mit den Knoten-Zweig-Inzidenzmatrizen ${}_\varkappa\boldsymbol{K}$ für $\varkappa = 1, \dots, k-1$.

Für das mit Abb. 3.13 auf S. 173 behandelte **Beispiel** ergeben sich die drei modifizierten Graphen gemäß Abb. 3.14. Die zugehörenden Baumlisten lauten

$${}_1B = \begin{pmatrix} 2 & 2 & 2 & 3 & 4 \\ 3 & 4 & 5 & 4 & 5 \end{pmatrix}, \qquad {}_2B = \begin{pmatrix} 2 & 1 & 1 & 2 & 2 & 2 \\ 3 & 4 & 5 & 3 & 4 & 5 \end{pmatrix},$$

$${}_3B = \begin{pmatrix} 1 & 1 & 1 & 2 & 2 \\ 2 & 3 & 5 & 3 & 5 \end{pmatrix}.$$

Daraus erhält man z. B. $\Delta_{11} = y_2(y_3 + y_4 + y_5 + y_4(y_3 + y_5)$ und $\Delta_{13} = y_2(y_3 + y_5)$.

Jeder vollständige Baum im modifizierten Graphen mit der Knoten-Inzidenzmatrix ${}_\varkappa\boldsymbol{K}$ besteht aus $(k-2)$ Zweigen. Diese Zweige bilden im ursprünglichen Graphen einen sogenannten **2-Baum** (s. z. B. [S-R-61]). Sie erfassen sämtliche

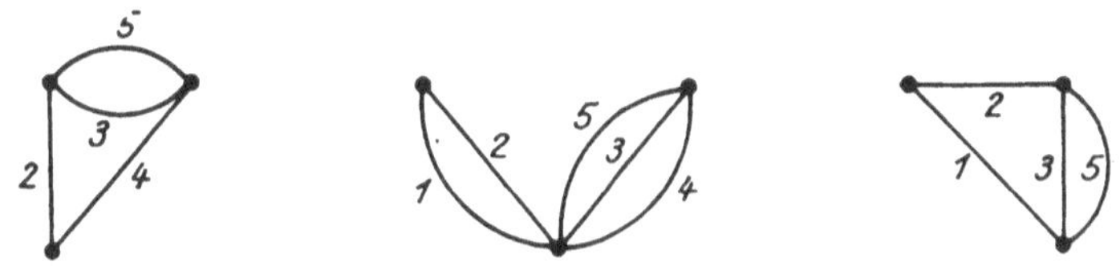

Abb. 3.14. Modifizierte NW-Graphen zur Berechnung der Kofaktoren

Knoten des Graphen und zerfallen in zwei separate (Teil-)Bäume, von denen der eine den Knoten $\varkappa$ und der andere den Knoten k enthält. (Es ist möglich, daß einer der Teil-Bäume zum Knoten $\varkappa$ oder zum Knoten k entartet.) Zur Erläuterung dieser Zusammenhänge möge die Abb. 3.15 dienen. Fett ausgezogen wurde ein 2-Baum im ursprünglichen Graphen und der entsprechende Baum im modifizierten Graphen, der durch Zusammenlegen der Knoten $\varkappa$ und k entstand.

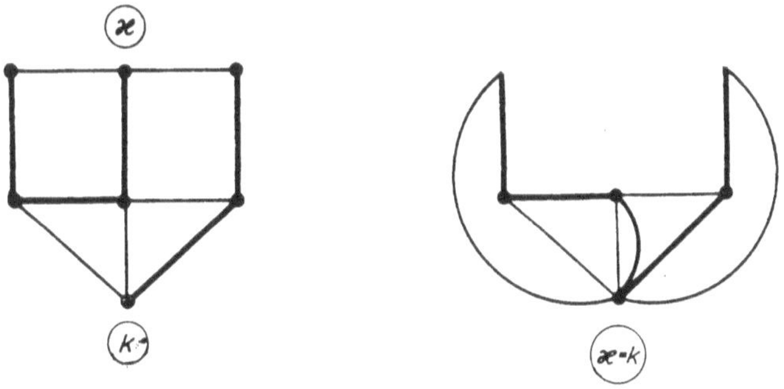

a) b)

Abb. 3.15.

a) 2-Baum im ursprünglichen NW-Graphen, b) entsprechender Baum im modifizierten NW-Graphen

3.1.6. Symbolische Analyse von Netzwerken mit Mehrtoren

3.1.6.1. Berechnung der NW-Determinante

Wir wollen zunächst voraussetzen, daß für sämtliche Mehrtore (MT) eine indefinite Admittanzmatrix existiert. Dann kann man von der auf S. 130 erläuterten **indefiniten Admittanzdarstellung des NW** ausgehen (s. aber auch S. 183),

$$ {}^{i}\boldsymbol{Y}^{v}\boldsymbol{U}_{\varnothing} = ({}^{v}\boldsymbol{K}, {}^{v}\boldsymbol{K}_M)\,\langle \boldsymbol{Y}, \boldsymbol{Y}_M\rangle\,({}^{v}\boldsymbol{K}, {}^{v}\boldsymbol{K}_M)^T\,{}^{v}\boldsymbol{U}_{\varnothing} = ({}^{v}\boldsymbol{K}, {}^{v}\boldsymbol{K}_M)\begin{pmatrix} \boldsymbol{Y}\boldsymbol{U}^e - \boldsymbol{I}^e \\ \boldsymbol{Y}_M\boldsymbol{U}^e_M - \boldsymbol{I}^e_M \end{pmatrix}. \quad (25) $$

Nach Wahl des Bezugsknotens und Weglassen der zugehörenden Zeile der Knoten-Zweig-Inzidenzmatrizen und der zugehörenden Komponente des Vektors ${}^{v}\boldsymbol{U}_{\varnothing}$ erhält man aus (25) das Gls. der Knoten-DG (vgl. S. 128)

$$(\boldsymbol{K}, \boldsymbol{K}_M) \langle \boldsymbol{Y}, \boldsymbol{Y}_M \rangle (\boldsymbol{K}, \boldsymbol{K}_M)^T \boldsymbol{U}_{\varnothing} = \boldsymbol{I}^{\varnothing} + \boldsymbol{K}\boldsymbol{Y}\boldsymbol{U}^e + \boldsymbol{K}_M \boldsymbol{Y}_M \boldsymbol{U}_M^e . \qquad (26)$$

Bei der Lösung dieses Gls. in Buchstabenform kann man im Prinzip ähnlich vorgehen wie oben bei der symbolischen Lösung der Knoten-DG-Gln. für 1-Tor-NW.

Für die Koeffizientendeterminante gilt mit der **Determinanten-Produktregel** (vgl. Formel (16) auf S. 169)

$$\det\,[(\boldsymbol{K}, \boldsymbol{K}_M) \langle \boldsymbol{Y}, \boldsymbol{Y}_M \rangle (\boldsymbol{K}, \boldsymbol{K}_M)^T]$$
$$= \sum_{i,j} (K, K_M)_{1\,2 \dots k-1}^{i_1 i_2 \dots i_{k-1}} (K, K_M)_{1\,2 \dots k-1}^{j_1 j_2 \dots j_{k-1}} \langle Y, Y_M \rangle_{i_1 i_2 \dots i_{k-1}}^{j_1 j_2 \dots j_{k-1}} . \qquad (27)$$

Es besitzen genau alle diejenigen Determinanten $(K, K_M)_{1\,2 \dots k-1}^{i_1 i_2 \dots i_{k-1}}$ einen von Null verschiedenen Wert, deren zugehörende Zweige $i_1, i_2, \dots, i_{k-1}$ einen vollständigen Baum des NW-Graphen bilden. Auf der rechten Seite von (27) liefern nur diejenigen Terme einen Anteil zur NW-Determinante, bei denen sowohl die „i"-Kombination von Zweigen als auch die „j"-Kombination von Zweigen einen vollständigen Baum des NW-Graphen bilden. Auf Grund der Quasi-Diagonalstruktur der Zweig-Admittanzmatrix $\langle \boldsymbol{Y}, \boldsymbol{Y}_M \rangle$ ergeben sich weitere Vereinfachungen, deren allgemeine Formulierung jedoch etwas umständlich ist.

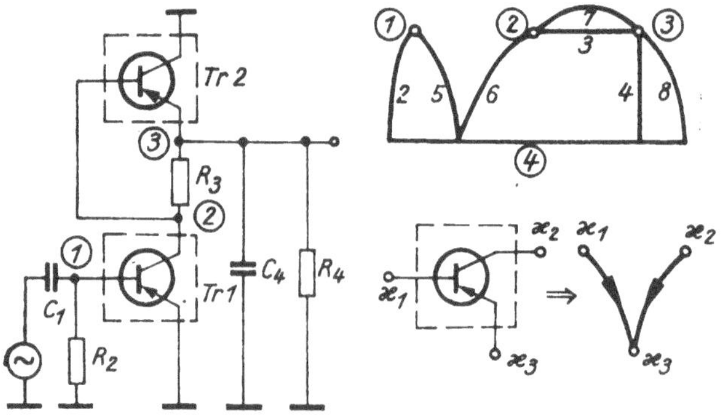

Abb. 3.16. Wechselstrom-Ersatzschaltbild eines zweistufigen Verstärkers

Wir betrachten zur Erläuterung ein **Beispiel.** In Abb. 3.16 wurde das Wechselstrom-Ersatzschaltbild eines zweistufigen Verstärkers angegeben. Die beiden Transistoren wurden als 2-Tore behandelt. Die NWE C_1 und R_2 bzw. C_4 und R_4 wurden im Zweig 2 bzw. 4 zusammengefaßt. Die Baumliste B erhält man aus den Zweigmengen

$$M_1 = \{2, 5\},\; M_2 = \{3, 6, 7\},\; M_3 = \{3, 4, 7, 8\}$$

zu

$$B = \begin{pmatrix} 2 & 2 & 2 & 2 & 2 & 2 & 2 & 2 & 5 & 5 & 5 & 5 & 5 & 5 & 5 & 5 \\ 3 & 3 & 6 & 6 & 6 & 6 & 7 & 7 & 3 & 3 & 6 & 6 & 6 & 6 & 7 & 7 \\ 4 & 8 & 3 & 4 & 7 & 8 & 4 & 8 & 4 & 8 & 3 & 4 & 7 & 8 & 4 & 8 \end{pmatrix}.$$

Zur Kontrolle berechnet man die Gesamtzahl der Bäume aus

$$g_B = \det\begin{pmatrix} 2 & 0 & 0 \\ 0 & 3 & -2 \\ 0 & -2 & 4 \end{pmatrix} = 16 .$$

Aus der Baumliste B und der Zweig-Admittanzmatrix

$$\langle \boldsymbol{Y}, \boldsymbol{Y}_M \rangle = \begin{bmatrix} sC_1 + G_2 & & & & & & \\ & G_3 & & & & & \\ & & sC_4 + G_4 & & & & \\ & & & y_{11}^1 & y_{12}^1 & & \\ & & & y_{21}^1 & y_{22}^1 & & \\ & & & & & y_{11}^2 & y_{12}^2 \\ & & & & & y_{21}^2 & y_{22}^2 \end{bmatrix}$$

$$= \begin{bmatrix} y_2 & & & & & & \\ & y_3 & & & & & \\ & & y_4 & & & & \\ & & & y_{55} & y_{56} & & \\ & & & y_{65} & y_{66} & & \\ & & & & & y_{77} & y_{78} \\ & & & & & y_{87} & y_{88} \end{bmatrix}$$

kann man die NW-Determinante gemäß Gl. (27) bei einiger Geübtheit unmittelbar aufschreiben,

$$\begin{aligned} &= y_2y_3y_4 + y_2y_3y_{88} + y_2y_4y_{66} + y_2y_4y_{77} + y_2y_3y_{66} + y_2y_{66}y_{88} + y_2y_{66}y_{87} \\ &+ y_2y_{66}y_{78} + y_2y_{66}y_{77} + y_2(y_{77}y_{88} - y_{78}y_{87}) + y_3y_4y_{55} + y_3y_{55}y_{88} \\ &+ y_3(y_{55}y_{66} - y_{56}y_{65}) + y_4(y_{55}y_{66} - y_{65}y_{56}) + y_4y_{55}y_{77} \\ &+ (y_{77} + y_{88})(y_{55}y_{66} - y_{65}y_{56}) + (y_{87} + y_{78})(y_{55}y_{66} - y_{56}y_{65}) \\ &+ y_{55}(y_{77}y_{88} - y_{78}y_{87}) \, . \end{aligned}$$

Jeder Summand entspricht einer Unterdeterminante $\langle Y, Y_M \rangle_{i_1 i_2 \cdots i_{k-1}}^{j_1 j_2 \cdots j_{k-1}}$, die durch die einem Baum zugeordneten Zeilen $i_1, i_2, \ldots, i_{k-1}$ und die einem Baum zugeordneten Spalten $j_1, j_2, \ldots, j_{k-1}$ gemäß Formel (27) aus $\langle \boldsymbol{Y}, \boldsymbol{Y}_M \rangle$ herausgeschnitten wird. Wir empfehlen, für einige Terme die betreffende Unterdeterminante der Matrix $\langle \boldsymbol{Y}, \boldsymbol{Y}_M \rangle$ explizit herauszuschreiben.

Eine andere und unseres Erachtens günstigere Möglichkeit der symbolischen Analyse von NW mit MT ergibt sich bei **Verwendung des** zu dem NW gehörenden **Unistor-Schemas** (vgl. S. 133). Während bei der bisher beschriebenen Methode zur Bestimmung der NW-Determinante die gewählte MT-Darstellung der mehrpoligen NWE eine Rolle spielte, ist die Unistordarstellung demgegenüber invariant.

Beschreibt man in unserem Beispiel eines zweistufigen Verstärkers die Transistoren als dreipolige Schaltelemente durch ihre indefiniten Admittanzmatrizen

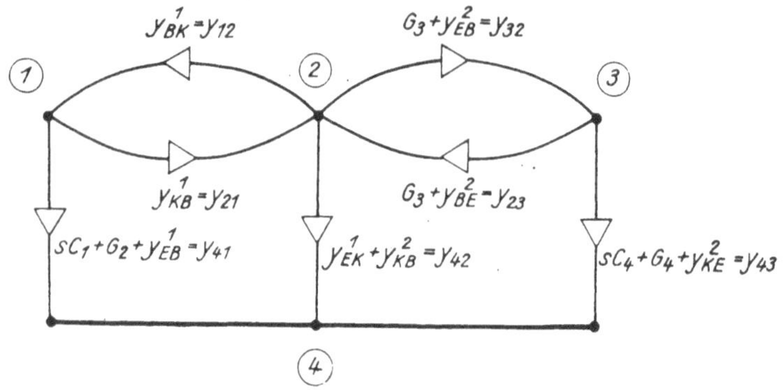

Abb. 3.17. Unistor-Graph des zweistufigen Verstärkers (Abb. 3.16)

im Sinne der Abb. 2.93 auf S. 132, so läßt sich das zugehörige Unistorschema (Abb. 3.17) sofort aufzeichnen. Die Koeffizientenmatrix des Gls. (26) lautet

$$\boldsymbol{KYK}^T + \boldsymbol{K}_M\boldsymbol{Y}_M\boldsymbol{K}_M^T = \begin{pmatrix} y_{21} + y_{41} & -y_{12} & 0 \\ -y_{21} & y_{12} + y_{32} + y_{42} & -y_{23} \\ 0 & -y_{32} & y_{23} + y_{43} \end{pmatrix}$$

Da der Unistorgraph die Koeffizientenmatrix $\boldsymbol{KYK}^T + \boldsymbol{K}_M\boldsymbol{Y}_M\boldsymbol{K}_M^T$ eineindeutig widerspiegelt, liegt es nahe zu versuchen, die Determinante dieser Matrix aus dem Unistorgraphen abzulesen. Wir gehen dabei ähnlich vor wie auf S. 171 und schreiben für die Koeffizientenmatrix kurz ${}^u\boldsymbol{Y}$.

Die Determinantendefinition (3) auf die Determinante $\det({}^u\boldsymbol{Y})$ angewendet, liefert eine Darstellung der Form

$$\Delta = \det({}^u\boldsymbol{Y}) = \sum_\sigma a_\sigma \prod_{\varkappa=1}^{k-1} y_{\sigma\varkappa}\,, \tag{28}$$

also eine Summe von Produkten von jeweils $(k-1)$ Unistorzweig-Gewichten. Wir wollen in (28) einen Summanden — für einen der möglichen Werte σ — herausgreifen und alle in diesem Term nicht vorkommenden Unistorzweig-Gewichte annullieren und damit diese Unistorzweige faktisch entfernen. Dem durch diesen Eingriff entstehenden modifizierten Unistorschema entspricht eine modifizierte Koeffizientenmatrix ${}^u\boldsymbol{Y}_{\text{mod}}$ mit der Determinante $\Delta_{\text{mod}} \neq 0$. Für die $k-1$ Zweige des modifizierten Unistorschemas gilt:

1. Von jedem Knoten $\varkappa$ ($\varkappa = 1, 2, \dots, k-1$) muß genau ein Zweig ausgehen, da sonst die Spalte $\varkappa$ von ${}^u\boldsymbol{Y}_{\text{mod}}$ nur Nullen enthält und damit Δ_{mod} verschwinden würde.
2. Es muß mindestens einen Zweig zum Bezugsknoten geben. Andernfalls würden sämtliche Spaltensummen von ${}^u\boldsymbol{Y}_{\text{mod}}$ verschwinden und damit $\Delta_{\text{mod}} = 0$ sein.

Folglich berühren die $k-1$ Unistorzweige mit den Gewichten $y_{\sigma_1}, y_{\sigma_2}, \ldots, y_{\sigma_{k-1}}$ alle k Knoten und können daher keine Masche bilden. Eine solche Teilmenge von Unistorzweigen bezeichnet man als (vollständigen) **Unistorbaum.** Er stellt eine (entsprechend den Unistorzweigpfeilen gerichtete) Verbindung von jedem Knoten $\varkappa = 1, \ldots, k-1$ zum Bezugsknoten her.

Da der Summand σ willkürlich herausgegriffen war, stellen alle in (28) vorkommenden Produkte Unistorbaum-Admittanzprodukte dar. Wir zeigen weiter, daß die Gewichte $a_\sigma = 1$ sind. Dazu berechnen wir Δ_{mod}. In der Matrix ${}^u\boldsymbol{Y}_{\text{mod}}$ gibt es wenigstens eine Spalte, bei der nur das Hauptdiagonalelement von Null verschieden ist. Die Determinante Δ_{mod} ergibt sich aus dem Produkt dieses Hauptdiagonalelements und der zugehörenden Hauptunterdeterminante. In der Hauptunterdeterminante gibt es wiederum wenigstens eine Spalte, bei der nur das Hauptdiagonalelement von Null verschieden ist ... Durch Fortsetzung dieses Gedankenganges — den man sich rasch an einigen Beispielen verdeutlichen und am modifizierten Unistorgraphen geometrisch veranschaulichen kann — kommt man zu dem Ergebnis, daß Δ_{mod} sich als Produkt der $(k-1)$ Hauptdiagonalelemente der Matrix ${}^u\boldsymbol{Y}_{\text{mod}}$ ergibt und folglich $a_\sigma = 1$ gilt. Das Ergebnis der vorstehenden Überlegungen fassen wir zusammen in der Formel

$$\boxed{\Delta = \det\,(\boldsymbol{KYK}^T + \boldsymbol{K}_M\boldsymbol{Y}_M\boldsymbol{K}_M^T) = \det {}^u\boldsymbol{Y} = \sum \text{(Unistorbaum-Admittanzprodukte)}}\,, \tag{29}$$

die wie folgt zu interpretieren ist:

> Man erhält die NW-Determinante für NW mit MT aus dem Unistorgraphen, indem man sämtliche Unistorbäume bestimmt und die Unistorbaum-Admittanzprodukte aufsummiert.

Ein Verfahren zur **Auflistung aller Unistorbäume** wurde von Dmitrischin [Dmi-69] vorgeschlagen und von ihm als Methode der erweiterten Strukturzahlen bezeichnet. Es handelt sich um eine Verallgemeinerung des auf S. 174 angegebenen Verfahrens auf Unistorgraphen. Man bildet die Mengen $\overline{M}_\varkappa$ aller vom $\varkappa$-ten Knoten, $\varkappa = 1, \ldots, k-1$, ausgehenden Zweige und charakterisiert jeden durch ein Zahlentupel $\varkappa'\varkappa$, wobei $\varkappa$ die Nummer des Anfangs- und $\varkappa'$ die Nummer des Endknotens des jeweiligen Zweiges ist.

In unserem **Beispiel** wird

$$\overline{M}_1 = \{41, 21\},\ \overline{M}_2 = \{42, 12, 32\}.\ \overline{M}_3 = \{43, 23\}\ .$$

Man erhält die Unistorbaumliste ${}^uB$, indem man je einen Zweig aus $\overline{M}_1, \overline{M}_2, \ldots, \overline{M}_{k-1}$ zusammenstellt und alle die Kombinationen streicht, die keinen vollständigen Baum im Unistorgraphen bilden (innerhalb einer Kombination Zyklen zwischen den Ziffern $\varkappa$ und $\varkappa'$!). Für das Beispiel gilt

$$^{u}B = \begin{pmatrix} 41 & 41 & 41 & 41 & 41 & 41 & 21 & 21 & 21 & 21 & 21 \\ 42 & 42 & 12 & 12 & 32 & 32 & 42 & 42 & 12 & 32 & 32 \\ 43 & 23 & 43 & 23 & 43 & 23 & 43 & 23 & & 43 & 23 \end{pmatrix}.$$
$$\begin{matrix} & & & & & * & & & * & & * \end{matrix}$$

Die durch „*“ markierten Spalten sind zu streichen. Sie enthalten einen Zyklus und stellen keinen Unistorbaum dar.

Die **Gesamtzahl der Unistorbäume** kann man feststellen, wenn man sämtliche Unistorzweiggewichte gleich Eins setzt und die zugehörende NW-Determinante det $^{u}\boldsymbol{Y}$ berechnet.

Im Beispiel wird

$$g_B = \det \begin{pmatrix} 2 & -1 & 0 \\ -1 & 3 & -1 \\ 0 & -1 & 2 \end{pmatrix} = 8 \,.$$

Offensichtlich genügt es zur Berechnung der NW-Determinante Δ, die Hauptdiagonalelemente $(^{u}\boldsymbol{Y})_{\varkappa\varkappa}$ $(\varkappa = 1, \dots, k-1)$ der Unistor-Admittanzmatrix $^{u}\boldsymbol{Y}$, die von der Summe der Gewichte der vom Knoten $\varkappa$ ausgehenden Unistorzweige gebildet werden, zu speichern. Wir notieren sie symbolisch durch Angabe des Anfangs- und Endknotens der betreffenden Unistorzweige in Form eines Doppelindex. Für unser Beispiel wird

$$(^{u}\boldsymbol{Y})_{11} = (y_{21} + y_{41})\,, \quad (^{u}\boldsymbol{Y})_{22} = (y_{42} + y_{12} + y_{32}) \text{ und } (^{u}\boldsymbol{Y})_{33} = (y_{43} + y_{23})\,.$$

Die NW-Determinante ergibt sich aus dem Produkt $\prod_{\varkappa=1}^{k-1} (^{u}\boldsymbol{Y})_{\varkappa\varkappa}$, wenn alle Summanden, deren Faktoren eine Schleife im Unistorgraphen bilden, gestrichen werden. Das ist immer dann der Fall, wenn in einem Produkt die Indizes

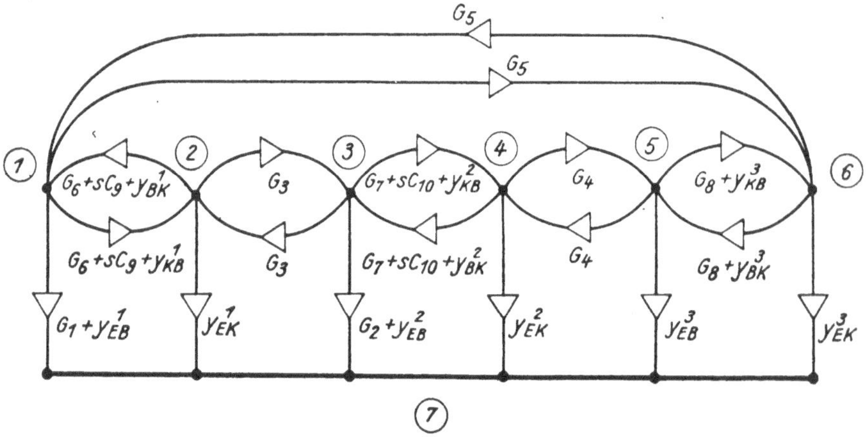

Abb. 3.18. Unistor-Graph des aktiven RC-Netzwerkes in Abb. 2.97

der Faktoren Zyklen der Gestalt $\varkappa\varkappa'$, $\varkappa'\varkappa$ oder $\varkappa\varkappa'$, $\varkappa'\varkappa''$, $\varkappa''\varkappa$ oder ... enthalten. Zweckmäßig berücksichtigt man diese obligatorische Kürzungsregel nicht erst nach Abschluß der Produktbildung, sondern bereits während der Rechnung. Diese Rechenregeln zur Bestimmung der NW-Determinante kann man als **Verallgemeinerung der Wang-Algebra** ansehen. Eine Formalisierung dieser Rechenregeln zur Auswertung von unsymmetrischen NW-Determinanten wurde 1967 von Chen veröffentlicht [Che-67]. Zur weiteren Erläuterung des Unistorkonzepts wurde in Abb. 3.18 das Unistorschema für ein größeres NW dargestellt. Es handelt sich um das im Abschn. 2.4.3.7. auf S. 135f. diskutierte aktive RC-NW mit drei Transistoren. Es wurden die gleichen 3-Pole verwendet wie in Abb. 2.97. Die in Abb. 3.18 benutzten Indizes E, B und K kennzeichnen die Pole als Emitter, Basis und Kollektor der Transistoren.

Wir haben am Anfang dieses Abschnittes vorausgesetzt, daß die **indefinite Admittanzmatrix** des NW existiert. Das ist genau dann der Fall, wenn sich zu allen Mehrtoren eine y-Parameterdarstellung angeben läßt. Aus dem Abschn. 2.4. ist bekannt, daß bei manchen NWE eine solche Darstellung **nicht existiert**, sondern lediglich eine MT-Darstellung der Gestalt

$$\begin{pmatrix} \boldsymbol{u}_{M1} \\ \boldsymbol{i}_{M2} \end{pmatrix} = \begin{pmatrix} \boldsymbol{H}_{11} & \boldsymbol{H}_{12} \\ \boldsymbol{H}_{21} & \boldsymbol{H}_{22} \end{pmatrix} \begin{pmatrix} \boldsymbol{i}_{M1} \\ \boldsymbol{u}_{M2} \end{pmatrix}. \tag{30}$$

Die Existenz der y-Parameter ist gleichbedeutend mit der Regularität der Matrix $\boldsymbol{H}_{11}$ (vgl. S. 127 und S. 104). Bei Nichtexistenz der y-Parameter können wir o. B. d. A. voraussetzen, daß $\boldsymbol{H}_{11} = \boldsymbol{0}$ gilt. (Besitzt die Matrix $\boldsymbol{H}_{11}$ von Null verschiedene Elemente, so lassen sich einzelne Elemente des Vektors $\boldsymbol{u}_{M1}$ mit Elementen des Vektors $\boldsymbol{i}_{M1}$ austauschen. Bei singulärer Matrix $\boldsymbol{H}_{11}$ kann man solche Austauschschritte so lange vornehmen, bis die verbleibende quadratische Restmatrix $\boldsymbol{H}_{11,\text{rest}}$ zur Nullmatrix wird.) In solchen Fällen kann man — in Verallgemeinerung eines Vorschlages von Čajka [Caj-68] — in jeden der durch „M1" charkterisierten MT-Zweige einen fiktiven Verbraucher $R_1, \dots, R_{M1}$ einfügen. Das so modifizierte NW besitzt eine MT-Darstellung der Form (30) mit

$$\boldsymbol{H}_{11} = \langle R_1, \dots, R_{M1} \rangle \quad \text{und damit} \quad \boldsymbol{H}_{11}^{-1} = \left\langle \frac{1}{R_1} = G_1, \dots, \frac{1}{R_{M1}} = G_{M1} \right\rangle.$$

Also existiert für das modifizierte NW die indefinite Admittanzmatrix. Die symbolische Analyse kann entsprechend den Überlegungen dieses Abschnittes durchgeführt werden. Nach Berechnung der interessierenden Frequenzcharakteristiken in symbolischer Form setzt man die fiktiven Verbraucher $R_1, \dots,$ $R_{M1} = 0$ und erhält so die gesuchten Frequenzcharakteristiken des ursprünglichen NW.

3.1.6.2. Berechnung von Unterdeterminanten

Zur symbolischen Lösung des Gls. der Knoten-DG

$$(\boldsymbol{K}, \boldsymbol{K}_M)\, \langle \boldsymbol{Y}, \boldsymbol{Y}_M \rangle\, (\boldsymbol{K}, \boldsymbol{K}_M)^T\, \boldsymbol{U}_\varnothing = \boldsymbol{I}^\varnothing + \boldsymbol{K}\boldsymbol{Y}\boldsymbol{U}^e + \boldsymbol{K}_M \boldsymbol{Y}_M \boldsymbol{U}_M^e \tag{26}$$

reicht die Kenntnis der Koeffizientendeterminante Δ nicht aus. Außerdem werden die Kofaktoren $\Delta_{\varkappa'\varkappa}$ $(\varkappa', \varkappa = 1, \dots, k-1)$ benötigt, vgl. S. 147 und S. 175. In Analogie zu den Ausführungen des Abschn. 3.1.5.2 erhält man mit dem **Determinanten-Produktsatz** die Beziehung

$$\begin{aligned}\Delta_{\varkappa'\varkappa} &= (-1)^{\varkappa+\varkappa'} \det \left(({}_{\varkappa'}\boldsymbol{K}, {}_{\varkappa'}\boldsymbol{K}_M) \langle \boldsymbol{Y}, \boldsymbol{Y}_M \rangle ({}_{\varkappa}\boldsymbol{K}, {}_{\varkappa}\boldsymbol{K}_M)^T\right) \\ &= (-1)^{\varkappa+\varkappa'} \sum_{i,j} ({}_{\varkappa'}K, {}_{\varkappa'}K_M)_{1\,2\cdots k-1}^{i_1 i_2 \cdots i_{k-1}} ({}_{\varkappa}K, {}_{\varkappa}K_M)_{1\,2\cdots k-1}^{j_1 j_2 \cdots j_{k-1}} \langle Y, Y_M \rangle_{i_1 i_2 \cdots i_{k-1}}^{j_1 j_2 \cdots j_{k-1}} \end{aligned} \quad (31)$$

und insbesondere für $\varkappa' = \varkappa$

$$\Delta_{\varkappa\varkappa} = \sum_{i,j} ({}_{\varkappa}K, {}_{\varkappa}K_M)_{1\,2\cdots k-1}^{i_1 i_2 \cdots i_{k-1}} ({}_{\varkappa}K, {}_{\varkappa}K_M)_{1\,2\cdots k-1}^{j_1 j_2 \cdots j_{k-1}} \langle Y, Y_M \rangle_{i_1 i_2 \cdots i_{k-1}}^{j_1 j_2 \cdots j_{k-1}} . \quad (32)$$

Die Matrix $({}_{\varkappa}\boldsymbol{K}, {}_{\varkappa}\boldsymbol{K}_M)$ läßt sich als Knoten-Zweig-Inzidenzmatrix eines modifizierten NW-Graphen deuten, in dem — ausgehend vom ursprünglichen Graphen mit der Inzidenzmatrix $(\boldsymbol{K}, \boldsymbol{K}_M)$ — der Knoten $\varkappa$ mit dem Bezugsknoten k verschmolzen wurde und alle Zweige, die die Knoten $\varkappa$ und k direkt miteinander verbinden, fortgelassen wurden. Es besitzen alle diejenigen Determinanten $({}_{\varkappa}K, {}_{\varkappa}K_M)_{1\,2\cdots k-1}^{i_1 i_2 \cdots i_{k-1}}$ einen von Null verschiedenen Wert, deren zugehörende Zweige $i_1, i_2, \dots, i_{k-1}$ einen vollständigen Baum in dem modifizierten NW-Graphen liefern. Auf der rechten Seite von (31) leisten nur diejenigen Terme einen nichtverschwindenden Beitrag zum Kofaktor, bei denen sowohl die „i"-Kombination von Zweigen als auch die „j"-Kombination von Zweigen einen vollständigen Baum in dem modifizierten NW-Graphen bilden. Weitere Vereinfachungen ergeben sich aus der Tatsache, daß die Matrix $\boldsymbol{Y}$ eine Diagonalmatrix und die Matrix $\boldsymbol{Y}_M$ eine Quasidiagonalmatrix ist. Trotzdem ergeben sich aus (31) und (32) relativ komplizierte Regeln zur Berechnung der Unterdeterminanten.

Übersichtlichere Ergebnisse erhält man bei Zugrundelegung des **Unistorschemas.** Für die Koeffizientendeterminante Δ gilt

$$\Delta = \det {}^u\boldsymbol{Y} = \det \begin{pmatrix} \sum\limits_{\varkappa=2}^{k} y_{\varkappa 1} & -y_{12} & -y_{13} & \cdots & -y_{1,k-1} \\ -y_{21} & \sum\limits_{\substack{\varkappa=1 \\ \varkappa\neq 2}}^{k} y_{\varkappa 2} & -y_{23} & \cdots & -y_{2,k-1} \\ \vdots & \vdots & \vdots & \vdots\vdots\vdots & \vdots \\ -y_{k-1,1} & -y_{k-1,2} & & \cdots & \sum\limits_{\substack{\varkappa=1 \\ \varkappa\neq k-1}}^{k} y_{\varkappa,k-1} \end{pmatrix} . \quad (33)$$

Ein Beispiel wurde auf S. 180 notiert.

Wir wollen zunächst die **Hauptunterdeterminanten** $\Delta_{\varkappa\varkappa}$ bestimmen. Die Admittanzmatrix ${}^u\boldsymbol{Y}$ geht durch Streichen der $\varkappa$-ten Zeile und der $\varkappa$-ten Spalte in eine Matrix über, die sich ebenfalls als Admittanzmatrix eines Unistorschemas deuten läßt. Das Streichen der $\varkappa$-ten-Zeile bedeutet, daß alle ursprünglich zum $\varkappa$-ten Knoten führenden Unistorzweige nun zum Bezugsknoten k zu führen sind.

Das Streichen der $\varkappa$-ten Spalte bedeutet „Erdung" des Knotens $\varkappa$, d. h., alle ursprünglich vom $\varkappa$-ten Knoten fortführenden Zweige werden nun fortgelassen. Die Berechnung der Hauptunterdeterminante $\Delta_{\varkappa\varkappa}$ erfolgt am modifizierten Unistorgraphen ebenso wie die Berechnung der NW-Determinante am ursprünglichen Unistorgraphen.

In Abb. 3.19 wurden für das schon früher behandelte **Beispiel** eines zweistufigen Verstärkers nochmals das Unistorschema für das ursprüngliche NW

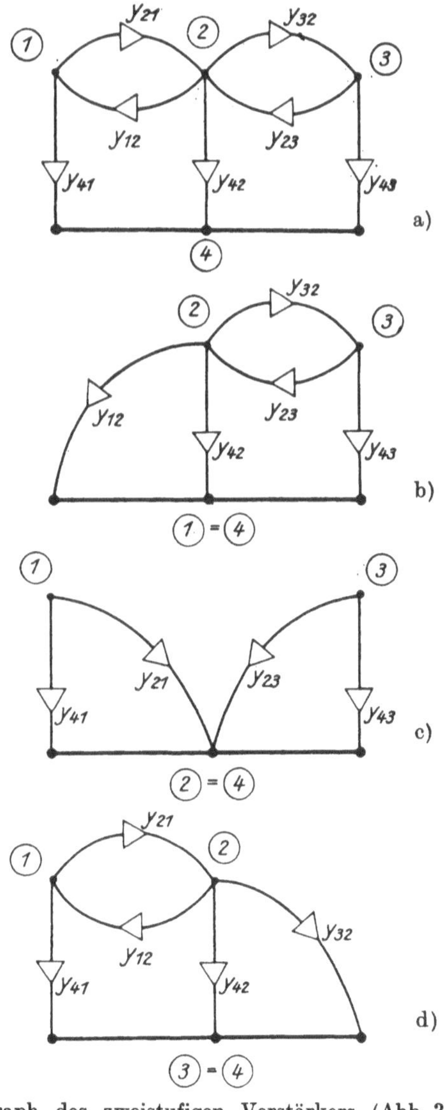

Abb. 3.19. Unistor-Graph des zweistufigen Verstärkers (Abb. 3.16) und modifizierte Unistor-Graphen zur Berechnung der Kofaktoren

mit der NW-Determinante Δ sowie die Unistorschemen zu den NW-Determinanten Δ_{11}, Δ_{22} und Δ_{33} dargestellt. Für die Determinanten gilt

$$\Delta = \det\begin{pmatrix} y_{21}+y_{41} & -y_{12} & 0 \\ -y_{21} & y_{12}+y_{32}+y_{42} & -y_{23} \\ 0 & -y_{32} & y_{23}+y_{43} \end{pmatrix},$$

$$\Delta_{11} = \det\begin{pmatrix} y_{12}+y_{42}+y_{32} & -y_{23} \\ -y_{32} & y_{23}+y_{43} \end{pmatrix},$$

$$\Delta_{22} = \det\begin{pmatrix} y_{21}+y_{41} & 0 \\ 0 & y_{23}+y_{43} \end{pmatrix},$$

$$\Delta_{33} = \det\begin{pmatrix} y_{21}+y_{41} & -y_{12} \\ -y_{21} & y_{12}+y_{32}+y_{42} \end{pmatrix}.$$

Die Berechnung der Determinanten kann mit Hilfe von Unistorbaumlisten erfolgen.

Für das ursprüngliche NW gilt (vgl. S. 182)

$$^{u}B = \begin{pmatrix} 41 & 41 & 41 & 41 & 41 & 21 & 21 & 21 \\ 42 & 42 & 12 & 12 & 32 & 42 & 42 & 32 \\ 43 & 23 & 43 & 23 & 43 & 43 & 23 & 43 \end{pmatrix}.$$

Aus den Unistorgraphen zu den Hauptunterdeterminanten liest man die folgenden Baumlisten ab:

$$^{u}B_{11} = \begin{pmatrix} 42 & 12 & 42 & 12 & 32 \\ 43 & 43 & 23 & 23 & 43 \end{pmatrix}, \quad ^{u}B_{22} = \begin{pmatrix} 41 & 41 & 21 & 21 \\ 43 & 23 & 43 & 23 \end{pmatrix},$$

$$^{u}B_{33} = \begin{pmatrix} 41 & 41 & 41 & 21 & 21 \\ 12 & 42 & 32 & 42 & 32 \end{pmatrix}.$$

Die Determinante erhält man in jedem Falle als Summe der Unistorbaum-Admittanzprodukte, vgl. Formel (29).

Zur Berechnung der **Kofaktoren** $\Delta_{\varkappa'\varkappa}$ gehen wir von der Beziehung (33) aus und ermitteln nach den bekannten Regeln der Differentiation von Determinanten für $\varkappa \neq \varkappa'$:

$$\frac{\partial \Delta}{\partial y_{\varkappa'\varkappa}} = \Delta_{\varkappa\varkappa} - \Delta_{\varkappa'\varkappa}. \qquad (34)$$

Das Element $y_{\varkappa'\varkappa}$ kommt nur in der $\varkappa$-ten Spalte der Matrix $^{u}\boldsymbol{Y}$ vor, und zwar in der Zeile $\varkappa'$ mit negativem Vorzeichen und in der Zeile $\varkappa$ mit positivem Vorzeichen. Die Formel (34) wird sofort klar, wenn man sich die Determinante Δ nach der $\varkappa$-ten Spalte entwickelt denkt und anschließend differenziert.

Die linke Seite von (34) kann man aus der Baumliste ^{u}B unmittelbar ablesen, indem man alle Spalten der Baumliste ^{u}B, die das Element $\varkappa'\varkappa$ enthalten, herausschreibt und dabei das Element $\varkappa'\varkappa$ fortläßt. Faßt man die so entstehende Liste $^{u}B'_{\varkappa'\varkappa}$ wiederum als Unistorbaum-Liste auf und bildet die Summe der zugehörenden Unistorbaum-Admittanzprodukte, so ergibt sich die linke Seite von (34). Der Kofaktor $\Delta_{\varkappa'\varkappa}$ folgt aus

$$\Delta_{\varkappa'\varkappa} = \Delta_{\varkappa\varkappa} - \frac{\partial \Delta}{\partial y_{\varkappa'\varkappa}} . \tag{34'}$$

Er läßt sich ebenfalls als Summe von Unistorbaum-Admittanzprodukten interpretieren. Man hat die in der Baumliste ${}^uB_{\varkappa\varkappa}$ erfaßten Bäume zu reduzieren um die Bäume, die in der Baumliste ${}^uB'_{\varkappa'\varkappa}$ enthalten sind, oder, symbolisch ausgedrückt,

$${}^uB_{\varkappa'\varkappa} = {}^uB_{\varkappa\varkappa} - {}^uB'_{\varkappa'\varkappa} . \tag{35}$$

Für das **Beispiel** des zweistufigen Verstärkers wollen wir die Kofaktoren Δ_{12}, Δ_{13} und Δ_{23} berechnen. Als Baumlisten erhält man

$$\begin{aligned}
{}^uB_{12} &= {}^uB_{22} - {}^uB'_{12} = {}^uB_{22} - \begin{pmatrix} 41 & 41 \\ 43 & 23 \end{pmatrix} = \begin{pmatrix} 21 & 21 \\ 43 & 23 \end{pmatrix}, \\
{}^uB_{13} &= {}^uB_{33} - {}^uB'_{13} = {}^uB_{33} = \begin{pmatrix} 41 & 41 & 41 & 21 & 21 \\ 12 & 42 & 32 & 42 & 32 \end{pmatrix}, \\
{}^uB_{23} &= {}^uB_{33} - {}^uB'_{23} = {}^uB_{33} - \begin{pmatrix} 41 & 41 & 21 \\ 42 & 12 & 42 \end{pmatrix} = \begin{pmatrix} 41 & 21 \\ 32 & 32 \end{pmatrix}
\end{aligned}$$

und daraus

$$\begin{aligned}
\Delta_{12} &= y_{21}(y_{43} + y_{23}) , \\
\Delta_{13} &= y_{41}(y_{12} + y_{42} + y_{32}) + y_{21}(y_{42} + y_{32}) , \\
\Delta_{23} &= (y_{41} + y_{21})\, y_{32} .
\end{aligned}$$

3.1.7. Ergänzungen

Die in den vorangehenden Abschnitten behandelten Methoden der symbolischen Analyse findet man in der Literatur unter sehr verschiedenen Bezeichnungen. In den vergangenen Jahren wurden immer wieder Veröffentlichungen, die nach Meinung der Autoren neue Ergebnisse und Methoden enthielten, vorgelegt, die im Grunde schon seit Jahrzehnten „bekannt“ waren. Wir haben uns im Text nach bestem Wissen bemüht, jeweils auf die tatsächlichen Originalarbeiten hinzuweisen. Es ist anzunehmen, daß bei einem gründlicheren Quellenstudium offenbar würde, daß die Grundgedanken mancher Verfahren noch weitaus früher publiziert wurden. Wir denken hier insbesondere an die fundamentalen Arbeiten von J. J. Sylvester (1814–1897) und K. Weierstrass (1816–1897).

Von den in den letzten Jahren erschienenen Fachaufsätzen scheinen uns die Arbeiten von Trochimenko [Tro-67], [Tro-72] besonders interessant, da sie einen einheitlichen Zugang sowohl zu den allgemeinen Determinanten-Auswerteverfahren als auch zu den NW-orientierten Auswerteverfahren liefern. Trochimenko bezeichnet seine Vorgehensweise als **Methode der „verallgemeinerten Zahlen“**. Die in den Elementen der Koeffizientenmatrix des Gls., das der NW-

Analyse zugrunde gelegt wird, enthaltene Information kann man mit jeder gewünschten Vollständigkeit in einem n-Tupel natürlicher Zahlen speichern. Alle Umformungen, die letztlich der Determinantenberechnung dienen, kann man an diesem Gls. vornehmen. In den Veröffentlichungen über die Methode der verallgemeinerten Zahlen wird von den Gls. der Knoten-DG oder der Maschen-FG ausgegangen.

Wir wollen das Prinzip der Methode der verallgemeinerten Zahlen an einem **Beispiel** erläutern und im übrigen auf die Monographie [Tro-72] verweisen.

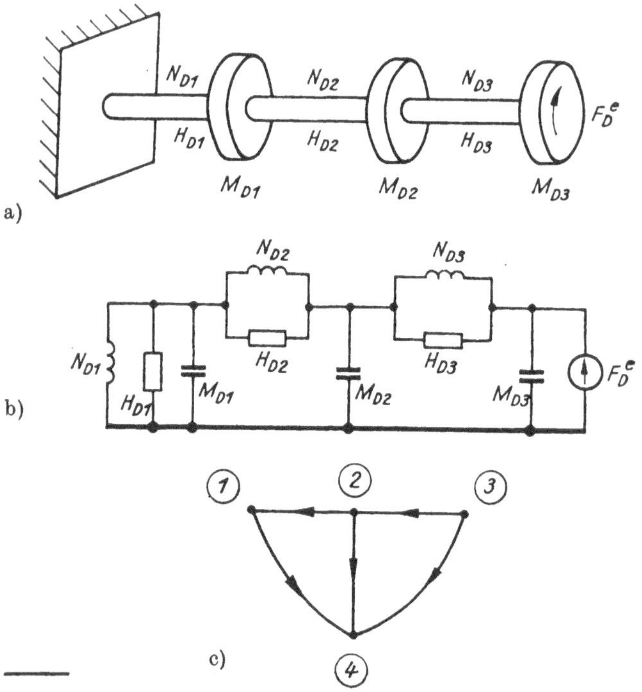

Abb. 3.20. Drehfeder-Masse-System;

a) Aufbau in konventioneller Darstellungsform, b) rotatorisches Netzwerk, c) Netzwerk-Graph

In Abb. 3.20.a wurde ein Drehfeder-Masse-System dargestellt. In dem skizzzierten Rotationssystem greift an der Schwungscheibe mit der Drehmasse M_{D3} die erregende Drehkraft F_D^e an. Die zwischen den Schwungscheiben mit den Drehmassen M_{D1}, M_{D2} und M_{D3} liegenden Wellenabschnitte wirken wie eine Parallelschaltung einer (linearen, zeitinvarianten) Drehfeder mit der Drehnachgiebigkeit $N_D = 1/K_D$ und einer Drehdämpfung mit dem Drehreibungsmitgang $H_D = 1/D_D$. Das zugehörende rotatorische NW wurde in Abb. 3.20.b angegeben, den NW-Graphen zeigt die Abb. 3.20.c.

Mit den Abkürzungen

$$y_1 = sM_{D1} + D_{D1} + \frac{1}{s} K_{D1}\,, \quad y_2 = D_{D2} + \frac{1}{s} K_{D2}\,, \quad y_3 = D_{D3} + \frac{1}{s} K_{D3}\,, \quad y_4 = sM_{D2}\,, \quad y_5 = sM_{D3}$$

für die Zweigadmittanzen lautet das Gls. (VIa) der Knoten-DG

$$\begin{pmatrix} a_{11} & a_{12} & 0 \\ a_{21} & a_{22} & a_{23} \\ 0 & a_{32} & a_{33} \end{pmatrix} \begin{pmatrix} \Omega_{\varnothing 1} \\ \Omega_{\varnothing 2} \\ \Omega_{\varnothing 3} \end{pmatrix} = \begin{pmatrix} y_1 + y_2 & -y_2 & 0 \\ -y_2 & y_2 + y_3 + y_4 & -y_3 \\ 0 & -y_3 & y_3 + y_5 \end{pmatrix} \begin{pmatrix} \Omega_{\varnothing 1} \\ \Omega_{\varnothing 2} \\ \Omega_{\varnothing 3} \end{pmatrix} = \begin{pmatrix} 0 \\ 0 \\ F^e_D \end{pmatrix} \tag{36}$$

oder, in ausführlicherer Schreibweise,

$$\begin{pmatrix} s^2 M_{D1} + s(D_{D1} + D_{D2}) + K_{D1} + K_{D2} & -sD_{D2} - K_{D2} & 0 \\ -sD_{D2} - K_{D2} & s^2 M_{D2} + s(D_{D2} + D_{D3}) + K_{D2} + K_{D3} & -sD_{D3} - K_{D3} \\ 0 & -sD_{D3} - K_{D3} & s^2 M_{D3} + sD_{D3} + K_{D3} \end{pmatrix} \begin{pmatrix} \Omega_{\varnothing 1} \\ \Omega_{\varnothing 2} \\ \Omega_{\varnothing 3} \end{pmatrix} = \begin{pmatrix} 0 \\ 0 \\ sF^e_D \end{pmatrix}. \tag{37}$$

Die linke Koeffizientenmatrix des Gls. (36) wird eindeutig charakterisiert durch die Indizes ihrer nichtverschwindenden Elemente. Bezeichnet man die Zeilennummer mit $\varkappa$ und die Spaltennummer mit $\varkappa'$, so wird die linke Koeffizientenmatrix eineindeutig widergespiegelt in der „Matrix-Zahl"

$$\mathrm{MZ}(\varkappa\varkappa') = \begin{bmatrix} 11 & 12 & \\ 21 & 22 & 23 \\ 32 & 33 & \end{bmatrix}$$

oder (durch Herausziehen des Zeilenindex) abgekürzt

$$\mathrm{MZ}(\varkappa|\varkappa') = \begin{matrix} 1 \\ 2 \\ 3 \end{matrix} \begin{bmatrix} 1 & 2 & \\ 1 & 2 & 3 \\ 2 & 3 & \end{bmatrix}. \tag{38}$$

Gemäß der algebraischen Definition (3) der Determinante erhält man die Koeffizientendeterminante aus den möglichen Permutationen der Spaltenindizes. Dazu muß aus jeder Zeile der in eckigen Klammern stehenden Spaltenindizes eine Zahl entnommen werden. Kombinationen, in denen sich einzelne Zahlen wiederholen, sind zu streichen.

Im folgenden werden zur Abkürzung der Schreibarbeit zwischen verschiedenen Zeilen einer Liste L häufig Striche benutzt, die den darüber- und den darunter stehenden Teil im Sinne von Klammern trennen. Beispielsweise gilt

$$\mathrm{L} = \begin{bmatrix} 1 & 1 & 1 & 1 \\ 2 & 2 & 3 & 4 \\ 3 & 4 & 2 & 2 \end{bmatrix} = \begin{bmatrix} 1 & & 1 & 1 \\ 2 & & 3 & 4 \\ \overline{4} & \overline{3} & 2 & 2 \end{bmatrix} = \begin{bmatrix} 1 & & & \\ \overline{2} & \overline{} & \overline{3} & \overline{4} \\ \overline{3} & \overline{4} & 2 & 2 \end{bmatrix} = \begin{bmatrix} 1 & & & \\ \overline{2} & \overline{} & \overline{3} & \overline{4} \\ \overline{3} & \overline{4} & \overline{2} & \overline{} \end{bmatrix}.$$

Die in der Matrix-Zahl (38) notierte Liste kann man zum Zwecke der Determinantenberechnung wie folgt umformen.

$$\mathrm{L}(\varkappa|\varkappa') = \begin{matrix} 1 \\ 2 \\ 3 \end{matrix} \begin{bmatrix} 1 & 2 & \\ \overline{1} & \overline{2} & 3 \\ \overline{2} & \overline{3} & \overline{} \end{bmatrix} = \begin{matrix} 1 \\ 2 \\ 3 \end{matrix} \begin{bmatrix} 1 & & 2 \\ \overline{2} & \overline{3} & 1 \\ 3 & 2 & 3 \end{bmatrix},$$

und die Determinante wird $\Delta = a_{11}(a_{22}a_{33} - a_{23}a_{32}) - a_{12}a_{21}a_{33}$. Die einzelnen Terme der Determinante entsprechen den einzelnen Spalten des in eckigen Klammern stehenden Teils der umgeformten Matrix-Zahl. Das Vorzeichen der Terme ergibt sich gemäß der Definition(3) aus der Zahl der Vertauschungen gegenüber der natürlichen Reihenfolge der Spaltenindizes.

Geometrisch läßt sich jede Spalte als Schleifenfamilie deuten, vgl. Formel (6) auf S. 151. In diesem Sinne erscheint die Methode der Flußgraphen (und damit auch die Methode der Signalflußgraphen) als Spezialfall der verallgemeinerten Zahlen. Trochimenko spricht von „Schleifenzahlen" (konturnoe čislo). Natürlich kann man nach Streichen der entsprechenden Zeilen und Spalten die Unterdeterminanten auf die gleiche Art und Weise berechnen, in Übereinstimmung mit der Formel (9) auf S. 154.

In unserem Beispiel erhält man die Unterdeterminanten Δ_{33}, Δ_{32} und Δ_{31} über

$$\mathrm{L}({}_3\varkappa|{}_3\varkappa') = \begin{matrix} 1 \\ 2 \end{matrix} \begin{bmatrix} 1 & 2 \\ \overline{1} & \overline{2} \end{bmatrix} = \begin{matrix} 1 \\ 2 \end{matrix} \begin{bmatrix} 2 & 1 \\ 1 & 2 \end{bmatrix},$$

$$\mathrm{L}({}_3\varkappa|{}_2\varkappa') = \begin{matrix} 1 \\ 2 \end{matrix} \begin{bmatrix} 1 & \\ \overline{1} & \overline{3} \end{bmatrix} = \begin{matrix} 1 \\ 2 \end{matrix} \begin{bmatrix} 1 \\ 3 \end{bmatrix},$$

$$\mathrm{L}({}_3\varkappa|{}_1\varkappa') = \begin{matrix} 1 \\ 2 \end{matrix} \begin{bmatrix} 2 & \\ \overline{2} & \overline{3} \end{bmatrix} = \begin{matrix} 1 \\ 2 \end{matrix} \begin{bmatrix} 2 \\ 3 \end{bmatrix}$$

zu $\Delta_{33} = a_{11}a_{22} - a_{12}a_{21}$, $\Delta_{32} = -a_{11}a_{23}$, $\Delta_{31} = a_{12}a_{23}$. Damit ergibt sich für die Winkelgeschwindigkeiten $\Omega_{\varnothing 1}$, $\Omega_{\varnothing 2}$ bzw. $\Omega_{\varnothing 3}$ der drei Schwungscheiben

$$\Omega_{\varnothing 1} = \frac{\Delta_{31}}{\Delta} F_D^e, \qquad \Omega_{\varnothing 2} = \frac{\Delta_{32}}{\Delta} F_D^e, \qquad \text{bzw.} \qquad \Omega_{\varnothing 3} = \frac{\Delta_{33}}{\Delta} F_D^e.$$

Die mittlere Koeffizientenmatrix des Gls. (36) enthält mehr Information als die linke. Zusätzlich zur Zeilennummer $\varkappa$ und zur Spaltennummer $\varkappa'$ finden wir hier die Zweignummer ζ des NW-Graphen und das Vorzeichen $(-1)^u$, mit $u = 0$ oder $u = 1$, der Zweigadmittanz y_ζ.

Man kann diese Informationen in dem Zahlen-4-Tupel $\varkappa\varkappa'\zeta u$ erfassen. Damit wird die mittlere Koeffizientenmatrix des Gls. (36) eineindeutig widergespiegelt in der folgenden Matrixzahl

$$\mathrm{MZ}(\varkappa\varkappa'\zeta u) = \begin{bmatrix} 1110 & 1120 & 1221 & & \\ 2121 & 2220 & 2230 & 2240 & 2331 \\ 3231 & 3330 & 3350 & & \end{bmatrix}$$

oder abgekürzt

$$\mathrm{MZ}(\varkappa|\varkappa'\zeta u) = \begin{matrix} 1 \\ 2 \\ 3 \end{matrix}\begin{bmatrix} 110 & 120 & 221 & & \\ 121 & 220 & 230 & 240 & 331 \\ 231 & 330 & 350 & & \end{bmatrix}. \tag{39}$$

Läßt man in diesem Schema die Angaben $\varkappa'$ und u fort, so kommt man zur sogenannten „Baumzahl" (drevesnoe čislo), aus der man nach der im Abschn. 3.1.5.1. beschriebenen Vorschrift die Baumliste B ermitteln kann.

Für das Beispiel wird

$$\mathrm{L}(\varkappa|\zeta) = \begin{matrix} 1 \\ 2 \\ 3 \end{matrix}\begin{bmatrix} 1 & 2 & \\ \overline{2} & \overline{3} & 4 \\ \overline{3} & \overline{5} & \overline{} \end{bmatrix} = \begin{matrix} 1 \\ 2 \\ 3 \end{matrix}\begin{bmatrix} 1 & & & 2 & & \\ \overline{2} & \overline{4} & \overline{3} & \overline{3} & \overline{4} & \\ \overline{3} & 5 & 5 & 5 & \overline{3} & \overline{5} \end{bmatrix} \tag{40}$$

und damit

$$B = \begin{pmatrix} 1 & 1 & 1 & 1 & 1 & 2 & 2 & 2 \\ 2 & 2 & 4 & 4 & 3 & 4 & 4 & 3 \\ 3 & 5 & 3 & 5 & 5 & 3 & 5 & 5 \end{pmatrix}.$$

Daraus folgt die NW-Determinante

$$\Delta = y_1\big((y_2 + y_4)\,(y_3 + y_5) + y_3y_5\big) + y_2y_4(y_3 + y_5) + y_2y_3y_5\,.$$

Die Unterdeterminanten ergeben sich aus einer entsprechend verkürzten Baumzahl. Zur Ermittlung von Δ_{ii} muß von der Matrixzahl $\mathrm{MZ}({}_i\varkappa|{}_i\varkappa'\zeta)$, die durch Fortlassen der Angaben $\varkappa'$ übergeht in die Baumzahl $\mathrm{MZ}(\varkappa|\zeta)_{ii}$, ausgegangen werden.

In unserem Beispiel wird

$$\mathrm{MZ}({}_3\varkappa|{}_3x'\zeta) = \begin{matrix} 1 \\ 2 \end{matrix}\begin{bmatrix} 11 & 12 & 22 & \\ 12 & 22 & 23 & 24 \end{bmatrix},$$

also

$$\mathrm{L}(\varkappa|\zeta)_{33} = \begin{matrix} 1 \\ 2 \end{matrix}\begin{bmatrix} 1 & 2 & \\ \overline{2} & \overline{3} & \overline{4} \end{bmatrix} = \begin{matrix} 1 \\ 2 \end{matrix}\begin{bmatrix} 1 & & & 2 & \\ \overline{2} & \overline{3} & \overline{4} & \overline{3} & \overline{4} \end{bmatrix}$$

und damit

$$\Delta_{33} = y_1(y_2 + y_3 + y_4) + y_2(y_3 + y_4)\,,$$

$$\mathrm{MZ}({}_2\varkappa|{}_2\varkappa'\zeta) = \begin{matrix} 1 \\ 3 \end{matrix}\begin{bmatrix} 11 & 12 \\ 33 & 35 \end{bmatrix},$$

also

$$\mathrm{L}(\varkappa|\zeta)_{22} = \begin{matrix}1\\3\end{matrix}\begin{bmatrix}1 & 2\\ 3 & 5\end{bmatrix} = \begin{matrix}1\\2\end{matrix}\begin{bmatrix}1 & & 2 & \\ 3 & 5 & 3 & 5\end{bmatrix}$$

und damit

$$\Delta_{22} = y_1(y_3 + y_5) + y_2(y_3 + y_5)\,,$$

$$\mathrm{MZ}({}_1\varkappa/{}_1\varkappa'\zeta) = \begin{matrix}2\\3\end{matrix}\begin{bmatrix}22 & 23 & 24 & 33\\ 23 & 33 & 35 & \end{bmatrix},$$

also

$$\mathrm{L}(\varkappa|\zeta)_{11} = \begin{matrix}2\\3\end{matrix}\begin{bmatrix}2 & 3 & 4\\ 3 & 5 & \end{bmatrix} = \begin{matrix}2\\2\end{matrix}\begin{bmatrix}2 & 3 & 4 & 2 & 4\\ 5 & & & 3 & \end{bmatrix}$$

und damit

$$\Delta_{11} = y_5(y_2 + y_3 + y_4) + y_3(y_2 + y_4)\,.$$

Die Determinanten Δ_{ji} ergeben sich wie oben als gemeinsamer Teil von Δ_{ii} und Δ_{jj}, vgl. S. 176. Die Δ_{ji} lassen sich aber auch direkt berechnen, indem man die Matrixzahl $\mathrm{MZ}({}_j\varkappa|{}_i\varkappa'\zeta)$ im Sinne der Determinantendefinition (3) umformt (vgl. (38′)), anschließend die Angaben $\varkappa'$ fortläßt und von der so entstandenen Baumzahl $\mathrm{MZ}(\varkappa|\zeta)_{ji}$ ausgeht. Für unser Beispiel wird $\Delta_{31} = y_2y_3$, $\Delta_{12} = y_5y_2 + y_2y_3$, $\Delta_{23} = y_1y_3 + y_2y_3$.

Eine noch detailliertere Information über das NW enthält das Gls. (37). Zusätzlich zu den Angaben in der Matrixzahl (39) wird hier durch die entsprechenden Potenzen der komplexen Frequenz s gekennzeichnet, ob es sich um einen Verbraucher, einen F-Speicher oder einen D-Speicher handelt. Gibt man die s-Potenz durch die Zahl p an und verwendet die Zahlen-5-Tupel $\varkappa\varkappa'\zeta u p$, so spiegelt sich die Koeffizientenmatrix (37) eineindeutig wider in der Matrixzahl

$$\mathrm{L}(\varkappa|\varkappa'\zeta u p) = \begin{matrix}1\\2\\3\end{matrix}\begin{bmatrix}1100 & 1101 & 1102 & 1200 & 1201 & 2210 & 2211 & & \\ 1210 & 1211 & 2200 & 2201 & 2402 & 2300 & 2301 & 3310 & 3311\\ 2310 & 2311 & 3300 & 3301 & 3502 & & & & \end{bmatrix}.$$

Eine solche Darstellung ist nützlich, wenn man die Determinante nach Potenzen von s entwickeln möchte. Bei Vernachlässigung der Angaben $\varkappa'$ und u erhält man die folgende Darstellung:

$$\mathrm{L}(\varkappa|\zeta p) = \begin{matrix}1\\2\\3\end{matrix}\begin{bmatrix}10 & 11 & 12 & 20 & 21\\ 20 & 21 & 42 & 30 & 31\\ 30 & 31 & 52 & & \end{bmatrix} = \begin{matrix}1\\2\\3\end{matrix}\begin{bmatrix}12 & 11 & 21 & 10 & 20\\ 42 & 21 & 31 & 30 & 20\\ 52 & 31 & 30 & & \end{bmatrix}$$

$$= \begin{matrix}1\\2\\3\end{matrix}\left[\begin{array}{c|cccccc|c|ccccccccc|ccc|c} 12 & & 12 & & 11 & 21 & & \cdots & 12 & 11 & & 10 & & & & 20 & 20 & 11 & 10 & & 10\\ 42 & & 21 & 31 & 42 & & & \cdots & 20 & 21 & 20 & 42 & 21 & 30 & 20 & 42 & 30 & 20 & 21 & 20 & 20\\ 52 & 31 & 52 & & 52 & & & \cdots & 30 & 30 & 31 & 30 & 31 & 52 & & 30 & 52 & 30 & 30 & 31 & 30 \end{array}\right].$$

$$s^6 \qquad\qquad s^5 \qquad\qquad\qquad\qquad s^2 \qquad\qquad\qquad\qquad s$$

Wir empfehlen, die hier aus Platzgründen fortgelassenen Spalten mit den Potenzen s^4 und s^3 als Übungsaufgabe zu berechnen. Insgesamt erhält man 43 Spalten und damit 43 Glieder für die Determinante. Aus dem angegebenen Teil der Entwicklung liest man (bei Unterdrückung des Index „D") für die NW-Determinante folgenden Ausdruck ab:

$$
\begin{aligned}
= {} & s^6 M_1 M_2 M_3 + s^5(M_1 M_2 D_3 + M_1(D_2 + D_3)\, M_3 + (D_1 + D_2)\, M_2 M_3) + \cdots \\
& + s^2(M_1 K_2 K_3 + D_1(D_2 K_3 + D_3 K_2) + K_1(M_2 K_3 + D_2 D_3 + M_3(K_2 + K_3)) \\
& \qquad + K_2(M_2 K_3 + K_3 M_3)) \\
& + s(D_1 K_2 K_3 + K_1(D_3 K_2 + D_2 K_3)) + K_1 K_2 K_3 \,.
\end{aligned}
$$

Es bedarf kaum eines Kommentars, daß man die verallgemeinerten Zahlen ohne weiteres auf Rechenanlagen (in geeignet komprimierter Form, z.B. mittels Zeichenketten) kompakt speichern kann. Sämtliche Umformungsregeln sind so weit formalisierbar, daß sie sich in einem Rechenprogramm niederschreiben lassen.

Zusammenfassend kann man für alle Verfahren zur symbolischen Analyse von NW im Frequenzbereich feststellen: Die in symbolischer Form entstehenden Nenner- und Zählerpolynome können bei größeren NW sehr viele Terme enthalten. Anzahlen von $10^3 \cdots 10^5$ sind bei praktischen Problemen durchaus keine Seltenheit. Als Endergebnis ist diese Darstellung kaum brauchbar, da derartig viele Terme nicht mehr überschaubar sind. Oft interessiert auch nur, mit welchem Gewicht einige wenige NWE in die NW-Größen oder in die Koeffizienten von Nenner- und Zählerpolynom eingehen. Man kann dann so vorgehen, daß man nur diese NWE symbolisch verschlüsselt, für alle anderen aber die NWE-Werte eingibt. Überall dort, wo in den entsprechenden Termen (Schleifen-, Pfad-, Baumgewichtsprodukte, ...) das Produkt von nur numerisch gegebenen NWE-Werten zu bilden ist, wird dieses Produkt sofort numerisch gebildet. Das gleiche gilt für die auszuführenden Summationen. Dadurch brauchen nur erheblich weniger Terme gespeichert zu werden, die jetzt allerdings aus den in ihnen enthaltenen NWE-Symbolen und einem Zahlenfaktor, der im allgemeinen aus einer Summe von Produkten gebildet wird, bestehen. Ein derartiges Vorgehen bezeichnet man als **semi-symbolische Analyse** ([L-A-69], [Ros-71], über ein sehr leistungsfähiges Verfahren wird in [A-L-73] berichtet). Vor allem in Verbindung mit Optimierungsverfahren ist die semi-symbolische Analyse von Bedeutung. Dort wird man die während der Optimierung zu variierenden Parameter symbolisch behandeln, die festzuhaltenden Parameter dagegen sofort zahlenmäßig eingeben und verarbeiten.

In vielen Fällen genügt es sogar, die gesuchten NW-Größen für einen gegebenen Satz von NWE-Werten als analytische Funktionen der komplexen Frequenz zu bestimmen. Dieser Aufgabenstellung ist der nächste Abschnitt gewidmet.

3.2. Berechnung der NW-Größen als analytische Funktionen der komplexen Frequenz

Gibt man für die Parameter der NWE bestimmte Zahlenwerte vor, so nehmen die Gls. zur NW-Analyse folgende Gestalt an,

$$\sum_{j=1}^{n} p_{ij}(s)\, x_j(s) = p_i(s) \qquad \text{für} \qquad i = 1, \dots, n \tag{41}$$

oder, in Matrizenschreibweise zusammengefaßt,

$$\boldsymbol{P}(s)\, \boldsymbol{x}(s) = \sum_{j=1}^{n} p_{.j}(s)\, x_j(s) = \boldsymbol{p}(s)\,. \tag{41'}$$

Die Koeffizienten $p_{ij}(s)$, $p_j(s)$ $(i, j = 1, \dots, n)$ sind — ggf. nach geeigneter Approximation der s-Abhängigkeit der MT-Parameter — endliche Polynome in s, und $p_{.j}(s)$ symbolisiert den j-ten Spaltenvektor der quadratischen Matrix $\boldsymbol{P}(s)$. Die Koeffizienten des Lösungsvektors $\boldsymbol{x}(s)$ des Gls. (41) lassen sich als **gebrochen rationale Funktionen in s** darstellen,

$$x_j(s) = \frac{\det\left(p_{.1}(s), \dots, p_{.j-1}(s), \boldsymbol{p}(s), p_{.j+1}(s), \dots, p_{.n}(s)\right)}{\det\left(p_{.1}(s), \dots, p_{.j}(s), \dots, p_{.n}(s)\right)} \tag{42}$$

für alle s mit $\det\left(p_{.1}(s), \dots, p_{.n}(s)\right) \neq 0$.
Die Gl. (42) ergibt sich unmittelbar aus der CRAMERschen Regel, vgl. Abschn. 3.1.1., Formel (2).

Zur **Auflösung des Polynom-Gls.** (41) sind die Methoden des Abschn. 3.1. grundsätzlich anwendbar. Doch sind numerische Lösungsverfahren, über die im folgenden gesprochen wird, speziell für diese Aufgabenstellung entwickelt worden.

3.2.1. Numerische Lösungsverfahren

3.2.1.1. Die GAUSSschen Eliminationsverfahren

Die auf C. F. GAUSS zurückgehenden Eliminationsverfahren zur Auflösung von Zahlen-Gls. sind allgemein bekannt und haben sich bewährt, vgl. Abschn. 3.3.1. Diese Lösungsverfahren lassen sich auch auf Gls. mit Polynom-Koeffizienten erweitern. Entsprechende Hinweise finden sich wiederholt in der Literatur ([Zur-64], [Gan-66], [D-K-66], (K-R-65b], [Voi-72]). Wir möchten uns hier mit diesen Hinweisen auf die größtenteils sehr leicht zugängliche Literatur begnügen.

3.2.1.2. Das Austauschverfahren zur Inversion von Polynom-Matrizen

Das sog. **Austauschverfahren** nutzt aus, daß die Inverse einer regulären Matrix $\boldsymbol{A}$ und die Inverse einer zweiten Matrix $\boldsymbol{B}$, die sich von der ersten nur in einer Spalte unterscheidet, in übersichtlicher Weise zusammenhängen. Unterscheiden sich die Matrizen $\boldsymbol{A}$ und $\boldsymbol{B}$ beispielsweise in der k-ten Spalte,

d. h.

$$B = A + (b_{.k} - a_{.k})\, e_k^T \,,$$

so gilt (Übungsaufgabe)

$$B^{-1} = A^{-1} - \frac{(A^{-1}b_{.k} - e_k)\, e_k^T A^{-1}}{e_k^T A^{-1} b_{.k}} \,. \tag{43}$$

Dabei symbolisiert e_k den Einheitsspaltenvektor (mit 1 in der k-ten Komponente und sonst Nullen).

Gesucht wird die Inverse einer Polynom-Matrix $P(s)$. Die Inverse einer Polynom-Matrix $Q(s)$, die sich von $P(s)$ nur in der k-ten Spalte unterscheidet, möge bereits vorliegen. Die Elemente $(Q^{-1})_{ij}$ der inversen Matrix $Q^{-1}(s)$ sind gebrochen rationale Funktionen in s (vgl. Gl. (42)),

$$e_i^T Q^{-1} e_j = \frac{Z(e_i^T Q^{-1} e_j)}{\det Q} \qquad (i, j = 1, \dots, n) \,, \tag{44}$$

wobei $Z(e_i^T Q^{-1} e_j)$ das Zählerpolynom des Inversenelementes darstellt. Das allen Inversenelementen gemeinsame Nennerpolynom $\det Q$ ist die Determinante von $Q(s)$. Der folgende Satz liefert eine Vorschrift zur Berechnung der gesuchten Inversen $P^{-1}(s)$.

Die Elemente

$$(P^{-1})_{ij} = e_i^T P^{-1} e_j = \frac{Z(e_i^T P^{-1} e_j)}{\det P} \qquad (i, j = 1, \dots, n) \tag{44'}$$

der Inversen der Polynom-Matrix

$$P = Q + (p_{.k} - q_{.k})\, e_k^T$$

ergeben sich aus den Elementen der Matrix Q^{-1}, die in der Form der Gl. (44) vorliegen möge, wie folgt:

$$\det P = Z(e_k^T Q^{-1} p_{.k}) = \sum_{j=1}^{n} Z(e_k^T Q^{-1} e_j)\, p_{jk} \,, \tag{45}$$

$$Z(e_k^T P^{-1} e_j) = Z(e_k^T Q^{-1} e_j) \quad \text{für} \quad j = 1, \dots, n \,, \tag{46}$$

$$Z(e_i^T P^{-1} e_j) = \frac{Z(e_i^T Q^{-1} e_j) \det P - Z(e_k^T Q^{-1} e_j)\, Z(e_i^T Q^{-1} p_{.k})}{\det Q} \tag{47}$$

$$\text{für} \quad i, j = 1, \dots, n; \quad i \neq k \,.$$

Das in Gl. (47) im Zähler stehende Polynom enthält das Polynom $\det Q$ als Teiler.

Beweis: Wegen (43) gilt

$$P^{-1} = \left(E - \frac{(Q^{-1}p_{.k} - e_k)\, e_k^T}{e_k^T Q^{-1} p_{.k}}\right) Q^{-1} = F Q^{-1} \,. \tag{48}$$

Die in Klammern stehende Matrix F unterscheidet sich lediglich in der k-ten Spalte von der Einheitsmatrix E. Wenn man die Determinante von $\boldsymbol{F}$ nach den Elementen dieser k-ten Spalte entwickelt, erkennt man

$$\det \boldsymbol{F} = \boldsymbol{e}_k^T \boldsymbol{F} \boldsymbol{e}_k = \frac{1}{\boldsymbol{e}_k^T \boldsymbol{Q}^{-1} p_{.k}} = \frac{\det \boldsymbol{Q}}{Z(\boldsymbol{e}_k^T \boldsymbol{Q}^{-1} p_{.k})} . \tag{49}$$

Bei der letzten Umformung wurde benutzt, daß die Beziehung (44) richtig bleibt, wenn man den Einheitsvektor $\boldsymbol{e}_j$ durch einen beliebigen n-reihigen Spaltenvektor ersetzt, dessen Komponenten Polynome sind.

Aus (48) und (49) folgt (45), denn

$$\det \boldsymbol{P} = \frac{1}{\det \boldsymbol{P}^{-1}} = \frac{1}{\det \boldsymbol{F} \det \boldsymbol{Q}^{-1}} = \frac{\det \boldsymbol{Q}}{\det \boldsymbol{F}} = Z(\boldsymbol{e}_k^T \boldsymbol{Q}^{-1} p_{.k}) .$$

Man erhält (46) aus (43) unter Beachtung von (44) und (45),

$$\boldsymbol{e}_k^T \boldsymbol{P}^{-1} \boldsymbol{e}_j = \frac{\boldsymbol{e}_k^T \boldsymbol{Q}^{-1} \boldsymbol{e}_j}{\boldsymbol{e}_k^T \boldsymbol{Q}^{-1} p_{.k}} = \frac{Z(\boldsymbol{e}_k^T \boldsymbol{Q}^{-1} \boldsymbol{e}_j)}{Z(\boldsymbol{e}_k^T \boldsymbol{Q}^{-1} p_{.k})} = \frac{Z(\boldsymbol{e}_k^T \boldsymbol{Q}^{-1} \boldsymbol{e}_j)}{\det \boldsymbol{P}} .$$

Zum Beweis von (47) kann man von (43) ausgehen und erhält mit (45):

$$\begin{aligned} \boldsymbol{e}_i^T \boldsymbol{P}^{-1} \boldsymbol{e}_j &= \frac{(\boldsymbol{e}_k^T \boldsymbol{Q}^{-1} p_{.k})\,(\boldsymbol{e}_i^T \boldsymbol{Q}^{-1} \boldsymbol{e}_j) - (\boldsymbol{e}_i^T \boldsymbol{Q}^{-1} p_{.k})\,(\boldsymbol{e}_k^T \boldsymbol{Q}^{-1} \boldsymbol{e}_j)}{\boldsymbol{e}_k^T \boldsymbol{Q}^{-1} p_{.k}} \\ &= \frac{Z(\boldsymbol{e}_k^T \boldsymbol{Q}^{-1} p_{.k})\, Z(\boldsymbol{e}_i^T \boldsymbol{Q}^{-1} \boldsymbol{e}_j) - Z(\boldsymbol{e}_i^T \boldsymbol{Q}^{-1} p_{.k})\, Z(\boldsymbol{e}_k^T \boldsymbol{Q}^{-1} \boldsymbol{e}_j)}{\det \boldsymbol{Q}\, Z(\boldsymbol{e}_k^T \boldsymbol{Q}^{-1} p_{.k})} \\ &= \frac{1}{\det \boldsymbol{P}} \left[\frac{\det \boldsymbol{P}\, Z(\boldsymbol{e}_i^T \boldsymbol{Q}^{-1} \boldsymbol{e}_j) - Z(\boldsymbol{e}_k^T \boldsymbol{Q}^{-1} \boldsymbol{e}_j)\, Z(\boldsymbol{e}_i^T \boldsymbol{Q}^{-1} p_{.k})}{\det \boldsymbol{Q}} \right] . \end{aligned}$$

Daraus folgt unter Beachtung von (44′) die Beziehung (47). Nach Gl. (42) muß der in eckigen Klammern stehende Ausdruck ein Polynom sein. Deshalb ist notwendig die im Satz formulierte Teilbarkeitseigenschaft erfüllt. ▲

Man kann nun relativ leicht einen **Algorithmus zur Inversion einer Polynom-Matrix $\boldsymbol{P}(s)$** herleiten. Der Grundgedanke besteht in folgendem:

Ausgehend von einer beliebigen Startmatrix $\boldsymbol{Q}_0(s)$, deren Inverse bekannt sein soll, ersetzt man die Spalten von $\boldsymbol{Q}_0(s)$ sukzessive durch die entsprechend indizierten Spalten der Matrix $\boldsymbol{P}(s)$. In jedem Rechenschritt unterscheiden sich dann die alte und die neue Matrix lediglich in einer Spalte. Folglich läßt sich die Inverse der neuen Matrix mit dem angegebenen Formelsatz aus der Inversen der alten Matrix berechnen. Wenn keine besonderen Gründe für die Wahl einer anderen Ausgangsmatrix $\boldsymbol{Q}_0$ sprechen, kann man $\boldsymbol{Q}_0 = \boldsymbol{E}$ (= Einheitsmatrix) wählen. Davon wird bei dem nachstehend beschriebenen Verfahren ausgegangen.

Zunächst setzt man $\boldsymbol{Q}_0$ gleich der Einheitsmatrix $\boldsymbol{E}$, die mit ihrer Inversen zusammenfällt. Dann ändert man $\boldsymbol{Q}_0$ ab in die Matrix $\boldsymbol{Q}_1$, indem man lediglich eine Spalte der Matrix $\boldsymbol{Q}_0$ durch die ebenso indizierte Spalte von $\boldsymbol{P}$ ersetzt und berechnet nach den angegebenen Formeln Q_1^{-1}. (Q_0 entspricht Q, Q_1 entspricht P.) Anschließend ändert man Q_1 ab zur Matrix Q_2, indem man lediglich eine Einheitsvektor-Spalte der Matrix Q_1 durch die ebenso indizierte Spalte von P ersetzt, und berechnet mit den angegebenen Formeln Q_2^{-1}. (Q_1 entspricht Q, Q_2 entspricht P.) ... Die Matrix Q_i enthält i Spalten der Matrix P und $(n - i)$ Einheitsvektor-Spalten. Q_i kann gemäß dem angegebenen Formelsatz aus Q_{i-1} berechnet werden ... Schließlich ergibt sich nach n solchen Rechenschritten $Q_n^{-1} = P^{-1}$.

Die Reihenfolge, in der man die Spalten von P berücksichtigt, ist im Prinzip gleichgültig und kann nach numerischen Gesichtspunkten erfolgen. Für jeden Rechenschritt wird im Grunde der gleiche Speicherbedarf benötigt.

Als **Beispiel** zur Erläuterung des Austauschverfahrens sei die Matrix

$$P(s) = \begin{pmatrix} s + 1/2 & -1/2 & 0 & 0 \\ -1/2 & 2 & -1 & -1/2 \\ 0 & -1 & s^2 + 1 & 0 \\ 0 & -1/2 & 0 & s + 1/2 \end{pmatrix}$$

betrachtet. Gemäß dem angegebenen Algorithmus entsteht die inverse Matrix $P^{-1}(s) = Q_4^{-1}(s)$ wie folgt. (siehe Tabelle S. 198).

3.2.1.3. Das Verfahren von Leverrier-Faddejew

In [F-F-63] wird ein Verfahren zur Matrizeninversion beschrieben, das in seiner Grundidee auf U. J. J. Leverrier (1840) zurückgeht und in den letzten Jahrzehnten mehrfach aufgegriffen worden ist (vgl. die in [F-F-63] zitierte Literatur) und sich auch für die Inversion von Polynom-Matrizen verallgemeinern läßt ([Kos-68], [Rob-67]). Besonders günstig ist dabei, daß im Rechenablauf keine Polynomdivisionen vorkommen.

Ausgehend von einer gegebenen Polynom-Matrix $P = P(s)$ bildet man die Hilfs-Polynom-Matrizen $Q_j = Q_j(s)$ $(j = 1, \dots, n)$ nach folgendem **Algorithmus**

$$\begin{aligned}
Q_1 &= P && \text{und} && q_1 = \operatorname{sp}(Q_1)\,, \\
Q_2 &= P(Q_1 - q_1 E) && \text{und} && q_2 = \frac{1}{2}\operatorname{sp}(Q_2)\,, \\
&\ \vdots && \ \vdots && \ \vdots \\
Q_{n-1} &= P(Q_{n-2} - q_{n-2}E) && \text{und} && q_{n-1} = \frac{1}{n-1}\operatorname{sp}(Q_{n-1})\,, \\
Q_n &= P(Q_{n-1} - q_{n-1}E) && \text{und} && q_n = \frac{1}{n}\operatorname{sp}(Q_n)
\end{aligned}$$

i	Spalten von Q_i	$Z(Q_i^{-1})$ Spalte 1	Spalte 2	Spalte 3	Spalte 4	$Z(Q_i^{-1} p_{\cdot k_{i+1}})$
0	e_1	1				$-1/2$
	e_2		1			2
	e_3			1		-1
	e_4				1	$-1/2$
1	e_1	2	$1/2$	0	0	$2s + 3/4$
	$p_{\cdot 2}$	0	1	0	0	$-1/2$
	e_3	0	1	2	0	$-1/2$
	e_4	0	$1/2$	0	2	$-1/4$
2	$p_{\cdot 1}$	2	$1/2$	0	0	$-1/4$
	$p_{\cdot 2}$	$1/2$	$s + 1/2$	0	0	$-s/2 - 1/4$
	e_3	$1/2$	$s + 1/2$	$2s + 3/4$	0	$-s/2 - 1/4$
	e_4	$1/4$	$s/2 + 1/4$	0	$2s + 3/4$	$2s^2 + \frac{3}{2}s + 1/4$
3	$p_{\cdot 1}$	$2s + 3/4$	$s/2 + 1/4$	0	$1/4$	$-s/2 - 1/4$
	$p_{\cdot 2}$	$s/2 + 1/4$	$(s + 1/2)^2$	0	$s/2 + 1/4$	$-\left(s + \frac{1}{2}\right)^2$
	e_3	$s/2 + 1/4$	$(s + 1/2)^2$	$2s^2 + \frac{3}{2}s + \frac{1}{4}$	$s/2 + 1/4$	$2s^4 + \frac{3}{2}s^3 + \frac{5}{4}s^2 + \frac{s}{2}$
	$p_{\cdot 4}$	$1/4$	$s/2 + 1/4$	0	$2s + 3/4$	$-s/2 - 1/4$

(Fortsetzung)

i	Spalten von Q_i	$Z(Q_i^{-1})$				$Z(Q_i^{-1}p_{.k_{i+1}})$
4	$p_{\cdot 1}$	$2s^3 + \frac{3}{4}s^2 + s + \frac{1}{4}$	$\frac{s^3}{2} + \frac{s^2}{4} + \frac{s}{2} + \frac{1}{4}$	$\frac{s}{2} + \frac{1}{4}$	$\frac{s^2}{4} + \frac{1}{4}$	
	$p_{\cdot 2}$	$\frac{s^3}{2} + \frac{s^2}{4} + \frac{s}{2} + \frac{1}{4}$	$s^4 + s^3 + \frac{5}{4}s^2 + s + \frac{1}{4}$	$\left(s + \frac{1}{2}\right)^2$	$\frac{s^3}{2} + \frac{s^2}{4} + \frac{s}{2} + \frac{1}{4}$	
	$p_{\cdot 3}$	$s/2 + 1/4$	$(s + 1/2)^2$	$2s^2 + \frac{3}{2}s + \frac{1}{4}$	$s/2 + 1/4$	
	$p_{\cdot 4}$	$\frac{s^2}{4} + \frac{1}{4}$	$\frac{s^3}{2} + \frac{s^2}{4} + \frac{s}{2} + \frac{1}{4}$	$\frac{s}{2} + \frac{1}{4}$	$2s^3 + \frac{3}{4}s^2 + s + \frac{1}{4}$	

Die unterstrichenen Komponenten der Vektoren $Z(Q_i^{-1}p_{.k_{i+1}})$ sind jeweils gleich der Determinante det Q_{i+1} $= Z(e_{k_{i+1}}^T Q_i^{-1} p_{.k_{i+1}})$.

mit der Abkürzung $\operatorname{sp}(\boldsymbol{A}) = \sum_{i=1}^{n} a_{ii}$ für die Spur einer Matrix. Die Inverse von $\boldsymbol{P}(s)$ erhält man aus

$$\boldsymbol{P}^{-1} = \frac{\boldsymbol{Q}_{n-1} - q_{n-1}\boldsymbol{E}}{q_n} \qquad \text{mit} \qquad q_n = \det \boldsymbol{P} .$$

Als Kontrolle für die Rechengenauigkeit läßt sich die Beziehung $\boldsymbol{Q}_n = q_n\boldsymbol{E}$ ausnutzen.

3.2.1.4. Interpolationsverfahren

Nach Gl. (42) sind die Komponenten $x_j (j = 1, \dots, n)$ des Lösungsvektors $\boldsymbol{x}$ zum Polynom-Gls. $\boldsymbol{P}(s)\,\boldsymbol{x}(s) = \boldsymbol{p}(s)$ gebrochen rationale Funktionen in s, d. h.

$$x_j(s) = \frac{Z(x_j(s))}{\det \boldsymbol{P}(s)} . \tag{50}$$

Die gesuchten Zählerpolynome $Z(x_j(s))$ und das gemeinsame Nennerpolynom $\det \boldsymbol{P}(s)$ sind Polynome mit reellen Koeffizienten. Man kann sie durch Interpolation bestimmen, wie der folgende, sofort einleuchtende Satz lehrt.

Für den Grad der $n + 1$ Polynome $\det \boldsymbol{P}(s)$, $Z(x_1(s)), \dots, Z(x_n(s))$ gelte

$$\max\{\operatorname{gr}(\det \boldsymbol{P}(s)) , \quad \operatorname{gr}(Z(x_1(s))), \dots, \operatorname{gr}(Z(x_n(s)))\} = \text{MAX} < m , \tag{51}$$

wobei m eine geeignete natürliche Zahl darstellt. Kennt man den Wert der gesuchten Polynome für die reellen Parameterwerte $s_\mu (\mu = 1, \dots, m)$, so sind die $n + 1$ Polynome vollständig bestimmt. Sie ergeben sich als Interpolationspolynome mit den Stützstellen s_μ.

Um die vorstehenden Interpolationsgedanken praktisch anwenden zu können, müssen folgende Fragen geklärt werden:

a) Wie berechnet man die Werte

$$\det \boldsymbol{P}(s_\mu) , \quad Z(x_1(s_\mu)), \dots , \quad Z(x_n(s_\mu)) \qquad \text{für} \qquad \mu = 1, \dots , m\,?$$

b) Nach welchen Gesichtspunkten wählt man die Anzahl m und die Lage der Stützstellen s_μ $(\mu = 1, \dots , m)$ aus?

c) Welches Interpolationsverfahren ist anzuwenden?

Zu a): Die Lösungen der Zahlen-Gls.

$$\boldsymbol{P}(s_\mu)\,\boldsymbol{x} = \boldsymbol{p}(s_\mu) \qquad \text{für} \qquad \mu = 1, \dots , m \tag{52}$$

sind die Zahlenvektoren $\boldsymbol{x}(s_\mu) = (x_1(s_\mu), \dots , x_n(s_\mu))^T$. Benutzt man hierbei z.B. das Gaussche Eliminationsverfahren (vgl. Abschn. 3.3.1.), so erhält man im Laufe der Rechnung den Wert der Determinante $\det \boldsymbol{P}(s_\mu)$ ohne wesentlichen Zusatzaufwand. (Bei geeigneter Organisation der Rechnung ergibt sich $\det \boldsymbol{P}(s_\mu)$ als Produkt der Pivot-Elemente.) Damit folgt aus Gl. (50) der Wert der Zählerpolynome zu

$$Z(x_j(s_\mu)) = \det \boldsymbol{P}(s_\mu)\, x_j(s_\mu) , \qquad j = 1, \dots , n .$$

Die Ermittlung der gesuchten $(n + 1)\, m$ Zahlenwerte erfordert also im wesentlichen die Lösung der m Zahlen-Gls. gemäß (52) mit n Unbekannten.

Zu b): Die Ermittlung der durch Gl. (51) definierten Gradzahl MAX ist im allgemeinen recht schwierig. Oft wird man sich mit einer oberen Schranke begnügen müssen. Darauf kann hier nicht näher eingegangen werden. Ist MAX bekannt, so wird man $m = \text{MAX} + 1$ wählen. Die Lage der Stützstellen s_μ $(\mu = 1, \dots, m)$ ist weitgehend willkürlich und sollte vor allem im Hinblick auf die numerische Genauigkeit festgelegt werden:

- Die Größenordnung der Elemente der Matrizen $(\boldsymbol{P}(s_\mu), \boldsymbol{p}(s_\mu))$ sollte sich für festes μ nicht sehr unterscheiden.
- Errechnet man einen Wert $\det \boldsymbol{P}(s_\mu)$, dessen Betrag „extrem klein gegenüber den Elementen von $\boldsymbol{P}(s_\mu)$" ist, so muß befürchtet werden, daß die Lösungen von Gl. (52) auf Grund der schlechten Kondition der Koeffizientenmatrix sehr ungenau sind. Eine solche Stützstelle ist zu verwerfen und durch eine andere zu ersetzen. (Bei größerem n ist es unerläßlich, einer solchen Entscheidung über die schlechte Kondition ein objektives Kriterium zugrunde zu legen. Dazu kann man Konditionszahlen KZ, die sich auf die „relative Größe" der Determinante beziehen, z.B.

$$\mathrm{KZ}(s_\mu) = \frac{|\det \boldsymbol{P}(s_\mu)|}{\prod\limits_{j=1}^{n} \left(\sum\limits_{i=1}^{n} p_{ij}^2(s_\mu) \right)^{1/2}},$$

verwenden und die Stützstelle s_μ verwerfen, falls $\mathrm{KZ}(s_\mu) < \varepsilon$ für eine vorgegebene Schranke $\varepsilon > 0$ gilt.)
- Schließlich muß bei der Wahl der Stützstellen auch das Interpolationsverfahren, das angewendet werden soll, berücksichtigt werden.

Zu c) Es handelt sich um die klassische Interpolationsaufgabe, durch Stützwerte, die an bekannten Stützstellen berechnet wurden, ein Interpolationspolynom möglichst niedrigen Grades zu legen. Zur Lösung können alle bekannten Interpolationsverfahren herangezogen werden, insbesondere der unmittelbare Polynom-Ansatz, die Interpolation nach Lagrange und die Interpolation nach Newton. Mit Rücksicht auf die reichlich vorhandene Lehrbuchliteratur (s. z.B. [Zur-63], [Hei-63]) soll hier nur der Formelsatz für den unmittelbaren Polynomansatz niedergeschrieben werden.

Aus dem Ansatz

$$\det \boldsymbol{P}(s) = \sum_{\nu=0}^{m-1} a_{\nu,0} s^\nu, \tag{53}$$

$$Z(x(s_j)) = \sum_{\nu=0}^{m-1} a_{\nu,j} s^\nu \qquad (j = 1, \dots, n) \tag{54}$$

folgt für $s = s_\mu$

$$(1, s_\mu, s_\mu^2, \dots, s_\mu^{m-1}) \begin{pmatrix} a_{0,0} & a_{0,1} & \cdots & a_{0,n} \\ a_{1,0} & a_{1,1} & \cdots & a_{1,n} \\ \vdots & \vdots & \vdots\vdots\vdots & \vdots \\ a_{n-1,0} & a_{n-1,1} & \cdots & a_{n-1,n} \end{pmatrix}$$

$$= \big(\det \boldsymbol{P}(s_\mu), Z(x_1(s_\mu)), \dots, Z(x_n(s_\mu))\big) \quad \text{für} \quad \mu = 1, \dots, m\,, \tag{55}$$

in Matrizenschreibweise zusammengefaßt,

$$v_{\mu.}\boldsymbol{A} = b_{\mu.}\,, \qquad \mu = 1, \dots, m$$

oder

$$\boldsymbol{V} \cdot \boldsymbol{A} = \boldsymbol{B}\,. \tag{55'}$$

Die Relation (55') stellt ein lineares algebraisches Gls. der Ordnung m mit $n + 1$ rechten Seiten dar. Die Koeffizientenmatrix $\boldsymbol{V}$ wird als **Vandermondesche Matrix** bezeichnet. Die gesuchten Polynomkoeffizienten sind in der Matrix $\boldsymbol{A}$ zusammengefaßt und ergeben sich durch Auflösung von Gl. (55') zu $\boldsymbol{A} = \boldsymbol{V}^{-1}\boldsymbol{B}$.

Die Matrix $\boldsymbol{A}$ läßt sich also dadurch berechnen, daß man $\boldsymbol{V}$ zahlenmäßig invertiert und anschließend $\boldsymbol{V}^{-1}$ mit $\boldsymbol{B}$ multipliziert, oder dadurch, daß man sofort ein Rechenprogramm zur Auflösung eines Gls. mit mehreren Seiten einsetzt. Dabei wird von der speziellen Struktur der Vandermondeschen Matrix kein Gebrauch gemacht.

Die Elemente $w_{\mu\nu} = (\boldsymbol{V}^{-1})_{\mu\nu}$ $(\mu, \nu = 1, \dots, m)$ der Inversen der Vandermondeschen Matrix lassen sich aber auch in geschlossener Form angeben. Es gilt

$$w_{1\nu} + w_{2\nu}s + \cdots + w_{m\nu}s^{m-1} = \frac{\prod\limits_{\substack{\mu=1\\ \mu\neq\nu}}^{m} (s - s_\mu)}{\prod\limits_{\substack{\mu=1\\ \mu\neq\nu}}^{m} (s_\nu - s_\mu)} \quad \text{für} \quad \nu = 1, \dots, m\,. \tag{56}$$

Die Inversenelemente ergeben sich durch Koeffizientenvergleich der s-Potenzen auf der linken und der rechten Seite.

Bei den genannten Interpolationsverfahren können reelle Stützstellen gewählt werden, doch kann auch auf komplexe Stützstellen, insbesondere auf rein imaginäre Stützstellen $(s_\mu = j\omega_\mu)$ übergegangen werden. Der oben angegebene Satz über die eindeutige Bestimmung der gesuchten Polynome gilt auch für imaginäre Stützstellen $(\omega_\mu \geqq 0)$, wie man durch Zerlegung der Polynome in Real- und Imaginärteil zeigen kann. Man kommt dabei (im Vergleich zu reellen Stützstellen) mit der halben Stützstellenzahl aus, so daß z.B. der Aufwand zur Inversion der Vandermondeschen Matrix wesentlich geringer wird. Bei der punktweisen Analyse für $s_\mu = j\omega_\mu$ müssen jedoch komplexe Gls. gelöst werden, so daß der Rechenaufwand insgesamt etwa gleich bleibt.

3.2.2. Beispiele und Vergleich der Ergebnisse

An drei Beispielen soll die Anwendung der beschriebenen Verfahren auf NW-Probleme erläutert werden.

Als **erstes Beispiel** wählen wir die elektrische Schaltung gemäß Abb. 3.21. Es soll der Spannungsübertragungsfaktor $T_u(s) = U_{\varnothing 4}/U^e$ als gebrochen rationale Funktion von s berechnet werden. Setzt man als erregende Funktion einen Impuls $u^e(t) = \delta(t)$ an, so wird $U^e(s) = 1$, und der Übertragungsfaktor stimmt mit der Knotenspannung $U_{\varnothing 4}$ überein. Das System der Knotenspannungs-Gln. kann man mit Hilfe der auf S. 74 notierten Ableseregeln sofort niederschreiben,

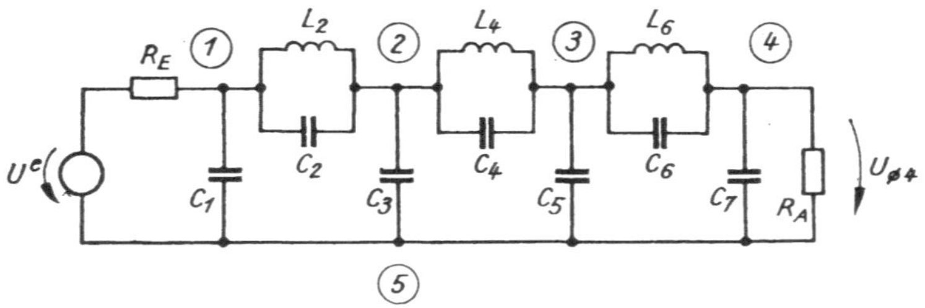

Abb. 3.21. Elektrisches Filter

$$\begin{pmatrix} s^2(C_1+C_2)+\frac{s}{R_E}+\frac{1}{L_2} & -s^2C_2-\frac{1}{L_2} & 0 & 0 \\ -s^2C_2-\frac{1}{L_2} & s^2(C_2+C_3+C_4)+\frac{1}{L_2}+\frac{1}{L_4} & -s^2C_4-\frac{1}{L_4} & 0 \\ 0 & -s^2C_4-\frac{1}{L_4} & s^2(C_4+C_5+C_6)+\frac{1}{L_4}+\frac{1}{L_6} & -s^2C_6-\frac{1}{L_6} \\ 0 & 0 & -s^2C_6-\frac{1}{L_6} & s^2(C_6+C_7)+\frac{s}{R_A}+\frac{1}{L_6} \end{pmatrix} \begin{pmatrix} U_{\varnothing 1} \\ U_{\varnothing 2} \\ U_{\varnothing 3} \\ U_{\varnothing 4} \end{pmatrix} = \begin{pmatrix} \frac{sU^e}{R_E} \\ 0 \\ 0 \\ 0 \end{pmatrix}$$

Die Rechnung wurde mit den folgenden Zahlenwerten für die NWE durchgeführt,

$$C_1 = C_3 = 3\,, \quad C_2 = C_7 = 1\,, \quad C_4 = C_5 = 2\,, \quad C_6 = 7,$$

$$L_2 = \frac{1}{2}\,, \quad L_4 = \frac{1}{3}\,, \quad L_6 = \frac{1}{8}\,, \quad R_E = R_A = \frac{1}{2}\,.$$

Tab. 3.1. Rechenergebnisse bei der Analyse der in Abb. 3.21 gezeigten Schaltung

	exakt, Austauschverfahren, LEVERRIER-FADDEJEW	Interpolationsverfahren	
$Z(U_{\varnothing 1})$	0,000000000 $E+00$	−2,47731805 $E-07$	s^8
	2,02000000 $E+02$	2,02000010 $E+02$	s^7
	1,24000000 $E+02$	1,24000002 $E+02$	s^6
	4,51000000 $E+02$	4,50999816 $E+02$	s^5
	2,18000000 $E+02$	2,17999933 $E+02$	s^4
	2,96000000 $E+02$	2,96000686 $E+02$	s^3
	9,20000000 $E+01$	9,20003171 $E+01$	s^2
	4,80000000 $E+01$	4,79994808 $E+01$	s^1
	0,00000000 $E+00$	−2,54154204 $E-04$	s^0
$Z(U_{\varnothing 4})$	0,00000000 $E+00$	5,46689989 $E-08$	s^8
	1,40000000 $E+01$	1,40000006 $E+01$	s^7
	0,00000000 $E+00$	−1,06261369 $E-06$	s^6
	6,50000000 $E+01$	6,49999874 $E+01$	s^5
	0,00000000 $E+00$	−8,30191454 $E-07$	s^4
	9,80000000 $E+01$	9,80000532 $E+01$	s^3
	0,00000000 $E+00$	2,23621729 $E-05$	s^2
	4,80000000 $E+01$	4,79999577 $E+01$	s^1
	0,00000000 $E+00$	−2,05523929 $E-05$	s^0
Nennerpolynom			
	7,69000000 $E+02$	7,69000052 $E+02$	s^8
	8,78000000 $E+02$	8,78000016 $E+02$	s^7
	2,23600000 $E+03$	2,23599907 $E+03$	s^6
	1,91200000 $E+03$	1,91199950 $E+03$	s^5
	2,08600000 $E+03$	2,08600354 $E+03$	s^4
	1,22000000 $E+03$	1,22000239 $E+03$	s^3
	6,16000000 $E+02$	6,15997581 $E+02$	s^2
	1,92000000 $E+02$	1,91998095 $E+02$	s^1
	0,00000000 $E+00$	−2,72750854 $E-04$	s^0

In der Tab. 3.1 wurden die Zählerpolynome der Knotenspannungen $Z(U_{\varnothing 1})$ und $Z(U_{\varnothing 4})$ sowie das gemeinsame Nennerpolynom angegeben. Die Rechnung wurde mit einer Genauigkeit von etwa 9 Dezimalstellen durchgeführt. Zum Vergleich werden drei Verfahren (Austauschverfahren, LEVERRIER-FADDEJEW, Interpolation durch unmittelbaren Polynomansatz) herangezogen. Die Ergebnisse der ersten beiden Verfahren stimmen mit den exakten Ergebnissen völlig überein, die deshalb nicht gesondert angegeben zu werden brauchen. Dieses zuerst etwas überraschende Ergebnis ist dadurch zu erklären, daß die Werte der C, $1/R$ und $1/L$ ganze Zahlen sind. Bei der Konvertierung im Rechenautomaten treten keine Fehler auf, und die anschließenden Rechenoperationen verlaufen ebenfalls ohne Rundungsfehler, wenn gewisse Einschränkungen über die Mantissenlängen eingehalten werden. Diese sehr angenehme Eigenschaft dieser Verfahren sollte man nach Möglichkeit ausnutzen, da sich mitunter durch geeignete Normierungsfaktoren die NWE-Werte mit ausreichender Genauigkeit ganzzahlig darstellen lassen.

Die Fehler beim Interpolationsverfahren (mit den reellen Stützstellen $s_\mu = -4, -3, -2, -1, -0{,}5, 1, 2, 3$ und 4) sind deutlich zu erkennen. Da der Grad der Polynome vor Durchführung der Rechnung meist unbekannt ist und deshalb zu hoch angesetzt wird, sind die Koeffizienten der höheren Potenzen ungleich Null. Durch mehrfache Rechnung mit verschiedenen Stützstellensätzen und geringer angesetztem Grad der Polynome läßt sich bei den Interpolationsverfahren die Genauigkeit weiter verbessern.

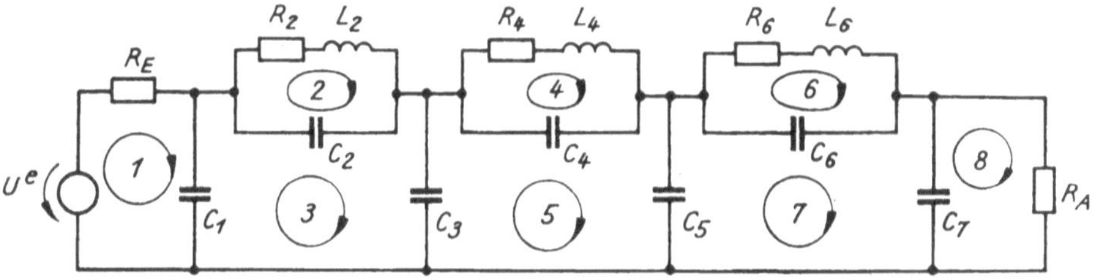

Abb. 3.22. Elektrisches Filter mit Berücksichtigung der Spulenverluste

Als **zweites Beispiel** werde die Schaltung nach Abb. 3.22 — im Grunde das gleiche Beispiel wie in Abb. 3.21, jedoch mit Berücksichtigung der Spulenverluste — nach der Maschenmethode analysiert. Die Aufstellung der Maschen-Impedanzmatrix erfolgt nach den bekannten Ableseregeln (vgl. S. 75). Man erhält das Gls. (s. S. 206).

Die Rechnung wurde unter Zugrundelegung der (normierten) NWE-Werte, $C_1 = 0{,}60$, $C_2 = 0{,}35$, $C_3 = 1{,}20$, $C_4 = 1{,}11$, $C_5 = 0{,}88$, $C_6 = 0{,}90$, $C_7 = 0{,}58$, $R_2 = 0{,}014$, $R_4 = 0{,}007$, $R_6 = 0{,}008$, $R_E = 1$, $R_A = 4{,}23$, $L_2 = 1{,}11$, $L_4 = 0{,}84$, $L_6 = 0{,}89$ mit einer Genauigkeit von etwa 9 Dezimalstellen durchgeführt. In der Tab. 3.2 wurden die Zählerpolynome $Z(I_{01})$, $Z(I_{08})$ sowie das gemeinsame Nennerpolynom angegeben. Das Austauschverfahren und das Verfahren nach LEVERRIER-FADDEJEW werden mit den exakten Ergebnissen verglichen. Letztere sind nach einer Kontinuantenmethode [R-R-65] mit wesentlich größerer Stellenzahl berechnet worden. (Während sich die Kontinuantenmethode nur für 1-Tor-NW bestimmter Struktur, sog. Abzweigschaltungen, eignet, sind die hier vorgestellten Verfahren für beliebige NW, die auch MT enthalten dürfen, anwendbar.) Man erkennt die sehr befriedigende Übereinstimmung der Ergebnisse für unser durchaus nicht triviales Beispiel.

$$\begin{pmatrix} sR_E + \frac{1}{C_1} & 0 & -\frac{1}{C_1} & 0 & 0 & 0 & 0 & 0 \\ 0 & s^2L_2 + sR_2 + \frac{1}{C_2} & -\frac{1}{C_2} & 0 & 0 & 0 & 0 & 0 \\ -\frac{1}{C_1} & -\frac{1}{C_2} & \frac{1}{C_1} + \frac{1}{C_2} + \frac{1}{C_3} & 0 & -\frac{1}{C_3} & 0 & 0 & 0 \\ 0 & 0 & 0 & s^2L_4 + sR_4 + \frac{1}{C_4} & -\frac{1}{C_4} & 0 & 0 & 0 \\ 0 & 0 & -\frac{1}{C_3} & -\frac{1}{C_4} & \frac{1}{C_3} + \frac{1}{C_4} + \frac{1}{C_5} & 0 & -\frac{1}{C_5} & 0 \\ 0 & 0 & 0 & 0 & 0 & s^2L_6 + sR_6 + \frac{1}{C_6} & -\frac{1}{C_6} & 0 \\ 0 & 0 & 0 & 0 & -\frac{1}{C_5} & -\frac{1}{C_6} & \frac{1}{C_5} + \frac{1}{C_6} + \frac{1}{C_7} & -\frac{1}{C_7} \\ 0 & 0 & 0 & 0 & 0 & 0 & -\frac{1}{C_7} & sR_A + \frac{1}{C_7} \end{pmatrix} \begin{pmatrix} I_{01} \\ I_{02} \\ I_{03} \\ I_{04} \\ I_{05} \\ I_{06} \\ I_{07} \\ I_{08} \end{pmatrix} = \begin{pmatrix} sU^e(s) \\ 0 \\ 0 \\ 0 \\ 0 \\ 0 \\ 0 \\ 0 \end{pmatrix}$$

Tab. 3.2. Rechenergebnisse bei der Analyse der in Abb. 3.22 gezeigten Schaltung

exakt	Austauschverfahren	LEVERRIER-FADDEJEW	
$Z(I_{01})$		2,25017750 E − 10	s^{15}
		⋮	
	0,00000000 E + 00	8,58306887 E − 06	s^9
1,80426016 E + 02	1,80426018 E + 02	1.80425985 E + 02	s^8
4,27201246 E + 01	4,27201296 E + 01	4,27201842 E + 01	s^7
4,79705485 E + 02	4,79705474 E + 02	4,79705538 E + 02	s^6
9,19676893 E + 01	9,19678902 E + 01	9,19680441 E + 01	s^5
4,05896675 E + 02	4,05896719 E + 02	4,05896968 E + 02	s^4
5,59178979 E + 01	5,59178362 E + 01	5,59181137 E + 01	s^3
1,07805081 E + 02	1,07805191 E + 02	1,07805664 E + 02	s^2
7,78257477 E + 00	7,78253632 E + 00	7,78291988 E + 00	s
$Z(I_{08})$		0,00000000 E + 00	s^{15}
	0,00000000 E + 00	⋮	
	0,00000000 E + 00	0,00000000 E + 00	s^8
2,25813086 E + 00	2,25813086 E + 00	2,25813087 E + 00	s^7
6,75964924 E − 02	6,75964935 E − 02	6,75964954 E − 02	s^6
1,10540846 E + 01	1,10540842 E + 01	1,10540839 E + 01	s^5
2,12050485 E − 01	2,12050735 E − 01	2.12055206 E − 01	s^4
1,65148517 E + 01	1,65148515 E + 01	1,65148665 E + 01	s^3
1,54639761 E − 01	1,54638657 E − 01	1,54628992 E − 01	s^2
7,78257477 E + 00	7,78257622 E + 00	7,78257208 E + 00	s
Nennerpolynom		−3,84210014 E − 09	s^{15}
		⋮	
		5,33722511 E − 06	s^9
1,80426016 E + 02	1,80426018 E + 02	1,80426079 E + 02	s^8
2,44855949 E + 02	2,44855956 E + 02	2,44855839 E + 02	s^7
5,27446373 E + 02	5,27446373 E + 02	5,27446086 E + 02	s^6
4,84562555 E + 02	4,84562536 E + 02	4,84562409 E + 02	s^5
4,75602902 E + 02	4,75602937 E + 02	4,75602028 E + 02	s^4
2,81627128 E + 02	2,81627112 E + 02	2,81627099 E + 02	s^3
1,32283058 E + 02	1,32283102 E + 02	1,32284238 E + 02	s^2
4,09285607 E + 01	4,09285550 E + 01	4,09293950 E + 01	s^1
	0,00000000 E + 00	8,06434079 E − 04	s^0

Als **drittes Beispiel** wurde ein elektrisches NW mit MT in Abb. 3.23 dargestellt. Es handelt sich um die Wechselstrom-Ersatzschaltung einer Verzögerungsschaltung, die als aktive RC-Schaltung realisiert wurde. Es interessieren die Eigenschaften der realen Schaltung, so daß die Frequenzabhängigkeit der Transistordaten berücksichtigt werden muß. In die y-Parameter gehen Basis-Emitter-Widerstand und -Kapazität sowie die Kollektor-Basis-Kapazität ein (Abb. 3.23.b). Für einen solchen Transistor lauten die 2-Tor-Gln.

$$\begin{pmatrix} I_1 \\ I_2 \end{pmatrix} = \begin{pmatrix} s(C_{BE} + C_{BC}) + G_{BE} & -sC_{BC} \\ S - sC_{BC} & sC_{BC} \end{pmatrix} \begin{pmatrix} U_1 \\ U_2 \end{pmatrix} = \begin{pmatrix} y_{11}^{Tr} & y_{12}^{Tr} \\ y_{21}^{Tr} & y_{22}^{Tr} \end{pmatrix} \begin{pmatrix} U_1 \\ U_2 \end{pmatrix}.$$

Die Rechnung wurde unter Zugrundelegung der (normierten) NWE-Werte $R_1 = 0{,}075$, $R_2 = R_3 = R_6 = 0{,}09$, $R_4 = 0{,}04$, $R_5 = 0{,}1$, $R_7 = R_{10} = 0{,}12$,

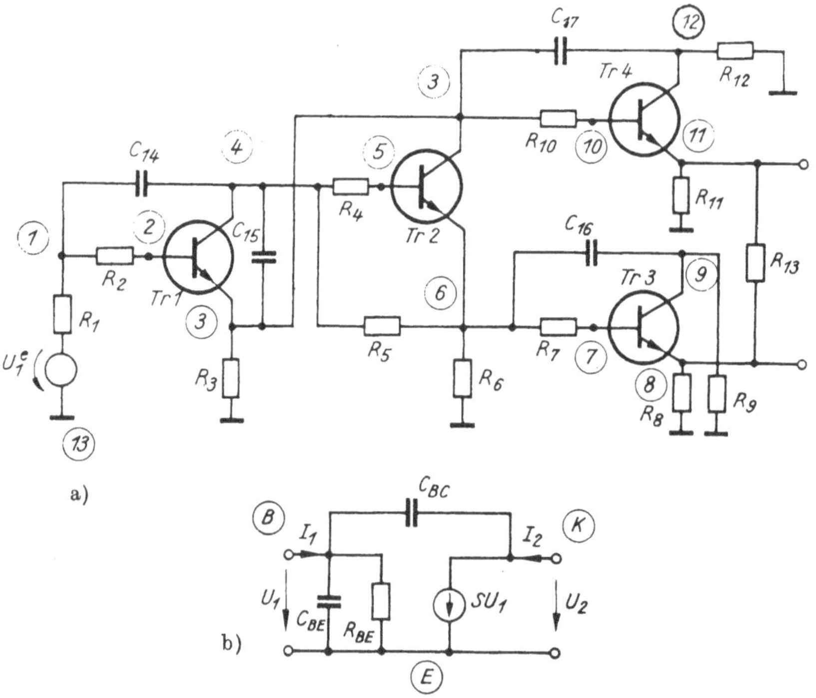

Abb. 3.23. Elektrisches Netzwerk;
a) Wechselstrom-Ersatzschaltung einer aktiven RC-Schaltung (Verzögerungsschaltung),
b) Ersatzschaltung der Transistoren

$R_8 = R_{11} = 0{,}47$, $R_9 = R_{12} = 0{,}39$, $R_{13} = 0{,}056$, $C_{14} = 0{,}06$, $C_{15} = 0{,}25$, $C_{16} = C_{17} = 0{,}09$ und den Transistordaten

S	Tr 1	Tr 2	Tr 3	Tr 4
S	140	450	450	450
R_{BE}	1,5	0,08	0,35	0,35
C_{BE}	1,26	40,9	3,8	3,8
C_{BC}	0,11	0,14	0,11	0,11

mit einer Genauigkeit von etwa 16 Dezimalstellen durchgeführt. Von den Ergebnissen der Rechnung wurden in der Tab. 3.3 das Zählerpolynom $Z(s)$ und das Nennerpolynom $N(s)$ der Knotenspannung $U_{\varnothing 12} = Z(s)/N(s)$ bei einer (Impuls-)Erregung $U^e(s) = 1$ wiedergegeben. Es wurde das Knotenspannungsverfahren verwendet. Die Knoten-Admittanzmatrix ($\boldsymbol{KYK}^T + \boldsymbol{K}_M\boldsymbol{Y}_M\boldsymbol{K}_M^T$) wird hier eine Polynommatrix mit 12 Zeilen und 12 Spalten. Zur Lösung des Polynom-Gls. wurde das Interpolationsverfahren eingesetzt. Gerechnet wurde mit 12 reellen Stützstellen im Intervall $(-30, +30)$ und außerdem mit 6 imaginären

Tab. 3.3. Zähler- und Nennerpolynom der Knotenspannung $U_{\varnothing 12}$ der in Abb. 3.23 gezeigten Schaltung

Zählerpolynom	Nennerpolynom
2,339243338 $E - 04$ s^{11}	1,051137787 $E - 02$ s^{11}
5,270055224 $E - 01$ s^{10}	2,559967639 $E + 01$ s^{10}
3,915053200 $E + 02$ s^{9}	2,186392299 $E + 04$ s^{9}
1,357190851 $E + 05$ s^{8}	8,829684198 $E + 06$ s^{8}
2,475925032 $E + 07$ s^{7}	1,868755806 $E + 09$ s^{7}
2,451978580 $E + 09$ s^{6}	2,132886694 $E + 11$ s^{6}
1,270655195 $E + 11$ s^{5}	1,300084317 $E + 13$ s^{5}
2,643824141 $E + 12$ s^{4}	4,026254795 $E + 14$ s^{4}
−6,155390818 $E + 13$ s^{3}	5,956903107 $E + 15$ s^{3}
−5,385233395 $E + 15$ s^{2}	4,701847725 $E + 16$ s^{2}
−7,464972657 $E + 16$ s^{1}	1,907882264 $E + 17$ s^{1}
−2,854302588 $E + 17$ s^{0}	2,901378979 $E + 17$ s^{0}

Stützstellen im Intervall (j7,5, j40). Die voneinander abweichenden Dezimalstellen im Ergebnis wurden in der Tab. 3.3 unterstrichen. Die Genauigkeit der Lösung ist ersichtlich auch bei diesem recht umfangreichen Beispiel sehr befriedigend.

Die drei gegenübergestellten Methoden sind — nach unserer bisher gesammelten Erfahrung — in ihrer **Genauigkeit** im großen und ganzen vergleichbar. Für spezielle Probleme haben sich mit den verschiedenen Verfahren jedoch öfters sehr unterschiedliche Ergebnisse eingestellt. In einigen Fällen brachten nur die Interpolationsverfahren gute Resultate. Der Programmieraufwand bei den Interpolationsverfahren ist wesentlich niedriger als bei den übrigen Verfahren, die große Sorgfalt bei der Ausführung der Polynom-Operationen erfordern, da diese sehr störanfällig gegenüber numerischen Effekten sind. (Das gilt insbesondere für die Polynom-Division beim Austausch-Verfahren.) Bei den Interpolationsverfahren sind bei Wahl rein-imaginärer Stützstellen die an den Stützstellen berechneten Zahlenwerte selbst von unmittelbarem Interesse (da sie die NW-Größen im eingeschwungenen Zustand liefern). Man sollte stets darauf achten, daß der Stützstellenbereich mindestens den Frequenzbereich, in dem das Verhalten des NW technisch interessant ist, umfaßt.

3.2.3. Pole und Nullstellen von Frequenzcharakteristiken

Bei den bisher behandelten Verfahren zur Berechnung von NW-Größen als analytische Funktionen der komplexen Frequenz erhielten wir das Ergebnis stets als Quotienten zweier Polynome. Es ist möglich und üblich, das Zählerpolynom $Z(s)$ bzw. das Nennerpolynom $N(s)$ durch seine Nullstellen $s_{0\mu}$ bzw. $s_{\infty\nu}$ zu charakterisieren,

$$F(s) = \frac{Z(s)}{N(s)} = K \frac{\prod\limits_{\mu=1}^{m} (s - s_{0\mu})}{\prod\limits_{\nu=1}^{n} (s - s_{\infty\nu})} . \qquad (57)$$

Dabei ist m der Grad von $Z(s)$, n der Grad von $N(s)$. Die (komplexen) Zahlen $s_{0\mu}$ bezeichnet man als **Nullstellen**, die Zahlen $s_{\infty\nu}$ als **Pole** der NW-Größe $F(s)$. Sind einige der $s_{0\mu}$ bzw. $s_{\infty\nu}$ gleich, so bezeichnet man sie als **mehrfache** Nullstellen bzw. Pole. Die Anzahl der jeweils gleichen Werte wird als **Vielfachheit** m_μ bzw. n_ν bezeichnet. Man kann $F(s)$ auch in der Form

$$F(s) = \frac{Z(s)}{N(s)} = K \frac{\prod_{\mu=1}^{m'} (s - s_{0\mu})^{m_\mu}}{\prod_{\nu=1}^{n'} (s - s_{\infty\nu})^{n_\nu}} \tag{57'}$$

mit

$$\sum_{\mu=1}^{m'} m_\mu = m\,, \qquad \sum_{\nu=1}^{n'} n_\nu = n$$

schreiben.

Der Nutzen der Pol-Nullstellen-Beschreibung einer NW-Charakteristik liegt u. a. darin, daß man mit etwas Übung aus der Lage der Pole und Nullstellen sofort Aussagen über das Zeit- und Frequenzverhalten („Bode-Diagramm") sowie über die Stabilität des NW machen kann (vgl. Kap. 4). Zur Berechnung des Zeitverhaltens des NW mit Hilfe der Laplace-Transformation (s. Abschn. 4.3.1.) ist noch eine andere Schreibweise nützlich, die man durch Partialbruchzerlegung erhält,

$$F(s) = \sum_{\nu=1}^{n'} \sum_{\lambda=1}^{n_\nu} \frac{K_{\nu\lambda}}{(s - s_{\infty\nu})^\lambda}\,. \tag{58}$$

Dabei ist o.B.d.A. $m < n$ angenommen worden. (Andernfalls muß durch Polynomdivision der ganze Teil von $F(s)$ vorher abgetrennt werden.) Die Koeffizienten $K_{\nu\lambda}$ (sog. „Residuen") erhält man z.B. aus der Beziehung

$$K_{\nu\lambda} = \frac{1}{(n_\nu - \lambda)!} \frac{\mathrm{d}^{n_\nu - \lambda}}{\mathrm{d}s^{n_\nu - \lambda}} \left((s - s_{\infty\nu})^{n_\nu} F(s)\right)\Big|_{s = s_{\infty\nu}}\,. \tag{58'}$$

Bei nur einfachen Polen vereinfacht sich diese Formel zu

$$K_{\nu 1} = (s - s_{\infty\nu})\, F(s)\big|_{s = s_{\infty\nu}}\,. \tag{58''}$$

Die Kenntnis der Nullstellen von $Z(s)$ ist zur Berechnung der Residuen nicht erforderlich.

Es gibt eine Reihe von Verfahren, mit denen sich Pole und Nullstellen von NW-Größen berechnen lassen. Der naheliegendste Weg besteht darin, $Z(s)$ und $N(s)$ mit den in diesem Abschnitt beschriebenen Verfahren zu bestimmen und anschließend die Nullstellen dieser Polynome zu berechnen. Dies ist eine klassische Aufgabe der numerischen Mathematik, die in allen entsprechenden Lehrbüchern behandelt wird, z. B. in [Wil-57], [Zur-63], [Wil-65].

Eine andere Möglichkeit besteht in der direkten Auswertung von Gl. (42): $Z(s)$ und $N(s)$ sind die Determinanten gewisser Polynommatrizen. Die komplexen Zahlen $s_{\infty\nu}$, $s_{0\mu}$ sind zu berechnen, für die diese Determinanten den Wert Null annehmen. Dafür kann man die üblichen Nullstellen-Bestimmungsverfahren für beliebige Funktionen einsetzen. Während der Rechnung müssen sehr oft die Determinanten für verschiedene s-Werte bestimmt werden, z.B. mit Hilfe des GAUSSschen Algorithmus (vgl. Abschn. 3.3.).

Auf eine dritte Möglichkeit — die Nullstellenbestimmung auf ein spezielles Matrizen-Eigenwertproblem zurückzuführen — werden wir im Abschn. 4.3. noch kurz eingehen.

Es sei abschließend darauf hingewiesen, daß die Pol-Nullstellen-Beschreibung mit erheblichen numerischen Problemen verbunden sein kann (s. z.B. [Wil-69]). Selbst die formal einfache Partialbruchzerlegung ist mit beträchtlichen numerischen Fehlerquellen behaftet [Mey-66]. Vor allem bei kleineren NW (mit $n = 5 \cdots 10$) mit einfachen Polen und Nullstellen erweist sich die Pol-Nullstellen-Beschreibung meist als recht günstig.

3.3. Verfahren zur punktweisen Frequenzanalyse

Setzt man in den im Kap. 2 hergeleiteten Gls. zur Analyse von NW den Parameter $s = j\omega$ (= imaginäre Zahl) und auch für die NWE spezielle Werte ein, so ergeben sich (komplexe) Zahlen-Gls. für die NW-Größen im „eingeschwungenen" Zustand bei harmonischer Erregung mit der Kreisfrequenz ω.

Die **Lösung linearer Zahlen-Gls.** ist ein in der numerischen Mathematik sehr häufig untersuchtes Problem. Es sind zahlreiche Verfahren bekannt, die zum Teil sehr gründlich hinsichtlich ihrer Eigenschaften (Rundungsfehler, ...) erforscht wurden ([Zur-63], [F-F-63], [F-M-67], [Wil-69], [Gas-72], [Zie-72], [P-G-75]). In jedem Rechenzentrum stehen deshalb Unterprogramme zur Verfügung, die in Programmen zur Analyse linearer NW ohne Schwierigkeit eingesetzt werden können. Viele dieser programmierten Verfahren haben eine Gemeinsamkeit bezüglich des Rechenaufwandes. Bezeichnet man mit n die Anzahl der Gleichungen (= Anzahl der Variablen), so ist der benötigte Speicherplatz proportional n^2 und die Anzahl der durchzuführenden Rechenoperationen proportional n^3. Damit ist für viele praktisch interessierende Problemstellungen eine ökonomisch vertretbare Bearbeitung auf Rechnern nicht mehr möglich — trotz ständig wachsender Kernspeichergröße, externer Speicher mit kurzen Zugriffszeiten und immer schnellerer Rechenwerke. Zur Illustration mögen die folgenden Zahlen dienen. Bei elektronischen Schaltungen kann n durchaus zwischen 50 und 100 liegen, bei der Analyse elektrischer Verbundnetze oder baustatischen Berechnungen ist $n = 100 \cdots 500$ noch üblich, bei Aufgaben der linearen Optimierung sind mitunter sogar einige tausend Variable zu berücksichtigen. Gerade diese praktischen Probleme besitzen nun aber Eigenarten, die es gestatten, schnellere und weniger Speicherplatz benötigende Rechenprogramme aufzustellen. In fast allen Fällen enthält nämlich die Koeffizientenmatrix $\boldsymbol{A}$ des zu lösenden Gls.

$$\boldsymbol{A}\boldsymbol{x} = \boldsymbol{b} \tag{1}$$

nur relativ wenige von Null verschiedene Elemente (erfahrungsgemäß bei größeren Problemstellungen meist 5 bis 20%). In den letzten 10 Jahren hat man der Lösung derartiger „schwach besetzter" Gls. viel Aufmerksamkeit geschenkt, vgl. [S-T-63], [Wil-68], [Rei-71], [Tew-73], [Ede-74]. Alle entwickelten Verfahren gehen von folgenden Grundgedanken aus:

Es müssen nur die nichtverschwindenden Elemente von $\boldsymbol{A}$ (sowie die ggf. während der Rechnung neu entstehenden, von Null verschiedenen Zahlen) gespeichert werden.
Alle Rechenoperationen werden nur mit den nichtverschwindenden Zahlen durchgeführt.
Die Anzahl der ggf. neu entstehenden Zahlen hängt sehr stark vom Vorgehen während der Rechnung ab (beim GAUSSschen Eliminationsverfahren insbesondere von der Wahl der Pivotelemente). Man versucht, durch eine geschickte „Strategie" während der Lösung des Gls. diese Anzahl (und damit auch die Rechenzeit und den Speicherbedarf) möglichst gering zu halten.

Im folgenden sollen an einem der wichtigsten Verfahren zur Lösung linearer Gls., dem GAUSSschen Eliminationsverfahren, einige Möglichkeiten der Behandlung schwach besetzter Matrizen erläutert werden.

3.3.1. Das GAUSSsche Eliminationsverfahren

Die grundsätzliche Vorgehensweise bei den nach C. F. GAUSS benannten Eliminationsverfahren kann bekanntlich wie folgt charakterisiert werden.

Bei jedem Eliminationsschritt wird eine Pivotzeile und eine Pivotspalte ausgewählt. Das gemeinsame Element der Pivotzeile und der Pivotspalte wird als Pivotelement (oder Leitelement) bezeichnet.
Durch Zeilenkombinationen werden in dem Teil der Pivotspalte, der von den bisher noch nicht als Pivotzeilen benutzten Zeilen ausgeblendet wird (bzw. in der gesamten Pivotspalte mit Ausnahme des Pivotelementes), Nullen erzeugt. Dadurch geht die Koeffizientenmatrix — ggf. nach Zeilen- und Spaltenumordnungen — über in eine obere Dreiecksmatrix (bzw. in eine Diagonalmatrix). In dem so umgewandelten Gls. lassen sich sämtliche Unbekannte sukzessive (bzw. unabhängig voneinander) bestimmen — durch die sog. Rückrechnung.

Wir wollen den Fall der Überführung in eine Dreiecksmatrix etwas detaillierter betrachten und dabei vorerst annehmen, daß als Pivotelemente die Hauptdiagonalelemente verwendet werden.

Man kann jeden Eliminationsschritt als Multiplikation der Matrix $\boldsymbol{A}$ mit einer speziellen Transformationsmatrix $\boldsymbol{T}$ interpretieren.

1. Schritt: $\boldsymbol{T}_1\boldsymbol{A} = \boldsymbol{A}_1$, ausgeschrieben

$$\begin{pmatrix} 1 & 0 & 0 & \cdots & 0 \\ t_{21} & 1 & 0 & \cdots & 0 \\ t_{31} & 0 & 1 & \cdots & 0 \\ \vdots & \vdots & \vdots & \vdots\vdots\vdots & \vdots \\ t_{n1} & 0 & 0 & \cdots & 1 \end{pmatrix} \begin{pmatrix} a_{11} & a_{12} & \cdots & a_{1n} \\ a_{21} & a_{22} & \cdots & a_{2n} \\ a_{31} & a_{32} & \cdots & a_{3n} \\ \vdots & \vdots & \vdots\vdots\vdots & \vdots \\ a_{n1} & a_{n2} & \cdots & a_{nn} \end{pmatrix} = \begin{pmatrix} a_{11} & a_{12} & \cdots & a_{1n} \\ 0 & a'_{22} & \cdots & a'_{2n} \\ 0 & a'_{32} & \cdots & a'_{3n} \\ \vdots & \vdots & \vdots\vdots\vdots & \vdots \\ 0 & a'_{n2} & \cdots & a'_{nn} \end{pmatrix}$$

mit

$$t_{21} = -\frac{a_{21}}{a_{11}}, \quad t_{31} = -\frac{a_{31}}{a_{11}}, \ldots, \quad t_{n1} = -\frac{a_{n1}}{a_{11}}.$$

Die erste Zeile von $\boldsymbol{A}$ bleibt unverändert. Die nicht notwendig zu Null gewordenen, aber meist abgeänderten Elemente $a'_{22}, a'_{23}, \ldots, a'_{nn}$ bilden eine quadratische Untermatrix der Ordnung $n - 1$. In dieser Untermatrix werden im zweiten Schritt — mit a'_{22} als Pivotelement — Nullen in der Pivotspalte erzeugt.

2. Schritt: $\boldsymbol{T}_2\boldsymbol{A}_1 = \boldsymbol{A}_2$, ausgeschrieben

$$\begin{pmatrix} 1 & 0 & 0 & \cdots & 0 \\ 0 & 1 & 0 & \cdots & 0 \\ 0 & t_{32} & 1 & \cdots & 0 \\ \vdots & \vdots & \vdots & \vdots\vdots\vdots & \vdots \\ 0 & t_{n2} & 0 & \cdots & 1 \end{pmatrix} \begin{pmatrix} a_{11} & a_{12} & \cdots & a_{1n} \\ 0 & a'_{22} & \cdots & a'_{2n} \\ 0 & a'_{32} & \cdots & a'_{3n} \\ \vdots & \vdots & \vdots\vdots\vdots & \vdots \\ 0 & a'_{n2} & \cdots & a'_{nn} \end{pmatrix} = \begin{pmatrix} a_{11} & a_{12} & a_{13} & \cdots & a_{1n} \\ 0 & a'_{22} & a'_{23} & \cdots & a'_{2n} \\ 0 & 0 & a''_{33} & \cdots & a''_{3n} \\ \vdots & \vdots & \vdots & \vdots\vdots\vdots & \vdots \\ 0 & 0 & a''_{n3} & \cdots & a''_{nn} \end{pmatrix}$$

mit

$$t_{32} = -\frac{a'_{32}}{a'_{22}}, \quad t_{42} = -\frac{a'_{42}}{a'_{22}}, \ldots, \quad t_{n2} = -\frac{a'_{n2}}{a'_{22}}.$$

⋮

n-ter Schritt: $\boldsymbol{T}_n\boldsymbol{A}_{n-1} = \boldsymbol{A}_n = \boldsymbol{U}$, ausgeschrieben

$$\begin{pmatrix} 1 & 0 & \cdots & 0 & 0 \\ 0 & 1 & \cdots & 0 & 0 \\ \vdots & \vdots & \vdots\vdots\vdots & \vdots & \vdots \\ 0 & 0 & \cdots & 1 & 0 \\ 0 & 0 & \cdots & t_{n,n-1} & 1 \end{pmatrix} \begin{pmatrix} a_{11} & a_{12} & \cdots & a_{1,n-1} & a_{1n} \\ 0 & a'_{22} & \cdots & a'_{2,n-1} & a'_{2n} \\ \vdots & \vdots & \vdots\vdots\vdots & \vdots & \vdots \\ 0 & 0 & \cdots & a^{(n-1)}_{n-1,n-1} & a^{(n-1)}_{n-1,n} \\ 0 & 0 & \cdots & a^{(n-1)}_{n,n-1} & a^{(n-1)}_{nn} \end{pmatrix}$$

$$= \begin{pmatrix} a_{11} & a_{12} & \cdots & a_{1,n-1} & a_{1n} \\ 0 & a'_{22} & \cdots & a'_{2,n-1} & a'_{2n} \\ \vdots & \vdots & \vdots\vdots\vdots & \vdots & \vdots \\ 0 & 0 & \cdots & a^{(n-1)}_{n-1,n-1} & a^{(n-1)}_{n-1,n} \\ 0 & 0 & \cdots & 0 & a^{(n)}_{nn} \end{pmatrix}$$

mit

$$t_{n,n-1} = -\frac{a^{(n-1)}_{n,n-1}}{a^{(n-1)}_{n-1,n-1}}.$$

Nach n Schritten hat man die gesuchte obere Dreiecksmatrix $\boldsymbol{A}_n = \boldsymbol{U}$ erhalten. Es gilt $\boldsymbol{T}_n \cdots \boldsymbol{T}_2\boldsymbol{T}_1\boldsymbol{A} = \boldsymbol{U}$ und damit

$$\boldsymbol{A} = \boldsymbol{T}_1^{-1}\boldsymbol{T}_2^{-1} \cdots \boldsymbol{T}_n^{-1}\boldsymbol{U} = \boldsymbol{L}\boldsymbol{U}\,, \tag{59}$$

wenn als Abkürzung $\boldsymbol{L} = \boldsymbol{T}_1^{-1}\boldsymbol{T}_2^{-1} \cdots \boldsymbol{T}_n^{-1}$ eingeführt wird. Auf Grund der speziellen Struktur der Matrizen $\boldsymbol{T}_i$ lassen sich auch die Matrizen $\boldsymbol{T}_i^{-1}$ explizit angeben,

$$\boldsymbol{T}_i^{-1} = \begin{bmatrix} 1 & \cdots & 0 & 0 & \cdots & 0 \\ 0 & \cdots & 1 & 0 & \cdots & 0 \\ 0 & \cdots & -t_{i+1,i} & 1 & \cdots & 0 \\ \vdots & & \vdots & \vdots & \ddots & \vdots \\ 0 & \cdots & -t_{ni} & 0 & \cdots & 1 \end{bmatrix}. \tag{60}$$

(Man überprüfe die Relation $\boldsymbol{T}_i\boldsymbol{T}_i^{-1} = \boldsymbol{E}$.) Weiter überzeugt man sich leicht davon, daß die Beziehung

$$\boldsymbol{L} = \begin{bmatrix} 1 & 0 & 0 & \cdots & 0 & 0 \\ -t_{21} & 1 & 0 & \cdots & 0 & 0 \\ -t_{31} & -t_{32} & 1 & \cdots & 0 & 0 \\ \vdots & \vdots & \vdots & \vdots\vdots\vdots & \vdots & \vdots \\ -t_{n1} & -t_{n2} & -t_{n3} & \cdots & -t_{n,n-1} & 1 \end{bmatrix} \tag{61}$$

gilt, also $\boldsymbol{L}$ eine untere Dreiecksmatrix darstellt.

Die Elemente der Matrizen $\boldsymbol{U}$ und $\boldsymbol{L}$ haben offensichtlich die folgende Bedeutung:

Die Zeilen von $\boldsymbol{U}$ sind die während der GAUSS-Elimination entstehenden Pivotzeilen. Die Diagonalelemente u_{ii} sind die Pivotelemente des i-ten Eliminationsschrittes.

In den Spalten von $\boldsymbol{L}$ stehen (unterhalb der Hauptdiagonalen) die Elemente der jeweiligen Pivotspalten, dividiert durch das zugehörende Pivotelement. Die Diagonalelemente von $\boldsymbol{L}$ sind $l_{ii} = 1$ und brauchen nicht gespeichert zu werden. Daher enthalten die Matrizen $\boldsymbol{U}$ und $\boldsymbol{L}$ zusammen n^2 wesentliche Elemente.

Die Lösung $\boldsymbol{x}$ des Gls. $\boldsymbol{A}\boldsymbol{x} = \boldsymbol{b}$ kann man nun aus den beiden Gls. $\boldsymbol{L}\boldsymbol{y} = \boldsymbol{b}$ und $\boldsymbol{U}\boldsymbol{x} = \boldsymbol{y}$ erhalten. Die Dreiecksstruktur von $\boldsymbol{L}$ und $\boldsymbol{U}$ ermöglicht die sukzessive Berechnung der Elemente $y_1, y_2, \ldots, y_n$ und $x_n, x_{n-1}, \ldots, x_1$ (sog. Rückrechnungen).

Es sei an dieser Stelle nachgetragen, daß die ***LU*-Zerlegung** (59) der quadratischen Matrix $\boldsymbol{A}$ keineswegs eindeutig ist. Will man die $n(n+1)/2$ nicht notwendig verschwindenden Elemente der unteren Dreiecksmatrix $\boldsymbol{L}$ und die $n(n+1)/2$ nicht notwendig verschwindenden Elemente der oberen Dreiecksmatrix $\boldsymbol{U}$ aus den vorgegebenen n^2 Elementen der quadratischen Matrix $\boldsymbol{A}$ gemäß der Vorschrift $\boldsymbol{L}\boldsymbol{U} = \boldsymbol{A}$ bestimmen, so bleiben genau n Elemente willkürlich wählbar. Die hier getroffene Festlegung $l_{ii} = 1$ wird relativ häufig benutzt, doch kann man die genannten Freiheitsgrade zu einer optimalen Organisation der Rechnung verwenden und dadurch die während der Rechnung auftretenden Rundungsfehler klein halten. Ein näheres Eingehen auf solche Details würde den Rahmen dieser Arbeit sprengen.

3.3.2. Berücksichtigung der Schwachbesetzheit der Koeffizientenmatrix

Bei geigneter Programmierungstechnik ist es möglich, in einem Vektor nur die nichtverschwindenden Elemente von $\boldsymbol{A}$ zu speichern. Allerdings muß zusätzliche Information über die Indizes i und j der Elemente $a_{ij} \neq 0$ gespeichert werden, z.B. in zwei weiteren Vektoren. Eine derartige Möglichkeit wurde in Abb. 3.24 dargestellt. Im Vektor WERT sind zeilenweise die Elemente von $\boldsymbol{A}$ gespeichert, im Vektor SPALTE sind nacheinander die Spaltenindizes der nichtverschwindenden Elemente a_{ij} gespeichert. Der Zugriff zu den einzelnen Zeilen erfolgt über den Vektor ZEILE: Das i-te Element von ZEILE gibt den Platz in SPALTE an, von dem an die Spaltenindizes für die i-te Zeile von $\boldsymbol{A}$

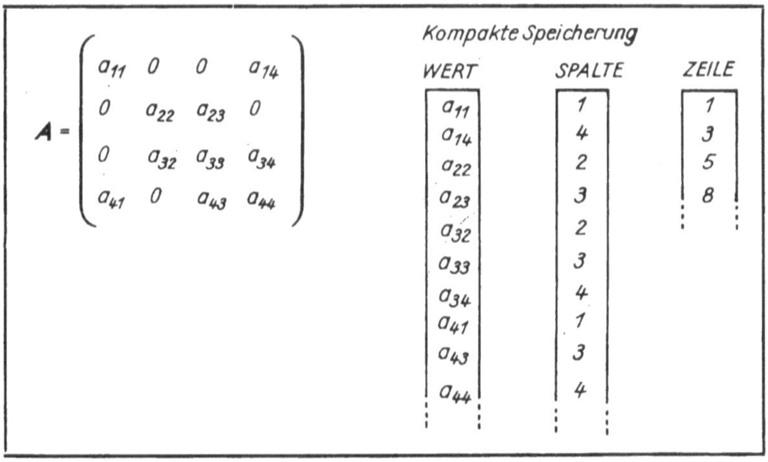

Abb. 3.24. Kompakte Speicherung einer schwachbesetzten Matrix

zu finden sind. Da in $\boldsymbol{L}$ und $\boldsymbol{U}$ im wesentlichen die Pivotspalten und -zeilen der Matrix $\boldsymbol{A}$ (die sich allerdings während der Elimination ständig verändert) stehen, werden oft auch $\boldsymbol{L}$ und $\boldsymbol{U}$ schwach besetzte Matrizen sein, bei denen eine kompakte Speicherung sinnvoll ist. Wenn $\boldsymbol{A}$ **kompakt gespeichert** wird, ist es selbstverständlich auch möglich, die **Rechenoperationen** während der Elimination **nur mit den nichtverschwindenden Elementen** von $\boldsymbol{A}$ durchzuführen. Damit hat man sowohl Speicherplatz als auch Rechenzeit gespart. Dieser Vorteil wird durch einen komplizierteren Algorithmus erkauft. (Eine bisher nicht erwähnte Schwierigkeit liegt z.B. darin, daß für die Speicherung der während der Elimination in $\boldsymbol{A}$ neu entstehenden Elemente eine ständige Umordnung oder Ergänzung der Vektoren WERT, SPALTE und ZEILE notwendig wird.)

Wir wollen nun die Entstehung neuer Elemente in $\boldsymbol{A}$ während des Eliminationsprozesses untersuchen. Vorausgeschickt werden zwei **Beispiele** für Grenzfälle. (Durch Kreuze werden die nichtverschwindenden Elemente symbolisiert, ihre tatsächlichen Werte sind für die folgenden Überlegungen ohne Belang.)

$$\boldsymbol{A}^{(1)}: \begin{pmatrix} \times & & & & \times \\ & \times & & & \times \\ & & \times & & \times \\ & & & \times & \times \\ \times & \times & \times & \times & \times \end{pmatrix} \Rightarrow \boldsymbol{L}^{(1)}: \begin{pmatrix} 1 & & & & \\ & 1 & & & \\ & & 1 & & \\ & & & 1 & \\ \times & \times & \times & \times & 1 \end{pmatrix}, \quad \boldsymbol{U}^{(1)}: \begin{pmatrix} \times & & & & \times \\ & \times & & & \times \\ & & \times & & \times \\ & & & \times & \times \\ & & & & \times \end{pmatrix},$$

$$\boldsymbol{A}^{(2)}: \begin{pmatrix} \times & \times & \times & \times & \times \\ \times & \times & & & \\ \times & & \times & & \\ \times & & & \times & \\ \times & & & & \times \end{pmatrix} \Rightarrow \boldsymbol{L}^{(2)}: \begin{pmatrix} 1 & & & & \\ \times & 1 & & & \\ \times & \times & 1 & & \\ \times & \times & \times & 1 & \\ \times & \times & \times & \times & 1 \end{pmatrix}, \quad \boldsymbol{U}^{(2)}: \begin{pmatrix} \times & \times & \times & \times & \times \\ & \times & \times & \times & \times \\ & & \times & \times & \times \\ & & & \times & \times \\ & & & & \times \end{pmatrix}.$$

Im zweiten Falle ist bereits nach dem ersten Eliminationschritt die aus $\boldsymbol{A}^{(2)}$ hervorgehende Restmatrix der Ordnung $n - 1$ voll besetzt. Folglich sind auch die beiden Dreiecksmatrizen $\boldsymbol{L}^{(2)}$ und $\boldsymbol{U}^{(2)}$ voll besetzt. Im ersten Falle entstehen in der (umgeformten) Matrix $\boldsymbol{A}^{(1)}$ keine neuen Elemente, $\boldsymbol{L}^{(1)}$ und $\boldsymbol{U}^{(1)}$ sind ebenfalls schwach besetzt. Die Matrix $\boldsymbol{A}^{(2)}$ läßt sich durch Vertauschen der ersten und vierten Zeile und Spalte in $\boldsymbol{A}^{(1)}$ überführen. Diese Vertauschung braucht nicht tatsächlich ausgeführt zu werden. Es ist vielmehr — auch in einem Rechenprogramm — einfacher, von der oben geschilderten Eliminationsreihenfolge (Pivotzeilen sind nacheinander die 1., 2., ..., $(n - 1)$-te Zeile) abzugehen. Wählt man z. B. für die Faktorisierung von $\boldsymbol{A}^{(2)}$ die Pivotzeilen-Reihenfolge 2—3—4—1 (oder auch 4—3—2—1, ...), so entstehen ebenfalls keine neuen Elemente in $\boldsymbol{A}^{(2)}$. Es ist auch nicht erforderlich (und auch nicht immer möglich), die Pivotspalten-Reihenfolge $1-2- \cdots -(n-1)$ beizubehalten.

Der Eliminationsprozeß gestaltet sich jedoch besonders übersichtlich, wenn als **Pivotelement** jeweils **ein Hauptdiagonalelement** gewählt wird. Dann wird die Nummer der Pivotzeile gleich der Nummer der Pivotspalte. Diese Wahl hat zwei Vorteile:

1. Bei den am häufigsten zur NW-Analyse verwendeten Gls. (der Knoten-DG und der Maschen-FG) sind die Hauptdiagonalelemente oft dem Betrage nach größer als die übrigen Elemente der jeweiligen Zeilen. Diese Pivotwahl verringert die unvermeidlichen Rundungsfehler während der Rechnung.
2. Bei **struktur-symmetrischen Matrizen** (aus $a_{ij} \neq 0$ folgt $a_{ji} \neq 0$ und umgekehrt, doch kann $a_{ij} \neq a_{ji}$ sein) bleibt während der Elimination in dem jeweils noch nicht abgearbeiteten Teil von $\boldsymbol{A}$ die Struktursymmetrie erhalten. Damit haben auch $\boldsymbol{L}$ und $\boldsymbol{U}$ eine gleichartige Struktur. Diese Struktursymmetrie kann man zu erheblichen Programmvereinfachungen und Rechenzeitverkürzungen ausnutzen.

Die Gls. zur Beschreibung von NW mit MT sind nicht immer struktur-symmetrisch. Man kann diese Symmetrie jedoch stets erzwingen, indem man erforderlichenfalls einige Nullen der Matrix $\boldsymbol{A}$ wie nichtverschwindende Elemente behandelt, sie also speichert und mit ihnen Rechenoperationen durchführt. Dieser überflüssige Aufwand spielt gegenüber den erwähnten Programmvereinfachungen meist keine Rolle.

Bei der $\boldsymbol{L}$-$\boldsymbol{U}$-Zerlegung der Matrizen $\boldsymbol{A}^{(1)}$ und $\boldsymbol{A}^{(2)}$ wurde deutlich, daß in der Regel die Zahl der neu entstehenden Elemente sowie die Zahl der durchzuführenden Rechenoperationen stark von der Wahl der Pivotzeilen-Reihenfolge beeinflußt werden kann. (Ausnahmen bilden Band- und Quasidiagonalmatrizen.) Am folgenden Beispiel sollen verschiedene Gesichtspunkte für die günstigste **Auswahl der Pivotzeilen** verdeutlicht werden. Die bei verschiedener Wahl der ersten Pivotzeile für den ersten Eliminationschritt notwendige Anzahl von wesentlichen Rechenoperationen (Multiplikationen und Divisionen) und die Anzahl der neu entstehenden Elemente werden am Beispiel dargestellt.

$$\boldsymbol{A}: \begin{bmatrix} \times & & & & & \times & \times \\ & \times & \times & & \times & & \times \\ & \times & \times & & \times & & \times \\ & & & \times & & \times & \times \\ & \times & \times & & \times & & \times \\ \times & & & \times & & \times & \\ \times & \times & \times & \times & \times & & \times \end{bmatrix}$$

Pivotzeile	1	2	3	4	5	6	7
Mult. + Divisionen	6	12	12	6	12	6	30
neue Elemente	2	0	0	2	0	2	14

Man erkennt, daß je nach Forderung – Anzahl der neu entstehenden Elemente oder Anzahl der Rechenoperationen soll minimal sein – eine andere Pivotzeile gewählt werden muß.

Für eine vorgegebene Matrix wird es eine Pivotzeilen-Reihenfolge geben, die zu einer minimalen Anzahl neu entstehender Elemente führt, und eine (im allgemeinen von der ersten verschiedene) Reihenfolge, die mit einer minimalen Anzahl von Rechenoperationen verbunden ist. Einfache Algorithmen zur Bestimmung dieser „optimalen" Eliminations-Reihenfolgen sind bisher nicht bekannt. Es sind jedoch mehrere **Strategien** vorgeschlagen worden, um günstige Eliminationsreihenfolgen festzulegen, darunter die folgenden:

a) Vor Beginn der Elimination ermittelt man für jede Zeile die Anzahl der (nichtverschwindenden) Elemente. Es werden der Reihe nach die Zeilen mit den jeweils wenigsten Elementen eliminiert [S-T-63].

b) Bei jedem Eliminationsschritt wird die Zeile mit der geringsten Anzahl von Elementen gesucht und als Pivotzeile verwendet [T-W-67].

c) Bei jedem Eliminationsschritt wird die Zeile als Pivotzeile gewählt, die die geringste Anzahl von neuen Elementen entstehen läßt (oder die mit der geringsten Anzahl von auszuführenden Multiplikationen und Divisionen verknüpft ist) [T-W-67].

d) Bei jedem Eliminationsschritt wird die Zeile als Pivotzeile gewählt, für die die nach dem Eliminationsschritt verbleibende Restmatrix die kleinste Anzahl (nichtverschwindender) Elemente hat.

Bei den bisher veröffentlichten Ergebnissen über den Vergleich dieser Verfahren hat sich vor allem die Strategie b) bewährt, da sie keinen hohen zusätzlichen Programmieraufwand und Rechenzeitbedarf zur Festlegung der Eliminationsreihenfolge erfordert, trotzdem aber bereits die Zahl der neu entstehenden Elemente und der wesentlichen Rechenoperationen sehr stark reduziert ([Rei-71], [Wil-68], [Ede-68]).

Es sind auch noch wesentlich kompliziertere Strategien vorgeschlagen worden (z.B. in [BWG-70], [Rei-71], [Wil-68], [Ber-71], [HBG-71], [Els-74]). Dort werden teilweise auch weitere Effekte in Betracht gezogen, so die verbesserte Genauigkeit der Lösung, wenn nicht die Diagonalelemente als Pivotelemente dienen, und die Einschränkung auf struktursymmetrische Matrizen wird fallengelassen. Weitere erhebliche Rechenzeiteinsparungen ergeben sich durch eine spezielle Programmier- und Compilertechnik [HBG-71].

Alle Verfahren zur Lösung schwachbesetzter Gls. sind mit einem zusätzlichen Organisationsaufwand verbunden, der zu umfangreicheren Rechenprogrammen und längeren Rechenzeiten führt. Damit wird ein Teil der angestrebten Vorteile — Speicherplatzeinsparung und Verringerung der Anzahl der Rechenoperationen durch Außerachtlassen der Null-Elemente in den Matrizen — kompensiert. Da bei der NW-Analyse im Frequenzbereich ein NW meist an sehr vielen Frequenzpunkten analysiert wird, und die zugehörenden Gls. sich zwar in den Werten ihrer Koeffizienten, nicht aber in ihrer Struktur unterscheiden, ist die Festlegung einer geeigneten Eliminationsreihenfolge in den meisten Fällen nur mit einem einmalig zu leistenden Zusatzaufwand verbunden. Er zahlt sich um so mehr aus, je größer die Zahl der Frequenzpunkte ist, für die die NW-Analyse durchzuführen ist. (Ähnliches gilt auch für die Analyse nichtlinearer NW im Zeitbereich. Bei der Lösung der dort auftretenden Integro-Differential-Gln. sind bei vielen Verfahren für jeden Zeitpunkt lineare Gls. zu lösen, deren Struktur unverändert bleibt oder sich von Zeitpunkt zu Zeitpunkt nur wenig ändert.)

Schließlich ist es bei der Verwendung von Verfahren zur Auflösung schwachbesetzter Gls. nicht immer sinnvoll, zur Analyse des NW ein Gls. mit einer möglichst geringen Anzahl von Variablen heranzuziehen. Der Rechenaufwand zur Auflösung von Gls. höherer Ordnung, z.B. des Zweig-FG-Knoten-DG-Gls., kann auf Grund der Schwachbesetztheit der Koeffizientenmatrizen niedriger sein als bei der Auflösung von Gls. kleinerer Ordnung, z.B. des Maschen-FG- oder des Knoten-DG-Gls. Ein aufschlußreicher Vergleich des Rechenaufwandes für verschiedene Gls. ist in [Els-74] vorgenommen worden.

Abschließend sei darauf hingewiesen, daß auch die Flußgraphen- und die Signalflußgraphen-Methoden (vgl. Abschn. 3.1.) zur Lösung schwach besetzter Zahlen-Gls. gut geeignet sind — da ja nur die Koeffizienten $a_{ij} \neq 0$ berücksichtigt werden — und mit den hier skizzierten Verfahren konkurrieren können.

4. ANALYSE IM ZEITBEREICH

Im vorangehenden Kapitel wurden Verfahren zur Analyse von NW mit linearen, zeitinvarianten NWE im Frequenzbereich behandelt. Setzt man den Frequenzparameter $s = j\omega$, so lassen sich die auf diese Weise erhaltenen Ergebnisse als NW-Größen im eingeschwungenen Zustand bei der Kreisfrequenz ω deuten. In vielen Fällen aber interessiert man sich für das „Einschwingverhalten" des NW oder für den zeitlichen Verlauf von NW-Größen auf Grund bestimmter vorgegebener Erregungs-Zeitfunktionen. Eine solche Fragestellung ist mit der Ermittlung der LAPLACE-Transformierten der NW-Größen noch nicht beantwortet. Auch der Hinweis, daß man durch „Rücktransformation" vom Frequenz- in den Zeitbereich auf Grund der bestehenden Eindeutigkeitsrelationen die gewünschten zeitabhängigen NW-Größen erhalten kann, ist zunächst nur von akademischem Wert, solange keine Verfahren angegeben werden, um diese **Rücktransformation** mit der erforderlichen Genauigkeit und mit vertretbarem Rechenaufwand durchzuführen. Auf die wichtigsten dieser Verfahren werden wir im Abschn. 4.3. eingehen.

In den vorangestellten Abschn. 4.1. und 4.2. wird über **direkte Methoden** zur NW-Analyse im Zeitbereich gesprochen. Die Leistungsfähigkeit der direkten Methoden hat sich vor allem bei größeren praktischen Problemstellungen erwiesen. Es hat sich gezeigt, daß die Lösung eines NW-Problems im Zeitbereich über die LAPLACE-Transformierten als Zwischenstufe in den meisten Fällen als Umweg angesehen werden muß.

Bei der Einführung der Grund-NWE-Verbraucher, F-Speicher, D-Speicher und Quellen — im Abschn. 2.1. waren die NWE-Relationen selbstverständlich als Beziehungen im Zeitbereich angegeben worden. Für den Fall linearer, zeitinvarianter NWE lauten diese Beziehungen (vgl. die ausführlichere Darstellung auf S. 57) für

Verbraucher (R): $\quad u(t) = Ri(t)$,

F-Speicher (C): $\quad i(t) = C\dfrac{\mathrm{d}}{\mathrm{d}t}u(t)$, $\quad$ (1)

D-Speicher (L): $\quad u(t) = L\dfrac{\mathrm{d}}{\mathrm{d}t}i(t)$, $\quad$ (2)

F-Quelle: $\quad i^e(t) =$ vorgegebene Zeitfunktion,

D-Quelle: $\quad u^e(t) =$ vorgegebene Zeitfunktion.

Im Abschn. 2.3.1. wurde ausführlich begründet, daß man grundsätzlich annehmen kann, daß z. Z. $t = 0$ alle Speicher „leer" sind. Diese Voraussetzung läßt sich in jedem Falle durch entsprechende Modifikation der unabhängigen Quellen sichern (vgl. die Abbn. 2.43 und 2.44 auf S. 59).

Das in den Abschn. 2.3.3.ff. verwendete Schema zur Aufstellung der NW-Gls. — Formulierung des **Umlaufgesetzes**, des **Schnittgesetzes**, der **NWE-Relationen** und anschließende Kombination dieser drei Beziehungen — läßt sich auch im Zeitbereich anwenden. Als Ergebnis erhält man jetzt Integro-Differential-Gln. recht übersichtlicher Struktur.

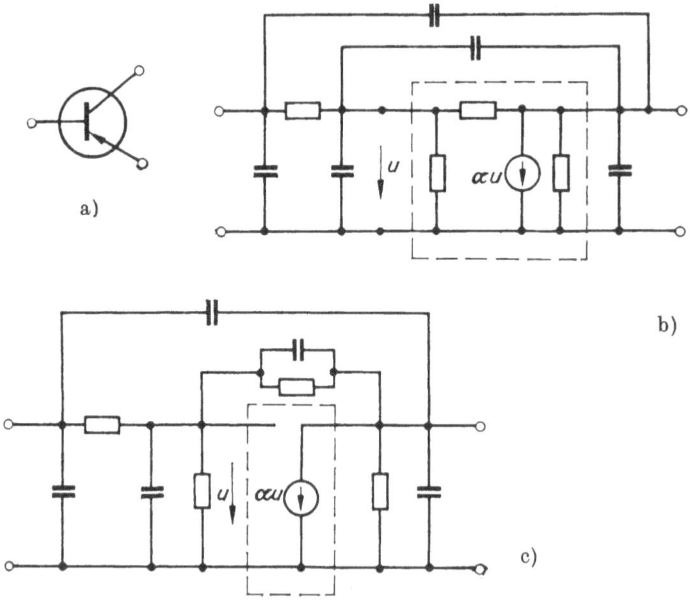

Abb. 4.1. Modellierungsschritte;
a) zu modellierender Transistor, b), c) gleichwertige Ersatzschaltungen mit unterschiedlicher Festlegung des „inneren" Mehrtors

Enthält das NW auch MT (vgl. Abschn. 2.4.), so kommen in den MT-Relationen nur Kombinationen von konstanten Parametern (auf Grund algebraischer Operationen), zeitlichen Differentiationen und Integrationen in Betracht. Praktisch wird ein MT meist durch ein Ersatz-NW modelliert, das die zeitliche Abhängigkeit der MT-Parameter durch geeignete Anordnung von „herausgezogenen" Reaktanz-NWE (= F-Speicher und D-Speicher) erfaßt und außerdem „innere" **MT mit konstanten Parametern** enthält. Die Abb. 4.1 erläutert diese Modellierungsschritte für einen Transistor. Für „Gegeninduktivitäten" ist diese Beschreibungsart nicht angemessen, da sie sich einfacher zusammen mit den D-Speichern erfassen lassen (vgl. S. 228).

Bei der rechnerischen Durchführung der NW-Analyse im Zeitbereich darf man also stets davon ausgehen, daß es sich um ein NW mit Verbrauchern, F-Speichern, D-Speichern (einschließlich Gegeninduktivitäten bei elektrischen NW), MT mit konstanten MT-Parametern und vorgegebenen zeitlichen Erregungen handelt. Vom mathematischen Standpunkt gesehen geht es in jedem Falle um die Lösung gewöhnlicher linearer Integro-Differential-Gls. In mathematischen Darstellungen wird meist kurz darauf hingewiesen, daß man solche Gls. stets umformen kann in ein lineares inhomogenes **Differential-Gls. 1. Ordnung** der Gestalt

$$\boxed{\dot{\boldsymbol{x}} = \boldsymbol{A}\boldsymbol{x} + \boldsymbol{f}}\,, \tag{3}$$

das bei bekanntem $\boldsymbol{x}(0)$ im Zeitbereich $t > 0$ zu integrieren ist. Folglich, so heißt es weiter, könne man sich auf die Betrachtung des Differential-Gls. (3) beschränken.

Bei der numerischen Lösung des Gls. (3) haben sich **Differenzenverfahren** bewährt. Benutzt man den Mehrstellen-Differenzenansatz

$$\sum_{\mu=0}^{m} a_\mu \boldsymbol{x}\big((\nu - m + \mu)\, T\big) = T \sum_{\mu=0}^{m} b_\mu \dot{\boldsymbol{x}}\big((\nu - m + \mu)\, T\big) \tag{4}$$

zur (näherungsweisen) Berechnung der Folge $\{\boldsymbol{x}(\nu T)\}$ mit der „Schrittweite“ T, so wird von einer linearen **m-Schritt-Methode** gesprochen. Sie heißt explizit, falls $b_m = 0$, und implizit, falls $b_m' \neq 0$ ist. Durch Einsetzen von (3) in (4) wird das Differential-Gls. (3) überführt in das **Differenzen-Gls.**

$$\boxed{\sum_{\mu=0}^{m} (a_\mu \boldsymbol{E} - T b_\mu \boldsymbol{A})\, \boldsymbol{x}\big((\nu - m + \mu)\, T\big) = T \sum_{\mu=0}^{m} b_\mu \boldsymbol{f}\big((\nu - m + \mu)\, T\big)}\,. \tag{5}$$

Da das Differential-Gls. (3) nur im Zeitbereich $t \geqq 0$ betrachtet wird, stellt das Differenzenproblem (5) nur für $\nu \geqq m$, d. h. für Zeiten $t \geqq mT$, eine sinnvolle Approximation des Differential-Gl.-Anfangswertproblems (3) dar. Für den Startbereich $0 \leqq t < mT$ muß man sich zusätzlich eine **„Anlaufrechnung“** überlegen (s. z. B. [Col-55], [Zur-63], [Lam-73]). Man beginnt meist mit expliziten oder impliziten Einschrittmethoden. Häufig können auch die sogen. (expliziten) **Runge-Kutta-Verfahren** empfohlen werden. Das sind explizite nichtlineare Einschrittmethoden der Gestalt (vgl. auch S. 233)

$$\boldsymbol{x}\big((\nu + 1)\, T\big) = \boldsymbol{x}(\nu T) + T\boldsymbol{g}\big(\nu, T, \boldsymbol{x}(\nu T)\big)\,.$$

Die Lösungen des Differenzenproblems (5) und die des Differential-Gls. (3) können nur in Ausnahmefällen exakt übereinstimmen. Im allgemeinen stellt (5) ein Näherungsproblem für (3) dar. Die Güte der Näherung hängt vom Differenzenansatz (4) ab. Auf Fragen der **Approximationsgenauigkeit** (s. z. B. [Col-55] [Hen-62], [Lam-73]) kann hier nur ganz kurz eingegangen werden. Üblicherweise erwartet man, daß die Lösungen von (3) und (5) bei übereinstimmenden Anfangswerten an den Stellen $t = (\nu - m)T$ wenigstens dann exakt übereinstimmen, wenn die rechte Seite von (3) in einen konstanten Vektor entartet. Daraus ergeben sich für die Koeffizienten a_μ und b_μ in (4) die Zwangsbedingungen (sogen. **Konsistenzbedingungen** für ein lineares m-Schritt-Verfahren)

$$\sum_{\mu=0}^{m} a_\mu = 0\,, \qquad \sum_{\mu=0}^{m} \mu a_\mu = \sum_{\mu=0}^{m} b_\mu\,.$$

Die Herleitung dieser Bedingungen ist implizit in der nächsten Übungsaufgabe enthalten. — Entwickelt man in dem linearen Differenzenoperator

$$D\,[x(t);\,T] = \sum_{\mu=0}^{m} [a_\mu \boldsymbol{x}(t + \mu T) - T b_\mu\, \dot{\boldsymbol{x}}(t + \mu T)] \tag{4'}$$

sowohl $\boldsymbol{x}(t + \mu T)$ als auch $\dot{\boldsymbol{x}}(t + \mu T)$ in eine Taylor-Reihe um t, so entsteht ein Ausdruck der Gestalt

$$D[\boldsymbol{x}(t);\,T] = C_0\boldsymbol{x}(t) + C_1 T\dot{\boldsymbol{x}}(t) + C_2 T^2 \boldsymbol{x}^{(2)}(t) + \dots + C_q T^q \boldsymbol{x}^{(q)}(t) + \dots$$

Man spricht von einem Mehrschrittverfahren der **Ordnung** p, wenn sich in der letzten Beziehung ergibt

$$C_0 = C_1 = \dots = C_p = 0, \qquad \text{aber} \quad C_{p+1} \neq 0.$$

Den Wert von C_{p+1} bezeichnet man als die Fehlerkonstante des Verfahrens. Sie charakterisiert den temporären (= lokalen) Abbruchfehler, mit dem die Lösung des Differenzenproblems (5) gegenüber der Lösung von (3) behaftet ist. Die Koeffizienten C_q hängen wie folgt von a_μ und b_μ ab (Übungsaufgabe!):

$$C_0 = \sum_{\mu=0}^{m} a_\mu\,, \qquad C_q = \sum_{\mu=1}^{m} \left[\frac{1}{q!}\mu^q a_\mu - \frac{1}{(q-1)!}\mu^{q-1} b_\mu\right] \quad \text{für} \quad q \geqq 1\,.$$

Bei der Lösung des Differenzen-Gls. (5) gibt es viele Parallelen zur Lösung des Differential-Gls. (3), vgl. 4.2.2. Zur Lösung des **homogenen Differenzenproblems**

$$\sum_{\mu=0}^{m} (a_\mu \boldsymbol{E} - T b_\mu \boldsymbol{A})\, \boldsymbol{x}^h\big((\nu - m + \mu)\, T)\big) = \boldsymbol{0} \tag{5'}$$

können wir den üblichen Ansatz

$$\boldsymbol{x}^h(\nu T) = w^\nu \boldsymbol{x}^h(0) \tag{6}$$

machen. Zu bestimmen sind diejenigen Zahlenwerte $w \neq 0$ und diejenigen Vektoren $\boldsymbol{x}^h(0) \neq \boldsymbol{0}$, die dem Differenzen-Gls. (5′) genügen. Der Ansatz (6) liefert, in (5′) eingesetzt,

$$\sum_{\mu=0}^{m} (a_\mu \boldsymbol{E} - T b_\mu \boldsymbol{A})\, w^{\nu - m + \mu} \boldsymbol{x}^h(0) = \boldsymbol{0}$$

oder, nach leichter Umrechnung,

$$\left(\frac{\sum_{\mu=0}^{m} a_\mu w^\mu}{T \sum_{\mu=0}^{m} b_\mu w^\mu} \boldsymbol{E} - \boldsymbol{A}\right) \boldsymbol{x}^h(0) = \boldsymbol{0}\,. \tag{7}$$

Vergleicht man (7) mit dem homogenen Differential-Gls., in das (3) bei verschwindendem Erregungsvektor $\boldsymbol{f} = \mathbf{0}$ übergeht, so zeigt sich, daß anstelle des Ableitungsoperators ein Faktor getreten ist,

$$\frac{\mathrm{d}}{\mathrm{d}t} \Leftrightarrow \frac{\sum\limits_{\mu=0}^{m} a_\mu w^\mu}{T \sum\limits_{\mu=0}^{m} b_\mu w^\mu}. \tag{10'}$$

Wir wollen ein **Anfangswertproblem „stabil"** nennen, wenn — bei verschwindender äußerer Erregung — der Lösungsvektor des (homogenen) Problems für unbeschränkt wachsende Zeiten gegen den Nullvektor konvergiert, unabhängig von den Anfangswerten.

Beim Differential-Gls. (3) liegt Stabilität (im erklärten Sinne) bekanntlich dann vor, wenn sämtliche Eigenwerte s_i der Matrix $\boldsymbol{A}$, das sind die Wurzeln des charakteristischen Polynoms

$$\det(s\boldsymbol{E} - \boldsymbol{A}) = 0\,, \tag{8}$$

negativen Realteil haben.

Beim Differenzenproblem (5) liegt Stabilität (im erklärten Sinne) wegen (6) und (7) immer dann vor, wenn sämtliche Lösungen w_i der charakteristischen Gl. des Differenzenproblems

$$\det\left(\frac{\sum\limits_{\mu=0}^{m} a_\mu w^\mu}{T \sum\limits_{\mu=0}^{m} b_\mu w^\mu}\boldsymbol{E} - \boldsymbol{A}\right) = 0 \tag{9}$$

betragskleiner als Eins ausfallen.

Die **Stabilität des Differenzenproblems** ist für die praktische Brauchbarkeit der errechneten Ergebnisse von ausschlaggebender Bedeutung. Da die Fehler in den Anfangswerten des Zustandsvektors $\boldsymbol{x}(0)$ oder Abweichungen, die sich zu einem beliebigen Zeitpunkt z. B. durch Rundungsfehler in die Folge $\boldsymbol{x}(\nu T)$ einschleichen, dem homogenen Differenzenproblem genügen, werden sie bei einem stabilen Problem im Verlauf der weiteren Rechnung verkleinert und für hinreichend große Zeiten schließlich praktisch anulliert. Eine genauere Überlegung zeigt, daß die Abweichungen der Lösung des (stabilen) Differenzenproblems (5) von der Lösung des ursprünglichen Problems (3) für $t = \nu T$ mit wachsendem ν nicht unbegrenzt anwachsen können. Für den Fehlervektor läßt sich nämlich ein Differenzen-Gls. angeben, das weitgehend mit (5) übereinstimmt (anspruchsvolle Übungsaufgabe!).

In der Literatur spricht man meist von der „Stabilität des Differenzenverfahrens" (4) anstatt von der „Stabilität des Differenzenproblems" (5), wie wir es getan haben. Tatsächlich hängt der Vorfaktor der Einheitsmatrix $\boldsymbol{E}$ im Ausdruck (9) nur vom Differenzenansatz (4) ab. Andererseits werden die Wurzeln der Gl. (9) und damit die Stabilität des Differenzenproblems auch durch die Matrix $\boldsymbol{A}$ beeinflußt.

Weitere Einsichten bringt der Vergleich der Relationen (8) und (9). Sowohl s als auch w sind komplexe Zahlen. Durch die Beziehung

$$s = g(w) = \frac{\sum_{\mu=0}^{m} a_\mu w^\mu}{T \sum_{\mu=0}^{m} b_\mu w^\mu} \tag{10}$$

wird die w-Ebene auf die s-Ebene abgebildet. Vermittelt die Funktion $s = g(w)$ eine eineindeutige Abbildung zwischen der w- und der s-Ebene, so genügt es, das Bild des Stabilitätsbereiches des Differenzenproblems (d. h. das Bild des Inneren des Einheitskreises der w-Ebene) in der s-Ebene zu betrachten. Liegen alle Eigenwerte s_i von $\boldsymbol{A}$ in diesem Bereich der s-Ebene, so ist das Differenzenproblem (5) stabil, oder, ausführlich gesprochen, das angesetzte Differenzenverfahren (4) ist für das durch die Matrix $\boldsymbol{A}$ des Differential-Gls. (3) gekennzeichnete System stabil. Im allgemeinen ist jedoch für $m \gtreqless 2$ die Abbildung $s = g(w)$ nicht umkehrbar eindeutig. Dann muß geprüft werden, ob sämtliche Urbilder w_i der Eigenwerte $s_i = g(w_i)$ im Einheitskreis der w-Ebene liegen.

Die Formel (10) zeigt sehr deutlich, daß sich durch Veränderung der Schrittweite T der Stabilitätsbereich des Differenzenproblems in der s-Ebene in übersichtlicher Weise beeinflussen läßt. Mitunter ist es zweckmäßig, die Abbildung von der w-Ebene auf die quasi normierte (sT)-Ebene vorzunehmen.

Bei technischen NW liegen die Eigenwerte s_i der zugehörenden Matrix $\boldsymbol{A}$ mitunter sehr weit auseinander. Das läßt sich in der zahlenmäßig vorliegenden $\boldsymbol{A}$-Matrix oft durch einfaches Hinschauen diagnostizieren, falls einzelne Elemente der Matrix die übrigen um Größenordnungen übertreffen. Weil sich die Lösungen des homogenen Differential-Gls. $\dot{\boldsymbol{x}} = \boldsymbol{A}\boldsymbol{x}$ als Linearkombinationen der Exponentialfunktionen $e^{s_i t}$ (bei mehrfachen Eigenwerten s_i kommen ggf. noch t-Potenzen als Faktoren hinzu) ergeben, bedeutet diese Eigenschaft anschaulich, daß sich die Zeitkonstanten des NW sehr stark unterscheiden. Einige der genannten Exponentialfunktionen werden im Verhältnis zu den anderen sehr schnell abklingen und damit „steif" sein. Im Englischen wurde deshalb der Name „stiff equations" geprägt, und auch in der deutschen Fachliteratur wird der Begriff „steife Gleichungen" verwendet. Diesem Problem wurde in den letzten Jahren, angeregt durch praktische Aufgabenstellungen, besondere Aufmerksamkeit gewidmet ([Cer-67], [Tre-66], [Lee-67], [Gea-68], [A-P-68], [Cal-68], [Gri-70], [BHG-72], [Lam-73]). Es zeigt sich, daß für derartige Systeme viele der sonst bewährten Methoden, z.B. die Runge-Kutta-Verfahren, nicht geeignet sind, da man eine unvertretbare kleine Schrittweise wählen müßte, um die Stabilität des Differenzenproblems zu erzwingen. Auf die Zeitanalyse von NW mit weit auseinander liegenden Eigenwerten kommen wir in Abschn. 4.1.2. zurück.

Bei der Formulierung der Gln. zur NW-Analyse im Zeitbereich nutzt die richtige Aussage, daß man diese Gln. stets in die Normalform (3) bringen kann, nicht viel, solange nicht bekannt ist, wie die Umformungen vorzunehmen sind.

Diesem Fragenkreis werden wir uns im Abschn. 4.2. zuwenden. Zuerst aber werden wir im Abschn. 4.1 über die numerische Lösung der Integro-Differential-Gls. sprechen, die sich unmittelbar aus den Grundbeziehungen jeder NW-Analyse — Schnittgesetz, Umlaufgesetz und NWE-Relationen — ergeben, und die ebenso aufgebaut sind wie die Gls. der Abschn. 2.3. und 2.4.3. zur NW-Analyse im Frequenzbereich.

4.1. Lösung der NW-orientierten Integro-Differential-Gleichungssysteme mit Hilfe von Differenzenverfahren

4.1.1. Formulierung des Differenzenproblems

In der vorangehenden Einführung zu diesem Kapitel wurde bereits begründet, daß man bei der NW-Analyse im Zeitbereich davon ausgehen kann, daß es sich um ein NW mit Verbrauchern, F-Speichern, D-Speichern, MT mit konstanten MT-Parametern und vorgeschriebenen zeitlichen Erregungen handelt. Der Einfachheit halber werden Gegeninduktivitäten zunächst nicht berücksichtigt, siehe dazu S. 228. Außerdem kann man nichtverschwindende Anfangswerte $u_L(0)$ und $i_C(0)$ der Speicherelemente stets äquivalent durch Modifikationen der NW-Erregungen ersetzen.

Beschreibt man die Struktur des NW z.B. mit der Knoten-Zweig-Indidenz-Matrix $\boldsymbol{K}$, so lassen sich die **Grundbeziehungen zur Analyse** des NW **im Zeitbereich** wie folgt formulieren.

Schnittgesetz:
$$\boldsymbol{K}\big(\boldsymbol{i}(t) + \boldsymbol{i}^e(t)\big) + \boldsymbol{K}_M\big(\boldsymbol{i}_M(t) + \boldsymbol{i}^e_M(t)\big) = \boldsymbol{0}\,, \tag{11}$$

Umlaufgesetz:
$$\left.\begin{aligned} \boldsymbol{u}(t) + \boldsymbol{u}^e(t) &= \boldsymbol{K}^T\boldsymbol{u}_\varnothing(t)\,,\\ \boldsymbol{u}_M(t) + \boldsymbol{u}^e_M(t) &= \boldsymbol{K}^T_M\boldsymbol{u}_\varnothing(t)\,, \end{aligned}\right\} \tag{12}$$

Relationen der NWE R:
$$u_R(t) = R i_R(t)\,, \tag{13}$$

$$\left.\begin{aligned} C:&\quad i_C(t) = C\frac{\mathrm{d}}{\mathrm{d}t}u_C(t)\,,\\ L:&\quad u_L(t) = L\frac{\mathrm{d}}{\mathrm{d}t}i_L(t)\,, \end{aligned}\right\} \tag{14}$$

$$\text{MT:}\quad \begin{pmatrix}\boldsymbol{u}_{M1}(t)\\ \boldsymbol{i}_{M2}(t)\end{pmatrix} = \begin{pmatrix}\boldsymbol{H}_{11} & \boldsymbol{H}_{12}\\ \boldsymbol{H}_{21} & \boldsymbol{H}_{22}\end{pmatrix}\begin{pmatrix}\boldsymbol{i}_{M1}(t)\\ \boldsymbol{u}_{M2}(t)\end{pmatrix}. \tag{15}$$

In Analogie zu den Ausführungen der Abschn. 2.3. und 2.4.3. kann man aus diesen Grundbeziehungen verschiedene Gls. zur NW-Analyse herleiten. Man erhält lineare Integro-Differential-Gls., die im Zeitbereich $t \geqq 0$ zu lösen sind. Durch den **Differenzenansatz** (4) kann man die mit den Speicherelementen C und L verbundene Differentiation, die natürlich auch als Integration geschrieben werden kann, beseitigen. Z.B. geht die Formel (1) von S. 219 über in

$$\sum_{\mu=0}^{m} a_\mu u_C\big((\nu - m + \mu)\,T\big) = T \sum_{\mu=0}^{m} b_\mu \dot{u}_C\big((\nu - m + \mu)\,T\big)$$
$$= \frac{T}{C} \sum_{\mu=0}^{m} b_\mu i_C\big((\nu - m + \mu)\,T\big)\,.$$

Das NW-Analyseproblem im Zeitbereich – charakterisiert z.B. durch die Grundbeziehungen (11), (12), (13), (14) und (15) – geht über in ein **„NW-Differenzenproblem“**. Die Grundbeziehungen dieser neuen (je nach der Güte des Differenzenansatzes mehr oder minder „benachbarten“) Problemstellung lauten folgendermaßen.

Schnittgesetz: $\boldsymbol{K}\big(\boldsymbol{i}(\nu T) + \boldsymbol{i}^e(\nu T)\big) + \boldsymbol{K}_M\big(\boldsymbol{i}_M(\nu T) + \boldsymbol{i}_M^e(\nu T)\big) = \boldsymbol{0}\,,$ (11′)

Umlaufgesetz:

$$\left.\begin{aligned} \boldsymbol{u}(\nu T) + \boldsymbol{u}^e(\nu T) &= \boldsymbol{K}^T \boldsymbol{u}_\varnothing(\nu T)\,,\\ \boldsymbol{u}_M(\nu T) + \boldsymbol{u}_M^e(\nu T) &= \boldsymbol{K}_M^T \boldsymbol{u}_\varnothing(\nu T)\,, \end{aligned}\right\} \qquad (12')$$

Differenzen-NWE-Relationen

für R: $u_R(\nu T) = R i_R(\nu T)\,,$ (13′)

$$\left.\begin{aligned} C:&\quad \sum_{\mu=0}^{m} a_\mu u_C\big((\nu - m + \mu)\,T\big) = \frac{T}{C} \sum_{\mu=0}^{m} b_\mu i_C\big((\nu - m + \mu)\,T\big)\,,\\ L:&\quad \sum_{\mu=0}^{m} b_\mu u_L\big((\nu - m + \mu)\,T\big) = \frac{L}{T} \sum_{\mu=0}^{m} a_\mu i_L\big((\nu - m + \mu)\,T\big)\,, \end{aligned}\right\} \qquad (14')$$

$$\text{MT:}\quad \begin{pmatrix} \boldsymbol{u}_{M1}(\nu T) \\ \boldsymbol{i}_{M2}(\nu T) \end{pmatrix} = \begin{pmatrix} \boldsymbol{H}_{11} & \boldsymbol{H}_{12} \\ \boldsymbol{H}_{21} & \boldsymbol{H}_{22} \end{pmatrix} \begin{pmatrix} \boldsymbol{i}_{M1}(\nu T) \\ \boldsymbol{u}_{M2}(\nu T) \end{pmatrix}. \qquad (15')$$

Zur Untersuchung der **Stabilität des Differenzenproblems** betrachten wir das **homogene** Differenzenproblem, das sich durch Nullsetzen der Erregungsvektoren $\boldsymbol{i}^e(\nu T)$, $\boldsymbol{i}_M^e(\nu T)$, $\boldsymbol{u}^e(\nu T)$, $\boldsymbol{u}_M^e(\nu T)$ für alle Zeitpunkte νT ergibt. Wie auf S. 222 machen wir für das homogene Differenzenproblem den Ansatz

$$\big(\boldsymbol{i}^h(\nu T), \boldsymbol{u}^h(\nu T), \dots, i_L^h(\nu T), \boldsymbol{u}_{M1}^h(\nu T), \dots\big) = w^\nu\big(\boldsymbol{i}^h(0), \boldsymbol{u}^h(0), \dots, i_L^h(0), \boldsymbol{u}_{M1}^h(0), \dots\big)$$

und erhalten die Beziehungen

$$\boldsymbol{K}\boldsymbol{i}^h + \boldsymbol{K}_M \boldsymbol{i}_M^h = \boldsymbol{0}\,, \qquad (16)$$

$$\left.\begin{aligned} \boldsymbol{u}^h &= \boldsymbol{K}^T \boldsymbol{u}_\varnothing^h\,,\\ \boldsymbol{u}_M^h &= \boldsymbol{K}_M^T \boldsymbol{u}_\varnothing^h\,, \end{aligned}\right\} \qquad (17)$$

$$\left.\begin{aligned} u_R^h &= R i_R^h\,,\\ u_C^h &= \frac{1}{C}\,\frac{T \sum\limits_\mu b_\mu w^\mu}{\sum\limits_\mu a_\mu w^\mu}\, i_C^h\,,\\ u_L^h &= L\,\frac{\sum\limits_\mu a_\mu w^\mu}{T \sum\limits_\mu b_\mu w^\mu}\, i_L^h\,,\\ \begin{pmatrix} \boldsymbol{u}_{M1}^h \\ \boldsymbol{i}_{M2}^h \end{pmatrix} &= \begin{pmatrix} \boldsymbol{H}_{11} & \boldsymbol{H}_{12} \\ \boldsymbol{H}_{21} & \boldsymbol{H}_{22} \end{pmatrix} \begin{pmatrix} \boldsymbol{i}_{M1}^h \\ \boldsymbol{u}_{M2}^h \end{pmatrix}. \end{aligned}\right\} \qquad (18)$$

Als Argument — das hier unterdrückt wurde — kommt jeder Zeitpunkt $t = \nu T$ für $\nu = 0, 1, 2, \ldots$ in Frage. Infolge des Ansatzes ist das homogene Differenzenproblem zu einem System algebraischer Gln. geworden. Die Verkopplung zwischen verschiedenen Zeitpunkten wurde eliminiert. Gesucht werden diejenigen Zahlenwerte $w_i \neq 0$, für die die Aufgabenstellung (16), (17), (18) nichtverschwindende Lösungen besitzt. Gilt für alle diese Zahlen $|w_i| < 1$, so ist das Differenzenproblem stabil.

Vergleicht man die Beziehungen (16), (17), (18) mit den entsprechenden Formulierungen der Grundbeziehungen der NW-Analyse im Frequenzbereich bei verschwindenden Erregungen (vgl. Abschn. 2.4.3.2.), so erkennt man als einzigen Unterschied, daß der Frequenzparameter s gemäß der Gl.

$$s = \frac{\sum\limits_{\mu=0}^{m} a_\mu w^\mu}{T \sum\limits_{\mu=0}^{m} b_\mu w^\mu} = g(w) \tag{10}$$

ersetzt wurde.

Die charakteristische Gl. des Differenzenproblems ergibt sich durch Nullsetzen der Koeffizienten-Determinante eines der möglichen NW-Gls. (vgl. Abschn. 2.4.3.), die man durch Kombination der Gln. (16), (17), (18) erhält. Es ist zulässig, gemäß Gl. (10) zunächst mit dem Parameter s zu operieren und die NW-Determinante als Funktion von s zu bestimmen (vgl. Kap. 3, insbesondere Abschn. 3.2.). Ggf. nach Durchmultiplikation mit einer geeigneten s-Potenz erscheint die NW-Determinante als Polynom in s mit nichtverschwindendem Absolutglied. Die Nullstellen $s_i \neq 0$ dieses Polynoms sind die (nichttrivialen) Eigenwerte (= Eigenfrequenzen) des NW (sind die Realteile der Eigenwerte negativ, so ist das NW stabil.). Schließlich ist zu prüfen, ob alle w_i, die der Beziehung $s_i = g(w_i)$ genügen, im Einheitskreis der w-Ebene liegen. Wenn ja, so ist das Differenzenproblem ersichtlich stabil.

Die vorstehende Überlegung zeigt, daß die Wahl des Systems der NW-Gln. (z.B. Maschen-FG-Gln., Schnittmengen-DG-Gln. oder auch Zustandsgln.), das als Ausgangspunkt für die konkrete Durchführung des Differenzenverfahrens dient, für die Stabilität des Differenzenproblems gar keine Rolle spielt. Man hat auf irgendeine Weise die Eigenwerte $s_i \neq 0$ des Systems zu bestimmen, einen Differenzenansatz zu wählen und gemäß Formel (10) zu prüfen, ob alle Urbilder der s_i im Einheitskreis der w-Ebene liegen.

Bei der praktischen Anwendung von Differenzenverfahren wird man sich bemühen, solche Differenzenansätze zu finden, für die die gesamte linke s-Halbebene gemäß der Beziehung (10) in den Einheitskreis der w-Ebene abgebildet wird. Dann ist für stabile Netzwerk-Probleme gesichert, daß auch das zugehörende Differenzenproblem stabil ist. Die tatsächliche Lage der Eigenwerte des NW muß nicht ermittelt werden.

Wir wollen abschließend über die direkte **numerische Lösung des NW-Differenzenproblems** (11′) bis (15′) sprechen. Die in (14′) angegebenen NWE-Relationen für C und L kann man wie folgt umschreiben:

$$u_C(\nu T) = \frac{T}{C}\frac{b_m}{a_m} i_C(\nu T) + \frac{1}{a_m}\left(- \sum_{\mu=0}^{m-1} a_\mu u_C\left((\nu - m + \mu)\, T\right) + \right.$$
$$\left. + \frac{T}{C} \sum_{\mu=0}^{m-1} b_\mu i_C\left((\nu - m + \mu)\, T\right)\right)$$

bzw.

$$u_L(\nu T) = \frac{L}{T}\frac{a_m}{b_m} i_L(\nu T) + \frac{1}{b_m}\left(- \sum_{\mu=0}^{m-1} b_\mu u_L\left((\nu - m + \mu)\, T\right) + \right.$$
$$\left. + \frac{L}{T} \sum_{\mu=0}^{m-1} a_\mu i_L\left((\nu - m + \mu)\, T\right)\right).$$

Bezeichnet man mit $u_\zeta(t)$ die Zweigspannung über dem ζ-ten 1-Tor-Zweig, der maximal aus einer RLC-Reihenschaltung besteht, so lautet die Zweigrelation

$$u_\zeta(\nu T) = \left(R_\zeta + \frac{L_\zeta}{T}\frac{a_m}{b_m} + \frac{T}{C_\zeta}\frac{b_m}{a_m}\right) i_\zeta(\nu T) + \sum_{\mu=0}^{m-1}\left(\frac{T}{C_\zeta}\frac{b_\mu}{a_m} + \frac{L_\zeta}{T}\frac{a_\mu}{b_m}\right) i_\zeta\left((\nu - m + \mu)\, T\right)$$
$$- \frac{1}{a_m}\sum_{\mu=0}^{m-1} a_\mu u_C\left((\nu - m + \mu)\, T\right) - \frac{1}{b_m}\sum_{\mu=0}^{m-1} b_\mu u_L\left((\nu - m + \mu)\, T\right)$$

oder, für alle 1-Tor-Zweige in Vektorschreibweise zusammengefaßt,

$$\boldsymbol{u}(\nu T) = \boldsymbol{Z}^D \boldsymbol{i}(\nu T) + \sum_{\mu=0}^{m-1}\left(\boldsymbol{C}^{-1}\frac{Tb_\mu}{a_m} + \boldsymbol{L}\frac{a_\mu}{Tb_m}\right)\boldsymbol{i}\left((\nu - m + \mu)\, T\right)$$
$$- \frac{1}{a_m}\sum_{\mu=0}^{m-1} a_\mu \boldsymbol{u}_C\left((\nu - m + \mu)\, T\right) - \frac{1}{b_m}\sum_{\mu=0}^{m-1} b_\mu \boldsymbol{u}_L\left((\nu - m + \mu)\, T\right)$$
$$= \boldsymbol{Z}^D \boldsymbol{i}(\nu T) - \boldsymbol{u}^e_{\text{Hilfs}}(\nu T)\,. \tag{19}$$

Dabei stellen $\boldsymbol{Z}^D$, $\boldsymbol{C}$ und $\boldsymbol{L}$ Diagonalmatrizen mit den Elementen

$$\left.\begin{aligned} z^D_{\zeta\zeta} &= R_\zeta + \frac{L_\zeta}{T}\frac{a_m}{b_m} + \frac{T}{C_\zeta}\frac{b_m}{a_m}, \\ c_{\zeta\zeta} &= C_\zeta \quad \text{und} \quad l_{\zeta\zeta} = L_\zeta \end{aligned}\right\} \tag{20}$$

dar. Enthält ein Zweig ζ' kein C bzw. kein L, so ist das gleichbedeutend mit $(\boldsymbol{C}^{-1})_{\zeta,\zeta'} = C_{\zeta'}^{-1} = 0$ bzw. $L_{\zeta'} = 0$. Der Hilfsvektor $\boldsymbol{u}^e_{\text{Hilfs}}(T)$ wurde eingeführt, um Platz und Schreibarbeit einzusparen. Aus den NWE-Relationen (19) und (15'), dem Schnittgesetz (11') und dem Umlaufgesetz (12') erhält man in Analogie zu den Gls. (126) des Abschn. 2.4.3.2. das folgende Gls. zur Lösung des NW-Differenzenproblems:

$$\begin{pmatrix} \boldsymbol{Z}^D & \boldsymbol{0} & \boldsymbol{K}^T \\ \boldsymbol{0} & \boldsymbol{H}_{11} & (\boldsymbol{E}, -\boldsymbol{H}_{12})\begin{pmatrix}\boldsymbol{K}^T_{M1} \\ \boldsymbol{K}^T_{M2}\end{pmatrix} \\ \boldsymbol{K} & \boldsymbol{K}_M\begin{pmatrix}\boldsymbol{E} \\ \boldsymbol{H}_{21}\end{pmatrix} & -\boldsymbol{K}_{M2}\boldsymbol{H}_{22}\boldsymbol{K}^T_{M2} \end{pmatrix}\begin{pmatrix} -\boldsymbol{i}(\nu T) \\ -\boldsymbol{i}_{M1}(\nu T) \\ \boldsymbol{u}_\varnothing(\nu T) \end{pmatrix} = \begin{pmatrix} \boldsymbol{u}^e(\nu T) + \boldsymbol{u}^e_{\text{Hilfs}}(\nu T) \\ \boldsymbol{u}^e_{M1}(\nu T) - \boldsymbol{H}_{12}\boldsymbol{u}^e_{M2}(\nu T) \\ \boldsymbol{K}\boldsymbol{i}^e(\nu T) + \boldsymbol{K}_M\boldsymbol{i}^e_M(\nu T) - \boldsymbol{K}_{M2}\boldsymbol{H}_{22}\boldsymbol{u}_{M2}(\nu T) \end{pmatrix}$$

(21)

Sind die auf der rechten Seite des Gls. (21) vorkommenden Größen, insbesondere also die NW-Größen zu den Zeitpunkten $t = (\nu - 1)\,T, \ldots, (\nu - m)T$, bekannt, so erfordert die Berechnung aller NW-Größen zum Zeitpunkt $t = \nu T$ lediglich die Lösung eines algebraischen Gls. Selbstverständlich wird man bei der praktischen Durchführung der Rechnung die natürliche Partitionierung der Koeffizientenmatrix ausnutzen, vgl. Abschn. 2.3 und 2.4.3.

Man kann zeigen, daß das Gls. (21) auch für elektrische NW mit Gegeninduktivitäten gilt. Wenn die induktiv verkoppelten Zweige zusammen mit den 1-Tor-Zweigen erfaßt werden, ändern sich lediglich die Matrix L und damit Z_D und $\boldsymbol{u}^e_{\text{Hilfs}}$.

Der Vergleich zwischen Gl. (21) und Gl. (126) auf S. 119 zeigt, daß lediglich die rechte Seite von (21) etwas komplizierter aufgebaut ist, während die Struktur der Koeffizientenmatrix unverändert bleibt. Der Parameter s wurde ersetzt durch $a_m/T \cdot b_m$. Bei der Abschätzung des tatsächlichen Rechenaufwandes zur numerischen Lösung der Gls. ist wesentlich, daß die Koeffizientenmatrix des Gls. (21) reell ist, während (126), für $s = j\omega$ als Zahlen-Gls. aufgefaßt, eine komplexe Koeffizientenmatrix enthält. Weiter ist bemerkenswert, daß die Koeffizientenmatrix in (21) von dem Parameter ν und damit vom Zeitpunkt $t = \nu T$ nicht abhängt, sondern nur von der Schrittweite T und über das Verhältnis a_m/b_m von dem verwendeten Differenzenansatz (4). Sieht man von der ggf. erforderlichen Anlaufrechnung ab, so erfordert demnach die Berechnung sämtlicher NW-Größen für sämtliche Zeitpunkte $t = mT, (m + 1)\,T, (m + 2)\,T$ $(m + 2)\,T, \ldots$ nur eine einzige Matrixinversion und für jeden neu hinzukommenden Zeitpunkt eine Multiplikation Matrix mal Vektor. Man überlege sich in diesem Zusammenhang als Übungsaufgabe, wie

a) sich Änderungen der Schrittweite auf das Gls. (21) auswirken,
b) man Sprünge in den Erregungen berücksichtigen kann.

Das Gls. (21) kann als Gls. eines Ersatz-NW gedeutet werden, das nur Verbraucher R und MT mit konstanten Parametern enthält. Die Diagonalelemente der Matrix $\boldsymbol{Z}^D$ lassen sich als fiktive Verbraucher interpretieren. In den Zweigen, in denen im ursprünglichen NW die Speicherelemente C und L liegen, wurden Hilfs-DG-Quellen eingeführt, deren Größe von dem Zustand des NW an maximal m vorangehenden Zeitpunkten abhängt.

4.1.2. Anwendungen

Wir wollen in diesem Abschnitt für einige Differenzenverfahren die konkreten Formelsätze zur (näherungsweisen) Zeitanalyse von NW angeben.

Die **Vorwärts-Rechteckregel** ist ein explizites Einschrittverfahren und ergibt sich aus dem Differenzenansatz

$$\boldsymbol{x}\big((\nu + 1)\,T\big) - \boldsymbol{x}(\nu T) = T\dot{\boldsymbol{x}}(\nu T)\,. \tag{22}$$

Damit erhält die Formel (10) die spezielle Gestalt

$$s = \frac{1}{T}\,(w - 1)\,. \tag{23}$$

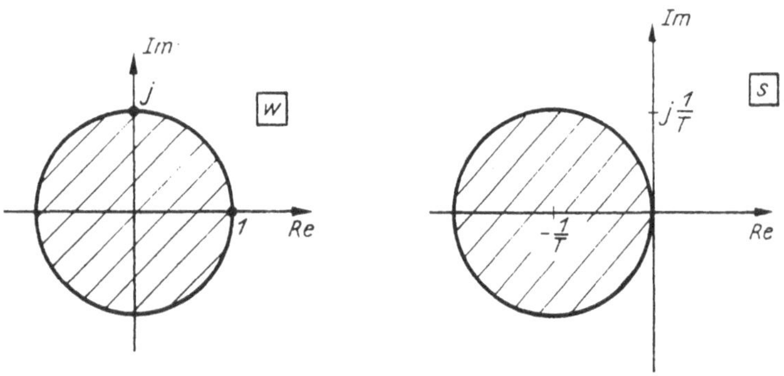

Abb. 4.2. Stabilitätsgebiet der Vorwärts-Rechteckregel

Das Innere des Einheitskreises der w-Ebene wird umkehrbar eindeutig in einen Kreis in der s-Ebene mit einem Radius $\frac{1}{T}$ und dem Mittelpunkt $\left(-\frac{1}{T}, 0\right)$ abgebildet, vgl. Abb. 4.2. Anknüpfend an die Diskussion auf S. 227 erkennt man, daß das durch die Vorwärts-Rechteckregel implizierte NW-Differenzenproblem stabil ist, wenn sämtliche Eigenwerte des NW in dem angegebenen Kreis der s-Ebene liegen. Diese Bedingung erscheint sehr einschränkend und die Vorwärts-Rechteckregel daher zur NW-Analyse im Zeitbereich wenig geeignet.

Das Gls. (21) läßt sich für explizite Mehrschrittverfahren nicht angeben, da b_m verschwindet. Grundsätzlich sind die impliziten Mehrschrittverfahren den expliziten vorzuziehen, da sich erstere neben einer höheren Approximationsgenauigkeit durch einen größeren Stabilitätsbereich auszeichnen.

Die **Rückwärts-Rechteckregel** (sog. EULER-Verfahren) ist ein implizites Einschrittverfahren und ergibt sich aus dem Differenzenansatz

$$\boldsymbol{x}\big((\nu + 1)\, T\big) - \boldsymbol{x}(\nu T) = T\dot{\boldsymbol{x}}\big((\nu + 1)\, T\big)\,. \tag{24}$$

Damit erhält die Formel (10) die spezielle Gestalt

$$s = \frac{1}{T}\left(1 - \frac{1}{w}\right). \tag{25}$$

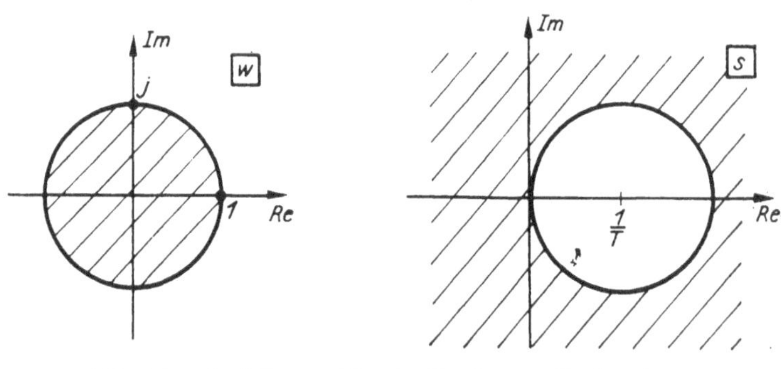

Abb. 4.3. Stabilitätsgebiet der Rückwärts-Rechteckregel

Das Innere des Einheitskreises in der w-Ebene wird eineindeutig in das Außengebiet eines Kreises in der s-Ebene mit dem Radius $\frac{1}{T}$ und dem Mittelpunkt $\left(\frac{1}{T}, 0\right)$ abgebildet, vgl. Abb. 4.3. Da das Bild des Inneren des Einheitskreises der w-Ebene die gesamte linke s-Halbebene umfaßt, liefert die Rückwärts-Rechteckregel für die meisten praktisch interessanten NW, insbesondere für alle stabilen NW, ein stabiles NW-Differenzenproblem. Die Formel (19) lautet

$$\boldsymbol{u}(\nu T) = \boldsymbol{Z}^D \boldsymbol{i}(\nu T) - \boldsymbol{L} \frac{1}{T} \boldsymbol{i}\big((\nu - 1)\, T\big) + \boldsymbol{u}_C\big((\nu - 1)\, T\big), \tag{26}$$

wobei die Diagonalmatrix $\boldsymbol{Z}^D$ die Elemente

$$z^D_{\zeta\zeta} = R_\zeta + \frac{1}{T} L_\zeta + T \frac{1}{C_\zeta} \tag{26'}$$

besitzt.

Es sei ausdrücklich darauf hingewiesen, daß die Rückwärts-Rechteckregel auch für instabile Differential-Gls. (3) ein stabiles Differenzenproblem liefern kann. Als Beispiel betrachten wir die homogene Differential-Gl. $\dot{y} = 10y$ mit bekanntem Anfangswert $y(0) = y_0 \neq 0$. Die Lösung $y(t) = \exp(10t)\, y_0$ zeigt, daß es sich um ein instabiles System handelt. Die Rückwärts-Rechteckregel liefert bei einer (normierten) Schrittweite $T = 1$ als zugehörendes Differenzen-Problem $y(\nu + 1) = \frac{1}{9}\, y(\nu) = \left(\frac{1}{9}\right)^{\nu+1} y_0$. Ersichtlich ist die Lösung des Differenzenproblems als Näherung für die Lösung der Differential-Gl. völlig unbrauchbar. Die Stabilität eines Differenzenproblems darf also nicht mit der Approximationsgenauigkeit verwechselt werden, vgl. die Übungsaufgabe auf S. 223.

Die **Trapezregel** ist das wichtigste implizite Einschrittverfahren und ergibt sich aus dem Differenzenansatz

$$\boldsymbol{x}\big((\nu + 1)\, T\big) - \boldsymbol{x}\big((\nu)\, T\big) = \frac{T}{2} \big(\dot{\boldsymbol{x}}((\nu + 1)\, T) + \dot{\boldsymbol{x}}(\nu T)\big). \tag{27}$$

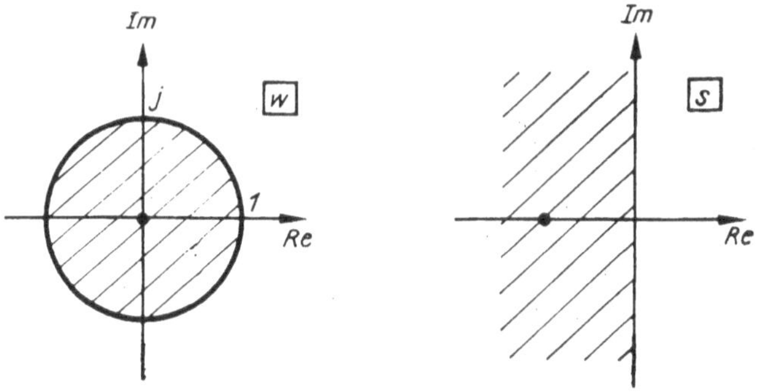

Abb. 4.4. Stabilitätsgebiet der Trapez-Regel

Damit erhält die Formel (10) die spezielle Gestalt

$$s = \frac{2}{T} \frac{w-1}{w+1}. \tag{27'}$$

Das Innere des Einheitskreises der w-Ebene wird in die linke s-Halbebene abgebildet (vgl. Abb. 4.4), der Rand des Einheitskreises auf die imaginäre Achse der s-Ebene und das Äußere des w-Einheitskreises in die rechte s-Halbebene. Folglich erweist sich das durch die Trapezregel gewonnene NW-Differenzenproblem als stabil, wenn das NW selbst stabil ist und umgekehrt.

Die Formel (19) hat jetzt folgendes Aussehen,

$$\boldsymbol{u}(\nu T) = \boldsymbol{Z}^D \boldsymbol{i}(\nu T) + \left(\frac{T}{2} \boldsymbol{C}^{-1} + \frac{2}{T} \boldsymbol{L}\right) \boldsymbol{i}((\nu - 1) T) + \boldsymbol{u}_C((\nu - 1) T) - \boldsymbol{u}_L((\nu - 1) T), \tag{28}$$

wobei $\boldsymbol{Z}^D$ eine Diagonalmatrix mit den Elementen

$$z_{\zeta\zeta}^D = R_\zeta + \frac{2}{T} L_\zeta + \frac{T}{2} C_\zeta^{-1} \tag{28'}$$

darstellt.

Ein Vergleich zwischen den Formeln (28') und (26') zeigt, daß die Koeffizientenmatrizen der das NW-Differenzenproblem beschreibenden Gln. auf der Grundlage der Trapezregel und der Vorwärts-Rechteckregel sich nur dadurch unterscheiden, daß bei der Trapezregel der Term $\frac{T}{2}$ an die Stelle von T bei der Vorwärts-Rechteckregel tritt. (Mit anderen Worten: Mit der Trapezregel erhält man die gleiche Koeffizientenmatrix wie mit der Vorwärts-Rechteckregel bei Zugrundelegung der halben Schrittweite.)

Aus der numerischen Mathematik sind eine Reihe weiterer Verfahren zur numerischen Lösung gewöhnlicher Differential-Gls. bekannt, die sich nicht als lineare Mehrschrittverfahren (4) einordnen lassen (vgl. [But-64], [Lam-73] und die dort zitierte Literatur).

Wir wählen als Beispiel das bekannte **Runge-Kutta-Verfahren 4. Ordnung.** Wir wollen es zur Lösung des homogenen Gls. $\dot{\boldsymbol{x}} = \boldsymbol{A}\boldsymbol{x}$ heranziehen und berechnen, für welche Eigenwerte s_i von $\boldsymbol{A}$ dieses Verfahren stabil ist.

Bekanntlich bedient sich dieses Runge-Kutta-Verfahren zur Integration einer Differential-Gl. $\dot{y} = f(t, y)$ des folgenden Formelsatzes zur Ermittlung von $y((\nu + 1) T)$ aus $y(\nu T) = y_\nu$:

$$k_1 = Tf(\nu T, y_\nu), \quad k_2 = Tf\left(\left(\nu + \frac{1}{2}\right) T, \; y_\nu + k_1/2\right),$$

$$k_3 = Tf\left(\left(\nu + \frac{1}{2}\right) T, \; y_\nu + k_2/2\right), \quad k_4 = Tf\left((\nu + 1) T, \; y_\nu + k_3\right),$$

$$y((\nu + 1) T) = y(\nu t) + \frac{1}{6}(k_1 + 2k_2 + 2k_3 + k_4).$$

Angewandt auf unser Problem $\dot{\boldsymbol{x}} = \boldsymbol{A}\boldsymbol{x}$ erhält man

$$\boldsymbol{k}_1 = T\boldsymbol{A}\boldsymbol{x}(\nu T)\,, \qquad \boldsymbol{k}_2 = \left[T\boldsymbol{A} + \frac{1}{2}(T\boldsymbol{A})^2\right]\boldsymbol{x}(\nu T)\,,$$

$$\boldsymbol{k}_3 = \left[T\boldsymbol{A} + \frac{1}{2}(T\boldsymbol{A})^2 + \frac{1}{4}(T\boldsymbol{A})^3\right]\boldsymbol{x}(\nu, T)\,,$$

$$\boldsymbol{k}_4 = \left[T\boldsymbol{A} + (T\boldsymbol{A})^2 + \frac{1}{2}(T\boldsymbol{A})^3 + \frac{1}{4}(T\boldsymbol{A})^4\right]\boldsymbol{x}(\nu T)$$

und damit

$$\boldsymbol{x}\big((\nu + 1)\,T\big) = \boldsymbol{x}(\nu T) + \frac{1}{6}(\boldsymbol{k}_1 + 2\boldsymbol{k}_2 + 2\boldsymbol{k}_3 + \boldsymbol{k}_4) = \sum_{\varkappa=0}^{4}\frac{1}{\varkappa!}(T\boldsymbol{A})^{\varkappa}\,\boldsymbol{x}(\nu T)\,. \qquad (29)$$

Der Lösungsansatz (6) führt für dieses homogene Differenzenproblem auf die Bestimmungs-Gl.

$$\left[w\boldsymbol{E} - \sum_{\varkappa=0}^{4}\frac{1}{\varkappa!}(T\boldsymbol{A})^{\varkappa}\right]\boldsymbol{x} = \boldsymbol{0}\,. \qquad (29')$$

Diejenigen Werte w, die eine nichttriviale Lösung des homogenen Gls. (29′) zulassen, sind ersichtlich die Eigenwerte der Matrix $\sum_{\varkappa=0}^{4}\frac{1}{\varkappa!}(T\boldsymbol{A})^{\varkappa}$. Nun kann man aber rasch zeigen, daß die Eigenwerte einer — ganzen oder auch gebrochenen — rationalen Funktion $f(\boldsymbol{A})$ einer Matrix $\boldsymbol{A}$, die die Eigenwerte s_i besitzen möge, sich mittels derselben rationalen Funktion zu $f(s_i)$ ergeben. Also kann man die gesuchten Zahlenwerte w_i errechnen aus der Vorschrift [Gan-66], [Zur-64]

$$w_i = \sum_{\varkappa=0}^{4}\frac{1}{\varkappa!}(Ts_i)^{\varkappa}\,, \qquad (30)$$

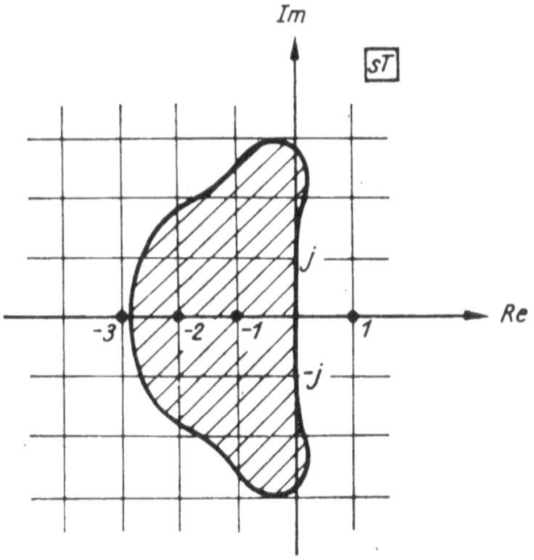

Abb. 4.5. Stabilitätsgebiet des Runge-Kutta-Verfahrens 4. Ordnung

wobei s_i einen Eigenwert der Matrix $\boldsymbol{A}$ darstellt. Die Gl. (30) vermittelt eine eindeutige Abbildung der s-Ebene in die w-Ebene. Zur Lösung des Stabilitätsproblems müssen wir uns für das Urbild des Einheitskreises in der w-Ebene interessieren. Es wurde in Abb. 4.5 skizziert. Liegen alle Eigenwerte der Matrix $\boldsymbol{A}$ in dem schraffierten Bereich, so überführt das RUNGE-KUTTA-Verfahren das Differential-Gls. (3) in ein stabiles Differenzenproblem.
Ein stabiles Differential-Gls. (3) wird als **steif** (vgl. S. 224) bezeichnet, wenn für die Eigenwerte von $\boldsymbol{A}$ gilt

$$\max_{1 \le i \le n} |\mathrm{Re}\, s_i| \gg \min_{1 \le i \le n} |\mathrm{Re}\, s_i| \; .$$

Das zugehörende Differenzenproblem (5) ist bekanntlich nur dann stabil (vgl. S. 223), wenn alle Wurzeln seiner charakteristischen Gleichung

$$\det\left(\sum_{\mu=0}^{m} a_\mu w^\mu \boldsymbol{E} - T \sum_{\mu=0}^{m} b_\mu w^\mu \boldsymbol{A}\right) = 0 \qquad (9')$$

im Innern des Einheitskreises liegen. Wenn ein oder mehrere Eigenwerte von $\boldsymbol{A}$ in der „Nähe" von $-\infty$ liegen, erscheint ein m-Schritt-Ansatz (4) erfolgversprechend, der die Wurzeln des Polynoms $\sum_{\mu=0}^{m} b_\mu w^\mu$ in Null konzentriert. Das gilt offenbar für

$$b_0 = b_1 = \dots = b_{m-1} = 0 \, , \quad b_m \neq 0 \, . \qquad (30)$$

Tatsächlich haben sich die durch (4) und (3) definierten Mehrschritt-Verfahren (sogen. Rückwärts-Differentiations-Methoden) für $m = 1, 2, \dots, 6$ zur **Behandlung steifer Systeme** bestens bewährt ([C-H-52], [Gea-68], [Lam-73] u. a.). Durch TAYLOR-Abgleich bis jeweils zur m-ten Ableitung erhält man mit der Normierung $a_m = 1$ die folgende Koeffiziententabelle (Übungsaufgabe!):

m	b_m	a_6	a_5	a_4	a_3	a_2	a_1	a_0	c
1	1						1	-1	0
2	$\frac{2}{3}$					1	$-\frac{4}{3}$	$\frac{1}{3}$	0
3	$\frac{6}{11}$				1	$-\frac{18}{11}$	$\frac{9}{11}$	$-\frac{2}{11}$	$-0{,}1$
4	$\frac{12}{25}$			1	$-\frac{48}{25}$	$\frac{36}{25}$	$-\frac{16}{25}$	$\frac{3}{25}$	$-0{,}7$
5	$\frac{60}{137}$		1	$-\frac{300}{137}$	$\frac{300}{137}$	$-\frac{200}{137}$	$\frac{75}{137}$	$-\frac{12}{137}$	$-2{,}4$
6	$\frac{60}{147}$	1	$-\frac{360}{147}$	$\frac{450}{147}$	$-\frac{400}{147}$	$\frac{225}{147}$	$-\frac{72}{147}$	$\frac{10}{147}$	$-6{,}1$

Die Stabilitätsgebiete wurden in [Gea-68] angegeben. Sie enthalten außer der negativen rellen Halbachse das Gebiet

$$-0{,}5 \leqq \mathrm{Im}(Ts) \leqq 0{,}5 \text{ der linken } Ts\text{-Halbebene}$$

sowie das Gebiet $\mathrm{Re}(Ts) \leqq c$.

Die Konstanten c hängen von der Schrittzahl m ab und wurden in der letzten Spalte der Tabelle notiert.

4.2. Die Methode der Zustandsvariablen

Als **Beispiel** werde ein einfaches elektrisches RLC-Netzwerk (Abb. 4.6) betrachtet. Der Zustand dieses Netzwerks als Funktion der Zeit ist eindeutig festgelegt, wenn man die Zeitfunktionen $u_C(t)$ und $i_L(t)$ kennt; alle anderen Ströme

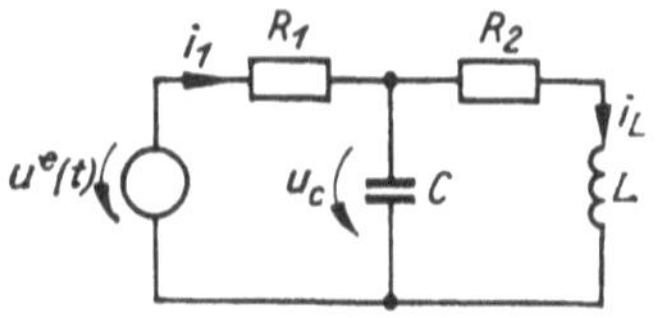

Abb. 4.6. RLC-Netzwerk

und Spannungen ergeben sich als Linearkombinationen dieser „Zustandsvariablen“ und der „Erregung“ $u^e(t)$. Aus der Knotengleichung

$$-i_1 + C\frac{\mathrm{d}u_C}{\mathrm{d}t} + i_L = 0$$

und den beiden Maschengleichungen

$$u^e = i_1 R_1 + u_C\,, \qquad u_C = i_L R_2 + L\frac{\mathrm{d}i_L}{\mathrm{d}t}$$

folgt das Differentialgleichungssystem

$$\begin{pmatrix} \dfrac{\mathrm{d}u_C}{\mathrm{d}t} \\ \dfrac{\mathrm{d}i_L}{\mathrm{d}t} \end{pmatrix} = \frac{\mathrm{d}}{\mathrm{d}t}\begin{pmatrix} u_C \\ i_L \end{pmatrix} = \begin{pmatrix} -\dfrac{1}{R_1 C} & -\dfrac{1}{C} \\ \dfrac{1}{L} & -\dfrac{R_2}{L} \end{pmatrix}\begin{pmatrix} u_C \\ i_L \end{pmatrix} + \begin{pmatrix} \dfrac{1}{CR_1} \\ 0 \end{pmatrix} u^e\,.$$

Interessiert man sich beispielsweise für die Zeitfunktionen $u_L(t)$ und $i_1(t)$, so ergeben sich diese „Ausgangsgrößen“ aus

$$\begin{pmatrix} u_L \\ i_1 \end{pmatrix} = \begin{pmatrix} 1 & -R_2 \\ -\dfrac{1}{R_1} & 0 \end{pmatrix}\begin{pmatrix} u_C \\ i_L \end{pmatrix} + \begin{pmatrix} 0 \\ \dfrac{1}{R_1} \end{pmatrix} u^e\,.$$

Allgemein kann man unter kaum einschränkenden Voraussetzungen die Netzwerkgleichungen so formulieren, daß ein lineares Differentialgleichungssystem

$$\boxed{\frac{\mathrm{d}\boldsymbol{x}}{\mathrm{d}t} = \dot{\boldsymbol{x}} = \boldsymbol{A}\boldsymbol{x} + \boldsymbol{B}\boldsymbol{v} + \boldsymbol{S}\dot{\boldsymbol{v}}} \tag{VII}$$

entsteht. Dabei symbolisiert $\boldsymbol{x}$ den Vektor der **Zustandsvariablen**, $\boldsymbol{v}$ den Vektor der Erregungen; $\boldsymbol{A}$, $\boldsymbol{B}$ und $\boldsymbol{S}$ sind konstante Matrizen. Alle interessierenden Netzwerkgrößen lassen sich als Linearkombination des Zustandsvektors $\boldsymbol{x}$, des Erregungsvektors $\boldsymbol{v}$ und seiner zeitlichen Ableitung $\dot{\boldsymbol{v}}$ darstellen:

$$\boxed{\boldsymbol{y} = \boldsymbol{C}\boldsymbol{x} + \boldsymbol{D}\boldsymbol{v} + \boldsymbol{T}\dot{\boldsymbol{v}}}\,. \tag{VIII}$$

Diese Gleichungen (VII), (VIII) beschreiben nicht nur das Verhalten linearer Netzwerke, sondern allgemeiner das Verhalten einer großen Klasse linearer Systeme. Numerische Verfahren zur Lösung derartiger Differential-Gls. sind seit langem bekannt und werden seit etwa einem Jahrzehnt recht häufig in der Technik eingesetzt.

Um die Entwicklung der mathematischen Grundlagen (Systeme von gewöhnlichen Differential-Gln. erster Ordnung) haben sich vor allem H. POINCARÉ (1854—1912), A. M. LJAPUNOW (1857—1918) sowie G. D. BIRKHOFF (1884 bis 1944) verdient gemacht. Diese frühen Untersuchungen standen im Zusammenhang mit Problemen der Mechanik. Über die Anwendung der Theorie zur Analyse elektrischer und mechanischer NW sprach W. SCHMEIDLER 1942 in Vorträgen vor Berliner Elektroingenieuren, die später gedruckt wurden [Sch-49]. Die breite Anwendung in den letzten Jahren wurde von R. BELLMAN, R. E. KALMAN, L. S. PONTRJAGIN u. a. angeregt, die auf der Grundlage der Zustandsvariablen eine umfassende Theorie der Regelungssysteme aufgebaut haben.

Für die hier betrachtete Klasse linearer Systeme, die linearen NW, liegt daher die Hauptschwierigkeit nicht in der **Lösung**, sondern in der **Aufstellung der Zustandsgleichungen**, d. h. in der Überführung der bekannten Netzwerkbeziehungen (Umlaufgesetz, Schnittgesetz, NWE-Relationen) in die Form der Gln. (VII), (VIII).

Es sei noch erwähnt, daß sich bei weitgehender Idealisierung während der Modellbildung auch Netzwerke (auf dem Papier) konstruieren lassen, die dem Ansatz der Gln. (VII), (VIII) nicht genügen. In diesen Fällen müssen auf der rechten Seite auch höhere zeitliche Ableitungen des Erregungsvektors mitgeführt werden. Dadurch entstehen keine prinzipiell neuen Schwierigkeiten, während Formelsatz und Rechenprogramme umständlicher werden.

Mit Rücksicht auf die überwiegende Mehrzahl der praktisch bedeutsamen Netzwerke wollen wir uns auf den oben genannten Ansatz beschränken.

4.2.1. Aufstellung der Zustandsgleichungen

4.2.1.1. Aufstellung mit topologischen Methoden

Diese Methode ist — zumindest bei 1-Tor-NW — sehr übersichtlich und prinzipiell einfach. Schrittweise eliminiert man einzelne Klassen von Variablen (z. B. alle FG durch die Verbraucher), bis man ein Gleichungssystem erhält, in dem nur noch die Zustandsvariablen und die Erregungsgrößen vorkommen.

Fast alle uns bisher bekannt gewordenen praktischen Rechenverfahren zur Aufstellung der Zustandsgleichungen benutzen diese Methode. Deshalb soll hier — in Anlehnung an [K-R-65a] — dieser Weg nur skizziert werden. Dabei wird vorläufig vorausgesetzt, daß es sich um ein *RLCM*-NW (d.h. 1-Tor-NW ggf. mit „Gegeninduktivitäten") handelt. Das NW soll aus einer beliebigen Zusammenschaltung von Zweigen nach Abb. 2.40 bestehen. Wird mit $\boldsymbol{M}$ die Maschen-Zweig-Inzidenzmatrix bezeichnet, so können das **Umlauf- und** das **Schnittgesetz** wie folgt formuliert werden:

$$\boldsymbol{M}(\boldsymbol{u} + \boldsymbol{u}^e) = \boldsymbol{0}\,, \tag{31}$$

$$\boldsymbol{i} + \boldsymbol{i}^e = \boldsymbol{M}^T \boldsymbol{i}_0\,. \tag{32}$$

Nach Wahl eines vollständigen Baumes lassen sich die Gln. (31), (32) partitionieren (wobei die Indizes B und V auf Baum- und Verbindungszweige hinweisen), die Matrix $\boldsymbol{M}$ zerfällt in eine Einheitsmatrix $\boldsymbol{E}$ und eine Maschen-Baumzweig-Inzidenzmatrix $\boldsymbol{M}_{fB} = \boldsymbol{F}$:

$$\boldsymbol{M}(\boldsymbol{u} + \boldsymbol{u}^e) = \boldsymbol{M} \cdot \begin{pmatrix} \boldsymbol{u}_V + \boldsymbol{u}_V^e \\ \boldsymbol{u}_B + \boldsymbol{u}_B^e \end{pmatrix} = (\boldsymbol{E}, \boldsymbol{F}) \cdot \begin{pmatrix} \boldsymbol{u}_V + \boldsymbol{u}_V^e \\ \boldsymbol{u}_B + \boldsymbol{u}_B^e \end{pmatrix} = \boldsymbol{0}\,, \tag{33}$$

$$(\boldsymbol{i} + \boldsymbol{i}^e) = \begin{pmatrix} \boldsymbol{i}_V + \boldsymbol{i}_V^e \\ \boldsymbol{i}_B + \boldsymbol{i}_B^e \end{pmatrix} = \boldsymbol{M}^T \boldsymbol{i}_0 = \begin{pmatrix} \boldsymbol{E} \\ \boldsymbol{F}^T \end{pmatrix} \cdot (\boldsymbol{i}_V + \boldsymbol{i}_V^e)\,, \tag{34}$$

wobei die Beziehung $\boldsymbol{i}_0 = \boldsymbol{i}_V + \boldsymbol{i}_V^e$ ausgenutzt wurde.

Aus den Baumzweig-DG $(\boldsymbol{u}_B + \boldsymbol{u}_B^e)$ und den Verbindungszweig-FG $(\boldsymbol{i}_V + \boldsymbol{i}_V^e)$ lassen sich die restlichen DG und FG sofort berechnen:

$$\boldsymbol{u}_V = -\boldsymbol{F}(\boldsymbol{u}_B + \boldsymbol{u}_B^e) - \boldsymbol{u}_V^e\,, \tag{35}$$

$$\boldsymbol{i}_B = \boldsymbol{F}^T(\boldsymbol{i}_V + \boldsymbol{i}_V^e) - \boldsymbol{i}_B^e\,. \tag{36}$$

Zur Aufstellung der Zustandsgleichungen ist nicht jede **Baumwahl** sinnvoll, wie man durch folgende Überlegung einsieht:

Als Zustandsvariable sind im einfachsten Fall L-FG (bei elektrischen NW also Spulenströme) bzw. C-DG (bei elektrischen NW also Kondensatorspannungen) geeignet, da die zugehörigen L-DG bzw. C-FG durch Differentialgleichungen 1. Ordnung mit ihnen verbunden sind. Da aus der Kenntnis der Zustandsvariablen und der Erregungen die Berechnung sämtlicher anderen Netzwerkgrößen möglich sein soll, wird man wegen der Gln. (35), (36) die NWE C in die Baumzweige und die NWE L in die Verbindungszweige zu legen suchen. Sind in einem Netzwerk jedoch „C-Maschen" oder „L-Schnittmengen" vorhanden, so gibt es zwischen den betreffenden C-DG oder L-FG lineare algebraische Beziehungen, so daß man einige dieser Netzwerkgrößen aus dem das NW beschreibenden Differentialgleichungssystem entfernen kann. Die „abhängigen" C-DG werden zweckmäßig den C in den Verbindungszweigen, die „abhängigen" L-FG den L in den Baumzweigen zugeordnet. Im folgenden wird stets einBaum vorausgesetzt, der die **maximale Anzahl von C-NWE** und die **minimale Anzahl**

von L-NWE enthält (in der englischsprachigen Literatur „proper tree" genannt). Durch diese zusätzliche Einteilung kommt eine weitere Partitionierung der Netzwerkvariablen und -matrizen zustande. Die DG bzw. FG durch die C, R, L des Baumes und die C, R, L der Verbindungszweige werden in den Vektoren $\boldsymbol{u}_{CB}$, $\boldsymbol{u}_{RB}$, $\boldsymbol{u}_{LB}$ bzw. $\boldsymbol{i}_{CB}$, $\boldsymbol{i}_{RB}$, $\boldsymbol{i}_{LB}$ und $\boldsymbol{u}_{CV}$, $\boldsymbol{u}_{RV}$, $\boldsymbol{u}_{LV}$ bzw. $\boldsymbol{i}_{CV}$, $\boldsymbol{i}_{RV}$, $\boldsymbol{i}_{LV}$ zusammengefaßt. Als Zustandsvariable können die $\boldsymbol{u}_{CB}$ und die $\boldsymbol{i}_{LV}$ gewählt werden. Wir werden zeigen, daß sich sämtliche anderen NW-Größen aus ihnen (und den Erregungsgrößen) durch algebraische Beziehungen ausdrücken lassen, so daß $\boldsymbol{u}_{CB}$ und $\boldsymbol{i}_{LV}$ tatsächlich den Zustand des Netzwerkes eindeutig charakterisieren.

Aus den Gln. (35) bzw. (36) wird

$$\begin{pmatrix}\boldsymbol{u}_{CV}\\ \boldsymbol{u}_{RV}\\ \boldsymbol{u}_{LV}\end{pmatrix} = -\begin{pmatrix}\boldsymbol{F}_{CC} & 0 & 0\\ \boldsymbol{F}_{RC} & \boldsymbol{F}_{RR} & 0\\ \boldsymbol{F}_{LC} & \boldsymbol{F}_{LR} & \boldsymbol{F}_{LL}\end{pmatrix}\cdot\begin{pmatrix}\boldsymbol{u}_{CB}+\boldsymbol{u}^e_{CB}\\ \boldsymbol{u}_{RB}+\boldsymbol{u}^e_{RB}\\ \boldsymbol{u}_{LB}+\boldsymbol{u}^e_{LB}\end{pmatrix} - \begin{pmatrix}\boldsymbol{u}^e_{CV}\\ \boldsymbol{u}^e_{RV}\\ \boldsymbol{u}^e_{LV}\end{pmatrix}, \tag{37}$$

$$\begin{pmatrix}\boldsymbol{i}_{CB}\\ \boldsymbol{i}_{RB}\\ \boldsymbol{i}_{LB}\end{pmatrix} = \begin{pmatrix}\boldsymbol{F}^T_{CC} & \boldsymbol{F}^T_{RC} & \boldsymbol{F}^T_{LC}\\ 0 & \boldsymbol{F}^T_{RR} & \boldsymbol{F}^T_{LR}\\ 0 & 0 & \boldsymbol{F}^T_{LL}\end{pmatrix}\cdot\begin{pmatrix}\boldsymbol{i}_{CV}+\boldsymbol{i}^e_{CV}\\ \boldsymbol{i}_{RV}+\boldsymbol{i}^e_{RV}\\ \boldsymbol{i}_{LV}+\boldsymbol{i}^e_{LV}\end{pmatrix} - \begin{pmatrix}\boldsymbol{i}^e_{CB}\\ \boldsymbol{i}^e_{RB}\\ \boldsymbol{i}^e_{LB}\end{pmatrix}. \tag{38}$$

Dabei ist bei der Partitionierung der Matrix $\boldsymbol{F}$ bereits ausgenutzt worden, daß einige Submatrizen stets $\boldsymbol{0}$ sein werden auf Grund der oben getroffenen Festlegung über die Baumwahl. (Zuerst werden möglichst viele C-Zweige, dann erst R-Zweige und schließlich nur so viele L-Zweige wie unbedingt nötig sind, um einen vollständigen Baum aufzustellen, zu Baumzweigen erklärt.)

Da ein C nur dann in einem Verbindungszweig liegt, wenn die durch diesen Verbindungszweig festgelegte Masche eine „C-Masche" ist, müssen die Teilmatrizen $\boldsymbol{F}_{CR}$ und $\boldsymbol{F}_{CL}$ aus lauter Nullen bestehen. Da ein R nur dann in einem Verbindungszweig liegt, wenn die durch den Verbindungszweig festgelegte Masche kein L enthält (läge in dieser Masche ein L, so könnte man diesen Baumzweig zu einem Verbindungszweig und den betrachteten Verbraucher R zum Baumzweig erklären!), muß die Teilmatrix $\boldsymbol{F}_{RL}$ aus lauter Nullen bestehen.

Neben diesen topologischen Beziehungen (die auch noch für nicht-lineare und zeitvariable Netzwerke gelten) müssen noch die **Beziehungen zwischen den DG und den FG der einzelnen NWE** berücksichtigt werden:

$$\begin{pmatrix}\boldsymbol{i}_{CV}\\ \boldsymbol{i}_{CB}\end{pmatrix} = \begin{pmatrix}\boldsymbol{C}_V & 0\\ 0 & \boldsymbol{C}_B\end{pmatrix}\cdot\begin{pmatrix}\dot{\boldsymbol{u}}_{CV}\\ \dot{\boldsymbol{u}}_{CB}\end{pmatrix}, \tag{39}$$

$$\begin{pmatrix}\boldsymbol{u}_{RV}\\ \boldsymbol{i}_{RB}\end{pmatrix} = \begin{pmatrix}\boldsymbol{R}_V & 0\\ 0 & \boldsymbol{G}_B\end{pmatrix}\cdot\begin{pmatrix}\boldsymbol{i}_{RV}\\ \boldsymbol{u}_{RB}\end{pmatrix}, \tag{40}$$

$$\begin{pmatrix}\boldsymbol{u}_{LV}\\ \boldsymbol{u}_{LB}\end{pmatrix} = \begin{pmatrix}\boldsymbol{L}_{11} & \boldsymbol{L}_{12}\\ \boldsymbol{L}_{21} & \boldsymbol{L}_{22}\end{pmatrix}\cdot\begin{pmatrix}\dot{\boldsymbol{i}}_{LV}\\ \dot{\boldsymbol{i}}_{LB}\end{pmatrix}. \tag{41}$$

In den Diagonalmatrizen $\boldsymbol{C}_B$, $\boldsymbol{G}_B$, $\boldsymbol{C}_V$ und $\boldsymbol{R}_V$ sind die NWE-Werte der C-Baumzweige und R-Baumzweige (mit $G = 1/R$) und der C-Verbindungszweige und

R-Verbindungszweige enthalten, in den Matrizen $\boldsymbol{L}_{11}$, $\boldsymbol{L}_{12} = \boldsymbol{L}_{21}^T$ und $\boldsymbol{L}_{22}$ die Selbst- und Gegen-Induktivitäten aller L-Zweige. Aus diesen Gleichungen sind nun die Teilvektoren $\boldsymbol{u}_{RB}$, $\boldsymbol{i}_{RB}$, $\boldsymbol{u}_{RV}$, $\boldsymbol{i}_{RV}$, $\boldsymbol{u}_{CV}$, $\boldsymbol{i}_{CV}$, $\boldsymbol{i}_{LB}$, $\boldsymbol{u}_{LB}$ zu eliminieren. Der Übersichtlichkeit halber werden vorübergehend die Abkürzungen

$$\left.\begin{aligned}\begin{pmatrix}\boldsymbol{e}_C\\ \boldsymbol{e}_R\\ \boldsymbol{e}_L\end{pmatrix} &= -\begin{pmatrix}\boldsymbol{F}_{CC} & 0 & 0\\ \boldsymbol{F}_{RC} & \boldsymbol{F}_{RR} & 0\\ \boldsymbol{F}_{LC} & \boldsymbol{F}_{LR} & \boldsymbol{F}_{LL}\end{pmatrix}\cdot\begin{pmatrix}\boldsymbol{u}^e_{CB}\\ \boldsymbol{u}^e_{RB}\\ \boldsymbol{u}^e_{LB}\end{pmatrix} - \begin{pmatrix}\boldsymbol{u}^e_{CV}\\ \boldsymbol{u}^e_{RV}\\ \boldsymbol{u}^e_{LV}\end{pmatrix},\\ \begin{pmatrix}\boldsymbol{j}_C\\ \boldsymbol{j}_R\\ \boldsymbol{j}_L\end{pmatrix} &= \begin{pmatrix}\boldsymbol{F}^T_{CC} & \boldsymbol{F}^T_{RC} & \boldsymbol{F}^T_{LC}\\ 0 & \boldsymbol{F}^T_{RR} & \boldsymbol{F}^T_{LR}\\ 0 & 0 & \boldsymbol{F}^T_{LL}\end{pmatrix}\cdot\begin{pmatrix}\boldsymbol{i}^e_{CV}\\ \boldsymbol{i}^e_{RV}\\ \boldsymbol{i}^e_{LV}\end{pmatrix} - \begin{pmatrix}\boldsymbol{i}^e_{CB}\\ \boldsymbol{i}^e_{RB}\\ \boldsymbol{i}^e_{LB}\end{pmatrix}\end{aligned}\right\} \tag{42}$$

in die Gln. (37), (38) eingeführt.

Zuerst kann man die Variablen $\boldsymbol{u}_{CV}$, $\boldsymbol{i}_{CV}$, $\boldsymbol{u}_{LB}$ und $\boldsymbol{i}_{LB}$ eliminieren und erhält aus $\boldsymbol{i}_{CB} = \boldsymbol{C}_B\dot{\boldsymbol{u}}_{CB}$:

$$\boldsymbol{C}_H\dot{\boldsymbol{u}}_{CB} = \boldsymbol{F}^T_{LC}\boldsymbol{i}_{LV} + \boldsymbol{F}^T_{RC}\boldsymbol{i}_{RV} + \boldsymbol{F}^T_{CC}\boldsymbol{C}_V\dot{\boldsymbol{e}}_C + \boldsymbol{j}_C \tag{43}$$

mit

$$\boldsymbol{C}_H = \boldsymbol{C}_B + \boldsymbol{F}^T_{CC}\boldsymbol{C}_V\boldsymbol{F}_{CC} \tag{44}$$

sowie aus $\boldsymbol{u}_{LV} = \boldsymbol{L}_{11}\dot{\boldsymbol{i}}_{LV} + \boldsymbol{L}_{12}\dot{\boldsymbol{i}}_{LB}$ und den Gln. (37), (38), (41):

$$\boldsymbol{L}_H\dot{\boldsymbol{i}}_{LV} = -\boldsymbol{F}_{LC}\boldsymbol{u}_{CB} - \boldsymbol{F}_{LR}\boldsymbol{u}_{RB} - (\boldsymbol{L}_{12} + \boldsymbol{F}_{LL}\boldsymbol{L}_{22})\dot{\boldsymbol{j}}_L + \boldsymbol{e}_L \tag{45}$$

mit

$$\boldsymbol{L}_H = \boldsymbol{L}_{11} + \boldsymbol{F}_{LL}\boldsymbol{L}_{22}\boldsymbol{F}^T_{LL} + \boldsymbol{L}_{12}\boldsymbol{F}^T_{LL} + \boldsymbol{F}_{LL}\boldsymbol{L}_{21}\,. \tag{46}$$

Aus den Gln. (43), (45) müssen noch $\boldsymbol{i}_{RV}$ und $\boldsymbol{u}_{RB}$ eliminiert werden, was mit Hilfe der Beziehungen

$$\boldsymbol{R}_H\boldsymbol{i}_{RV} = -\boldsymbol{F}_{RC}\boldsymbol{u}_{CB} - \boldsymbol{F}_{RR}\boldsymbol{R}_B\boldsymbol{F}^T_{LR}\boldsymbol{i}_{LV} - \boldsymbol{F}_{RR}\boldsymbol{R}_B\boldsymbol{j}_R + \boldsymbol{e}_R \tag{47}$$

mit

$$\boldsymbol{R}_H = \boldsymbol{R}_V + \boldsymbol{F}_{RR}\boldsymbol{R}_B\boldsymbol{F}^T_{RR}\,, \qquad \boldsymbol{R}_B = \boldsymbol{G}_B^{-1} \tag{48}$$

und

$$\boldsymbol{G}_H\boldsymbol{u}_{RB} = -\boldsymbol{F}^T_{RR}\boldsymbol{G}_V\boldsymbol{F}_{RC}\boldsymbol{u}_{CB} + \boldsymbol{F}^T_{LR}\boldsymbol{i}_{LV} + \boldsymbol{j}_R + \boldsymbol{F}^T_{RR}\boldsymbol{G}_V\boldsymbol{e}_R \tag{49}$$

mit

$$\boldsymbol{G}_H = \boldsymbol{G}_B + \boldsymbol{F}^T_{RR}\boldsymbol{G}_V\boldsymbol{F}_{RR}\,, \qquad \boldsymbol{G}_V = \boldsymbol{R}_V^{-1} \tag{50}$$

möglich ist. Man erhält schließlich die gesuchten Beziehungen zwischen den Zustandsvariablen $\boldsymbol{u}_{CB}$, $\boldsymbol{i}_{LV}$, ihren Ableitungen und den Erregungen

$$\begin{aligned}\dot{\boldsymbol{x}} = \begin{pmatrix}\dot{\boldsymbol{u}}_{CB}\\ \dot{\boldsymbol{i}}_{LV}\end{pmatrix} &= \begin{pmatrix}\boldsymbol{C}_H^{-1} & 0\\ 0 & \boldsymbol{L}_H^{-1}\end{pmatrix}\begin{pmatrix}-\boldsymbol{F}^T_{RC}\boldsymbol{R}_H^{-1}\boldsymbol{F}_{RC} & \boldsymbol{F}^T_{LC}-\boldsymbol{F}^T_{RC}\boldsymbol{R}_H^{-1}\boldsymbol{F}_{RR}\boldsymbol{R}_B\boldsymbol{F}^T_{LR}\\ -\boldsymbol{F}_{LC}+\boldsymbol{F}_{LR}\boldsymbol{G}_H^{-1}\boldsymbol{F}^T_{RR}\boldsymbol{G}_V\boldsymbol{F}_{RC} & -\boldsymbol{F}_{LR}\boldsymbol{G}_H^{-1}\boldsymbol{F}^T_{LR}\end{pmatrix}\begin{pmatrix}\boldsymbol{u}_{CB}\\ \boldsymbol{i}_{LV}\end{pmatrix}\\ &+ \begin{pmatrix}\boldsymbol{C}_H^{-1} & 0\\ 0 & \boldsymbol{L}_H^{-1}\end{pmatrix}\begin{pmatrix}\boldsymbol{E} & -\boldsymbol{F}^T_{RC}\boldsymbol{R}_H^{-1}\boldsymbol{F}_{RR}\boldsymbol{R}_B & 0 & \boldsymbol{F}^T_{CC}\boldsymbol{C}_V & \boldsymbol{F}^T_{RC}\boldsymbol{R}_H^{-1} & 0\\ 0 & -\boldsymbol{F}_{LR}\boldsymbol{G}_H^{-1} & -(\boldsymbol{L}_{12}+\boldsymbol{F}_{LL}\boldsymbol{L}_{22}) & 0 & -\boldsymbol{F}_{LR}\boldsymbol{G}_H^{-1}\boldsymbol{F}^T_{RR}\boldsymbol{G}_V & \boldsymbol{E}\end{pmatrix}\begin{bmatrix}\boldsymbol{j}_C\\ \boldsymbol{j}_R\\ \dot{\boldsymbol{j}}_L\\ \dot{\boldsymbol{e}}_C\\ \boldsymbol{e}_R\\ \boldsymbol{e}_L\end{bmatrix}\end{aligned} \tag{51}$$

Bei der praktischen Berechnung wird man folgende Relation beachten

$$\boldsymbol{F}_{LC}^T - \boldsymbol{F}_{RC}^T \boldsymbol{R}_H^{-1} \boldsymbol{F}_{RR} \boldsymbol{R}_B \boldsymbol{F}_{LR}^T = (\boldsymbol{F}_{LC} - \boldsymbol{F}_{LR} \boldsymbol{G}_H^{-1} \boldsymbol{F}_{RR}^T \boldsymbol{G}_V \boldsymbol{F}_{RC})^T = \boldsymbol{H} \, . \qquad (51')$$

Gl. (51) wird nun so geschrieben, daß die Erregungsgrößen selbst (und nicht die Abkürzungen gemäß Gl. (42)) verwendet werden (dafür werden die Hilfsmatrizen $\boldsymbol{Y}_H$, $\boldsymbol{Z}_H$ und $\boldsymbol{H}$ eingeführt, deren Bedeutung aus dem Vergleich mit Gl. (51) hervorgeht):

$$\begin{pmatrix} \dot{\boldsymbol{u}}_{CB} \\ \dot{\boldsymbol{i}}_{LV} \end{pmatrix} = \begin{pmatrix} \boldsymbol{C}_H^{-1} & 0 \\ 0 & \boldsymbol{L}_H^{-1} \end{pmatrix} \begin{pmatrix} -\boldsymbol{Y}_H & \boldsymbol{H} \\ -\boldsymbol{H}^T & -\boldsymbol{Z}_H \end{pmatrix} \begin{pmatrix} \boldsymbol{u}_{CB} \\ \boldsymbol{i}_{LV} \end{pmatrix} + \begin{pmatrix} \boldsymbol{C}_H^{-1} & 0 \\ 0 & \boldsymbol{L}_H^{-1} \end{pmatrix} \begin{pmatrix} -\boldsymbol{Y}_H & \boldsymbol{H} & \boldsymbol{F}_{CC}^T & 0 \\ -\boldsymbol{H}^T & -\boldsymbol{Z}_H & 0 & -\boldsymbol{F}_{LL} \end{pmatrix}$$

$$\cdots \begin{matrix} \boldsymbol{F}_{RC}^T \boldsymbol{R}_H^{-1} \boldsymbol{R}_V & -\boldsymbol{F}_{RC}^T \boldsymbol{R}_H^{-1} \boldsymbol{F}_{RR} & -\boldsymbol{F}_{RC}^T \boldsymbol{R}_H^{-1} & \boldsymbol{F}_{RC}^T \boldsymbol{R}_H^{-1} \boldsymbol{F}_{RR} \boldsymbol{R}_B & -\boldsymbol{E} & 0 \\ -\boldsymbol{F}_{LR} \boldsymbol{G}_H^{-1} \boldsymbol{F}_{RR}^T & -\boldsymbol{F}_{LR} \boldsymbol{G}_H^{-1} \boldsymbol{G}_B & \boldsymbol{F}_{LR} \boldsymbol{G}_H^{-1} \boldsymbol{F}_{RR} \boldsymbol{G}_V & \boldsymbol{F}_{LR} \boldsymbol{G}_H^{-1} & 0 & -\boldsymbol{E} \end{matrix} \Bigg) \boldsymbol{v}_1$$

$$+ \begin{pmatrix} \boldsymbol{C}_H^{-1} & 0 \\ 0 & \boldsymbol{L}_H^{-1} \end{pmatrix} \begin{pmatrix} -\boldsymbol{F}_{CC}^T \boldsymbol{C}_V \boldsymbol{F}_{CC} & -\boldsymbol{F}_{CC}^T \boldsymbol{C}_V & 0 & 0 \\ 0 & 0 & -(\boldsymbol{L}_{12} \boldsymbol{F}_{LL}^T + \boldsymbol{F}_{LL} \boldsymbol{L}_{22} \boldsymbol{F}_{LL}^T) & \boldsymbol{L}_{12} + \boldsymbol{F}_{LL} \boldsymbol{L}_{22} \end{pmatrix} \dot{\boldsymbol{v}}_2 \qquad (52)$$

mit

$$\boldsymbol{Y}_H = \boldsymbol{F}_{RC}^T \boldsymbol{R}_H^{-1} \boldsymbol{F}_{RC} \, ,$$

$$\boldsymbol{Z}_H = \boldsymbol{F}_{LR} \boldsymbol{G}_H^{-1} \boldsymbol{F}_{LR}^T \, , \qquad (52')$$

$$\boldsymbol{v}_1 = (\boldsymbol{u}_{CB}^e, \boldsymbol{i}_{LV}^e, \boldsymbol{i}_{CV}^e, \boldsymbol{u}_{LB}^e, \boldsymbol{i}_{RV}^e, \boldsymbol{u}_{RB}^e, \boldsymbol{u}_{RV}^e, \boldsymbol{i}_{RB}^e, \boldsymbol{i}_{CB}^e, \boldsymbol{u}_{LV}^e)^T \, ,$$

$$\dot{\boldsymbol{v}}_2 = (\dot{\boldsymbol{u}}_{CB}^e, \dot{\boldsymbol{u}}_{CV}^e, \dot{\boldsymbol{i}}_{LV}^e, \dot{\boldsymbol{i}}_{LB}^e)^T \, .$$

Den Vektor aller Erregungen $\boldsymbol{v}$ erhält man, wenn man zu $\boldsymbol{v}_1$ noch $\boldsymbol{u}_{CV}^e$ und $\boldsymbol{i}_{LB}^e$ hinzufügt. Damit ist das eingangs gestellte Problem gelöst, die Zustandsgleichungen für *RLCM*-Netzwerke zu formulieren:

$$\dot{\boldsymbol{x}} = \boldsymbol{A}\boldsymbol{x} + \boldsymbol{B}\boldsymbol{v} + \boldsymbol{S}\dot{\boldsymbol{v}} \, . \qquad \text{(VII)}$$

Aus dem Zustandsvektor $\boldsymbol{x}$ und den Erregungen bzw. aus $\dot{\boldsymbol{x}}$ lassen sich alle anderen Variablen ohne Schwierigkeiten berechnen, wenn man die Gln. (37) bis (42), (47), (49) berücksichtigt. Die explizite Angabe der Matrizen in

$$\boldsymbol{y} = \boldsymbol{C}\boldsymbol{x} + \boldsymbol{D}\boldsymbol{v} + \boldsymbol{T}\dot{\boldsymbol{v}} \qquad \text{(VIII)}$$

ist damit ebenfalls möglich, jedoch etwas umständlich und soll deshalb hier unterbleiben.

Man erkennt aus den hergeleiteten Formeln die Vor- und Nachteile der Verwendung topologischer Zusammenhänge (37), (38) bei der Aufstellung der Zustandsgleichungen: man erhält geschlossene Endformeln, die in prinzipiell sehr übersichtlicher Weise gewonnen werden, die aber recht kompliziert aufgebaut sind und in einem Rechenprogramm zu einer sehr aufwendigen Programmierung führen.

Wesentlich komplizierter wird die topologische Methode jedoch, wenn **NW mit Mehrtoren** betrachtet werden. Die Berücksichtigung von **MT mit konstanten Parametern** ist zwar in formal sehr übersichtlicher Weise möglich: anstelle der Gl. (40) kann man nach [K-R-65a]

$$\begin{pmatrix} \boldsymbol{u}_{RV} \\ \boldsymbol{i}_{RB} \end{pmatrix} = \begin{pmatrix} \boldsymbol{H}_{11} & \boldsymbol{H}_{12} \\ \boldsymbol{H}_{21} & \boldsymbol{H}_{22} \end{pmatrix} \begin{pmatrix} \boldsymbol{i}_{RV} \\ \boldsymbol{u}_{RB} \end{pmatrix} \tag{53}$$

ansetzen. Schwierigkeiten ergeben sich, wenn von einzelnen Mehrtoren nur bestimmte Parameter definiert sind, andere jedoch nicht. Daraus ergeben sich Forderungen an die Wahl des vollständigen Baumes, die mit den oben genannten Forderungen an einen „proper tree" (maximale Anzahl von C-Zweigen und minimale Anzahl von L-Zweigen) nicht immer in Einklang zu bringen sind. Sind z.B. für ein MT nur die y-Parameter definiert, so müssen gemäß Gl. (53) die MT-Zweige zum Baum gehören. Liegt nun parallel zu einem Tor dieses MT ein C-Zweig, so wird dieser in das Verbindungszweigsystem eingeordnet, obwohl er nicht in einer C-Masche liegt. Damit gelten jedoch die topologischen Beziehungen (37), (38) nicht mehr. Mithin lassen sich alle daraus hergeleiteten Formeln nicht mehr anwenden. Um derartige Verhältnisse zu berücksichtigen, sind zusätzliche topologische Überlegungen nötig, die schließlich zu erheblich komplizierteren Gleichungssystemen führen (s. z.B. [Der-65]). Eine andere Möglichkeit, gesteuerte Quellen zu berücksichtigen, besteht darin, diese zunächst als unabhängige Quellen zu betrachten und die tatsächlichen Abhängigkeiten nachträglich zu berücksichtigen:

Im ersten Schritt des Verfahrens werden die im NW vorhandenen gesteuerten Quellen als unabhängige Quellen aufgefaßt und in einem Vektor $\boldsymbol{v}_g$ zusammengefaßt. Für dieses modifizierte $RLCM$-NW werden mit der Formel (52) die Zustandsgleichungen aufgestellt, die jetzt — bei geeigneter Partitionierung der Matrizen — die Form

$$\boldsymbol{x} = \boldsymbol{A}\boldsymbol{x} + (\boldsymbol{B}, \boldsymbol{B}_g) \begin{pmatrix} \boldsymbol{v} \\ \boldsymbol{v}_g \end{pmatrix} + (\boldsymbol{S}, \boldsymbol{S}_g) \begin{pmatrix} \dot{\boldsymbol{v}} \\ \dot{\boldsymbol{v}}_g \end{pmatrix}, \tag{54}$$

$$\boldsymbol{y} = \boldsymbol{C}\boldsymbol{x} + (\boldsymbol{D}, \boldsymbol{D}_g) \begin{pmatrix} \boldsymbol{v} \\ \boldsymbol{v}_g \end{pmatrix} + (\boldsymbol{T}, \boldsymbol{T}_g) \begin{pmatrix} \dot{\boldsymbol{v}} \\ \dot{\boldsymbol{v}}_g \end{pmatrix} \tag{55}$$

annehmen.

Im zweiten Schritt des Verfahrens wird berücksichtigt, daß $\boldsymbol{v}_g$ von anderen NW-Größen abhängig ist. Da von vornherein bekannt ist, welche NW-Größen $\boldsymbol{v}_g$ beeinflussen, kann man diese als Komponenten von $\boldsymbol{y}$ auffassen und mit Hilfe von Gl. (55) berechnen. Sehr oft wird es gelingen, eine Darstellung

$$\boldsymbol{v}_g = \boldsymbol{F}\boldsymbol{x} + \boldsymbol{G}\boldsymbol{v} + \boldsymbol{H}\boldsymbol{v}_g$$

zu finden. Daraus erhält man

$$\boldsymbol{v}_g = (\boldsymbol{E} - \boldsymbol{H})^{-1}\boldsymbol{F}\boldsymbol{x} + (\boldsymbol{E} - \boldsymbol{H})^{-1}\boldsymbol{G}\boldsymbol{v}\,, \tag{56}$$

wobei die Regularität der Matrix $(\boldsymbol{E} - \boldsymbol{H})$ vorausgesetzt wurde.

Im dritten und letzten Schritt setzt man Gl. (56) in (54), (55) ein. Auf diese Weise wird an Stelle des modifizierten *RLCM*-NW wieder das ursprüngliche NW mit gesteuerten Quellen beschrieben. Man erhält

$$\begin{aligned}[\boldsymbol{E} - \boldsymbol{S}_g(\boldsymbol{E} - \boldsymbol{H})^{-1}\boldsymbol{F}]\,\dot{\boldsymbol{x}} = {} & [\boldsymbol{A} + \boldsymbol{B}_g(\boldsymbol{E} - \boldsymbol{H})^{-1}\boldsymbol{F}]\,\boldsymbol{x} \\ & + [\boldsymbol{B} + \boldsymbol{B}_g(\boldsymbol{E} - \boldsymbol{H})^{-1}\boldsymbol{G}]\,\boldsymbol{v} \\ & + [\boldsymbol{S} + \boldsymbol{S}_g(\boldsymbol{E} - \boldsymbol{H})^{-1}\boldsymbol{G}]\,\dot{\boldsymbol{v}}\,,\end{aligned} \tag{57}$$

$$\begin{aligned}\boldsymbol{y} = \boldsymbol{T}_g(\boldsymbol{E} - \boldsymbol{H})^{-1}\boldsymbol{F}\dot{\boldsymbol{x}} & + [\boldsymbol{C} + \boldsymbol{D}_g(\boldsymbol{E} - \boldsymbol{H})^{-1}\boldsymbol{F}]\,\boldsymbol{x} \\ & + [\boldsymbol{D} + \boldsymbol{D}_g(\boldsymbol{E} - \boldsymbol{H})^{-1}\boldsymbol{G}]\,\boldsymbol{v} \\ & + [\boldsymbol{T} + \boldsymbol{T}_g(\boldsymbol{E} - \boldsymbol{H})^{-1}\boldsymbol{G}]\,\dot{\boldsymbol{v}}\,.\end{aligned} \tag{58}$$

Aus Gl. (57) erhält man nach Multiplikation mit $[\boldsymbol{E} - \boldsymbol{S}_g(\boldsymbol{E} - \boldsymbol{H})^{-1}\boldsymbol{F}]^{-1}$, deren Existenz ebenfalls vorausgesetzt werden muß, die gesuchte Gleichung (VII) für das NW mit MT. Setzt man dann diese Gl. in Gl. (58) ein, so erhält man die gesuchte Gl. (VIII) für das NW mit MT. Die Formeln vereinfachen sich beträchtlich, wenn $\boldsymbol{S}_g = \boldsymbol{0}$ oder/und $\boldsymbol{T}_g = \boldsymbol{0}$ gilt. Das ist bei praktischen NW häufig erfüllt.

Die Gültigkeit des Verfahrens hängt von der Berechtigung des Ansatzes (56) sowie der Regularität der Matrizen $(\boldsymbol{E} - \boldsymbol{H})$ und $[\boldsymbol{E} - \boldsymbol{S}_g(\boldsymbol{E} - \boldsymbol{H})^{-1}\boldsymbol{F}]$ ab. Es sind Beispiele denkbar, bei denen diese Voraussetzungen nicht erfüllt sind – auf Grund sehr idealisierter Modelle für die realen Komponenten. Durch eine realistischere Modellierung dürften sich solche Schwierigkeiten stets umgehen lassen.

Andere uns bekannt gewordene Verfahren zur Aufstellung der Zustandsgleichungen für MT-NW (z.B. das in [Pot-66] oder das im folgenden Abschnitt beschriebene) kennen diese Schwierigkeiten nicht, sind dafür aber komplizierter aufgebaut.

4.2.1.2. Aufstellung mit algebraischen Methoden

Von Fettweis [Fet-69a, Fet-69b] ist gezeigt worden, wie es unter sehr weiten Voraussetzungen möglich ist, ein System von Differentialgleichungen in die Form der Zustandsgleichungen überzuführen. Das Besondere an diesem Verfahren – gegenüber anderen Verfahren aus der Theorie linearer Differentialgleichungen (s. z.B. [Gan-66]) – besteht darin, daß als Zustandsvariable ausschließlich Variable verwendet werden, die bereits im ursprünglichen Differential-Gls. vorkommen, hier also DG und FG im Netzwerk. Das ist zwar für die numerische Lösung von Differential-Gls. ohne große Bedeutung, für weiterführende Diskussionen der Zustandsgleichungen aber oft sehr erwünscht.

Hier soll das von FETTWEIS angegebene Verfahren speziell auf NW-Gln. angewandt werden. Dabei ergeben sich Vereinfachungen im Algorithmus, die für eine Programmierung des Verfahrens von Bedeutung sind.

Wir wollen im folgenden annehmen, daß die Mehrtore konstante y-Parameter besitzen und vorübergehend den Differentialoperator $s = \frac{\mathrm{d}}{\mathrm{d}t}$ verwenden. Den Ausgangspunkt für die Umformung in ein Zustandsvariablen-Gls. möge hier ein System der Zweig-FG-Knoten-DG-Gln. bilden, vgl. S. 120,

$$\begin{pmatrix} \boldsymbol{Z} & \boldsymbol{K}^T \\ \boldsymbol{K} & -\boldsymbol{K}_M \boldsymbol{Y}_M \boldsymbol{K}_M^T \end{pmatrix} \begin{pmatrix} -\boldsymbol{i} \\ \boldsymbol{u}_\varnothing \end{pmatrix} = \begin{pmatrix} \boldsymbol{u}^e \\ -\boldsymbol{i}^\varnothing \end{pmatrix}. \tag{59}$$

Darin ist

$\boldsymbol{Z}$ die Matrix der Zweigimpedanzen der 1-Tor-Zweige (einschließlich Gegeninduktivitäten),

$\boldsymbol{Y}_M$ die Quasidiagonalmatrix der Mehrtorparameter, in der die quadratischen Mehrtormatrizen der einzelnen Mehrtore zusammengefaßt sind (ohne Gegeninduktivitäten),

$\boldsymbol{u}^e$ der Vektor der unabhängigen Spannungsquellen,

$\boldsymbol{i}^\varnothing$ der Vektor der in die einzelnen Knoten eingespeisten FG, in den auch die evtl. vorhandenen D-Quellen in MT-Zweigen eingerechnet wurden (s. Gl. (61)).

Teilt man die 1-Tor-Zweige in L-, C- und R-Zweige ein, so lassen sich $\boldsymbol{Z}$, $\boldsymbol{K}$, $\boldsymbol{i}$, $\boldsymbol{u}^e$ und $\boldsymbol{i}^e$ entsprechend partitionieren:

$$\left[\begin{array}{ccc|c} s\boldsymbol{L} & 0 & 0 & \boldsymbol{K}_L^T \\ 0 & \frac{1}{s}\boldsymbol{C}^{-1} & 0 & \boldsymbol{K}_C^T \\ 0 & 0 & \boldsymbol{R} & \boldsymbol{K}_R^T \\ \hline \boldsymbol{K}_L & \boldsymbol{K}_C & \boldsymbol{K}_R & -\boldsymbol{K}_M \boldsymbol{Y}_M \boldsymbol{K}_M^T \end{array}\right] \begin{bmatrix} -\boldsymbol{i}_L \\ -\boldsymbol{i}_C \\ -\boldsymbol{i}_R \\ \boldsymbol{u}_\varnothing \end{bmatrix} = \begin{bmatrix} \boldsymbol{u}_L^e \\ \boldsymbol{u}_C^e \\ \boldsymbol{u}_R^e \\ -\boldsymbol{i}^\varnothing \end{bmatrix}, \tag{60}$$

$$-\boldsymbol{i}^\varnothing = (\boldsymbol{K}_L, \boldsymbol{K}_C, \boldsymbol{K}_R, \boldsymbol{K}_M) \begin{bmatrix} \boldsymbol{i}_L^e \\ \boldsymbol{i}_C^e \\ \boldsymbol{i}_R^e \\ \boldsymbol{i}_M^e - \boldsymbol{Y}_M \boldsymbol{u}_M^e \end{bmatrix}. \tag{61}$$

In Gl. (60) bedeuten — in der Sprechweise der elektrischen NW — $\boldsymbol{C}$ die Diagonalmatrix der Kapazitäten, $\boldsymbol{R}$ die Diagonalmatrix der Widerstände und $\boldsymbol{L}$ die Matrix der Selbst- und Gegeninduktivitäten. Man kann

$$\boldsymbol{i}_R = \boldsymbol{R}^{-1} \boldsymbol{K}_R^T \boldsymbol{u}_\varnothing - \boldsymbol{R}^{-1} \boldsymbol{u}_R^e \tag{62}$$

eliminieren, $\boldsymbol{i}_C$ durch $\boldsymbol{u}_C = \frac{1}{s} \boldsymbol{C}^{-1} \boldsymbol{i}_C$ ersetzen und erhält damit

$$\begin{pmatrix} s\boldsymbol{L} & 0 & \boldsymbol{K}_L^T \\ \boldsymbol{K}_L & s\boldsymbol{K}_C\boldsymbol{C} & \boldsymbol{Y} \\ 0 & \boldsymbol{E} & \boldsymbol{K}_C^T \end{pmatrix} \begin{pmatrix} -\boldsymbol{i}_L \\ -\boldsymbol{u}_C \\ \boldsymbol{u}_\varnothing \end{pmatrix} = \begin{pmatrix} \boldsymbol{u}_L^e \\ -\boldsymbol{i}^\varnothing - \boldsymbol{K}_R \boldsymbol{R}^{-1} \boldsymbol{u}_R^e \\ \boldsymbol{u}_C^e \end{pmatrix}, \tag{63}$$

ein Differentialgleichungssystem 1. Ordnung, das sich jedoch noch nicht in Zustandsgleichungsform befindet.

Als Abkürzung ist

$$\boldsymbol{Y} = -\boldsymbol{K}_R \boldsymbol{R}^{-1} \boldsymbol{K}_R^T - \boldsymbol{K}_M \boldsymbol{Y}_M \boldsymbol{K}_M^T \tag{64}$$

eingeführt worden.

Die Struktur dieses Gleichungssystems wird durch eine andere Schreibweise noch deutlicher,

$$\begin{matrix} l \\ k-1 \\ c \end{matrix} \overset{\begin{matrix} l & c & k-1 \end{matrix}}{\begin{pmatrix} \boldsymbol{L} & 0 & 0 \\ 0 & \boldsymbol{K}_C\boldsymbol{C} & 0 \\ \hline 0 & 0 & 0 \end{pmatrix}} \begin{pmatrix} -\dot{\boldsymbol{i}}_L \\ -\dot{\boldsymbol{u}}_C \\ \dot{\boldsymbol{u}}_\varnothing \end{pmatrix} + \overset{\begin{matrix} l & c & k-1 \end{matrix}}{\begin{pmatrix} 0 & 0 & \boldsymbol{K}_L^T \\ \boldsymbol{K}_L & 0 & \boldsymbol{Y} \\ \hline 0 & \boldsymbol{E} & \boldsymbol{K}_C^T \end{pmatrix}} \begin{pmatrix} -\boldsymbol{i}_L \\ -\boldsymbol{u}_C \\ \boldsymbol{u}_\varnothing \end{pmatrix} = \begin{pmatrix} \boldsymbol{E} & 0 & 0 & 0 \\ 0 & 0 & -\boldsymbol{K}_R \boldsymbol{R}^{-1} & \boldsymbol{E} \\ \hline 0 & \boldsymbol{E} & 0 & 0 \end{pmatrix} \begin{pmatrix} \boldsymbol{u}_L^e \\ \boldsymbol{u}_C^e \\ \boldsymbol{u}_R^e \\ -\boldsymbol{i}^\varnothing \end{pmatrix} \tag{65}$$

mit l = Zahl der L-Zweige, c = Zahl der C-Zweige, k = Zahl der Knoten des NW. Gl. (65) kann kürzer so geschrieben werden:

$$\boldsymbol{P}\dot{\boldsymbol{w}} + \boldsymbol{Q}\boldsymbol{w} = \boldsymbol{W}\boldsymbol{v}\,. \tag{66}$$

In der Matrix $\boldsymbol{W}$ werden zur Verringerung des Rechenaufwandes alle Spalten weggelassen, denen eine Null im Erregungsvektor entspricht. Am Rande der Matrizen ist — soweit wie nötig — die Zeilen- und Spaltenzahl der Submatrizen angegeben. Wäre $\boldsymbol{P}$ invertierbar, so hätte man bereits die Zustandsgleichungen (nach Multiplikation von Gl. (66) mit $\boldsymbol{P}^{-1}$). Das ist jedoch nicht der Fall, da aus dem Gleichungssystem noch die Knoten-DG sowie die „abhängigen" C-DG und L-FG (die sich durch lineare algebraische Beziehungen aus den Zustandsvariablen und den Erregungsgrößen berechnen lassen) eliminiert werden müssen. Das folgende Verfahren beruht auf der Grundidee, daß man schrittweise aus dem Gls. (66) alle algebraischen Abhängigkeiten entfernt, bis eine hinreichend große Submatrix von $\boldsymbol{P}$ invertierbar ist.

Man erhält dann ein Gleichungssystem der Form

$$\begin{pmatrix} \boldsymbol{E} & 0 & 0 \\ 0 & 0 & 0 \\ 0 & 0 & 0 \end{pmatrix} \begin{pmatrix} -\dot{\boldsymbol{x}} \\ -\dot{\boldsymbol{z}} \\ \dot{\boldsymbol{u}}_\varnothing \end{pmatrix} + \begin{pmatrix} \boldsymbol{Q}_1 & 0 & 0 \\ \boldsymbol{Q}_2 & \boldsymbol{E} & 0 \\ \boldsymbol{Q}_3 & 0 & \boldsymbol{E} \end{pmatrix} \begin{pmatrix} -\boldsymbol{x} \\ -\boldsymbol{z} \\ \boldsymbol{u}_\varnothing \end{pmatrix} = \begin{pmatrix} \boldsymbol{W}_{11} \\ \boldsymbol{W}_{21} \\ \boldsymbol{W}_{31} \end{pmatrix} \boldsymbol{v} + \begin{pmatrix} \boldsymbol{W}_{12} \\ \boldsymbol{W}_{22} \\ \boldsymbol{W}_{32} \end{pmatrix} \dot{\boldsymbol{v}}\,,$$

das unten als Formel (72) hergeleitet wird und aus dem man die Zustandsgleichungen (VII), (VIII) ohne weiteres herleiten kann.

Das Verfahren besteht aus einer Anzahl von Schritten, bei denen im wesentlichen immer wieder eine **Elimination von abhängigen Variablen** mit den Verfahren nach GAUSS- oder GAUSS-JORDAN durchgeführt wird. Die in den aufeinanderfolgenden Schritten entstehenden Submatrizen werden durch Indizes bzw. durch Kennzeichnung mit ′ bzw. ″ voneinander unterschieden.

Schritt 1:

Die Knoten-DG werden eliminiert:

In $\boldsymbol{Q}$ wird durch Zeilenvertauschung und -kombination eine $(k-1)$-reihige Einheitsmatrix erzeugt. Die gleichen Operationen werden gleichzeitig an den Matrizen $\boldsymbol{P}$ und $\boldsymbol{W}$ ausgeführt, so daß Matrizen der Form

$$\begin{matrix} \\ l+c \\ k-1 \end{matrix}\begin{matrix} l+c & k-1 \\ \begin{pmatrix} \boldsymbol{P}_1 & 0 \\ \boldsymbol{P}_2 & 0 \end{pmatrix} \end{matrix}, \quad \begin{matrix} \\ l+c \\ k-1 \end{matrix}\begin{matrix} l+c & k-1 \\ \begin{pmatrix} \boldsymbol{Q}_{11} & 0 \\ \boldsymbol{Q}_{21} & \boldsymbol{E} \end{pmatrix} \end{matrix}, \quad \begin{matrix} l+c \\ k-1 \end{matrix}\begin{pmatrix} \boldsymbol{W}_1 \\ \boldsymbol{W}_2 \end{pmatrix} \tag{67}$$

entstehen. Diese Einheitsmatrix läßt sich immer dann bilden, wenn das Netzwerk durch das (hier verwendete) Knoten-DG-Zweig-FG-Gls. (59) oder durch andere mögliche NW-Gln. eindeutig beschrieben werden kann.

Das erkennt man so:

Wenn sich die Einheitsmatrix nicht erzeugen ließe, so müßte der Rang

$$\mathrm{Rg}\begin{pmatrix} \boldsymbol{K}_L^T \\ \boldsymbol{Y} \\ \boldsymbol{K}_C^T \end{pmatrix} < k-1 \tag{67a}$$

sein. Dann gäbe es einen nichtverschwindenden Vektor $\boldsymbol{u}_\varnothing$ mit der Eigenschaft

$$\begin{pmatrix} \boldsymbol{K}_L^T \\ \boldsymbol{Y} \\ \boldsymbol{K}_C^T \end{pmatrix} \boldsymbol{u}_\varnothing = 0 .$$

Nach Multiplikation dieser Gleichung mit der Matrix $(s^{-1}\boldsymbol{K}_L\boldsymbol{L}^{-1}, \ -\boldsymbol{E}, \ s\boldsymbol{K}_C\boldsymbol{C})$ von links erhält man

$$(s^{-1}\boldsymbol{K}_L\boldsymbol{L}^{-1}\boldsymbol{K}_L^T + \boldsymbol{K}_R\boldsymbol{R}^{-1}\boldsymbol{K}_R^T + s\boldsymbol{K}_C\boldsymbol{C}\boldsymbol{K}_C^T + \boldsymbol{K}_M\boldsymbol{Y}_M\boldsymbol{K}_M^T)\,\boldsymbol{u}_\varnothing = 0$$

bei beliebigen Werten des Parameters s.

Als Koeffizienten-Matrix dieses homogenen Gls. ergibt sich gerade die Matrix der Knoten-DG-Gln. Diese Matrix muß singulär sein, wenn es eine nicht verschwindende Lösung $\boldsymbol{u}_\varnothing$ gibt. Das steht im Widerspruch zur vorausgesetzten eindeutigen Auflösbarkeit der Netzwerkgleichungen mit Hilfe der Knoten-DG-

Methode. Also ist die Annahme widerlegt, daß der Rang der Matrix in Gl. (67a) kleiner $k-1$ ist. ▲

Nun werden in mehreren Schritten die abhängigen C-DG und L-FG eliminiert.

Schritt 2:

In $\boldsymbol{P}_1$ werden durch Zeilenkombination (die gleichzeitig an $\boldsymbol{Q}_{11}$ und $\boldsymbol{W}_1$ durchgeführt werden) n Nullzeilen erzeugt:

$$\begin{array}{r} \\ l+c-n \\ n \\ k-1 \end{array}\begin{array}{c} l+c \quad k-1 \\ \begin{pmatrix} \boldsymbol{P}_1' & 0 \\ 0 & 0 \\ \boldsymbol{P}_2 & 0 \end{pmatrix} \end{array}, \quad \begin{array}{c} l+c \quad k-1 \\ \begin{pmatrix} \boldsymbol{Q}_{11}' & 0 \\ \boldsymbol{Q}_{21}' & 0 \\ \boldsymbol{Q}_{21} & \boldsymbol{E} \end{pmatrix} \end{array}, \quad \begin{pmatrix} \boldsymbol{W}_{11}' \\ \boldsymbol{W}_{21}' \\ \boldsymbol{W}_2 \end{pmatrix}. \tag{68}$$

Gelingt es nicht, diese Nullzeilen zu erzeugen ($n = 0$), so ist $\boldsymbol{P}_1$ invertierbar, und man kann mit Schritt 5 fortfahren. (Bei 1-Tor-NW ist das genau dann der Fall, wenn im Netzwerk keine C-Maschen oder L-Schnittmengen vorhanden sind.)

Schritt 3:

In $\boldsymbol{Q}_{21}'$ wird eine n-reihige Einheitsmatrix erzeugt. Der Rang von $\boldsymbol{Q}_{21}'$ muß n sein, da man sonst in $\boldsymbol{Q}_{21}'$ Nullzeilen erzeugen könnte, im Widerspruch zur vorausgesetzten Lösbarkeit des Gls. (59). Dazu sind Zeilenkombinationen sowie Zeilen- und Spaltenvertauschungen nötig. Die Zeilenoperationen werden nur an $\boldsymbol{Q}$ und $\boldsymbol{W}$ vorgenommen (da $\boldsymbol{P}$ dort Nullzeilen hat), die Spaltenoperationen an $\boldsymbol{P}$ und $\boldsymbol{Q}$. Man erhält:

$$\begin{array}{r} \\ l+c-n \\ n \\ k-1 \end{array}\begin{array}{c} l+c-n \quad n \quad k-1 \\ \begin{pmatrix} \boldsymbol{P}_{11} & \boldsymbol{P}_{12} & 0 \\ 0 & 0 & 0 \\ \boldsymbol{P}_{21} & \boldsymbol{P}_{22} & 0 \end{pmatrix} \end{array}, \quad \begin{array}{c} l+c-n \quad n \quad k-1 \\ \begin{pmatrix} \boldsymbol{Q}_{11}'' & \boldsymbol{Q}_{12}'' & 0 \\ \boldsymbol{Q}_{21}'' & \boldsymbol{E} & 0 \\ \boldsymbol{Q}_{31} & \boldsymbol{Q}_{32} & \boldsymbol{E} \end{pmatrix} \end{array}, \quad \begin{pmatrix} \boldsymbol{W}_{11}' \\ \boldsymbol{W}_{21}'' \\ \boldsymbol{W}_2 \end{pmatrix}. \tag{69}$$

Durch weitere Zeilenkombination in $\boldsymbol{Q}$ und $\boldsymbol{W}$ werden $\boldsymbol{Q}_{12}''$ und $\boldsymbol{Q}_{32}$ zu Nullmatrizen:

$$(\boldsymbol{P}\text{ unverändert}), \begin{pmatrix} \boldsymbol{Q}_1' & 0 & 0 \\ \boldsymbol{Q}_{21}'' & \boldsymbol{E} & 0 \\ \boldsymbol{Q}_3' & 0 & \boldsymbol{E} \end{pmatrix}, \quad \begin{pmatrix} \boldsymbol{W}_{11}'' \\ \boldsymbol{W}_{21}'' \\ \boldsymbol{W}_{31}'' \end{pmatrix}. \tag{70}$$

Schritt 4:

Jetzt werden $\boldsymbol{P}_{12}$ und $\boldsymbol{P}_{22}$ zu Nullmatrizen, indem man die mittleren Zeilen von $\boldsymbol{Q}$ und $\boldsymbol{W}$ mit s multipliziert (d. h. diese Gln. differenziert) und die Zeilenkombinationen in $\boldsymbol{P}$ ausführt. Anschließend werden diese Zeilen wieder durch s dividiert. Wenn $\boldsymbol{W}_{21}'' = \boldsymbol{0}$ ist, so bleibt die rechte Seite des Gleichungssystems unverändert, anderenfalls müssen auf der rechten Seite Ableitungen des Erregungsvektors berücksichtigt werden. Diese Ableitungen werden durch eine weitere, mit s multiplizierte Matrix dargestellt:

$$\begin{matrix} & l+c-n & n & k-1 \\ l+c-n & \boldsymbol{P}'_{11} & 0 & 0 \\ n & 0 & 0 & 0 \\ k-1 & \boldsymbol{P}'_{21} & 0 & 0 \end{matrix}, \quad \begin{pmatrix} \boldsymbol{Q}'_1 & 0 & 0 \\ \boldsymbol{Q}''_{21} & \boldsymbol{E} & 0 \\ \boldsymbol{Q}'_3 & 0 & \boldsymbol{E} \end{pmatrix}, \quad \begin{pmatrix} \boldsymbol{W}''_{11} \\ \boldsymbol{W}''_{21} \\ \boldsymbol{W}''_{31} \end{pmatrix}, \quad s \cdot \begin{pmatrix} \boldsymbol{W}'_{12} \\ 0 \\ \boldsymbol{W}'_{32} \end{pmatrix}. \tag{71}$$

Durch die in Schritt 3 durchgeführten Spaltenvertauschungen und die Zeilenkombinationen im Schritt 4 in $\boldsymbol{P}$ kann es geschehen, daß der Rang von $\boldsymbol{P}'_{11}$ nicht mehr gleich dem Rang von $\boldsymbol{P}'_1$ $(= l + c - n)$ ist. Wenn man in Gleichung (71) die durch Striche angedeutete Partitionierung beachtet, so hat man im wesentlichen wieder ein System in Form der Gl. (67), ggf. mit einer zusätzlichen rechten Seite (die mit s multipliziert ist). Man muß dann zum Schritt 2 zurückgehen, in $\boldsymbol{P}'_{11}$ Nullzeilen erzeugen usw. Die Schritte 3 und 4 sind dann ebenfalls sinngemäß zu wiederholen (unter Beachtung des zusätzlichen Terms auf der rechten Seite). Es ist prinzipiell möglich, daß dieser Zyklus mehrmals durchlaufen wird.

Es können dabei auch weitere Glieder auf der rechten Seite entstehen, die höheren Ableitungen des Erregungsvektors entsprechen (diese Matrizen wären dann mit s^2, s^3, ... zu multiplizieren). Gemäß der in der Einleitung genannten Einschränkung auf Netzwerke, die sich durch die Gln. (VII), (VIII) beschreiben lassen, sollte man dann allerdings den Algorithmus abbrechen und die technische Aufgabenstellung überprüfen, um evtl. zu starke Idealisierungen festzustellen. Ein derartiges Vorgehen erleichtert außerdem die Programmierung des Verfahrens sehr, da über die Zahl und Größe der noch zusätzlich auftretenden Matrizen von vornherein kaum etwas ausgesagt werden kann, man z.B. also auch sehr viel zusätzlichen Speicherplatz reservieren müßte.

Schritt 5:

Nach (ggf. mehrmaligen) Abarbeiten der bisherigen Schritte hat man ein System in Form der Gl. (71) mit einer regulären Matrix $\boldsymbol{P}'_{11}$. Durch Zeilenkombinationen in $\boldsymbol{P}$ (gleichzeitig auch in $\boldsymbol{Q}$ und den Matrizen der rechten Seite) wird aus $\boldsymbol{P}'_{11}$ eine Einheitsmatrix und $\boldsymbol{P}'_{21} = \boldsymbol{0}$.

Man erhält damit ein Gleichungssystem

$$\begin{pmatrix} \boldsymbol{E} & 0 & 0 \\ 0 & 0 & 0 \\ 0 & 0 & 0 \end{pmatrix} \begin{pmatrix} -\dot{\boldsymbol{x}} \\ -\dot{\boldsymbol{z}} \\ \dot{\boldsymbol{u}}_\varnothing \end{pmatrix} + \begin{pmatrix} \boldsymbol{Q}_1 & 0 & 0 \\ \boldsymbol{Q}_2 & \boldsymbol{E} & 0 \\ \boldsymbol{Q}_3 & 0 & \boldsymbol{E} \end{pmatrix} \begin{pmatrix} -\boldsymbol{x} \\ -\boldsymbol{z} \\ \boldsymbol{u}_\varnothing \end{pmatrix} = \begin{pmatrix} \boldsymbol{W}_{11} \\ \boldsymbol{W}_{21} \\ \boldsymbol{W}_{31} \end{pmatrix} \boldsymbol{v} + \begin{pmatrix} \boldsymbol{W}_{12} \\ \boldsymbol{W}_{22} \\ \boldsymbol{W}_{32} \end{pmatrix} \dot{\boldsymbol{v}}, \tag{72}$$

wobei $\boldsymbol{x}$ den Zustandsvektor (d. h. einen Teil der L-FG und C-DG) und $\boldsymbol{z}$ den Vektor der abhängigen L-FG und C-DG darstellen. Daraus folgt

$$\left.\begin{aligned} \dot{\boldsymbol{x}} &= -\boldsymbol{Q}_1\boldsymbol{x} - \boldsymbol{W}_{11}\boldsymbol{v} - \boldsymbol{W}_{12}\dot{\boldsymbol{v}}\,, \\ \boldsymbol{z} &= -\boldsymbol{Q}_2\boldsymbol{x} - \boldsymbol{W}_{21}\boldsymbol{v} - \boldsymbol{W}_{22}\dot{\boldsymbol{v}}\,, \\ \boldsymbol{u}_{\varnothing} &= \boldsymbol{Q}_3\boldsymbol{x} + \boldsymbol{W}_{31}\boldsymbol{v} + \boldsymbol{W}_{32}\dot{\boldsymbol{v}}\,. \end{aligned}\right\} \tag{73}$$

Daraus lassen sich die Matrizen $\boldsymbol{A}$, $\boldsymbol{B}$ und $\boldsymbol{S}$ sowie u. U. bereits $\boldsymbol{C}$, $\boldsymbol{D}$ und $\boldsymbol{T}$ ablesen. Beschränkt man sich konsequent auf Netzwerke, die durch die Gln. (VII), (VIII) beschrieben werden, so ist $\boldsymbol{W}_{22} = \boldsymbol{0}$. Sind noch weitere Größen als Ausgangsgrößen gesucht, so lassen sie sich ohne weitere Schwierigkeiten aus den Gls. (60), (73) bestimmen.

Der Vektor der Zustandsvariablen $\boldsymbol{x}$ enthält alle die NW-Größen, deren Werte zu einem Zeitpunkt t den Zustand des NW eindeutig festlegen. Zusammen mit den Erregungen $\boldsymbol{v}$ lassen sich aus $\boldsymbol{x}$ gemäß Gln. (VII), (VIII) sämtliche NW-Größen berechnen. Es ist jedoch durchaus möglich, daß dafür (von der Festlegung des Anfangszustandes abgesehen) nicht alle Elemente von $\boldsymbol{x}$ tatsächlich benötigt werden, man also noch keine minimale Anzahl von Zustandsvariablen erhält. Im folgenden wird gezeigt, daß das dann der Fall ist, wenn es lineare Abhängigkeiten zwischen den abgeleiteten Zustandsvariablen $\dot{x}_i$ gibt. Dann wird der **Rang von $\boldsymbol{A}$** wenigstens um die Anzahl a der innerhalb der $\dot{x}_i$ bestehenden Abhängigkeiten kleiner als die Ordnung $\boldsymbol{A}$, denn Gl. (VII) kann durch Zeilenkombination in die Form

$$\begin{pmatrix} \dot{\boldsymbol{x}}_1 \\ 0 \end{pmatrix} = \begin{pmatrix} \boldsymbol{A}'_{11} & \boldsymbol{A}'_{12} \\ \boldsymbol{A}'_{21} & \boldsymbol{A}'_{22} \end{pmatrix} \begin{pmatrix} \boldsymbol{x}_1 \\ \boldsymbol{x}_2 \end{pmatrix} + \begin{pmatrix} \boldsymbol{B}'_1 \\ \boldsymbol{B}'_2 \end{pmatrix} \boldsymbol{v} + \begin{pmatrix} \boldsymbol{S}'_1 \\ \boldsymbol{S}'_2 \end{pmatrix} \dot{\boldsymbol{v}}$$

gebracht werden. Die unteren a Zeilen drücken lineare algebraische Abhängigkeiten zwischen den Zustandsvariablen und den Erregungsgrößen aus.

Diese Abhängigkeiten wurden aber bereits bei der Aufstellung der Zustands-gln. (VII) eliminiert, folglich müssen sämtliche Koeffizienten der letzten a Zeilen verschwinden. Also ist $\boldsymbol{A}$ singulär. Bei 1-Tor-Netzwerken läßt sich die Singularität von $\boldsymbol{A}$ unmittelbar mit der Topologie des Netzwerkes in Beziehung bringen. Der Rang der $\boldsymbol{A}$-Matrix ist um die Zahl der C-Schnittmengen und L-Maschen geringer als die Ordnung von $\boldsymbol{A}$.

Weitere z. T. sehr ähnliche Verfahren zur Aufstellung der Zustandsgleichungen sind z. B. in [Bro-63], [K-T-64], [Cal-68], [S-P-70], [P-B-71] zu finden.

4.2.1.3. Beispiele

Gegeben ist eine **Tiefpaß-Schaltung** gemäß Abb. 4.7 (mit eingetragenen Zweigorientierungen). Die maximale C-Anzahl und minimale L-Anzahl bei den Baumzweigen erhält man z. B. für die Wahl der Zweige 1 und 2 als Baumzweige.

Damit wird die Maschen-Baumzweig-Inzidenzmatrix

$$F = \begin{pmatrix} F_{CC} & 0 & 0 \\ F_{RC} & F_{RR} & 0 \\ F_{LC} & F_{LR} & F_{LL} \end{pmatrix} \Rightarrow \begin{pmatrix} -1 & 1 \\ -1 & 0 \\ -1 & 1 \\ 0 & -1 \end{pmatrix} = \begin{pmatrix} F_{CC} \\ F_{RC} \\ F_{LC} \end{pmatrix}$$

(da der Baum nur aus C-Zweigen besteht, existieren F_{RR}, F_{LR} und F_{LL} nicht).

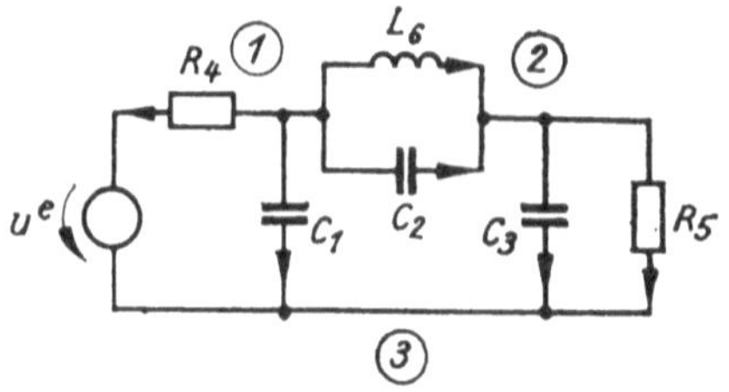

Abb. 4.7. Elektrischer Tiefpaß

Die Hilfsmatrizen C_H, L_H, R_H und G_H ergeben sich gemäß Gln. (44), (46), (48), (50) zu

$$C_H = \begin{pmatrix} C_1 & 0 \\ 0 & C_2 \end{pmatrix} + \begin{pmatrix} -1 \\ 1 \end{pmatrix} C_3 (-1 \quad 1) = \begin{pmatrix} C_1 + C_3 & -C_3 \\ -C_3 & C_2 + C_3 \end{pmatrix},$$

$L_H = L_6$, G_H existiert nicht,

$$R_H = \begin{pmatrix} R_4 & 0 \\ 0 & R_5 \end{pmatrix}.$$

Die Inversen dieser Matrizen sind

$$C_H^{-1} = \frac{1}{\Delta} \begin{pmatrix} C_2 + C_3 & C_3 \\ C_3 & C_1 + C_3 \end{pmatrix}, \quad \text{mit} \quad \Delta = (C_1 + C_3)(C_2 + C_3) - C_3^2,$$

$L_H^{-1} = 1/L_6$, G_H^{-1} existiert nicht,

$$R_H^{-1} = \begin{pmatrix} G_4 & 0 \\ 0 & G_5 \end{pmatrix}.$$

Die Matrizen Y_H, Z_H und H erhält man aus den Gln. (52′) und (51′):

$$Y_H = \begin{pmatrix} -1 & -1 \\ 0 & 1 \end{pmatrix} \begin{pmatrix} G_4 & 0 \\ 0 & G_5 \end{pmatrix} \begin{pmatrix} -1 & 0 \\ -1 & 1 \end{pmatrix} = \begin{pmatrix} G_4 + G_5 & -G_5 \\ -G_5 & G_5 \end{pmatrix},$$

Z_H existiert nicht,

$$H = F_{LC}^T = \begin{pmatrix} 0 \\ -1 \end{pmatrix}.$$

Setzt man diese Beziehungen in Gl. (52) ein, so erhält man die Zustandsgleichungen

$$\begin{pmatrix}\dot u_{C1}\\ \dot u_{C2}\\ \dot i_{L6}\end{pmatrix} = \frac{1}{\Delta}\begin{pmatrix}-C_3G_4 - C_2(G_4+G_5) & C_2G_5 & -C_3\\ C_1G_5 - C_3G_4 & -C_1G_5 & -(C_1+C_3)\\ 0 & \Delta/L_6 & 0\end{pmatrix}\begin{pmatrix}u_{C1}\\ u_{C2}\\ i_{L6}\end{pmatrix} + \frac{1}{\Delta}\begin{pmatrix}G_4(C_2+C_3)\\ G_4C_3\\ 0\end{pmatrix} u^e\,.$$

(Aus der $\boldsymbol{B}$-Matrix wird dabei nur die 1. Spalte der Submatrix $-\boldsymbol{F}_{RC}^T\boldsymbol{R}_H^{-1}$ benötigt.)

Der auf S. 242 dargestellte Zugang zur Berechnung von MT-NW soll am Beispiel einer einfachen **elektrischen Verstärker-Schaltung** (Abb. 4.8) erläutert werden. Das 2-Tor läßt sich durch zwei Widerstände und eine stromgesteuerte Spannungsquelle beschreiben.

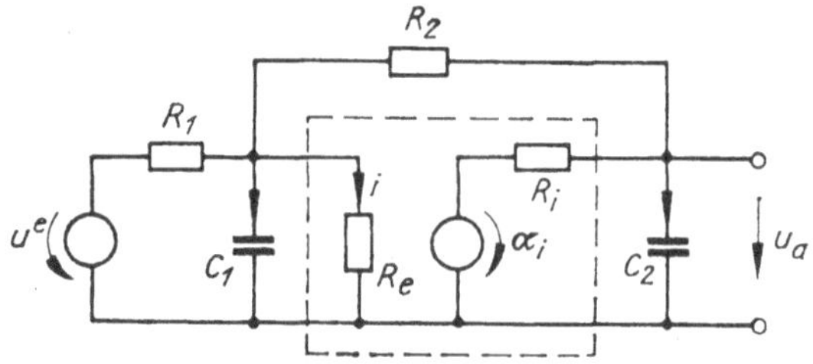

Abb. 4.8. Elektrische Verstärker-Schaltung

Für das modifizierte NW (ohne gesteuerte Quellen) erhält man (mit $G = 1/R$)

$$\dot{\boldsymbol{x}} = \begin{pmatrix}\dot u_{C1}\\ \dot u_{C2}\end{pmatrix} = \begin{pmatrix}-(G_1+G_e+G_2)/C_1 & G_2/C_1\\ G_2/C_2 & -(G_i+G_2)/C_2\end{pmatrix}\begin{pmatrix}u_{C1}\\ u_{C2}\end{pmatrix} + \begin{pmatrix}G_1/C_1 & 0\\ 0 & G_i/C_2\end{pmatrix}\begin{pmatrix}u^e\\ u_g\end{pmatrix}$$

und damit auch $\boldsymbol{S}_g = \boldsymbol{T}_g = \boldsymbol{0}$.

Die gesteuerte Quelle wird beschrieben durch

$$u_g = \alpha i = \alpha u_{C1}G_e = (\alpha\cdot G_e \quad 0)\,\boldsymbol{x}\,, \qquad \boldsymbol{G} = \boldsymbol{H} = \boldsymbol{0}\,.$$

Aus Gl. (57) folgt dann für das ursprüngliche Netzwerk, wenn $\boldsymbol{y} = u_a$ die gesuchte Ausgangsgröße ist,

$$\boldsymbol{A} = \begin{pmatrix}-(G_1+G_e+G_2)/C_1 & G_2/C_1\\ G_2/C_2 & -(G_i+G_2)/C_2\end{pmatrix} + \begin{pmatrix}0\\ G_i/C_2\end{pmatrix}\begin{pmatrix}1 & 0\\ 0 & 1\end{pmatrix}(\alpha G_e \quad 0)$$
$$= \begin{pmatrix}-(G_1+G_e+G_2)/C_1 & G_2/C_1\\ (G_2+\alpha G_eG_i)/C_2 & -(G_i+G_2)/C_2\end{pmatrix},$$

$$\boldsymbol{B} = \begin{pmatrix}G_1/C_1\\ 0\end{pmatrix}, \qquad \boldsymbol{C} = (0 \quad 1)\,, \qquad \boldsymbol{D} = \boldsymbol{S} = \boldsymbol{T} = \boldsymbol{0}\,.$$

Für die Tiefpaßschaltung nach Abb. 4.7 soll nun mit dem algebraischen Verfahren das Zustandsgleichungssystem aufgestellt werden. Die Knoten-Zweig-Inzidenzmatrix $\boldsymbol{K}$ ist ohne weiteres abzulesen:

$$\boldsymbol{K} = (\boldsymbol{K}_L, \boldsymbol{K}_C, \boldsymbol{K}_R) = \left(\begin{array}{r|rrr|rr} 1 & 1 & 1 & 0 & 1 & 0 \\ -1 & 0 & -1 & 1 & 0 & 1 \end{array}\right).$$

Das Gls. (65) nimmt dann die Form

$$\underbrace{\left(\begin{array}{c|ccc|cc} L_6 & 0 & 0 & 0 & 0 & 0 \\ \hline 0 & C_1 & C_2 & 0 & 0 & 0 \\ 0 & 0 & -C_2 & C_3 & 0 & 0 \\ \hline 0 & 0 & 0 & 0 & 0 & 0 \\ 0 & 0 & 0 & 0 & 0 & 0 \\ 0 & 0 & 0 & 0 & 0 & 0 \end{array}\right)}_{\boldsymbol{P}} \left(\begin{array}{c} -\dot{i}_{L6} \\ \hline -\dot{u}_{C1} \\ -\dot{u}_{C2} \\ -\dot{u}_{C3} \\ \hline \dot{u}_{\varnothing 1} \\ \dot{u}_{\varnothing 2} \end{array}\right) + \underbrace{\left(\begin{array}{r|rrr|rr} 0 & 0 & 0 & 0 & 1 & -1 \\ \hline 1 & 0 & 0 & 0 & -G_4 & 0 \\ -1 & 0 & 0 & 0 & 0 & -G_5 \\ \hline 0 & 1 & 0 & 0 & 1 & 0 \\ 0 & 0 & 1 & 0 & 1 & -1 \\ 0 & 0 & 0 & 1 & 0 & 1 \end{array}\right)}_{\boldsymbol{Q}} \left(\begin{array}{c} -i_{L6} \\ \hline -u_{C1} \\ -u_{C2} \\ \hline -u_{C3} \\ u_{\varnothing 1} \\ u_{\varnothing 2} \end{array}\right) = \underbrace{\left(\begin{array}{c} 0 \\ \hline -G_4 \\ 0 \\ \hline 0 \\ 0 \\ 0 \end{array}\right)}_{\boldsymbol{W}} u^e$$

an.

Im Schritt **1** wird in $\boldsymbol{Q}$ eine Einheitsmatrix erzeugt, um die Knotenspannungen zu eliminieren:

$$\boldsymbol{P} = \left(\begin{array}{cccc|cc} L_6 & 0 & 0 & 0 & 0 & 0 \\ 0 & C_1 & C_2 & 0 & 0 & 0 \\ 0 & 0 & -C_2 & C_3 & 0 & 0 \\ 0 & 0 & 0 & 0 & 0 & 0 \\ \hline 0 & 0 & 0 & 0 & 0 & 0 \\ 0 & 0 & 0 & 0 & 0 & 0 \end{array}\right), \quad \boldsymbol{Q} = \left(\begin{array}{rrrr|rr} 0 & 0 & -1 & 0 & 0 & 0 \\ 1 & 0 & G_4 & G_4 & 0 & 0 \\ -1 & 0 & 0 & G_5 & 0 & 0 \\ 0 & 1 & -1 & -1 & 0 & 0 \\ \hline 0 & 0 & 1 & 1 & 1 & 0 \\ 0 & 0 & 0 & 1 & 0 & 1 \end{array}\right), \quad \boldsymbol{W} = \left(\begin{array}{c} 0 \\ -G_4 \\ 0 \\ 0 \\ \hline 0 \\ 0 \end{array}\right).$$

Man erkennt, daß die Submatrix $\boldsymbol{P}_1$ (vgl. Gl. (67)) eine Nullzeile erhält (d. h. $n = 1$ ist). Man erkennt außerdem, daß im Schritt 2 keine weiteren Nullzeilen erzeugt werden können. Im Schritt 3 werden in $\boldsymbol{Q}$ eine weitere n-reihige Einheitsmatrix sowie ober- und unterhalb dieser Einheitsmatrix Nullen erzeugt:

$$\boldsymbol{P} = \left(\begin{array}{ccc|c|cc} L_6 & 0 & 0 & 0 & 0 & 0 \\ 0 & C_1 & C_2 & 0 & 0 & 0 \\ 0 & 0 & -C_2 & C_3 & 0 & 0 \\ \hline 0 & 0 & 0 & 0 & 0 & 0 \\ \hline 0 & 0 & 0 & 0 & 0 & 0 \\ 0 & 0 & 0 & 0 & 0 & 0 \end{array}\right), \quad \boldsymbol{Q} = \left(\begin{array}{rrr|r|rr} 0 & 0 & -1 & 0 & 0 & 0 \\ 1 & G_4 & 0 & 0 & 0 & 0 \\ -1 & G_5 & -G_5 & 0 & 0 & 0 \\ \hline 0 & -1 & 1 & 1 & 0 & 0 \\ \hline 0 & 1 & 0 & 0 & 1 & 0 \\ 0 & 1 & -1 & 0 & 0 & 1 \end{array}\right), \quad \boldsymbol{W} = \left(\begin{array}{c} 0 \\ -G_4 \\ 0 \\ \hline 0 \\ \hline 0 \\ 0 \end{array}\right).$$

Im Schritt 4 wird die mittlere Spalte von $\boldsymbol{P}$ zu Null gemacht, indem die mit s multiplizierte mittlere Zeile von $\boldsymbol{Q}$ geeignet zu den einzelnen $\boldsymbol{P}$-Zeilen addiert (und dann wieder durch s dividiert) wird:

$$\boldsymbol{P} = \left(\begin{array}{ccc|c|cc} L_6 & 0 & 0 & 0 & 0 & 0 \\ 0 & C_1 & C_2 & 0 & 0 & 0 \\ 0 & C_3 & -(C_2 + C_3) & 0 & 0 & 0 \\ \hline 0 & 0 & 0 & 0 & 0 & 0 \\ \hline 0 & 0 & 0 & 0 & 0 & 0 \\ 0 & 0 & 0 & 0 & 0 & 0 \end{array}\right), \quad \boldsymbol{Q} \text{ (unverändert)}, \quad \boldsymbol{W} \text{ (unverändert)}\,.$$

Da die Submatrix $\boldsymbol{P}'_{11}$ regulär ist, kann sie im Schritt 5 in eine Einheitsmatrix überführt werden:

$$\boldsymbol{P} = \left(\begin{array}{ccc|c|cc} 1 & 0 & 0 & 0 & 0 & 0 \\ 0 & 1 & 0 & 0 & 0 & 0 \\ 0 & 0 & 1 & 0 & 0 & 0 \\ \hline 0 & 0 & 0 & 0 & 0 & 0 \\ \hline 0 & 0 & 0 & 0 & 0 & 0 \\ 0 & 0 & 0 & 0 & 0 & 0 \end{array}\right),$$

$$\boldsymbol{Q} = \left(\begin{array}{ccc|c|cc} 0 & 0 & -1/L_6 & 0 & 0 & 0 \\ C_3/\Delta & (C_3G_4 + C_2(G_4 + G_5))/\Delta & -C_2G_5/\Delta & 0 & 0 & 0 \\ (C_1 + C_3)/\Delta & (-C_1G_5 + C_3G_4)/\Delta & -C_1G_5/\Delta & 0 & 0 & 0 \\ \hline 0 & -1 & 1 & 1 & 0 & 0 \\ \hline 0 & 1 & 0 & 0 & 1 & 0 \\ 0 & 1 & -1 & 0 & 0 & 1 \end{array}\right),$$

$$\boldsymbol{W} = \left(\begin{array}{c} 0 \\ -(C_2 + C_3)\,G_4/\Delta \\ -C_3G_4/\Delta \\ \hline 0 \\ \hline 0 \\ 0 \end{array}\right)$$

(mit der Abkürzung $\Delta = C_1C_2 + C_1C_3 + C_2C_3$). Nach Umordnung erhält man daraus

$$\begin{pmatrix} \dot{i}_{L6} \\ \dot{u}_{C1} \\ \dot{u}_{C2} \end{pmatrix} = \frac{1}{\Delta} \begin{pmatrix} 0 & 0 & \Delta/L_6 \\ -C_3 & -C_3G_4 - C_2(G_4 + G_5) & C_2G_5 \\ -(C_1 + C_3) & C_1G_5 - C_3G_4 & -C_1G_5 \end{pmatrix} \begin{pmatrix} i_{L6} \\ u_{C1} \\ u_{C2} \end{pmatrix} + \frac{1}{\Delta} \begin{pmatrix} 0 \\ (C_2 + C_3)\,G_4 \\ C_3G_4 \end{pmatrix} u^e\,,$$

$$u_{C3} = (0 \quad 1 \quad -1) \begin{pmatrix} i_{L6} \\ u_{C1} \\ u_{C2} \end{pmatrix} + 0 \cdot u^e\,,$$

$$\begin{pmatrix} u_{\varnothing 1} \\ u_{\varnothing 2} \end{pmatrix} = \begin{pmatrix} 0 & 1 & 0 \\ 0 & 1 & -1 \end{pmatrix} \begin{pmatrix} i_{L6} \\ u_{C1} \\ u_{C2} \end{pmatrix} + 0 \cdot u^e\,.$$

4.2.1.4. Beziehungen zu den Polen und Nullstellen des NW

Bereits auf S. 210 ist darauf hingewiesen worden, daß sich die Pole und Nullstellen der NW-Charakteristiken als spezielle s-Werte ergeben, für die die Determinanten von gewissen Polynommatrizen (nämlich der Koeffizientenmatrix und der durch Austausch einer Spalte mit der rechten Seite des Gls. abgeänderten Koeffizientenmatrix) den Wert Null annehmen. Das im Abschn. 4.2.1.2. dargestellte Verfahren zur Aufstellung der Zustandsgleichungen überführte das ursprüngliche Polynomgls. (am Beispiel der Zweig-FG — Knoten-DG-Gln. (59) erläutert) in die besondere Form der Gl. (72) mit der Koeffizientenmatrix

$$\begin{pmatrix} s\boldsymbol{E} + \boldsymbol{Q}_1 & \boldsymbol{0} & \boldsymbol{0} \\ \boldsymbol{Q}_2 & \boldsymbol{E} & \boldsymbol{0} \\ \boldsymbol{Q}_3 & \boldsymbol{0} & \boldsymbol{E} \end{pmatrix}.$$

Die Determinante dieser Matrix ist (wegen $\det \boldsymbol{E} = 1$) gleich $\det (s\boldsymbol{E} + \boldsymbol{Q}_1)$ und (ggf. bis auf eine s-Potenz) gleich der Determinante der ursprünglichen Koeffizientenmatrix. Ihre Nullstellen ergeben sich aus der Beziehung

$$\det (s\boldsymbol{E} + \boldsymbol{Q}_1) = \det (s\boldsymbol{E} - \boldsymbol{A}) = 0\,,$$

wobei $\boldsymbol{Q}_1 = -\boldsymbol{A}$ eingesetzt wurde. Diese Beziehung definiert die **Eigenwerte von** $\boldsymbol{A}$. Die Bestimmung der Eigenwerte einer Matrix gehört zu den Grundaufgaben der numerischen Mathematik ([Wil-65], [F-F-63], [Zur-64]). In der letzten Zeit hat sich besonders der sog. QR-Algorithmus als sehr leistungsfähig herausgestellt.

Die Eigenwerte von $\boldsymbol{A}$ sind die **Pole** des NW; die **Nullstellen** kann man durch Anwenden des gleichen Algorithmus auf die abgeänderte Koeffizientenmatrix erhalten. Diese wird sich in ihrer Struktur — je nach der mit der rechten Seite ausgetauschten Spalte — etwas von der in Gl. (72) dargestellten unterscheiden. Man erhält eine Matrix der Form

$$\begin{pmatrix} s\boldsymbol{E} + \boldsymbol{Q}_1^* & \boldsymbol{0} & \boldsymbol{0} \\ \boldsymbol{Q}_2^* & \boldsymbol{E} & \boldsymbol{0} \\ \boldsymbol{Q}_3^* & \boldsymbol{0} & \boldsymbol{E} \end{pmatrix}$$

und hat nun die Eigenwerte von $-\boldsymbol{Q}_1^*$ zu berechnen.

Die Bestimmung der Nullstellen ist auch möglich, wenn man von den bereits aufgestellten Zustandsgln. (VII), (VIII) ausgeht. Die dann anzuwendenden Algorithmen sind aber z. T. recht kompliziert und auch numerisch nicht ganz einfach zu beherrschen. Es sei deshalb auf die Literatur [S-S-69], [Pot-69], [Dav-71] verwiesen.

4.2.2. Numerische Lösung der Zustandsgleichungen

In diesem Abschnitt wollen wir einige Verfahren zur Lösung der Zustandsgleichungen

$$\dot{\boldsymbol{x}} = \boldsymbol{A}\boldsymbol{x} + \boldsymbol{B}\boldsymbol{v} + \boldsymbol{S}\dot{\boldsymbol{v}}\,, \tag{VII}$$

$$\boldsymbol{y} = \boldsymbol{C}\boldsymbol{x} + \boldsymbol{D}\boldsymbol{v} + \boldsymbol{T}\dot{\boldsymbol{v}} \tag{VIII}$$

angeben. Da in (VIII) nur algebraische Beziehungen vorkommen, bringt die Berechnung von $\boldsymbol{y}$ keine besonderen Probleme mit sich, abgesehen von der evtl. notwendigen numerischen Differentiation der Erregungsfunktion $\boldsymbol{v}$.

Bei der Lösung des Differentialgleichungs-Systems (VII) kann man von einer vereinfachten Formel ausgehen. Wir führen durch die Variablentransformation $\boldsymbol{x}^* = \boldsymbol{x} - \boldsymbol{S}\boldsymbol{v}$ Gl. (VII) über in

also
$$\left.\begin{aligned} \dot{\boldsymbol{x}}^* &= \boldsymbol{A}(\boldsymbol{x}^* + \boldsymbol{S}\boldsymbol{v}) + \boldsymbol{B}\boldsymbol{v}\,, \\ \dot{\boldsymbol{x}}^* &= \boldsymbol{A}\boldsymbol{x}^* + (\boldsymbol{B} + \boldsymbol{A}\boldsymbol{S})\,\boldsymbol{v}\,. \end{aligned}\right\} \tag{74}$$

Die Ausgangsgrößen erhält man aus

$$\boldsymbol{y} = \boldsymbol{C}\boldsymbol{x}^* + (\boldsymbol{D} + \boldsymbol{C}\boldsymbol{S})\,\boldsymbol{v} + \boldsymbol{T}\dot{\boldsymbol{v}}\,.$$

Da Gl. (74) formal den gleichen Aufbau wie Gl. (VII) mit $\boldsymbol{S} = \boldsymbol{0}$ hat, wollen wir uns nur noch mit der **numerischen Lösung des Differentialgleichungssystems**

$$\boxed{\dot{\boldsymbol{x}} = \boldsymbol{A}\boldsymbol{x} + \boldsymbol{B}\boldsymbol{v}} \tag{VII'}$$

befassen. Die ggf. durchgeführte Variablentransformation hat den zusätzlichen Vorteil, daß bei der Berechnung von $\boldsymbol{x}(t)$ die Erregungen $\boldsymbol{v}(t)$ nicht (numerisch) differenziert werden müssen.

4.2.2.1. Lösungsformeln

Für das lineare Differentialgleichungssystem (VII') kann man eine allgemeine Lösung als geschlossenen Ausdruck angeben:

$$\boxed{\boldsymbol{x}(t) = \mathrm{e}^{\boldsymbol{A}(t-t_0)}\boldsymbol{x}(t_0) + \int_{t_0}^{t} \mathrm{e}^{\boldsymbol{A}(t-\tau)}\,\boldsymbol{B}\boldsymbol{v}(\tau)\,\mathrm{d}\tau} \tag{75}$$

für alle $t \geqq t_0$ bei beliebigem Zeitpunkt t_0. Insbesondere ergibt sich für $t_0 = 0$

$$\boldsymbol{x}(t) = \mathrm{e}^{\boldsymbol{A}t}\boldsymbol{x}(0) + \int_0^t \mathrm{e}^{\boldsymbol{A}(t-\tau)}\boldsymbol{B}\boldsymbol{v}(\tau)\,\mathrm{d}\tau = \mathrm{e}^{\boldsymbol{A}t}\left[\boldsymbol{x}(0) + \int_0^t \mathrm{e}^{-\boldsymbol{A}\tau}\,\boldsymbol{B}\boldsymbol{v}(\tau)\,\mathrm{d}\tau\right]. \tag{76}$$

Man erkennt, daß sich die Lösung formal ebenso ergibt, wie man es von einer gewöhnlichen Differentialgleichung erster Ordnung kennt. Der erste Term, $\exp(\boldsymbol{A}t)\,\boldsymbol{x}(0)$, entspricht der Lösung des homogenen Problems $\dot{\boldsymbol{x}} = \boldsymbol{A}\boldsymbol{x}$ bei bekanntem Anfangsvektor $\boldsymbol{x}(0)$. Der zweite Term gibt den Einfluß der äußeren Erregung $\boldsymbol{v}(t)$ auf den Zustandsvektor an. Die **Exponentialmatrix** $\exp(\boldsymbol{A}t)$ ist ebenso wie im eindimensionalen Fall durch eine Reihendarstellung definierbar:

$$\mathrm{e}^{\boldsymbol{A}t} = \sum_{k=0}^{\infty} \frac{(\boldsymbol{A}t)^k}{k!}\,. \tag{77}$$

Beim Umgang mit Matrizenfunktionen kann man alle bekannten Rechenregeln verwenden, muß jedoch streng darauf achten, daß die Multiplikation von Matrizen nicht kommunativ ist, d. h. $\boldsymbol{A}\boldsymbol{B} \neq \boldsymbol{B}\boldsymbol{A}$. Das Faltungsintegral in den

Gln. (75) und (76) ist elementweise aufzufassen. Zur Lösung Gl. (75) der Vektor-Differentialgleichung (VII′) kann man z. B. auf folgende Art gelangen: Linksmultiplikation der Gl. (VII′) mit der Matrix $e^{-\boldsymbol{A}t}$ ergibt

$$e^{-\boldsymbol{A}t}\,\dot{\boldsymbol{x}} - e^{-\boldsymbol{A}t}\,\boldsymbol{A}\boldsymbol{x} = \frac{d}{dt}\left(e^{-\boldsymbol{A}t}\,\boldsymbol{x}\right) = e^{-\boldsymbol{A}t}\,\boldsymbol{B}\boldsymbol{v}(t)\,.$$

Durch Integration über einen Bereich (t_0, t) folgt

$$e^{-\boldsymbol{A}t}\,\boldsymbol{x}(t) - e^{-\boldsymbol{A}t_0}\,\boldsymbol{x}(t_0) = \int_{t_0}^{t} e^{-\boldsymbol{A}\tau}\,\boldsymbol{B}\boldsymbol{v}(\tau)\,d\tau\,,$$

also

$$\boldsymbol{x}(t) = e^{\boldsymbol{A}t}\left[e^{-\boldsymbol{A}t_0}\,\boldsymbol{x}(t_0) + \int_{t_0}^{t} e^{-\boldsymbol{A}\tau}\,\boldsymbol{B}\boldsymbol{v}(\tau)\,d\tau\right]. \tag{76′}$$

Bei der zahlenmäßigen Berechnung des Zustandsvektors $\boldsymbol{x}(t)$ als Funktion der Zeit stößt man auf zwei charakteristische Schwierigkeiten: die Bestimmung der Matrix $\exp(\boldsymbol{A}t)$ und die Berechnung des Faltungsintegrals, das nur für spezielle Erregungsfunktionen $\boldsymbol{v}(t)$ exakt lösbar ist.

Häufig interessiert man sich nur für die Werte von $\boldsymbol{x}(t)$ bzw. $\boldsymbol{y}(t)$ an festen Zeitpunkten $t = \nu T$, $\nu = 0, 1, 2, \ldots$ Dann erhält man aus (76′) mit $t_0 = \nu T$ und $t = (\nu + 1)\,T$ nach einfachen Umformungen die **Rekursionsvorschrift**

$$\boxed{\boldsymbol{x}[(\nu+1)\,T] = e^{\boldsymbol{A}T}\left[\boldsymbol{x}(\nu T) + \int_{0}^{T} e^{-\boldsymbol{A}\tau}\,\boldsymbol{B}\boldsymbol{v}(\tau + \nu T)\,d\tau\right]}\,. \tag{78}$$

Für alle Erregungen $\boldsymbol{v}(t)$, für die eine geschlossene Auswertung des Integrals in Gl. (78) möglich ist, erhält man die **exakte** Lösung des Differentialgleichungssystems (VII′) an den Zeitpunkten $t = \nu T$. Außerdem erkennt man, daß die Exponentialmatrix nur für ein festes $t = T$, d. h. nur einmal für die Schrittweite T berechnet werden muß.

Wir wollen nun für spezielle — jedoch technisch sehr wichtige — Erregungen $\boldsymbol{v}(t)$ die Beziehungen (76) und (78) weiter auswerten.

a) Lösung des homogenen Anfangswertproblems

Es sei $\boldsymbol{v}(t) \equiv 0$, der Anfangszustand $\boldsymbol{x}(0) \neq \boldsymbol{0}$ gegeben. Aus Gl. (76) erhält man sofort

$$\boldsymbol{x}(t) = e^{\boldsymbol{A}t}\,\boldsymbol{x}(0)\,, \tag{79}$$

und aus (78) folgt für äquidistante Zeitpunkte

$$\boldsymbol{x}\big((\nu + 1)\,T\big) = e^{\boldsymbol{A}T}\,\boldsymbol{x}(\nu T)\,. \tag{80}$$

b) Impulsantwort

Wirken auf ein in Ruhe befindliches System $\big(\boldsymbol{x}(-0) = \boldsymbol{0}\big)$ die Erregungen $v_\varrho(t) = \check{v}_\varrho \delta(t)$, also

$$\boldsymbol{v}(t) = \begin{pmatrix} \check{v}_1 \\ \vdots \\ \check{v}_r \end{pmatrix} \delta(t) = \check{\boldsymbol{v}}\delta(t)\,,$$

so folgt aus den Gln. (76) bzw. (78)

$$\boldsymbol{x}(t) = \mathrm{e}^{\boldsymbol{A}t} \int_0^t \mathrm{e}^{-\boldsymbol{A}\tau} \boldsymbol{B}\check{\boldsymbol{v}}\delta(\tau)\,\mathrm{d}\tau = \mathrm{e}^{\boldsymbol{A}t}\boldsymbol{B}\check{\boldsymbol{v}} \tag{81}$$

bzw.

$$\boldsymbol{x}\big((\nu+1)\,T\big) = \mathrm{e}^{\boldsymbol{A}t}\,\boldsymbol{x}(\nu T)\,, \quad \boldsymbol{x}(0) = \boldsymbol{B}\check{\boldsymbol{v}}\,. \tag{82}$$

Die Impulsantwort entspricht also der Lösung der homogenen Differentialgleichung $\dot{\boldsymbol{x}} = \boldsymbol{A}\boldsymbol{x}$ mit dem Anfangszustand $\boldsymbol{x}(0) = \boldsymbol{B}\check{\boldsymbol{v}}$. Das stimmt mit der im Abschn. 2.3.1. gegebenen Erklärung der Wirkung von δ-Funktionen auf ein Netzwerk überein.

c) **Sprungantwort**

Wirken auf ein in Ruhe befindliches System die Erregungen

$$v_\varrho(t) = \check{v}_\varrho \cdot s(t) \text{ mit } s(t) = \begin{cases} 0 & \text{für} \quad t < 0 \\ 1 & \phantom{\text{für}} \quad t \geqq 0 \end{cases},$$

also

$$\boldsymbol{v}(t) = \begin{pmatrix} \check{v}_1 \\ \vdots \\ \check{v}_r \end{pmatrix} s(t) = \check{\boldsymbol{v}}s(t)\,,$$

so folgt aus Gl. (76) bzw. Gl. (78)

$$\begin{aligned} \boldsymbol{x}(t) &= \mathrm{e}^{\boldsymbol{A}t} \int_0^t \mathrm{e}^{-\boldsymbol{A}\tau} \boldsymbol{B}\check{\boldsymbol{v}}s(\tau)\,\mathrm{d}\tau = \mathrm{e}^{\boldsymbol{A}t} \int_0^t \mathrm{e}^{-\boldsymbol{A}\tau}\,\mathrm{d}\tau \cdot \boldsymbol{B}\check{\boldsymbol{v}} \\ &= \mathrm{e}^{\boldsymbol{A}t}\,\boldsymbol{A}^{-1}(\boldsymbol{E} - \mathrm{e}^{-\boldsymbol{A}t})\,\boldsymbol{B}\check{\boldsymbol{v}} \\ &= \boldsymbol{A}^{-1}(\mathrm{e}^{\boldsymbol{A}t} - \boldsymbol{E})\,\boldsymbol{B}\boldsymbol{v} \end{aligned} \tag{83}$$

bzw.

$$\boldsymbol{x}[(\nu+1)\,T] = \mathrm{e}^{\boldsymbol{A}T}\,\boldsymbol{x}(\nu T) + (\mathrm{e}^{\boldsymbol{A}T} - \boldsymbol{E})\,\boldsymbol{A}^{-1}\boldsymbol{B}\check{\boldsymbol{v}}\,, \quad \boldsymbol{x}(0) = \boldsymbol{0}\,. \tag{84}$$

Man beachte, daß der rechte Term in der Rekursionsvorschrift nur einmal berechnet wird.

d) Die Elemente des Erregungsvektors $\boldsymbol{v}(t)$ seien **Polynome n-ten Grades in t.** Dann verschwindet die $(m+1)$-te Ableitung des Erregungsvektors, $\boldsymbol{v}^{(m+1)}(t) \equiv 0$.

Das Faltungsintegral in Gl. (76) läßt sich deshalb durch mehrfache partielle Integration auswerten:

$$\begin{aligned} &\int_0^t \mathrm{e}^{-\boldsymbol{A}\tau} \boldsymbol{B}\boldsymbol{v}(\tau)\,\mathrm{d}\tau = -\boldsymbol{A}^{-1}\,\mathrm{e}^{-\boldsymbol{A}\tau}\,\boldsymbol{B}\boldsymbol{v}(\tau)\,\big|_0^t + \boldsymbol{A}^{-1} \int_0^t \mathrm{e}^{-\boldsymbol{A}\tau}\,\boldsymbol{B}\dot{\boldsymbol{v}}(\tau)\,\mathrm{d}\tau \\ &= -\boldsymbol{A}^{-1}\,\mathrm{e}^{-\boldsymbol{A}\tau}\,\boldsymbol{B}\boldsymbol{v}(\tau)\,\big|_0^t - \boldsymbol{A}^{-2}\,\mathrm{e}^{-\boldsymbol{A}\tau}\,\boldsymbol{B}\dot{\boldsymbol{v}}(\tau)\,\big|_0^t + \boldsymbol{A}^{-2} \int_0^t \mathrm{e}^{-\boldsymbol{A}\tau}\,\boldsymbol{B}\ddot{\boldsymbol{v}}(\tau)\,\mathrm{d}\tau = \cdots \\ &= -\sum_{\mu=0}^{m} \boldsymbol{A}^{-\mu-1}\,\mathrm{e}^{-\boldsymbol{A}\tau}\,\boldsymbol{B}\boldsymbol{v}^{(\mu)}(0)\,\big|_0^t \\ &= -\sum_{\mu=0}^{m} \boldsymbol{A}^{-\mu-1}\,\{\mathrm{e}^{-\boldsymbol{A}t}\,\boldsymbol{B}\boldsymbol{v}^{(\mu)}(t) - \boldsymbol{B}\boldsymbol{v}^{(\mu)}(0)\}\,. \end{aligned}$$

Daraus ergibt sich (bei verschwindendem Anfangswert $\boldsymbol{x}(0) = \boldsymbol{0}$)

$$\boldsymbol{x}(t) = \sum_{\mu=0}^{m} \boldsymbol{A}^{-\mu-1}[\mathrm{e}^{\boldsymbol{A}t} \boldsymbol{B}\boldsymbol{v}^{(\mu)}(0) - \boldsymbol{B}\boldsymbol{v}^{(\mu)}(t)] \tag{85}$$

bzw. für äquidistante Zeitpunkte

$$\boldsymbol{x}\big((\nu + 1)\, T\big) = \mathrm{e}^{\boldsymbol{A}T} \boldsymbol{x}(\nu T) + \sum_{\mu=0}^{m} \boldsymbol{A}^{-\mu-1}[\mathrm{e}^{\boldsymbol{A}T} \boldsymbol{B}\boldsymbol{v}^{(\mu)}(\nu T) - \boldsymbol{B}\boldsymbol{v}^{(\mu)}\big((\nu + 1)\, T\big)]\,. \tag{86}$$

Mit Hilfe der Formeln (79) bis (86) lassen sich auch Erregungsfunktionen, die aus den obigen zusammengesetzt sind, behandeln: man addiert einfach die entsprechenden Lösungsanteile. Das gleiche gilt für nichtverschwindende Anfangswerte $\boldsymbol{x}(-0) \neq \boldsymbol{0}$. Auch ist die Einschränkung auf Funktionen, die bei $t = 0$ beginnen, nicht wesentlich — in den entsprechenden Lösungsformeln hat man lediglich „0" durch den allgemeineren Startpunkt t_0 und die laufende Zeit t durch $t - t_0$ zu ersetzen (vgl. die allgemeine Lösungsformel (75)).

Die Formeln (83) bis (86) weisen aber einen Mangel auf: bei ihrer Herleitung ist stillschweigend die Regularität von $\boldsymbol{A}$ vorausgesetzt worden. Im vorangehenden Abschnitt haben wir aber gesehen, daß $\boldsymbol{A}$ durchaus **singulär** sein kann. Also muß geprüft werden, ob die angegebenen Formeln so modifiziert werden können, daß $\boldsymbol{A}^{-1}, \boldsymbol{A}^{-2}, \ldots$ in ihnen nicht mehr vorkommen. Die Inversen sind oben infolge der partiellen Integration mit dem Ansatz

$$\int \mathrm{e}^{\boldsymbol{A}t}\, \mathrm{d}t = \boldsymbol{A}^{-1}\, \mathrm{e}^{\boldsymbol{A}t} + \boldsymbol{C}_1 \tag{87}$$

eingeführt worden. Statt dessen kann man auch von dem Ansatz

$$\int \mathrm{e}^{\boldsymbol{A}t}\, \mathrm{d}t = t \sum_{k=0}^{\infty} \frac{(\boldsymbol{A}t)^k}{(k + 1)!} + \boldsymbol{C}_2 \tag{87'}$$

ausgehen.

Die beiden konstanten Matrizen $\boldsymbol{C}_1$ und $\boldsymbol{C}_2$ auf den rechten Seiten haben die gleiche Ordnung wie $\boldsymbol{A}$ und sind im übrigen willkürlich wählbar. Ein Vergleich zeigt, daß die beiden rechten Seiten (bei vorausgesetzter Regularität von $\boldsymbol{A}$) übereinstimmen, wenn sich die Matrizen $\boldsymbol{C}_1$ und $\boldsymbol{C}_2$ gerade um den Summanden $\boldsymbol{A}^{-1}$ unterscheiden.

Mit dem zweiten Ansatz wird jede Inversenbildung vermieden, und man erhält mit den gleichen Überlegungen wie oben anstelle der Formeln (83), (84), (85), (86) die Beziehungen

$$\boldsymbol{x}(t) = t \sum_{k=0}^{\infty} \frac{(\boldsymbol{A}t)^k}{(k + 1)!} \boldsymbol{B}\check{\boldsymbol{v}}\,, \tag{83'}$$

$$\boldsymbol{x}[(\nu + 1)\, T] = \mathrm{e}^{\boldsymbol{A}T} \boldsymbol{x}(\nu T) + T \sum_{k=0}^{\infty} \frac{(\boldsymbol{A}T)^k}{(k + 1)!} \boldsymbol{B}\check{\boldsymbol{v}}\,, \tag{84'}$$

$$\boldsymbol{x}(t) = \mathrm{e}^{\boldsymbol{A}t}\left[\sum_{\mu=0}^{m} (-1)^{\mu}\, t^{\mu+1} \sum_{k=0}^{\infty} \frac{(-\boldsymbol{A}t)^k}{(k + \mu + 1)!} \boldsymbol{B}\boldsymbol{v}^{(\mu)}(t)\right], \tag{85'}$$

$$\boldsymbol{x}\big((\nu + 1)\, T\big) = \mathrm{e}^{\boldsymbol{A}T} \boldsymbol{x}(\nu T) + \mathrm{e}^{\boldsymbol{A}T} \sum_{\mu=0}^{m} (-1)^{\mu}\, T^{\mu+1} \sum_{k=0}^{\infty} \frac{(-\boldsymbol{A}T)^k}{(k + \mu + 1)!} \boldsymbol{B}\boldsymbol{v}^{(\mu)}\big((\nu + 1)\, T\big)\,. \tag{86'}$$

Für harmonische bzw. periodische Erregung sind in [Lio-66a], [Lio-67b] Lösungsformeln angegeben, ebenso für den eingeschwungenen Zustand des NW bei periodischer Erregung. Diesen kann man durch den Grenzübergang $t \to \infty$ und Beachtung von lim exp $(\boldsymbol{A}t) = \boldsymbol{0}$ für $t \to \infty$ z.B. mit Gl. (76) berechnen.

Als Anwendung der abgeleiteten Lösungsformeln wollen wir den praktisch bedeutsamen Fall, daß **die Erregungszeitfunktion an äquidistanten Zeitpunkten numerisch gegeben** ist, z. B. durch eine Wertetabelle, betrachten. Um den Verlauf zwischen den „Abtastpunkten" näherungsweise zu erfassen, wird man durch die Werte Interpolationspolynome legen. Im einfachsten Fall verbindet man die Punkte durch Geradenzüge (Trapezapproximation der Erregungsfunktion). Zwischen den beiden Zeitpunkten νT und $(\nu + 1)\,T$ gilt dann

$$\boldsymbol{v}(t) \approx \boldsymbol{v}(\nu T) + [\boldsymbol{v}((\nu + 1)\,T) - \boldsymbol{v}(\nu T)]\,\frac{t - \nu T}{T}\,,$$

$$\dot{\boldsymbol{v}}(t) \approx \frac{1}{T}\,[\boldsymbol{v}((\nu + 1)\,T) - \boldsymbol{v}(\nu T)]\,.$$

Der Zustandsvektor errechnet sich dann (ebenfalls für äquidistante Zeitpunkte) mit Hilfe von Gl. (86) zu

$$\begin{aligned}\boldsymbol{x}((\nu + 1)\,T) = \mathrm{e}^{\boldsymbol{A}T}\Big\{&\boldsymbol{x}(\nu T) + \frac{1}{T}\boldsymbol{A}^{-2}(\mathrm{e}^{-\boldsymbol{A}T} - \boldsymbol{E} + \boldsymbol{A}T)\,\boldsymbol{B}\boldsymbol{v}(\nu T)\\ &- \Big[\boldsymbol{A}^{-1}(\mathrm{e}^{-\boldsymbol{A}T} - \boldsymbol{E}) + \frac{1}{T}\boldsymbol{A}^{-2}(\mathrm{e}^{-\boldsymbol{A}T} - \boldsymbol{E} + \boldsymbol{A}T)\Big]\boldsymbol{B}\boldsymbol{v}((\nu + 1)\,T)\Big\}\end{aligned} \tag{88}$$

oder übersichtlicher als

$$\boldsymbol{x}((\nu + 1)\,T) = \mathrm{e}^{\boldsymbol{A}T}\,\boldsymbol{x}(\nu T) + \boldsymbol{M}_1\boldsymbol{v}(\nu T) + \boldsymbol{M}_2\boldsymbol{v}((\nu + 1)\,T) \tag{89}$$

mit

$$\boldsymbol{M}_1 = \mathrm{e}^{\boldsymbol{A}T}\,\boldsymbol{A}^{-1}\boldsymbol{B} - \frac{1}{T}\,(\mathrm{e}^{\boldsymbol{A}T} - \boldsymbol{E})\,\boldsymbol{A}^{-2}\boldsymbol{B} = \left(\sum_{k=0}^{\infty} \frac{k+1}{(k+2)!}\,T^{k+1}\boldsymbol{A}^k\right)\boldsymbol{B}\,,$$

$$\boldsymbol{M}_2 = -\boldsymbol{A}^{-1}\boldsymbol{B} + \frac{1}{T}\,(\mathrm{e}^{\boldsymbol{A}T} - \boldsymbol{E})\,\boldsymbol{A}^{-2}\boldsymbol{B} = \left(\sum_{k=0}^{\infty} \frac{T^{k+1}}{(k+2)!}\,\boldsymbol{A}^k\right)\boldsymbol{B}\,.$$

Dabei sind $\boldsymbol{M}_1$ und $\boldsymbol{M}_2$ nur einmal zu berechnen; die eigentliche Rekursionsvorschrift ist wieder sehr einfach.

4.2.2.2. Berechnung der Exponentialmatrix

In den allgemeinen und speziellen Lösungsformeln des vorhergehenden Abschnittes wurde stets die Exponentialmatrix exp $(\boldsymbol{A}t)$ bzw. exp $(\boldsymbol{A}T)$ benötigt. Ihre numerische Berechnung kann recht aufwendig werden. Allerdings lohnt es, hier einigen Aufwand zu investieren, da die Genauigkeit der Lösung der Zustandsgln. wesentlich davon beeinflußt wird. Außerdem sind die meisten Rechenoperationen nur einmal durchzuführen, quasi vor Beginn der eigentlichen Berechnung von $\boldsymbol{x}(t)$. Eine formal sehr einfache Berechnungsmöglichkeit ergibt sich aus der **Anwendung der Laplace-Transformation.** Die Matrixfunktion $\boldsymbol{F}(t) = \exp(\boldsymbol{A}t)$ ergibt sich als Lösung der homogenen Differentialgleichung

$$\boldsymbol{F}(t) = \boldsymbol{A}\boldsymbol{F}(t)\,, \qquad \boldsymbol{F}(0) = \boldsymbol{E}\,.$$

Durch Laplace-Transformation erhält man

$$s \cdot \mathcal{L}\{\boldsymbol{F}(t)\} - \boldsymbol{F}(0) = \boldsymbol{A} \cdot \mathcal{L}\{\boldsymbol{F}(t)\}\,,$$

$$(s\boldsymbol{E} - \boldsymbol{A}) \cdot \mathcal{L}\{\boldsymbol{F}(t)\} = \boldsymbol{E}\,,$$

$$\mathcal{L}\{\boldsymbol{F}(t)\} = (s\boldsymbol{E} - \boldsymbol{A})^{-1}\,.$$

Mithin ist

$$\mathrm{e}^{\boldsymbol{A}t} = \mathcal{L}^{-1}\{(s\boldsymbol{E} - \boldsymbol{A})^{-1}\}\,. \tag{90}$$

Es müssen also zunächst die Elemente der Matrix $(s\boldsymbol{E} - \boldsymbol{A})^{-1}$ als gebrochen rationale Funktionen von s bestimmt werden. Dazu kann man die im Abschn. 3.2. angegebenen Verfahren heranziehen. Anschließend müssen diese Funktionen rücktransformiert werden. Da die Laplace-Rücktransformation bekanntlich oft mit numerischen Schwierigkeiten verbunden ist (vgl. Abschn. 4.3.1.), wird dieser Zugang hier nicht weiter verfolgt. Für die Berechnung kleiner NW von Hand ist dieser Zugang allerdings empfehlenswert. Für numerische Rechnungen auf einem Digitalrechner ist es meist günstiger, auf die **Reihendarstellung der Exponentialmatrix** (77) zurückzugreifen und $\exp(\boldsymbol{A}t)$ durch Reihenabbruch zu bestimmen:

$$\mathrm{e}^{\boldsymbol{A}t} = \sum_{k=0}^{K} \frac{(\boldsymbol{A}t)^k}{k!} + \boldsymbol{R}_K(t)\,. \tag{91}$$

Die Elemente der **Restgliedmatrix** $\boldsymbol{R}_K(t)$ lassen sich für jedes t kleiner als eine beliebig vorgeschriebene Schranke halten, wenn nur $K = K(\boldsymbol{A}, t)$ hinreichend groß gewählt wird, da die Reihe beständig konvergiert. Die Elemente der Restgliedmatrix $\boldsymbol{R}_K(t)$ lassen sich dem Betrage nach wie folgt abschätzen:

$$\max_{1 \leqq i,j \leqq n} \left|(\boldsymbol{R}_K(t))_{i,j}\right| \leqq \max_{1 \leqq i,j \leqq n} \left|\left(\frac{(\boldsymbol{A}t)^K}{K!}\right)_{i,j}\right| \cdot \frac{1}{K+1} \cdot \frac{\|\boldsymbol{A}t\|}{1 - \dfrac{\|\boldsymbol{A}t\|}{K+2}}\,. \tag{92}$$

Dabei kann man als Matrixnorm $\|\cdot\|$ z.B. die Zeilensummennorm $\max\limits_{1 \leqq i \leqq n} \sum\limits_{j=1}^{n} |a_{ij}t|$ oder die Spaltensummennorm $\max\limits_{1 \leqq j \leqq n} \sum\limits_{i=1}^{n} |a_{ij}t|$ oder ihre gemeinsame obere Schranke $n \cdot \max\limits_{1 \leqq i,j \leqq n} |a_{ij}t|$ benutzen. Der Ausdruck $\max\limits_{i,j} \left|\left(\frac{(\boldsymbol{A}t)^K}{K!}\right)_{i,j}\right|$ in Gl. (92) stellt das betragsgrößte Element des letzten Reihengliedes, das bei der numerischen Berechnung von $\exp(\boldsymbol{A}t)$ berücksichtigt wird, dar. Im Laufe der Berechnung der Exponentialmatrix kann diese Zahl offensichtlich genau ermittelt werden, während $\|\boldsymbol{A}t\|$ bereits vor Beginn der Rechnung feststeht.

Um von vornherein K abschätzen zu können, muß die Ungleichung (92) derart vergröbert werden, daß man mit Kenntnis von $\boldsymbol{A}t$ allein auskommt.

Zwei Möglichkeiten seien hier angegeben:

$$\max_{i,j} \left|\left(\boldsymbol{R}_K(t)\right)_{i,j}\right| < \frac{||\boldsymbol{A}t||^K}{(K+1)!} \cdot \frac{\max\limits_{i,j} |a_{ij}t|}{1 - \dfrac{||\boldsymbol{A}t||}{K+2}} < \frac{||\boldsymbol{A}t||^{K+1}}{(K+1)!} \cdot \frac{1}{1 - \dfrac{||\boldsymbol{A}t||}{K+2}} .$$

Gibt man sich die linke Seite der Ungleichung als Fehlerschranke vor, so läßt sich $K = K(\boldsymbol{A}t, \varepsilon)$ berechnen. Praktisch wird man die Reihenentwicklung nur anwenden, wenn für ein festes $t = T$ exp $(\boldsymbol{A}T)$ einmalig zu berechnen ist.

Legt man Wert auf eine sehr genaue Berechnung von exp $(\boldsymbol{A}T)$, so empfiehlt sich folgendes Vorgehen: man legt in Gl. (91) K nicht von vornherein fest, sondern berechnet so viele Reihenglieder, daß sich das Ergebnis für exp $(\boldsymbol{A}T)$ im Rahmen der Stellenzahl des Rechners nicht mehr ändert, numerisch also $\boldsymbol{R}_K = \boldsymbol{0}$ ist. Dann hat man — von Rundungsfehlern abgesehen — die Exponentialmatrix „so genau wie möglich" berechnet. Bei $||\boldsymbol{A} \cdot T|| \approx 1$ genügen z.B. bei 10-stelliger Genauigkeit erfahrungsgemäß meist 10…15 Reihenglieder. Ist die Schrittweite T so groß, daß $||\boldsymbol{A}T||$ erheblich über 1 liegt, so wird man zur Vermeidung großer K-Werte und entsprechendendem Auflaufen von Rundungsfehlern das Verfahren geringfügig modifizieren. Man wählt eine Konstante m so, daß $T = 2^m T_m$ und $||\boldsymbol{A}T_m|| \approx 1$ ist, berechnet exp $(\boldsymbol{A}T_m)$ auf volle Stellenzahl und quadriert m-mal das erhaltene Ergebnis. (Bei steifen DG-Systemen (VII') kann der Einfluß der Rundungsfehler dennoch erheblich sein.)

Eine weitere Möglichkeit, die Exponentialmatrix zu approximieren, besteht in einer Darstellung als „gebrochen rationale" Funktion in $\boldsymbol{A}$:

$$e^{\boldsymbol{A}T} \approx \left[\sum_{k=0}^{K_1} a_k(\boldsymbol{A}T)^k\right]\left[\sum_{k=0}^{K_2} b_k(\boldsymbol{A}T)^k\right]^{-1} . \tag{93}$$

Als besonders günstig haben sich die sog. **Padé-Approximationen** [Cal-67], [Gri-70] mit $K_1 = K_2 = K$ erwiesen. Dabei gilt

$$b_k = (-1)^k a_k , \qquad a_k = \frac{(2K-k)!}{(2K)!}\binom{K}{k}, \qquad k = 0, 1, \dots, K . \tag{94}$$

Die Padé-Approximationen von exp $(\boldsymbol{A}T)$ sind für

$$\left.\begin{aligned} K = 1&: e^{\boldsymbol{A}T} \approx \left[\boldsymbol{E} + \frac{1}{2}\boldsymbol{A}T\right]\left[\boldsymbol{E} - \frac{1}{2}\boldsymbol{A}T\right]^{-1} ,\\ K = 2&: e^{\boldsymbol{A}T} \approx \left[\boldsymbol{E} + \frac{1}{2}\boldsymbol{A}T + \frac{1}{12}(\boldsymbol{A}T)^2\right]\left[\boldsymbol{E} - \frac{1}{2}\boldsymbol{A}T + \frac{1}{12}(\boldsymbol{A}T)^2\right]^{-1} ,\\ K = 3&: e^{\boldsymbol{A}T} \approx \left[\boldsymbol{E} + \frac{1}{2}\boldsymbol{A}T + \frac{1}{10}(\boldsymbol{A}T)^2 + \frac{1}{120}(\boldsymbol{A}T)^3\right] \times\\ &\times \left[\boldsymbol{E} - \frac{1}{2}\boldsymbol{A}T + \frac{1}{10}(\boldsymbol{A}T)^2 - \frac{1}{120}(\boldsymbol{A}T)^3\right]^{-1} . \end{aligned}\right\} \tag{95}$$

Entwickelt man die PADÉ-Funktionen in eine (TAYLOR-)Reihe, so erkennt man, daß $2K + 1$ Reihenglieder mit der TAYLOR-Reihe (77) der Exponentialmatrix $\exp(\boldsymbol{A}T)$ übereinstimmen. Der Fall $K = 1$ entspricht der Anwendung der Trapez-Regel (vgl. Abschn. 4.1.2.).

Es sind noch eine Reihe anderer Verfahren zur Berechnung der Exponentialmatrix angegeben worden: Ausnutzung des Satzes von CALEY-HAMILTON, Transformation von $\boldsymbol{A}$ in Diagonal- oder JORDANsche Normalform, Anwendung der FOURIER-Transformation sowie Modifikationen der hier bevorzugten Reihenentwicklung. Der interessierte Leser sei auf die Literatur [Bra-67], [Zur-64], [Z-D-63], [Lio-67a], [Kor-68], [Sil-68], [Bic-68] verwiesen. Die meisten dieser Verfahren haben den Nachteil, daß das charakteristische Polynom und die Eigenwerte von $\boldsymbol{A}$ bestimmt werden müssen.

Im Abschn. 4.2.2.1. ist gezeigt worden, daß zur Berechnung des Zeitverhaltens nicht nur $\exp(\boldsymbol{A}T)$, sondern auch Integrale von $\exp(\boldsymbol{A}T)$ bzw. Ausdrücke der Form $\boldsymbol{A}^{-1}\left(\exp(\boldsymbol{A}T) - \boldsymbol{E}\right), \ldots$ bestimmt werden müssen. Die angegebenen Verfahren lassen sich im allgemeinen so erweitern, daß diese Terme (auch bei singulärem $\boldsymbol{A}$) ohne großen Mehraufwand berechnet werden können. Offensichtlich ist das bei den Verfahren, die eine Reihenentwicklung (77) ausnutzen.

Da die numerische Lösung der Zustandsgln. häufig auf das Auswerten von Rekursionsformeln oder — in anderer Sprechweise — auf das Lösen von Differenzengleichungen führt, ist die Stabilität dieses Differenzen-Gls. von Interesse. Dabei wird vom homogenen System $\dot{\boldsymbol{x}} = \boldsymbol{A}\boldsymbol{x}$ ausgegangen. Die Lösung dieses Systems ist (vgl. Gl. (82))

$$\boldsymbol{x}\left((\nu + 1)\,T\right) = \mathrm{e}^{\boldsymbol{A}T}\,\boldsymbol{x}(\nu T)\,. \tag{96}$$

Da diese Beziehung die exakte Lösung an den Zeitpunkten $t = \nu T$ darstellt, ist die Differenzengl. (96) stabil, wenn das ursprüngliche Problem (VII) stabil ist. Die **Stabilitätsuntersuchung** kann sich also auf die Verfahren, bei denen die Exponentialmatrix nur näherungsweise bestimmt wird, beschränken.

Wir betrachten zunächst die Reihenentwicklung (91) mit festem K:

$$\boldsymbol{x}\left((\nu + 1)\,T\right) = \left[\boldsymbol{E} + \boldsymbol{A}T + \cdots + \frac{(\boldsymbol{A}T)^K}{K!}\right]\boldsymbol{x}(\nu T) = f(\boldsymbol{A})\,\boldsymbol{x}(\nu T)\,. \tag{97}$$

Wie in Abschn. 4.1.2. gezeigt wurde, muß für die Stabilitätsaussage die Abbildung

$$w = f(s) = 1 + sT + \cdots + \frac{(sT)^K}{K}$$

untersucht werden. Die Differenzengl. (97) ist stabil, wenn für alle Eigenwerte s_i von $\boldsymbol{A}$ (Eigenfrequenzen des NW) $|w(s_i)| < 1$ gilt. In [Cal-67] ist dieses Stabilitätsgebiet für einige Werte von K untersucht worden, vgl. auch [Cal-68] und [S-P-70]. Für $K = 1$ und $K = 4$ sind diese Stabilitätsgebiete den Abbn. 4.4 und 4.5 zu entnehmen, da der Fall $K = 1$ der Vorwärts-Rechteckregel und der Fall $K = 4$ dem RUNGE-KUTTA-Verfahren 4. Ordnung entspricht (vgl. mit den Formeln (23) und (30)).

Für die Padé-Approximation (93) ist in [Gri-70] gezeigt worden, daß sie für alle Werte von $K(= K_1 = K_2)$ die gesamte linke s-Halbebene in das Innere des Einheitskreises der w-Ebene abbildet, also für alle (stabilen) NW eine stabile Differenzengleichung liefert. Daher ist die Padé-Approximation für die numerische Lösung steifer DG-Systeme besonders geeignet.

4.2.2.3. Anwendungsbeispiele

Wir betrachten zunächst eine Aufgabenstellung, die sich auf die Analyse des **Zeitverhaltens eines thermodynamischen NW** zurückführen läßt. In das in Abb. 4.9 links dargestellte Wärmebad (mit der Wärmekapazität C_{w1}) fließt ein vorgegebener Wärmestrom $q(t)$. Rührwerke sorgen dafür, daß sich innerhalb der beiden Wärmebäder jeweils keine Temperaturdifferenz ausbilden kann. Zwischen den beiden Wärmebädern kann eine Wärme über den Wärmewiderstand R_{w1} und zwischen dem rechten Wärmebad und dem umgebenden Medium

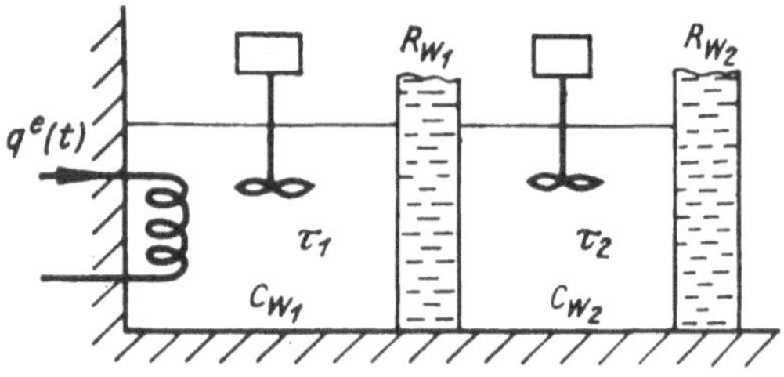

Abb. 4.9. Thermisches System (Wärmebad)

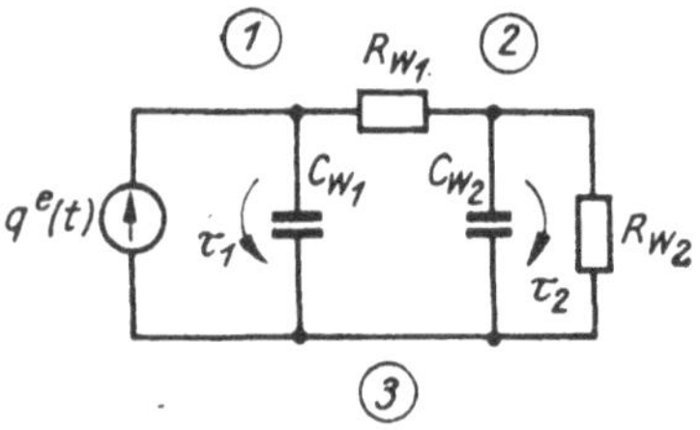

Abb. 4.10. Thermisches Netzwerk (zum System in Abb. 4.9)

über den Wärmewiderstand R_{w2} ausgetauscht werden. Als Beispiel sei die Temperaturdifferenz $\tau_1(t)$ und $\tau_2(t)$ für $t > 0$ zu berechnen, wenn z. Zt. $t = 0$ ein konstanter Wärmestrom q eingeschaltet wird und zu diesem Zeitpunkt kein Temperaturunterschied zur Umgebung besteht, d. h. $\tau_1(0) = \tau_2(0) = 0$ gilt. Die Zustandsgln. folgen unmittelbar aus der Wärmestrombilanz am Knoten 1 des thermodynamischen NW (Abb. 4.10):

$$C_{w1}\dot{\tau}_1 + \frac{1}{R_{w1}}(\tau_1 - \tau_2) = q^e(t)$$

und der Wärmestrombilanz am Knoten 2:

$$C_{w2}\dot{\tau} + \frac{1}{R_{w2}}\tau_2 + \frac{1}{R_{w1}}(\tau_2 - \tau_1) = 0 \,.$$

Das Gls. (VII) lautet

$$\frac{\mathrm{d}}{\mathrm{d}t}\begin{pmatrix}\tau_1\\ \tau_2\end{pmatrix} = \begin{pmatrix} -\dfrac{1}{R_{w1}C_{w1}} & \dfrac{1}{R_{w1}C_{w1}} \\ \dfrac{1}{R_{w1}C_{w2}} & -\dfrac{1}{C_{w2}}\left(\dfrac{1}{R_{w2}} + \dfrac{1}{R_{w1}}\right)\end{pmatrix}\begin{pmatrix}\tau_1\\ \tau_2\end{pmatrix} + \begin{pmatrix}\dfrac{1}{C_{w1}}\\ 0\end{pmatrix} q^e(t) \,. \qquad (98)$$

Bei den genannten Anfangsbedingungen $\tau_1(0) = \tau_2(0) = 0$ erhält man bei der Erregung $q^e(t) = \begin{cases} 0 & \text{für } t < 0 \\ q & \text{für } t \geqq 0 \end{cases}$ die in Abb. 4.11 skizzierten qualitativen Verläufe der Zeitfunktionen $\tau_1(t)$ und $\tau_2(t)$. Man erkennt, daß die Temperatur-

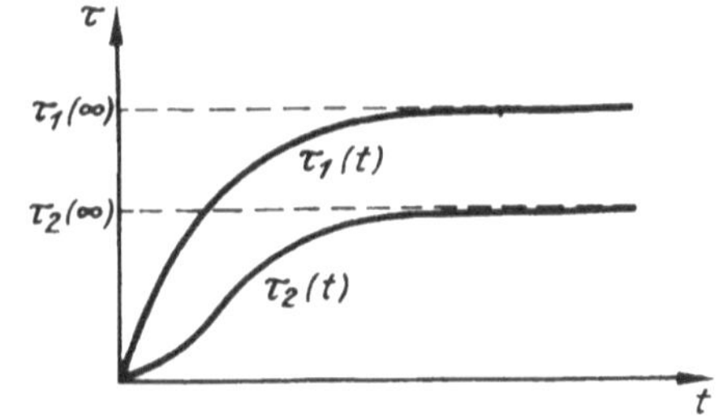

Abb. 4.11. Zeitverläufe der Temperaturdifferenzen

differenzen der Wärmebäder gegenüber der Umgebung gegen einen konstanten Wert streben. Trotz laufender Wärmezufuhr in das linke Wärmebad läßt sich die Temperatur der Wärmebäder nicht weiter steigern.

Für die Grenzwerte gilt

$$\tau_1(\infty) = (R_{w1} + R_{w2}) \cdot q$$

und

$$\tau_2(\infty) = R_{w2} \cdot q \,.$$

(Der Nachweis sei dem Leser als Übungsaufgabe empfohlen.)

Die Abb. 4.12 zeigt als zweites Beispiel ein **impulsformendes elektrisches NW,** das aus einem δ-Impuls einen $\sin^2$-Impuls erzeugen soll. Hier sei nach der Sprungantwort gefragt. Als Komponenten des Zustandsvektors x werden $x_1 = u_{C3}$, $x_2 = u_{C4}$, $x_3 = u_{C2}$, $x_4 = u_{C5}$, $x_5 = i_{L1}$, $x_6 = i_{L2}$, $x_7 = i_{L4}$ gewählt. Alle anderen Ströme und Spannungen im Netzwerk (also auch die Spannung u_{C1} und der Strom i_{L3}) ergeben sich als Linearkombinationen der $x_1(t), \ldots, x_7(t)$ und der Erregung $u^e(t)$.

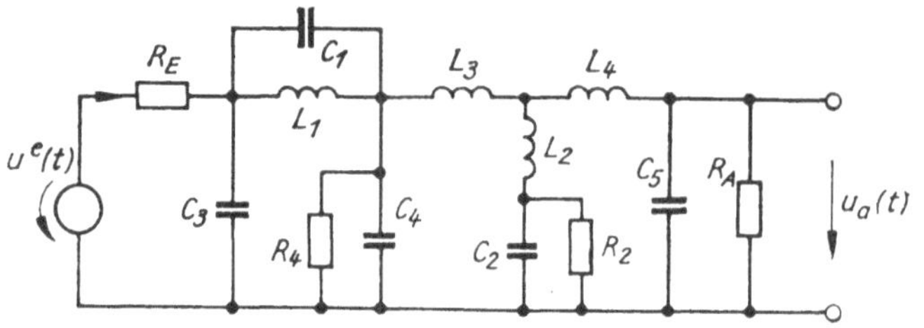

Abb. 4.12. Impulsformendes elektrisches Netzwerk

Die Aufstellung des Gls. (VII) kann mit den oben behandelten Verfahren erfolgen. Sie liefern die Matrizen

$$A = \begin{pmatrix} -\frac{C_1+C_4}{R_E D_1} & -\frac{C_1}{R_4 D_1} & 0 & 0 & -\frac{C_4}{D_1} & -\frac{C_1}{D_1} & -\frac{C_1}{D_1} \\ -\frac{C_1}{R_E D_1} & -\frac{C_1+C_3}{R_4 D_1} & 0 & 0 & \frac{C_3}{D_1} & -\frac{C_1+C_3}{D_1} & -\frac{C_1+C_3}{D_1} \\ 0 & 0 & -\frac{1}{R_2 C_2} & 0 & 0 & \frac{1}{C_2} & 0 \\ 0 & 0 & 0 & -\frac{1}{R_A C_5} & 0 & 0 & \frac{1}{C_5} \\ \frac{1}{L_1} & -\frac{1}{L_1} & 0 & 0 & 0 & 0 & 0 \\ 0 & \frac{L_4}{D_2} & -\frac{L_3+L_4}{D_2} & \frac{L_3}{D_2} & 0 & 0 & 0 \\ 0 & \frac{L_2}{D_2} & \frac{L_3}{D_2} & -\frac{L_2+L_3}{D_2} & 0 & 0 & 0 \end{pmatrix},$$

$$B = \left(\frac{C_1+C_4}{R_E D_1}, \frac{C_1}{R_E D_1}, 0, 0, 0, 0, 0\right)^T, \quad S = 0$$

mit den Abkürzungen

$$D_1 = (C_1 + C_3)(C_1 + C_4) - C_1^2, \qquad D_2 = (L_2 + L_3)(L_3 + L_4) - L_3^2.$$

Interessiert man sich für Ausgangsspannung und Eingangsstrom, so wird

$$y = \begin{pmatrix} u_{C5} \\ i_{R_E} \end{pmatrix}, \quad C = \begin{pmatrix} 0 & 0 & 0 & 1 & 0 & 0 & 0 \\ -\frac{1}{R_E} & 0 & 0 & 0 & 0 & 0 & 0 \end{pmatrix}, \quad D = \begin{pmatrix} 0 & 0 \\ \frac{1}{R_E} & 0 \end{pmatrix}, \quad T = 0.$$

Die graphische Auswertung einiger der vom Rechenautomaten gelieferten Ergebnisse zeigt Abb. 4.13, wo der zeitliche Verlauf einiger Spannungen wiedergegeben ist.

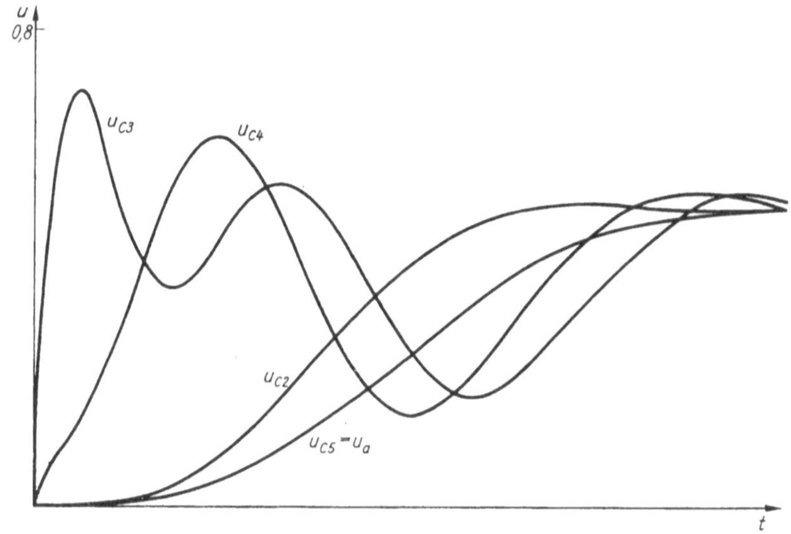

Abb. 4.13. Zeitlicher Verlauf einiger Spannungen des impulsformenden NW bei Erregung mit der Sprungfunktion $s(t)$

4.3. Verfahren, die von der Kenntnis der Frequenzcharakteristiken ausgehen

Interessiert man sich ausschließlich für das Zeitverhalten von NW, so wird man vorzugsweise die in 4.1 und 4.2 dargestellten Verfahren zur Lösung von Differentialgleichungen, die das NW-Verhalten im Zeitbereich beschreiben, verwenden. Häufig interessiert jedoch das NW-Verhalten im Zeit- **und** Frequenzbereich, wobei unter „Frequenzbereich" zusammenfassend der s-Bereich oder (spezieller) der $j\omega$-Bereich verstanden wird. Hat man die NW-Charakteristiken (FG, DG, Übertragungsfaktoren, ...) mit einer der im Kap. 3 beschriebenen Methoden im s- oder $j\omega$-Bereich bestimmt, so kann man diese Frequenzcharakteristiken verwenden, um das Zeitverhalten des NW zu berechnen. Das ist dann meist weniger aufwendig als eine neue Analyse ausschließlich im Zeitbereich.

4.3.1. Transformation rationaler Funktionen in s in den Zeitbereich

Die gesuchte Ausgangsgröße sei als rationale Funktion $F(s)$ bekannt. Dabei muß vorausgesetzt werden, daß die Erregungsgrößen ebenfalls durch rationale Funktionen im s-Bereich beschrieben (oder wenigstens approximiert) werden können. Zu bestimmen ist dann $f(t) = \mathcal{L}^{-1}\{F(s)\}$.

Eine der bekanntesten und in allen entsprechenden Lehrbüchern beschriebene Methode zur Laplace-Rücktransformation ist die **Residuenrechnung** (z.B. [Doe-67], [Wun-64], [Unb-69], [Fod-65]). $F(s)$ wird in Partialbrüche zerlegt, wobei berücksichtigt werden muß, daß die Pole $s_{\infty\nu}$ auch mehrfach (mit der

Vielfachheit n_ν) auftreten können:

$$F(s) = \sum_{\nu=1}^{n'} \sum_{\lambda=1}^{n_\nu} \frac{K_{\nu\lambda}}{(s - s_{\infty\nu})^\lambda} \tag{99}$$

(vgl. Abschn. 3.2.3, Formel (58)).

Die gliedweise LAPLACE-Rücktransformation liefert dann

$$f(t) = \sum_{\nu=1}^{n'} e^{s_{\infty\nu} t} \sum_{\lambda=1}^{n_\nu} \frac{K_{\nu\lambda}}{(\lambda - 1)!} t^{\lambda-1} \quad \text{für} \quad t \geqq 0\,. \tag{100}$$

Dabei ist vorausgesetzt worden, daß der Grad des Zählerpolynoms von $F(s)$ kleiner als der Grad des Nennerpolynoms ist. Sollte das nicht der Fall sein, so kann man durch Division weitere s-Potenzen abspalten, die bei der Rücktransformation in den Zeitbereich die δ-Funktionen und Ableitungen von δ-Funktionen ergeben (vgl. Gl. (70) im Abschn. 2.3.1.). Als größter Nachteil dieser Methode muß die notwendige Bestimmung der Pole $s_{\infty\nu}$ angesehen werden, da hier erhebliche numerische Probleme auftreten können. Nur gelegentlich sind – z.B. auf Grund eines Syntheseverfahrens – die Pole unmittelbar bekannt. Auch bei der Berechnung der Residuen $K_{\nu\lambda}$ können numerische Probleme entstehen [Mey-66].

Verwendet man zur Rücktransformation die **Methode der Zustandsvariablen**, so brauchen die Pole nicht bekannt zu sein. Nach evtl. Abspalten entsprechender s-Potenzen, die für sich rücktransformiert werden, hat $F(s)$ die Form

$$F(s) = \frac{b_{n-1}s^{n-1} + \cdots + b_1 s + b_0}{a_n s^n + \cdots + a_1 s + a_0}, \quad a_n \neq 0\,. \tag{101}$$

Man kann leicht zeigen (z.B. [Z-D-63], [Lio-66]), daß man $f(t)$ als Lösung der homogenen Differentialgleichung

$$a_n \frac{d^n}{dt^n} f(t) + a_{n-1} \frac{d^{n-1}}{dt^{n-1}} f(t) + \cdots + a_1 \frac{df(t)}{dt} + a_0 f(t) = 0 \tag{102}$$

mit speziellen Anfangswerten $f(0), f'(0), \ldots, f^{(n-1)}(0)$ bestimmen kann. Dazu wird die Gl. (102) LAPLACE-transformiert, wobei die Beziehung

$$\mathcal{L}\{f^{(m)}(t)\} = s^m F(s) - [s^{m-1} f(0) + \cdots + s f^{(m-2)}(0) + f^{(m-1)}(0)]$$

ausgenutzt wird. Den erhaltenen Ausdruck vergleicht man mit (101) und erhält daraus eine Beziehung zwischen den Anfangswerten und den Koeffizienten b_ν. Zur Lösung der homogenen Differential-Gl. (102) kann man die Methode der Zustandsvariablen verwenden, wenn $x_1 = f(t)$, $x_2 = f'(t) = \dot{x}_1, \ldots, x_n = f^{(n-1)}(t) = x_{n-1}$ eingeführt wird. Aus (102) wird dann

$$\dot{\boldsymbol{x}} = \boldsymbol{A}\boldsymbol{x} \tag{103}$$

mit

$$A = \begin{pmatrix} 0 & 1 & 0 & \cdots & 0 \\ 0 & 0 & 1 & \cdots & 0 \\ 0 & 0 & 0 & \cdots & 0 \\ \vdots & \vdots & \vdots & \ddots & \vdots \\ 0 & 0 & 0 & \cdots & 1 \\ -\frac{a_0}{a_n} & -\frac{a_1}{a_n} & -\frac{a_2}{a_n} & \cdots & -\frac{a_{n-1}}{a_n} \end{pmatrix}.$$

Die Werte des Anfangsvektors $\boldsymbol{x}(0) = \boldsymbol{x}_0$ folgen rekursiv aus

$$\left.\begin{aligned} x_{01} &= \frac{1}{a_n} b_{n-1}, \\ x_{02} &= \frac{1}{a_n}(b_{n-2} - a_{n-1}x_{01}), \\ x_{03} &= \frac{1}{a_n}(b_{n-3} - a_{n-1}x_{02} - a_{n-2}x_{01}), \\ &\vdots \\ x_{0n} &= \frac{1}{a_n}(b_0 - a_{n-1}x_{0,n-1} - \cdots - a_2x_{02} - a_1x_{01}). \end{aligned}\right\} \tag{104}$$

Die gesuchte Zeitfunktion $f(t)$ ist die erste Komponente $x_1(t)$ des Lösungsvektors $\boldsymbol{x}(t)$. Die Lösung des homogenen Zustandsvariablen-Gls. (103) kann man gemäß Gl. (80) unter Ausnutzung der speziellen Struktur von $\boldsymbol{A}$ berechnen [Lio-67a]. Man kann auch direkt von der Taylor-Reihe ausgehen,

$$\boldsymbol{x}[(\nu + 1)\, T] = \sum_{k=0}^{\infty} \frac{T^k}{k!} \boldsymbol{x}^{(k)}(\nu T) \quad \text{mit} \quad \boldsymbol{x}^{(k+1)}(\nu T) = \boldsymbol{A}\boldsymbol{x}^{(k)}(\nu T),$$

und dabei die spezielle Struktur von $\boldsymbol{A}$ ausnutzen [Lip-75]. Funktionen $F(s)$, deren Pole und Nullstellen bekannt sind, kann man in ein Produkt von einfacheren Funktionen zerlegen und den Zustandsvariablen-Ansatz entsprechend modifizieren ([Pot-68], [Gor-72]).

Von zahlreichen **weiteren Verfahren** sei hier noch ein recht allgemeiner Ansatz erwähnt. Es handelt sich um eine Möglichkeit, die Zeitfunktion näherungsweise zu berechnen, wenn ihre Laplace-Transformierte nur an gewissen Frequenzpunkten s_i (z.B. durch Messungen oder Berechnungen an einzelnen Frequenzpunkten) vorliegt, $i = 1, \dots, r$. Wir wählen ein geeignetes vollständiges Funktionensystem $\{G_\nu(s)\}$ im Frequenzbereich und machen für die Laplace-Transformierte den verallgemeinerten Fourier-Reihen-Ansatz

$$F(s) = \sum_{\nu=1}^{\infty} c_\nu G_\nu(s) \approx \sum_{\nu=1}^{n} c_\nu G_\nu(s). \tag{105}$$

Aus den bekannten Funktionswerten $F(s_i)$, $i = 1, \dots, r$, kann man die Koeffizienten c_ν näherungsweise berechnen,

$$F_i = F(s_i) = \sum_{\nu=1}^{n} c_\nu G_\nu(s_i) = \sum_{\nu=1}^{n} G_{i\nu} c_\nu, \qquad i = 1, \dots, r,$$

in Matrizenschreibweise

$$\boldsymbol{F} = (G_{i\nu})\,\boldsymbol{c}\;,$$

nach den gesuchten Koeffizienten aufgelöst (für $r = n$)

$$\boldsymbol{c} = (G_{i\nu})^{-1}\,\boldsymbol{F}\;.$$

Eine formale Rücktransformation der Gl. (105) in den Zeitbereich gibt

$$f(t) \approx \sum_{\nu=1}^{n} c_\nu g_\nu(t)\;,$$

in Matrizenschreibweise

$$f(t) \approx \boldsymbol{g}^T(t)\,\boldsymbol{c} = \boldsymbol{g}^T(t)\,(G_{i\nu})^{-1}\,\boldsymbol{F}\;. \tag{106}$$

An der Formel (106) ist die Tatsache überraschend, daß das gerade betrachtete Netzwerk auf die Matrix $(G_{i\nu})$ gar keinen Einfluß hat. Wenn man die Frequenzcharakteristik verschiedener Netzwerke an den gleichen Frequenzpunkten ermittelt, so braucht der Zeilenvektor $\boldsymbol{g}^T(t)\,(G_{i\nu})^{-1}$ nur einmal (als Zeitfunktion oder für die interessierenden Zeitpunkte) berechnet zu werden. Das hier beschriebene Verfahren kann auch umgekehrt werden, um zu der an einzelnen Zeitpunkten ermittelten Zeitfunktion die zugehörende Frequenzcharakteristik zu berechnen. Für spezielle Funktionssysteme $\{G_\nu\}$ wurden die vorstehenden Überlegungen von verschiedenen Autoren angewandt ([Unb-66], [Ren-67] [Aug-68], [Str-75] u. a.). Auf den Fall trigonometrischer Funktionen wird im Absch. 4.3.3. über diskrete und schnelle Fourier-Transformation eingegangen.

4.3.2. Lösung des NW-Differenzenproblems bei Verwendung von Frequenzcharakteristiken

Das NW-Differenzenproblem wurde im Abschn. 4.1.1. durch die Relationen (11′), (12′), (13′), (14′) und (15′) definiert. Diese Gln. lassen sich formal vereinfachen durch Einführung eines **Verschiebungsoperators** w, der definiert wird durch die Beziehung

$$x\big((\nu + 1)\,T\big) = w\,x(\nu T)$$

oder verallgemeinert

$$x\big((\nu + \mu)\,T\big) = w^\mu x(\nu T) \tag{107}$$

für beliebige ganzzahlige Werte von ν und μ und eine beliebige Zeitfunktion $x(t)$.

Eine Differenzen-Gl. der Gestalt (vgl. S. 225)

$$\sum_{\mu=0}^{m} a_\mu u_C\,\big((\nu - m + \mu)\,T\big) = \frac{T}{C}\sum_{\mu=0}^{m} b_\mu i_C\big((\nu - m + \mu)\,T\big) \tag{14''}$$

geht damit über in

$$\sum_{\mu=0}^{m} a_\mu w^{\mu-m} u_C(\nu T) = \frac{T}{C}\sum_{\mu=0}^{m} b_\mu w^{\mu-m} i_C(\nu T)\;.$$

Diesen Ausdruck kann man formal auch so schreiben:

$$u_C(\nu T) = \frac{1}{C} \frac{T \sum\limits_{\mu=0}^{m} b_\mu w^{\mu-m}}{\sum\limits_{\mu=0}^{m} a_\mu w^{\mu-m}} i_C(\nu T) . \tag{14'''}$$

Durch Anwendung der Beziehung (107) auf alle im NW-Differenzenproblem vorkommenden NW-Größen einschließlich der äußeren Erregungen erhält man die folgende Schreibweise für das **NW-Differenzenproblem**, vgl. S. 225:

$$\boldsymbol{K}\big(\boldsymbol{i}(\nu T) + \boldsymbol{i}^e(\nu T)\big) + \boldsymbol{K}_M\big(\boldsymbol{i}_M(\nu T) + \boldsymbol{i}_M^e(\nu T)\big) = \boldsymbol{0} , \tag{108}$$

$$\left.\begin{aligned} \boldsymbol{u}(\nu T) + \boldsymbol{u}^e(\nu T) &= \boldsymbol{K}^T \boldsymbol{u}_\varnothing(\nu T) , \\ \boldsymbol{u}_M(\nu T) + \boldsymbol{u}_M^e(\nu T) &= \boldsymbol{K}_M^T \boldsymbol{u}_\varnothing(\nu T) , \end{aligned}\right\} \tag{108'}$$

$$\left.\begin{aligned} u_R(\nu T) &= R i_R(\nu T) , \\ u_C(\nu T) &= \frac{1}{C} \frac{T \sum\limits_{\mu=0}^{m} b_\mu w^{\mu-m}}{\sum\limits_{\mu=0}^{m} a_\mu w^{\mu-m}} i_C(\nu T) , \\ u_L(\nu T) &= L \frac{\sum\limits_{\mu=0}^{m} a_\mu w^{\mu-m}}{T \sum\limits_{\mu=0}^{m} b_\mu w^{\mu-m}} i_L(\nu T) , \\ \begin{pmatrix} \boldsymbol{u}_{M1}(\nu T) \\ \boldsymbol{i}_{M2}(\nu T) \end{pmatrix} &= \begin{pmatrix} \boldsymbol{H}_{11} & \boldsymbol{H}_{12} \\ \boldsymbol{H}_{21} & \boldsymbol{H}_{22} \end{pmatrix} \begin{pmatrix} \boldsymbol{i}_{M1}(\nu T) \\ \boldsymbol{u}_{M2}(\nu T) \end{pmatrix} . \end{aligned}\right\} \tag{109}$$

Vergleicht man diese Gleichungen mit den Grundbeziehungen zur Aufstellung von NW-Gln. im Frequenzbereich (Abschn. 2.3. und 2.4.3.), so stellt man fest, daß anstelle der LAPLACE-Transformierten der NW-Größen $\boldsymbol{I}(s)$, $\boldsymbol{U}(s)$, $\boldsymbol{I}_{M1}(s)$, $\boldsymbol{U}^e(s)$, ... jetzt die NW-Größen (des durch den Differenzenansatz (4) auf S. 221 bedingten Näherungsproblems) $\boldsymbol{i}(\nu T)$, $\boldsymbol{u}(\nu T)$, $\boldsymbol{i}_{M1}(\nu T)$, $\boldsymbol{u}^e(\nu T)$, ... für beliebiges ganzzahliges ν stehen. Mit Hilfe des Verschiebungsoperators w konnte das NW-Differenzenproblem so umgeschrieben werden, daß alle auftretenden NW-Größen an ein und demselben Zeitpunkt νT zu bilden sind. Da die Bezeichnung der Unbekannten in einem Gls. für die Lösung ohne Belang ist, bleibt als einziger wesentlicher Unterschied zwischen den Grundbeziehungen der NW-Gln. im Frequenzbereich und den Grundbeziehungen des NW-Differenzenproblems der Übergang des Frequenzparameters s in einen vom Verschiebungsoperator w abhängigen Ausdruck,

$$s \Leftrightarrow \frac{\sum\limits_{\mu=0}^{m} a_\mu w^{\mu-m}}{T \sum\limits_{\mu=0}^{m} b_\mu w^{\mu-m}} . \tag{110}$$

Kennt man die Übertragungsfaktoren des NW, liegen also die LAPLACE-Transformierten der NW-Größen als gebrochen rationale Funktionen in s vor — etwa nach Durchführung einer Frequenzanalyse im Sinne des Abschn. 3.2. —, z.B.

$$\frac{U_2(s)}{I_1^e(s)} = \frac{Z(s)}{N(s)} = \frac{s}{2s^2 + 3},$$

so liefert das zugehörende NW-Differenzenproblem (108), (108'), (109) die gesuchte **NW-Größe als gebrochen rationale Funktion in w.** Im Beispiel wird

$$u_2(\nu T) = \frac{Z\left(\dfrac{\sum\limits_{\mu=0}^{m} a_\mu w^{\mu-m}}{T \sum\limits_{\mu=0}^{m} b_\mu w^{\mu-m}}\right)}{N\left(\dfrac{\sum\limits_{\mu=0}^{m} a_\mu w^{\mu-m}}{T \sum\limits_{\mu=0}^{m} b_\mu w^{\mu-m}}\right)} i_1^e(\nu T) = \frac{\left(\sum\limits_{\mu=0}^{m} a_\mu w^{\mu-m}\right)\left(T \sum\limits_{\mu=0}^{m} b_\mu w^{\mu-m}\right)}{2\left(\sum\limits_{\mu=0}^{m} a_\mu w^{\mu-m}\right)^2 + 3\left(T \sum\limits_{\mu=0}^{m} b_\mu w^{\mu-m}\right)^2} i_1^e(\nu T).$$

Aus diesen gebrochen rationalen Funktionen ergeben sich nach Durchmultiplikation mit dem Nenner und Beachtung der Definitions-Gl. (107) des Verschiebungsoperators Rekursionsvorschriften zur Berechnung der gesuchten NW-Größen in den Zeitpunkten νT. Die Erregungsgrößen müssen nur an diesen Zeitpunkten bekannt sein.

Zur Berechnung einer NW-Größe zum Zeitpunkt νT werden sowohl die NW-Größe als auch die Erregung an vorangehenden Zeitpunkten ausgenutzt. Die Anzahl der zu berücksichtigenden Zeitpunkte und damit die Länge der Rekursionsformel hängen von der Ordnung m des gewählten Differenzenansatzes (4) aber auch vom Grad des Zähler- und Nennerpolynoms des bei der Auswertung herangezogenen Übertragungsfaktors ab. Befindet sich das NW vor dem Einschaltzeitpunkt in Ruhe, so sind alle NW- und Erregungsgrößen zu Zeitpunkten vor dem Einschalten in der Rekursionsformel Null zu setzen.

Wählt man als Differenzenansatz (4) z.B. die **Trapezregel**, so nimmt die Beziehung (110) die Gestalt

$$s \Leftrightarrow \frac{2}{T} \frac{w-1}{w+1}$$

an. Die sich auf der Grundlage der Trapezregel ergebenden Rekursionsvorschriften zur Lösung des NW-Differenzenproblems, also zur (näherungsweisen) Berechnung der NW-Größen an den äquidistanten Zeitpunkten $t = \nu T$, werden in der Literatur [Wun-65], [K-S-66] als Verfahren zur Berechnung des Zeitverhaltens mittels **z-Transformation** (vgl. z.B. [Vic-64], [Wun-67]) bezeichnet.

4.3.3. FOURIER-Transformation

Im Abschn. 2.3.1. ist die LAPLACE-Transformation als eine sehr nützliche Funktionaltransformation zur System-Beschreibung und -Berechnung eingeführt worden. Von ähnlicher Bedeutung ist eine weitere, eng mit ihr verwandte Transformationsvorschrift, die **Fourier-Transformation** (s. z.B. [Unb-69]). Die FOURIER-Transformierte eines Signals $x(t)$ erhält man durch

$$X(j\omega) = \int_{-\infty}^{\infty} x(t)\, e^{-j\omega t}\, dt = F\{x(t)\}\,. \tag{111}$$

Die FOURIER-Transformierte eines Signals liefert eine „Spektraldarstellung" des Signals. Man bezeichnet $X(j\omega)$ häufig als (Frequenz-)Spektrum von $x(t)$. Umgekehrt gilt für die sog. **Fourier-Rücktransformation**

$$x(t) = \frac{1}{2\pi} \int_{-\infty}^{\infty} X(j\omega)\, e^{j\omega t}\, d\omega = \int_{-\infty}^{\infty} X(j2\pi f)\, e^{j2\pi f}\, df = F^{-1}\{X(j\omega)\}\,. \tag{112}$$

Betrachtet man nur Signale, die bei $t = 0$ „eingeschaltet" werden, für die also $x(t) = 0$ für $t < 0$ gilt, so wird

$$X(j\omega) = \int_{0}^{\infty} x(t)\, e^{-j\omega t}\, dt\,. \tag{111'}$$

Dabei ist ω zunächst ein formaler Parameter, der sich aber als (Kreis-)Frequenz $\omega = 2\pi f$ deuten läßt. Diese Interpretation ist wichtig, wenn man sich für die Signalübertragung durch ein lineares System mit dem Übertragungsfaktor $T(s)$ interessiert (vgl. Abb. 4.14).

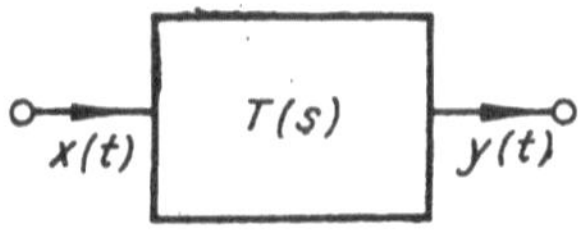

Abb. 4.14. Signalübertragung durch ein lineares System

Für die FOURIER-Transformierten der Signale $x(t)$ und $y(t)$ gilt bekanntlich

$$Y(j\omega) = T(j\omega)\, X(j\omega)\,. \tag{113}$$

Dabei ist $T(j\omega) = T(s)|_{s=j\omega}$ der Übertragungsfaktor des Systems im eingeschwungenen Zustand. Damit besteht eine weitere Möglichkeit zur Berechnung der Zeitverläufe der Signale in einem Netzwerk:

- man bildet die FOURIER-Transformierte der Erregung
- diese wird mit dem Übertragungsfaktor für die gesuchten Größen (der z.B. mit einer der in 3.2. und 3.3. beschriebenen Methoden bestimmt werden kann) multipliziert
- das Produkt wird rücktransformiert.

Das Hauptproblem besteht ersichtlich in der numerischen FOURIER-Transformation. Da Hin- und Rücktransformation durch formal gleich aufgebaute Formeln bestimmt sind, lassen sich für beide Transformationen praktisch die gleichen Algorithmen verwenden.

Eine exakte Auswertung der Integrale in (111) bzw. (112) wird nur in Sonderfällen möglich sein. Über ihre näherungsweise Bestimmung ist sehr viel veröffentlicht worden. Gemeinsam ist allen Methoden, daß der Integrand durch eine einfacher zu integrierende Funktion approximiert wird (siehe z.B. [S-S-68], [B-F-66], [Ste-66]).

Wir wollen hier der praktischen Bedeutung halber nur einen speziellen Zugang verfolgen, die sog. **diskrete Fourier-Transformation (DFT)** (vgl. z.B. [CLW-67a]), und darauf aufbauend zur sog. **schnellen Fourier-Transformation** (fast Fourier-transform, **FFT**) gelangen.

4.3.3.1. Diskrete Fourier-Transformation

Wir betrachten ein Signal, das nur im Intervall $[0, T)$ von Null verschieden ist:

$$x(t) = 0 \quad \text{für} \quad t < 0 \quad \text{und} \quad t \geqq T \quad \text{(Abb. 4.15).}$$

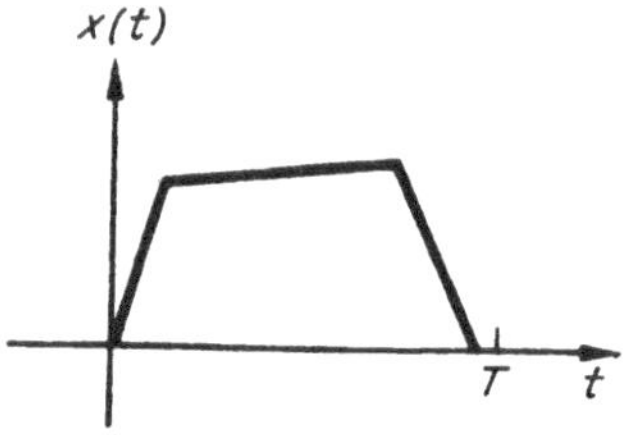

Abb. 4.15. Zeitbegrenztes Signal

Zu diesem Signal gehört ein Spektrum $X(j\omega)$, dessen prinzipieller Verlauf in Abb. 4.16a skizziert wurde.

Wir wählen eine Frequenz $\frac{\Omega}{2}$, oberhalb der das Spektrum nur noch vernachlässigbare Anteile enthält. Das durch dieses „Abschneiden" entstandene Spektrum bezeichnen wir mit $\overline{X}(j\omega)$ $\left(\overline{X}(j\omega) \equiv 0 \text{ für } \omega < -\frac{\Omega}{2} \text{ und } \omega \geqq \frac{\Omega}{2}\right)$, vgl. Abb. 4.16b. An die Stelle der exakten Transformationsbeziehungen (111) bzw. (112) treten jetzt die nur näherungsweise gültigen Gleichungen

$$\overline{X}(j\omega) = \int_0^T x(t)\, \mathrm{e}^{-j\omega t}\, \mathrm{d}t\,, \tag{114}$$

bzw.

$$x(t) = \frac{1}{2\pi} \int_{-\Omega/2}^{\Omega/2} \overline{X}(j\omega)\, \mathrm{e}^{j\omega t}\, \mathrm{d}\omega\,. \tag{115}$$

Signale, deren Zeitverlauf und Frequenzspektrum nur in einem endlichen Intervall der *t*- bzw. ω-Achse von Null verschieden sind, bezeichnet man als

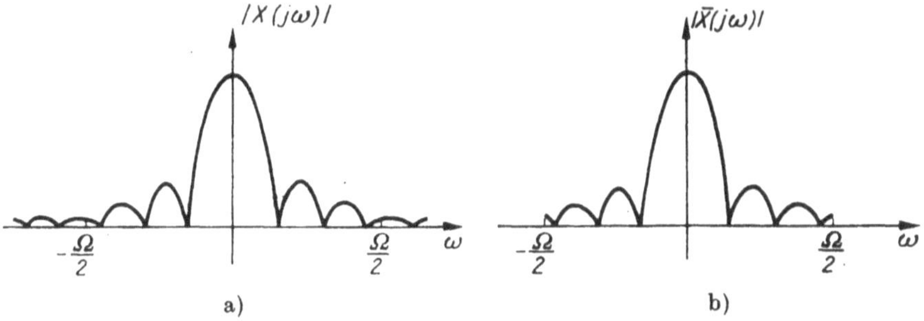

Abb. 4.16. Spektrum eines Signals;
a) Verlauf, b) abgeschnittenes (bandbegrenztes) Spektrum eines Signals

zeit- und (frequenz-)bandbegrenzte Signale. (Sie stellen nur Approximationen realer Signale dar, da zu einer zeitlich begrenzten Funktion eine im ω-Bereich unbegrenzte FOURIER-Transformierte und umgekehrt zu einem bandbegrenzten Spektrum ein unbegrenzter Zeitverlauf gehört!) Für derartig idealisierte Signale sind die Transformationsbeziehungen (114), (115) exakt. Die folgenden Umformungen sollen ihre Auswertung erleichtern.

Zunächst werden $x(t)$ und $\overline{X}(j\omega)$ periodisch fortgesetzt (Abb. 4.17). Für diese periodischen Funktionen $x_p(t)$ und $\overline{X}_p(j\omega)$ kann man **Fourier-Reihen** angeben:

$$x_p(t) = \sum_{l=-\infty}^{\infty} c_l e^{j2\pi lt/T}, \tag{116}$$

$$\overline{X}_p(j\omega) = \sum_{m=-\infty}^{\infty} C_m \, e^{-j2\pi m\omega/\Omega}, \tag{117}$$

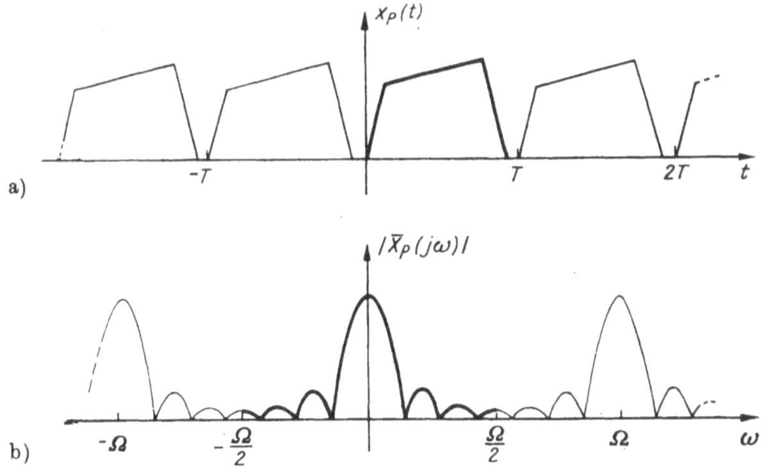

Abb. 4.17. Periodische Fortsetzung des zeitbegrenzten Signals und des bandbegrenzten Spektrums

deren Koeffizienten aus

$$c_l = \frac{1}{T}\int\limits_0^T x_p(t)\, \mathrm{e}^{-j2\pi lt/T}\, \mathrm{d}t = \frac{1}{T}\int\limits_0^T x(t)\, \mathrm{e}^{-j2\pi lt/T}\, \mathrm{d}t\,, \tag{118}$$

$$C_m = \frac{1}{\Omega}\int\limits_{-\Omega/2}^{\Omega/2} \overline{X}_p(j\omega)\, \mathrm{e}^{j2\pi m\omega/\Omega}\, \mathrm{d}\omega = \frac{1}{\Omega}\int\limits_{-\Omega/2}^{\Omega/2} \overline{X}(j\omega)\, \mathrm{e}^{j2\pi m\omega/\Omega}\, \mathrm{d}\omega \tag{119}$$

berechnet werden.

Ein Vergleich der Gln. (114) und (118) bzw. (115) und (119) zeigt (mit $\Omega = 2\pi F$):

$$c_l = \frac{1}{T}\overline{X}\left(j\frac{2\pi l}{T}\right), \tag{120}$$

$$C_m = \frac{2\pi}{\Omega}\, x\left(\frac{2\pi m}{\Omega}\right) = \frac{1}{F}\, x\left(\frac{m}{F}\right). \tag{121}$$

Man braucht also zur Bestimmung der Fourier-Koeffizienten c_l und C_m die Integrationen in (118), (119) nicht auszuführen, sondern erhält sie direkt aus den Verläufen $\overline{X}(j\omega)$ und $x(t)$ an speziellen Stützstellen, den sog. „Abtastpunkten". (Es besteht ein enger Zusammenhang mit dem sog. Samplingtheorem!) Berechnet man aus den Fourier-Reihen (116), (117) diese „Abtastwerte" und berücksichtigt die Beziehungen (120), (121), so erhält man

$$x_p\left(\frac{m}{F}\right) = \frac{1}{T}\sum_{l=-\infty}^{\infty} \overline{X}\left(j\frac{2\pi l}{T}\right) \mathrm{e}^{j2\pi ml/FT}\,,$$

$$\overline{X}_p\left(j\frac{2\pi l}{T}\right) = \frac{1}{F}\sum_{m=-\infty}^{\infty} x\left(\frac{2\pi m}{\Omega}\right) \mathrm{e}^{-j2\pi ml/FT}\,.$$

Beachtet man, daß $x(t)$ und $\overline{X}(j\omega)$ nur in den Intervallen $[0, T)$ und $[-\Omega/2, \Omega/2)$ von Null verschieden sind und daß in diesen Intervallen $x(t) = x_p(t)$ bzw. $\overline{X}_p(j\omega) = \overline{X}(j\omega)$ gilt, so erhält man mit den Abkürzungen $N = F \cdot T$, $x_m = x\left(\frac{m}{F}\right)$ und $\overline{X}_l = \overline{X}\left(j\frac{2\pi l}{T}\right)$

$$x_m = \frac{1}{T}\sum_{l=-N/2}^{N/2-1} \overline{X}_l\, \mathrm{e}^{j2\pi ml/N}, \qquad m = 0, 1, 2, \ldots, N-1\,,$$

$$\overline{X}_l = \frac{1}{F}\sum_{m=0}^{N-1} x_m\, \mathrm{e}^{-j2\pi ml/N}\,, \qquad l = -\frac{N}{2}, \ldots, -1, 0, 1, \ldots, \frac{N}{2}-1\,.$$

Um eine völlige Symmetrie der Formeln zu erreichen, definiert man formal

$$X_l = \begin{cases} \overline{X}_l & \text{für} \quad 0 \leqq l \leqq \frac{N}{2} - 1\,, \\ \overline{X}_{l-N} & \text{für} \quad \frac{N}{2} \leqq l \leqq N-1\,. \end{cases}$$

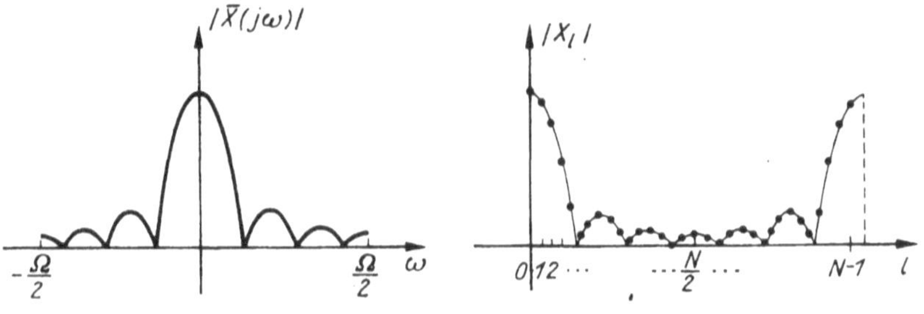

Abb. 4.18. Zusammenhang zwischen ursprünglichem Spektrum und Abtastwerten
a) bandbegrenztes Spektrum, b) zugeordnete Abtastwerte des bandbegrenzten Spektrums

Den Zusammenhang zwischen dem ursprünglichen (abgeschnittenen) Spektrum $\overline{X}(j\omega)$ und den fortan verwendeten Abtastwerten X_l erläutert Abb. 4.18.

Nach elementaren Umformungen und mit der Abkürzung $W = e^{j2\pi/N}$ wird

$$\boxed{x_m = \frac{1}{T}\sum_{l=0}^{N-1} X_l W^{ml}}\,, \qquad m = 0, 1, 2, \ldots, N-1\,, \tag{122}$$

$$\boxed{X_l = \frac{1}{F}\sum_{m=0}^{N-1} x_m W^{-ml}}\,, \qquad l = 0, 1, 2, \ldots, N-1\,. \tag{123}$$

Die durch die Formeln (122), (123) wiedergegebenen Transformationen zwischen den beiden Zahlenfolgen $\{x_0, x_1, \ldots, x_{N-1}\}$ und $\{X_0, X_1, \ldots, X_{N-1}\}$ bezeichnet man als **diskrete Fourier-Transformation (DFT)**. Ihre Bedeutung sei noch einmal kurz zusammengefaßt:

Bei zeit- und bandbegrenzten Signalen (deren zeitlicher Verlauf auf ein Intervall der Breite T und deren Spektrum auf ein Intervall der Breite $\Omega = 2\pi F$ beschränkt ist) genügt zur Umrechnung zwischen Zeit- und Frequenzbereich die Kenntnis der Funktionswerte an $N(= F \cdot T)$ äquidistanten Abtastpunkten. Der Funktionsverlauf im Zeit- bzw. Frequenzbereich ist durch die N Punkte im Frequenz- bzw. Zeitbereich vollständig bestimmt (Gl. (116), (117) mit den Beziehungen (120), (121) für die Fourier-Koeffizienten). Interessiert man sich im Zeit- und Frequenzbereich nur für die Funktionswerte an den Abtastpunkten, so wird der Zusammenhang zwischen beiden Bereichen exakt durch endliche Summen (122), (123) hergestellt (DFT). Die Beziehungen (122), (123) der DFT lassen sich sehr leicht auswerten. Bei praktischen Anwendungen muß vor allem der Wahl der Intervalle T und F (und damit der Zahl $N = F \cdot T$ der Abtastpunkte) Beachtung geschenkt werden (vgl. Abbn. 4.15 und 4.16). Während T oft durch die Aufgabenstellung festgelegt wird, ist die Wahl von F (bzw. $\Omega/2$) meist schwieriger. Im folgenden soll eine (sehr einfache) Abschätzung angegeben werden, wie sich das Abschneiden der höheren Frequenzanteile im Spektrum

(Abb. 4.16.b) auf die Zeitfunktion auswirkt. Aus Gl. (112) erhält man

$$x(t) = \frac{1}{2\pi} \int\limits_{-\Omega/2}^{\Omega/2} X(j\omega)\, e^{j\omega t}\, d\omega + \frac{1}{2\pi} \int\limits_{-\infty}^{-\Omega/2} \cdots d\omega + \frac{1}{2\pi} \int\limits_{\Omega/2}^{\infty} \cdots d\omega .$$

Die beiden letzten Terme — die zusammen den Fehler $\Delta x(t)$ ergeben — sind bei der Herleitung der DFT vernachlässigt worden. Mit

$$\left| \int\limits_{\Omega/2}^{\infty} X(j\omega)\, e^{j\omega t}\, d\omega \right| \leqq \int\limits_{\Omega/2}^{\infty} |X(j\omega)|\, |e^{j\omega t}|\, d\omega = \int\limits_{\Omega/2}^{\infty} |X(j\omega)|\, d\omega$$

und unter Berücksichtigung von $X(-j\omega) = X^*(j\omega)$ (folgt aus $x(t) =$ reelle Funktion) wird der Fehler im Zeitbereich abgeschätzt zu

$$|\Delta x(t)| \leqq \frac{1}{\pi} \int\limits_{\Omega/2}^{\infty} |X(j\omega)|\, d\omega .$$

Häufig kann man über $|X(j\omega)|$ Angaben machen. Fast alle technischen Systeme haben „Tiefpaßcharakter", d. h., oberhalb einer gewissen Frequenzgrenze ω_g fällt der Betrag des Übertragungsfaktors — also auch der des Ausgangsspektrums des Systems — (mindestens) mit K/ω^n. Liegt $\frac{\Omega}{2}$ in diesem Bereich, so wird mit

$$\int\limits_{\Omega/2}^{\infty} |X(j\omega)|\, d\omega \leqq K \int\limits_{\Omega/2}^{\infty} \omega^{-n}\, d\omega = \frac{K}{n-1} \frac{1}{\left(\frac{\Omega}{2}\right)^{n-1}}$$

$$|\Delta x(t)| \leqq \frac{2^{n-1} \cdot K}{\pi(n-1)} \cdot \frac{1}{\Omega^{n-1}} .$$

Weitere (und genauere) Abschätzungen kann man z.B. in [Pap-66a], [Pap-62] finden.

4.3.3.2. Schnelle Fourier-Transformation

Wertet man die Formeln (122), (123) der DFT ohne weitere Umformungen aus, so sind

- die Faktoren $W^{ml} = e^{j2\pi/N}$ zu berechnen bzw. bereitzustellen
- für jedes x_m gerade N Multiplikationen (und Additionen) komplexer Zahlen durchzuführen, wegen $m = 0, 1, \ldots, N-1$ also insgesamt N^2 (komplexe) Multiplikationen (die wesentlich mehr Zeit benötigen als die Additionen).

Während man bei der Berechnung der W^{ml} Periodizitätseigenschaften ausnutzen (z.B. $W^0 = W^N = W^{2N} = \cdots = 1$, $W^{N/2} = -1$ für N gerade, ...) und bei häufiger Anwendung diese Werte in einem Rechenprogramm speichern kann, scheinen die N^2 Multiplikationen nicht ohne weiteres zu umgehen sein.

Eng verwandt mit der DFT ist die „harmonische Analyse", d. h. die Bestimmung der FOURIER-Koeffizienten einer periodischen Funktion. Da diese wichtige Aufgabe früher von Hand oder mit mechanischen Tischrechenmaschinen durchgeführt wurde, sind eine Reihe sehr ausgefeilter Rechenschemata entwickelt worden; wesentliche Grundgedanken über die dabei möglichen Einsparungen an Rechenoperationen (vor allem Multiplikationen) gehen schon auf C. RUNGE ([Run-03], [R-K-24]) zurück. Obwohl diese Schemata auch in bekannten Lehrbüchern der numerischen Mathematik (z.B. [Wil-57]) angegeben werden, allerdings auf spezielle Werte von N (z.B. $N = 12$ oder $N = 24$) zugeschnitten, sind die bis vor einigen Jahren entstandenen Rechenprogramme zur DFT meist ohne Rücksicht auf diese Vereinfachungsmöglichkeiten entstanden. Erst die in [C-T-65] angegebenen Algorithmen stellen eine wesentliche Weiterentwicklung dar und gelangten in kurzer Zeit unter dem Namen **„Schnelle FOURIER-Transformation"** (fast FOURIER-transform, FFT) große Popularität. Ein interessanter historischer Abriß über diese Entwicklung ist in [CLW-67b] und [CGR-69] enthalten. Im folgenden soll kurz der Grundgedanke dieser Vereinfachungen [C-T-65] [Coc-67] dargestellt werden; bezüglich Einzelheiten der Algorithmen und der zweckmäßigen Programmierung muß auf die Literatur verwiesen werden (Sonderhefte der IEEE Trans. Audio and Electroacustics, Juni 1967 und Juni 1969, [C-T-65], [S-S-68], [Web-71], [G-R-71], [Kre-69]).

Auf Grund der gleichartigen Formeln der DFT für die Hin- und Rücktransformation zwischen Zeit- und Frequenzbereich (Gl. (122), (123)) genügt es, eine der beiden Beziehungen zu untersuchen; wir wählen Gl. (122):

$$T \cdot x_m = \sum_{l=0}^{N-1} X_l W^{ml}\,, \qquad m = 0, 1, 2, \ldots, N-1\,. \tag{122'}$$

N sei als Produkt von zwei ganzen Zahlen darstellbar:

$$N = p \cdot q\,.$$

Dann kann die Zahlenfolge $\{X_l\} = (X_0, X_1, X_2, \ldots, X_{N-1})$ in p Zahlenfolgen mit je q Werten zerlegt werden (vgl. Abb. 4.19 mit $N = 12$, $p = 3$, $q = 4$).

In (122′) kann durch entsprechendes Umordnen dann geschrieben werden

$$\begin{aligned}\sum_{l=0}^{N-1} X_l W^{ml} &= \sum_{k=0}^{q-1} X_{kp} W^{kpm} + W^m \sum_{k=0}^{q-1} X_{kp+1} W^{kpm} \\ &\quad + \cdots + W^{m(p-1)} \sum_{k=0}^{q-1} X_{kp+p-1} W^{kpm} \\ &= x_m^{(0)} + W^m x_m^{(1)} + \cdots + W^{m(p-1)} x_m^{(p-1)} \qquad (124)\\ &= \sum_{i=0}^{p-1} x_m^{(i)} W^{mi}\,, \qquad m = 0, 1, 2, \ldots, N-1\,, \qquad (125)\end{aligned}$$

wenn als Abkürzung noch

$$x_m^{(i)} = \sum_{k=0}^{q-1} X_{kp+i} W^{kpm}\,, \qquad m = 0, 1, 2, \ldots, N-1\,, \tag{126}$$

eingeführt wird. Zur Berechnung jedes x_m nach Gl. (122) bzw. (124) sind N (komplexe) Multiplikationen, zur Berechnung aller x_m ($m = 0, 1, 2, \ldots, N-1$) also $N^2 = N \cdot p \cdot q$ Multiplikationen auszuführen. Zur Berechnung eines Wertes $x_m^{(i)}$ sind q Multiplikationen nötig; Multiplikationen können nun dadurch eingespart werden, daß nicht alle N Werte $x_0^{(i)}, x_1^{(i)}, \ldots, x_{N-1}^{(i)}$ berechnet werden

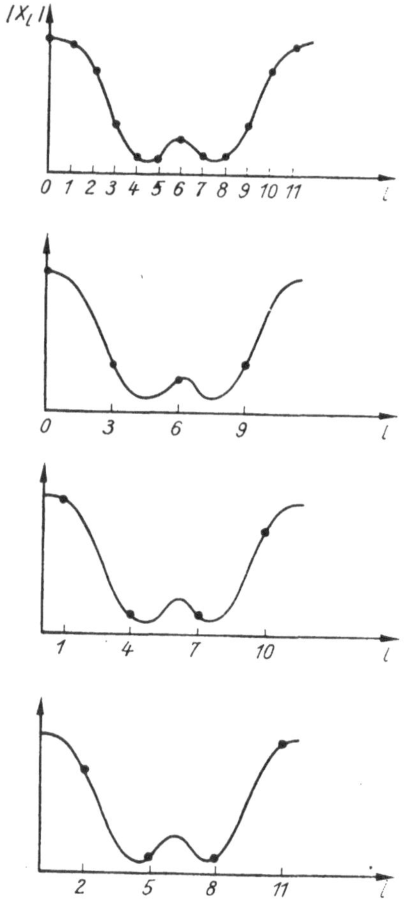

Abb. 4.19. Zerlegung einer Zahlenfolge mit 12 Werten in 3 Zahlenfolgen mit je 4 Werten

müssen, sondern wegen $W^0 = W^N = 1$,

$$W^{kp(m+q)} = W^{kpm} \cdot W^{kN} = W^{kpm}$$

nur die ersten q Werte $x_0^{(i)}, x_1^{(i)}, \ldots, x_{q-1}^{(i)}$. Anschließend wiederholen sich diese Werte. Wegen $i = 0, 1, 2, \ldots, p-1$ sind zur Bereitstellung aller $x_m^{(i)}$ gerade $p \cdot q^2$ Multiplikationen auszuführen (man führt praktisch zuerst diskrete FOURIER-Transformationen von p verschiedenen Funktionen mit jeweils q Funktionswerten durch). Anschließend sind zur Auswertung von Gl. (125) noch $N \cdot p$ Multiplikationen nötig, insgesamt also $N(p + q)$ Multiplikationen. Da praktisch immer $p, q > 2$ ist, spart man Multiplikationen ein.

Der Grundgedanke — **Zerlegung in Teilfunktionen mit wenigen Stützstellen**, die einzeln der DFT unterworfen werden und anschließend zusammengefaßt werden — läßt sich nun mehrfach anwenden. Wenn die Zahl q in $q_1 \cdot q_2$ zerlegbar ist, wird man die p Funktionen mit q Werten jeweils weiter in q_1 Funktionen mit q_2 Werten zerlegen. Die Anzahl der Multiplikationen ändert sich dabei von $p \cdot q^2 + N \cdot p$ in $p \cdot q(q_1 + q_2) + N \cdot p = N(p + q_1 + q_2)$, verringert sich also weiter. Es ist günstig, wenn N in möglichst viele Faktoren zerlegbar ist. Kann man

$$N = p_1 \cdot p_2 \cdots p_n$$

ansetzen, so sind bei der FFT statt N^2 nur noch

$$N(p_1 + p_2 + \cdots + p_n)$$

Multiplikationen nötig. Besonders günstig [C-T-65] — vor allem auch in programmtechnischer Hinsicht — ist der Fall, daß sich N als Potenz von 2 darstellen läßt:

$$N = 2^n .$$

Bei der FFT sind dann statt

$$N^2 \quad \text{nur} \quad 2n \cdot N = 2N \cdot \text{ld}\, N$$

Multiplikationen nötig.

Bei einer genaueren Analyse des Algorithmus lassen sich weitere Multiplikationen einsparen: Multiplikationen mit $W^0 = 1$ brauchen nicht ausgeführt zu werden, bei gerader Stützstellenzahl N ist $W^{r+N/2} = -W^r, \ldots$. Insbesondere für $N = 2^n$ kann man dadurch mit etwa $^1/_2\, N \cdot \text{ld}\, N$ Multiplikationen auskommen.

Die folgende Tabelle zeigt den Unterschied zwischen N^2 und $^1/_2 N \cdot \text{ld}\, N$:

n	$N = 2^n$	N^2	$^1/_2\, N$ ld N
6	64	4096	192
7	128	16384	398
8	256	65536	1024
9	512	262144	2304
10	1024	1048576	5120
11	2048	4194304	11264
12	4096	16777216	24576
13	8192	67108844	53248

Je nach Programmierung kann die Zahl der benötigten Multiplikationen noch etwas von $\frac{N}{2}$ ld N abweichen. Allerdings erfordert jede weitere Verbesserung meist erhöhten Programmieraufwand. In [Kre-69] wird berichtet, daß bei praktischen Rechnungen erst ab $n = 9$ Rechenzeiteinsparungen gegenüber einem nicht auf der FFT basierendem Rechenprogramm $\left(\text{mit } \frac{N^2}{8} \text{ Multiplikationen}\right)$ auftraten und die Rechenzeiten außerdem erheblich von der Programmiersprache – FORTRAN bzw. ALGOL – und somit vom Compiler abhängig waren. Eine weitere Reduzierung der Rechenzeit auf etwa die Hälfte läßt sich erreichen, wenn man konsequent ausnutzt, daß $x(t)$ eine reelle Zeitfunktion und daher $X(-j\omega) = \text{Re}\,\{X(j\omega)\} - j\,\text{Im}\,\{X(j\omega)\} = X^*(j\omega)$ ist. Auf die entsprechenden Programmodifikationen wird in den meisten der oben zitierten Arbeiten zur FFT hingewiesen.

Abschließend soll erwähnt werden, daß man durch geeignete Kombinationen zwischen der FFT und Verfahren, die die zu transformierende Funktion vor Anwendung der FFT geeignet interpolieren (z.B. mittels Spline-Interpolation), nochmals Größenordnungen an Rechenzeit einsparen kann [Gai-71].

5. WEITERE ANWENDUNGEN VON ANALYSEVERFAHREN

Wir wollen zum Abschluß dieses Buches kurz auf drei weiterführende Problemstellungen eingehen, zu deren Lösung die in den vorangehenden Abschnitten behandelten Verfahren zur rechnergestützten Analyse eingesetzt werden können.

5.1. Toleranzanalyse

Mit Hilfe der dargestellten Analyseverfahren können zu einem vorgelegten NW aus der Struktur des NW und den gegebenen NWE alle interessierenden NW-Charakteristiken sowohl im Frequenz- als auch im Zeitbereich ermittelt werden. Damit läßt sich auch die Beanspruchung jeder Komponente des Systems bei vorgegebener Systemerregung bestimmen. Wir wollen uns nun der Frage zuwenden, wie empfindlich sich **Änderungen der NWE-Werte auf die NW-Charakteristiken auswirken**. Diese Problematik ist für die Entwicklung produktionsreifer Erzeugnisse besonders wichtig. Bekanntlich werden mit dem Pflichtenheft des Erzeugnisses, das sich als NW modellieren lassen möge, gewisse Toleranzbereiche für die NW-Charakteristiken vorgegeben. Der Hersteller hat die Einhaltung dieser Toleranzforderungen während einer gewissen Zeitdauer zu garantieren und zu sichern, daß sie innerhalb des gesamten im Pflichtenheft festgelegten Arbeitsbereiches für die Umgebungsbedingungen (Temperatur, Feuchte, Druck usw.) eingehalten werden. Unterschiedliche Umgebungsbedingungen beeinflussen jedoch die Parameterwerte der Komponenten. Hinzu kommen die unvermeidlichen Herstellungstoleranzen der Komponenten. Für ein einzelnes Exemplar, das aus einem Los „gleichartiger" Komponenten herausgegriffen wird, lassen sich die genauen Parameterwerte nicht vorhersagen. Der Entwickler oder Konstrukteur eines Erzeugnisses kann nicht wissen, welche speziellen Exemplare bei der Fertigung zu einem Erzeugnis zusammengestellt werden. Aber er muß garantieren, daß alle (oder wenigstens der weitaus größte Teil aller) möglichen Kombinationen Erzeugnisse ergeben, die den technischen Forderungen an die Systemcharakteristiken genügen.

Methoden und Verfahren zur Untersuchung des Einflusses der Parametertoleranzen auf die Systemcharakteristiken werden unter dem Schlagwort **Toleranzanalyse** zusammengefaßt. Die praktische Bedeutung und der theoretische Reiz dieses Arbeitsgebietes sind heute unbestritten. Davon zeugen zahlreiche internationale Kongresse, insbesondere die beiden IFAC-Symposien

[IFA-64], [IFA-68] und mehrere Monographien [Byc-58], [Tom-63], [Geh-71], [T-V-72] [Rei-74].

Eine NW-Charakteristik A (= Ausgangsgröße des Systems) hängt von den Parameters $P_\varrho(\varrho = 1, \dots, r)$ der Komponenten ab, $A = A(P_1, \dots, P_r)$. Änderungen $\varDelta P_\varrho(\varrho = 1, \dots, r)$ der Parameterwerte rufen Änderungen $\varDelta A$ der Ausgangsgröße hervor. Für diese gilt näherungsweise

$$\varDelta A \approx \sum_{\varrho=1}^{r} \frac{\partial A}{\partial P_\varrho} \varDelta P_\varrho = \sum_{\varrho=1}^{r} \left(P_\varrho \frac{\partial A}{\partial P_\varrho}\right) \frac{\varDelta P_\varrho}{P_\varrho} \tag{1}$$

bzw.

$$\frac{\varDelta A}{A} \approx \sum_{\varrho=1}^{r} \left(\frac{P_\varrho}{A} \frac{\partial A}{\partial P_\varrho}\right) \frac{\varDelta P_\varrho}{P_\varrho} = \sum_{\varrho=1}^{r} \frac{\partial \ln A}{\partial \ln P_\varrho} \frac{\varDelta P_\varrho}{P_\varrho}. \tag{1'}$$

Die Formeln (1) und (1′) lassen die Toleranz der Ausgangsgröße als gewichtetes Mittel der Schwankungen der Parameterwerte erscheinen. In Abhängigkeit von der Problemstellung werden in der Literatur $\frac{\partial A}{\partial P_\varrho}$, $P_\varrho \frac{\partial A}{\partial P_\varrho}$ bzw. $\frac{P_\varrho}{A} \frac{\partial A}{\partial P_\varrho}$ als **Empfindlichkeitsfunktionen** bevorzugt.

Die Empfindlichkeitsfunktionen von NW-Größen kann man stets näherungsweise bestimmen, indem man die Analyse für zwei „benachbarte" Sätze von NWE-Parametern durchführt und anschließend den Differenzenquotienten bildet,

$$\frac{\partial A}{\partial P_\varrho} \approx \frac{1}{\varDelta P_\varrho} [A(P_1, \dots, P_\varrho + \varDelta P_\varrho, \dots, P_r) - A(P_1, \dots, P_\varrho, \dots, P_r)]. \tag{2}$$

Zur näherungsweisen Berechnung der r in (1) vorkommenden Empfindlichkeitsfunktionen würden auf diese Weise $r + 1$ Analysen durchzuführen sein. Interessiert man sich für die Parameterempfindlichkeit von mehreren — sagen wir l — Ausgangsgrößen, so würde die **Empfindlichkeitsanalyse** einen Aufwand von $l(r + 1)$ Analysen erfordern. Wir werden im folgenden zeigen, daß man die Empfindlichkeitsfunktionen mit wesentlich geringerem Aufwand sogar exakt berechnen kann. Wir wollen uns dabei auf die Untersuchung der Parameterempfindlichkeit von Frequenzcharakteristiken beschränken (für den Zeitbereich s. [R-S-73]). Der an der Gesamtproblematik der Toleranzanalyse interessierte Leser kann sich darüber in dem Buch [Rei-74] informieren.

Im Frequenzbereich wird das NW durch ein algebraisches Gls. $\boldsymbol{Ax} = \boldsymbol{a}$ beschrieben. Die Systemparameter P_ϱ beeinflussen die Koeffizienten a_{ij}, a_i $(i, j = 1, \dots, n)$ des Gls. Die Parameterempfindlichkeit des Lösungsvektors $\boldsymbol{x}$ ergibt sich zu

$$\frac{\partial \boldsymbol{x}}{\partial P_\varrho} = \sum_{i,j} \frac{\partial \boldsymbol{x}}{\partial a_{ij}} \frac{\partial a_{ij}}{\partial P_\varrho} + \sum_{i} \frac{\partial \boldsymbol{x}}{\partial a_i} \frac{\partial a_i}{\partial P_\varrho}. \tag{3}$$

Da man die Abhängigkeiten der Koeffizienten von den Parametern als bekannt voraussetzen kann, bleibt im wesentlichen die Ableitung des Lösungsvektors $\boldsymbol{x}$ nach den Koeffizienten zu ermitteln. Durch Differentiation des Gls. $\boldsymbol{Ax} = \boldsymbol{a}$

nach den Koeffizienten erhält man

$$\boldsymbol{A}\frac{\partial \boldsymbol{x}}{\partial a_{ij}} = -\frac{\partial \boldsymbol{A}}{\partial a_{ij}}\boldsymbol{x} = -\boldsymbol{e}_i\boldsymbol{e}_j^T\boldsymbol{x} = -\boldsymbol{e}_i x_j \tag{4a}$$

bzw.

$$\boldsymbol{A}\frac{\partial \boldsymbol{x}}{\partial a_i} = \frac{\partial \boldsymbol{a}}{\partial a_i} = \boldsymbol{e}_i\,. \tag{4b}$$

Aus diesen Gls. zur Bestimmung der Empfindlichkeitsfunktionen kann man einige bemerkenswerte Eigenschaften ablesen.

1. Die Empfindlichkeitsfunktionen bez. der Koeffizienten genügen linearen Gls. mit jeweils der gleichen Koeffizientenmatrix $\boldsymbol{A}$. Für unterschiedliche Koeffizienten ändert sich lediglich die rechte Seite des Gls.
2. Die Koeffizientenmatrix zur Bestimmung der Empfindlichkeitsfunktionen stimmt mit der Koeffizientenmatrix, die der NW-Analyse zugrunde gelegt wurde, überein.

Oft interessiert man sich nicht für die Empfindlichkeitsfunktionen des gesamten Lösungsvektors $\boldsymbol{x}$, sondern nur für die Empfindlichkeitsfunktionen einer einzigen Ausgangsgröße, die sich als eine Komponente von $\boldsymbol{x}$ oder als eine Linearkombination der Komponenten von $\boldsymbol{x}$ darstellt, $y = \boldsymbol{c}^T\boldsymbol{x}$. Für die Empfindlichkeiten der Ausgangsgröße y gegenüber einem Parameter P_ϱ gilt mit (3) und (4)

$$\begin{aligned}\frac{\partial y}{\partial P_\varrho} &= \boldsymbol{c}^T\frac{\partial \boldsymbol{x}}{\partial P_\varrho} = \boldsymbol{c}^T\left(\sum_{i,j}\frac{\partial \boldsymbol{x}}{\partial a_{ij}}\frac{\partial a_{ij}}{\partial P_\varrho} + \sum_i \frac{\partial \boldsymbol{x}}{\partial a_i}\frac{\partial a_i}{\partial P_\varrho}\right)\\ &= \boldsymbol{c}^T\boldsymbol{A}^{-1}\left(\sum_i \boldsymbol{e}_i\left[-\sum_j x_j\frac{\partial a_{ij}}{\partial P_\varrho} + \frac{\partial a_i}{\partial P_\varrho}\right]\right)\\ &= \boldsymbol{x}_H^T\sum_i \boldsymbol{e}_i\left[-\sum_j x_j\frac{\partial a_{ij}}{\partial P_\varrho} + \frac{\partial a_i}{\partial P_\varrho}\right].\end{aligned} \tag{5}$$

Der eingeführte Hilfsvektor $\boldsymbol{x}_H$ genügt dem Gls.

$$\boldsymbol{x}_H^T\boldsymbol{A} = \boldsymbol{c}^T \quad \text{bzw.} \quad \boldsymbol{A}^T\boldsymbol{x}_H = \boldsymbol{c} \tag{6}$$

und hängt ersichtlich nur von der gewählten Ausgangsgröße – widergespiegelt durch die rechte Seite $\boldsymbol{c}$ –, aber nicht vom Parameter P_ϱ ab. Daher liefert die Gl. (5) die Grundlage zu einer sehr effektiven Berechnung der Empfindlichkeitsfunktionen einer oder weniger Ausgangsgrößen nach allen oder vielen Parametern. Im wesentlichen sind der Vektor $\boldsymbol{x}$ und der Hilfsvektor $\boldsymbol{x}_H$ zu bestimmen. Den Vektor $\boldsymbol{x}$ erhält man aus einer vollständigen Analyse des ursprünglichen Systems, während der Vektor $\boldsymbol{x}_H$ aus der Analyse des ,,transponierten Systems'', das durch die Koeffizientenmatrix $\boldsymbol{A}^T$ charakterisiert wird, folgt. Dem Gls. (6) kann das sog. ,,adjungierte Netzwerk'' zugeordnet werden, vgl. [R-S-75] und dort zitierte Literatur.

Wir haben damit gezeigt, daß man die Empfindlichkeitsanalyse linearer NW auf die Analyse linearer NW zurückführen kann. Bei zweckmäßiger Durchführung der Rechnung ist der für die Empfindlichkeitsanalyse benötigte Zusatzaufwand relativ gering.

5.2. Netzwerke mit stochastischen Erregungen (Rauschanalyse)

Bisher war stets davon ausgegangen worden, daß das zu untersuchende NW durch determinierte Zeitfunktionen erregt wird, d. h., die unabhängigen DG-Quellen bzw. FG-Quellen liefern bestimmte und bei Bedarf reproduzierbare DG $u^e(t)$ bzw. FG $i^e(t)$.

Es gibt jedoch technische Erscheinungen, die sich auf diese Weise nicht beschreiben lassen. So muß man beim praktischen Umgang mit elektrischen Schaltungen mit äußeren Störungen rechnen, die durch zufällige elektrische Entladungen (Gewitter, kosmisches Rauschen, Zündstörungen von Verbrennungsmotoren in Kraftfahrzeugen, Kollektorfunkstörungen von Elektromotoren), durch elektromagnetische Streufelder in der Nähe von Starkstromanlagen oder durch elektromagnetische Strahlungsfelder hervorgerufen werden. In der Schaltung selbst entstehen innere Störungen durch Wärmebewegungen der Elementarladungsträger (thermisches Rauschen), durch mikroskopische Vorgänge in der Oberfläche von Halbleitern (Funkelrauschen) und durch differentielle Schwankungen in der Zahl der Ladungsträger infolge ihrer begrenzten Lebensdauer (Generations-Rekombinations-Rauschen, Schroteffekt). Auch in nichtelektrischen Systemen treten verwandte Effekte auf. Man denke an die durch die BROWNsche Molekularbewegung verursachten Druck- und Geschwindigkeitsschwankungen in der Akustik, Pneumatik und Hydraulik sowie an Temperaturschwankungen in Wärmenetzen. In der Mechanik wirken sich Windbelastungen, Schwankungen in Reibungsbeiwerten infolge der Oberflächenfeinstruktur, auf bewegte Feder-Masse-Systeme wirkende Vibrationen (infolge Wellenbewegung bei Schiffen, Schwingungen des Untergrundes bei Eisenbahnen, Unebenheiten von Straßendecken) in ganz ähnlicher Weise aus.

Für die genannten Erscheinungen ist typisch, daß man bei entsprechend hohem meßtechnischen Aufwand den zeitlichen Verlauf der Schwankungserscheinungen registrieren kann. Bei einer Wiederholung der Beobachtung ergeben sich jedoch abweichende Kurvenverläufe. Zur Untersuchung solcher Erscheinungen wurde die **Theorie der zufälligen Prozesse** geschaffen. Den bei *einer* Beobachtung registrierbaren Kurvenverlauf, vgl. Abb. 5.1., nennt man eine **Realisierung** $x(t)$ des zufälligen Prozesses $\{X(t)\}$.

Das Argument t soll Werte aus einem gewissen Bereich annehmen können. Oft wird t die Zeit sein, nämlich, wenn es sich um einen in der Zeit ablaufenden Vorgang handelt, z.B. beim **Rauschen**. Der Parameter t kann aber auch einen anderen skalaren Parameter symbolisieren, z.B. die zurückgelegte Fahrstrecke

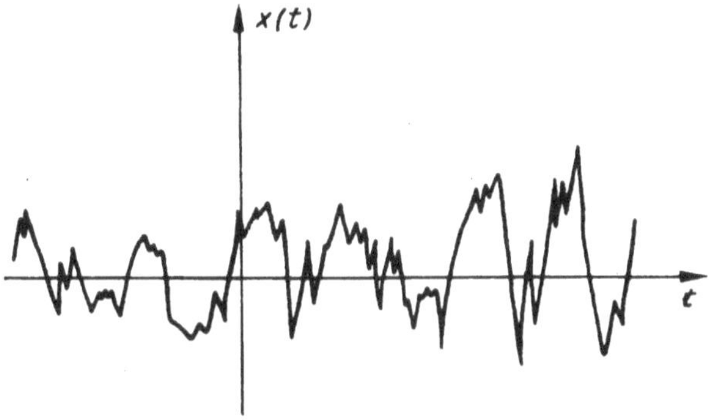

Abb. 5.1. Eine denkbare Realisierung $x(t)$ des zufälligen Prozesses $\{X(t)\}$

eines Fahrzeuges. Wenn nichts anderes vermerkt ist, wollen wir im folgenden unter dem zulässigen Argumentbereich die Zahlengerade verstehen.

Das richtige Verständnis der zur Beschreibung zufälliger Prozesse üblichen Begriffsbildungen bereitet erfahrungsgemäß erhebliche Schwierigkeiten. Für unseren Zweck genügt es, sich einen zufälligen Prozeß als eine zweckmäßige Abstraktion vorzustellen, mit der die Gesamtheit aller potentiell möglichen Realisierungen zusammengefaßt wird. Zu seiner eindeutigen Beschreibung muß noch die Wahrscheinlichkeitsverteilung für das Auftreten der verschiedenen Realisierungen angegeben werden.

Bei den meisten der o. g. zufälligen Erscheinungen ist eine Eigenschaft offensichtlich:

Denkt man sich eine Verschiebung des Parameters t um eine Konstante τ und läßt im übrigen die Beobachtungsbedingungen – soweit sie sich fixieren lassen – unverändert, so werden sich die zufälligen Prozesse $\{X(t)\}$ und $\{X(t + \tau)\}$ nicht unterscheiden.

Durch diese Invarianzeigenschaft wird die Klasse der **stationären zufälligen Prozesse** gekennzeichnet. Für ein gründliches Studium stationärer Prozesse sei das Buch [Jag-59] empfohlen. Für stationäre Prozesse gilt – unter in der Technik fast immer erfüllten Bedingungen – ein für das praktische Arbeiten mit stationären Prozessen entscheidendes Gesetz der großen Zahlen (sogen. **Ergodensatz**):

> Die durch geeignete Mittelung über viele Realisierungen errechenbaren Kenngrößen des Prozesses lassen sich auch aus einer einzigen Realisierung errechnen, wenn man diese nur über einen hinreichend großen Bereich des Parameters t beobachtet. (Ersatz von „Scharmittelung" durch „Zeitmittelung"!)

Häufig werden zur Beschreibung zufälliger Prozesse lediglich deren erste und zweite Momente (Erwartungswerte und Korrelationsfunktionen) benutzt.

Dadurch werden die Prozesse im allgemeinen zwar nicht eindeutig charakterisiert, doch sind diese Angaben für viele technische Anwendungen ausreichend.

Unter der Voraussetzung der Stationarität und Ergodizität gilt für den **Erwartungswert** eines Prozesses

$$E(X(t)) = m = \lim_{T\to\infty} \frac{1}{T} \int_0^T x(t)\,\mathrm{d}t \tag{7}$$

und für die **Korrelationsfunktion**

$$B(\tau) = E(X(t+\tau)\,X^*(t)) = \lim_{T\to\infty} \frac{1}{T} \int_0^T x(t+\tau)\,x^*(t)\,\mathrm{d}t\,. \tag{8}$$

Durch den hochgestellten Stern wird der Übergang zu den konjugiert-komplexen Werten gekennzeichnet.

Da der Erwartungswert eines stationären Prozesses eine Konstante ist, kann man den Einfluß dieser Konstanten als determinierten Vorgang behandeln. Folglich genügt es, im weiteren ausschließlich Prozesse mit $m = 0$ zu betrachten.

Das einfachste **Beispiel** für einen stationären Prozeß stellt eine periodische Schwingung mit der Kreisfrequenz ω bei zufälliger Amplitude und Phase dar,

$$X(t) = Z\,\mathrm{e}^{j\omega t}\,. \tag{9}$$

Die komplexe Zufallsgröße Z möge den Erwartungswert Null besitzen. Die Korrelationsfunktion ergibt sich zu

$$B(\tau) = E(X(t+\tau)\,X^*(t)) = E(ZZ^*\,\mathrm{e}^{j\omega\tau}) = \mathrm{e}^{j\omega\tau}\,E\,|Z|^2\,. \tag{10}$$

Durch Superposition mehrerer, nicht miteinander korrelierter Schwingungen mit verschiedenen Frequenzen ω_i und Zufallsgrößen Z_i, die Amplitude und Phase der Einzelschwingungen bestimmen, erhält man ebenfalls einen stationären Prozeß

$$X(t) = \sum_i Z_i\,\mathrm{e}^{j\omega_i t}\,. \tag{11}$$

Unter Beachtung von $E(Z_i) = 0$ und $E(Z_i Z_j^*) = 0$ für alle $i \neq j$ erhält man für die Korrelationsfunktion nach kurzer Rechnung den Ausdruck

$$B(\tau) = \sum_i \mathrm{e}^{j\omega_i\tau}\,E\,|Z_i|^2 = \sum_i \mathrm{e}^{j\omega_i\tau}\,F_i\,. \tag{12}$$

Die Koeffizienten $F_i = E\,|Z_i|^2$ sind nach bekannten Gesetzen der Wellenlehre den mittleren Energien der mit der Kreisfrequenz ω_i schwingenden Einzelkomponenten des zufälligen Prozesses (11) proportional.

Stationäre Prozesse der Form (11) bezeichnet man als Prozesse mit diskretem Spektrum. Das **Spektrum** des Prozesses wird durch die Gesamtheit der Zahlen ω_i gebildet. Die Theorie zufälliger Prozesse lehrt nun:

> Jeder stationäre Prozeß läßt sich beliebig genau durch eine Linearkombination (11) zufälliger harmonischer Schwingungen approximieren.

Natürlich muß man die Zahl der Summanden in (11) häufig recht groß und den Abstand benachbarter Werte des Spektrums recht klein wählen, um geforderte Approximationsgenauigkeiten zu erreichen.

Schließlich kann man zeigen, daß jeder stationäre Prozeß eine **Spektraldarstellung** der Form

$$\boxed{X(t) = \int_{-\infty}^{\infty} e^{j\omega t}\, dZ(\omega)} \tag{13}$$

besitzt, wobei das Integral wie folgt zu verstehen ist:

$$\int_{-\infty}^{\infty} e^{j\omega t}\, dZ(\omega) = \lim_{\Omega\to\infty} \left[\lim_{\max|\omega_i-\omega_{i-1}|\to 0} \sum_{i=1}^{n} e^{j\check{\omega}_i t}(Z(\omega_i) - Z(\omega_{i-1}))\right]$$

mit $-\Omega = \omega_0 < \omega_1 < \cdots < \omega_n = \Omega$ und $\omega_{i-1} \leqq \check{\omega}_i < \omega_i$. $Z(\omega_i) - Z(\omega_{i-1})$ ist eine Zufallsgröße, die dem Intervall $[\omega_{i-1}, \omega_i)$ zugeordnet wird und folgende Eigenschaften besitzt:

1. $E(Z(\omega)) = 0$ für alle ω,
2. $E((Z(\omega_i) - Z(\omega_{i-1}))\,(Z(\omega_k) - Z(\omega_{k-1}))^*) = 0$, falls die Intervalle $[\omega_{i-1}, \omega_i)$ und $[\omega_{k-1}, \omega_k)$ disjunkt sind.

Für die Korrelationsfunktion eines beliebigen stationären Prozesses (13) gilt

$$\begin{aligned} B(\tau) &= E(X(t+\tau)\, X^*(t)) = E\left(\int_{-\infty}^{\infty} e^{j\omega(t+\tau)}\, dZ(\omega) \cdot \int_{-\infty}^{\infty} e^{-j\omega t}\, dZ^*(\omega)\right) \\ &= \int_{-\infty}^{\infty} e^{j\omega\tau} E\, |dZ(\omega)|^2 = \int_{-\infty}^{\infty} e^{j\omega\tau}\, dF(\omega)\,. \end{aligned} \tag{14}$$

Die Funktion $F(\omega)$ bezeichnet man als **Spektralfunktion** des Prozesses $\{X(t)\}$. Ist sie überall differenzierbar, so nennt man

$$\mathrm{f}(\omega) = \frac{d}{d\omega} F(\omega) \tag{15}$$

die **Spektraldichte** des Prozesses.

Bei Existenz der Spektraldichte läßt sich die Korrelationsfunktion als FOURIERsches Integral darstellen,

$$\boxed{B(\tau) = \int_{-\infty}^{\infty} e^{j\omega\tau}\, \mathrm{f}(\omega)\, d\omega\,.} \tag{16}$$

Bei bekannter Korrelationsfunktion ergibt sich die Spektraldichte aus der Umkehrformel

$$\mathrm{f}(\omega) = \frac{1}{2\pi} \int_{-\infty}^{\infty} e^{-j\omega\tau} B(\tau)\, d\tau\,. \tag{17}$$

Die **physikalische Bedeutung von Spektralfunktion und Spektraldichte** sei nochmals hervorgehoben: Der Zuwachs der Spektralfunktion $F(\omega + \Delta\omega) - F(\omega)$ ist gleich der mittleren Energie der Komponente des Prozesses, die dem Frequenzbereich $[\omega, \omega + \Delta\omega)$ zugeordnet ist. Folglich gibt die Spektralfunktion die Energieverteilung des Prozesses über dem Frequenzspektrum wieder. Die Spektraldichte kennzeichnet die Dichte der spektralen Energieverteilung.

Meßtechnisch lassen sich die einzelnen Komponenten des Prozesses, die zu einem schmalen Frequenzband $\Delta f = \frac{\Delta\omega}{2\pi}$ gehören, durch Vorschalten geeigneter Bandpaßfilter relativ leicht aussieben. Man mißt am Ausgang des Filters das Quadrat des Effektivwertes und erhält damit den Zuwachs der Spektralfunktion im Durchlaßbereich des Filters, genauer, den Zuwachs in den Intervallen $(-\Delta\omega - \omega, -\omega]$ und $[\omega, \omega + \Delta\omega)$,

$$\Delta B(0) = \Delta E\,|X|^2 = \int_{-\Delta\omega-\omega}^{-\omega} \mathrm{f}(\omega)\,\mathrm{d}\omega + \int_{\omega}^{\omega+\Delta\omega} \mathrm{f}(\omega)\,\mathrm{d}\omega\,. \tag{18}$$

In der Literatur wird häufig der Begriff **„Leistungsspektrum"** anstelle der Spektraldichte verwendet. Es bezieht die durch den Bandpaß der Bandbreite Δf hindurchgetretene mittlere Energie $\Delta E\,|X|^2$ auf die Bandbreite Δf,

$$S(f) = S\left(\frac{\omega}{2\pi}\right) = \lim_{\Delta f \to 0} \frac{\Delta E\,|X|^2}{\Delta f}\,. \tag{19}$$

Dabei ist f eine repräsentative Frequenz aus dem Durchlaßbereich des Filters, z. B. die Bandmitte.

Als Anwendung wollen wir **das thermische Rauschen in Verbrauchern** untersuchen. Wir betrachten einen Verbraucher R, der sich in einem Wärmebad im thermischen Gleichgewicht befindet und auf der Temperatur T gehalten wird. Herrscht an den Enden von R eine DG $u(t)$, so fließt durch R die FG $i(t) = \frac{u(t)}{R}$. Gemäß den Grundgesetzen der Thermodynamik sind jedoch die Träger der FG (Flüssigkeitsteilchen, Ladungsträger) thermischen Bewegungen unterworfen, die zu statistischen Schwankungen der FG führen. Für den tatsächlichen Verlauf der FG muß daher exakter angesetzt werden,

$$i(t) = \frac{u(t)}{R} + i_{\mathrm{therm}}(t) = \frac{u(t) + u_{\mathrm{therm}}(t)}{R}\,. \tag{20}$$

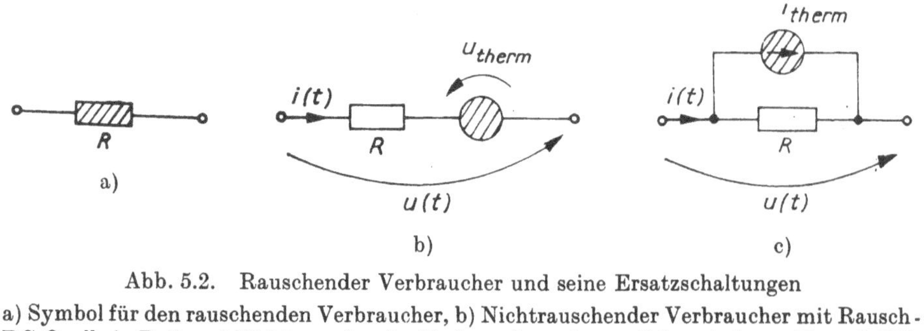

Abb. 5.2. Rauschender Verbraucher und seine Ersatzschaltungen
a) Symbol für den rauschenden Verbraucher, b) Nichtrauschender Verbraucher mit Rausch-DG-Quelle in Reihe, c) Nichtrauschender Verbraucher mit parallelgeschalteter Rausch-FG-Quelle

Die soeben eingeführte Größe $u_{\text{therm}}(t) = Ri_{\text{therm}}(t)$ hat die Dimension einer DG. Man kann den rauschenden Verbraucher formal ersetzen durch einen idealen (= nicht rauschenden) Verbraucher R mit einer in Reihe geschalteten Rausch-DG-Quelle u_{therm} oder einer parallel geschalteten Rausch-FG-Quelle i_{therm} (Abb. 5.2.). Die Abb. 5.2. b und c erinnern an die Darstellungen eines aktiven Zweipols im Abschnitt 2.1.4. Man muß sich jedoch vergegenwärtigen, daß die hier eingeführten Rausch-Quellen formale Ersatzschaltungen für die Gl. (20) sind. Um anzudeuten, daß diese Quellen primär nichts mit DG- und FG-Quellen im Sinne des Abschnittes 2.1.4. zu tun haben, werden die Rausch-Quellen durch Schraffur gekennzeichnet.

Auf Grund des physikalischen Hintergrundes wird nahegelegt, die Rausch-DG u_{therm} und ebenso die Rausch-FG i_{therm} als stationäre zufällige Prozesse zu interpretieren. Darüber hinaus darf man idealisieren, daß die Werte $u_{\text{therm}}(t_1)$ und $u_{\text{therm}}(t_2)$ in zwei beliebigen verschiedenen Zeitpunkten t_1 und t_2 — so nahe sie auch beieinander liegen mögen — nicht miteinander korrelieren. Folglich kann man für die Korrelationsfunktion des Prozesses folgenden Ansatz machen,

$$B(\tau) = E[u_{\text{therm}}(t + \tau)\, u_{\text{therm}}(t)] = K\delta(\tau) \tag{21}$$

mit zunächst noch unbestimmter Konstanten K und der Delta-Funktion $\delta(\tau)$.

Um die Konstante K zu ermitteln, schalten wir den thermisch rauschenden Verbraucher im Wärmebad mit einem FG-Speicher zusammen, vgl. Abb. 5.3. Dieses System genügt der Differential-Gl.

$$R\dot{q}(t) + \frac{1}{C}\, q(t) = u_{\text{therm}}(t)\,,$$

wenn im FG-Speicher z. Zt. t die IFG $q(t)$ gespeichert ist. Man erhält dann $q(t)$ (für $-\infty < t < \infty$) aus der Beziehung, vgl. Abschnitt 4.2.2.1.,

$$q(t) = \frac{1}{R} \int_{-\infty}^{t} \mathrm{e}^{-(t-\tau)/RC}\, u_{\text{therm}}(\tau)\, \mathrm{d}\tau\,.$$

Der Erwartungswert der Zufallsgröße $q(t)$,

$$E\big(q(t)\big) = \frac{1}{R} \int_{-\infty}^{t} \mathrm{e}^{-(t-\tau)/RC}\, E\big(u_{\text{therm}}(\tau)\big)\, \mathrm{d}\tau\,,$$

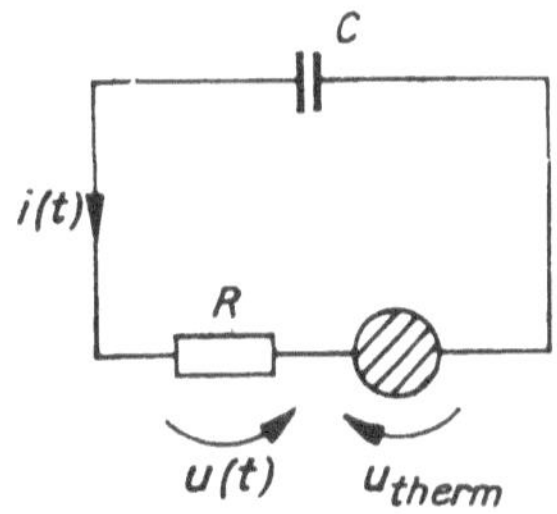

Abb. 5.3. Thermisch rauschender Verbraucher mit parallelgeschaltetem FG-Speicher

verschwindet wegen $E(u_{\text{therm}}(\tau)) = 0$ für jeden Zeitpunkt t. Für das Quadrat des Effektivwertes der Zufallsgröße $q(t)$ gilt

$$\overline{q^2(t)} = E(q^2(t)) = E\left[\frac{1}{R^2}\int\limits_{-\infty}^{t} e^{-(t-\tau)/RC}\, u_{\text{therm}}(\tau)\,d\tau \int\limits_{-\infty}^{t} e^{-(t-s)/RC}\, u_{\text{therm}}(s)\,ds\right]$$

$$= \frac{1}{R^2}\int\limits_{-\infty}^{t}\int\limits_{-\infty}^{t} e^{-(t-\tau)/RC}\, e^{-(t-s)/RC}\, E[u_{\text{therm}}(\tau)\, u_{\text{therm}}(s)]\, ds\, d\tau$$

$$= \frac{1}{R^2}\int\limits_{-\infty}^{t}\int\limits_{-\infty}^{t} e^{(-2t+\tau+s)/RC}\, K\delta(\tau - s)\, ds\, d\tau$$

$$= \frac{1}{R^2}\int\limits_{-\infty}^{t} e^{(-2t+2\tau)/RC}\, K\, d\tau = \frac{C}{2R} K\,.$$

Gemäß Gl. (18′) auf S. 15 wird die mittlere im FG-Speicher gespeicherte Energie

$$\frac{\overline{q^2}}{2C} = \frac{K}{4R}\,. \tag{22}$$

Die Variable q repräsentiert einen Freiheitsgrad in dem untersuchten System. Der Gleichverteilungssatz der Thermodynamik lehrt, daß jeder Freiheitsgrad eines Systems, das sich bei der absoluten Temperatur T im Gleichgewicht befindet, zur Energie des Gesamtsystems im Mittel einen Beitrag $\frac{kT}{2}$ (mit der Boltzmannschen Konstanten $k = 1{,}4\ 10^{-23}$ Joule/°Kelvin) beiträgt.

Also muß gelten

$$\frac{\overline{q^2}}{2C} = \frac{kT}{2}\,. \tag{23}$$

Der Vergleich mit (22) liefert für die gesuchte Konstante K die Beziehung

$$K = 2RkT\,. \qquad \blacktriangle \tag{24}$$

Mithin besitzt die Rausch-DG-Quelle u_{therm} die Korrelationsfunktion

$$B(\tau) = 2RkT\delta(\tau)\,. \tag{25}$$

Mit (17) erhält man daraus die Spektraldichte

$$f(\omega) = \frac{1}{\pi} RkT\,. \tag{26}$$

Nach Durchgang der Rausch-DG u_{therm} durch ein ideales Filter mit der Bandbreite Δf kann man das Quadrat des Effektivwertes messen, (vgl. Gl. (18))

$$\Delta E(u^2_{\text{therm}}) = \Delta\overline{u^2_{\text{therm}}} = \frac{2}{\pi} RkT\,\Delta\omega = 4RkT\,\Delta f\,. \tag{27}$$

Also wird das Leistungsspektrum

$$\boxed{S(f) = 4kTR\,.} \tag{28}$$

Natürlich kann man auch den Effektivwert der Rausch-FG i_{therm} messen und erhält dann

$$\Delta\overline{i_{\text{therm}}^2} = \frac{1}{R^2}\,\Delta\overline{u_{\text{therm}}^2} = \frac{4}{R}\,kT\,\Delta f = 4GkT\,\Delta f\,. \tag{27'}$$

Die hier angegebenen Beziehungen werden in der Elektrotechnik nach H. Nyquist bzw. J. B. Johnson benannt, die in zwei grundlegenden Arbeiten in den Physical Reviews im Jahre 1928 die theoretische Herleitung bzw. experimentelle Bestätigung der Formeln beschrieben haben. Allerdings war der Hauptinhalt dieser Relationen schon 1912 H. A. Lorentz und seinen Schülern bekannt, vgl. die Leidener Dissertation von G. L. de Haas-Lorentz aus dem Jahre 1912.

Eine weitere quantitative Behandlung von Rauscherscheinungen und ihren physikalischen Ursachen würde den Rahmen dieses Abschnittes sprengen. Vor allem bei elektronischen Schaltungen ist die Beherrschung der inneren Rauschstörungen, die durch den mikroskopischen Aufbau und die physikalische Wirkungsweise der elektronischen Bauelemente bestimmt sind, für den praktischen Einsatz der Schaltungen oft von ausschlaggebener Bedeutung; denn die Grenzen der Leistungsfähigkeit elektronischer Schaltungen werden weitgehend durch das Rauschen bestimmt. Neben dem thermischen Rauschen werden in der Elektronik auch andere Rauscherscheinungen durch eine über die Frequenz konstante Spektraldichte beschrieben. In solchen Fällen spricht man von einem **„weißen Rauschen“**. (Dieser Name wurde in Analogie zum „weißen Licht“ in der Optik gewählt, weil bei konstanter Spektraldichte alle Frequenzen gleichermaßen zu dem zufälligen Prozeß beitragen.) Es gibt aber durchaus auch praktisch bedeutsame und experimentell gesicherte Rauscheffekte mit frequenzabhängiger Spektraldichte. Erwähnt sei das **Funkelrauschen** (engl.: flicker noise) bei einem vom Gleichstrom I durchflossenen Widerstand. Die dabei im Frequenzbereich Δf auftretenden Funkelrauschstromanteile besitzen den Effektivwert

$$\Delta\overline{i_{\text{funk}}^2} = K\,\frac{I^a}{f^b}\,\Delta f\,, \tag{29}$$

wobei für die Exponenten $a \approx 2$ und $b \approx 1$ gilt, die Konstante K dem Volumen des Widerstandes umgekehrt proportional und von der Temperatur weitgehend unabhängig ist. Die Gültigkeit der angegebenen Formel für das Funkelrauschen konnte bis zu sehr niedrigen Frequenzen ($10^{-4}\,\text{s}^{-1}$ bei Kohleschichtwiderständen, $10^{-6}\,\text{s}^{-1}$ bei Halbleiterdioden) nachgewiesen werden.

Es wird heute mehr und mehr üblich, die Auswirkungen der Rauschstörungen auf die Systemcharakteristiken mit Hilfe von Rechenprogrammen zu ermitteln, s. z.B. [RNM-71]. Damit wird die Rauschanalyse zu einem Teilgebiet der rechnergestützten Schaltungsanalyse. Wir werden im folgenden die Grundgedanken der rechnerischen Rauschanalyse von NW skizzieren.

Es wird davon ausgegangen, daß das NW durch Rauschquellen erregt wird. Die Rauschquellen ergeben sich aus den Rauschersatzschaltungen der einzelnen Bauelemente. Diese Angaben sind der Fachliteratur zu entnehmen. Für elektronische Bauelemente seien die Monographien [R-D-56], [Phe-59], [Bel-60], [Zie-70], [B-S-71] genannt.

Mittels der **Rauschanalyse von NW** soll der Beitrag jedes rauschenden Bauelementes zum Gesamtrauschen der interessierenden Ausgangsgrößen des Systems berechnet werden. Durch Vergleich der einzelnen Beiträge erhält man einen Überblick über die Auswirkungen der unterschiedlichen Rauschquellen. Daraus kann der Systementwickler ggf. notwendige Veränderungen in den einzusetzenden Bauelementen oder auch in der Systemstruktur zur Verbesserung des Rauschverhaltens des Gesamtsystems ableiten.

Zur rechnergestützten Rauschanalyse hat man alle Bauelemente durch ihre Rauschersatzschaltungen zu ersetzen und ein geeignetes Gls. zur Analyse des NW, vgl. die Abschnitte 2.3. und 2.4.3., aufzustellen. Dabei werden die Rauschquellen zunächst ebenso berücksichtigt wie seinerzeit im Kapitel 2 die unabhängigen DG- und FG-Quellen. Für Rauschquellen ist aber gerade charakteristisch, daß für sie keine Zeitabhängigkeiten angegeben werden können. Vielmehr muß man davon ausgehen, daß sie durch ihre Spektraldarstellungen beschrieben werden. Zu ermitteln ist die Spektralverteilung der interessierenden Ausgangsgrößen des NW. Wir werden sehen, daß diese Aufgabenstellung durch eine geringfügige Erweiterung der NW-Analyse im Frequenzbereich lösbar ist.

O.B.d.A. sei hier angenommen, daß der NW-Analyse das Knoten-DG-Verfahren zugrunde gelegt wird, d. h., für die Analyse im $j\omega$-Bereich wird das Gls.

$$\begin{aligned}\boldsymbol{Y}_k(j\omega)\,\boldsymbol{U}_\varnothing(j\omega) &= (\boldsymbol{K}\boldsymbol{Y}\boldsymbol{K}^T + \boldsymbol{K}_M\boldsymbol{Y}_M\boldsymbol{K}_M^T)\,\boldsymbol{U}_\varnothing \\ &= -\,\boldsymbol{K}(\boldsymbol{I}^e - \boldsymbol{Y}\boldsymbol{U}^e) - \boldsymbol{K}_M(\boldsymbol{I}_M^e - \boldsymbol{Y}_M\boldsymbol{U}_M^e) \\ &= \boldsymbol{I}^\varnothing(j\omega)\end{aligned} \tag{30}$$

verwendet, das auf S. 128 als Gls. (132.a) notiert wurde. Den Vektor $\boldsymbol{U}_\varnothing(j\omega)$ der Fourier-Transformierten des Knoten-DG-Vektors $\boldsymbol{u}_\varnothing(t)$ erhält man aus

$$\boldsymbol{U}_\varnothing(j\omega) = \big(\boldsymbol{Y}_k(j\omega)\big)^{-1}\,\boldsymbol{I}^\varnothing(j\omega) = \boldsymbol{Y}_k^{-1}(j\omega)\,\boldsymbol{I}^\varnothing(j\omega)\,. \tag{31}$$

Die entsprechenden Zeitfunktionen lassen sich durch Fourier-Rücktransformation ermitteln,

$$\begin{aligned}\boldsymbol{u}_\varnothing(t) &= \mathcal{F}^{-1}\{\boldsymbol{Y}_k^{-1}(j\omega)\,\boldsymbol{I}^\varnothing(j\omega)\} = \mathcal{F}^{-1}\{\boldsymbol{Y}_k^{-1}(j\omega)\} * \mathcal{F}^{-1}\{\boldsymbol{I}^\varnothing(j\omega)\} \\ &= \boldsymbol{Z}_k(t) * \boldsymbol{i}^\varnothing(t) = \int_{-\infty}^{\infty} \boldsymbol{Z}_k(\xi)\,\boldsymbol{i}^\varnothing(t-\xi)\,\mathrm{d}\xi\,.\end{aligned} \tag{32}$$

Wird das NW durch Rausch-Quellen erregt, so ist anstelle des Vektors $\boldsymbol{I}^\varnothing(j\omega)$ die **Matrix der Spektraldichten**

$$\boldsymbol{F}_{i^\varnothing i^\varnothing}(\omega)$$

als gegeben vorauszusetzen. Im Schnittpunkt der $\varkappa$-ten Zeile und der $\varkappa'$-ten Spalte ($\varkappa, \varkappa' = 1, \ldots, k-1$) steht das Element

$$f_{i_\varkappa^\varnothing i_{\varkappa'}^\varnothing}(\omega) = \frac{1}{2\pi} \int\limits_{-\infty}^{\infty} \mathrm{e}^{-j\omega\tau} E[i_\varkappa^\varnothing(t)\, i_{\varkappa'}^\varnothing(t+\tau)]\, \mathrm{d}\tau\,. \tag{33}$$

Im Hauptdiagonalelement $(\varkappa, \varkappa)$ steht also die Spektraldichte der Rausch-FG $i_\varkappa^\varnothing$, während für $\varkappa \neq \varkappa'$ eine **Kreuzspektraldichte**, die gegenseitige Spektraldichte der stationären Prozesse $\{i_\varkappa^\varnothing(t)\}$ und $\{i_{\varkappa'}^\varnothing(t)\}$, erscheint. Sind diese Prozesse miteinander nicht korreliert, so verschwindet das Element $f_{i_\varkappa^\varnothing i_{\varkappa'}^\varnothing}$. Kreuzspektraldichten spielen vor allem in den Rauschersatzschaltungen von MT eine Rolle. Falls alle im NW vorkommenden Rauschquellen $i_\varkappa^\varnothing$ nicht miteinander korreliert sind, so wird die Matrix $\boldsymbol{F}_{i^\varnothing i^\varnothing}(\omega)$ der Spektraldichten eine Diagonalmatrix. Im Regelfall, wenn nur relativ wenige Rauschquellen im NW betrachtet werden, werden auch von den Diagonalelementen nur einige von Null verschieden sein.

Im folgenden werden wir zeigen, daß die Matrix $\boldsymbol{F}_{\boldsymbol{u}_\varnothing \boldsymbol{u}_\varnothing}(\omega)$ der Spektraldichten des Knoten-DG-Vektors aus der einprägsamen Beziehung

$$\boxed{\boldsymbol{F}_{\boldsymbol{u}_\varnothing \boldsymbol{u}_\varnothing}(\omega) = \left(\boldsymbol{Y}_k^{-1}(j\omega)\right)^* \boldsymbol{F}_{i^\varnothing i^\varnothing}(\omega) \left(\boldsymbol{Y}_k^{-1}(j\omega)\right)^T} \tag{34}$$

berechnet werden kann.

Die Beziehung (34) macht deutlich, daß die **Rauschanalyse** von NW im wesentlichen auf die **Analyse** im $j\omega$-Bereich zurückgeführt werden kann. Legt man der Analyse, wie hier geschehen, das Knoten-DG-Gls. (31) zugrunde, so hängt die Matrix der Spektraldichten des Vektors $\boldsymbol{u}_\varnothing$ der Ausgangsgrößen in der angegebenen Weise mit der Matrix der Spektraldichten des Erregungsvektors $\boldsymbol{i}^\varnothing$ zusammen. Nach Ermittlung der inversen Matrix $\boldsymbol{Y}_k^{-1}(j\omega)$ erfordert die Tauschanalyse nur noch Matrizenmultiplikationen gemäß Gl. (34). Wir wollen nun die Formel (34) herleiten.

Beweis: Zunächst berechnen wir die Korrelationsmatrix des Knoten-DG-Vektors,

$$\begin{aligned}
\boldsymbol{B}_{\boldsymbol{u}_\varnothing \boldsymbol{u}_\varnothing}(\tau) &= E[\boldsymbol{u}_\varnothing(t)\, \boldsymbol{u}_\varnothing^T(t+\tau)] \\
&= E\left[\int\limits_{-\infty}^{\infty} \boldsymbol{Z}_k(\xi)\, \boldsymbol{i}^\varnothing(t-\xi)\, \mathrm{d}\xi \int\limits_{-\infty}^{\infty} \boldsymbol{i}^{\varnothing T}(t+\tau-\eta)\, \boldsymbol{Z}_k^T(\eta)\, \mathrm{d}\eta\right] \\
&= E\left[\int\limits_{-\infty}^{\infty}\int\limits_{-\infty}^{\infty} \boldsymbol{Z}_k(\xi)\, \boldsymbol{i}^\varnothing(t-\xi)\, \boldsymbol{i}^{\varnothing T}(t+\tau-\eta)\, \boldsymbol{Z}_k^T(\eta)\, \mathrm{d}\xi\, \mathrm{d}\eta\right] \\
&= \int\limits_{-\infty}^{\infty}\int\limits_{-\infty}^{\infty} \boldsymbol{Z}_k(\xi)\, E[\boldsymbol{i}^\varnothing(t-\xi)\, \boldsymbol{i}^{\varnothing T}(t+\tau-\eta)]\, \boldsymbol{Z}_k^T(\eta)\, \mathrm{d}\xi\, \mathrm{d}\eta \\
&= \int\limits_{-\infty}^{\infty}\int\limits_{-\infty}^{\infty} \boldsymbol{Z}_k(\xi)\, \boldsymbol{B}_{i^\varnothing i^\varnothing}(\tau-\eta+\xi)\, \boldsymbol{Z}_k^T(\eta)\, \mathrm{d}\xi\, \mathrm{d}\eta\,.
\end{aligned}$$

Daraus erhält man die Matrix der Spektraldichten, ausgehend von der Definitions-Gl. (17),

$$\begin{aligned}
\boldsymbol{F}_{\boldsymbol{u}_\varnothing \boldsymbol{u}_\varnothing}(\omega) &= \frac{1}{2\pi} \int_{-\infty}^{\infty} \boldsymbol{B}_{\boldsymbol{u}_\varnothing \boldsymbol{u}_\varnothing}(\tau)\, \mathrm{e}^{-j\omega\tau}\, \mathrm{d}\tau \\
&= \frac{1}{2\pi} \int_{-\infty}^{\infty} \mathrm{d}\tau\, \mathrm{e}^{-j\omega\tau} \int_{-\infty}^{\infty} \int_{-\infty}^{\infty} \boldsymbol{Z}_k(\xi)\, \boldsymbol{B}_{i_\varnothing i_\varnothing}(\tau - \eta + \xi)\, \boldsymbol{Z}_k^T(\eta)\, \mathrm{d}\xi\, \mathrm{d}\eta \\
&= \int_{-\infty}^{\infty} \int_{-\infty}^{\infty} \boldsymbol{Z}_k(\xi) \left[\frac{1}{2\pi} \int_{-\infty}^{\infty} \mathrm{e}^{-j\omega\tau}\, \boldsymbol{B}_{i_\varnothing i_\varnothing}(\tau - \eta + \xi)\, \mathrm{d}\tau \right] \boldsymbol{Z}_k^T(\eta)\, \mathrm{d}\xi\, \mathrm{d}\eta \\
&= \int_{-\infty}^{\infty} \int_{-\infty}^{\infty} \boldsymbol{Z}_k(\xi)\, \mathrm{e}^{-j\omega(\eta-\xi)} \left[\frac{1}{2\pi} \int_{-\infty}^{\infty} \mathrm{e}^{-j\omega\tau'}\, \boldsymbol{B}_{i_\varnothing i_\varnothing}(\tau')\, \mathrm{d}\tau' \right] \boldsymbol{Z}_k^T(\eta)\, \mathrm{d}\xi\, \mathrm{d}\eta \\
&= \int_{-\infty}^{\infty} \int_{-\infty}^{\infty} \boldsymbol{Z}_k(\xi)\, \mathrm{e}^{j\omega\xi}\, \boldsymbol{F}_{i_\varnothing i_\varnothing}(\omega)\, \boldsymbol{Z}_k^T(\eta)\, \mathrm{e}^{-j\omega\eta}\, \mathrm{d}\xi\, \mathrm{d}\eta \\
&= \int_{-\infty}^{\infty} \boldsymbol{Z}_k(\xi)\, \mathrm{e}^{j\omega\xi}\, \mathrm{d}\xi \cdot \boldsymbol{F}_{i_\varnothing i_\varnothing}(\omega) \cdot \int_{-\infty}^{\infty} \boldsymbol{Z}_k^T(\eta)\, \mathrm{e}^{-j\omega\eta}\, \mathrm{d}\eta \\
&= \boldsymbol{Y}_k^{-1}(-j\omega)\, \boldsymbol{F}_{i_\varnothing i_\varnothing}(\omega) \left(\boldsymbol{Y}_k^{-1}(j\omega)\right)^T = \left(\boldsymbol{Y}_k^{-1}(j\omega)\right)^* \boldsymbol{F}_{i_\varnothing i_\varnothing}(\omega) \left(\boldsymbol{Y}_k^{-1}(j\omega)\right)^T . \blacktriangle
\end{aligned}$$

Die Formel (34) lehrt, daß sich die Einflüsse der einzelnen Spektraldichten $f_{i_\varkappa^\varnothing i_\varkappa^\varnothing}(\omega)$ und Kreuzspektraldichten $f_{i_\varkappa^\varnothing i_{\varkappa'}^\varnothing}(\omega)$ für $\varkappa, \varkappa' = 1, \ldots, k-1$ additiv überlagern. Um den Einfluß der einzelnen Elemente der Matrix $\boldsymbol{F}_{i_\varnothing i_\varnothing}(\omega)$ deutlich hervorzuheben, kann man die Gl. (34) wie folgt umschreiben, vgl. die analoge Überlegung auf S. 129 mit Abb. 2.91,

$$\begin{aligned}
\boldsymbol{F}_{\boldsymbol{u}_\varnothing \boldsymbol{u}_\varnothing}(\omega) &= \sum_{\varkappa=1}^{k-1} \sum_{\varkappa'=1}^{k-1} f_{i_\varkappa^\varnothing i_{\varkappa'}^\varnothing}(\omega)\, \left(\boldsymbol{Y}_k^{-1}(j\omega)\right)^*_{\cdot\varkappa}\, \left(\boldsymbol{Y}_k^{-1}(j\omega)\right)^T_{\cdot\varkappa'} . \\
&= \sum_{\varkappa=1}^{k-1} \sum_{\varkappa'=1}^{k-1} f_{i_\varkappa^\varnothing i_{\varkappa'}^\varnothing}(\omega)\, \left(\boldsymbol{Y}_k^{-1}(j\omega)\right)^*_{\cdot\varkappa} \left(\left(\boldsymbol{Y}_k^{-1}(j\omega)_{\cdot\varkappa'}\right)^T\right) . \qquad (34')
\end{aligned}$$

Diese Beziehung besagt, daß die Spektraldichte $f_{i_\varkappa^\varnothing i_{\varkappa'}^\varnothing}(\omega)$ mit dem dyadischen Produkt aus der $\varkappa$-ten Spalte von $\left(\boldsymbol{Y}_k^{-1}(j\omega)\right)^*$ und der transponiert geschriebenen $\varkappa'$-ten Spalte von $\boldsymbol{Y}_k^{-1}(j\omega)$ zu multiplizieren ist.

Sind sämtliche Rauschquellen des NW nicht miteinander korreliert, so nimmt die Spektralmatrix $\boldsymbol{F}_{i_\varnothing i_\varnothing}(\omega)$ Diagonalgestalt an und die letzte Formel vereinfacht sich zu

$$\boldsymbol{F}_{\boldsymbol{u}_\varnothing \boldsymbol{u}_\varnothing}(\omega) = \sum_{\varkappa=1}^{k-1} f_{i_\varkappa^\varnothing i_\varkappa^\varnothing}(\omega)\, \left(\boldsymbol{Y}_k^{-1}(j\omega)\right)^*_{\cdot\varkappa} \left(\left(\boldsymbol{Y}_k^{-1}(j\omega)\right)_{\cdot\varkappa}\right)^T . \qquad (35)$$

Nehmen wir nun an, die Knoten-DG $u_{\varnothing\lambda}$ sei die interessierende Ausgangsgröße des NW, so erhält man aus (35) für die Gesamtspektraldichte dieser Ausgangsgröße den Ausdruck

$$f_{u_{\varnothing\lambda}u_{\varnothing\lambda}}(\omega) = \sum_{\varkappa=1}^{k-1} f_{i_\varkappa^\varnothing i_\varkappa^\varnothing}(\omega) \left(\boldsymbol{Y}_k^{-1}(j\omega)\right)^*_{\lambda\varkappa} \left(\boldsymbol{Y}_k^{-1}(j\omega)\right)_{\lambda\varkappa},$$
$$= \sum_{\varkappa=1}^{k-1} f_{i_\varkappa^\varnothing i_\varkappa^\varnothing}(\omega) \left|\left(\boldsymbol{Y}_k^{-1}(j\omega)\right)_{\lambda\varkappa}\right|^2 . \qquad (36)$$

Für den hier betrachteten wichtigen Spezialfall ist es offensichtlich ausreichend, die Elemente der λ-ten Zeile von $\left(\boldsymbol{Y}_k^{-1}(j\omega)\right)$ zu berechnen. Das Element $\left(\boldsymbol{Y}_k^{-1}(j\omega)\right)_{\lambda\varkappa}$ läßt sich interpretieren als Übertragungsfaktor; nämlich als Verhältnis der Knoten-DG $u_{\varnothing\lambda}$ zu $i_\varkappa^\varnothing$, wenn das NW lediglich durch diese FG-Einspeisung erregt wird. Für viele technische Fragestellungen kommt man mit der Auswertung der Formel (36) aus.

Zur Berechnung der λ-ten Zeile von $\boldsymbol{Y}_k^{-1}(j\omega)$ muß nicht unbedingt die gesamte inverse Matrix $\boldsymbol{Y}_k^{-1}(j\omega)$ gebildet werden. Die λ-te Zeile ergibt sich als Lösung $\boldsymbol{u}_{\varnothing M}$ des Gls.

$$\boldsymbol{U}_{\varnothing H}^T \boldsymbol{Y}_k(j\omega) = \boldsymbol{e}_\lambda^T \qquad \text{oder} \qquad \boldsymbol{Y}_k^T(j\omega)\, \boldsymbol{U}_{\varnothing H} = \boldsymbol{e}_\lambda\,, \qquad (37)$$

wobei der Einheitsvektor $\boldsymbol{e}_\lambda$ eine 1 in der λ-ten Komponente und sonst Nullen enthält.

Damit wird offenbar, daß man — ähnlich wie bei der Empfindlichkeitsanalyse, vgl. Abschnitt 5.1. — die Rauschanalyse im wesentlichen zurückführen kann auf die Analyse eines „transponierten NW", das durch die Knoten-Admittanzmatrix $\boldsymbol{Y}_k^T(j\omega)$ charakterisiert wird. Diese zusätzliche Analyse liefert einen Hilfs-DG-Vektor $\boldsymbol{U}_{\varnothing H}$. Während also für die Analyse im $j\omega$-Bereich (nach dem Knoten-DG-Verfahren) ein Gls.

$$\boldsymbol{Y}_k(j\omega)\, \boldsymbol{U}_\varnothing = \boldsymbol{I}^\varnothing \qquad (30)$$

zu lösen ist, benötigt die Rauschanalyse zur Ermittlung der Spektraldichte von $u_{\varnothing\lambda}$ die Lösung des Gls. (37).

Bei der praktischen Durchführung der Rechnung braucht man nicht einmal beide Gls. (30) und (37) zu lösen, sondern lediglich eine sogen. $\boldsymbol{L}$-$\boldsymbol{U}$-Zerlegung vornehmen, d. h. die Matrix $\boldsymbol{Y}_k(j\omega)$ als Produkt einer unteren Dreiecksmatrix $\boldsymbol{L}$ und einer oberen Dreiecksmatrix $\boldsymbol{U}$ darzustellen, $\boldsymbol{Y}_k(j\omega) = \boldsymbol{L}(j\omega)\, \boldsymbol{U}(j\omega)$. Anschließend kann man sowohl den Vektor $\boldsymbol{U}_\varnothing$ als auch den Vektor $\boldsymbol{U}_{\varnothing H}$ durch geeignete „Rückrechnungen" gewinnen, vgl. Abschn. 3.3.1.

5.3. Entwurf von Netzwerken durch iterative Synthese (Optimierung)

Das Ziel des Systementwurfs besteht darin, das tatsächliche Systemverhalten „möglichst gut" dem vorgeschriebenen Verhalten anzupassen. In Abb. 5.4 sind als Beispiel aus der Elektrotechnik ein vorgegebenes Toleranzfeld der Dämpfung eines Filters (in dem der tatsächliche Dämpfungsverlauf liegen muß) und die

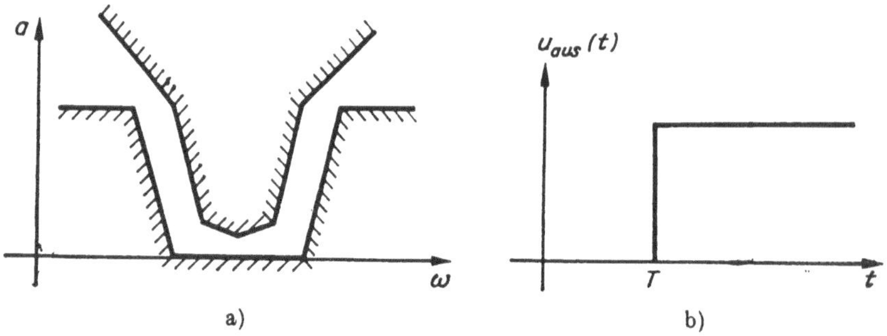

Abb. 5.4. Vorgegebene Anforderungen an technische Systeme; a) Toleranzfeld der Dämpfung eines elektrischen Filters, b) Ausgangsspannung (Sprungantwort) eines idealen Verzögerungssystems

Sprungantwort eines idealen Verzögerungssystems angegeben. Wir wollen hier nur den Fall betrachten, daß ein System — das z.B. durch ein NW modelliert wird — in seiner Struktur bereits bekannt ist, die Werte der Systemelemente jedoch wenigstens teilweise variabel sind. Als **Optimierung** bezeichnet man das Aufsuchen derjenigen (Systemelemente-)Parameterwerte, die zu einer möglichst guten Erfüllung der Forderungen führen. Für größere praktische Probleme ist eine Optimierung überhaupt nur durch Rechnereinsatz sinnvoll [K-K-66], [T-C-67], [Col-68], [K-M-69], [G-S-70], [S-P-70].

Wir wollen zunächst die in Abb. 5.4. b angedeutete Aufgabe — Approximation des vorgegebenen Kurvenverlaufs — betrachten und später die Einpassung in ein Toleranzfeld (Abb. 5.4. a) behandeln.

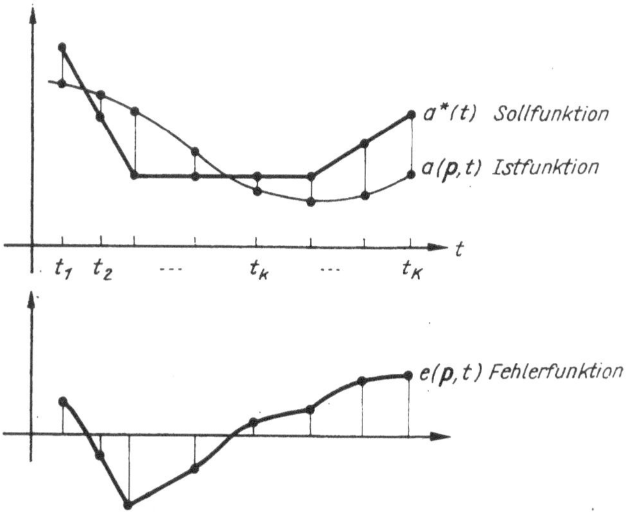

Abb. 5.5. Verlauf von Soll-, Ist- und Fehlerfunktion

Es sollen die folgenden Bezeichnungen verwendet werden. Die vorgegebene Funktion werde als **Sollfunktion** $a^*(t)$ bezeichnet. Dabei ist t die unabhängige Variable, die — je nach Aufgabenstellung — die Zeit oder die Frequenz darstellt. Die Werte der während der Optimierung zu variierenden Parameter P_ϱ ($\varrho = 1, \ldots, r$) werden im **Parametervektor $\boldsymbol{p}$** zusammengefaßt. Das Verhalten des Systems wird durch die **Istfunktion** $a(\boldsymbol{p}, t)$ beschrieben und hängt natürlich vom jeweiligen Wert des Parametervektors $\boldsymbol{p}$ ab. Die Differenz zwischen Soll- und Istfunktion kann man als **Fehlerfunktion** $e(\boldsymbol{p}, t)$ bezeichnen. In der Regel betrachtet man die Soll- und Istfunktion nur an endlich vielen Werten t_k ($k = 1, 2, \ldots, K$), den **Stützstellen**. In Abb. 5.5 sind diese Begriffe verdeutlicht.

Die Abweichung zwischen Soll- und Istfunktion kann durch die **Zielfunktion** charakterisiert werden, die man häufig durch die Beziehung

$$Z(\boldsymbol{p}) = \sum_{k=1}^{K} \left(a^*(t_k) - a(\boldsymbol{p}, t_k)\right)^N = \sum_{k=1}^{K} \left(e(\boldsymbol{p}, t_k)\right)^N \tag{38}$$

definiert. N ist dabei eine natürliche gerade Zahl.

Mißt man den Fehlern in einzelnen Zeit- oder Frequenzbereichen unterschiedliche Bedeutung zu, so kann man das in Gl. (38) durch unterschiedliche Gewichtsfaktoren $w(t_k)$ berücksichtigen, mit denen die Fehler $e(\boldsymbol{p}, t_k)$ multipliziert werden.

Für den praktisch häufigsten Fall $N = 2$ wird der Ausdruck (38) meist als „Fehlerquadratsumme" bezeichnet.

Ist nicht eine Sollfunktion, sondern ein Toleranzfeld für die Ausgangsgröße $a(t)$ vorgeschrieben, so kann man eine Zielfunktion z.B. gemäß Gl. (38) formulieren, wenn als Fehler $e(\boldsymbol{p}, t_k)$ die Abweichungen zwischen oberer oder unterer Toleranzschranke und Istfunktion verwendet werden — je nachdem, ob die Istfunktion oberhalb oder unterhalb des Toleranzfeldes verläuft. An den Stützstellen $t_{k'}$, bei denen die Istfunktion im Toleranzfeld liegt, ist $e(\boldsymbol{p}, t_{k'}) = 0$.

Die Werte der Parameter unterliegen gewöhnlich Beschränkungen, es sind z.B. obere und untere Schranken vorgegeben. Bezeichnet man die Menge aller möglichen Parametervektoren mit M, so läßt sich das zu lösende Optimierungsproblem so formulieren:

Gesucht ist ein Parametervektor $\check{\boldsymbol{p}} \in M$ mit

$$Z(\check{\boldsymbol{p}}) = \min_{\boldsymbol{p} \in M} Z(\boldsymbol{p})\,. \tag{39}$$

Es ist eine Vielzahl von Optimierungsverfahren entwickelt worden, vgl. z.B. [T-C-67], [K-O-68] und dort zitierte Literatur. Allen Verfahren ist gemeinsam, daß für (i. allg. sehr viele) verschiedene Parametervektoren $\boldsymbol{p}$ die Zielfunktion $Z(\boldsymbol{p})$ — und damit gemäß Gl. (38) die Istfunktion $a(\boldsymbol{p}, t)$ an den Stützstellen t_k — berechnet werden muß.

Bei der Optimierung von Systemen, die durch Netzwerke modelliert werden, können die in den Abschn. 3. und 4. dargestellten Analyseverfahren zur Berechnung der Zielfunktion eingesetzt werden.

Man erhält eine Folge von Parametervektoren $\boldsymbol{p}_0, \boldsymbol{p}_1, \boldsymbol{p}_2, \ldots$, die allerdings in der Regel nur gegen ein lokales Minimum der Zielfunktion strebt, während Gl. (39) die Bedingung für ein globales Minimum darstellt.

Eine derartige Optimierung bezeichnet man auch als **iterative Synthese** (im Vergleich zur sog. strengen Synthese, bei der ein Algorithmus vorhanden sein muß, der nach einer bestimmten Anzahl von Schritten genau die gesuchte Lösung liefert).

Bei einer Reihe von Optimierungsverfahren werden zum Bestimmen des nächsten Parametervektors $\boldsymbol{p}_{\nu+1}$ nicht nur die vorhergehenden Parametervektoren $\boldsymbol{p}_\nu, \boldsymbol{p}_{\nu-1}, \ldots$ und die dazugehörenden Zielfunktionswerte $Z(\boldsymbol{p}_\nu)$, $Z(\boldsymbol{p}_{\nu-1}), \ldots$ verwendet. Man benötigt zusätzlich noch den **Gradienten** der Zielfunktion

$$\operatorname{grad} Z(\boldsymbol{p}) = \frac{\partial Z(\boldsymbol{p})}{\partial \boldsymbol{p}} = \begin{bmatrix} \dfrac{\partial Z(\boldsymbol{p})}{\partial p_1} \\ \vdots \\ \dfrac{\partial Z(\boldsymbol{p})}{\partial p_r} \end{bmatrix} \tag{40}$$

an den Stellen $\boldsymbol{p}_\nu, \boldsymbol{p}_{\nu-1}, \ldots$ So wird z.B. beim Gradientenverfahren der neue Parametervektor $\boldsymbol{p}_{\nu+1}$ aus der Beziehung

$$\boldsymbol{p}_{\nu+1} = \boldsymbol{p}_\nu - \alpha \cdot \operatorname{grad} Z(\boldsymbol{p}_\nu) \tag{41}$$

berechnet. Dabei wird α als „Schrittweite" bezeichnet und meist erst durch mehrere Zielfunktionsberechnungen längs der „Suchrichtung" $\operatorname{grad} Z(\boldsymbol{p}_\nu)$ (eindimensionale Suche) bestimmt. Andere Verfahren, zu denen auch das als sehr leistungsfähig bekannte Verfahren nach FLETCHER und POWELL [F-P-63] gehört, verwenden eine Rekursionsvorschrift der Form

$$\boldsymbol{p}_{\nu+1} = \boldsymbol{p}_\nu - \alpha \cdot \boldsymbol{H}_\nu \cdot \operatorname{grad} Z(\boldsymbol{p}_\nu)\,. \tag{42}$$

Dabei resultiert die Matrix $\boldsymbol{H}_\nu$ aus den Zielfunktionswerten und Gradienten an den Stellen $\boldsymbol{p}_\nu, \boldsymbol{p}_{\nu-1}, \ldots$

Die in beiden Beziehungen benötigten Komponenten des Gradientenvektors $\partial Z(\boldsymbol{p})/\partial P_\varrho$ hängen eng mit den im Abschn. 5.1. eingeführten **Empfindlichkeitsfunktionen** zusammen:

$$\begin{aligned} \frac{\partial Z(\boldsymbol{p})}{\partial \boldsymbol{p}} &= \sum_{k=1}^{K} \frac{\partial}{\partial \boldsymbol{p}} \left(a^*(t_k) - a(\boldsymbol{p}, t_k)\right)^N \\ &= -N \sum_{k=1}^{K} \left(a^*(t_k) - a(\boldsymbol{p}, t_k)\right)^{N-1} \frac{\partial a(\boldsymbol{p}, t_k)}{\partial \boldsymbol{p}}. \end{aligned} \tag{43}$$

Die Komponenten des Vektors $\dfrac{\partial a(\boldsymbol{p}, t_k)}{\partial \boldsymbol{p}}$ sind die Empfindlichkeitsfunktionen der Systemcharakteristik $a(\boldsymbol{p}, t)$ an den Stützstellen t_k. Im Abschn. 5.1. ist für Netzwerke gezeigt worden, wie die Berechnung der Empfindlichkeitsfunktionen auf die Analyse des NW (und u. U. auf die Analyse eines „transponierten" NW) zurückgeführt werden kann.

Bei Verwendung von Optimierungsverfahren, die den Gradienten der Zielfunktion benötigen, können Verfahren zur Toleranzanalyse eingesetzt werden. Diese lassen sich wiederum auf die in den Abschn. 3. und 4. dargestellten Analyseverfahren zurückführen.

In [K-S-75] ist über ein Optimierungsprogramm, das in dieser Weise Verfahren zur Analyse und Empfindlichkeitsanalyse verwendet, berichtet worden.

Damit ist gezeigt worden, daß beim rechnergestützten Entwurf technischer Systeme die Analyse tatsächlich als das Kernstück angesehen werden kann. Sie ist nicht nur selbst eine wichtige Teilaufgabe des Entwurfs, sondern stellt außerdem eine Grundlage der Toleranzanalyse und der Optimierung dar.

ANHANG

Hinweise zur Lösung der Übungsaufgaben

(geordnet nach den Seiten, auf denen die Aufgaben gestellt wurden)

S. 23: Wenn sich das untersuchte mechanische Gebilde als translatorisches NW beschreiben läßt, so muß das Schnittgesetz für die Kräfte gelten. Für den betrachteten einzelnen Körper wurde das durch Einführung der Trägheitskräfte erreicht (D'ALEMBERTsches Prinzip!). Würde eine solche Trägheitskraft zu einem anderen Körper fließen, so wäre das Schnittgesetz für diesen Körper verletzt. Folglich müssen alle Trägheitskräfte zum Bezugs-„Knoten" fließen.

Würde für den Bezugsknoten das Schnittgesetz nicht gelten, so würde auf das Bezugssystem eine nichtverschwindende resultierende Kraft einwirken. Folglich müßte eine gleichgroße (entgegengesetzt gerichtete) Kraft auf die Gesamtheit der Körper des mechanischen Systems wirken. Damit wäre das Schnittgesetz für die Gesamtheit der Körper verletzt. Das ist nicht möglich, da das Schnittgesetz für jeden Einzelkörper gilt.

S. 28: Das technische System besteht aus vier Komponenten: zwei Schwungscheiben und zwei Wellenabschnitten. Wir wollen annehmen, daß sich die Schwungscheiben als starre Körper, die durch ihre Drehmasse ausreichend charakterisiert werden, modellieren lassen, während sich die Wellenabschnitte durch ihre Drehfedernachgiebigkeiten ausreichend genau erfassen lassen. Die sich über den Wellenabschnitten einstellenden Winkelgeschwindigkeitsunterschiede werden mit den Meßinstrumenten 1 und 2 gemessen, die Winkelgeschwindigkeiten der Schwungscheiben gegenüber dem Bezugssystem mit den Meßinstrumenten 3 und 4. Da sich zwischen den Stellen 1, 6 und 8 keine Relativgeschwindigkeiten ausbilden können, bilden sie im Graphen einen Knoten, den Knoten ①. Die Stellen 2, 4, 5 bzw. 3, 7 verschmelzen im Graphen zu den Knoten ② bzw. ③.

S. 33: Im vorgegebenen ebenen Graphen markiert man eine beliebige Fenstermasche. Dann zeichnet man diesen Graphen auf eine Kugeloberfläche und wählt auf der Kugeloberfläche einen inneren Punkt der markierten Fenstermasche als Projektionszentrum N einer stereographischen Projektion der Kugeloberfläche auf die Ebene. Dabei wird der Graph so auf die Ebene abgebildet, daß die markierte Fenstermasche zur Außenmasche wird.

S. 42: Wir beweisen direkt die später wiederholt benötigte Folgerung 2: $\boldsymbol{M}$ ist die Maschen-Zweig-Inzidenzmatrix zu einem beliebigen System von $z - k + 1$ unabhängigen Maschen. Gilt für eine quadratische Teilmatrix $\boldsymbol{M}_t$ von $\boldsymbol{M}$: $\det \boldsymbol{M}_t \neq 0$, so kann in $\boldsymbol{M}_t$ keine Nullzeile vorkommen. Mit anderen Worten: Jede Masche wird über wenigstens einen der Zweige geführt, die den Spalten von $\boldsymbol{M}_t$ entsprechen. Entfernt man diese $z - k + 1$ Zweige z. B. durch „Zerschneiden" aus dem Graphen, so werden damit die $z - k + 1$ Maschen zerstört.

Wir machen nun die Annahme, daß die entfernten Zweige kein Verbindungszweigsystem darstellen. Dann bilden die restlichen $k - 1$ Zweige keinen vollständigen Baum. Daher müssen die restlichen Zweige eine weitere Masche enthalten. Man könnte sie als weitere unabhängige Masche dem ursprünglich vorhandenen System unabhängiger Maschen hinzufügen (vgl. Konstruktionsvorschrift auf S. 41). Diese Möglichkeit steht im Widerspruch zu der Tatsache, daß es kein Maschensystem mit mehr als $z - k + 1$ unabhängigen Maschen geben kann (vgl. S. 41, oben). Also war die Annahme falsch. Die Spalten von $\boldsymbol{M}_t$ müssen einem Verbindungszweigsystem entsprechen, d. h. in Kurzform $\boldsymbol{M}_t = \boldsymbol{M}_V$.

Im Text auf S. 43 wurde bereits die Beziehung $\boldsymbol{M}_V = \boldsymbol{T}$ erläutert. Zu zeigen bleibt, daß $|\det \boldsymbol{M}_V| = |\det \boldsymbol{T}| = 1$ gilt. Überführt man ein vollständiges System unabhängiger Maschen in ein anderes, so lassen sich die dabei am Graphen vorzunehmenden einzelnen Umformungsschritte durch Additionen, Subtraktionen oder Vertauschungen von Zeilen der Inzidenzmatrizen beschreiben. Die zugehörenden Transformationsmatrizen $\boldsymbol{T}_i$ haben eine Determinante vom Betrag 1. Für die (Gesamt-)Transformationsmatrix $\boldsymbol{T} = \prod_i \boldsymbol{T}_i$ gilt daher auch $|\det \boldsymbol{T}| = 1$.

S. 47: Der Beweis der Folgerung 3 kann in Analogie zur vorangehenden Übungsaufgabe geführt werden. Lassen sich die $k - 1$ unabhängigen Schnittmengen eliminieren, indem man $k - 1$ Zweige „unzerschneidbar" macht, so bilden diese $k - 1$ Zweige einen vollständigen Baum. Der Widerspruchsbeweis kann mit der auf S. 47 formulierten Konstruktionsvorschrift geführt werden.

S. 50: Auf S. 34 wurde erläutert, wie man einen dualen Graphen zu einem ebenen Graphen konstruieren kann.

1) Der ebene Graph G_1 besitzt $z_1 - k_1 + 1$ (innere) Fenstermaschen und eine Außenmasche. Jeder dieser Maschen entspricht ein Knoten des Graphen G_2, d. h. $k_2 = z_1 - k_1 + 2$.

2) In der Matrix $\boldsymbol{M}_1$ spiegeln sich die (inneren) Fenstermaschen-Zweig-Relationen wider. Bei zweckmäßiger Indizierung entspricht der μ-ten Fenstermasche von G_1 der Knoten μ von G_2. Die in G_1 mit der μ-ten Fenstermasche inzidierenden Zweige inzidieren in G_2 mit dem Knoten μ.

Bei einheitlich-zweckmäßiger Wahl der Zweigindizierung und -orientierung (vgl. S. 34) gilt daher $\boldsymbol{K}_2 = \boldsymbol{M}_1$.

3) Jeder Zweigmenge, die in G_1 eine Schnittmenge bildet, entspricht in G_2 eine Masche. Bei zweckmäßiger Indizierung und Orientierung läßt sich daher erreichen, daß gilt $\boldsymbol{M}_2 = \boldsymbol{S}_1$.

4) Da auch G_1 zu G_2 dual ist, gilt weiterhin $k_1 = z_2 - k_2 + 2$, $\boldsymbol{K}_1 = \boldsymbol{M}_2$ und $\boldsymbol{M}_1 = \boldsymbol{S}_2$.

S. 55: In einem NW mit vorgegebener Zweig-DG-Verteilung kann man irgendeinen vollständigen Baum B wählen und für den Vektor der Baumzweig-DG schreiben: $\boldsymbol{u}_B + \boldsymbol{u}_B^e \doteq \boldsymbol{K}_B^T \boldsymbol{u}_\varnothing$. Daraus folgt $\boldsymbol{u}_\varnothing = (\boldsymbol{K}_B^{-1})\,(\boldsymbol{u}_B + \boldsymbol{u}_B^e)$.
Im Satz 3 auf S. 38 wurde bewiesen, daß der $\varkappa$-te Zeilenvektor von $(\boldsymbol{K}_B^{-1})^T$ einem Weg $w_\varkappa$ auf dem Baum B vom Knoten $\varkappa$ zum Knoten k entspricht. Folglich geben die Knoten-DG $u_{\varnothing\varkappa} (\varkappa = 1, \dots, k-1)$ gerade die DG zwischen dem Knoten $\varkappa$ und dem Knoten k an.

Die Bezeichnung Bezugsknoten erfährt so ihre anschauliche Rechtfertigung. Das Gls. (II a) drückt die unmittelbar einleuchtende Tatsache aus, daß sich jede Zweig-DG als Differenz von Knoten-DG ergibt. Dabei handelt es sich gerade um diejenigen Knoten, zwischen denen der betreffende Zweig liegt.

Aus Gl. (II′) folgt nach Wahl irgendeines Verbindungszweigsystems V für den Vektor der Maschen-FG: $\boldsymbol{i}_0 = (\boldsymbol{M}_V^{-1})^T\,(\boldsymbol{i}_V + \boldsymbol{i}_V^e)$.
$\boldsymbol{M}_V^{-1}$ ist diejenige Transformationsmatrix, die die vorgegebene Inzidenzmatrix $\boldsymbol{M}$ in die Inzidenzmatrix $\boldsymbol{M}_f$ der Fundamentalmaschen zu dem gewählten Verbindungszweigsystem V überführt und deshalb unmittelbar aus dem Graphen abgelesen werden kann.

War man ursprünglich von einem Fundamentalsystem von Maschen ausgegangen und benutzt das zugehörende Verbindungszweigsystem V', so sind die Maschen-FG gerade die FG der Zweige von V': $\boldsymbol{i}_0 = \boldsymbol{i}_{V'} + \boldsymbol{i}_{V'}^e$.

S. 62: Für den in Abb. 2.45a dargestellten Zweig gilt

$$\begin{aligned} U(s) &= U_R(s) + U_L(s) + U_C(s) \\ &= RI_R(s) + sLI_L(s) + \frac{1}{sC} I_C(s) \\ &= \left(R + sL + \frac{1}{sC}\right) I(s)\,. \end{aligned}$$

Also wird $z(s) = \dfrac{U(s)}{I(s)} = R + sL + \dfrac{1}{sC}$.

Für den in Abb. 2.45b dargestellten Zweig gilt

$$\begin{aligned} I(s) &= I_R(s) + I_L(s) + I_C(s) \\ &= \frac{1}{R} U_R(s) + \frac{1}{sL} U_L(s) + sCU_C(s) \\ &= \left(\frac{1}{R} + \frac{1}{sL} + sC\right) U(s) . \end{aligned}$$

Also wird $y(s) = \dfrac{I(s)}{U(s)} = \dfrac{1}{R} + \dfrac{1}{sL} + sC$.

S. 76: Jede in den Nichthauptdiagonalelementen $(\boldsymbol{MZM}^T)_{\mu\mu'}$ vorkommende Impedanz inzidiert mit zwei Fenstermaschen. Auf Grund der angegebenen Orientierungsregel führen diese beiden Maschen im Gegensinn über die herausgegriffene Impedanz. Die zu beweisende Regel folgt nun unmittelbar aus der allgemeinen Ableseregel von S. 75.

S. 77: Das Gls. (V') kann wie folgt umgeschrieben werden:

$$\begin{pmatrix} \boldsymbol{SY} \\ \boldsymbol{M} \end{pmatrix} \boldsymbol{U} = \begin{pmatrix} \boldsymbol{S}_{fV}\boldsymbol{Y}_V & \boldsymbol{S}_{fB}\boldsymbol{Y}_B \\ \boldsymbol{M}_{fV} & \boldsymbol{M}_{fB} \end{pmatrix} \begin{pmatrix} \boldsymbol{U}_V \\ \boldsymbol{U}_B \end{pmatrix} = \begin{pmatrix} \boldsymbol{S}_{fV} & \boldsymbol{Y}_B \\ \boldsymbol{Z}_V & \boldsymbol{M}_{fB} \end{pmatrix} \begin{pmatrix} \boldsymbol{I}_V \\ \boldsymbol{U}_B \end{pmatrix} = \begin{pmatrix} -\boldsymbol{S}_{fV}\boldsymbol{I}_V^e - \boldsymbol{I}_B^e \\ -\boldsymbol{U}_V^e - \boldsymbol{M}_{fB}\boldsymbol{U}_B^e \end{pmatrix}.$$

Multiplizieren wir die erste Hyperzeile mit $\boldsymbol{Z}_B$, die zweite Hyperzeile mit $-\boldsymbol{Y}_V$ und vertauschen schließlich diese beiden Zeilen, so ist das Gls. (81) hergeleitet.

S. 96: Es ist zu zeigen, daß sich die Eingangsimpedanz z_r eines Zweipol-NW mit einem Faktor $\left(\dfrac{1}{ü}\right)^2$ multipliziert, falls die Impedanzen sämtlicher NW-Zweige mit dem gleichen Faktor versehen werden. — Zum Beweis wollen wir das System (VIa) der Knoten-DG-Gln. heranziehen und den Knoten 1' als Bezugsknoten wählen. Erregt man das NW durch eine FG-Einspeisung mit dem Wert „1" in den Knoten 1, so entspricht dem die rechte Seite $(1, 0, \dots, 0)^T = \boldsymbol{e}^T$ im Gls. (VIa). Man erhält die Eingangsimpedanz z_r als Wert der Knotenspannung $U_{\varnothing 1} = \boldsymbol{e}^T \boldsymbol{U}_{\varnothing}$. Kennzeichnet man das abgeänderte NW durch das Symbol „$\sim$" (Tilde), so gilt für dessen Eingangsimpedanz

$$\begin{aligned} \tilde{z}_r &= \boldsymbol{e}^T \tilde{\boldsymbol{U}}_{\varnothing} = \boldsymbol{e}^T (\tilde{\boldsymbol{K}}\tilde{\boldsymbol{Y}}\tilde{\boldsymbol{K}}^T)^{-1} \boldsymbol{e} = \boldsymbol{e}^T (\boldsymbol{K}ü^2\boldsymbol{Y}\boldsymbol{K}^T)^{-1} \boldsymbol{e} \\ &= \left(\frac{1}{ü}\right)^2 \boldsymbol{e}^T (\boldsymbol{K}\boldsymbol{Y}\boldsymbol{K}^T)^{-1} \boldsymbol{e} = \left(\frac{1}{ü}\right)^2 z_r . \end{aligned}$$

S. 97: Es ist zu zeigen, daß sich aus einem ebenen Zweipol-NW mit der Eingangsimpedanz z_r nach strukturdualer Umwandlung und Ersetzung aller Zweigimpedanzen z_ζ durch die Zweigadmittanzen $g^2 z_\zeta$ bei den korrespondierenden Zweigen des dualen NW ein Zweipol-NW mit der Eingangsadmittanz $g^2 z_r$ ergibt. — Zum Beweis werden die Gls. (VI′) und (VIa) aus dem Abschn. 2.3.6. und die auf S. 50 notierten Dualitätsrelationen herangezogen. Um die Eingangsadmittanz des abgeänderten NW, das durch „$\sim$" symbolisiert wird, zu berechnen, gehen wir vom Maschen-FG-Gls. (VI′) aus. Zugrundegelegt seien Fenstermaschen. Dabei soll die Masche 1 über die Knoten 1 und 1′ führen und über eine DG-Einspeisung mit dem Wert „1" geschlossen werden. Dieser NW-Erregung entspricht die rechte Seite $(1, 0, \ldots, 0)^T = \boldsymbol{e}^T$ im Gls. (VI′). Man erhält die Eingangsadmittanz $\tilde{y}_r$ als Wert der Maschen-FG $\tilde{I}_{01} = \boldsymbol{e}^T \tilde{\boldsymbol{I}}_0$. Der Zusammenhang mit z_r folgt so:

$$\begin{aligned}\tilde{y}_r = \boldsymbol{e}^T \tilde{\boldsymbol{I}}_0 = \boldsymbol{e}^T(\tilde{\boldsymbol{M}}\tilde{\boldsymbol{Z}}\tilde{\boldsymbol{M}}^T)^{-1}\,\boldsymbol{e} &= \boldsymbol{e}^T(\boldsymbol{K}g^{-2}\boldsymbol{Y}\boldsymbol{K}^T)^{-1}\,\boldsymbol{e} \\ &= g^2\boldsymbol{e}^T(\boldsymbol{K}\boldsymbol{Y}\boldsymbol{K})^{-1}\,\boldsymbol{e} = g^2 z_r\,.\end{aligned}$$

Zuletzt wurden die Überlegungen der vorangehenden Übungsaufgabe ausgenutzt.

S. 99: Wir führen die Rechnung für die Kettenschaltung (vgl. Abb. 2.76) zweier Gyratoren vor:

$$\begin{aligned}\boldsymbol{A}_{\text{ges}} = \begin{pmatrix} 0 & -1/g_1 \\ g_1 & 0 \end{pmatrix}\begin{pmatrix} 1 & 0 \\ 0 & -1 \end{pmatrix}\begin{pmatrix} 0 & -1/g_2 \\ g_2 & 0 \end{pmatrix} &= \begin{pmatrix} 0 & -1/g_1 \\ g_1 & 0 \end{pmatrix}\begin{pmatrix} 0 & -1/g_2 \\ -g_2 & 0 \end{pmatrix} \\ &= \begin{pmatrix} g_2/g_1 & 0 \\ 0 & -g_1/g_2 \end{pmatrix}.\end{aligned}$$

Es ergibt sich ersichtlich ein idealer Übertrager mit $ü = g_1/g_2$.

S. 104: Aus Gl. (100) folgt mit (100′) und (99):

$\boldsymbol{I}^T\boldsymbol{Z}^T\boldsymbol{Y}\boldsymbol{U}' = \boldsymbol{I}^T\boldsymbol{Z}^T\boldsymbol{Z}^{-1}\boldsymbol{U}' = \boldsymbol{I}^T\boldsymbol{U}'$ für jede Wahl von zwei Betriebsfällen, d. h., für $\boldsymbol{I}$ und $\boldsymbol{U}'$ kommen zwei beliebige Vktoren in Betracht. Speziell für die Einheitsvektoren $\boldsymbol{I}^T = \boldsymbol{e}_i^T$ und $\boldsymbol{U}' = \boldsymbol{e}_k$ ergibt sich das Matrixelement $(\boldsymbol{Z}^T\boldsymbol{Z}^{-1})_{ik}$ zu 1 für $i = k$ und zu 0 für $i \neq k$. Also ist $\boldsymbol{Z}^T\boldsymbol{Z}^{-1} = \boldsymbol{E}$ (= Einheitsmatrix), d. h., $\boldsymbol{Z}^T = \boldsymbol{Z}$.

Wir zeigen nun, daß ein NW, das neben *RLC*-NWE auch (ideale) Übertrager enthält, ebenfalls der Beziehung (100) genügt und deshalb reziprok ist. Bei idealen Übertragern existiert eine MT-Darstellung (101) mit $\boldsymbol{H}_{11} = \boldsymbol{0}$, $\boldsymbol{H}_{22} = \boldsymbol{0}$, $\boldsymbol{H}_{21} = -\boldsymbol{H}_{12}^T$ (vgl. S. 89, 95 und 113). Sämtliche NWE-Relationen lassen sich zusammenfassen zu

$\boldsymbol{U}_{RLC} = \boldsymbol{Z}_{RLC}\boldsymbol{I}_{RLC}$, $\boldsymbol{U}_{M1} = \boldsymbol{H}_{12}\boldsymbol{U}_{M2}$, $\boldsymbol{I}_{M2} = -\boldsymbol{H}_{12}^T\boldsymbol{I}_{M1}$, und es wird

$$\begin{aligned}\boldsymbol{U}^T\boldsymbol{I}' &= \boldsymbol{U}_{RLC}^T\boldsymbol{I}'_{RLC} + \boldsymbol{U}_{M1}^T\boldsymbol{I}'_{M1} + \boldsymbol{U}_{M2}^T\boldsymbol{I}'_{M2} \\ &= \boldsymbol{I}_{RLC}^T\boldsymbol{Z}_{RLC}^T\boldsymbol{Y}_{RLC}\boldsymbol{U}'_{RLC} + \boldsymbol{U}_{M2}^T\boldsymbol{H}_{12}^T\boldsymbol{I}'_{M1} + \boldsymbol{U}_{M2}(-\boldsymbol{H}_{12}^T)\,\boldsymbol{I}'_{M1} \\ &= \boldsymbol{I}_{RLC}^T\boldsymbol{U}'_{RLC} \\ &= \boldsymbol{I}_{RLC}^T\boldsymbol{U}'_{RLC} + \boldsymbol{I}_{M1}^T(\boldsymbol{H}_{12}\boldsymbol{U}'_{M2}) + \big(\boldsymbol{I}_{M1}^T(-\boldsymbol{H}_{12})\big)\,\boldsymbol{U}'_{M2} \\ &= \boldsymbol{I}^T\boldsymbol{U}'\,.\end{aligned}$$

S. 105: Zunächst multipliziert man die erste Zeile der Gl. (102) mit $\boldsymbol{H}_{12}^{-1}$ und erhält durch anschließendes Umstellen die erste Zeile von Gl. (102′). Dieses Ergebnis setzt man in die zweite Zeile von (102) ein. Nach Ausklammern erhält man schließlich die zweite Zeile von (102′).

S. 131: Wurden die Knoten des 3-Pols in der aufsteigenden Reihenfolge $\varkappa_2, \varkappa_1, \varkappa_3$ durchnumeriert, so liefert der 3-Pol zur Koeffizientenmatrix des Gls. (134) den Anteil ${}^v\boldsymbol{K}_M \boldsymbol{Y}_M {}^v\boldsymbol{K}_M^T$ mit

$$ {}^v\boldsymbol{K}_M = \begin{pmatrix} 0 & 1 \\ 1 & 0 \\ -1 & -1 \end{pmatrix} \quad \text{und} \quad \boldsymbol{Y}_M = \begin{pmatrix} y_{11} & y_{12} \\ y_{21} & y_{22} \end{pmatrix}. $$

Die Multiplikation liefert das in der Abb. 2.92b angegebene Ergebnis.

S. 132: Zur Interpretation des Elements $({}^i\boldsymbol{Y})_{\varkappa'\varkappa}$ wählen wir einen Bezugsknoten außerhalb des NW und verbinden alle Knoten $\varkappa' \neq \varkappa$ mit dem Bezugsknoten durch einen Kurzschluß-Zweig. Mittels einer idealen DG-Quelle wird nun ${}^v\boldsymbol{U}_{\varnothing\varkappa} = 1$ erzwungen. Dann fließen durch die Kurzschluß-Zweige vom Bezugsknoten in die Knoten $\varkappa'(\neq \varkappa)$ die FG $({}^i\boldsymbol{Y})_{\varkappa'\varkappa}$. In den Knoten $\varkappa$ wird über die ideale DG-Quelle eine FG $({}^i\boldsymbol{Y})_{\varkappa\varkappa} = -\sum\limits_{\substack{\varkappa' \\ \varkappa' \neq \varkappa}} ({}^i\boldsymbol{Y})_{\varkappa'\varkappa}$ eingespeist.

S. 134: Die Auswertung der Formel (134) kann quasi unverändert auf die Auswertung der Gl. (134′) übertragen werden und ergibt: Die indefinite Impedanzmatrix des Gesamt-NW kann durch Addition aus den indefiniten Impedanzmatrizen aller NWE und Unternetzwerke bestimmt werden. Die indefinite Impedanzmatrix eines n-Pols enthält die n möglichen, verschiedenen $(n-1)$-Tor-Darstellungen. In jeder indefiniten Impedanzmatrix verschwinden sowohl die Zeilen- als auch die Spaltensummen. Damit sind alle Informationen, die in der Koeffizientenmatrix von (134′) stecken, auch bereits in den Nicht-Diagonalelementen enthalten. Es läßt sich in Analogie zum Unistorschema ein spezieller Graph konstruieren. ...

S. 148: Gemäß Gl. (3) ergibt sich die Determinante der Koeffizientenmatrix von (4) zu

$$ \begin{aligned} &= \sum (-1)^v \, a_{1v_1} a_{2v_2} a_{3v_3} \\ &= (-1)^0 \, a_{11}a_{22}a_{33} + (-1)^1 \, a_{11}a_{23}a_{32} + (-1)^2 \, a_{13}a_{21}a_{32} \\ &= a_{11}a_{22}a_{33} - a_{11}a_{23}a_{32} + a_{13}a_{21}a_{32}. \end{aligned} $$

S. 170: Zieht man aus der Summe der Baumadmittanzprodukte das Produkt sämtlicher Zweigadmittanzen (= det $\boldsymbol{Y}$) heraus, so bleibt in der Summe für jeden einzelnen Summanden das Produkt der nicht zum Baum gehörenden Impedanzen zurück. D. h., mit anderen Worten,

$$\det(\boldsymbol{KYK}^T) = \sum \text{(Baum-Admittanz-Produkte)}$$
$$= \det \boldsymbol{Y} \cdot \sum \text{(Verbindungszweigsystem-Impedanz-Produkte)}$$
$$= \det \boldsymbol{Y} \cdot \det(\boldsymbol{MZM}^T).$$

Außerdem wird wegen $(\det \boldsymbol{Y})^{-1} = (\det \boldsymbol{Z}^{-1})^{-1} = \det \boldsymbol{Z}$:

$$\det(\boldsymbol{MZM}^T) = \det \boldsymbol{Z} \cdot \det(\boldsymbol{KYK}^T) .$$

S. 171: Wir wenden (3) auf die Koeffizientenmatrix $(\boldsymbol{MZM}^T)$ an und erhalten nach Auflösen aller Klammern $\det(\boldsymbol{MZM}^T) = \sum_i b_i \prod_{\mu=1}^{z-k+1} z_{i_\mu}$, also eine Summe von Produkten von jeweils $z - k + 1$ Zweigimpedanzen. Wir greifen einen Summanden heraus und setzen alle in diesem Term nicht vorkommenden Impedanzen gleich Null. Da die Determinante des Gls. (VI′) trotz dieses Eingriffs von Null verschieden bleibt, wird in dem modifizierten NW, das aus $z - k + 1$ Zweigen besteht, bei jeder denkbaren NW-Erregung $\boldsymbol{U}^0$ der FG-Vektor $\boldsymbol{I}_0$ eindeutig festgelegt. Das ist nur möglich, wenn das modifizierte NW ein Verbindungszweigsystem darstellt. Zum Nachweis von $b_i = 1$ vergegenwärtigen wir uns, daß mit dem Nullsetzen der nicht zum Verbindungszweigsystem gehörenden Impedanzen die Determinante $\det(\boldsymbol{MZM}^T)$ übergeht in $\det(\boldsymbol{M}_V\boldsymbol{Z}_V\boldsymbol{M}_V^T)$. Also gilt mit der Folgerung 2 auf S. 42:

$$b_i \prod_{\mu=1}^{z-k+1} z_{i_\mu} = \det(\boldsymbol{M}_V\boldsymbol{Z}_V\boldsymbol{M}_V^T) = (\det \boldsymbol{M}_V)^2 \det \boldsymbol{Z}_V = \det \boldsymbol{Z}_V = \prod_{\mu=1}^{z-k+1} z_{i_\mu} .$$

S. 172: Wir untersuchen zunächst die Maschen-Impedanzmatrix $\boldsymbol{MZM}^T$. In den Diagonalelementen (vgl. S. 75) stehen die Impedanzsummen derjenigen Zweige, die mit der entsprechenden Masche inzidieren, $(\boldsymbol{MZM}^T)_{\mu\mu} = \sum_{\zeta=1}^{z} |m_{\mu\zeta}| \cdot z_\zeta$. In dem Produkt $\prod_{\mu=1}^{m} (\boldsymbol{MZM}^T)_{\mu\mu} = \prod_{\mu=1}^{m} \sum_{\zeta=1}^{z} |m_{\mu\zeta}| \cdot z_\zeta$ ergeben sich

a) Terme, in denen zweite und höhere Potenzen der gleichen Zweigimpedanz vorkommen (ein Zweig kann mehreren Maschen zugleich angehören!) und

b) Terme, in denen $m = z - k + 1$ verschiedene Zweigimpedanzen vorkommen.

Wir greifen eine bestimmte Kombination $z_{i_1}, z_{i_2}, \ldots, z_{i_m}$ mit $1 \leqq i_1 < i_2 < \cdots < i_m \leqq m$ von m verschiedenen Zweigimpedanzen heraus. Das Produkt dieser Impedanzen kann in $\prod_{\mu=1}^{m} (\boldsymbol{MZM}^T)_{\mu\mu}$ wiederholt vorkommen. Es sind gerade die Ausdrücke

$$\sum_{(v)} \prod_{\mu=1}^{m} |m_{v_\mu i_\mu}| \cdot z_{i_\mu} = \left(\sum_{(v)} \left| \prod_{\mu=1}^{m} m_{v_\mu i_\mu} \right| \right) \prod_{\mu=1}^{m} z_{i_\mu} , \qquad (*)$$

wobei die Zahlenfolge $\{v_1, v_2, \dots, v_m\}$ durch v Vertauschungen von jeweils zwei Zahlen aus der Folge $\{1, 2, \dots, m\}$ hervorgeht und die Summation über alle möglichen $m!$ Permutationen zu erstrecken ist.

Andererseits folgt aus der Determinanten-Produktregel (S. 169) unter Beachtung von Satz 5 auf S. 42 und der Diagonalgestalt von $\boldsymbol{Z}$: $\det(\boldsymbol{MZM}^T) = \sum_{(i)} |M^{i_1\, i_2 \dots i_m}_{1\, 2 \dots m}| \cdot \prod_{\mu=1}^{m} z_{i_\mu}$, wobei die Summation über alle $\binom{z}{m}$ m-Tupel „i" mit $1 \leqq i_1 < i_2 < \dots < i_m \leqq z$ erfolgt. Gemäß der Determinantendefinition (Gl. (3) auf S. 147) gilt $M^{i_1\, i_2 \dots i_m}_{1\, 2 \dots m} = \sum_{(v)} (-1)^v \prod_{\mu=1}^{m} m_{v_\mu i_\mu}$, wobei die Zahlenfolge $\{v_1, \dots, v_m\}$ durch v Einzelvertauschungen aus $\{1, 2, \dots, m\}$ hervorgeht. Die Summe erstreckt sich über alle möglichen $m!$ Permutationen.

Wir vergleichen nun das Zwischenergebnis

$$\det(\boldsymbol{MZM}^T) = \sum_{(i)} \Big| \sum_{(v)} (-1)^v \prod_{\mu=1}^{m} m_{v_\mu i_\mu} \Big| \cdot \prod_{\mu=1}^{m} z_{i_\mu} \qquad (**)$$

mit (*). Offenbar entspricht (*) gerade einem i-Summanden in (**). Die oben unter b) zusammengefaßten Terme enthalten alle $\binom{z}{m}$ Kombinationen „i" aus (**). Innerhalb der v-Summen sind in (*) und (**) bis auf das Vorzeichen die gleichen Produkte zu bilden. Für diese Produkte $\prod_{\mu=1}^{m} m_{v_\mu i_\mu}$ sind nur die Werte 0, 1 oder -1 möglich.
Weiter gilt bekanntlich (S. 42, Folgerung 2) $|\boldsymbol{M}^{i_1\, i_2 \dots i_m}_{1\, 2 \dots m}| = 1$ genau dann, wenn die Zweige $i_1, i_2, \dots, i_m$ ein Verbindungszweigsystem bilden. Das ist nur möglich, wenn die v-Summe in (**) eine ungerade Anzahl nichtverschwindender Produkte $\prod_{\mu=1}^{m} m_{v_\mu i_\mu}$ enthält. Also muß in den oben unter b) zusammengefaßten Termen die Zweigimpedanzkombination zu jedem Verbindungszweigsystem ungeradzahlig oft auftreten. Bilden die Zweige $i_1, i_2, \dots, i_m$ kein Verbindungszweigsystem, so verschwindet $M^{i_1\, i_2 \dots i_m}_{1\, 2 \dots m}$ (vgl. S. 42). Das ist nur möglich, wenn die v-Summe eine gerade Anzahl nichtverschwindender Produkte $\prod_{\mu=1}^{m} m_{v_\mu i_\mu}$ enthält. Also muß in den oben unter b) zusammengefaßten Termen jede solche Zweigkombination geradzahlig oft auftreten.

Gemäß Formel (18′) ist die Determinante $\det(\boldsymbol{MZM}^T)$ gleich der Summe aller Verbindungszweigsystem-Impedanzprodukte. Auf Grund der oben formulierten Feststellungen kann man zu diesem gewünschten Ergebnis kommen, indem man das Produkt der Diagonalelemente $\prod_{\mu=1}^{m} (\boldsymbol{MZM}^T)_{\mu\mu}$ bildet und anschließend

– alle oben unter a) zusammengefaßten Terme wegläßt,
– bei den unter b) zusammengefaßten Termen die geradzahlig oft auftretenden nur einmal berücksichtigt.

Unter Ausnutzung der bekannten Entsprechungen (Masche → Schnittmenge/Knoten, Impedanz → Admittanz, Verbindungszweigsystem → vollständiger Baum, $m = z - k + 1 \to k - 1$) lassen sich die vorstehenden Überlegungen vollkommen analog auf die Schnittmengen-Admittanz-Matrizen $\boldsymbol{SYS}^T$ und die Knoten-Admittanz-Matrix $\boldsymbol{KYK}^T$ übertragen.

Bei der Auswertung von $\boldsymbol{KYK}^T$ sind noch nützliche ergänzende Aussagen möglich. (Ursache: Jeder Zweig inzidiert mit zwei Knoten.)

Bei den unter a) zusammengefaßten Termen können hier nur zweite Potenzen gleicher Zweigadmittanzen vorkommen. Unter b) kommen Terme, die einem vollständigen Baum entsprechen, stets nur einmal vor. Wir zeigen dazu, daß für jede Knoten-Baumzweig-Inzidenzmatrix $\boldsymbol{K}_B$ gilt: Die Determinante $\det \boldsymbol{K}_B = K_{1\ 2\ \ldots\ k-1}^{i_1 i_2 \ldots i_m} = \sum (-1)^v \prod_{\varkappa=1}^{k-1} k_{v_\varkappa i_\varkappa}$ enthält nur einen nichtverschwindenden Summanden. – Durch Umnumerieren von Knoten und Zweigen ($\triangleq$ Zeilen- und Spaltentausch) läßt sich $\boldsymbol{K}_B$ in eine Dreiecksmatrix überführen. Die Determinante einer Dreiecksmatrix ergibt sich als das Produkt ihrer Hauptdiagonalelemente. D. h., die rechte Seite der Gl. (3) auf S. 147 besteht hier nur aus einem nichtverschwindenden Summanden. Da Zeilen- und Spaltentausch lediglich einen Vorzeichenwechsel der Determinante bewirken können, kann auch der Ausdruck für $\det \boldsymbol{K}_B$ in der ursprünglichen Anordnung nur aus einem Term $\prod_{\varkappa=1}^{k-1} k_{v_\varkappa i_\varkappa} \neq 0$ bestehen.

S. 174: Der Beweis der vorangehenden Übungsaufgabe enthält bereits alles wesentliche. Durch die Regel $x \cdot x = 0$ werden die oben unter a) zusammengefaßten Terme getilgt, während die Regel $x + x = 0$ bewirkt, daß die oben unter b) geradzahlig (ungeradzahlig) oft auftretenden Summanden getilgt (nur einmal berücksichtigt) werden.

S. 195: Zum Nachweis der Gl. (43) braucht man lediglich zu zeigen, daß $\boldsymbol{B}^{-1}\boldsymbol{B} = \boldsymbol{B}\boldsymbol{B}^{-1} = \boldsymbol{E}$ (= Einheitsmatrix) gilt. Diese Rechnung ist nicht sehr schwierig und wird hier aus Platzgründen fortgelassen.

S. 222: Die Relation (4′) geht durch die TAYLOR-Entwicklung über in

$$\begin{aligned} D[\boldsymbol{x}(t); T] &= \sum_{\mu=0}^{m} \left[a_\mu \left(\sum_{q=0}^{\infty} \frac{(\mu T)^q}{q!} \boldsymbol{x}^{(q)}(t) \right) - T b_\mu \left(\sum_{q=0}^{\infty} \frac{(\mu T)^q}{q!} \dot{\boldsymbol{x}}^{(q)}(t) \right) \right] \\ &= \sum_{\mu=0}^{m} a_\mu \boldsymbol{x}(t) + \sum_{\mu=1}^{m} \left[a_\mu \left(\sum_{q=1}^{\infty} \frac{(\mu T)^q}{q!} \boldsymbol{x}^{(q)}(t) \right) - T b_\mu \left(\sum_{q=1}^{\infty} \frac{(\mu T)^{q-1}}{(q-1)!} \boldsymbol{x}^{(q)}(t) \right) \right] \\ &= \left(\sum_{\mu=0}^{m} a_\mu \right) \boldsymbol{x}(t) + \sum_{q=1}^{\infty} \left[\sum_{\mu=1}^{m} \left(\frac{\mu^q}{q!} a_\mu - \frac{\mu^{q-1}}{(q-1)!} b_\mu \right) \right] T^q \boldsymbol{x}^{(q)}(t) . \end{aligned}$$

Setzt man diesen Ausdruck gleich $\sum_{q=0}^{\infty} C_q T^q \boldsymbol{x}^{(q)}(t)$, so erhält man die zu beweisenden Formeln unmittelbar durch Koeffizientenvergleich. Ein Rückblick auf die Konsistenzbedingungen zeigt, daß alle Mehrschrittverfahren der Ordnung $p = 1$ konsistent sind.

S. 223: Die exakte Lösung $\boldsymbol{x}^+(t)$ des Differential-Gls. (3) genügt der Beziehung

$$\sum_{\mu=0}^{m} a_\mu \boldsymbol{x}^+(t + \mu T) = T \sum_{\mu=0}^{m} b_\mu [\boldsymbol{A}\boldsymbol{x}^+(t + \mu T) + \boldsymbol{f}(t + \mu T) + D[\boldsymbol{x}^+(t); T].$$

Für eine mit Rundungsfehlern behaftete (Näherungs-)-Lösung $\tilde{\boldsymbol{x}}(t)$ des Differenzen-Gls. (5) wird

$$\sum_{\mu=0}^{m} a_\mu \tilde{\boldsymbol{x}}(t + \mu T) = T \sum_{\mu=0}^{m} b_\mu [\boldsymbol{A}\tilde{\boldsymbol{x}}(t + \mu T) + \boldsymbol{f}(t + \mu T)] + \boldsymbol{r}(t),$$

wobei $\boldsymbol{r}$ den Rundungsfehler-Vektor symbolisiert.

Für den globalen Fehlervektor $\boldsymbol{y}(t) = \boldsymbol{x}^+(t) - \tilde{\boldsymbol{x}}(t)$ erhält man aus der Differenz der beiden vorstehenden Gln. die Relation

$$\sum_{\mu=0}^{m} a_\mu \boldsymbol{y}(t + \mu T) = T \sum_{\mu=0}^{m} b_\mu \boldsymbol{A}\boldsymbol{y}(t + \mu T) + D[\boldsymbol{x}^+(t); T] - \boldsymbol{r}(t).$$

Ein Vergleich mit (5) zeigt, daß der globale Fehlervektor $\boldsymbol{y}(t)$ bis auf die „Erregungsfunktion" dem gleichen Differenzen-Gls. genügt wie $\boldsymbol{x}(t)$. Der Erregungsfunktionsvektor ergibt sich hier aus den lokalen Abbruch- und den Rundungsfehlern.

S. 229: a) Man könnte auf Wunsch ohne weiteres in bestimmten Zeitbereichen mit unterschiedlicher Schrittweite rechnen, wenn sich die Abhängigkeit der Elemente der inversen Koeffizientenmatrix (z. B. des Gls. (21)) von der Schrittweite T explizit angeben ließe. Bei gegebenen NWE und vorgegebenem Differenzenverfahren werden die Elemente der Inversen gebrochen-rationale Funktionen in T (vgl. Abschn. 3.2.). Sollte die Inverse auf Grund einer vorangehenden Rechnung im Frequenzbereich bereits in Abhängigkeit vom Frequenzparameter s bekannt sein, so braucht man lediglich s durch $a_m/(Tb_m)$ zu ersetzen. Kennt man die Inverse für ein bestimmtes Verhältnis $a_m/b_m = \alpha$, so ergeben sich die Inversenelemente für ein anderes Verhältnis β durch eine lineare Substitution im Endergebnis, denn $\alpha/T = \beta/(T\beta/\alpha)$. Daher erfordert weder eine Änderung der Schrittweite noch ein Wechsel des impliziten Differenzenansatzes (4) eine neue Matrixinversion — wenn die Inverse nur einmal als gebrochen rationale Funktion von T ermittelt wurde.

b) Wir führen die Überlegungen am Beispiel des Gls. (IVa) durch, vgl. S. 68. Ein Sprungfunktionsvektor $\begin{pmatrix} \boldsymbol{u}^e \\ -\boldsymbol{i}^\varnothing \end{pmatrix} \Theta(t)$ mit $\Theta(t) = \begin{cases} 1 & \text{für } t > 0 \\ 0 & \phantom{\text{für }} t < 0 \end{cases}$ als NW-Erregung ruft eine sprunghafte Änderung der NW-Größen hervor:

$$\begin{pmatrix} -\boldsymbol{i}(+0) \\ \boldsymbol{u}_\varnothing(+0) \end{pmatrix} = \begin{pmatrix} -\boldsymbol{i}(+0) + \boldsymbol{i}(-0) \\ \boldsymbol{u}_\varnothing(+0) - \boldsymbol{u}_\varnothing(-0) \end{pmatrix} = \lim_{s\to\infty} \begin{pmatrix} -s\boldsymbol{I}(s) \\ s\boldsymbol{U}_\varnothing(s) \end{pmatrix}$$

$$= \lim_{s\to\infty} s \begin{pmatrix} \boldsymbol{Z}(s) & \boldsymbol{K}^T \\ \boldsymbol{K} & \boldsymbol{0} \end{pmatrix}^{-1} \begin{pmatrix} \frac{1}{s}\boldsymbol{u}^e \\ -\frac{1}{s}\boldsymbol{i}^\varnothing \end{pmatrix} = \lim_{s\to\infty} \begin{pmatrix} \boldsymbol{Z}(s) & \boldsymbol{K}^T \\ \boldsymbol{K} & \boldsymbol{0} \end{pmatrix}^{-1} \begin{pmatrix} \boldsymbol{u}^e \\ -\boldsymbol{i}^\varnothing \end{pmatrix}$$

$$= \lim_{T\to 0} \begin{pmatrix} \boldsymbol{Z}\left(\dfrac{a_m}{Tb_m}\right) & \boldsymbol{K}^T \\ \boldsymbol{K} & \boldsymbol{0} \end{pmatrix}^{-1} \begin{pmatrix} \boldsymbol{u}^e \\ -\boldsymbol{i}^\varnothing \end{pmatrix}.$$

Bei den Umformungen wurde der Grenzwertsatz (64) auf S. 58 benutzt. Wegen der Linearität und Zeitinvarianz des NW kann ein Sprung in den Erregungen zum Zeitpunkt $t = t_0$ in der gleichen Weise berücksichtigt werden:

$$\begin{pmatrix} -\boldsymbol{i}(t_0+0) + \boldsymbol{i}(t_0-0) \\ \boldsymbol{u}_\varnothing(t_0+0) - \boldsymbol{u}_\varnothing(t_0-0) \end{pmatrix}$$

$$= \lim_{T\to 0} \begin{pmatrix} \boldsymbol{Z}\left(\dfrac{a_m}{Tb_m}\right) & \boldsymbol{K}^T \\ \boldsymbol{K} & \boldsymbol{0} \end{pmatrix}^{-1} \begin{pmatrix} \boldsymbol{u}^e(t_0+0) - \boldsymbol{u}^e(t_0-0) \\ -\boldsymbol{i}^\varnothing(t_0+0) + \boldsymbol{i}^\varnothing(t_0-0) \end{pmatrix}.$$

S. 235: Wegen (30) und der Normierung $a_m = 1$ ergeben die auf S. 222 für den allgemeinen Fall bestimmten Ausdrücke für $C_0, C_1, \dots, C_m$ ein eindeutig lösbares lineares Gls. mit $m + 1$ Unbekannten:

$$1 = -\sum_{\mu=0}^{m-1} a_\mu ,$$

$$m^q = -\sum_{\mu=1}^{m-1} \mu^q a^\mu + q m^{q-1} b_m \qquad \text{für } q = 1, 2, \dots, m .$$

Z. B. erhält man für $m = 3$ die Bestimmungs-Gln.

$$\begin{aligned} 1 &= -a_0 - a_1 - a_2 \\ 3 &= - a_1 - 2a_1 + b_3 \\ 9 &= - a_1 - 4a_2 + 6b_3 \\ 27 &= - a_1 - 8a_2 + 27b_3 \end{aligned}$$

und daraus die Lösungen

$$a_0 = -2/11, \; a_1 = 9/11, \; a_2 = -18/11, \; b_3 = 6/11.$$

Zusammen mit $a_3 = 1$ wurde damit eine Zeile (für $m = 3$) der Koeffiziententabelle berechnet.

S. 263: Man erhält die Grenzwerte der Temperaturen $\tau_1(t)$ und $\tau_2(t)$ für $t \to \infty$, indem man im Differential-Gls. (98) die linke Seite gleich dem Nullvektor setzt. Wegen $q^e(t) = q = \text{const.}$ für $t > 0$ geht (98) über in ein inhomogenes lineares algebraisches Gls. Die beiden Komponenten des Lösungsvektors wurden auf S. 263 unten notiert.

LITERATUR

[A-P-68] ALLEN, R. H., POTTLE, C.: Stable integration methods for electronic circuit analysis with widely separated time constants. Proc. 6th Allerton Conf. Circuit and System Theory, Urbana (Ill.) 1968, 311–320.

[A-L-73] ALDERSON, G. E., LIN, P. M.: Computer generation of symbolic network functions – a new theory and implementation. IEEE Trans-CT-20 (1973) 1, 48–56.

[Bel-60] BELL, D. A.: Electrical Noise. New York: Van Nostrand 1960.

[Bel-62] BELLERT, S.: Topological analysis and synthesis of linear systems. J. Franklin Inst. 274 (1962) 6, 425–443.

[Ber-71] BERRY, R. D.: An optimal ordering of electronic circuit equations for a sparse matrix solution. IEEE Trans. CT-18 (1971) 1, 40–50.

[B-F-66] DE BALBINE, G., FRANKLIN, J. N.: The calculation of Fourier integrals. Math. Comp. 20 (1966) 4, 570–589.

[BGH-72] BRAYTON, R. K., GUSTAVSON, F. G., HACHTEL, G. D.: A new efficient algorithm for solving differential algebraic systems using implicit backward differentiation formulas. Proc. IEEE 60 (1972) 1, 98–108.

[BGW-70] BRAYTON, R. K., GUSTAVSON, F. G., WILLOUGHBY, R. A.: Some results on sparse matrices. Math. Comp. 24 (1970), 937–954.

[Bic-68] BICKART, T. A.: Matrix exponential: approximation by truncated power series. Proc. IEEE 56 (1968) 5, 872–873.

[Bra-67] BRANIN, F. H.: Computer methods of network analysis. Proc. IEEE 55 (1967) 11, 1787–1801.

[Bro-63] BROWN, D. P.: Derivative explicit differential equations for RLC graphs. J. Franklin Inst. 275 (1963), 503–514.

[B-S-71] BITTEL, H., STORM, L.: Rauschen. Berlin: Springer-Verlag 1971.

[But-64] BUTCHER, J. C.: Implicit Runge-Kutta processes. Math. Comp. 18 (1964) 1, 50–64.

[But-66] BUTCHER, J. C.: On the convergence of numerical solutions to ordinary differential equations. Math. Comp. 20 (1966) 1, 1–10.

[B-W-73] BUTTERWECK, H.-J., WILCKE, R.: Some results on Kirchhoff modes in electrical networks. AEÜ 27 (1973) 5, 197–207.

[Byc-58] BYCHOWSKI, M.: Основы динамической точности электрических и механических цепей. Москва — Изд. АН СССР 1958.

[Caj-68] ČAJKA, J.: Computer analysis of complicated networks in general symbols. Proc. Intern. Symp. Network Theory, Belgrad, Sept. 1968.

[Cal-67] CALAHAN, D. A.: Numerical solution of linear systems with widely separated time constants. Proc. IEEE 55 (1967) 11, 2016–2017.

[Cal-68] CALAHAN, D. A.: Computer-aided network design. New York: McGraw-Hill 1968 und 1972, dt. Ausgabe München: Oldenbourg 1973.

[Cer-60] CERTAINE, J.: The solution of ordinary differential equations with large time constants. In [R-W-60].

[CGR-69] COOLEY, J. W., GARWIN, R. L., RADER, C. M.: Short papers, Workshop on Fast Fourier Transform Processing 1968, IEEE Trans. AU-17 (1969) 2, 66–74.

[C-H-52] Curtiss, C. F., Hirschfelder, J. O.: Integration of stiff equations. Proc. Nat. Acad. Sci. U.S.A. **28** (1952), 235–243.

[Che-67] Chen, W. K.: Topological network analysis by algebraic methods. Proc. IEE **114** (1967) 1, 86–88.

[CLW-67a] Cooley, J. W., Lewis, P. A. W., Welch, P. D.: Application of the fast Fourier transform to computation of Fourier integrals, Fourier series, and convolution integrals. IEEE Trans. AU-**15** (1967) 2, 79–84.

[CLW-67b] Cooley, J. W., Lewis, P. A. W., Welch, P. D.: Historical notes on the fast Fourier transform. IEEE Trans. AU-**15** (1967) 2, 76–79 und Proc. IEEE 55 (1967) 10, 1675–1677.

[Coa-59] Coates, C. L.: Flow-graph solutions of algebraic equations. IEEE Trans. CT-6 (1959) 2, 170–187.

[Coc-67] Cochran, W. T., u. a.: What is the fast Fourier transform ? IEEE Trans. Au-**15** (1967) 2, 45–55 und Proc. IEEE **55** (1967) 10, 1666–1674.

[Col-55] Collatz, L.: Numerische Behandlung von Differentialgleichungen. Berlin: Springer 1955.

[C-T-65] Cooley, J. W., Tukey, J. W.: An algorithm for the machine calculation of complex Fourier series. Math. Comp. **19** (1965) 2, 297–301.

[C-Y-61] Carlin, H. J., Youla, D. C.: Network synthesis with negative resistors. Proc. IRE **49** (1961) 5, 907–920.

[Dav-71] Davison, E. J.: On the calculation of zeros of a linear constant system. IEEE Trans. CT-**18** (1971) 1, 183–184.

[Dem-62] Demidowitsch, B. P., u. a.: Численные методы анализа. Москва — Физматгиз 1962.

[Der-64] Dervisoglu, A.: Bashkow's A-matrix for active RLC networks. IEEE Trans. CT-**11** (1964) 3, 404–407.

[Des-60] Desoer, C. A.: The optimum formula for the gain of a flow graph or a simple derivation of Coates' formula. Proc. IRE **48** (1960) 5, 883–889.

[D-K-66] Desoer, C. A., Kuh, E. S.: Basic circuit theory. New York: MacGraw-Hill 1966.

[Dmi-68] Dmitrischin, R. W.: Нахождение детерминанта матрицы с использованием графов. Изв. ВУЗОВ СССР — Радиоэлектроника **11** (1968) 11, 1239—1241.

[Dmi-69] Dmitrischin, R. W. Расчёт линейных цепей с методом расширенных структурных чисел. Изв. ВУЗОВ СССР — Радиоэлектроника **12** (1969) 8, 806—813.

[Doe-67] Doetsch, G.: Anleitung zum praktischen Gebrauch der Laplace-Transformation und der Z-Transformation. München: Oldenbourg 1967.

[D-S-62] Dobesch, H., Sulanke, H.: Zeitfunktionen — Theorie und Anwendung. Berlin: VEB Verlag Technik 1962.

[Duf-59] Duffin, R. J.: An analysis of the Wang algebra of networks. Trans. Amer. Math. Soc. **93** (1959), 114–131.

[Ede-68] Edelmann, H.: Maßnahmen zur Reduktion des Rechenaufwandes bei der Berechnung großer elektrischer Netze. Elektron. Rechenanlagen **10** (1968) 3, 118–123.

[Ede-69] Edelmann, H.: Elementare Beweise für die Anwendung der Wang-Algebra in elektrischen Netzen. Archiv für Elektrotechnik **53** (1969) 1, 1–12.

[Ede-74] Edelmann, H.: Direkte Verfahren zur Netzanalyse mit spärlichen Matrizen. NTZ **27** (1974) H. 2, 73–79 und H. 3, 109–111.

[Els-74] Elst, G.: Über die Auflösung schwach besetzter, linearer algebraischer Gleichungssysteme und ihre Anwendung bei der Analyse elektrischer Netzwerke. Dissertation, TU Dresden 1974.

[Fet-69a] Fettweis, A.: Eine neuartige Normalform linearer Polynom-Matrizen. AEÜ **23** (1969) 9, 449–451.

[Fet-69b] Fettweis, A.: Algebraische Herleitung der Zustandsgleichungen mit Hilfe einer Normalform linearer Polynommatrizen. AEÜ **23** (1969) 10, 511–515.

[F-F-63] Faddejew, D. K., Faddejewa, W. N.: Вычислительные методы линейной алгербы. Москва: Физматгиз 1963 (dt. Übers.: Methoden der linearen Algebra, Berlin: VEB Deutscher Verlag der Wissenschaften 1966).

[F-M-67] Forsythe, G., Moler, C. B.: Computer solution of linear algebraic systems. Englewood Cliffs: Prentice Hall 1967.

[Fod-65] Fodor, G.: Laplace transforms in engineering. Budapest: Akadémiai Kiadó 1965.

[F-P-63] Fletcher, R., Powell, M. J. D.: A rapidly convergent descent method for minimization. Computer J. **6** (1963), 163–168.

[Fri-72] Fritzsche, G.: Theoretische Grundlagen der Nachrichtentechnik. Berlin: VEB Verlag Technik 1972.

[Gai-71] Gaissmaier, B.: Schnelle und genaue Berechnung von Fourier-Integralen durch Kombination von Spline-Interpolation und schneller Fourier-Transformation. NTZ **24** (1971) 12, 601–605.

[Gan-66] Gantmacher, F. R.: Теория матриц. Москва, Изд. Наука 1966 (dt. Übers.: Matrizentheorie. Berlin: VEB Deutscher Verlag der Wissenschaften, 1966).

[Gas-72] Gastinel, N.: Lineare numerische Analysis. Berlin: VEB Deutscher Verlag der Wissenschaften 1972.

[Gea-68] Gear, C. W.: The automatic integration of stiff ordinary differential equations. Proc. Congress Information Processing 1968, 187–193.

[Gea-71] Gear, C. W.: The automatic integration of ordinary differential equations. Comm. ACM **14** (1971) 3, 176–179.

[Geh-71] Geher, K.: Theory of network tolerances. Budapest: Akadémiai Kiadó 1971.

[Gor-72] Gorille, I.: The digital simulation of linear lumped-parameter continouus systems I, II. NTZ **25** (1972) 10, 448–451; 11, 532–534.

[G-R-71] Gurtler, J., Reichert, D.: Verfahren und Rechenprogramm zur maschinellen F-Transformation reeller Zeitfunktionen I, II. Nachrichtent. **21** (1971) 4, 142–146; 6, 229–233.

[Gri-70] Griepentrog, E.: Mehrschrittverfahren zur numerischen Integration von gewöhnlichen Differentialgleichungssystemen und asymptotische Exaktheit. Wiss. Z. Humboldt-Univ. Berlin Math.-Nat. Reihe XIX (1970) 6, 637–653.

[Grö-56] Gröber, W.: Matrizenrechnung. München: Oldenbourg 1956.

[G-S-60] Gelfand, J. M., Schilow, G. E.: Verallgemeinerte Funktionen (Distributionen) I. (Übers. a. d. Russ.) Berlin: VEB Deutscher Verlag der Wissenschaften 1960.

[G-S-70] Gluschkow, W. M., Sigorski, W. P.: Автоматизация проектирования в электронике как научно-техническая проблема, вып. 1. Сб. Автоматизация проектирования в электронике. Киев: Техника 1970.

[HBG-71] Hachtel, G. D., Brayton, R. K., Gustavson, F. G.: The sparse tableau approach to network analysis and design. IEEE Trans. CT-**18** (1971) 1, 101–113.

[Hei-63] Heinrich, H.: Einführung in die praktische Analysis I. Leipzig: B. G. Teubner 1963.

[Hen-62] Henrici, P.: Discrete variable methods in ordinary differential equations. New York: Wiley 1962.

[Hos-61] Hoskins, R. F.: Flow-graph and signal flow-graph analysis of linear systems. Proc. Symp. Network Theory, Cranfield 1961.

[HSA-57] Hohn, F. E., Seshu, S., Aufenkamp, D. D.: The theory of nets. Trans. IRE EC-**6** (1957) 3, 154–161.

[Hue-63] Huelsman, L. P.: Circuits, matrices, and linear vector spaces. New York: McGraw-Hill 1963.

[IFA-64] Proc. 1st IFAC Symp. Sensitivity methods in control theory. Dubrovnik, Sept. 1964 (russ. Übers.: Чувствительность автоматических систем. Москва: Изд. Наука 1968).

[IFA-68] Proc. 2nd IFAC Symp. on System Sensitivity and Adaptivity. Dubrovnik, August 1968.

[Jag-59] JAGLOM, A. M.: Einführung in die Theorie der stationären Zufallsfunktionen. Berlin: Akademie-Verlag 1959.

[Jen-69] JENTSCH, W.: Digitale Simulation kontinuierlicher Systeme. München: Oldenbourg 1969.

[K-B-61] KÖNIG, H. E., BLACKWELL, W. A.: Electromechanical system theory. New York McGraw-Hill 1961.

[Kir-47] KIRCHHOFF, G.: Über die Auflösung von Gleichungen, auf welche man bei der Untersuchung der linearen Verteilung galvanischer Ströme geführt wird. Poggendorfs Ann. Physik Chemie 72 (1847), 497–508.

[K-K-66] KUO, F. F., KAISER, J. F. (Ed.): System analysis by digital computer. New York: Wiley 1966.

[Kle-61] KLEIN, W.: Grundlagen der Theorie elektrischer Schaltungen. Berlin: Akademie-Verlag 1961.

[Kle-71] KLEIN, W.: Die Analyse von Schaltungen mit Nulloren. NTZ **24** (1971) 10, 497–501

[K-M-69] KUO, F. F., MAGNUSON, W. G. (Ed.): Computer oriented circuit design. Englewood Cliffs: Prentice Hall 1969.

[K-O-68] KOWALIK, J., OSBORNE, M. R.: Methods of unconstrained optimization problems. New York: Elsevier 1968.

[Kor-68] KORN, U.: Zur auf die Anwendung in der Prozeßregelung orientierten Lösung der Vektordifferentialgleichung linearer zeitinvarianter dynamischer Systeme. Wiss. Z. TH Magedburg **12** (1968) 2/3, 243–252.

[Kos-68] KOSUT, R. L.: The determination of the system transfer function matrix for flight control systems. IEEE Trans. AC-**13** (1968) 2, 214.

[K-R-65a] KUH, E. S., ROHRER, R. A.: The state variable approach to network analysis. Proc. IEEE **53** (1965) 7, 672–686.

[K-R-65b] KURTH, C., RUPP, H.: Die Analyse allgemeiner linearer Netzwerke im Zeit- und Frequenzbereich. Frequenz **19** (1965) 10, 329–337.

[Kre-69] KREMER, H.: Praktische Berechnung des Spektrums mit der schnellen Fourier-Transformation. elektron. datenverarb. **11** (1969) 6, 281–284.

[Kro-66] KROGH, F. T.: Predictor-corrector methods of high order with improved stability characteristics. J. ACM **13** (1966) 3, 374–385.

[Kro-67] KROFT, D.: All paths through a maze. Proc. IEEE **55** (1967) 1, 88–90.

[K-S-66] KUNTZ, W., SCHÜSSLER, W.: Zur numerischen Berechnung der Ausgangsfunktion von Netzwerken mit Hilfe der z-Transformation. NTZ **19** (1966) 3, 169–172.

[K-S-75] KLAUS, M., SCHWARZ, P.: OPTIMA — ein Programm zur Optimierung linearer Netzwerke und Systeme. Nachrichtent. **25** (1975) 1, 9–14 u. 2, 63–65,

[K-T-64] KÖNIG, H. E., TOKAD, Y.: State models of systems of multi-terminal linear components. IEE Intern. Conv. Rec. **12** (1964) 1, 318–329. S. auch IEEE Trans. CT-**12** (1965) 5, 471–475.

[K-T-69] KALNIBOLOTSKI, J. M., TIMONTEJEW, W. N.: К вопросу о матрично-топологическом анализе электрических цепей. Изв. ВУЗОВ СССР — Энергетика **12** (1969) 1.

[Kur-67] KURTH, C.: A simple calculation of the determinant polynomial of general networks. IEEE Trans. CT-**14** (1967) 2, 234–236.

[L-A-69] LIN, P. M., ALDERSON, G. E.: Symbolic network functions by a single pathfinding algorithm. Proc. 7th Allerton Conf. Circuit and System Theory, Urbana (Ill.) 1969, 196–205.

[Lam-73] LAMBERT, J. D.: Computational methods in ordinary differential equations. London: Wiley 1973.
[Lan-68] LANGE, F. H.: Signale und Systeme I. Berlin: VEB Verlag Technik 1968.
[Lee-67] LEE, H. B.: Matrix filtering as an aid to numerical integration. Proc. IEEE 55 (1967) 11, 1826—1831.
[Len-71] LENK, A.: Elektromechanische Systeme I. Berlin: VEB Verlag Technik 1971.
[Lio-66] LIOU, M. L.: A novel method of evaluating transient response. Proc. IEEE 54 (1966) 1, 20—23.
[Lio-66a] LIOU, M. L.: Steady-state response of linear time-invariant systems. Proc. IEEE 54 (1966) 12, 1952—1953.
[Lio-67a] LIOU, M. L.: Evaluation of the transition matrix. Proc. IEEE 55 (1967) 2, 228—229.
[Lio-67b] LIOU, M. L.: Response of linear time-invariant systems due to periodic inputs. Proc. IEEE 55 (1967) 2, 242—243.
[Lip-75] LIPPMANN, J.: Ein Beitrag zur numerischen Analyse linearer Systeme im Zeitbereich. Nachrichtent.-Elektronik 25 (1975) 9, 330—332
[L-S-68] LEMOLI, G., SAMI, M. G.: Symbolic solution of networks by digital computer. Elec. Letters 4 (1968) 22, 481—482.
[Mas-53] MASON, S. J.: Feedback theory; some properties of signal-flow-graphs. Proc. IRE 41 (1953) 9, 1144—1156.
[Mas-56] MASON, S. J.: Feedback theory; further properties of signal-flow-graphs. Proc. IRE 44 (1956) 7, 920—926.
[Mas-69] MASTASCUSA, E. J.: A method for calculating e^{AT} based on the Caley-Hamilton-theorem. Proc. IEEE 57 (1969) 7, 1328—1329.
[Max-92] MAXWELL, J. C.: Electricity and magnetism I, Chap. VI and appendix. Oxford: Clarendon Press 1892.
[McF-64] MCFARLANE, A. G. J.: Engineering systems analysis. London: Harrap 1964.
[Mey-66] MEYER, P. A.: Zur numerischen Berechnung von Einschwingvorgängen mit Hilfe der Residuenrechnung. NTZ 19 (1966) 3, 139—142.
[M-S-65] MAYEDA, W., SESHU, S.: Generation of trees without duplication. IEEE Trans. CT-12 (1965) 2, 181—185.
[M-Z-60] MASON, S. J., ZIMMERMANN, H. J.: Electronic circuits, signals, and systems. New York: Wiley 1960 (russ. Übers.: Мэзон, С., Циммерман, Г.: Электронные цепи, сигналы и системы. Москва: Изд. Иностранной Литературы 1963).
[Pap-62] PAPOULIS, A.: The Fourier-integral and its applications. New York: McGraw-Hill 1962.
[Pap-66] PAPOULIS, A.: Error analysis in sampling theory. Proc. IEEE 54 (1966) 7, 947—955.
[Paz-67] PAZ, I. M.: Pathfinding through a communication network. Proc. IEE 114 (1967) 1, 76—78.
[P-B-71] PARKER, S. R., BARMES, V. T.: Existence of numerical solutions and the order of linear circuits with dependent sources. IEEE Trans. CT-18 (1971) 3, 368—374.
[Pfe-59] PFEIFER, H.: Elektronisches Rauschen. Teil 1: Rauschquellen. Leipzig: B. G. Teubner 1959.
[P-G-75] PAULIN, G., GRIENPENTROG, E.: Numerische Verfahren der Programmiertechnik. Berlin: VEB Verlag Technik 1975.
[Pot-66] POTTLE, C.: State-space techniques for general active network analysis. In [K-K-66], Kap. 3.
[Pot-68] POTTLE, C.: Rapid computer time response calculation for systems with arbitrary input signals. NTZ 21 (1968) 11, 705—710.
[Pot-69] POTTLE, C.: A "textbook" computerized state-space network analysis algorithm. IEEE Trans. CT-16 (1969) 4, 566—568.

[P-S-68] Petrenko, A. I., Sigorski, W. P.: Алгоритмы решения уравнений переменных состояния электронной схемы. Сб. Технические средства автоматического проектирования в электронике. Киев: КДНТП 1968.

[Rei-71] Reid, J. K. (Ed.): Large sparse sets of linear equations. London: Academic Press 1961.

[Rei-74] Reinschke, K.: Zuverlässigkeit von Systemen, Band II. Berlin: VEB Verlag Technik 1974.

[Rei-74a] Reinisch, K.: Kybernetische Grundlagen und Beschreibung kontinuierlicher Systeme. Berlin: VEB Verlag Technik 1974

[Ren-67] Renner, U.: Ein neues Verfahren zur Berechnung des Frequenzganges aus einer gemessenen Übergangsfunktion. Z. msr **10** (1967) 3, 101–105.

[R-D-56] Rothe, H., Dahlke, W.: Theorie rauschender Vierpole und deren Anwendungen. Elektronenröhren-Physik in Einzeldarstellungen, Neue Folge, H. 2. München: Franzis-Verlag 1956.

[R-K-24] Runge, C., König, H.: Vorlesungen über numerisches Rechnen. Berlin: Springer 1924.

[RNM-71] Rohrer, R., Nagel, L., Meyer, R., Weber, L.: Computationally efficient electronic-circuit noise calculations. IEEE Journal of Solid-State Circuits, SC-**6** (1971) 4, 204–213.

[Rob-67] Robinson, E. A.: Multichannel time series analysis with digital computer programs. San Francisco: Holden Day 1967.

[Roh-70] Rohrer, R. A.: Circuit theory — an introduction to the state variable approach. New York: McGraw-Hill 1970.

[Ros-68] Roska, T.: Generating network functions in literal form by digital computers. Proc. Summer School Circuit Theory, Prag 1968.

[Ros-71] Roska, T.: On the iterative design of electronic circuits — methods for the semisymbolic analysis. Proc. Summer School Circuit Theory, Tále (ČSSR) 1971.

[R-R-65] Reibiger, A., Reinschke, K.: Der Einfluß der Toleranzen der Schaltelemente auf die Frequenzcharakteristiken linearer Netzwerke II. X. Intern. Wiss. Koll. TH Ilmenau 1965 (Nachrichtentheorie), 63–69.

[R-S-73] Reinschke, K., Schwarz, P.: Berechnung der Parameterempfindlichkeit linearer elektrischer Schaltungen im Zeitbereich. Inform. Energie-Technik **3** (1973) 4, 177–185.

[R-S-75] Reinschke, K., Schwarz, P.: Sensitivity analysis of linear and nonlinear networks. EIK **11** (1975) 7/8, 405–421.

[Run-03] Runge, C.: Über die Zerlegung empirisch gegebener periodischer Funktionen in Sinuswellen. Z. Angew. Math. Phys. **48** (1903), 443–456.

[R-W-60] Ralston, A., Wilf, H. S.: Mathematical methods for digital computers. New York: Wiley 1960.

[Sau-65] Sauer, W.: Ursache und Wirkung in der Systemtheorie. Wiss. Z. TU Dresden **14** (1965) 6, 1451–1460.

[Sch-49] Schmeidler, W.: Vorträge über Determinanten und Matrizen mit Anwendungen in Physik und Technik. Berlin: Akademie-Verlag 1949.

[See-64] Seely, S.: Dynamic systems analysis. New York: Reinhold 1964.

[Sig-68a] Sigorski, W. P.: Методы анализа электрических схем с многополюсными элементами. Киев: Изд. АН СССР 1968.

[Sig-68b] Sigorski, W. P.: Матрицы и графы в электронике. Москва: Энергия 1968.

[Sil-68] Silverberg, M.: A new method of solving state variable equations permitting large step sizes. Proc. IEEE **56** (1968) 8, 1352–1353.

[So-68] So, H. C.: A method for computing the transfer-function partial-fraction expansion from the state equations. Proc. 6th Allerton Conf. Circuit System Theory, Urbana (Ill.) 1968, 362—373.

[S-P-70] Sigorski, W. P., Petrenko, A. I.: Алгоритмы анализа электронных схем. Киев: Изд. Техника 1970.

[S-R-61] Seshu, S., Reed, M. B.: Linear graphs and electrical networks. Reading (Mass.): Addison-Wesley 1961.

[S-S-68] Sauer, R., Szabo, I.: Mathematische Hilfsmittel des Ingenieurs, Teil III. Berlin: Springer 1968.

[S-S-69] Sandberg, I. W., So, H. C.: A two-set-of-eigenvalues approach to the computer analysis of linear systems. IEEE Trans. CT-**16** (1969) 4, 509—517.

[S-T-63] Sato, N., Tinney, W. F.: Techniques for exploiting the sparsity of the network admittance matrix. IEEE Trans. PAS-**82** (1963) 4, 944—950.

[Ste-66] Stetter, H. J.: Numerical approximations of Fourier-transforms. Numer. Math. 8 (1966), 235—249.

[Sti-61] Stiefel, E.: Einführung in die numerische Mathematik. Stuttgart: B. G. Teubner 1961.

[Str-75] Strobel, H.: Experimentelle Systemanalyse. Berlin: Akademie-Verlag 1975.

[T-C-67] Temes, G. C., Calahan. D. A.: Computer-aided network optimization. Proc. IEEE **55** (1967) 11, 1832—1863.

[Tel-53] Tellegen, B. D. H.: A general network theorem with applications. Proc. Inst. Radio Engrs. Australia **14** (195I), 265—70.

[Tew-73] Tewarson, R. P.: Sparse Matrices. New York: Academic Press 1973.

[Tho-65] Thorn, D. C.: An introduction to generalized circuits. Belmont: Wadsworth 1965.

[Til-68] Till, R.: Zur automatischen Analyse linearer Signalflußgraphen. AEÜ **22** (1965) 5, 219—224.

[Tin-35] Ting, S. L.: On the general properties of electrical network determinants. Chinese J. Phys. (1935) 1, 18—40.

[Tom-64] Tomovic, R.: Sensitivity analysis of dynamic systems. New York: McGraw-Hill 1964.

[Tre-66] Treanor, C. E.: A method for the numerical integration of coupled first-order differential equations with greatly different time constants. Math. Comp. **20** (1966) 1, 39—45.

[Tro-67] Trochimenko, J. K.: Метод контурных чисел. Изв. ВУЗОВ СССР — Радиоэлектроника **10** (1967) 6, 564—570.

[Tro-72] Trochimenko, J. K.: Метод обобщеных чисел и анализ линейных цепей. Москва: Изд. Сов. Радио 1972.

[Trz-74] Trzeba, E.: Grundlagen der Schaltgngstechnik. Leipzig: Hirzel 1974

[Tsa-39] Tsai, C. T.: Short cut methods for expanding determinants involved in network problems. Chinese J. Phys. (1939) 3, 148—181.

[T-V-72] Tomowitsch, R., Wukobratowitsch, M.: Общая теория чувствительности. Москва: Издч Сов. Радио 1972.

[T-W-67] Tinney, W. F., Walker, J. W.: Direct solutions of sparse network equations by optimally ordered triangular factorization. Proc. IEEE **55** (1967) 11, 1801—1809.

[Unb-72] Unbehauen, R.: Elektrische Netzwerke. Eine Einführung in die Analyse. Berlin: Springer-Verlag 1972.

[Unb-66] Unbehauen, H.: Kennwertermittlung von Regelsystemen an Hand des gemessenen Verlaufs der Übergangsfunktion. Z. msr **9** (1966) 6, 188—191.

[Unb-69] Unbehauen, R.: Systemtheorie — eine Einführung für Ingenieure. Berlin: Akademie-Verlag 1969.

[Vic-64] Vich, R.: Z-Transformation. Berlin: VEB Verlag Technik 1964.

[Vie-74] Vielhauer, P.: Passive lineare Netzwerke. Berlin: VEB Verlag Technik 1974.

[Voi-72] Voigt, H.-M.: Ein Algorithmus zur Analyse linearer Mehrgrößensysteme. Z. msr 15 (1972) 1, 36–38.

[Wan-34] Wang, K. T.: On a new method for the analysis of electrical networks. Nat. Res. Inst. Engrg. Acad. Sinica, Memoir No. 2 (1934), 1–11.

[Web-71a] Weber, K.-D.: Numerische Analyse und Synthese argument-quantisierter Funktionen mit der schnellen Fourier-Transformation. Nachrichtentechnik 21 (1971) 2, 45–50.

[Web-71b] Weber, K.-D.: Die redundanzfreie schnelle Fourier-Transformation. Nachrichtentechnik 21 (1971) 9, 305–308.

[Wil-57] Willers, F. A.: Methoden der praktischen Analysis. Berlin: W. de Gruyter 1957.

[Wil-65] Wilkinson, J. H.: The algebraic eigenvalue problem. Oxford: Clarendon Press 1965.

[Wil-68] Willoughby, R. A. (Ed.): Proc. Symposium on sparse matrices and their applications. IBM New York, Sept. 1968.

[Wil-69] Wilkinson, J. H.: Rundungsfehler. Berlin: Springer 1969.

[Wun-64] Wunsch, G.: Theorie und Anwendung linearer Netzwerke II. Leipzig: Geest & Portig 1964.

[Wun-65] Wunsch, G.: Analyse linearer Netzwerke mittels z-Transformation. AEÜ 19 (1965) 5, 244–250.

[Wun-67] Wunsch, G.: Zusammenhang zwischen Abtasttheorem, z-Transformation und Time-Series-Method. AEÜ 21 (1967) 1, 10–13.

[Wun-71] Wunsch, G.: Systemtheorie der Informationstechnik. Leipzig: Geest & Portig 1971.

[Z-D-63] Zadeh, L. A., Desoer, C. A.: Linear system theory – The state space approach. New York: McGraw-Hill 1963.

[Zie-70] van der Ziel, A.: Noise: Sources, Characterization and Measurement. Englewood Cliffs, N.J.: Prentice Hall 1970.

[Zie-72] Zielke, G.: ALGOL-Katalog Matrizenrechnung. Leipzig: B. G. Teubner 1972.

[Zur-63] Zurmühl, R.: Praktische Mathematik. Berlin: Springer 1963.

[Zur-64] Zurmühl, R.: Matrizen. Berlin: Springer 1964.

SACHVERZEICHNIS